普通高等教育“十三五”规划教材
高等学校电子信息类教材

通信原理

（第2版）

Principles of Communications

Second Edition

王　琪　李小平　洪　梅
杨小伟　杨　洁　童　莹　编著

吴乐南　主审

電子工業出版社
Publishing House of Electronics Industry
北京 • BEIJING

内 容 简 介

本书讲述通信系统的基本概念、工作原理、性能指标和分析方法等。各章突出物理概念，精简数学过程，理论联系实际，反映新的技术成果，分析问题力求深入浅出。主要内容包括：通信基础知识、随机过程与噪声、信道与信道容量、模拟信号的调制与解调、模拟信号的数字化、数字信号的基带传输、数字信号的频带传输、现代数字调制与解调、差错控制编码、同步原理、数字通信系统的 MATLAB 仿真等。

本书可作为通信工程、信息工程、电子信息工程、微电子科学与工程、计算机科学与技术等专业以及信息类其他相近专业的本科生教材，也可供相关领域的工程技术人员学习参考。

本书的电子教学课件（PPT 文档）可从华信教育资源网（www.hxedu.com.cn）注册后免费下载，或者通过与本书责任编辑（zhangls@phei.com.cn）联系获取。

图书在版编目（CIP）数据

通信原理 / 王琪等编著. —2 版. —北京：电子工业出版社，2017. 7
高等学校电子信息类教材
ISBN 978-7-121-31984-6

Ⅰ. ①通… Ⅱ. ①王… Ⅲ. ①通信理论—高等学校—教材 Ⅳ. ①TN911

中国版本图书馆 CIP 数据核字（2017）第 139783 号

责任编辑：张来盛（zhangls@phei.com.cn）
印　　刷：北京七彩京通数码快印有限公司
装　　订：北京七彩京通数码快印有限公司
出版发行：电子工业出版社
　　　　　北京市海淀区万寿路 173 信箱　邮编 100036
开　　本：787×1 092　1/16　印张：22.5　字数：576 千字
版　　次：2011 年 9 月第 1 版
　　　　　2017 年 7 月第 2 版
印　　次：2024 年 7 月第 12 次印刷
定　　价：59.00 元

凡所购买电子工业出版社图书有缺损问题，请向购买书店调换。若书店售缺，请与本社发行部联系，联系及邮购电话：（010）88254888，88258888。

质量投诉请发邮件至 zlts@phei.com.cn，盗版侵权举报请发邮件至 dbqq@phei.com.cn。

本书咨询联系方式：（010）88254467。

前　言

"通信原理"是通信工程、信息工程、电子信息工程、微电子科学与工程、计算机科学与技术等专业的一门重要的专业基础课。本书作为一本应用型本科的通信原理教材，其宗旨是帮助读者掌握通信的基本概念、基本理论、基本方法和基本应用，理解通信系统的组成和设计方法。

本书注重凝练课程内容、精简数学过程、突出实践环节、加强工程应用、体现技术发展，突出应用型人才培养目标，避免出现理论性太强、数学要求过高、教学内容偏多、覆盖面太宽等。应广大读者的建议和要求，我们在第 1 版基础上对各章内容进行了修订和调整，尤其是对第 11 章内容进行了全面更新，以突出数字通信系统的仿真应用。

全书共分为 11 章。其中，第 1 章是通信基础知识，介绍通信系统的基本组成、性能指标、信息的量度等；第 2 章是随机过程与噪声，介绍随机信号的统计描述；第 3 章是信道与信道容量，包括信道的划分、信道中的噪声和信道容量；第 4 章是模拟信号的调制与解调，包括线性调制与非线性调制的原理和抗噪声性能分析；第 5 章是模拟信号的数字化，包括抽样、量化、编码过程以及时分复用与复接等概念；第 6 章是数字信号的基带传输，包括数字基带信号的描述、理想传输特性、抗噪声性能分析、眼图、消除码间串扰技术以及最佳基带传输系统等；第 7 章是数字信号的频带传输，包括二进制和多进制的振幅键控、频移键控、相移键控、差分相移键控的基本原理和抗噪声性能分析；第 8 章是现代数字调制与解调，包括正交幅度调制、交错正交相移键控、最小频移键控、高斯最小频移键控和正交频分复用；第 9 章是差错控制编码，包括差错控制编码基础、线性分组码、循环码、卷积码和 Turbo 码；第 10 章是同步原理，包括载波同步、位同步、群同步和网同步；第 11 章是数字通信系统的 MATLAB 仿真，介绍一些数字通信系统的建模和仿真方法，以加强对通信原理的理解。书末附有各章习题（部分）参考答案、通信常用名词中英对照以及 MATLAB 常用命令与函数，以方便读者学习查找。

本书的建议学时数为 64 学时，其中有关 MATLAB 程序设计和仿真的内容可引导学生自学，也可作为实验教学的部分内容。本书的电子教学课件（PPT 文档）可从华信教育资源网（www.hxedu.com.cn）注册后免费下载，或者通过与本书责任编辑（zhangls@phei.com.cn）联系获取。此外，为帮助读者熟悉各种题型，掌握解题技巧，我们同时编写和出版了本书的配套教材《通信原理学习指导》（杨洁主编）。

本书由王琪、李小平、洪梅、杨小伟、杨洁和童莹编著，具体分工如下：第 1 章和第 8 章由王琪编写，第 2 章和第 3 章由李小平编写，第 4 章和第 5 章由洪梅编写，第 6 章和第 11 章由杨洁编写，第 7 章和第 9 章由童莹编写，第 10 章由杨小伟编写。全书由王琪统稿。

本书由东南大学信息科学与工程学院教授吴乐南主审，吴教授仔细审阅了全书，并提出了许多宝贵意见，在此表示衷心感谢。本书在编写中引用了一些国内外文献，这些文献已在书后列出，在此对相关作者表示诚挚的谢意。

本书的编写得到"江苏高校品牌专业建设工程资助项目（PPZY2015A033）"资助。

由于编著者水平有限，书中难免存在错误和不当之处，恳请广大读者批评指正。

编著者

2017 年 3 月

目　录

第1章　通信基础知识

1.1　通信的概念

通信在形式上就是发消息（message），但本质上则是传信息（information），即要求通信的双方能将信息从某一方准确而安全地传送到另一方。通信应用的例子很多，古代有烽火传军情、鸿雁传书、击鼓进军、鸣金收兵等，近代有海军旗语、信号灯等，而现代有电话、电视、移动通信、网络等。这里消息中包含信息，是信息的载体，通过收到消息从而获得信息；而信息则是消息的不确定性，因为对于通信双方都确定（或已知）的消息，就没必要传递了。

虽然消息中可能承载有信息，却与能量无关，实际上可在通信系统中传输。能被人们生理器官所感知的消息，只是消息的某种物理体现，称之为信号（signal）。作为消息的载体，信号可以是模拟的，也可以是数字的，例如文字、数据、语言、图片、视频等多种形式。举例来讲，烽火台上突然升起狼烟，就是以光信号的形式向外发出消息，这消息具有不确定性，因而传递了信息；但如果烽火台上一直烟火不断、习以为常，那就是确定消息，没有传递信息。由此可见：信号（可见光）是消息（发烟火）的载体，而消息又是信息（可能有紧急军情）的载体。

同一则信息也可以由不同形式的消息和信号来载荷。仍如上例信息，也可通过喊叫以声音信号的形式发出消息。当然，声音信号没有光信号传得快和远，但可以通过沿途的军民击鼓传花帮着喊，仍然可以把信息传到远方。这也正是接力通信甚至网络通信的基本概念。

从通信的观点，能够承载消息的各种信号形式必须具有两个条件：一是能够被通信双方所理解，二是可以传递。由于电信号和光信号可以光速来传递信息，准确可靠，且很少受到时间、地点、空间距离等方面的限制，因而发展迅速，应用广泛。其所要研究的内容就是如何把信息大量、快速、准确、广泛、方便、经济和安全地从发送端通过传输介质传送到接收端。

通信原理是介绍支撑各种通信技术基本概念和数学理论基础的课程，主要内容包括常用的电信号及噪声分析方法，信道特性，不同通信系统的组成、工作原理和性能等，其侧重点是信息的传输。

1.2　通信系统的组成

通信系统用以完成信息的传输过程，包含完成通信过程的全部设备和传输媒质。当通信系统是利用电磁波在自由空间传输时，称之为无线通信系统；而利用导引媒质中的传输机理来实现传输时，称之为有线通信系统；当电磁波的频率达到光波范围时的通信系统又称为光通信系统。

1.2.1　通信系统一般模型

通信系统可用图1-1所示的一般模型来描述，该模型概括地说明了通信系统的共性特点，图中各部分模块的功能如下：

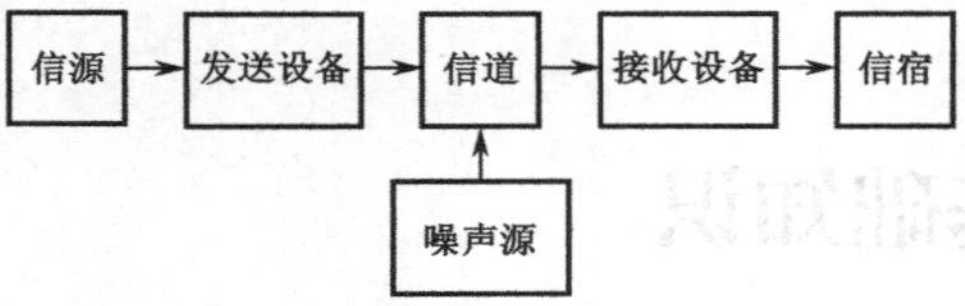

图 1-1　通信系统模型

（1）信源：是指信息的源，通常就是承载了信息的消息。消息有多种形式，包括文字、数据、图像和视频等。信源又可以分为模拟信源和数字信源。模拟信源的输出幅度是连续变化的模拟信号，但在时间上，则既可以是连续的（如电话机将声音转换成音频信号、摄像机将图像转换成视频信号等），也可以是离散的（如脉冲雷达信号、莫尔斯电报信号等）；如果时间离散信源（如语音采样值）或空间离散信源（如图像采样值）在幅度上也是离散的，即为数字信源或数据（data），如计算机磁盘文件、手机所拍摄的照片或视频。

（2）发送设备：由于表征消息的数据或信号在大多情况下不适合在信道中直接传输，因此需要通过调制过程，将信源变换成适合于在信道中传输的电信号。发送设备完成信号的调制并将信号送入信道传输。

（3）信道：信道是传输信号的物理通道，即信号的传输媒质。信道可分为有线信道和无线信道两类，有线信道包括对称电缆、同轴电缆和光缆等，电磁波在介质中传输；无线信道包括地波传播、短波电离层反射、微波视距中继、人造卫星中继以及各种散射信道等，无线信道是发送端和接收端之间通路的一种形象比喻，实际上没有一个有形的连接，传播路径也可能有多条。

（4）噪声：信道对有用信号提供了通路，也对噪声信号提供了通路。噪声一般是人们所不需要的，但又是不可避免客观存在的干扰。噪声的来源很多，可分为内部噪声和外部噪声。内部噪声包括设备内部电路引起的噪声，半导体材料本身形成的噪声，电器机械运动产生的噪声等；外部噪声包括雷电、电气设备等引起的噪声等。噪声干扰会使信号传输失真，严重的会使通信无法正常进行。

（5）接收设备：接收设备完成发送设备的反过程，即进行解调、译码、解码等。由于进入接收设备的调制信号中包含有噪声，因此接收设备需要从带有干扰的信号中正确地恢复出原始的电信号。

（6）信宿：信宿是传输信息的归宿，其作用是将复原的信息转换成相应的消息。电话接收机是将有线信道传来的电信号转换为声音，因此它是电话传输的信宿。

1.2.2　模拟通信系统

对于连续信源，如语音，其声波振动的幅度是随时间连续变化的，若将它转换为随时间连续变化的电信号，则信号幅度是时间的连续函数，这样的信号称为模拟信号。因此，模拟信号是指参量取值连续变化的电信号。

模拟通信系统就是利用模拟信号来传递信息的通信系统，其模型如图 1-2 所示。

在图 1-2 中，信源将连续的非电信号转换成模拟基带电信号；信宿则完成相反的过程，将模拟基带电信号还原为输入端的连续非电信号。所谓基带信号，其特点是信号中可能含有直流分量或低频成分，即其频谱从零附近开始。调制器的作用是将基带电信号变换成适合于在信道中传输的频带信号，而解调器的作用相反，是将信道中传输的频带信号还原成基带电信号。

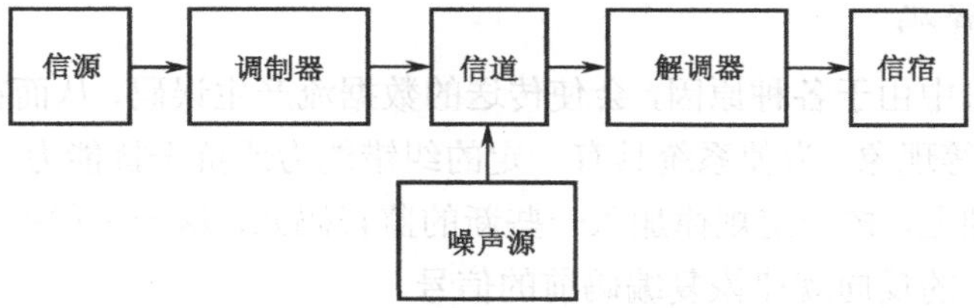

图 1-2 模拟通信系统模型

模拟通信的优点是：信号在信道中传输所占用的频谱比较窄，因此可通过多路频分复用使信道的利用率得到提高。

模拟通信的缺点是：所传输的信号是连续的，不容易消除叠加在其上的噪声，抗干扰能力较差；不容易实现保密通信；设备不容易大规模集成；不能适应快速发展的计算机通信的要求。

模拟通信在历史上占有主导地位，但近年来随着超大规模集成电路工艺的成熟，以及计算机和数字信号处理技术的发展，大多数的模拟通信系统已被数字通信系统所取代。

常用的模拟通信系统包括中波、短波无线电广播，模拟电视广播，调频立体声广播等。

1.2.3 数字通信系统

1．数字通信系统模型

数字通信系统是利用数字信号传递消息的通信系统，其模型如图 1-3 所示。

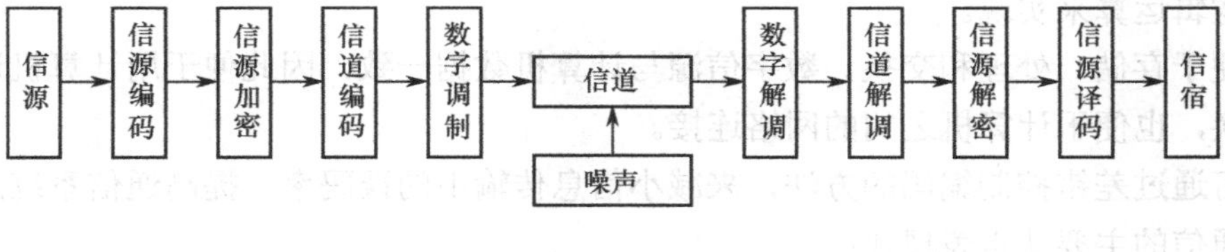

图 1-3 数字通信系统模型

数字通信系统比模拟通信系统的组成要复杂一些，其中包括了信源编码、信源（或数据）加密、信道编码、数字调制、信道解调、信源解密、信源译码等一些区别于模拟通信系统的问题。

1）信源编码与译码

信源编码的作用包含两个方面：一是将模拟消息数字化，即模/数（A/D）转换；二是进行数据压缩，即通过减少数字消息中的冗余，从而降低信源传输的码元速率和带宽，提高传输和处理效率。信源译码是信源编码的逆过程。

2）信源加密与解密

加密技术是以某种特殊的算法改变原有的信息数据，使得未授权用户即使获得了信息，也无法获知信息的内容。解密技术则是将接收到的加密信源再用相同方法或不同方法进行还原的过程。数字信源易于实现加密和解密。

3）信道编码与译码

数字信号在传输中由于各种原因，会使传送的数据流产生误码，从而在接收端产生图像跳跃、不连续、马赛克等现象。为使系统具有一定的纠错能力或抗干扰能力，提高通信的可靠性，可在信源编码的基础上，按一定规律加入一些新的监督码元，这一过程称为信道编码。信道译码则是按编码相对应的反向规律恢复编码前的信号。

4）数字调制与解调

与模拟基带信号类似，数字基带信号在很多情况下也不适于在信道中直接传输，需要进行转换，将信号的频谱搬移到高频处，从而形成适于在信道传输的调制信号。数字调制是以数字信号作为控制信号来改变载波参数的技术；数字解调与数字调制正好相反，是将已调数字信号还原为数字基带信号。

2. 数字通信的主要特点

数字通信的主要优点表现在：

（1）抗干扰能力强，无噪声积累。这是数字通信最突出的优点。由于信号在传输过程中不可避免地会叠加噪声，这些噪声会随着传输距离的增加而积累，从而使传输质量下降。对于数字信号，由于信号的波形为有限个离散值，比如对二进制信号只有两个取值，在传输过程中受到噪声干扰并恶化到一定程度时，可通过判决再生的方法，恢复出原有数字信号的状态，从而达到噪声不积累的效果。

（2）便于加密处理。数字信号的加密处理比模拟信号要容易得多，一些加密过程甚至可通过简单的逻辑运算来实现。

（3）便于存储、处理和交换。数字信源与计算机数据一致，因此便于用计算机进行存储、处理和交换，也便于计算机之间的网络连接。

（4）可通过差错控制编码的方法，来减小信息传输中的误码率，提高通信系统的可靠性。

数字通信的主要缺点表现在：

（1）需要较大的传输带宽。一路模拟电话的带宽大约是4 kHz，而一路数字电话的带宽大约为20～60 kHz。

（2）需要严格的同步系统。同步是数字通信系统有序、准确、可靠工作的前提，为了实现信号的同步，需要相对复杂的设备支持。

需要指出的是，随着通信技术朝着小型化、智能化、高速和大容量的方向迅速发展，数字通信的缺点将会逐步淡化，最终会完全取代模拟通信。

1.3 通信系统的分类

通信系统有多种不同的分类方法，主要有以下几种情况。

1. 按照传输信号的特征分类

当信道中传输的是模拟信源时所对应的通信系统称之为模拟通信系统；当信道中传输的是数字信源所对应的通信系统称之为数字通信系统。

2．按照通信业务类型分类

通信业务有包括符号、文字、语言、数据、视频在内的多种类型，因此通信系统可分为电报通信系统、电话通信系统、数据通信系统、广播电视通信系统等。这些通信系统可以是专用的，但通常是兼容的或并存的。长期以来，电话业务在电信领域中占主导地位，因而其他通信常常借助于公共的电话通信系统进行。然而，近年来非电话业务通信发展迅速，包括计算机通信、电子邮件、可视图文、会议视频等数据通信正在成为通信的主流。

3．按调制方式分类

根据是否将信源信号进行调制，可将通信系统分为基带传输系统和频带传输系统。基带传输是将未经调制的信号直接在信道中传送，这既可以是模拟基带信号也可以是数字基带信号；频带传输则是对各种基带信号进行调制后再进行传输。

按载波是连续波还是数字脉冲，调制方式可以分为连续波调制和脉冲调制。连续波调制用正弦波或余弦波作为载波，而脉冲调制用数字脉冲作为载波。

连续波调制又可分为模拟调制与数字调制。如果将模拟基带信号对载波波形的某些参量，如幅度、频率、相位进行控制，使载波的这些参量随基带信号的变化而变化，则是模拟调制。如果将数字信号寄生在载波的幅度、频率、相位上，即用数据信号来进行幅度、频率和相位调制，则是数字调制。

4．按传输介质分类

按传输介质的不同，可将通信系统分为有线通信系统和无线通信系统。有线通信系统需要以传输缆线作为传输介质，比如对称电缆、同轴电缆、光纤等。无线通信系统则是无线电波在自由空间的传输，比如移动通信、微波通信、卫星通信等。

5．按信号的复用方式分类

复用是指将若干个彼此独立的信号，合并成一个可在同一信道上同时传输的复合信号的方法，目的是为了更好地共享信道资源。按信号的复用方式可分为频分复用（FDM）、时分复用（TDM）、码分复用（CDM）和波分复用（WDM）等。

频分复用将传输信道的总带宽划分成若干个子信道，每个子信道传输 1 路信号，为了保证各子信道中所传输的信号互不干扰，在各子信道之间设立隔离带，以保证各路信号互不干扰；时分复用是用脉冲调制的方法使不同的信号占据不同的时间区间，即利用不同时段来传输不同的信号；码分复用是利用互相正交的码型来区分各路原始信号，各路信号可在通信时间内使用同样的频带，每路信号分配一个地址码，互不重叠；波分复用与频分复用相类似，是将两种或多种不同波长的光载波信号在发送端经复用器汇合在一起，并耦合到光线路的同一根光纤中进行传输的技术。

6．按工作频段分类

由于不同电磁波频率具有不同的传输特点和业务容纳能力，为了更好地管理和利用无线电频谱资源，同时体现技术及应用发展的历程和现状，需要对频率范围进行合理的分类。表 1-1 列出了频率在 3 000 GHz 以下的主要无线电频谱划分与典型应用，3 000 GHz 以上的电磁波已属于光通信系统的范畴。

表 1-1　无线电频谱划分与典型应用

频带名称	频率范围	波段名称	波长范围	典型应用
超低频（SLF）	30～300 Hz	超长波	10～1 Mm	对潜通信、输电
特低频（ULF）	0.3～3 kHz	特长波	1000～100 km	对潜通信
甚低频（VLF）	3～30 kHz	甚长波	100～10 km	远程通信、水下通信、声呐
低频（LF）	30～300 kHz	长波	10～1 km	导航、水下通信、无线电信标
中频（MF）	300～3 000 kHz	中波	1 000～100 m	广播、海事通信、测向、遇险求救
高频（HF）	3～30 MHz	短波	100～10 m	广播、电报、军用通信、业余无线电、超视距雷达
甚高频（VHF）	30～300 MHz	米波	10～1 m	电视、调频广播、空中管制、导航、车辆通信
特高频（UHF）	300～3 000 MHz	分米波	10～1 dm	微波接力、卫星通信、电视、雷达
超高频（SHF）	3～30 GHz	厘米波	10～1 cm	微波接力、卫星通信、雷达、移动通信
极高频（EHF）	30～300 GHz	毫米波	10～1 mm	雷达、卫星通信、铁路业务、射电天文学
至高频（THF）	300～3 000 GHz	丝米波或亚毫米波	1～0.1 mm	射电天文学，波谱学

7．按照通信方式分类

通信方式是指通信双方之间的工作方式或信号传输方式。

对于点对点之间的通信，按消息传送的方向与时间关系，通信方式可分为单工通信、半双工通信及全双工通信三种，如图 1-4 所示。

（a）单工通信

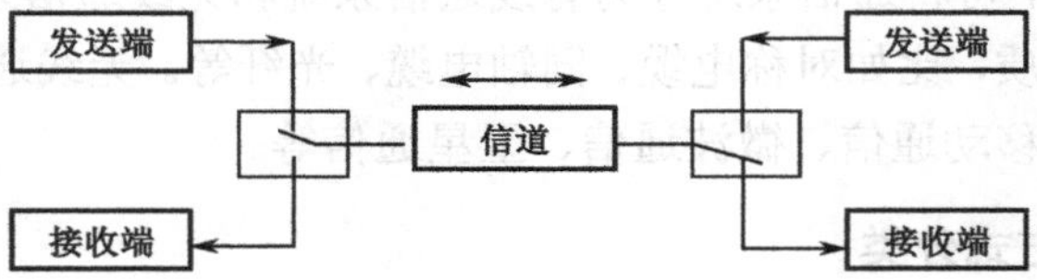

（b）半双工通信

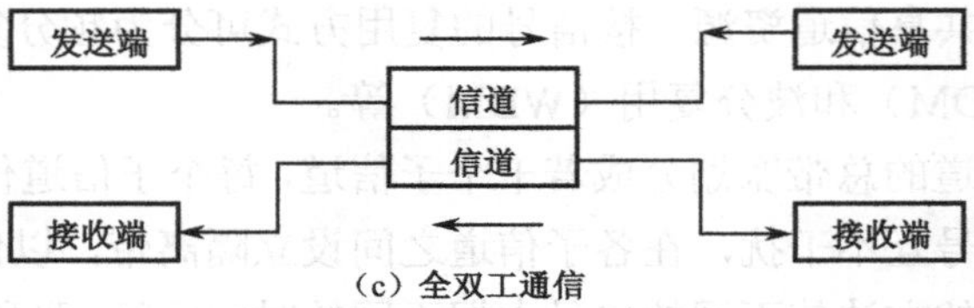

（c）全双工通信

图 1-4　按通信方式分类

（1）单工通信，是指消息只能单方向传输的工作方式，例如遥控、遥测、广播。单工通信信道是单向信道，发送端和接收端的身份是固定的，发送端只能发送信息，不能接收信息；接收端只能接收信息，不能发送信息，数据信号仅从一端传送到另一端，即信息流是单方向的。

（2）半双工通信，是指可以实现双向的通信，但不能在两个方向上同时进行，必须轮流交替地进行。也就是说，通信信道的每一端都可以是发送端，也可以是接收端，但同一时刻，信息只能有一个传输方向。典型的半双工通信有无线对讲机等。

（3）全双工通信，是指通信的双方可以同时发送和接收数据，即在通信的任意时刻，线路上存在双向信号传输。全双工通信要求通信系统的每一端都设置有发送器和接收器，因此，能控制数据同时在两个方向上传送。全双工方式无须进行方向的切换，因此，没有切换操作所产生的时间延迟。典型的全双工通信有电话、手机、计算机等。

对数字通信，按数字信号排列的顺序的不同，还可分为串行通信传输和并行传输，如图 1-5 所示。

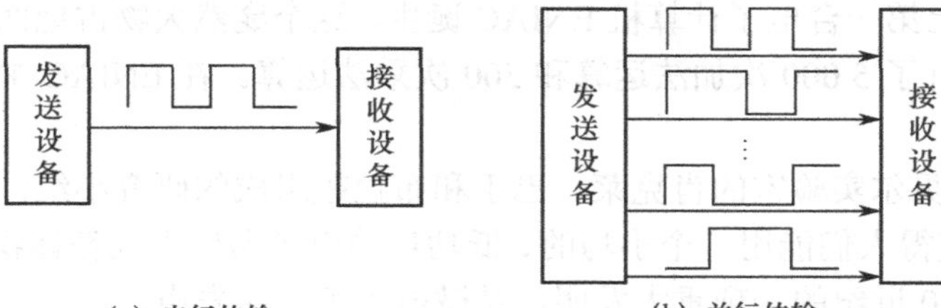

(a) 串行传输　　(b) 并行传输

图 1-5　串行与并行传输

串行通信是指使用一条数据线，将数据一位一位地依次传输，每一位数据占据一个固定的时间长度，只需少数几条线就可以在系统间交换信息，节省了传输线，特别适用于计算机与计算机、计算机与外设之间的远距离通信。

并行通信是指一组数据的各数据位在多条线上同时被传输，其特点是传输速度快、效率高，多用在实时、快速的场合，由于传输所需要数据线根数多，因此传输的成本较高，不太适合远距离传输。典型的并行传输例子是打印机与计算机之间的通信传输。

1.4　通信技术发展概况

真正意义上的电通信始于 1837 年美国画家莫尔斯发明的有线电报，他利用电流交替地通电和切断产生不同的信号，即点、划和空白，以这三者不同组合创造了表达 26 个字母和数字的莫尔斯电码。

1876 年，美国人亚历山大·贝尔发明了电话，这是通信发展历史上具有划时代意义的事件，通过电话可以把语音转化为电信号直接进行传输。

1864 年，英国物理学家麦克斯韦建立了完整的电磁场理论，预言了电磁波的存在，并将电和光统一起来，这是 19 世纪物理学发展的最光辉的成果。

1887 年，德国物理学家赫兹通过实验的方法产生了无线电波，并测量了波长和速度。赫兹实验不仅从实验方面证实了麦克斯韦电磁理论正确性，更为无线电、电视和雷达等现代通信技术的发展找到了新的途径。

1896 年，意大利无线电工程师马可尼成功地发明了无线电报，并于 1901 年成功进行了跨大西洋的越洋无线电信号的接收，这使无线通信达到实用阶段。

1904 年，英国物理学家弗莱明研制出世界上第一只电子管，即真空二极管，这标志着世界从此进入了电子时代。

1906 年，美国发明家福雷斯特对真空二极管加以改进，研制出真空三极管，从而可将微弱的电信号放大成强信号，解决了无线电的接收问题，这是人类打开电子时代大门过程中的重要事件。

1918 年，美国发明家阿姆斯特朗研究成功超外差接收机，这是为了适应远程通信对高频率、弱信号接收的需要，在外差原理的基础上发展而来的，至今仍广泛应用于远程信号的接收。

1927 年，美国物理学家奈奎斯特提出了著名的抽样定理，指出要使模拟信号抽样后能够不失真还原，其抽样频率必须大于信号最高频率的两倍。

1933 年，阿姆斯特朗发明了调频无线电收发机系统，这一新的辉煌成就在无线电、电视、微波中继通信以及卫星通信中得到广泛应用。

1946 年，世界上第一台电子计算机 ENIAC 诞生，这个庞然大物占地面积达 170 m^2，重达 30 t，可在 1 s 内进行了 5 000 次加法运算和 500 次乘法运算。在 ENIAC 中，电子管是最基本的元件。

1947 年，美国贝尔实验室的肖克莱、巴丁和布拉顿组成的研究小组，研制出一种点接触型的锗晶体管。这使得人们能用一个小巧的、低功耗的电子器件来代替体积大、功率消耗大的电子管。晶体管是 20 世纪的一项重大发明，是微电子革命的先声。

1948 年香农发表了著名的论文《通信中的数学理论》，提出了信息熵、信道容量等概念，定量地揭示了通信的实质问题，成为信息论的开端。

1957 年，前苏联发射了世界上第一颗人造卫星，人类开始了空间通信。1962 年，美国发射了具有转发和放大功能的民用通信卫星，实现了电话和电视信号的传播。中国也于 1970 年发射了东方红 1 号人造卫星。

1958 年，美国德州仪器公司的基尔比发明了称之为“相移振荡器”的集成电路，他将包括晶体管、电阻、电容在内的所有元件用同一种半导体材料制成，彼此没有干扰。集成电路的发明开创了世界微电子学的历史。

1960 年，美国科学家梅曼发明了第一个红宝石激光器，与普通光相比，激光谱线很窄，方向性及相干性极好，是一种理想的相干光源和光载波。由激光发展起来的激光通信有高度的相干性和空间定向性，通信容量大、体积较小并且有较高的保密性。所以激光是光通信的理想光源，它的出现是光通信发展的重要一步。

1966 年，中国香港物理学家高锟提出了用玻璃代替铜线的大胆设想，即利用玻璃清澈、透明的性质，使用光来传送信号，从而使传输的信息量更多、速度更快、距离更远。随着第一个光纤系统于 1981 年成功问世，改变了世界的通信格局，光纤通信以其超大的容量，逐步取代了电线、电缆和微波接力，成为现代电信网的骨干。

20 世纪 80 年代以来，随着通信理论和微电子技术的成熟，移动通信的全方位投入使用得以实现。第 1 代移动通信系统（1G）是以模拟技术为基础的无线电话系统，只能进行语音通信。第 2 代数字移动通信系统（2G）的主要特性是提供数字化的语音业务及低速率数据业务，频谱利用率高，理论数据速率达 9.6 kb/s 以上，且保密性好。第 3 代移动通信系统（3G）在 2G 的基础上，发展了包括图像、音视频和可视电话在内的宽带多媒体通信业务，其最高理论速率达 2 Mb/s 以上。第 4 代移动通信系统（4G）以正交频分复用（OFDM）技术为核心，在网速、容量和稳定性等方面相对于 3G 有了跳跃性的提升，传输速率可达到 100 Mb/s，能够满足用户对于无线服务的多种要求。第 5 代移动通信系统（5G）是面向 2020 年的新一代移动通信系统，在传输速率和资源利用率等方面会比 4G 再高一个量级，其无线覆盖性能、传输时延、系统安全、用户体验等都将比 4G 有倍数的改善，能够更好地满足蓬勃发展的物联网的传输要求。

由于传统的通信技术在保密安全方面存在隐患，因此近年来基于量子计算技术的量子通信受到日益重视，其理论和应用成为世界研究热点。我国在量子通信研究领域取得重要成果，2016 年，我国成功发射世界上首颗量子科学实验卫星“墨子号”，这使我国在全球首次实现卫星和地面之间的量子通信，从而构建天地一体化的量子保密通信与科学实验体系。

1.5 信息的量度

1.5.1 信息量的定义

通信的目的是为了传输消息中所包含的信息，因此需要采用一定的物理量来对被传输的信息进行量度，这个物理量称之为信息量。

消息是多种多样的，因此度量消息中所含信息的方法，必须能够用来度量任何消息的信息量，而与消息种类无关。同时，这种度量方法也与消息的重要程度无关。

香农信息论指出，信息是事物运动状态或存在方式的不确定性的描述，可用概率来量度这种不确定性的大小。在信息论中，把消息用随机事件来表示，而发出这些消息的信源则用随机变量来表示。

先从以下天气预报来感知 3 个不同的消息：（1）明天晴转多云；（2）明天有大暴雨；（3）明天温度将超过 50℃。在这 3 条消息中，第一条带来的信息量较小，因为这样的事件发生很正常，人们不感到惊奇；第二条带来了较大的信息量，因为人们对这样的极端天气重视程度很高，需要提前做好防范；第三条带来的信息量高于第二条，因为这样的事件在一般情况下几乎是不可能发生的，听后使人感到十分吃惊。这个例子表明，对接收者而言，事件越不可能，越不可预测，越能使人感到意外和惊奇，所包含的信息量也就越大。

哈特莱首先提出采用消息出现概率的对数作为离散消息的信息量表示，即某离散消息 x 所携带的信息量为

$$I(x)=\log_a\frac{1}{P(x)}=-\log_a P(x) \tag{1.5-1}$$

式中，$P(x)$为消息 x 发生的概率。当底数 $a=2$ 时，信息量单位用比特（bit）表示，简写为 b；当底数 $a=\mathrm{e}$ 时，信息量单位用奈特（nat）表示；当底数 $a=10$ 时，信息量单位用哈特（Hart）表示。3 种单位中以比特最为实用，因此本书中都是以比特作为信息量的单位，即

$$I(x)=\log_2\frac{1}{P(x)}=-\log_2 P(x)\quad (\mathrm{b}) \tag{1.5-2}$$

式（1.5-1）实际上反映了信息量的大小与消息出现的概率之间存在如下对应关系：

（1）事件出现的概率越小，消息中包含的信息量越大；反之，事件出现的概率越大，消息中包含的信息量越小。

（2）事件出现的概率等于 0，即属于不可能出现的事件时，对应的信息量等于无限大；反之，事件出现的概率等于 1，即属于必然出现的事件时，对应的信息量等于 0。

（3）如果消息是由若干个独立事件所构成，那么消息总的信息量等于这些独立事件信息量的总和，数学关系可表示成

$$\begin{aligned}I\left[P(x_1)P(x_2)\cdots\right]&=-\log_2\left[P(x_1)P(x_2)\cdots\right]\\&=-\log_2 P(x_1)-\log_2 P(x_2)-\cdots=I\left[P(x_1)\right]+I\left[P(x_2)\right]+\cdots\end{aligned} \tag{1.5-3}$$

【例 1-1】 设信源是由两个状态构成的消息，高电平表示一种状态，用符号“1”表示，低电平表示另一种状态，用符号“0”表示。（1）若出现“0”的概率为 1/3，求出现“1”的信息量。（2）若“1”和“0”出现的概率相等，求出现“1”的信息量。

【解】（1）由于出现“1”和“0”全概率为1，所以出现“1”的概率为2/3，由式（1.5-2），“1”所包含的信息量为

$$I(1) = -\log_2 \frac{2}{3} = 0.585 \text{ (b)}$$

（2）“1”和“0”等概率出现时，“1”和“0”包含的信息量相等为

$$I(1) = I(0) = -\log_2 \frac{1}{2} = 1 \text{ (b)}$$

从这个例子中看出，一个等概率二进制波形之一的信息量恰好就是1 b。在工程中也习惯于将一个二进制码元称为1 b码元。

如果消息中包含4个离散状态，比如天气状况的晴、阴、雨、多云，则需要用4种不同的波形来传递，这时可用四进制信号波形来表示天气的4种状况。当用二进制脉冲来表示四进制波形时，每一个四进制波形需要用两个二进制脉冲信号表示。如果四进制波形出现的概率相等，则传输四进制波形之一的信息量为2 b。图1-6描述了这种四进制波形与二制脉冲表示之间的关系。

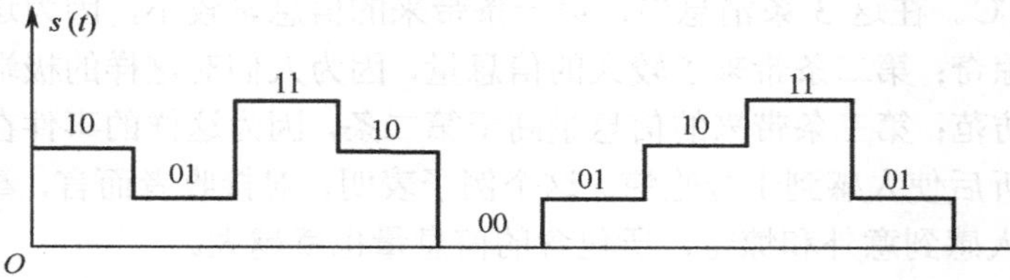

图1-6　四进制波形与二进制脉冲表示

推广到离散信号是M个波形且为等概率发送情况，由于

$$P(x_1) = P(x_2) = \cdots = P(x_i) = \cdots = P(x_M) = \frac{1}{M} \tag{1.5-4}$$

因此每一个信号的信息量为

$$I[P(x_i)] = -\log_2(\frac{1}{M}) = \log_2 M \text{ (b)} \quad (i = 1, 2, \cdots, M) \tag{1.5-5}$$

当离散消息个数M是2的整数次幂，即$M = 2^K$，K=1, 2, 3…，则等概率M进制波形中任一个波形的信息量为

$$I[P(x_i)] = \log_2 2^K = K \text{ (b)} \quad (i = 1, 2, \cdots, M) \tag{1.5-6}$$

K实质上代表的是描述每一个M进制波形所需要的二进制脉冲数目，因此式（1.5-6）说明了$M=2^K$进制波形之一的信息量等于二进制波形之一信息量的K倍。

【例1-2】　某离散信源由0，1，2，3四种符号组成，其统计特性为

$$\begin{pmatrix} 0 & 1 & 2 & 3 \\ 3/8 & 1/4 & 1/4 & 1/8 \end{pmatrix}$$

且每个符号的信息量是独立的。求消息

102010230213001203210100321010023102002013120321001202100

的信息量。

【解】这是一个非等概率离散信号传输问题。此消息共有57个符号，其中“0”出现23次，“1”出现14次，“2”出现13次，“3”出现7次。总的信息量可由下式计算得到：

$$I = -\sum_{i=1}^{N} n_i \log_2 P(x_i) \qquad (1.5\text{-}7)$$

式中，$P(x_i)$表示符号 x_i 出现的概率，n_i 表示符号 x_i 出现的次数，N 表示不同的符号数，故

$$I = -\sum_{i=1}^{4} n_i \log_2 P(x_i) = 23\log_2 \frac{8}{3} + 14\log_2 4 + 13\log_2 4 + 7\log_2 8 = 108\ \text{(b)}$$

1.5.2　平均信息量

信源的平均信息量是指传输的每个符号所含信息量的统计平均值。对于通信问题，由于传输的消息很长，且符号出现的概率不相等，因此用符号出现概率来计算信息量很麻烦，引入平均信息量的概念十分必要。

设离散信源由 M 个独立的符号组成，每个符号 x_i 出现的概率为 $P(x_i)$，且有 $\sum_{i=1}^{M} P(x_i) = 1$。由于符号 x_i 所含的信息量为 $-\log_2 P(x_i)$，因此 M 个符号的平均信息量定义为

$$H(X) = -\sum_{i=1}^{M} P(x_i)\log_2 P(x_i)\ \ (\text{b/符号}) \qquad (1.5\text{-}8)$$

用式（1.5-8）表示的平均信息量也称之为信源的熵，它表示 M 个符号组成的离散信源中每一个符号的平均信息量。

对于符号 x_i 等概率出现，即 $P(x_i)=1/M$，则式（1.5-8）转化为式（1.5-5）。可以证明，式（1.5-5）对应着式（1.5-8）的最大值，即当离散信源中每个符号等概率出现，而且各符号的出现为统计独立时，该信息源的熵达到最大值。

【例 1-3】　计算【例 1-2】信息源的平均信息量。

【解】　由式（1.5-8），平均信息量为

$$\begin{aligned} H(X) &= -\sum_{i=1}^{4} P(x_i)\log_2 P(x_i) \\ &= -\frac{3}{8}\log_2\frac{3}{8} - \frac{1}{4}\log_2\frac{1}{4} - \frac{1}{4}\log_2\frac{1}{4} - \frac{1}{8}\log_2\frac{1}{8} = 1.906\ \ (\text{b/符号}) \end{aligned}$$

该消息的总信息量为

$$I = M \cdot H = 57 \times 1.906 = 108.64\ \text{(b)}$$

计算得到的总信息量与【例 1-2】算得的结果不完全相同，原因是这里熵的计算采用的是统计平均（概率），而【例 1-2】中采用的是算术平均（频率），只当消息序列足够长时两者差别才趋于消失。一般情况下消息序列都很长，采用熵的概念比较方便。

如果信源发出的消息是连续可变的，则需要引入连续消息出现的概率密度 $f(x)$，这时平均信息量可用下面的积分计算：

$$H(x) = -\int_{-\infty}^{\infty} \left[f(x)\log_2 f(x) \right] \mathrm{d}x \qquad (1.5\text{-}9)$$

【例 1-4】　有一连续消信源，其输出信号在（−1，+1）范围内具有均匀的概率密度函数，求消息的平均信息量。

【解】　信号取值在（−1，1）均匀分布，其概率密度函数 $f(x)=1/2$，故平均信息量为

$$H(x) = -\int_{-\infty}^{\infty} \left[f(x)\log_2 f(x) \right] \mathrm{d}x = -\int_{-1}^{1} \frac{1}{2}\left(\log_2 \frac{1}{2} \right) \mathrm{d}x = 1\ \text{(b)}$$

1.6 通信系统的性能指标

在设计或评估通信系统时，需要涉及通信系统的性能指标，用以衡量通信系统的优劣。通信系统的性能指标包括通信系统的有效性、可靠性、适应性、标准性、经济性以及可维护性等等。

从消息的传输角度来说，对通信系统的优劣评价起主要作用的有两个，即有效性和可靠性。有效性是指消息传输的“速度”问题，即快慢问题；而可靠性是指消息传输的“质量”问题，即好坏问题。有效性的提高与可靠性的提高之间存在一定矛盾，只能在满足可靠性要求下尽可能提高有效性，或者在满足有效性的前提下尽可能提高可靠性。

由于模拟通信系统与数字通信系统存在差别，因此对有效性和可靠性的量度方法有所不同。

1.6.1 模拟通信系统有效性与可靠性

1. 有效性

对模拟通信系统，有效性可用传输信号的频带来度量。对于同样的消息，采用不同的调制方式传输，需要的频带宽度也不相同。比如，模拟调制中采用的双边带调幅占用的频带宽度是单边带调幅的两倍；又如，宽带调频信号的频带宽度远大于一般调幅信号的频带宽度。因此从有效性考虑，传输相同信号所需要的频带越窄，则传输的有效性越高。

2. 可靠性

模拟通信系统的可靠性用接收端输出信号功率 S 与噪声功率 N 之比，即信噪比（S/N）来度量。不同的调制方式在同样信道中传输，输出信噪比也不相同，信噪比越大，抗干扰能力越强，可靠性越高。比如调频广播可靠性远大于调幅广播可靠性。

1.6.2 数字通信系统有效性与可靠性

1. 有效性

对数字通信系统，有效性用码元传输速率或频带利用率来度量。

码元传输速率 R_B 定义为单位时间（s）内传输的码元数目，其单位为波特（Baud），简写为 Bd，1 Bd=1 码元/s，因此码元速率也称为波特率。如果传输每个码元所需的时间是 T（s），则码元速率为

$$R_B = 1/T \text{ (Bd)} \tag{1.6-1}$$

注意这里对码元采用何种进制没有限制，可以是二进制的，也可以是多进制的。

信息传输速率 R_b 定义为单位时间（s）内传输的比特数目，其单位是 b/s（或 bps）。信息传输速率也简称为比特率。常把码元传输速率和信息传输速率统称为传输速率。

由于等概率发送的二进制码元所携带的信息量为 1 b，而等概率发送的 M 进制码元所携带的信息量为 $\log_2 M$ （b），因此信息速率 R_b 与码元速率 R_B 存在下面的关系

$$R_b = R_B \log_2 M \tag{1.6-2}$$

数字通信的频带利用率 η 定义为：所传输的信息速率 R_b 或码元速率 R_B 与系统带宽 B 之比值，其单位为 $b{\cdot}s^{-1}/Hz$ 或 Bd/Hz，即

$$\eta = \frac{R_b}{B} \quad 或 \quad \eta = \frac{R_B}{B} \tag{1.6-3}$$

频带利用率是衡量数据通信系统有效性的重要指标，这是因为在比较通信系统有效性时，不能仅看信号的传输速率，还要看其占用的频带宽度。

【例 1-5】　某信息源输出四进制等概率信号，码元宽度为 125 μs，求码元速率和信息速率。

【解】　码元宽度 T=1.25×10^{-4} s，故码元速率为

$$R_B = \frac{1}{T} = \frac{1}{1.25 \times 10^{-4}} = 8\,000 \text{ (Bd)}$$

信息速率为

$$R_b = R_B \log_2 M = 8\,000 \times \log_2 4 = 1.6 \times 10^4 \text{ (b/s)}$$

2. 可靠性

数字信号码元在传输过程中，由于信道不理想以及噪声的干扰等因素，使接收到的码元可能会出现错误，这称之为误码。误码的多少用误码率 P_e 来衡量，表示单位时间内错误接收的码元数与发送的总码元数之比值，即

$$P_e = \frac{错误接收的码元数}{发送的总码元数} \tag{1.6-4}$$

误码率是传输系统可靠性的度量，是一个无量纲的数，误码越多，误码率越大，可靠性越差。

数字通信的可靠性也可用误信率来度量，它表示单位时间内错误接收的比特数与发送的总比特数之比，即

$$P_b = \frac{错误接收的比特数}{发送的总比特数} \tag{1.6-5}$$

1.7 MATLAB 与通信仿真

1.7.1 MATLAB 简介

MATLAB 是 Matrix Laboratory（矩阵实验室）的简称，是美国 MathWorks 公司推出的商用数学软件，是国际公认的优秀工程应用开发环境。MATLAB 功能强大、简单易学、编程效率高，深受科技工作者的欢迎，也特别受到非计算机专业科技人员的青睐。

MATLAB 的基本数据单位是矩阵，它的指令表达式与数学、工程中常用的形式十分相似，因此用 MATLAB 解算问题比用 C 语言和 FORTRAN 语言等来完成相同的事情要简捷得多。在进行科学计算和工程运算方面，MATLAB 能使通常难以实现的运算和功能变得简单而准确，其产生的工作进程和效率是用通常的编程方法所无法比拟的。

高版本的 MATLAB 语言是建立在流行的 C++语言基础上的，其语法特征与 C++语言十分相似，而且更为简单，符合科技人员对数学表达式的书写格式。MATLAB 语言可移植性好，可拓展性极强，这也是 MATLAB 能够深入到科学研究及工程计算各个领域的重要原因。

MATLAB 在函数图形绘制方面也同样具有很强的优势，可以将向量和矩阵用图形表现出来，并进行多种形式的标注。高层次的作图包括二维和三维的可视化、图像处理、动画和表达

式作图。高版本的 MATLAB 对整个图形处理功能做了很大的改进和完善，使它在图形的光照处理、色度处理以及四维数据的表现等方面具有出色的处理能力。对一些特殊的可视化要求，例如图形对话等，MATLAB 也有相应的功能函数，保证了用户不同层次的要求。另外，MATLAB 还在图形用户界面（GUI）的制作上有了很大的改善，使得对这方面有特殊要求的用户能够得到满足。

MATLAB 对许多专门的领域开发了功能强大的模块集和工具箱，用户可以直接使用工具箱进行学习和应用，而不需要自己编写代码。目前，MATLAB 已经把工具箱延伸到了科学研究和工程应用的诸多领域，如通信、信号处理、图像处理、数据采集、数据库接口、小波分析、优化、电力系统仿真等。

1.7.2 通信仿真技术

实际的通信系统是功能结构相当复杂的系统，对这个系统做出的任何改变都可能影响到整个系统的性能和稳定。因此，在对原有的通信系统做出改进或建立一个新系统之前，通常对这个系统进行建模和仿真，通过仿真结果衡量方案的可行性，从中选择最合理的系统配置和参数设置，然后再应用到实际系统中，这个过程就是通信仿真。

在对通信系统进行仿真之前，首先需要研究通信系统的特性，通过归纳和抽象建立通信系统的仿真模型。通信系统仿真是一个往复的过程，它从当前系统出发，通过分析建立起一个能够在一定程度上描述原通信系统的仿真模型，然后通过仿真实验得到相关数据。通过对仿真数据的分析可以得到相应的结论，然后把这个实验结论应用到对当前通信系统的改造中。如果改造后通信系统的性能并不像仿真结果那样令人满意，还需要重新实施通信系统仿真，这时候改造后的通信系统就成了当前系统，并且开始新一轮的通信系统仿真过程。因此，通信系统仿真一般分为 3 个步骤，即仿真建模、仿真实验和仿真分析。这 3 个步骤可能需要循环执行多次才能获得满意的结果。

对于通信系统的简单问题，一般可以通过直接编写程序的方法进行数值计算，从而在编程的实践过程中加深对通信原理基础理论的理解，获得直观的仿真效果。但对于较为复杂的问题，往往以 MATLAB 自带的 Simulink 作为建模和仿真的平台。“Simulink”中的“Simu”表示它可用于系统仿真，“link”表示它可进行系统连接。在 Simulink 环境下，可以在屏幕上调用现成的模块，并将它们适当连接起来以构成系统的可视化模型。建模以后，以该模型为对象运行仿真程序，从而对模型进行仿真，并可以随时观察仿真结果和干预仿真过程。Simulink 建模直观，贴近系统工程设计的思维模式，将强大的数值计算能力和丰富的数据可视化能力、友好的图形用户界面融合为一体。

通信技术是在实践中不断发展完善起来的，也应该在实践中进行学习和使用。因此，在本书的主要章节中，力图通过一些短小的 MATLAB 程序、可视化图形等来加强对通信原理基本概念和基本理论的学习与理解，并在第 11 章中利用 Simulink 仿真平台，对常用的一些数字通信系统进行建模和仿真，从而避免单纯学习通信理论知识，却无法在实践中进行应用的局面。

1.8 本章小结

通信的目的是为了传输消息中所包含的信息，通信中形式上传输的是消息，但本质上传输的是信息。

通信系统就是用电信号（或光信号、声信号）传输信息的系统，一般包含信源、发送设备、信道、噪声源、接收设备、信宿 6 个大的部分。利用模拟信号来传输信息的系统是模拟通信系统，利用数字信号来传输信息的系统是数字通信系统。

与模拟通信比较，数字通信的主要优点表现在：抗干扰能力强，无噪声积累；便于加密处理；便于存储、处理和交换；可通过差错控制编码的方法，来减小信息传输中的误码率，提高通信系统的可靠性等。主要缺点表现在：需要较大的传输带宽；对同步系统要求高，需要相对复杂的设备支持。随着通信技术朝着小型化、智能化、高速和大容量的方向迅速发展，数字通信最终会完全取代模拟通信。

离散消息的信息量可采用消息出现概率的对数来定量描述，出现的概率越低，所包含的信息量越大。零概率事件的信息量等于无限大；必然事件的概率等于 1，信息量等于 0。

信息源平均信息量是指传输的每个符号中所含信息量的统计平均值，又称为信源的熵。

评价通信系统好坏的指标主要有两个：有效性和可靠性。模拟通信系统的有效性和可靠性分别用带宽和信噪比来衡量；数字通信系统的有效性和可靠性分别用码元传输速率和误码率来衡量。

现代通信系统的研究、设计和开发离不开系统建模和计算机仿真，利用 MATLAB 编程和 Simulink 仿真是设计现代通信系统的重要手段。

思考题

1-1　通信系统一般由哪几个大的部分所组成？各组成部分的功能是什么？

1-2　简述数字通信的主要优缺点。

1-3　什么叫作基带信号？

1-4　VHF 和 UHF 属于什么频段的电磁信号？有哪些典型应用？

1-5　离散信号和连续信号的平均信息量如何表示？

1-6　串行传输与并行传输有哪些主要特点？

1-7　单工、半双工和全双工通信如何定义，有哪些主要应用？

1-8　通信系统的主要性能指标有哪些？对模拟信号和数字信号，它们是如何表示的？

1-9　误码率和误信率如何定义，两者之间的关系是怎样的？

1-10　什么是频带的利用率？引入频带利用率的意义是什么？

1-11　MATLAB 与通信系统设计有怎样的关系？

习题

1-1　英文字母 E 出现的概率为 0.105，Q 出现的概率为 0.001，求字母 E 和 Q 的信息量。

1-2　某信源符号集由 A、B、C 和 D 组成，每一符号独立出现，出现的概率分别为 1/4、1/8、1/8 和 1/2，求：

（1）每个符号的信息量；

（2）信源的熵；

（3）每个符号等概率出现时信源的熵。

1-3　某数字通信系统用正弦载波的 4 个相位 0、$\pi/2$、π、$3\pi/2$ 来传输信息，这 4 个相位是互相独立的，求：

（1）当 4 个相位在每秒内出现的次数分别为 500、125、125、250 时，每个符号所包含的平均信息量；

（2）此通信系统的码元速率和信息速率。

1-4 已知某四进制离散等概信源（0，1，2，3），其符号出现概率分别为1/2，1/4，1/8，1/8，且互相独立，信源发送的消息为13201010100201300200100210300101020010030103210，求：

（1）消息中实际包含的信息量；

（2）用熵的概念计算消息的信息量。

1-5 某信息源的符号集由A、B、C、D、E组成，每个符号独立出现，出现的概率分别为1/4、1/8、1/8、3/16和5/16，信源以2 000 Bd速率传送信息，求：

（1）传送1 h的信息量；

（2）传送1 h可能达到的最大信息量。

1-6 某系统采用脉冲组方式传送信息，已知每个脉冲组中包含4个信息脉冲和1个休止脉冲，每个信息脉冲和休止脉冲的宽度均为1 ms，且4个信息脉冲等概出现，求：

（1）码元传送速率；

（2）平均信息速率。

提示：休止脉冲不包含信息，在计算信息速率时应将它去掉。

1-7 消息源由相互独立的字母A、B、C、D所组成，对传输的每一个字母用二进制码元编码，即A编为00，B编为01，C编为10，D编为11，每个二进制脉冲宽度为T_b=5 ms，求

（1）4个字母等概出现时，传输的码元速率和平均信息速率；

（2）4个字母不等概出现，且$P(A)=1/4$，$P(B)=1/5$，$P(C)=1/4$，$P(D)=3/10$时，传输的码元速率和平均信息速率。

1-8 有一个四进制数字通信系统，码元速率是1 kBd，连续工作1小时后，接收端接收到的错误码元数目为20个。

（1）求系统的误码率；

（2）如果4个符号独立等概，且错一个码元时发生1b信息错误，求误信率。

1-9 已知一个独立等概的四进制数字传输系统的误码率为5×10^{-6}，该系统的信息速率为4 800 b/s。求接收端接收到300个错误码元所需的时间。

1-10 数字通信系统A传输速率为2 400 Bd，数字通信系统B传输速率为3 600 Bd，在同一时间测量时，A系统测到120个错误码元，B系统测到240个错误码元，试从有效性和可靠性两方面比较这两个系统的性能。

第 2 章　随机过程与噪声

与信号与线性系统讨论的确定信号不同，通信系统中信源发送的信号具有一定的不可预测性，在数学上表现为随机性。信号在传输过程中会不可避免地遇到各种噪声和干扰，这些噪声也是不可预测的或随机变化的。电磁波的传播受大气层的变化、地面地形的影响，也使接收的信号随机变化。对这种具有一定随机性的通信信号需要借助随机过程来描述。

本章介绍随机过程的基本概念、数字特征及噪声的表示方法，重点分析通信系统中几种重要随机过程的统计特性，以及随机过程通过线性系统的情况，这些内容是后面章节中分析通信系统的性能的基础。

2.1　随机过程描述

2.1.1　随机过程概念

在随机现象的分析中，随机事件、随机变量已为大家所熟知。随机变量是对随机试验出现的各种可能结果进行的某种描述，研究随机变量是在讨论它取值的同时还研究它取值的可能性，不考虑时间上的问题。事实上，很多随机变量会随着时间推移做随机变化，它在任一时刻表现为随机变量，但不能用确切的时间函数描述，这种随时间做随机变化的随机变量被描述为随机过程。例如，通信系统中的信号和噪声在任意时刻具有随机性，且随着时间参数 t 随机变化，通常称为随机信号，可视为两个随机过程。

随机过程是时间 t 的实函数，但是在任一给定时刻上反映为一个随机变量。也就是说，随机过程可以看成是对应不同随机试验结果的时间过程的集合。例如：设有 n 部性能完全相同的通信机，它们的工作条件相同，如果用 n 台相同的记录仪同时记录通信机输出热噪声电压波形，结果将发现，尽管测试设备和测试条件都相同，但是记录的是 n 条随时间起伏且各不相同的波形，如图 2-1 所示。这表明：接收机输出的噪声电压在任一时刻是随机的（同一时刻各台记录仪记录的结果不同），噪声电压随时间变化是不可预测的（各台记录仪不同时间记录的结果没有必然规律）。测试结果的每一个记录，即图 2-1 中的一个波形，都是一个确定的时间函数 $x_i(t)$，可称之为样本函数或随机过程的一个实现。全部样本函数所反映的总体就是一个随机过程，记为 $\xi(t)$。简言之，随机过程是所有样本函数的集合。

显然，可把对接收机输出噪声波形的观察看成是进行一次随机试验，每次试验之后，$\xi(t)$ 取图 2-1 所示的所有可能样本中的某一样本函数，至于是哪一个样本，在进行观测之前是无法预测的，这正是随机过程随机性的表现。随机过程的这种不可预测性或随机性还可以从另一个角度来理解，在任一观测时刻 t_1 上，不同样本的取值 $\{x_i(t_1), i=1,2,\cdots,n\}$ 是一个随机变量，记为 $\xi(t_1)$。换句话说，随机过程在任意时刻的值是一个随机变量。因此，又可以把随机过程看成在时间进

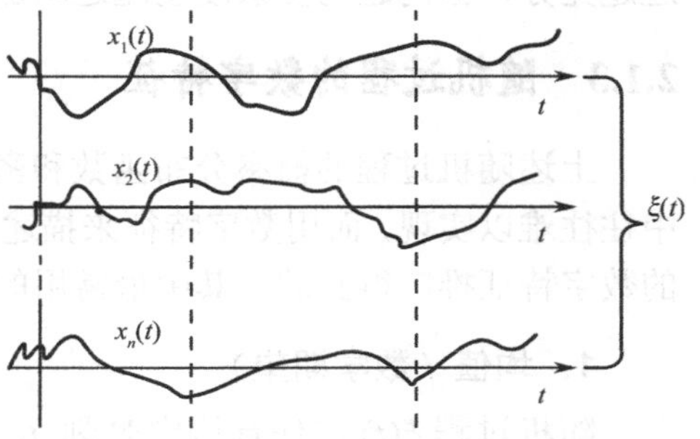

图 2-1　样本函数构成的总体

程中处于不同时刻的随机变量的集合。

随机过程具有两个属性：

（1）$\xi(t)$ 是时间的随机函数；

（2）给定任一时刻 t，$\xi(t)$ 是一个随机变量。

2.1.2 随机过程的统计特性

与随机变量类似，随机过程的统计特性是通过它的概率分布和数字特征来表述的。

设 $\xi(t)$ 是一个随机过程，其在任意给定时刻 t_1 的取值用 $\xi(t_1)$ 表示，随机变量 $\xi(t_1)$ 参照随机变量用分布函数或概率密度函数来描述。

把随机变量 $\xi(t_1)$ 小于或等于某一数值 x_1 的概率 $P[\xi(t_1)\leqslant x_1]$ 记为 $F_1(x_1,t_1)$，即

$$F_1(x_1,t_1)=P[\xi(t_1)\leqslant x_1] \tag{2.1-1}$$

则称 $F_1(x_1,t_1)$ 为随机过程 $\xi(t)$ 的一维分布函数。如果 $F_1(x_1,t_1)$ 对 x_1 的偏导数存在，有

$$\frac{\partial F_1(x_1,t_1)}{\partial x_1}=f_1\ (x_1,t_1) \tag{2.1-2}$$

则称 $f_1(x_1,t_1)$ 为 $\xi(t)$ 的一维概率密度函数。显然，随机过程的一维分布函数和一维概率密度函数仅仅描述了随机过程在各个孤立时刻的统计特性，没有反映随机过程在不同时刻之间的内在联系，为此对足够多时刻上的随机变量作为随机变量组研究随机过程的多维分布函数。

以随机过程 $\xi(t)$ 的二维分布函数为例。对于任意给定的两个时刻 t_1, t_2，把满足 $\xi(t_1)\leqslant x_1$ 和 $\xi(t_2)\leqslant x_2$ 的概率

$$F_2(x_1,x_2;t_1,t_2)=P\{\xi(t_1)\leqslant x_1,\xi(t_2)\leqslant x_2\} \tag{2.1-3}$$

称为随机过程 $\xi(t)$ 的二维分布函数，如果

$$\frac{\partial^2 F_2(x_1,x_2;t_1,t_2)}{\partial x_1\partial x_2}=f_2(x_1,x_2;t_1,t_2) \tag{2.1-4}$$

存在，则称 $f_2(x_1,x_2;t_1,t_2)$ 为 $\xi(t)$ 的二维概率密度函数。

同理，任意给定 $t_1,t_2,\cdots,t_n\in T$，则 $\xi(t)$ 的 n 维分布函数被定义为

$$F_n\left(x_1,x_2,\cdots x_n;t_1,t_2,\cdots t_n\right)=P\left[\xi\left(t_1\right)\leqslant x_1,\xi\left(t_2\right)\leqslant x_2,\cdots\xi\left(t_n\right)\leqslant x_n\right] \tag{2.1-5}$$

如果存在

$$\frac{\partial^n F_n\left(x_1,x_2,\cdots x_n;t_1,t_2,\cdots t_n\right)}{\partial x_1\partial x_2\cdots\partial x_n}=f_n\left(x_1\cdots x_n,t_1\cdots t_n\right) \tag{2.1-6}$$

则称 $f_n\left(x_1\cdots x_n,t_1\cdots t_n\right)$ 为 $\xi(t)$ 的 n 维概率密度函数。显然，n 越大，对随机过程统计特性的描述越充分，但问题的复杂度也随之增加。

2.1.3 随机过程的数字特征

上述随机过程的概率分布函数和密度函数虽然能较完整地描述其统计特性，但在实际工作中往往难以实现，而用数字特征来描述则更为简单和直观。随机过程的数字特征是由随机变量的数字特征推广得到的，其中最常用的是均值、方差和相关函数。

1．均值（数学期望）

随机过程 $\xi(t)$ 在任意给定时刻 t_1 的取值 $\xi(t_1)$ 是一个随机变量，其一维概率密度函数为 $f_1(x_1,t_1)$，则 $\xi(t_1)$ 的均值定义为

$$E\left[\xi\left(t_1\right)\right]=\int_{-\infty}^{\infty} x_1 f_1\left(x_1,t_1\right)\mathrm{d}x_1 \tag{2.1-7}$$

因为 t_1 是任取的，所以可以把 t_1 直接写为 t，x_1 也改为 x，这时上式就变为随机过程在任意时刻的均值（也称数学期望），记为 $a(t)$：

$$a(t)=E\left[\xi(t)\right]=\int_{-\infty}^{\infty} xf_1\left(x,t\right)\mathrm{d}x \tag{2.1-8}$$

显然，随机过程 $\xi(t)$ 的均值 $a(t)$是时间 t 的函数，它表示随机过程的所有样本函数曲线的摆动中心。

2．方差

随机过程的方差定义为

$$\sigma^2((t)=D\left[\xi(t)\right]=E\left\{\xi(t)-E\left[\xi(t)\right]\right\}^2=E\left[\xi^2(t)\right]-\left\{E\left[\xi(t)\right]\right\}^2=E\left[\xi^2(t)\right]-a^2(t)) \tag{2.1-9}$$

可见，方差等于均方值与数学期望平方之差，它表示随机过程在时刻 t 相对于均值 $a(t)$的偏离程度。

3．协方差函数和相关函数

衡量随机过程任意两个时刻上获得的随机变量之间的关联程度时，常用协方差函数 $B(t_1, t_2)$和相关函数 $R(t_1, t_2)$来表示。协方差函数定义为

$$B(t_1,t_2)=E\left\{\left[\xi(t_1)-a(t_1)\right]\left[\xi(t_2)-a(t_2)\right]\right\}=E\left[\xi(t_1)\xi(t_2)\right]-a(t_1)a(t_2) \tag{2.1-10}$$

式中，t_1 与 t_2 是任取的两个时刻，$a(t_1)$与 $a(t_2)$是 t_1, t_2 时刻的均值。

相关函数定义为：

$$\begin{aligned}R\left(t_1,t_2\right)&=E\left[\xi\left(t_1\right)\xi\left(t_2\right)\right]\\&=\int_{-\infty}^{\infty}\int_{-\infty}^{\infty} x_1x_2 f_2\left(x_1,x_2;t_1,t_2\right)\mathrm{d}x_1\mathrm{d}x_2\end{aligned} \tag{2.1-11}$$

式中，$\xi(t_1)$ 和 $\xi(t_1)$ 分别是在 t_1、t_2 时刻观测 $\xi(t)$ 得到的随机变量。可以看出，$R(t_1, t_2)$是两个变量 t_1 和 t_2 的确定函数，$f_2(x_1,x_2;t_1,t_2)$ 为二维概率密度函数。

$R(t_1, t_2)$与 $B(t_1, t_2)$之间的关系为

$$B\left(t_1,t_2\right)=R\left(t_1,t_2\right)-a(t_1)a(t_2) \tag{2.1-12}$$

若 $a(t_1)=0$或$a(t_2)=0$，则 $B(t_1, t_2)$=$R(t_1, t_2)$。由于 $B(t_1, t_2)$和 $R(t_1, t_2)$ 是衡量同一过程相关程度的，因此它们又分别称为自协方差函数和自相关函数，本书中只采用 $R(t_1, t_2)$。

如果把相关函数的概念引申到两个或多个随机过程，也可以定义互相关函数。设 $\xi(t)$ 和 $\eta(t)$ 分别表示两个随机过程，则互相关函数为

$$\begin{aligned}R_{\xi\eta}\left(t_1,t_2\right)&=E\left[\xi\left(t_1\right)\eta\left(t_2\right)\right]\\&=\int_{-\infty}^{\infty}\int_{-\infty}^{\infty} xy\cdot f\left(x,t_1;y,t_2\right)\mathrm{d}x\mathrm{d}y\end{aligned} \tag{2.1-13}$$

若 $t_2>t_1$，并令 $\tau=t_2-t_1$，则相关函数 $R(t_1, t_2)$可以表示为 $R(t_1,t_1+\tau)$。这说明，相关函数依赖于起始时刻 t_1 以及 t_2 与 t_1 之间的时间间隔 τ，即相关函数是 t_1 和 τ 的函数。

2.2　平稳随机过程

平稳随机过程是一类特殊类型的随机过程，在通信领域中应用很广泛。

2.2.1 严平稳过程与广义平稳过程

严平稳随机过程的全称是随机过程在严格意义下的平稳过程，是指它的任何 n 维分布函数或概率密度函数与时间起点无关。也就是说，对于任意的正整数 n 和所有实数 τ，随机过程 $\xi(t)$ 的 n 维概率密度函数满足

$$f_n\left(x_1,x_2,\cdots x_n;t_1,t_2,\cdots t_n\right)=f_n\left(x_1,\cdots x_n;t_1+\tau,t_2+\tau,\cdots,t_n+\tau\right) \tag{2.2-1}$$

该定义表明，严平稳随机过程的统计特性不随时间的推移而改变，在时间上只与相对时间差有关。由此推论出，它的一维概率密度函数与时间 t 无关，即

$$f_1(x_1,t_1)=f_1(x_1) \tag{2.2-2}$$

而它的二维概率密度函数只与时间间隔 τ 有关，即

$$f_2(x_1,x_2;t_1,t_2)=f\left(x_1x_2;\tau\right) \tag{2.2-3}$$

显然，随着概率密度函数的简化，平稳随机过程 $\xi(t)$ 的一些数字特征也可以相应地简化，其均值

$$a(t)=E\left[\xi(t)\right]=\int_{-\infty}^{\infty}xf\left(x\right)\mathrm{d}x=a \tag{2.2-4}$$

为一常数，它表示平稳随机过程的各样本函数围绕着一水平线起伏。其自相关函数为

$$\begin{aligned}R\left(t_1,t_1+\tau\right)&=E\left[\xi\left(t_1\right)\xi\left(t_1+\tau\right)\right]\\&=\int_{-\infty}^{\infty}\int_{-\infty}^{\infty}x_1x_2f\left(x_1,x_2;\tau\right)\mathrm{d}x_1\mathrm{d}x_2=R(\tau)\end{aligned} \tag{2.2-5}$$

可见，严平稳随机过程 $\xi(t)$ 具有显明的数字特征：（1）均值与 t 无关，为常数 a；（2）自相关函数在时间上只与时间间隔 $\tau=t_2-t_1$ 有关，即 $R(t_1,t_1+\tau)=R(\tau)$。

严平稳随机过程对概率密度函数要求较高，适用性不广。但在实际情况下满足式（2.2-4）和式（2.2-5）的情形较为广泛，特别是在通信信号处理中。我们把同时满足式（2.2-4）和式（2.2-5）的随机过程定义为广义平稳随机过程。

严平稳随机过程必定是广义平稳的，反之不一定成立。

在通信系统中所遇到的信号及噪声，大多数均可视为广义平稳随机过程，为此也将广义平稳随机过程简称为平稳过程。本书此后的讨论都假定是平稳过程。

2.2.2 平稳过程的各态历经性

平稳随机过程在满足一定条件下有一个非常有用的特性，称为“各态历经性”。是指随机过程的数字特征（统计平均）可用随机过程的任一样本的数学特征的估计（时间平均）来代替。大量实际观测和理论分析表明，许多平稳随机过程都具有这样的特性。

假设 $x(t)$ 是平稳随机过程 $\xi(t)$ 的任意一个实现，它的时间均值和时间相关函数分别定义为

$$\left.\begin{aligned}&\lim_{T\to\infty}\frac{1}{T}\int_{-T/2}^{T/2}x(t)\mathrm{d}t=\overline{a}\\&\lim_{T\to\infty}\frac{1}{T}\int_{-T/2}^{T/2}\left[x(t)-\overline{a}\right]^2\mathrm{d}t=\overline{\sigma^2}\\&\lim_{T\to\infty}\frac{1}{T}\int_{-T/2}^{T/2}x(t)x(t-\tau)\mathrm{d}t=\overline{R(\tau)}\end{aligned}\right\} \tag{2.2-6}$$

如果平稳随机过程使下式成立：

$$\left.\begin{aligned} a &= \overline{a} \\ \sigma^2 &= \overline{\sigma^2} \\ R(\tau) &= \overline{R(\tau)} \end{aligned}\right\} \tag{2.2-7}$$

即平稳过程的统计平均值等于它的任意一次实现的时间平均值，则称该平稳过程具有各态历经性。

“各态历经性”的含义是：随机过程的任一实现都好像经历了随机过程的所有可能状态。因此，无须获得大量计算统计平均的样本函数，而只需做一次考察，用一次实现的“时间平均”值代替过程的“统计平均”值即可，这使实际测量和计算过程大为简化。

注意，具有各态历经性的随机过程必定是平稳随机过程，但平稳随机过程不一定是各态历经的。在通信系统中所遇到的随机信号及噪声，一般均可满足各态历经条件。

2.2.3 平稳过程自相关函数与功率谱密度

在平稳过程的均值、方差、自相关函数和互相关函数这 4 个数字特征中，自相关函数最为重要。其一，平稳随机过程的统计特性可通过自相关函数来描述；其二，自相关函数与平稳随机过程的功率谱特性有着内在的联系。

1．自相关函数

设 $\xi(t)$ 为实平稳随机过程，则自相关函数

$$R(\tau) = E[\xi((t)\xi((t+\tau)] \tag{2.2-8}$$

具有以下主要性质：

（1）
$$R(0) = E\left[\xi^2(t)\right] = S \tag{2.2-9}$$

即 $\tau = 0$ 的自相关函数等于信号的平均功率。

（2）
$$R(\tau) = R(-\tau) \tag{2.2-10}$$

即 $R(\tau)$ 是关于 τ 的偶函数。这一性质可直接由定义式（2.2-8）证明。

（3）
$$|R(\tau)| \leqslant R(0) \tag{2.2-11}$$

即自相关函数 $R(\tau)$ 在 $\tau = 0$ 有最大值。因为：

$$\left|E[\xi(t)\xi(t+\tau)]\right| \leqslant E\left[\frac{\xi^2(t)+\xi^2(t+\tau)}{2}\right] \leqslant \frac{1}{2}\left\{E\left[\xi^2(t)\right]+E\left[\xi^2(t+\tau)\right]\right\}$$

于是

$$|R(\tau)| \leqslant R(0)$$

其中 $E\left[\xi^2(t+\tau)\right] = E\left[\xi^2(t)\right] = R(0)$。

（4）
$$R(\infty) = E^2\left[\xi(t)\right] = a^2 \tag{2.2-12}$$

即 $R(\infty)$ 等于 $\xi(t)$ 的直流功率，证明如下：

$$\lim_{\tau\to\infty} R(\tau) = \lim_{\tau\to\infty} E\left[\xi(t)\xi(t+\tau)\right] = E\left[\xi(t)\right]\cdot E\left[\xi(t+\tau)\right] = E^2\left[\xi(t)\right]$$

其中利用了当 $\tau\to\infty$ 时，$\xi(t)$ 与 $\xi(t+\tau)$ 不存在依赖关系，即统计独立，且 $\xi(t)$ 中不含周期分量。

（5）结合方差 σ^2 和 $R(0)$、$R(\infty)$ 的定义有

$$R(0)-R(\infty)=\sigma^2 \tag{2.2-13}$$

特别地，当均值为 0 时，有 $R(0)=\sigma^2$。

由上述性质可知，用自相关函数几乎可表述 $\xi(t)$ 所有的数字特征，因而具有实用意义。

2．功率谱密度

信号处理中信号的频域表示是非常重要的研究手段，确知信号在频域可通过频谱来表示（信号与线性系统课程讲述过），而对通信中遇到的大量随机信号如何在频域表述呢？

随机信号作为随机过程，它的频谱特性可用其功率谱密度来表述。对一个确定的功率信号 $f(t)$，它的功率谱密度 $P_f(\omega)$ 定义为

$$P_f(\omega)=\lim_{T\to\infty}\frac{\left|F_T(\omega)\right|^2}{T} \tag{2.2-14}$$

式中，$F_T(\omega)$ 是 $f(t)$ 的截短函数 $f_T(t)$ 所对应的频谱函数，如图 2-2 所示。

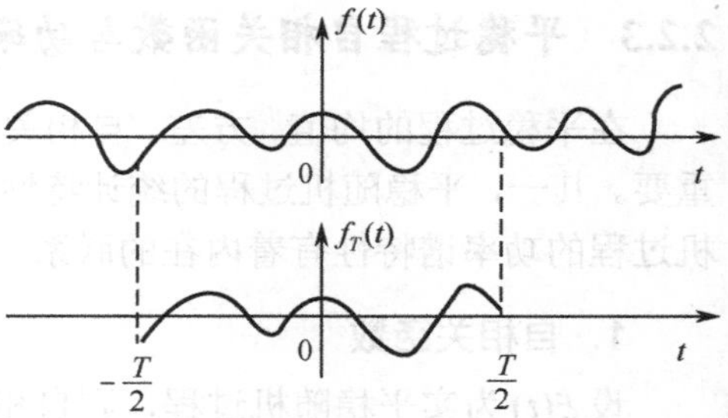

图 2-2　截短函数

可以把 $f(t)$ 看成平稳过程 $\xi(t)$ 的任一样本，因而每个样本的功率谱密度也可以用式（2.2-14）来表示。一般而言，不同样本函数具有不同的功率谱密度 $P_f(\omega)$，因此，某一样本的功率谱密度不能作为随机过程的功率谱密度，而应看成是对所有样本功率谱的统计平均，即

$$P_\xi(\omega)=E\left[P_f(\omega)\right]=\lim_{T\to\infty}\frac{E\left[\left|F_T(\omega)\right|^2\right]}{T} \tag{2.2-15}$$

式（2.2-15）给出了平稳随机过程 $\xi(t)$ 的功率谱密度 $P_\xi(\omega)$ 定义，尽管该定义非常直观，但很难直接用它来计算功率谱。

由确知信号理论可知，非周期的功率型确知信号的自相关函数与其功率谱密度是一对傅里叶变换的关系。这种关系对平稳随机过程同样成立，也就是说，平稳过程的功率谱密度 $P_\xi(\omega)$ 与其自相关函数 $R(\tau)$ 也是一对傅里叶变换关系，即

$$\left.\begin{aligned}P_\xi(\omega)&=\int_{-\infty}^{\infty}R(\tau)\cdot \mathrm{e}^{-\mathrm{j}\omega\tau}\mathrm{d}\tau\\ R(\tau)&=\frac{1}{2\pi}\int_{-\infty}^{\infty}P_\xi(\omega)\cdot \mathrm{e}^{\mathrm{j}\omega\tau}\mathrm{d}\omega\end{aligned}\right\} \tag{2.2-16}$$

简记为

$$R(\tau)\Leftrightarrow P_\xi(\omega)$$

关系式（2.2-16）称为维纳-辛钦关系，它在平稳随机过程的理论和应用中是一个非常重要的工具。它是联系频域和时域两种分析方法的基本关系式。

在此基础上，可以得到以下结论：

（1）令 $\tau=0$，即对功率谱密度积分，可以得到平稳过程的总功率

$$R(0)=E\left[\xi^2(t)\right]=\frac{1}{2\pi}\int_{-\infty}^{+\infty}P_\xi(\omega)\mathrm{d}\omega=\int_{-\infty}^{+\infty}P_\xi(2\pi f)\mathrm{d}f \tag{2.2-17}$$

其中角频率 $\omega=2\pi f$。

式（2.2-17）正是维纳-辛钦关系的意义所在，它将功率的时域计算与频域计算结合起来，不仅指出了用自相关函数来表示功率谱密度的方法，同时还从频域的角度给出了通过功率谱计算平稳随机过程 $\xi(t)$ 平均功率的方法，而式 $R(0)=E\left[\xi^2(t)\right]$ 是时域计算法。这一点进一步验证了 $R(\tau)$ 与功率谱密度 $P_\xi(\omega)$ 的关系。

（2）功率谱密度 $P_\xi(\omega)$ 具有非负性和实偶性，即有

$$P_\xi(\omega)\geqslant 0 \tag{2.2-18}$$

和

$$P_\xi(-\omega)=P_\xi(\omega) \tag{2.2-19}$$

【例 2-1】 某随机相位余弦波 $\xi(t)=A\cos(\omega_c t+\theta)$，其中 A 和 ω_c 均为常数，θ 是在 $(0,2\pi)$ 内均匀分布的随机变量。

（1）求 $\xi(t)$ 的自相关函数与功率谱密度；

（2）讨论 $\xi(t)$ 是否具有各态历经性。

【解】 （1）通过计算数学期望与自相关函数观测 $\xi(t)$ 是否广义平稳。

$\xi(t)$ 的数学期望为

$$\begin{aligned}a(t)=E\left[\xi(t)\right]&=\int_0^{2\pi}A\cos(\omega_c t+\theta)\frac{1}{2\pi}\mathrm{d}\theta\\&=\frac{A}{2\pi}\int_0^{2\pi}\left[\cos(\omega_c t)\cos\theta-\sin(\omega_c t)\sin\theta\right]\mathrm{d}\theta\\&=\frac{A}{2\pi}\left[\cos(\omega_c t)\int_0^{2\pi}\cos\theta\,\mathrm{d}\theta-\sin\omega_c t\int_0^{2\pi}\sin\theta\,\mathrm{d}\theta\right]\\&=0\end{aligned}$$

$\xi(t)$ 的自相关函数为

$$\begin{aligned}R(t_1,t_2)=E\left[\xi(t_1)\xi(t_2)\right]&=E\left[A\cos(\omega_c t_1+\theta)\cdot A\cos(\omega_c t_2+\theta)\right]\\&=\frac{A^2}{2}E\left\{\cos\left[\omega_c(t_2-t_1)\right]+\cos\left[\omega_c(t_1+t_2)+2\theta\right]\right\}\\&=\frac{A^2}{2}\cos\left[\omega_c(t_2-t_1)\right]+\frac{A^2}{2}\int_0^{2\pi}\cos\left[\omega_c(t_1+t_2)+2\theta\right]\cdot\frac{1}{2\pi}\mathrm{d}\theta\\&=\frac{A^2}{2}\cos\left[\omega_c(t_2-t_1)\right]\end{aligned}$$

令 $t_2-t_1=\tau$，得

$$R(t_1,t_2)=\frac{A^2}{2}\cos(\omega_c\tau)=R(\tau)$$

可见，$\xi(t)$ 的数学期望为常数，而自相关函数只与时间间隔 τ 有关，故 $\xi(t)$ 为广义平稳随机过程。

根据平稳随机过程相关函数与功率谱密度的关系，即 $R(\tau)\Leftrightarrow P_\xi(\omega)$，由于

$$\cos(\omega_c\tau)\Leftrightarrow\pi\left[\delta(\omega-\omega_c)+\delta(\omega+\omega_c)\right]$$

所以，功率谱密度为

$$P_\xi(\omega)=\frac{\pi A^2}{2}\left[\delta(\omega-\omega_c)+\delta(\omega+\omega_c)\right]$$

而平均功率为

$$S = R(0) = \frac{1}{2\pi}\int_{-\infty}^{\infty} P_{\xi}(\omega)\mathrm{d}\omega = A^2/2$$

（2）通过计算 $\xi(t)$ 的时间平均考察各态历经性。

根据式（2.2-6）可得

$$\overline{a} = \lim_{T\to\infty}\frac{1}{T}\int_{-T/2}^{T/2} A\cos(\omega_c t+\theta)\mathrm{d}t = 0$$

$$\begin{aligned}\overline{R(\tau)} &= \lim_{T\to\infty}\frac{1}{T}\int_{-T/2}^{T/2} A\cos(\omega_c t+\theta)\cdot A\cos\left[\omega_c(t+\tau)+\theta\right]\mathrm{d}t\\ &= \lim_{T\to\infty}\frac{A^2}{2T}\left\{\int_{-T/2}^{T/2}\cos(\omega_c\tau)\mathrm{d}t + \int_{-T/2}^{T/2}\cos(2\omega_c t+\omega_c\tau+2\theta)\mathrm{d}t\right\}\\ &= \frac{A^2}{2}\cos(\omega_c\tau)\end{aligned}$$

比较统计平均与时间平均，可得 $a=\overline{a}$，$R(\tau)=\overline{R(\tau)}$。因此，随机相位余弦波具有各态历经性。

2.3 平稳随机过程通过线性时不变系统

确知信号通过线性时不变系统的输出信号为零输入响应与零状态响应之和，而零状态响应为输入信号与系统冲激响应的卷积。通信系统中所遇到的信号或噪声一般都是随机的，这些随机过程通过线性时不变系统后，输出将是什么样的过程？平稳的随机过程经过线性时不变系统还是平稳的么？

平稳随机过程通过线性时不变系统的分析，完全是建立在确知信号通过线性系统的分析基础之上的。对于线性时不变系统，输出响应 $y(t)$ 等于输入信号 $x(t)$ 与系统的冲激响应 $h(t)$ 的卷积，即

$$y(t) = x(t) * h(t) = \int_{-\infty}^{+\infty} x(\tau)h(t-\tau)\,\mathrm{d}\tau \tag{2.3-1}$$

或

$$y(t) = x(t) * h(t) = \int_{-\infty}^{+\infty} h(\tau)x(t-\tau)\,\mathrm{d}\tau \tag{2.3-2}$$

对应的傅里叶变换关系为

$$Y(\mathrm{j}\omega) = X(\mathrm{j}\omega)\cdot H(\mathrm{j}\omega) \tag{2.3-3}$$

如果把 $x(t)$ 看作输入随机过程的一个样本，则 $y(t)$ 可看作输出随机过程的一个样本。显然，输入随机过程为 $\xi_i(t)$ 的每个样本与输出过程 $\xi_o(t)$ 的响应样本之间都满足式（2.3-2）的关系。因此，输入与输出随机过程也应满足式（2.3-2），即有

$$\xi_o(t) = h(t) * \xi_i(t) = \int_{-\infty}^{\infty} h(\tau)\xi_i(t-\tau)\mathrm{d}\tau \tag{2.3-4}$$

现假定输入过程 $\xi_i(t)$ 是平稳随机过程，可根据上述关系求系统输出过程 $\xi_o(t)$ 的统计特性。

1．输出过程 $\xi_o(t)$ 的均值

对式（2.3-4）两边取统计平均，则输出过程 $\xi_o(t)$ 的均值为

$$E\left[\xi_o(t)\right] = E\left[\int_{-\infty}^{\infty} h(\tau)\xi_i(t-\tau)\mathrm{d}\tau\right] = \int_{-\infty}^{\infty} h(\tau)E\left[\xi_i(t-\tau)\right]\mathrm{d}\tau$$

由于输入过程是平稳的，则有$E\left[\xi_i(t-\tau)\right]=E\left[\xi_i(t)\right]=a$（常数），所以

$$E\left[\xi_o(t)\right]=E\left[\xi_i(t)\right]\int_{-\infty}^{\infty}h(\tau)\,\mathrm{d}\tau=a\cdot H(0) \tag{2.3-5}$$

可见，输出过程的均值等于输入过程的均值与直流传递函数 $H(0)$的乘积，且$E[\xi_o(t)]$与 t 无关。

2．输出过程 $\xi_o(t)$ 的自相关函数

根据自相关函数的定义，输出过程 $\xi_o(t)$ 的自相关函数为

$$\begin{aligned}R_o(t_1,t_1+\tau)&=E\left[\xi_o(t_1)\xi_o(t_1+\tau)\right]\\&=E\left[\int_{-\infty}^{\infty}h(\alpha)\xi_i(t_1-\alpha)\mathrm{d}\alpha\cdot\int_{-\infty}^{\infty}h(\beta)\xi_i(t_1+\tau-\beta)\mathrm{d}\beta\right]\\&=\int_{-\infty}^{\infty}\int_{-\infty}^{\infty}h(\alpha)h(\beta)E\left[\xi_i(t_1-\alpha)\xi_i(t_1+\tau-\beta)\right]\mathrm{d}\alpha\mathrm{d}\beta\end{aligned}$$

根据输入过程的平稳性，有

$$E\left[\xi_i(t_1-\alpha)\xi_i(t_1+\tau-\beta)\right]=R_i(\tau+\alpha-\beta)$$

于是

$$R_o(t_1,t_1+\tau)=\int_{-\infty}^{\infty}\int_{-\infty}^{\infty}h(\alpha)h(\beta)R_i(\tau+\alpha-\beta)\mathrm{d}\alpha\mathrm{d}\beta=R_o(\tau) \tag{2.3-6}$$

可见，$\xi_o(t)$ 的自相关函数只与时间间隔 τ 有关，与时间起点无关。

式（2.3-5）和式（2.3-6）表明，若线性系统的输入过程是平稳的，那么输出过程也是平稳的。

3．输出过程 $\xi_o(t)$ 的功率谱密度

对式（2.3-6）进行傅里叶变换，输出过程 $\xi_o(t)$ 的功率谱密度为

$$\begin{aligned}P_o(\omega)&=\int_{-\infty}^{\infty}R_o(\tau)\mathrm{e}^{-\mathrm{j}\omega\tau}\mathrm{d}\tau\\&=\int_{-\infty}^{\infty}\left\{\int_{-\infty}^{\infty}\int_{-\infty}^{\infty}h(\alpha)h(\beta)R_i(\tau+\alpha-\beta)\mathrm{d}\alpha\mathrm{d}\beta\right\}\mathrm{e}^{-\mathrm{j}\omega\tau}\mathrm{d}\tau\end{aligned}$$

令$\tau'=\tau+\alpha-\beta$，则有

$$P_o(\omega)=\int_{-\infty}^{\infty}h(\alpha)\mathrm{e}^{\mathrm{j}\omega\alpha}\mathrm{d}\alpha\int_{-\infty}^{\infty}h(\beta)\mathrm{e}^{-\mathrm{j}\omega\beta}\mathrm{d}\beta\int_{-\infty}^{\infty}R_i(\tau')\mathrm{e}^{-\mathrm{j}\omega\tau'}\mathrm{d}\tau'$$

即

$$P_o(\omega)=H(\omega)\cdot H^*(\omega)\cdot P_i(\omega)=\left|H(\omega)\right|^2\cdot P_i(\omega) \tag{2.3-7}$$

可见，线性系统输出功率谱密度是输入功率谱密度 $P_i(\omega)$ 与系统功率传递函数$|H(\omega)|^2$的乘积。这是一个很重要的公式，若想得到输出过程的自相关函数 $R_o(\tau)$，比较简单的方法是先计算出功率谱密度 $P_o(\omega)$，然后求其反变换，这比直接计算 $R_o(\tau)$ 要简便得多。

2.4　高斯过程

高斯过程也称为正态随机过程，在实践中观测到的大多数噪声都属于高斯过程，在信道的建模中经常用到高斯模型。

2.4.1 高斯过程的定义

若随机过程 $\xi(t)$ 的任意 n 维（n=1, 2, …）分布都服从正态分布，则称它为高斯随机过程或正态过程。其 n 维正态概率密度函数表示如下：

$$f_n\left(x_1,x_2,\cdots,x_n;t_1,t_2,\cdots,t_n\right)$$
$$=\frac{1}{(2\pi)^{n/2}\sigma_1\sigma_2\cdots\sigma_n|\boldsymbol{B}|^{n/2}}\exp\left[\frac{-1}{2|B|}\sum_{j=1}^{n}\sum_{k=1}^{n}B_{jk}\left(\frac{x_j-a_j}{\sigma_j}\right)\left(\frac{x_k-a_k}{\sigma_k}\right)\right] \tag{2.4-1}$$

式中，$a_k=E\left[\xi\left(t_k\right)\right]$；$\sigma_k{}^2=E\left[\xi\left(t_k\right)-a_k\right]^2$；$|B|$ 为归一化协方差矩阵 $\boldsymbol{B}$ 的行列式，即

$$|\boldsymbol{B}|=\begin{vmatrix}1 & b_{12} & \cdots & b_{1n}\\ b_{21} & 1 & \cdots & b_{2n}\\ \vdots & \vdots & & \vdots\\ b_{n1} & b_{n2} & \cdots & 1\end{vmatrix}$$

B_{jk} 为行列式 $|\boldsymbol{B}|$ 中元素 b_{jk} 的代数余因子，b_{jk} 为归一化协方差函数，且

$$b_{jk}=\frac{E\left\{[\xi\left(t_j\right)-a_j][\xi\left(t_k\right)-a_k]\right\}}{\sigma_j\sigma_k} \tag{2.4-2}$$

2.4.2 高斯过程的主要特性

（1）高斯过程的 n 维分布的概率密度只依赖各个随机变量的均值、方差和归一化协方差。因此，对于高斯过程，只需研究它的数字特征就可以了。

（2）与一般的平稳过程不同，平稳的高斯过程也是严平稳的。这是因为平稳的高斯过程的均值与时间无关，协方差函数只与时间间隔有关，而与时间起点无关，因此它的 n 维分布的概率密度也与时间起点无关。

（3）如果高斯过程在不同时刻的取值是不相关的，即对所有 $j\neq k$，有 $b_{jk}=0$，这时式（2.4-1）为

$$f_n\left(x_1,x_2,\cdots,x_n;t_1,t_2,\cdots,t_n\right)=\prod_{k=1}^{n}\frac{1}{\sqrt{2\pi}\sigma_k}\exp\left[-\frac{\left(x_k-a_k\right)^2}{2\sigma_k{}^2}\right]$$
$$=f\left(x_1,t_1\right)\cdot f\left(x_2,t_2\right)\cdots f\left(x_n,t_n\right) \tag{2.4-3}$$

这表明，如果高斯过程在不同时刻的取值是不相关的，那么它们也是独立的。

（4）高斯过程经过线性系统仍然是高斯过程，其数字特征可根据 2.3 节中相关性质计算得到。

2.4.3 高斯过程的一维分布

高斯过程在任一时刻的取值 ξ 称高斯随机变量，服从均值为 a、方差为 σ^2 的高斯分布（正态分布），记为 $\xi\sim N(a,\sigma^2)$，其概率密度函数为

$$f\left(x\right)=\frac{1}{\sqrt{2\pi}\sigma}\exp\left(-\frac{(x-a)^2}{2\sigma^2}\right) \tag{2.4-4}$$

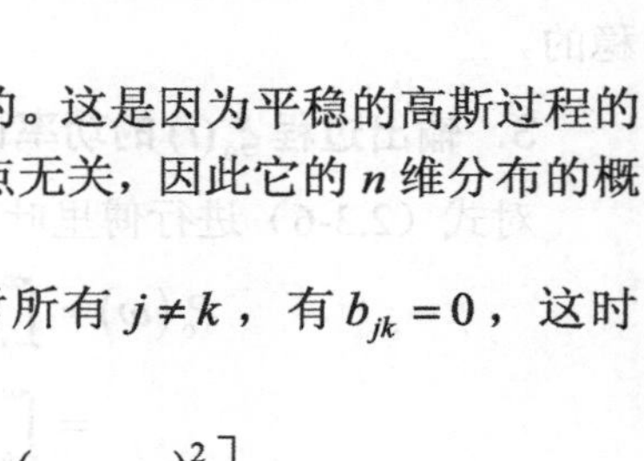

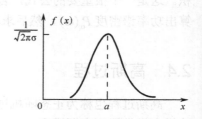

图 2-3　高斯分布概率密度函数曲线

其概率密度函数曲线如图 2-3 所示，其分布函数为

$$F(x)=P(\xi \leqslant x)=\int_{-\infty}^{x}\frac{1}{\sqrt{2\pi}\sigma}\exp\left[-\frac{(z-a)^2}{2\sigma^2}\right]\mathrm{d}z \tag{2.4-5}$$

当均值为 a=0 时，方差 $\sigma^2=E(\xi^2)$ 为平均功率；对于带宽为 B、通带内功率谱为 n_0 的带通高斯白噪声，$\sigma^2=Bn_0$。

当均值 a=0、方差 $\sigma^2=1$ 时，称为标准正态分布，记为 $\xi \sim N(0,1)$，其概率密度函数为

$$f(x)=\frac{1}{\sqrt{2\pi}}\exp\left[-\frac{x^2}{2}\right] \tag{2.4-6}$$

其分布函数记为 $\Phi(x)$，$F(x)$(可通过 $\Phi(x)$ 计算，$F(x)=\Phi(\frac{x-a}{\sigma})$。

记 $Q(x)=1-\Phi(x)$，则 $P(\xi>x)=Q\left(\frac{x-a}{\sigma}\right)$。

以下是正态分布中常用的两种特殊函数——误差函数和互补误差函数。

误差函数定义为

$$\mathrm{erf}(x)=\frac{2}{\sqrt{\pi}}\int_0^x \mathrm{e}^{-t^2}\mathrm{d}t \tag{2.4-7}$$

它是自变量的递增函数，满足 $\mathrm{erf}(0)=0$，$\mathrm{erf}(\infty)=1$，$\mathrm{erf}(-x)=-\mathrm{erf}(x)$。

称 $1-\mathrm{erf}(x)$ 为互补误差函数，记为 $\mathrm{erfc}(x)$，即

$$\mathrm{erfc}(x)=1-\mathrm{erf}(x)=\frac{2}{\sqrt{\pi}}\int_x^{\infty}\mathrm{e}^{-t^2}\mathrm{d}t \tag{2.4-8}$$

互补误差函数是自变量的递减函数，满足

$$\mathrm{erfc}(0)=1,\ \mathrm{erfc}(\infty)=0,\ \mathrm{erfc}(-x)=2-\mathrm{erfc}(x)$$

当 $x \gg 1$ 时，近似有

$$\mathrm{erfc}(x)\approx\frac{1}{\sqrt{\pi}x}\mathrm{e}^{-x^2} \tag{2.4-9}$$

实际应用中只要 $x>2$ 就可满足要求。

对照定义，$Q(x)$、$\Phi(x)$、$F(x)$ 与 $\mathrm{erfc}(x)$满足

$$Q(x)=\frac{1}{2}\mathrm{erfc}\left(\frac{x}{\sqrt{2}}\right) \tag{2.4-10}$$

$$\Phi(x)=1-\frac{1}{2}\mathrm{erfc}\left(\frac{x}{\sqrt{2}}\right) \tag{2.4-11}$$

$$\mathrm{erfc}(x)=2Q(\sqrt{2}\,x)=2\left[1-\Phi(\sqrt{2}\,x)\right] \tag{2.4-12}$$

$$F(x)=\begin{cases}\dfrac{1}{2}+\dfrac{1}{2}\mathrm{erf}\left(\dfrac{x-a}{\sqrt{2}\sigma}\right), & x\geqslant a\\ 1-\dfrac{1}{2}\mathrm{erfc}\left(\dfrac{x-a}{\sqrt{2}\sigma}\right), & x\leqslant a\end{cases} \tag{2.4-13}$$

在分析通信系统的抗噪声性能时，常用误差函数或互补误差函数来表示 $F(x)$。

2.4.4 高斯白噪声

1. 白噪声

在通信系统中，常常会遇到这样一类噪声，它的功率谱密度均匀分布在整个频率范围内，即

$$P_n(f)=\frac{n_0}{2}\qquad(-\infty<f<+\infty)\tag{2.4-14}$$

或

$$P_n(f)=n_0\qquad(0<f<+\infty)\tag{2.4-15}$$

式中，n_0为一常数，单位是 W/Hz。这类噪声被称为白噪声，用$n(t)$表示。

式（2.4-14）表示双边功率谱密度，如图 2-4（a）所示；而式（2.4-15）为单边功率谱密度，与双边功率谱不同，它仅在正的频谱处为常数，其他频谱处为零。将式（2.4-14）取傅里叶反变换，可得到白噪声的自相关函数，即

$$R(\tau)=\frac{n_0}{2}\delta(\tau)\tag{2.4-16}$$

如图 2-4（b）所示。这表明，白噪声仅在$\tau=0$才相关，而在任意不同的两个时刻（即$\tau\neq0$）上的随机变量都是互不相关的。

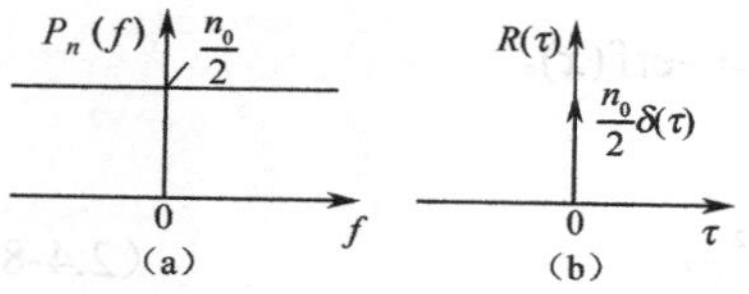

图 2-4　白噪声功率谱密度与自相关函数

如果白噪声是高斯分布的，就称之为高斯白噪声。由式（2.4-16）和高斯过程的性质可知，高斯白噪声在任意两个不同时刻上的取值之间，不仅是互不相关的，而且还是统计独立的。

应当指出，真正“白”的噪声是不存在的，它只是构造的一种理想化的噪声形式，目的是为了使问题的分析大大简化。在实际中，只要噪声的功率谱是均匀分布的，频率范围远远大于通信系统的工作频带，就可以把它视为白噪声。例如，在第 3 章中将要讨论的热噪声和散粒噪声均是近似白噪声的例子。

2. 低通白噪声

如果白噪声通过理想低通滤波器或理想低通信道，则输出的噪声称为低通白噪声。假设白噪声的双边功率谱密度为$n_0/2$，理想低通滤波器的传输特性为

$$H(\omega)=\begin{cases}K_0, & |\omega|\leqslant\omega_H\\ 0, & 其他\end{cases}$$

则可得输出的功率谱密度为

$$P_o(\omega)=|H(\omega)|^2P_i(\omega)=K_0{}^2\cdot\frac{n_0}{2},\qquad|\omega|\leqslant\omega_H\tag{2.4-17}$$

其自相关函数为

$$\begin{aligned}R_o(\tau)&=\frac{1}{2\pi}\int_{-\infty}^{\infty}P_o(\omega)e^{j\omega\tau}d\omega\\&=\int_{-f_H}^{f_H}K_0{}^2\frac{n_0}{2}e^{j2\pi f\tau}df\\&=K_0{}^2n_0f_H\frac{\sin(\omega_H\tau)}{\omega_H\tau}\end{aligned}\tag{2.4-18}$$

对应的曲线如图 2-5 所示。式（2.4-17）和式（2.4-18）中，$\omega_H = 2\pi f_H$。

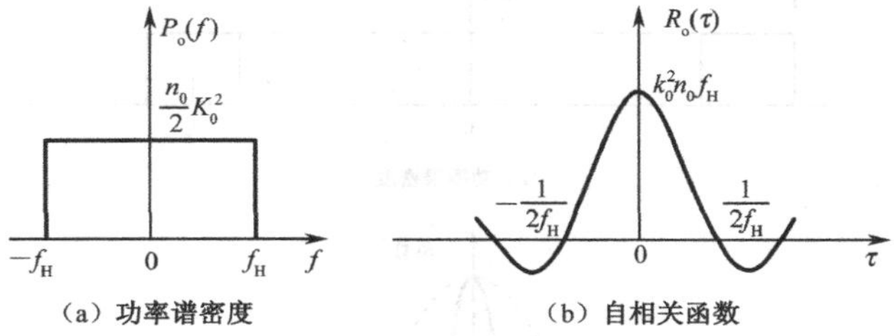

图 2-5　带限白噪声的功率谱和自相关函数

由图 2-5（a）可见，输出噪声的功率谱密度被限制在$|f| \leqslant f_H$内，在此范围外则为零，通常把这样的噪声也称为带限白噪声。

由图 2-5（b）可见，这种带限白噪声仅在$\tau = k/2f_H\ (k=1,2,\cdots)$上得到的随机变量才互不相关。也就是说，如果对带限白噪声按抽样定理进行抽样，则各抽样值是互不相关的随机变量，这个概念很重要。

3．带通白噪声

如果白噪声通过理想带通滤波器或理想带通信道，则输出的噪声称为带通白噪声。设理想带通滤波器的传输特性为

$$H(f)=\begin{cases}1, & f_c-\dfrac{B}{2}\leqslant|f|\leqslant f_c+\dfrac{B}{2}\\ 0, & \text{其他}\end{cases} \tag{2.4-19}$$

式中，f_c为中心频率，B为带通宽度。则其输出的噪声的功率谱密度为

$$P_o(f)=|H(f)|^2 P_i(f)=\begin{cases}\dfrac{n_0}{2}, & f_c-\dfrac{B}{2}\leqslant|f|\leqslant f_c+\dfrac{B}{2}\\ 0, & \text{其他}\end{cases} \tag{2.4-20}$$

利用$P_o(\omega) \Leftrightarrow R_o(\tau)$，则得输出噪声的自相关函数为

$$\begin{aligned}R_o(\tau) &= \int_{-\infty}^{\infty} P_o(f)\,\mathrm{e}^{\mathrm{j}2\pi f\tau}\mathrm{d}f\\ &= \int_{-f_c-\frac{B}{2}}^{-f_c+\frac{B}{2}} \frac{n_0}{2}\mathrm{e}^{\mathrm{j}2\pi f\tau}\mathrm{d}f + \int_{f_c-\frac{B}{2}}^{f_c+\frac{B}{2}} \frac{n_0}{2}\mathrm{e}^{\mathrm{j}2\pi f\tau}\mathrm{d}f\\ &= n_0 B\frac{\sin(\pi B\tau)}{\pi B\tau}\cos(2\pi f_c\tau)\end{aligned} \tag{2.4-21}$$

输出噪声的平均功率为

$$N_0 = R_o(0) = n_0 B \tag{2.4-22}$$

理想带通白噪声的功率谱和自相关函数对应曲线如图 2-6 所示。

通常，带通滤波器的$B \ll f_c$，因此也称窄带滤波器；相应地，把带通白噪声称为窄带高斯白噪声。因此，它的表达式和统计特性与一般窄带随机过程相同。

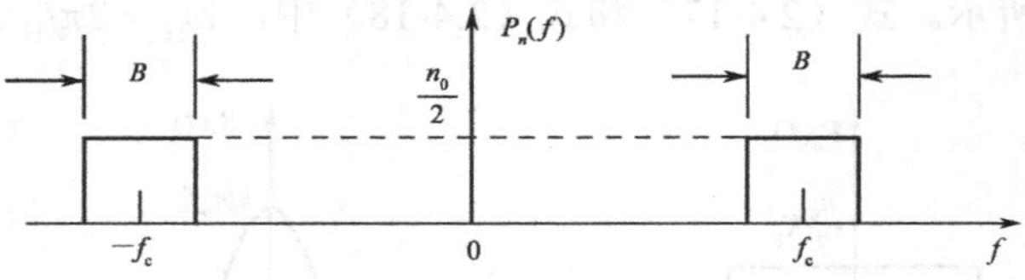

（a）功率谱密度

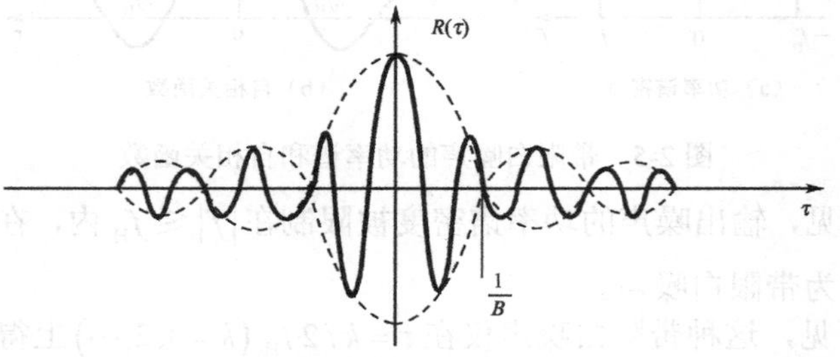

（b）自相关函数

图 2-6　理想带通白噪声的功率谱和自相关函数

2.5　窄带高斯噪声

所谓窄带随机过程$\xi(t)$，是指它的频谱密度集中在中心频率f_c附近相对窄的频带范围Δf内，即满足$\Delta f \ll f_c$条件，且f_c远离零频率。实际中，大多数通信系统都是窄带带通型的，通过窄带系统的信号或噪声必然是窄带随机过程。如果用示波器观测某一次实现的波形，则它是一个频率近似为f_c、包络和相位随机缓慢变化的正弦波，如图 2-7 所示。

因此，窄带随机过程$\xi(t)$可用下式表示：

$$\xi(t)=a_\xi(t)\cos\left[\omega_c t+\varphi_\xi(t)\right],\qquad a_\xi(t)\geqslant 0 \tag{2.5-1}$$

式中，$a_\xi(t)$和$\varphi_\xi(t)$分别为$\xi(t)$的随机包络和随机相位，也是随机过程。

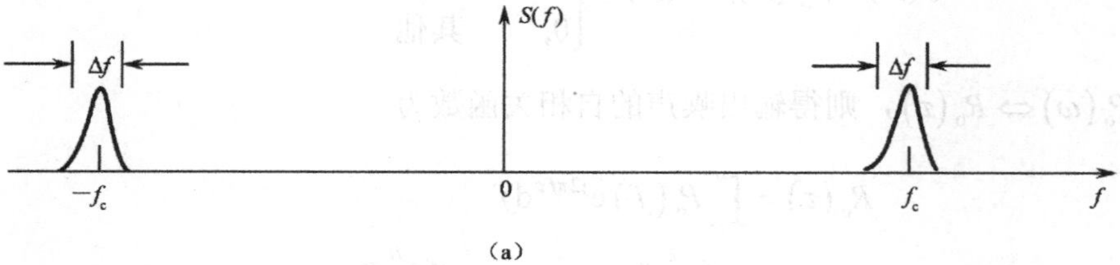

（a）

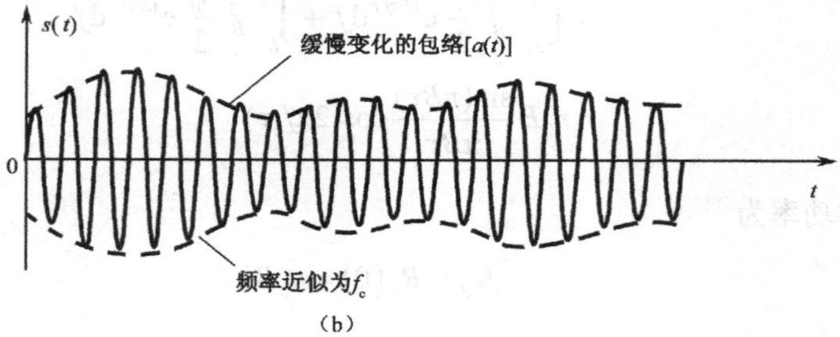

（b）

图 2-7　窄带过程的频谱和波形示意图

利用三角函数和角公式，式（2.5-1）可写成

$$\begin{aligned}\xi(t) &= a_\xi(t)\left\{\cos\varphi_\xi(t)\cos(\omega_c t) - \sin\varphi_\xi(t)\sin(\omega_c t)\right\} \\ &= a_\xi(t)\cos\varphi_\xi(t)\cos(\omega_c t) - a_\xi(t)\sin\varphi_\xi(t)\sin(\omega_c t) \\ &= \xi_c(t)\cos(\omega_c t) - \xi_s(t)\sin(\omega_c t)\end{aligned} \tag{2.5-2}$$

式中，

$$\xi_c(t) = a_\xi(t)\cos\varphi_\xi(t) \tag{2.5-3}$$

$$\xi_s(t) = a_\xi(t)\sin\varphi_\xi(t) \tag{2.5-4}$$

$\xi_c(t)$及$\xi_s(t)$分别称为$\xi(t)$的同相分量和正交分量，也是随机过程。显然，它们的变化相对于载波$\cos(\omega_c t)$的变化要缓慢得多。

2.5.1 窄带高斯噪声的统计特性

由式（2.5-1）～式（2.5-4）可看出，$\xi(t)$的统计特性可由$a_\xi(t)$、$\varphi_\xi(t)$或$\xi_c(t)$、$\xi_s(t)$的统计特性确定。反之，如果已知窄带过程$\xi(t)$的统计特性，可确定$a_\xi(t)$、$\varphi_\xi(t)$以及$\xi_c(t)$、$\xi_s(t)$的统计特性。如果$\xi(t)$的概率密度函数为高斯分布，则称为窄带高斯过程或窄带高斯噪声。

研究表明，满足均值为零、方差为$\sigma^2{}_\xi$的平稳高斯窄带过程$\xi(t)$的随机包络$a_\xi(t)$、随机相位$\varphi_\xi(t)$和同相分量$\xi_c(t)$、正交分量$\xi_s(t)$具有以下特性：

（1）$\xi_c(t)$、$\xi_s(t)$是与$\xi(t)$服从同参数的平稳的高斯随机过程，且

$$\left.\begin{aligned}E\left[\xi_c(t)\right]=0 \\ E\left[\xi_s(t)\right]=0\end{aligned}\right\} \tag{2.5-5}$$

$$R_c(\tau) = R_s(\tau) \tag{2.5-6}$$

$$R_\xi(0) = R_c(0) = R_s(0) \tag{2.5-7}$$

$$\sigma_\xi{}^2 = \sigma_c{}^2 = \sigma_s{}^2 \tag{2.5-8}$$

（2）$\xi_c(t)$、$\xi_s(t)$的互相关函数$R_{cs}(t,t+\tau)$、$R_{sc}(t,t+\tau)$仅与时间间隔τ有关，而与时间t无关。$R_{sc}(\tau)$、$R_{cs}(\tau)$都是τ的奇函数，且

$$R_{cs}(\tau) = -R_{sc}(\tau) \tag{2.5-9}$$

（3）$\xi_c(t)$、$\xi_s(t)$独立，其概率密度函数为

$$f_{\xi_c\xi_s}(x,y) = \frac{1}{2\pi\sigma_\xi^2}(\exp\left(-\frac{x^2+y^2}{2\sigma_\xi^2}\right) \tag{2.5-10}$$

（4）φ_ξ在$[0,2\pi]$上服从均匀分布，其概率密度函数为

$$f_{\varphi_\xi}(x) = \begin{cases}\dfrac{1}{2\pi}, & x\in[0,2\pi] \\ 0, & x\notin[0,2\pi]\end{cases} \tag{2.5-11}$$

a_ξ服从瑞利分布，其概率密度函数为

$$f_{a_\xi}(x) = \frac{x}{\sigma_\xi^2}\exp\left(-\frac{x^2}{2\sigma_\xi^2}\right), \quad x\geqslant 0 \tag{2.5-12}$$

（5）$a_\xi(t)$与$\varphi_\xi(t)$是统计独立的，其联合概率密度函数为

$$f_{a_\xi,\varphi_\xi}(x,y)=f_{a_\xi}(x)f_{\varphi_\xi}(y)=\frac{x}{2\pi\sigma_\xi^2}\exp\left(-\frac{x^2}{2\sigma_\xi^2}\right),\quad x\geqslant 0,0\leqslant y\leqslant 2\pi \tag{2.5-13}$$

综上所述，一个均值为零的窄带平稳高斯过程$\xi(t)$，它的同相分量$\xi_c(t)$和正交分量$\xi_s(t)$也是与$\xi(t)$同参数的平稳高斯过程，$\xi_c(t)$和$\xi_s(t)$统计独立。它的包络$a_\xi(t)$服从瑞利分布，相位$\varphi_\xi(t)$服从$[0,2\pi]$上均匀分布，$a_\xi(t)$与$\varphi_\xi(t)$统计独立。

2.5.2　正弦波加窄带高斯噪声

在通信系统中，传输的信号是用一个正弦波作为载波的已调信号，信号经过信道传输时总会受到加性噪声的影响。为了减小噪声的影响，通常在接收机前端加一个带通滤波器，以滤除信号频带以外的噪声。因此，带通滤波器的输出是正弦波已调信号与窄带高斯噪声的混合波形，这是通信系统中常会遇到的一种情形。所以，有必要了解合成信号的包络和相位的统计特性。

设正弦波加窄带高斯噪声的混合信号为

$$r(t)=A\cos(\omega_c t+\theta)+n(t) \tag{2.5-14}$$

式中：$n(t)=n_c(t)\cos(\omega_c t)-n_s(t)\sin(\omega_c t)$为窄带高斯噪声，其均值为零，方差为$\sigma_n{}^2$；正弦信号的$A$、$\omega_c$均为常数，$\theta$是在$(0,2\pi)$上均匀分布的随机变量。于是有

$$\begin{aligned}r(t)&=f(t)+n(t)\\&=A\cos(\omega_c t+\theta)+\left[n_c(t)\cos(\omega_c t)-n_s(t)\sin(\omega_c t)\right]\\&=\left[A\cos\theta+n_c(t)\right]\cos(\omega_c t)-\left[A\sin\theta+n_s(t)\right]\sin(\omega_c t)\\&=z_c(t)\cos(\omega_c t)-z_s(t)\sin(\omega_c t)\\&=z(t)\cos\left[(\omega_c t)+\varphi(t)\right]\end{aligned} \tag{2.5-15}$$

式中，

$$z_c(t)=A\cos\theta+n_c(t) \tag{2.5-16}$$

$$z_s(t)=A\sin\theta+n_s(t) \tag{2.5-17}$$

合成信号$r(t)$的包络和相位分别为

$$z(t)=\sqrt{z_c^2(t)+z_s^2(t)},\quad z\geqslant 0 \tag{2.5-18}$$

$$\varphi(t)=\arctan\frac{z_s(t)}{z_c(t)},\quad 0\leqslant\varphi\leqslant 2\pi \tag{2.5-19}$$

根据上面的结论，如果θ值已给定，则z_c、z_s也是相互独立的高斯随机变量，且有

$$E[z_c]=A\cos\theta$$

$$E[z_s]=A\sin\theta$$

$$\sigma_c{}^2=\sigma_s{}^2=\sigma_n{}^2$$

所以，在给定相位θ的条件下z_c和z_s的联合概率密度函数为

$$f(z_c,z_s\,|\,\theta)=\frac{1}{2\pi\sigma_n{}^2}\exp\left\{-\frac{1}{2\sigma_n{}^2}\left[(z_c-A\cos\theta)^2+(z_s-A\sin\theta)^2\right]\right\}$$

采用a_ξ、φ_ξ类似的分析，在给定相位θ的条件下的z和φ的联合概率密度函数为

$$f(z,\varphi|\theta)=f(z_c,z_s|\theta)\left|\frac{\partial(z_c,z_s)}{\partial(z,\varphi)}\right|=z\cdot f(z_c,z_s|\theta)$$

$$=\frac{z}{2\pi{\sigma_n}^2}\exp\left\{-\frac{1}{2{\sigma_n}^2}\left[z^2+A^2-2Az\cos(\theta-\varphi)\right]\right\}$$

求条件边际分布，在给定相位 θ 的条件下包络 z 的概率密度函数为

$$f(z\,|\,\theta)=\int_0^{2\pi}f(z,\varphi\,|\,\theta)\,\mathrm{d}\varphi$$

$$=\frac{z}{2\pi{\sigma_n}^2}\exp\left(-\frac{z^2+A^2}{2{\sigma_n}^2}\right)\cdot\int_0^{2\pi}\exp\left[\frac{Az}{{\sigma_n}^2}\cos(\theta-\varphi)\right]\mathrm{d}\varphi \tag{2.5-20}$$

引入修正型贝塞尔函数

$$\frac{1}{2\pi}\int_0^{2\pi}\exp(x\cos\theta)\,\mathrm{d}\theta=I_0(x)$$

考虑到

$$\frac{1}{2\pi}\int_0^{2\pi}\exp\left[\frac{Az}{\sigma_n^2}\cos(\theta-\varphi)\right]\mathrm{d}\varphi=I_0\left(\frac{Az}{\sigma_n^2}\right)$$

式中，$I_0(x)$ 为零阶修正贝塞尔函数。因此，在给定相位 θ 的条件下包络 z 的概率密度函数可进一步表示为

$$f(z|\theta)=\frac{z}{\sigma^2}\exp\left[-\frac{1}{2\sigma_n^2}\left(z^2+A^2\right)\right]I_0\left(\frac{Az}{\sigma_n^2}\right) \tag{2.5-21}$$

分析上式，$f(z\,|\,\theta)$与θ无关，故合成信号 $r(t)$的包络 z 的概率密度函数为：

$$f(z)=\frac{z}{\sigma^2}\exp\left[-\frac{1}{2\sigma_n^2}\left(z^2+A^2\right)\right]I_0\left(\frac{Az}{\sigma_n^2}\right),\quad z\geqslant 0 \tag{2.5-22}$$

该概率密度函数称为广义瑞利分布，也称莱斯（Rice）分布。

式（2.5-22）存在两种极限情况：

（1）当信号很小（$A\to 0$）时，信号功率与噪声功率之比 $r=\dfrac{A^2}{2\sigma_n^2}$，相对于 x 值很小，于是有 $I_0(x)=1$，这时合成波 $r(t)$中只存在窄带高斯噪声，式（2.5-22）近似为式（2.5-12），即由莱斯分布退化为瑞利分布。

（2）当信噪比 r 很大时，有 $I_0(x)\approx\dfrac{\mathrm{e}^x}{\sqrt{2\pi x}}$，这时在 $z\approx A$ 附近，$f(z)$近似于高斯分布，即

$$f(z)\approx\frac{1}{\sqrt{2\pi}\sigma_n}\cdot\exp\left(-\frac{(z-A)^2}{2{\sigma_n}^2}\right)$$

由此可见，信号加噪声的合成包络的分布与信噪比有关：小信噪比时，它接近瑞利分布；大信噪比时，它接近于高斯分布；在一般情况下才是莱斯分布。图 2-8（a）示出了不同的 r 值时 $f(z)$的曲线。

关于信号加噪声的合成波相位分布 $f(\varphi)$，由于比较复杂，这里就不再推导了。不难想象，$f(\varphi)$ 也与信噪比有关。小信噪比时，$f(\varphi)$ 接近均匀分布，它反映这时窄带高斯噪声为主的情况；大信噪比时，$f(\varphi)$ 主要集中在有用信号相位附近。图 2-8（b）示出了不同的 γ 值时 $f(\varphi)$ 的曲线。

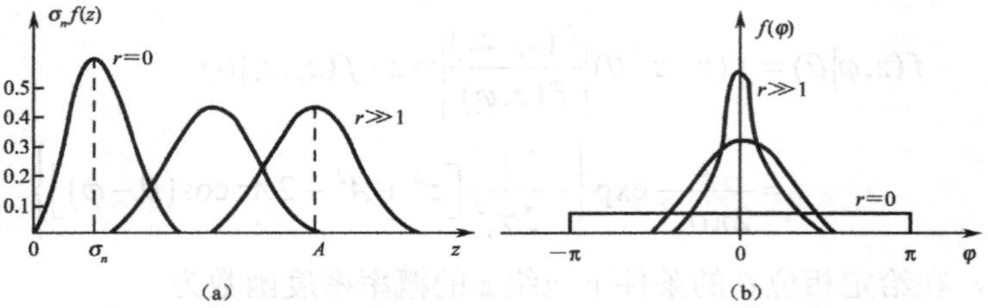

图2-8　正弦波加窄带高斯过程的包络与相位分布

2.6　MATLAB仿真举例

本节仿真用以观察高斯噪声对调幅信号的影响。

设调制信号是一个幅度为2 V、频率为1 000 Hz的余弦波，调制度为0.5，载波信号是一个幅度为5 V、频率为10 kHz的余弦波，所有余弦波的初相位为0。若信道中没有噪声干扰，则接收机的天线接收到的调幅波形如图2-9（a）所示；若信道中存在加性噪声$n(t)$，则接收机所收到的调幅信号$r(t)=y(t)+n(t)$是叠加噪声的调幅信号，如图2-9（b）所示。$n(t)$是利用randn命令产生的高斯噪声。实现调幅信号的程序源代码如下：

```
dt=1e-6;                                         %仿真采样间隔
T=3*1e-3;                                        %仿真终止时间
t=0:dt:T;
input=2*cos(2*pi*1000*t);                        %输入调制信号
carrier=5*cos(2*pi*1e4*t);                       %载波
output=(2+0.5*input).*carrier;                   %调制输出
subplot(2,1,1);plot(t,output);xlabel('t/s');ylabel('调幅输出'); %作图调幅输出波形
noise=randn(size(t));                            %噪声
r=output+noise;                                  %调制信号加性噪声信道
%作图输出调幅信号
subplot(2,1,2);plot(t,r);
xlabel('t/s');ylabel('调幅输出');
```

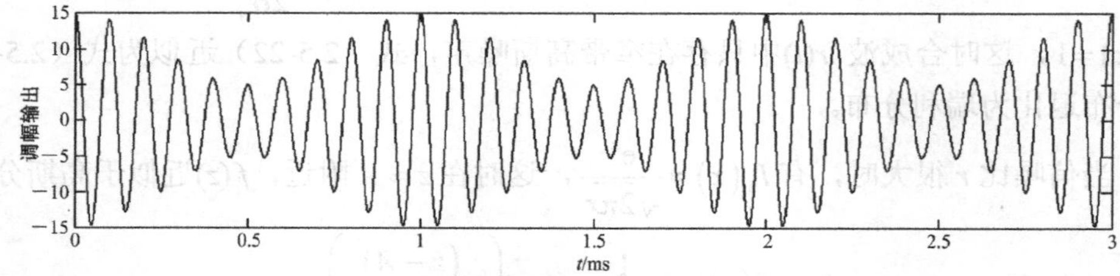

（a）无噪声的调幅度输出信号的仿真波形

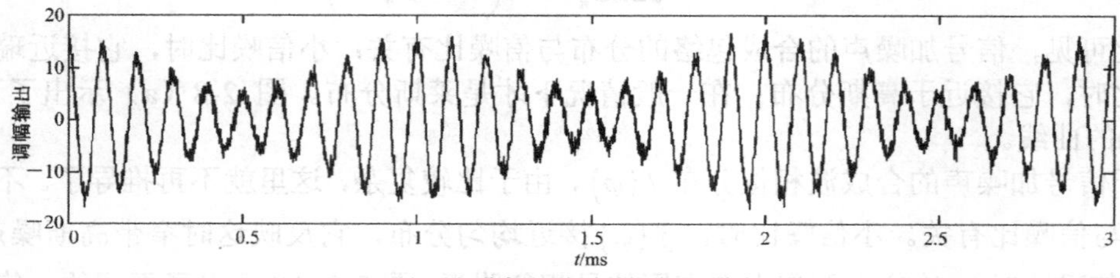

（b）叠加噪声的调幅度输出信号的仿真波形

图2-9　调幅输出信号波形

对于平稳随机过程和噪声信号 $X(t)$，在频域范围内可用功率谱 $S_X(f)$ 来表征，而 $S_X(f)$ 是随机过程或噪声的自相关函数 $R_X(\tau)$ 的傅里叶变换。利用 MATLAB 提供的专用高斯噪声函数 wgn( )，可以方便地对高斯噪声信号进行相关操作和功率谱分析，其输出波形如图 2-10 所示。程序源代码如下：

```
N=1024;
noise=wgn(1,N,10);                    %产生高斯噪声 1
noise1=wgn(1,N,10);                   %产生高斯噪声 2
psd=spectrum(noise,N);                %噪声功率谱密度
y1=xcorr(noise,noise1);                   %两个噪声的互相关
y=xcorr(noise,noise);                     %一个噪声的自相关
subplot(2,2,1);plot(1:N,noise);           %绘图输出
title('噪声信号');
xlabel('时间');grid;
subplot(2,2,2);specplot(psd,1);
title('信号功率谱密度');
xlabel('频率');grid;
subplot(2,2,3);plot(y);grid;
title('一个噪声的自相关');
subplot(2,2,4);plot(y1);grid;
title('两个噪声的互相关');
```

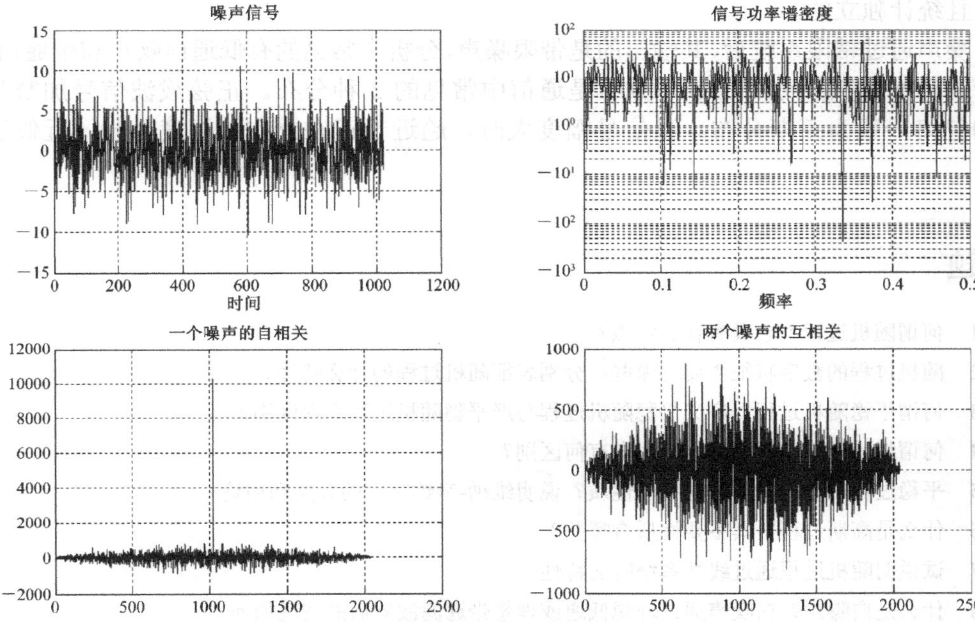

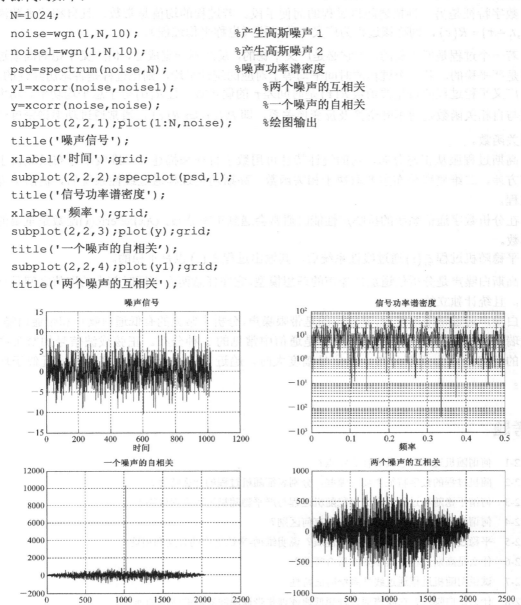

图 2-10　信号的功率谱及相关函数

2.7　本章小结

通信中的信号和噪声都可看作随时间变化的随机过程。因此，本章是分析通信系统必需的数学基础和工具。

随机过程具有随机变量和时间函数的特点，可以从两个既不相同又紧密联系的角度来描述：（1）随机过程是无穷多个样本函数的集合；（2）随机过程是一簇随机变量的集合。

随机过程的统计特性由分布函数或概率密度函数描述。若一个随机过程的概率密度函数与时间起点无关，则称其为严平稳过程。

数字特征是另一种描述随机过程的简便手段。若过程的均值是常数，且自相关函数满足 $R(t_1,t_1+\tau)=R(\tau)$，则称该过程为广义平稳过程（也称平稳过程）。

若一个过程是严平稳的，则它必是广义平稳的，反之不一定成立，但广义平稳的高斯过程一定是严平稳的。若一个过程的时间平均等于对应的统计平均，则该过程是各态历经性的。

广义平稳过程的自相关函数 $R(\tau)$ 是时间差 τ 的偶函数，且 $R(0)$ 等于总平均功率。功率谱密度与自相关函数是傅里叶变换及反变换关系，即 $P_{\xi}(\omega)\Leftrightarrow R(\tau)$，通常通过功率谱密度计算其相关函数。

高斯过程服从正态分布，它的统计特性可用数字特征来描述。一维概率分布只取决于均值和方差，二维概率分布主要取决于相关函数。高斯随机过程通过线性系统后，输出仍为高斯过程。

在分析数字通信系统的抗噪声性能时通常会遇到正态分布，$Q(x)$或 $\mathrm{erfc}(x)$函数是重要的表述函数。

平稳随机过程 $\xi_i(t)$ 通过线性系统后，其输出过程 $\xi_0(t)$ 也是平稳的。

高斯白噪声是分析信道加性噪声的理想模型，它在任意两个不同时刻上的取值之间是互不相关，且统计独立的。

白噪声通过带限系统后，其输出的是带限噪声，分析中常见的有低通白噪声和带通白噪声。

瑞利分布、莱斯分布、正态分布是通信中常见的 3 种分布。正弦载波信号加窄带高斯噪声的包络一般为莱斯分布。当信号幅度大时，趋近于正态分布；幅度小时，近似于瑞利分布。

思考题

2-1 何谓随机过程？它具有什么特点？

2-2 随机过程的数字特征主要有哪些，分别表征随机过程的什么特性？

2-3 何谓平稳随机过程？广义平稳随机过程与严平稳随机过程有何区别？

2-4 何谓统计平均和时间平均？两者有何区别？

2-5 平稳过程的自相关函数有哪些性质？说明维纳-辛钦定理的含义和用途。

2-6 什么是高斯过程？其主要性质有哪些？

2-7 试说明随机过程通过线性系统时的特性。

2-8 什么是白噪声？白噪声通过理想低通或理想带通滤波器后的情况如何？

2-9 何谓高斯白噪声？它的概率密度函数、功率谱密度如何表示？

2-10 何谓带限高斯白噪声？低通白噪声和带通白噪声的功率谱密度与自相关函数各有何特点？

2-11 什么是窄带随机过程？它的频谱和时间波形有什么特点？

2-12 窄带高斯噪声有何特点？它的幅度和相位服从什么概率分布？

2-13 窄带高斯过程的同相分量和正交分量的统计特性如何？

2-14 正弦波加窄带高斯噪声的包络和相位概率密度分布如何？

习题

2-1　设随机过程 $\xi(t)$ 可表示成 $\xi(t)=2\cos(2\pi t+\theta)$，式中 θ 是一个取值为 0 和 $\pi/2$ 的离散随机变量，且 $P(\theta=0)=1/2$，$P(\theta=\pi/2)=1/2$，试求 $E[\xi(1)]$ 及 $R_\xi(0,1)$。

2-2　设随机过程 $Y(t)=X_1\cos(\omega_0 t)-X_2\sin(\omega_0 t)$，若 X_1 与 X_2 是彼此独立且均值为 0、方差为 σ^2 的高斯随机变量，试求：

（1）$E[Y(t)]$、$E[Y^2(t)]$；

（2）$Y(t)$的一维概率密度函数 $f_Y(y)$；

（3）$R(t_1,t_2)$和$B(t_1,t_2)$。

2-3　已知 $x(t)$和 $y(t)$是统计独立的平稳随机过程，且它们的自相关函数分别为 $R_x(\tau)$、$R_y(\tau)$。

（1）试求乘积 $z(t)=x(t)y(t)$的自相关函数；

（2）试求和 $z(t)=x(t)+y(t)$的自相关函数。

2-4　已知随机过程 $z(t)=m(t)\cos(\omega_c t+\theta)$，它是广义平稳随机过程 $m(t)$对一余弦载波进行振幅调制的结果。此载波的相位θ在$[0，2\pi]$上服从均匀分布，$m(t)$和θ是统计独立的，且 $m(t)$的自相关函数为

$$R_m(\tau)=\begin{cases}1+\tau & -1<\tau<0\\ 1-\tau & 0<\tau<1\\ 0 & \tau\leqslant -1,\quad \tau\geqslant 1\end{cases}$$

（1）证明 $z(t)$是广义平稳的；

（2）试求功率谱密度 $P_z(\omega)$及平均功率。

2-5　一个 RC 低通滤波器如图 2-11 所示。假设输入是均值为零、功率谱密度为 $n_0/2$ 的白噪声，试求输出噪声的功率谱密度和自相关函数。

2-6　若 $X(t)$是平稳随机过程，其自相关函数为 $R_x(\tau)$，试求它通过图 2-12 系统后的自相关函数和功率谱密度。

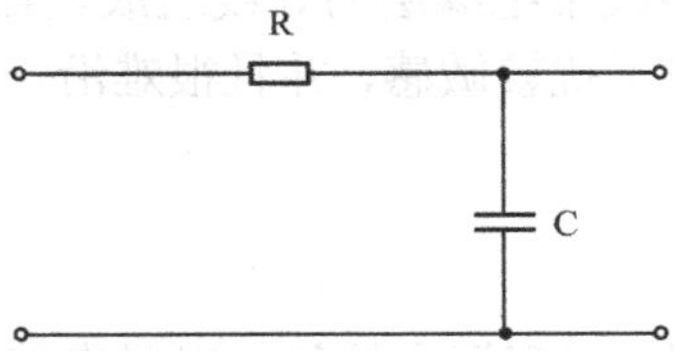

图 2-11

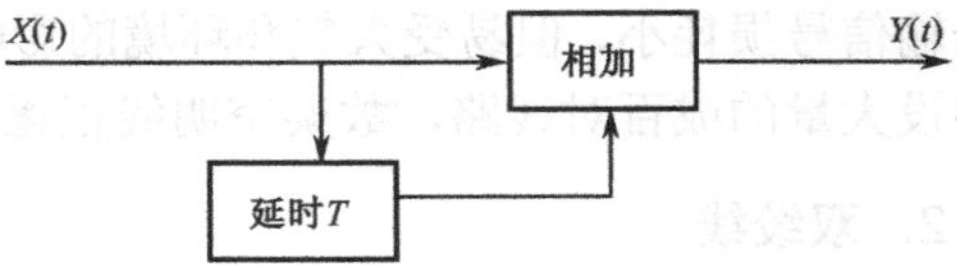

图 2-12

2-7　若通过图 2-11 所示的随机过程是均值为零、功率谱密度为 $n_0/2$ 的高斯白噪声，试求输出过程的一维概率密度函数。

2-8　设平稳过程 $X(t)$的功率谱密度为 $P_x(\omega)$，其自相关函数为 $R_x(\tau)$。试求功率谱密度为 $\frac{1}{2}[P_x(\omega+\omega_0)+P_x(\omega-\omega_0)]$所对应过程的自相关函数（其中 ω_0 为正常数）。

2-9　设 $x_1(t_1)$ 与 $x_2(t_2)$ 为零均值且互不相关的平稳过程，经过线性时不变系统，其输出分别为 $z_1(t_1)$ 与 $z_2(t_2)$，试证明 $z_1(t)$与$z_2(t)$ 也是互不相关的。

第 3 章　信道与信道容量

信道是传输信号的通道，是任何一个通信系统必不可少的组成部分。任何一个通信系统均可视为由发送设备、信道与接收设备三大部分组成。信道是连接发送端和接收端的通信设备，将发送端的信号传送到接收端。

按照传输媒质的不同，信道可分为两大类：有线信道和无线信道。有线信道是指传输媒质为明线、对称电缆、同轴电缆、光缆及波导等一类能够看得见的传输媒质，如固定电话；而无线信道是利用空间电磁波（或声波）来传输信号，如无线电广播。光纤是传输光信号的传输媒质，具有传输容量大，损耗小的优点，广泛应用于现代通信网系统中。

在通信系统中，能够作为实际通信的信道很多，由于信道中存在的噪声不可避免，而噪声对于信号的传输有重要的不良影响，因而对信道与噪声的认识往往是研究通信问题的基础。

本章首先讨论信道及信道的传输特性和信道模型，然后讨论信道中噪声特性，以及噪声对于信号传输的影响。

3.1　有线信道与无线信道

3.1.1　有线信道

传输信号的有线信道主要有 4 类，即明线、双绞线、同轴电缆和光纤（光缆）。明线、双绞线和同轴电缆采用金属导体来传输电信号；光纤是由玻璃或塑料制成的缆线，传输光信号。

1．明线

明线是指平行架设在电线杆上的架空线路，它由导电裸线或带绝缘层的导线组成。架空明线传输信号损耗小，但易受大气和环境的影响，对外界的噪声干扰较敏感，并且很难沿一条路径架设大量的成百对线路，故架空明线正逐渐被电缆代替。

2．双绞线

双绞线电缆是将一对或多对双绞线放置在一个绝缘套管内，在套管内的每一对具有绝缘保护层的金属导线都做成扭绞形状的双绞线。双绞线电缆分为屏蔽型（STP）和非屏蔽型（UTP）两类，其结构如图 3-1 所示。每对线都呈扭绞状，这样可以减小各线对之间的相互干扰。因双绞线电缆的芯线比明线细，直径在 0.4～1.4 mm 之间，故其损耗较明线大，但性能较稳定，价格较便宜，目前已逐渐取代了明线。双绞线电缆可以用来传输模拟语音信号，特别适于较短距离的信号传输。在低频传输时，其抗干扰能力与同轴电缆相当；在 10～100 kHz 时，其抗干扰能力低于同轴电缆。

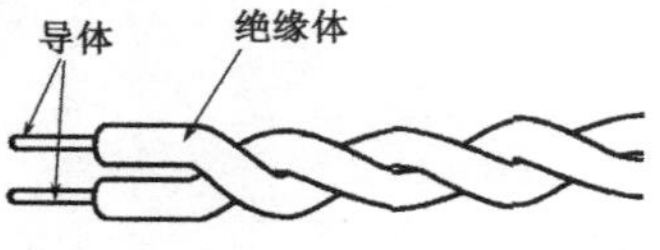

图 3-1　双绞线

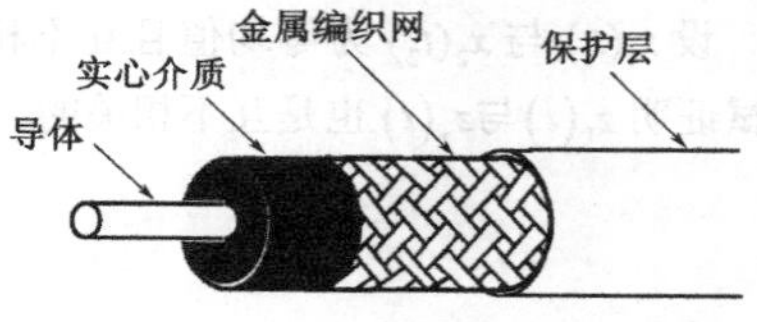

图 3-2　同轴电缆

3. 同轴电缆

同轴电缆是一种应用较广泛的传输媒质，其结构如图 3-2 所示。同轴电缆由同轴的两个圆柱形导体构成，外导体是一个圆柱形的金属编织网，内导体是金属。内外导体之间用绝缘体隔离开。在外导体外面有一层绝缘保护层，在内外导体间可以填充实心介质材料，或者用空气做介质。实际应用中同轴电缆的外导体是接地的，对外部干扰具有良好的屏蔽作用，所以同轴电缆抗电磁干扰性能较好。

同轴电缆根据其频率特性，可分为两类：视频（基带）电缆和射频（宽带）电缆。视频电缆的最大传输距离一般不超过几千米，其特性阻抗有 50 Ω和 75 Ω两种，75 Ω电缆用于模拟信号传输，50 Ω电缆用于数据信号的传输。射频同轴电缆的特性阻抗为 75 Ω，最大传输距离可达几十千米，可用于传输高频信号。采用频分复用技术可以传送多路信号。同轴电缆在较短的距离内有较高的数据传输速率，一般 1 km 的电缆可以达到 1～2 Gb/s 的数据传输速率。目前，同轴电缆大量被光纤取代，但仍广泛应用于有线电视广播网和某些局域网。

4. 光纤

光纤的全称是光导纤维，由高纯度石英（SiO_2）制成的直径为在 8～50 μm 的玻璃纤维。光纤是以光导纤维为传输媒质传输光信号的。光纤的中心是光传播的玻璃芯，称为纤芯；在纤芯外面包围着一层折射率比纤芯折射率低的玻璃封套，称为包层，由于纤芯的折射率比包层的折射率大，光波会在两层的边界处产生反射。经过多次反射，光波可以达到远距离传输，并一直使光线保持在光纤之内，如图 3-3 所示。

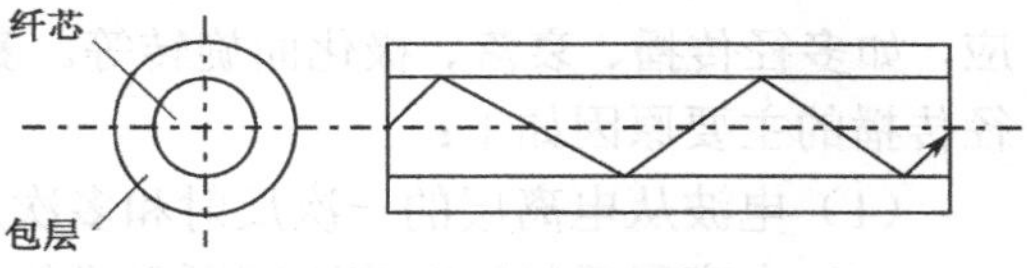

图 3-3　光纤传光示意图

3.1.2 无线信道

在无线信道中的信号传输是利用电磁波在空间传播来实现的，即发送端的天线将信号以电磁波形式发送出去，通过空间传播到接收机的天线实现通信。按通信设备的工作频率不同可分为长波通信、中波通信、短波通信、微波通信和光波通信等。

工作波长 λ 与频率 f 的关系为

$$\lambda = \frac{c}{f} = \frac{3\times 10^8\ \text{m/s}}{f(\text{Hz})} \tag{3.1-1}$$

无线电波的传播是无线通信的一个重要环节。无线电波的传播方式大体可分为 4 种：地波传播、电离层反射波（或天波）传播、空间直线波传播（视距传播）和散射传播。

1. 地波传播

无线电波沿地球表面传播称为地波传播，如图 3-4（a）所示，由于地面不是理想的导体，当电磁波沿地表面传播时必将有能量损耗，这种损耗随电波的频率升高而增加。地波传播的主要特点是：传输损耗小，传输距离较远，可达数百千米或数千千米；受电离层扰动小，传播较稳定；有较强的穿透海水和土壤的能力；工作频带窄。地波传播主要用于中、长波远距离无线电导航、潜艇通信、标准时间和频率的传播。

2. 天波传播

依靠电离层反射的传播方式称为天波传播，如图 3-4（b）所示。在地球的表面存在着一定厚度的大气层，由于受到太阳的照射，大气层上部的气体将发生电离而产生自由电子和离子，使离地面 60～400 km 甚至更高的这一部分大气层成为电离层。电离层对电波具有折射和反射现象，同时电离层也会吸收电波，其吸收随着频率的升高而减少，就各种波形分析，短波能以较小的功率借助电离层反射完成远距离传播。当频率范围为 3～30 MHz 的短波无线电波射入电离层时，会使电波发生反射，返回地面，从而形成短波电离层反射信道。短波的主要传播特点是：传输损耗小、传输距离远。短波传播通常用于远距离无线电广播、电话通信以及中距离小型移动电台等。

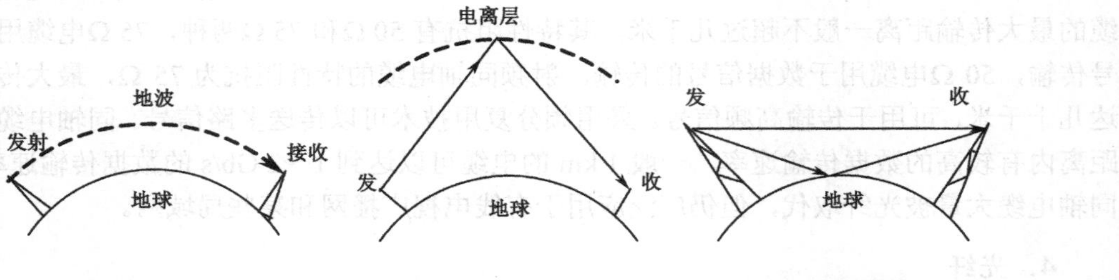

（a）地波传播　　（b）天波传播　　（c）空间波传播

图 3-4　无线电波传播方式

由于电离层是一种随机的、色散及各向异性的有耗媒质，电波在其中传播时会产生各种效应，如多径传播、衰落、极化面旋转等。多径传播是短波电离层反射通信的主要特征。引起多径传播的主要原因如下：

（1）电波从电离层的一次反射和多次反射；

（2）电离层反射区高度不同所形成的多径；

（3）地球磁场引起的寻常波和非寻常波；

（4）电离层不均匀性引起的漫反射现象。

上述 4 种情况都会引起快衰落和多径时延失真。

3. 视距传播（空间直线波传播）

视距传播是指在发射天线和接收天线间能相互“看见”的距离内，电波直接从发射点传播到接收点（一般要包括地面的反射波）的一种传播方式，也称为直射波或空间波传播。按照收、发两端空间位置不同，视距传播一般分为：

（1）地面上的视距传播，例如无线电中继通信、电视广播以及地面移动通信等；

（2）地面与空中目标（如飞机、通信卫星）之间的视距传播；

（3）空间通信系统之间的视距通信，如飞机之间、宇宙飞行器之间等。

如图 3-4（c）所示，空间传播的电波（如地面移动通信等）可能受到地表面自然地形地貌或建筑障碍物的影响，引起电波的反射、散射或绕射现象。为此通常采用架高天线的办法来增大视距传播距离。考虑到地球半径 R 等于 6 370 km，若收发天线的高度相等，均等于 h，收发天线间距离为 D（km），则天线高度和传播距离满足

$$h = \frac{D^2}{8R} \approx \frac{D^2}{50} \text{（m）} \quad (3.1\text{-}2)$$

频率超过 30 MHz 以上的超短波及微波具有空间直线传播的特性，无线视距中继通信工作在超短波和微波波段，利用定向天线实现视距直线传播。由于受地形和天线高度的限制，视距传播间的距离一般为 30～50 km，更远距离通信则通过若干中继方式“接力”实现，中

继站把前一站送来的信号经过放大后再发送到下一站，如图 3-5 所示。微波中继通信具有传输容量大、传输信号稳定、质量好、投资少、维护方便等优点，因而被广泛用来传输多路电话及电视信号等。

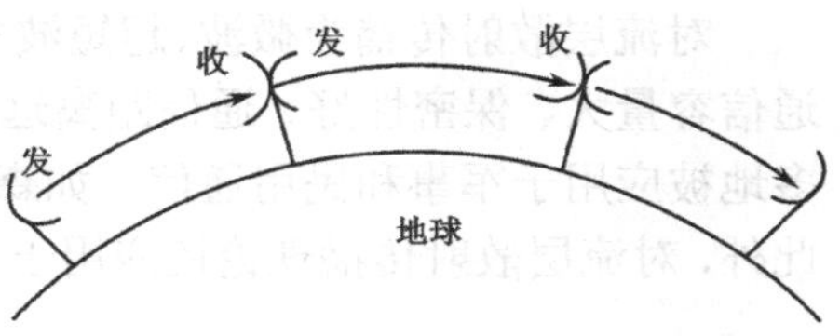

图 3-5　微波中继通信

卫星信道利用人造地球卫星作为中继站转发无线电信号，实现地球站之间的通信（也称为卫星通信），如图 3-6 所示。人造卫星作为中继转发站，可以大大提高通信距离。当卫星运行轨道在赤道平面、离地面高度为 35 860 km 时，绕地球运行一天的时间恰为 24 h，与地球自转同步，这种卫星称为静止（或同步）卫星。利用它作为中继站可以实现全球 18 000 km 范围内的多点通信，采用 3 颗相差 120°的静止通信卫星就可以覆盖地球的绝大部分地域（两极盲区除外）通信。同步卫星的电磁波为直线传播，属于在真空状态下的自由空间传播，传播性能稳定、可靠，可以视为恒参信道传播。

若采用中、低轨道移动卫星，所需卫星的个数与卫星轨道高度有关：轨道越低，所需卫星数越多，则需要更多颗卫星覆盖地球。

卫星中继通信的主要特点是通信容量大、传输质量稳定、传输距离远、覆盖区域广等。但是，由于卫星轨道离地面较远，信号衰减大，电波往返所需的时间较长。对于静止卫星，由地球站至通信卫星，再回到地球站的一次往返所需的时间为 0.26 s 左右，传输话音信号时感觉明显有延迟效应。目前卫星通信广泛用于传输多路电话、电报、图像数据和电视节目。

4. 对流层散射传播

散射传播包括对流层散射、电离层散射等，这里主要介绍对流层散射。对流层散射是由于大气不均匀性产生的，这种不均匀性可以产生电磁波散射现象，而且散射现象具有很强的方向性，散射能量主要集中在前方，故称“前向散射”。对流层散射传播示意图如图 3-7 所示，图中发射天线射束和接收天线射束相交在对流层上层，两波束相交的空间为有效散射区域。对流层散射通信频率范围为 100 MHz～4 GHz，可以达到的有效散射距离最大约 600 km。由于散射的随机性，这种信道属于变参信道。

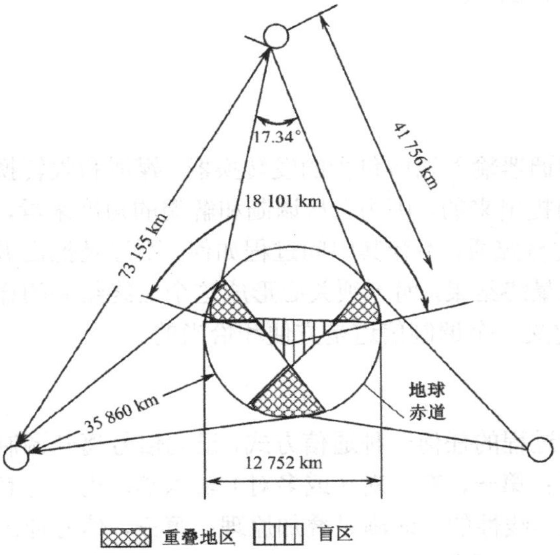

图 3-6　静止卫星与地球相对位置示意图

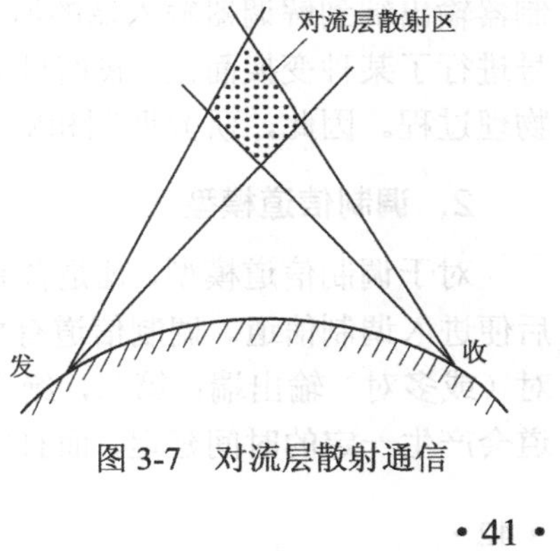

图 3-7　对流层散射通信

对流层散射传播为微波、超短波多路通信提供了另一种途径，这种通信具有抗核爆能力强、通信容量大、保密性好、通信距离远、机动性好、抗干扰性强和适应复杂地形等优点，越来越多地被应用于军事和民用通信，如森林防火、抢险救灾应急通信系统、工业指挥调度系统等。此外，对流层散射传播理论还应用于干扰协调距离计算、对流层介质遥感、超视距雷达等方面。

3.2 调制信道与编码信道

信道是指以传输媒质为基础的信号通道。如果信道仅是指信号的传输媒质，这种信道称为狭义信道。但从研究消息传输的角度看，信道范围还可以扩大到包括有关的转换器（如：发送设备、接收设备、馈线与天线、调制器、解调器等），称这种扩大范围的信道为广义信道。在讨论通信的一般原理时，通常采用广义信道。

应该指出，狭义信道（传输媒质）是广义信道十分重要的组成部分。事实表明，通信效果的好坏，在很大程度上将依赖于狭义信道的特性。因而，在研究信道的一般特性时“传输媒质”是讨论的重点。当然，根据实际的需要，有时除重点关心传输媒质外，还应该考虑到其他组成部分的有关特性。

广义信道的引入主要是从研究信息传输的角度出发，它对通信系统的一些基本问题研究比较方便。为叙述方便，以下均把广义信道简称为信道。广义信道按照它所包括的功能，可分为调制信道和编码信道，其组成框图如图 3-8 所示。

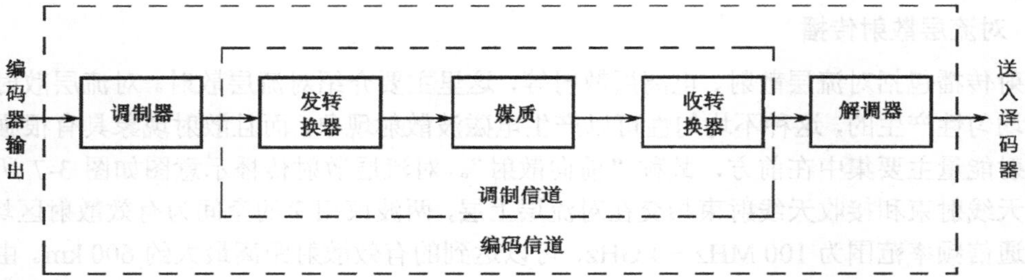

图 3-8 调制信道和编码信道

3.2.1 调制信道

1．定义

所谓调制信道，是指从调制器输出端到解调器输入端所包含的发转换器、媒质和收转换器三部分，它是从研究调制与解调的基本问题而提出来的。因为，从调制和解调的角度来看，调制器输出端到解调器输入端的所有转换器及传输媒质，不管其中间过程如何，不过是把已调信号进行了某种变换而已。我们只需关心变换的最终结果，而无须关心形成这个最终结果的详细物理过程。因此，研究调制和解调问题时，定义一个调制信道是方便和恰当的。

2．调制信道模型

对于调制信道模型，凡是含有调制和解调过程的任何一种通信方式，已调信号离开调制器后便进入调制信道。调制信道有如下主要共性：第一，有一对（或多对）输入端，也一定有一对（或多对）输出端；第二，绝大多数的信道是线性的，即满足叠加原理；第三，信号通过信道会产生一定的时间延迟，而且它还会使信号受到固定的或时变的损耗；第四，即使没有信号输入，在信道的输出端仍有一定的功率输出，即噪声功率。

由此看来，我们能够用一个二对端（或多对端）的时变线性网络去替代调制信道。这个网络就称为调制信道模型，如图 3-9 所示。就二对端的信道模型来说，它的输入与输出关系应该有：

$$e_{\mathrm{o}}(t)=f\left[e_{\mathrm{i}}(t)\right]+n(t) \tag{3.2-1}$$

式中，$e_{\mathrm{i}}(t)$ 为输入的已调信号；$e_{\mathrm{o}}(t)$ 为信道总输出波形；$n(t)$为加性噪声（或称加性干扰），它与 $e_{\mathrm{i}}(t)$ 不发生依赖关系，或者说 $n(t)$独立于 $e_{\mathrm{i}}(t)$。

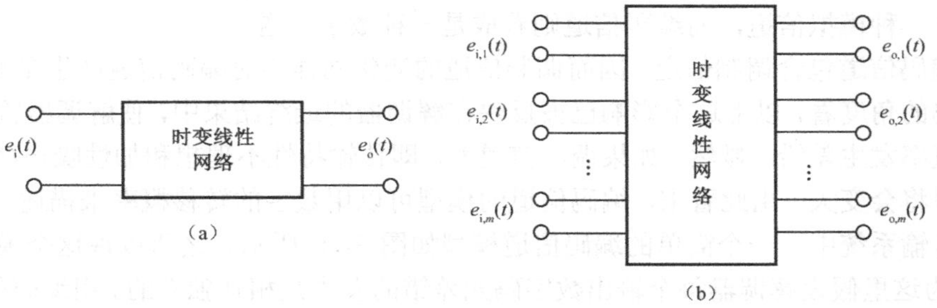

图 3-9　调制信道模型

$f\left[e_{\mathrm{i}}(t)\right]$ 表示已调信号通过网络所发生的时变线性变换。显然，只要信道不满足无失真传输的条件，$f[e_{\mathrm{i}}(t)]$应是 $e_{\mathrm{i}}(t)$发生畸变后的波形。在很多情况下，可将 $f[e_{\mathrm{i}}(t)]$表示为 $k(t)e_{\mathrm{i}}(t)$，其中 $k(t)$依赖于网络的特性。$k(t)$乘 $e_{\mathrm{i}}(t)$反映网络特性对 $e_{\mathrm{i}}(t)$的最终作用。$k(t)$的存在，对 $e_{\mathrm{i}}(t)$来说是一种干扰，可称为乘性干扰。于是，式（3.2-1）可表述成：

$$e_{\mathrm{o}}(t)=k(t)\cdot e_{\mathrm{i}}(t)+n(t) \tag{3.2-2}$$

这样，信道对信号的影响可归结到两点：一是由于乘性干扰 $k(t)$的存在，二是由于加性干扰 $n(t)$的存在。了解了 $k(t)$与 $n(t)$的特性，信道对信号的具体影响就能搞清楚。不同特点的信道，仅反映信道模型有不同特性的 $k(t)$及 $n(t)$而已。

乘性干扰 $k(t)$ 一般是一个复杂的函数，它可能包括各种线性畸变、非线性畸变、衰落畸变等，而且往往只能用随机过程加以表述，这是由于网络的时延特性和损耗特性随时间做随机变化的原因。但是，经大量观察表明，有些信道的 $k(t)$基本不随时间而变化，也就是说，信道对信号的影响是固定的或变化极为缓慢的；而有些信道却不然，它们的 $k(t)$是随机快变化的。因此，在分析研究乘性干扰 $k(t)$时，在相对的意义上可把信道分为两大类：一类称为恒（定）参（量）信道，即它们的 $k(t)$可看成不随时间变化或基本不变化的；另一类则称为随（机）参（量）信道，它是非恒参信道的统称，或者说它的 $k(t)$是随机快变化的。例如，双绞线电缆、同轴电缆、中长波地波传播、超短波及微波视距传播、人造卫星中继、光导纤维以及光波视距传播等传输媒质所构成的信道归于恒参信道，而其他传输媒质所构成的信道就归于随参信道。

3.2.2　编码信道

1．定义

在数字通信系统中，如果仅着眼于编码和译码问题，则可得另一种广义信道——编码信道。这是因为，从编译码的角度来看，编码器的输出是某一数字序列，而译码器的输入同样也是某一数字序列，它们可能是不同的数字序列。因此，定义从编码器输出端到译码器输入端的所有转换器及传输媒质，可用一个数字序列变换的方框加以概括，这个方框就称为编码信道，如图 3-8 所示。当然，根据研究对象和所关心问题的不同，还可以定义其他形式的广义信道。

2．编码信道模型

编码信道是包括调制器、解调器及调制信道的信道，它与调制信道模型有明显的不同。在调制信道中，对信号的影响是通过 $k(t)$及 $n(t)$使调制信号发生模拟变化；而在编码信道中，对信号的影响则是一种数字序列的变换，即把一种数字序列变成另一种数字序列。故调制信道有时被看成是一种模拟信道，而编码信道则看成是一种数字信道。

由于编码信道包含调制信道，因而调制信道的变化同样会对编码信道产生影响。但是，从编码和译码的角度看，以上这个影响已被反映在解调器的最终结果中，使解调器输出的数字序列以某种概率发生差错。显然，如果调制信道差，即传输特性不理想和加性噪声严重，则发生差错的概率将会变大。由此看来，编码信道的模型可以用数字的转移概率来描述。例如，在二进制数字传输系统中，一个简单的编码信道模型如图 3-10 所示。之所以说这个模型是“简单的”，是因为这里假设解调器每个输出数字码元差错的发生是相互独立的。用编码的术语来说，这种信道是无记忆的（一码元的差错与其前后码元的差错不发生依赖关系）。在这个模型里，$P(y|x)$ 表示输入为 x 条件下输出为 y 的概率。$P(0|0)$、$P(1|0)$、$P(0|1)$ 及 $P(1|1)$ 称为信道转移概率，其中 $P(0|0)$ 及 $P(1|1)$ 是正确转移的概率，而 $P(1|0)$ 及 $P(0|1)$ 是错误转移的概率。同时，根据概率性质可知：

$$P(0|0)=1-P(1|0)$$
$$P(0|1)=1-P(1|1)$$

转移概率完全由编码信道的特性决定，一个特定的编码信道就相应有确定的转移概率关系。但应该指出，编码信道的转移概率一般需要对实际编码信道进行大量的统计分析才能得到。

由无记忆二进制的编码信道模型容易推论到无记忆的任意多进制的情形中去，图 3-11 所示是一个无记忆的四进制编码信道模型。

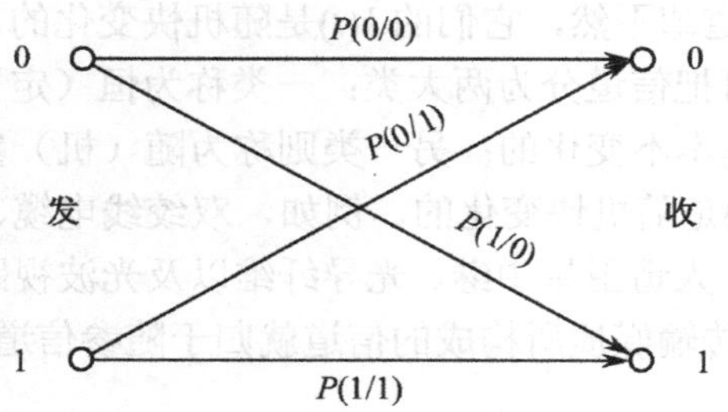

图 3-10　简单的编码信道模型

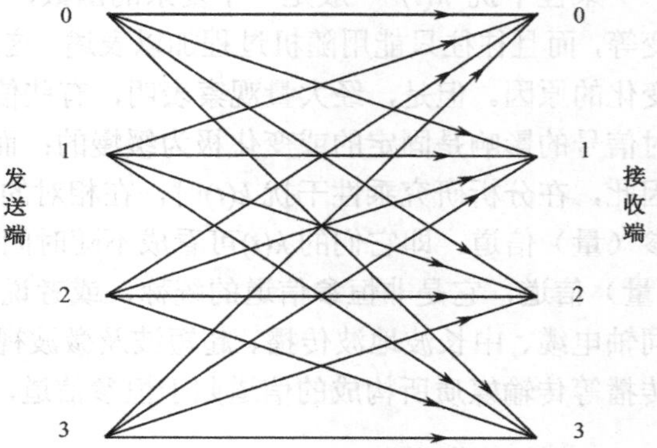

图 3-11　无记忆四进制编码信道模型

如果编码信道是有记忆的，即信道中码元发生差错的事件是不独立的事件，则编码信道的模型将要比图 3-10 或图 3-11 复杂得多。此时的信道转移概率也变得很复杂，这里就不再进一步讨论了。因为编码信道包含调制信道，而它的特性又紧密地依赖于调制信道，因此下面将对调制信道做进一步的讨论。

3.3　恒参信道与随参信道

3.3.1　恒参信道

如前所述，如果信道特性不随时间变化或变化很缓慢，这种信道称为恒参信道。信道特性主要由传输媒质所决定，若传输媒质特性是基本不随时间变化的，所构成的广义信道通常属于恒参信道。若传输媒质特性随时间随机快速变化，则构成的广义信道通常属于随参信道（或变参信道）。

恒参信道可以等效为一个时不变的线性网络，因此，在原理上只要得到了这个网络的传输特性，就可求得调制信号通过恒参信道后的变化规律。恒参信道的主要传输特性通常可用幅度-频率特性及相位-频率特性来表征。以下从两个表征特性的角度对典型恒参信道——有线电话音频信道及载波信道分析信道等效网络对信号传输的影响。

1．幅度-频率畸变

有线电话信道的幅度-频率特性不理想会引起幅度-频率畸变，这种畸变又称为频率失真。物理上，电话信道中这种畸变可能由其中的各种滤波器、混合线圈、串联电容器和分路电感等产生。从频率的角度分析，传输信号的幅度频谱畸变反映在信道对不同频率的不均匀衰耗上。图 3-12 为典型音频电话信道的总衰耗-频率特性曲线。分析该曲线，其低频截止点约为 300 Hz，对 300 Hz 以下信道，每倍频程衰耗降低 15～25 dB；在 300～1 100 Hz 范围内衰耗比较平坦；在 1 100～2 900 Hz 内，衰耗近似线性上升（2 600 Hz 时的衰耗比 1 100 Hz 时高 8 dB）；在 2 900 Hz 以上，衰耗增加很快，每倍频程增加 80～90 dB。

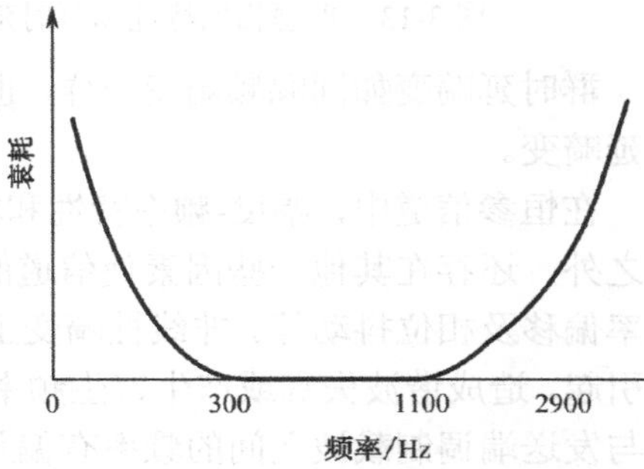

图 3-12　典型话音信道的衰耗特性

显然，不均匀衰耗引起信号波形的失真。此时若要传输数字信号，还会引起相邻数字信号波形之间在时间上的相互重叠，产生码间串扰（ISI，也称为码间干扰或符号间干扰）。

为了减小幅度-频率畸变，在设计总的电话信道传输特性时，一般都要求把幅度-频率畸变控制在一个允许的范围内。这就要求改善电话信道中的滤波性能，或者再通过一个线性补偿网络使衰耗特性曲线变得平坦。后一措施通常称之为“均衡”。

2．相位-频率畸变——群时延畸变

相位-频率畸变是指信道的相移-频率特性偏离线性关系所引起的畸变。电话信道的相位-频率畸变（简称相频畸变）与幅度-频率畸变一样，主要来源于滤波器和电抗器件。尤其在信道频带的边缘，由于衰耗特性陡峭引起的相频畸变就更严重。

相频畸变对模拟话音通信影响并不显著，因人耳对相频畸变不太灵敏。但对数字信号传输却不然，尤其当传输速率高时，相频畸变将会引起严重的码间串扰，对数字信号带来很大损伤。

信道的相位-频率特性还经常采用群时延-频率特性来衡量。

无失真传输系统的系统函数为 $H(\omega)=K\mathrm{e}^{\mathrm{j}\omega\tau}$，其中 τ 为时延。其相位 $\phi(\omega)=\omega\tau$，$\dfrac{\mathrm{d}\phi(\omega)}{\mathrm{d}\omega}=\tau$。因此，群时延-频率特性 $\tau(\omega)$ 可用相位-频率特性对频率的导数表示：

$$\tau(\omega)=\frac{\mathrm{d}\phi(\omega)}{\mathrm{d}\omega} \tag{3.3-1}$$

显然，如果$\phi(\omega)$呈现线性关系，则$\tau(\omega)$将是一条水平直线，如图 3-13 所示。此时，信号的不同频率成分将有相同的时延，因而信号经过传输后不发生畸变（如无失真传输系统）。实际的信道特性总是偏离图 3-13 所示特性的。例如，一个典型电话信道的群时延-频率特性如图 3-14 所示。不难看出，当非单一频率的信号通过信道时，信号频谱中的不同频率分量将有不同的时延（使它们的到达时间先后不一），从而引起信号的畸变。

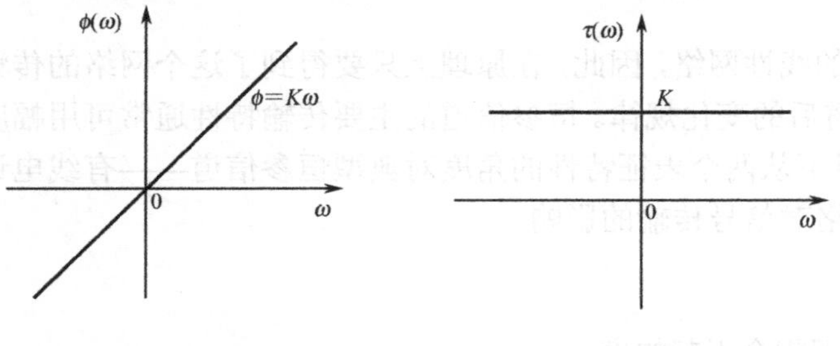

图 3-13　理想相频特性和群时延特性

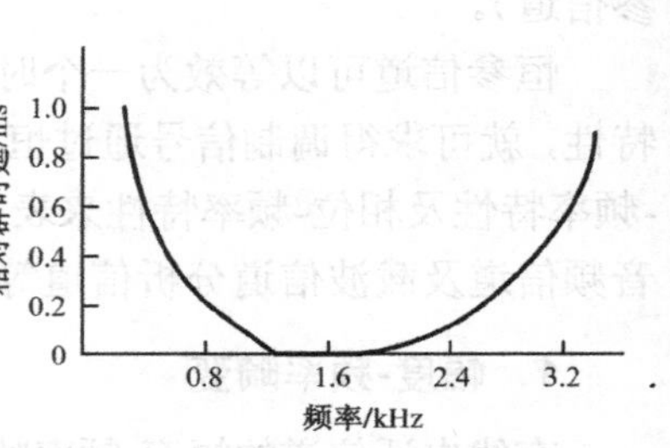

图 3-14　语音通道群时延特性

群时延畸变如同幅频畸变一样，也是一种线性畸变。因此，采取相位均衡网络可以补偿群时延畸变。

在恒参信道中，幅度-频率特性和相位-频率特性的不理想是损害信号传输的重要因素。除此之外，还存在其他一些因素使信道的输出与输入产生差异（亦可称畸变），如非线性畸变、频率偏移及相位抖动等。非线性畸变主要由信道中的元器件（磁芯、电子器件等）的非线性特性引起，造成谐波失真或产生寄生频率等；频率偏移通常是由于载波电话系统中接收端解调载波与发送端调制载波之间的频率有偏差（例如，解调载波可能没有与调制载波保持同步），而造成经信道传输的信号中每一频率分量与发送的信号之间产生频率偏差；相位抖动也是由调制和解调载波发生器的不稳定性造成的，这种抖动的结果相当于发送信号附加上一个小指数的调频。以上的非线性畸变一旦产生，一般均难以排除。这就需要在进行系统设计时从技术上加以重视。

3.3.2　随参信道

随参（变参）信道是指信道的传输特性随时间的改变而随机快速变化的信道。随参信道的特性比恒参信道要复杂得多，对信号的影响也要严重得多，其根本原因在于它包含复杂的传输媒质。虽然，随参信道中包含着除媒质外的其他转换器，并且也应该把它们的特性算作随参信道特性的组成部分。但是，从对信号传输的影响来看，传输媒质的影响是主要的，而转换器特性的影响是次要的，甚至可以忽略不计。因此，本节仅讨论随参信道的传输媒质所具有的一般特性以及它对信号传输的影响。

随参信道的传输媒质有 3 个特点：

（1）对信号的衰耗随时间随机变化；

（2）信号传输的时延随时间随机变化；

（3）多径传播。

随参信道的传输媒质主要以电离层反射和散射、对流层散射等为代表。信号在这些媒质中传输的示意图如图 3-15 所示。它们的共同特点是：由发射点出发的电波可能经多条路径到达接收点，这种现象称多径传播。就不同路径信号而言，它的衰耗和时延都不是固定不变的，而是随电离层或对流层的机理变化而变化的。因此，多径传播后的接收信号将是衰减和时延随时间变化的各路径信号的合成。

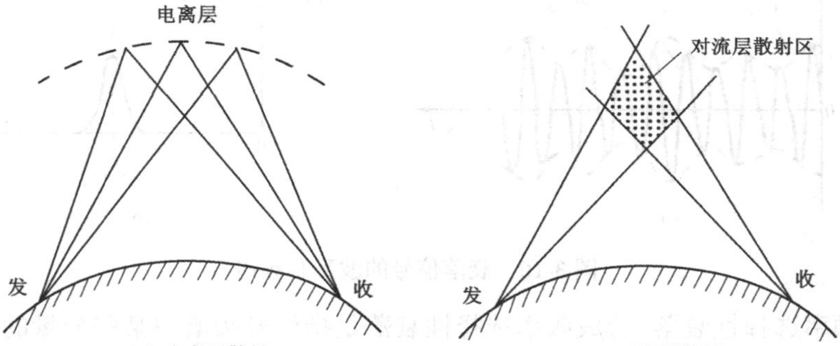

(a) 电离层散射　　(b) 对流层散射

图 3-15　多径传播示意图

若设发射波为 $A\cos(\omega_0 t)$，则经过 n 条路径传播后的接收信号 $R(t)$ 可用下式表述：

$$R(t)=\sum_{i=1}^{n}\mu_i(t)\cos\{\omega_0[t-\tau_i(t)]\}=\sum_{i=1}^{n}\mu_i(t)\cos[\omega_0 t-\varphi_i(t)] \tag{3.3-2}$$

式中：$\mu_i(t)$ 为第 i 条路径的接收信号振幅；$\tau_i(t)$ 为第 i 条路径的传输时延，它随时间不同而变化；$\varphi_i(t)=\omega_0\tau_i(t)$。

经大量观察表明，$\mu_i(t)$ 与 $\varphi_i(t)$ 随时间的变化与发射载频的周期相比通常缓慢得多，即 $\mu_i(t)$ 及 $\varphi_i(t)$ 可以认为是缓慢变化的随机过程。因此，式（3.3-2）可改写成

$$R(t)=\sum_{i=1}^{n}\mu_i(t)\cos\varphi_i(t)\cos(\omega_0 t)-\sum_{i=1}^{n}\mu_i(t)\sin\varphi_i(t)\sin(\omega_0 t) \tag{3.3-3}$$

设

$$X_{\mathrm{c}}(t)=\sum_{i=1}^{n}\mu_i(t)\cos\varphi_i(t) \tag{3.3-4}$$

$$X_{\mathrm{s}}(t)=\sum_{i=1}^{n}\mu_i(t)\sin\varphi_i(t) \tag{3.3-5}$$

则式（3.3-3）变成

$$\begin{aligned}R(t)&=X_{\mathrm{c}}(t)\cos(\omega_0 t)-X_{\mathrm{s}}(t)\sin(\omega_0 t)\\&=V(t)\cos[\omega_0 t+\varphi(t)]\end{aligned} \tag{3.3-6}$$

式中，$V(t)$ 为合成波 $R(t)$ 的包络，$\varphi(t)$ 为合成波 $R(t)$ 的相位，即

$$V(t)=\sqrt{X_{\mathrm{c}}^{2}(t)+X_{\mathrm{s}}^{2}(t)} \tag{3.3-7a}$$

$$\varphi(t)=\arctan\frac{X_{\mathrm{s}}(t)}{X_{\mathrm{c}}(t)} \tag{3.3-7b}$$

由于 $\mu_i(t)$ 与 $\varphi_i(t)$ 是缓慢变化的，因而 $X_{\mathrm{c}}(t)$、$X_{\mathrm{s}}(t)$ 及包络 $V(t)$、相位 $\varphi(t)$ 也是缓慢变化的。于是，$R(t)$ 可视为一个窄带过程。

从式（3.3-6）看到多径传播的影响有：

（1）产生瑞利型衰落。从波形上看，多径传播的结果使单一载频的确定信号 $A\cos(\omega_0 t)$ 变成了包络和相位受到调制的窄带信号，见图 3-16（a）。这样的信号，通常称之为衰落信号。

（2）引起了频率弥散。从频谱上看，多径传输引起了频率弥散，即由单个频率变成了一个窄带频谱，见图 3-16（b）。

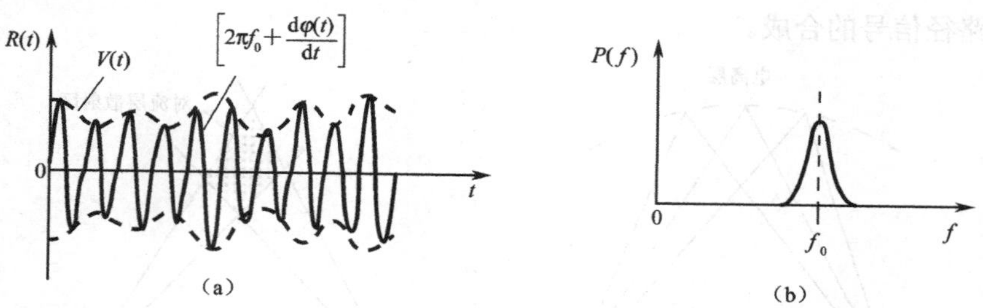

图 3-16　衰落信号的波形和频谱

（3）造成频率选择性衰落。造成频率选择性衰落是指信号频谱中某些分量的一种衰落现象，发生在传输信号频谱大于多径传播媒质的相关带宽。

进一步考察式（3.3-6）中 $V(t)$及$\varphi(t)$ 的统计特性。由式（3.3-6）看到，$V(t)$及$\varphi(t)$ 与 $X_c(t)$及 $X_s(t)$有关，而 $X_c(t)$及 $X_s(t)$分别由式（3.3-4）和式（3.3-5）决定。由这两式可见，在任一时刻 t_1 上，$X_c(t_1)$及 $X_s(t_1)$是 n 个随机变量之和。当 n 充分大时（多径传播时通常满足这一条件)，根据中心极限定理，$X_c(t_1)$及 $X_s(t_1)$近似服从高斯分布，利用上一章结论，$X_c(t)$及 $X_s(t)$是平稳的高斯过程（因为与选什么样的 t_1 无关)，$R(t)$是一个窄带高斯过程，$V(t)$的一维分布为瑞利分布，$\varphi(t)$ 的一维分布为均匀分布。实践也表明，把衰落信号看成窄带高斯过程是足够准确的，当然，以上的一般性认识对某种特定情况会有出入。例如，当短波电离层反射中出现一条固定镜面反射信号时，$R(t)$的包络 $V(t)$将趋于广义瑞利分布，而 $\varphi(t)$ 也将偏离均匀分布。

信号的包络服从瑞利分布的衰落，通常称之为瑞利型衰落。设瑞利型衰落信号的包络值记为V，则随机变量 V 的一维概率密度函数 $f_V(x)$ 可表示成：

$$f_V(x)=\frac{x}{\sigma^2}\exp\left(-\frac{x^2}{2\sigma^2}\right),\quad x\geqslant 0 \tag{3.3-8}$$

瑞利型衰落具有如下特点：

（1）包络 V 的数学期望为$\sqrt{\frac{\pi}{2}}\sigma\approx 1.254\sigma$，二阶原点矩为 $2\sigma^2$，方差为$\left(2-\frac{\pi}{2}\right)\cdot\sigma^2$。

（2）当 $x=\sigma$ 时，$f_V(x)$有最大值。

（3）当$V=\sigma\sqrt{2\ln 2}\approx 1.177\sigma$ 时，有$\int_0^V f_V(x)\mathrm{d}x=\frac{1}{2}$。表明衰落信号有 50%的“时间”（0.5 概率的另一种表述方法）信号包络大于 1.177σ，有 50%的时间信号包络小于 1.177σ。

（4）信号包络 V 低于σ 的概率约为 0.39，这是因为：

$$\int_0^{\sigma} f_V(x)\mathrm{d}x=1-\mathrm{e}^{1/2}\approx 0.39$$

事实上，信号包络 V 超过某一指定值 $k\sigma$ 的概率为：

$$\int_{k\sigma}^{+\infty} f_V(x)\mathrm{d}x=\mathrm{e}^{-k^2/2}$$

式中，k 为大于 0 的实数。

多径传播会造成信号的衰落、频率弥散效应以及宽带信号发生频率选择性衰落的现象。所谓频率选择性衰落，是信号频谱中某些分量的一种衰落现象，这是多径传播的又一个重要特征。

下面通过一个例子来建立这个概念。

分析一下两条路径组成的多径传播。为简单起见，设发射信号为 $f(t)$，到达接收点的两路信号具有相同的强度和一个相对的时延差。则到达接收点的两条路径信号可分别表示成 $V_0f(t-t_0)$ 及 $V_0f(t-t_0-\tau)$，这里 t_0 是固定的时延，τ 是两条路径信号的相对时延差，V_0 为某一确定的"强度"。不难看出，上述的传播过程可用图 3-17 来模拟。

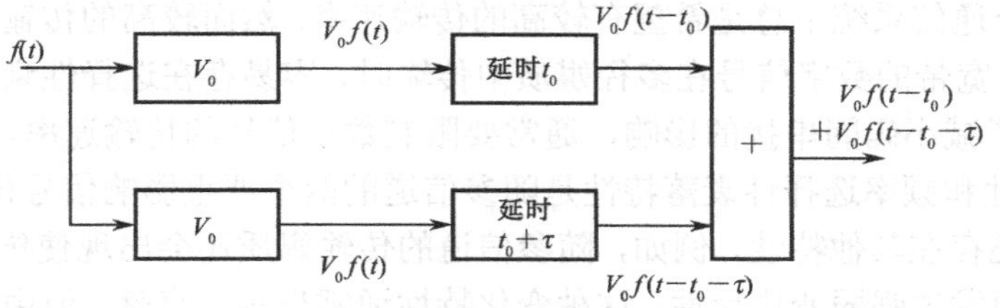

图 3-17 两径传输时的模拟框图

现在求上面模拟框图的传输特性。设 $f(t)$的频谱密度函数为 $F(\omega)$，即有：

$$f(t)\Leftrightarrow F(\omega)$$

则

$$V_0f(t-t_0)\Leftrightarrow V_0F(\omega)\mathrm{e}^{-\mathrm{j}\omega t_0}$$

$$V_0f(t-t_0-\tau)\Leftrightarrow V_0F(\omega)\mathrm{e}^{-\mathrm{j}\omega(t_0+\tau)}$$

$$V_0f(t-t_0)+V_0f(t-t_0-\tau)\Leftrightarrow V_0F(\omega)\mathrm{e}^{-\mathrm{j}\omega t_0}(1+\mathrm{e}^{-\mathrm{j}\omega\tau})$$

于是，当两径传播时，模拟电路的传输特性 $H(\omega)$为

$$H(\omega)=\frac{V_0F(\omega)\mathrm{e}^{-\mathrm{j}\omega t_0}(1+\mathrm{e}^{-\mathrm{j}\omega\tau})}{F(\omega)}=V_0\mathrm{e}^{-\mathrm{j}\omega t_0}(1+\mathrm{e}^{-\mathrm{j}\omega\tau})$$

可见，所求的传输特性除常数因子 V_0外，还由一个模值为 1、固定时延为 t_0的网络与另一个特性为$(1+\mathrm{e}^{-\mathrm{j}\omega\tau})$的网络级联所组成。而后一个网络的模特性（幅度-频率特性）为

$$\left|(1+\mathrm{e}^{-\mathrm{j}\omega\tau})\right|=\left|1+\cos(\omega\tau)-\mathrm{j}\sin(\omega\tau)\right|$$

$$=\left|2\cos^2\frac{\omega\tau}{2}-\mathrm{j}2\sin\frac{\omega\tau}{2}\cos\frac{\omega\tau}{2}\right|$$

$$=2\left|\cos\frac{\omega\tau}{2}\right|$$

由此可见，两径传播的模特性将依赖于$\left|\cos(\omega\tau/2)\right|$，图 3-18 所示为其模特性曲线。曲线表明对不同的频率，两径传播的结果将有不同的衰减。例如，当$\omega=2n\pi/\tau$ 时（n 为整数），达到传输极值；当$\omega=(2n+1)\pi/\tau$时，出现传输零点。考虑到相对时延差一般是随时间变化的，故传输特性出现的零点与极值在频率轴上的位置也会随时间而变。显然，当一个传输波形的频谱约宽于 $1/\tau(t)$时[$\tau(t)$表示有时变的相对时延]，传输波形的频谱将受到畸变，这种畸变就是由所谓的频率选择性衰落（简称选择性衰落）所引起的。

将以上的概念推广到多径传播中，这时的传输特性要复杂得多；但是，出现的频率选择性衰落的基本规律将是同样的，即频率选择性将同样依赖于相对时延差。多径传播时的相对时延差（简称多径时延差）通常用最大多径时延差来表征，并用它来估算传输零

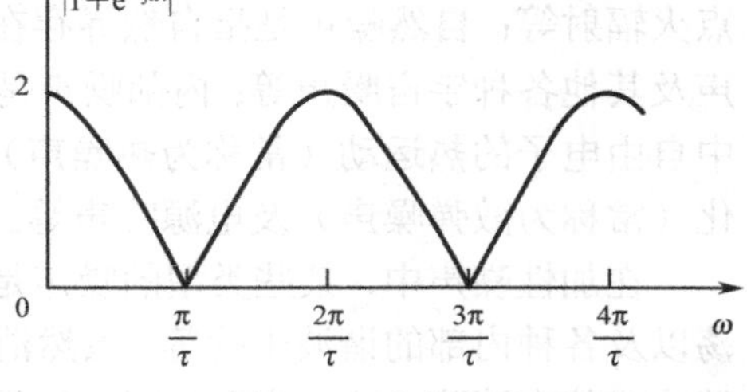

图 3-18 多径效应

点和极值点在频率轴上的位置。设最大多径时延差为τ_m，则定义

$$\Delta f = 1/\tau_m \tag{3.3-9}$$

为相邻传输零点的频率间隔。这个频率间隔通常称为多径传播媒质的相关带宽。如果传输波形的频带宽度大于Δf，则该波形将产生明显的频率选择性衰落。由此看出，为了不引起明显的选择性衰落，传输波形的频带必须小于多径传输媒质的相关带宽Δf。

通常，在一个通信系统中总是希望有较高的传输速率，然而较高的传输速率对应有较宽的信号频带。因此，宽带的数字信号在多径媒质中传输时，容易存在选择性衰落现象而引起严重的码间串扰。为了减小码间串扰的影响，通常要限制数字信号的传输速率。

一般衰落特性和频率选择性衰落特性是随参信道的两个严重影响信号传输的重要因素。此外，随参信道中还存在其他特性，例如，随参信道的传输媒质还会出现使传输信号随年份、季节、昼夜的变化而发生强弱变化特性，这种变化特性通常也称为衰落，但由于这种衰落的变化速度十分缓慢（通常以小时以上时间为计算单位），故称之为慢衰落。相应地，称上述瑞利型衰落为快衰落，对于信号传输效果影响严重的因素还是快衰落。

综上所述，随参信道的多径传播是产生快衰落的主要原因，快衰落对数字通信可靠性影响很大。克服快衰落的办法是分集接收。所谓分集接收，是指接收端按照某种方式使它收到的携带同一信息的多个信号衰落特性相互独立，并对多个信号进行特定的处理，以降低合成信号电平的起伏，减小各种衰落对接收信号的影响。从广义信道的角度来看，分集接收可看成是随参信道中的一个组成部分。为了在接收端得到多个互相独立或基本独立的接收信号，一般可利用不同路径、不同频率、不同极化、不同时间等手段来获取。因此，采用的分集技术有空间分集、极化分集、频率分集、时间分集等，而分集信号合并方法通常有最佳选择式、等增益相加式和增大比值相加等。

3.4 信道中的噪声

将信道中存在的不需要的电信号统称为噪声。通信系统中的噪声是叠加在信号上的，即使没有传输信号时通信系统中也有噪声，即噪声始终存在于通信系统中。噪声可以看作信道中的一种干扰，因为这种干扰是叠加在有用信号上的，故称之为加性干扰或加性噪声。加性噪声通常独立于有用信号（携带信息的信号），但它始终干扰有用信号，因而不可避免地对通信造成影响。

3.4.1 噪声源分类

信道中噪声的来源是多方面的，就噪声来源讲，一般可以分为人为噪声、自然噪声和内部噪声三大类。人为噪声来源于其他信号源，例如外台信号、开关接触时产生的电火花、工业的点火辐射等；自然噪声是指自然界存在的各种电磁波源，例如闪电、大气中的电暴、银河系噪声及其他各种宇宙噪声等；内部噪声是系统设备本身产生的各种噪声，例如在电阻一类的导体中自由电子的热运动（常称为热噪声）、真空管中电子的起伏发射和半导体中载流子的起伏变化（常称为散弹噪声）及电源哼声等。

在加性噪声中，某些类型的噪声是可以消除或忽略的，例如接触不良、电源哼声、自激振荡以及各种内部的谐波干扰等。虽然消除这些噪声不一定很容易，但至少在原理上是可以设法消除或基本消除。另一些噪声则往往是无法避免的，它们是存在于整个通信频谱，且波形不能

预测的随机噪声，通常称为固有噪声。

按照噪声的性质，常见的和基本的随机噪声又可分为单频噪声、脉冲噪声和起伏噪声 3 类。

单频噪声是一种连续波的干扰（如外台信号），它可视为一个正弦波，但其幅度、频率及相位都是事先不能预知的。这种噪声的主要特点是占有极窄的频带，但在频率轴上的位置可以实测。因此，单频噪声并非在所有通信系统中都存在。

脉冲噪声是在时间上无规则地时而安静时而突发的噪声，例如，工业的点火辐射、闪电和电气开关通断等产生的噪声。这种噪声的主要特点是其突发的脉冲幅度大，但单个突发脉冲持续时间短且相邻突发脉冲之间往往有较长的安静时段。从频谱上看，脉冲噪声通常有较宽的频谱（从甚低频到高频），但频率越高，其频谱成分就越小。

起伏噪声是以热噪声、散弹噪声及宇宙噪声为代表的噪声。这些噪声的特点是，无论在时域内还是在频域内它们总是普遍存在和不可避免的。

由于噪声具有随机特征，因此噪声的一般表达方法可以利用概率论的知识。经过人们的长期实践，对于单频噪声和起伏噪声来说，已经形成了比较成熟的数学表述方法；但对于脉冲噪声，除了某些特殊的脉冲噪声（例如，实际上不是孤立出现的和形状相同的以及那些出现密度较高的脉冲噪声）外，由于脉冲噪声的一般规律难以测量，故至今对它还没有统一的数学表述方法。

由于起伏噪声的普遍存在以及它的持续影响，因而在研究信息的传输原理时常把起伏噪声作为基本的研究对象。下面将着重讨论起伏噪声，特别是热噪声对通信系统的影响。

热噪声是在电阻一类导体中，由自由电子的布朗运动引起的噪声。电子的热运动是无规则的，且互不依赖，因此每一个自由电子的随机热运动所产生的小电流及其方向也是随机的，而且互相独立。电子热运动产生的起伏电流也和散弹噪声一样服从高斯分布。在通信系统中，电阻器件噪声、天线噪声、馈线噪声以及接收机产生的噪声均可以等效成热噪声。

实验结果和理论分析证明，从直流到 1×10^{13} Hz 频率范围内，电阻热噪声的噪声电压的功率谱密度近似为一个恒定值，表示为

$$P_{\mathrm{n}}(\omega)=2kTR\ \ (\mathrm{W/Hz}) \tag{3.4-1}$$

式中，$k=1.38\times10^{-23}$ J/K 为玻耳兹曼常数，T 为电阻的热力学温度（K），R 为电阻阻值（Ω）。

电阻的热噪声还可以表示为噪声电流源或噪声电压源的形式，如图 3-19 所示。其中图 3-19（b）是噪声电流源与纯电导相并联；图 3-19（c）是噪声电压源与纯电阻相串联。噪声电流源和噪声电压源的均方根值分别为

$$I_{\mathrm{n}}=\sqrt{4kTGB} \tag{3.4-2}$$

$$V_{\mathrm{n}}=\sqrt{4kTRB} \tag{3.4-3}$$

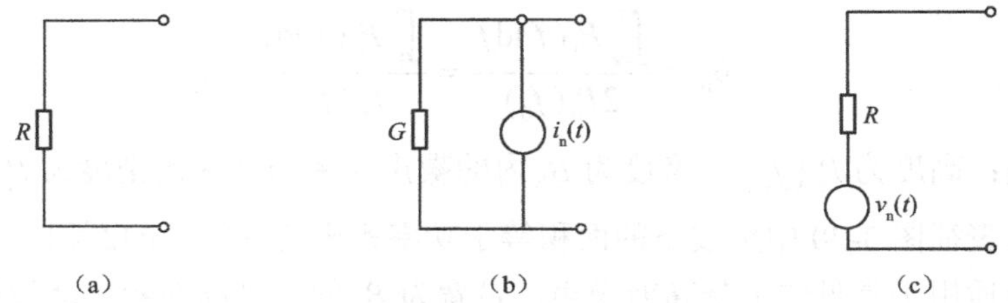

图 3-19　电阻热噪声的等效表示

通常将热噪声看成高斯噪声。根据中心极限定理可知，热噪声电压服从高斯分布，且均值为 0，其一维概率密度函数为

$$f_n(v)=\frac{1}{\sqrt{2\pi}\sigma_n}\exp\left(-\frac{v^2}{2\sigma_n^2}\right) \tag{3.4-4}$$

由于均值为 0，因此其方差等于平均功率，它可以通过功率谱积分得到。

综上所述，无论是散弹噪声、热噪声，还是宇宙噪声，它们都可认为是一种高斯噪声，而且其在相当宽的频率范围内具有平坦的功率谱密度。因而散弹噪声、热噪声及宇宙噪声之类的起伏噪声常常被近似地表述成高斯白噪声。

3.4.2 噪声等效带宽

从通信系统来看，起伏噪声是最基本的噪声来源。但应注意，从调制信道的角度来看，到达或集中于解调器输入端的噪声并不是上述起伏噪声本身，而是它的某种变换形式，即是一种带通型噪声。这是因为，在到达解调器之前，起伏噪声通常要经过接收转换器，而接收转换器的主要作用之一是滤出有用信号和部分地滤除噪声，它通常可等效成一个带通滤波器。故带通滤波器的输出噪声是带通型的噪声。由于这种噪声通常满足“窄带”的定义，故常称它为窄带噪声。考虑到带通滤波器常常是一种线性网络，而起伏噪声是高斯白噪声，因此，这时的窄带噪声是窄带高斯噪声。也就是说，当研究调制与解调的问题时，调制信道的加性噪声可直接表述为窄带高斯噪声。

信号占有一定的带宽，噪声同样也有它的带宽；噪声的带宽可以用不同的定义来描述。为了使分析噪声功率相对容易，通常引入噪声等效带宽来描述。设带通型噪声的功率谱密度 $P_n(f)$ 如图 3-20 所示，它可以由高斯白噪声通过一个带通滤波器而得到。

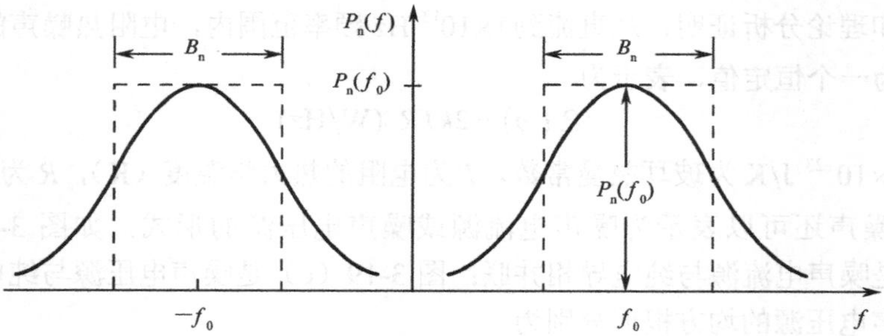

图 3-20 带通型噪声的概率密度

假设 $P_n(f)$ 在 f_0 及 $-f_0$ 处分别有最大值 $P_n(f_0)$ 及 $P_n(-f_0)$，则该噪声等效带宽 B_n 定义为：

$$B_n=\frac{\int_{-\infty}^{\infty}P_n(f)\mathrm{d}f}{2P_n(f_0)}=\frac{\int_{0}^{\infty}P_n(f)\mathrm{d}f}{P_n(f_0)} \tag{3.4-5}$$

它的物理意义是：高度为 $P_n(f_0)$、宽度为 B_n 内的噪声功率与功率谱密度为 $P_n(f)$ 的带通型噪声功率相等，即表征图 3-20 中虚线下的面积等于功率谱密度曲线下的面积。

上述定义将适用于常见的窄带高斯噪声，带宽为 B_n 的窄带高斯噪声就被认为其功率谱密度 $P_n(\omega)$ 在带宽 B_n 内是平坦的。

3.5 信道容量

在通信系统中，信息是通过信道进行传输的。而在一条传输信道上所传输的信息并不是无限制的，在单位时间内信道上所能传输的最大信息量被称为信道容量。由于信道分为连续信道和离散信道两类，所以信道容量的表示方法也不相同。在实际的信道中总是存在干扰，如何在有干扰情况下计算信道容量，将是以下所要讨论的内容。

3.5.1 离散信道容量

熵和条件熵是表征信息量和信道容量的两个量。根据第 1 章，离散信息源 X 携带的平均信息量用 $H(X)$来表示，即

$$H(X)=-\sum_{i=1}^{L}P(X=x_i)\log_2 P(X=x_i)$$

式中 x_i（i =1，2，…，L）为随机变量 X 的所有可能取值。

在 X 取 x_i 的条件下 Y 的平均不确定度是研究互信息的基本度量，称为 X 取 x_i 时 Y 的条件熵，记作 $H(Y|X=x_i)$。

$$H(Y|X=x_i)=-\sum_{j=1}^{M}P(Y=y_j|X=x_i)\log_2 P(Y=y_j|X=x_i) \tag{3.5-1}$$

相应地，

$$\begin{aligned}H(Y|X)&=-\sum_{i=1}^{L}P(X=x_i)\sum_{j=1}^{M}P(Y=y_j|X=x_i)\log_2 P(Y=y_j|X=x_i)\\&=-\sum_{i=1}^{L}\sum_{j=1}^{M}P(X=x_i,Y=y_j)\log_2 P(Y=y_j|X=x_i)\end{aligned} \tag{3.5-2}$$

$H(Y|X)$称为条件 X 下 Y 的条件熵，它表示 X 条件下 Y 的平均不确定度。

离散信道是指信道中输入和输出的符号都是离散符号时的信道。如果在离散信道中不存在干扰，则离散信道的输入符号 X 与输出符号 Y 之间必然有一一对应的确定关系。但若信道中存在干扰，则输入符号与输出符号之间就存在有某种随机性，也就是说，它们之间已不存在一一对应的确定关系，而具有一定的统计相关性。这种统计相关性取决于转移概率 $P(Y=y_j|X=x_i)$，记作 $P(y_j|x_i)$。离散信道的特性可以用转移概率来描述。

在一般情况下，发送符号集 $X=\{x_i\}$（i =1，2，…，L）有 L 种符号，接收符号集 $Y=\{y_j\}$（j =1, 2, …, M）有 M 种符号。无记忆信道（是指每个输出符号只取决于当前输入符号，与其他输入符号无关）的转移概率可用下列矩阵表示：

$$P(y_j|x_i)=\begin{bmatrix}P(y_1|x_1) & P(y_2|x_1) & \cdots & P(y_M|x_1)\\ P(y_1|x_2) & P(y_2|x_2) & \cdots & P(y_M|x_2)\\ \vdots & \vdots & & \vdots\\ P(y_1|x_L) & P(y_2|x_L) & \cdots & P(y_M|x_L)\end{bmatrix} \tag{3.5-3}$$

或

$$P(x_j|y_i)=\begin{bmatrix} P(x_1|y_1) & P(x_2|y_1) & \cdots & P(x_L|y_1) \\ P(x_1|y_2) & P(x_2|y_2) & \cdots & P(x_L|y_2) \\ \vdots & \vdots & & \vdots \\ P(x_1|y_M) & P(x_2|y_M) & \cdots & P(x_L|y_M) \end{bmatrix} \tag{3.5-4}$$

实际信道往往是有记忆的，每个输出符号不但与当前输入符号有关，而且与以前的若干个输入符号有关。无记忆信道的数学表达及分析最为简单，本节仅讨论这种情形。

若一个信道的转移概率矩阵按输出可分为若干子集，其中每个子集都有如下特性：每一行是其他行的置换，每一列是其他列的置换，这类信道称为对称信道。基于对称信道不同行（列）元素的置换关系这一特点，各行满足

$$-\sum_{j=1}^{M}P(y_j|x_i)\log_2 P(y_j|x_i)=\text{常数} \tag{3.5-5}$$

即上述求和结果与 i 无关。因此，可推得对称信道的输入、输出符号集合之间的条件熵

$$\begin{aligned} H(Y|X)&=-\sum_{i=1}^{L}P(x_i)\sum_{j=1}^{M}P(y_j|x_i)\log_2 P(y_j|x_i) \\ &=-\sum_{j=1}^{M}P(y_j|x_i)\log_2 P(y_j|x_i)\sum_{i=1}^{L}P(x_i)=\sum_{j=1}^{M}P(y_j|x_i)\log_2 P(y_j|x_i) \end{aligned} \tag{3.5-6}$$

式（3.5-6）表明，对称信道的条件熵 $H(Y|X)$ 与输入符号的概率 $P(x_i)$ 无关，而仅与信道转移概率 $P(y_j|x_i)$ 有关。

同理可得

$$H(X|Y)=-\sum_{i=1}^{L}P(x_i|y_j)\log_2 P(x_i|y_j) \tag{3.5-7}$$

典型的有扰信道是无记忆二进制对称信道，如图 3-21 所示，这里 $x_1=y_1=0$，$x_2=y_2=1$。其传输特性可用转移概率矩阵

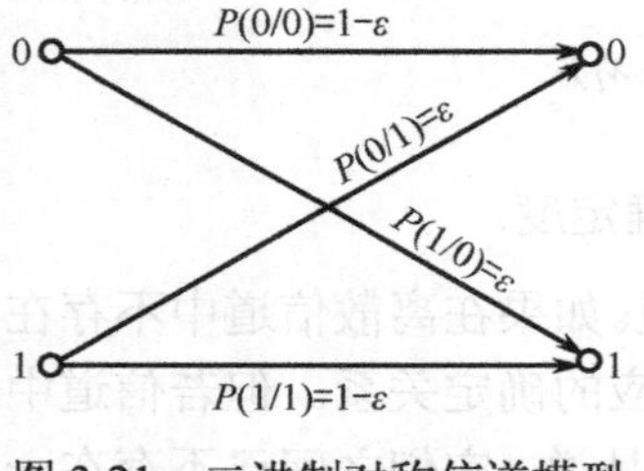

图 3-21　二进制对称信道模型

$$\boldsymbol{P}(y_j|x_i)=\begin{bmatrix} 1-\varepsilon & \varepsilon \\ \varepsilon & 1-\varepsilon \end{bmatrix}$$

表示。这里，$P(y_1|x_1)=P(y_2|x_2)=1-\varepsilon$，$P(y_1|x_2)=P(x_1|y_2)=\varepsilon$。

通信系统传输的信息量（即发送 X，收到的信号 Y 所携带的信息量）用平均互信息 $I(X,Y)$ 来表示，即

$$I(X,Y)=H(X)-H(X|Y)$$

可以证明

$$I(X,Y)=H(X)-H(X|Y)=H(Y)-H(Y|X) \tag{3.5-8}$$

因此，有扰离散信道上所传输的信息量不但与条件熵 $H(Y|X)$ 或 $H(X|Y)$ 有关，而且与熵 $H(X)$ 或 $H(Y)$ 有关。尽管对称信道的条件熵只取决于信道转移概率，但 $H(X)$ 或 $H(Y)$ 却与 $P(x)$ 或 $P(y)$ 有关。

假设通信系统发送端每秒发出 r 个符号，则有扰信道的信息传输速率为

$$R=I(X,Y)\cdot r=\left[H(X)-H(X|Y)\right]\cdot r=\left[H(Y)-H(Y|X)\right]\cdot r \tag{3.5-9}$$

有扰离散信道的最高信息传输速率称为信道容量，定义为

$$C=R_{\max}=\max\left[H(X)-H(X|Y)\right]\cdot r=\max\left[H(Y)-H(Y|X)\right]\cdot r \tag{3.5-10}$$

显然，在条件熵一定的情况下，若能使 $H(Y)$或 $H(X)$达到最大，即可求得有扰离散对称信道的信道容量。

在对称信道中，信道输入符号的等概分布和输出符号的等概分布是同时存在的。设输入符号等概分布，即 $P(x_i)=1/L$，对称信道转移矩阵中第 j 列元素为$\{P(y_j|x_1)\ P(y_j|x_2)\ \cdots\ P(y_j|x_L)\}$，则信道输出符号 y_j 的概率为

$$P(y_j)=\sum_{i=1}^{L}P(x_i)P(y_j|x_i)=\frac{1}{L}\sum_{i=1}^{L}P(y_j|x_i) \tag{3.5-11}$$

由于对称信道各列由相同的元素组成，则有

$$P(y_j)=\frac{1}{L}\sum_{i=1}^{L}P(y_j|x_i)=\text{常数} \tag{3.5-12}$$

因此输出符号 Y 也是等概分布的，此时 $H(Y)$达到最大熵，$H_{\max}(Y)=\log_2 M$，这里 M 为 Y 的可能取值个数。于是，有扰离散对称信道的信道容量 C 可表示为

$$C=\left[\log_2 M+\sum_{j=1}^{M}P(y_j|x_i)\log_2 P(y_j|x_i)\right]\cdot r \tag{3.5-13}$$

【例 3-1】 图 3-21 所示二进制有扰对称信道，信源两种状态等概出现，波特率为 1 000 Bd，错误率ε=0.01。求：

（1）信源发出的信息速率 R_b；

（2）信道容量。

【解】 在二进制对称信道中，发送符号集和接收符号集都只有 0 和 1 两元素，$P(1)=P(0)=1/2$，且 $P(1|0)=P(0|1)=\varepsilon=0.01$，$P(1|1)=P(0|0)=1-\varepsilon=0.99$。

（1）首先求出信源的熵

$$H(x)=-P(x=0)\log_2 P(x=0)-P(x=1)\log_2 P(x=1)$$
$$=\frac{1}{2}\log_2 2+\frac{1}{2}\log_2 2=1\text{）（b/符号）}=H(y)$$

按题意，R_B=1 000（Bd），$R_b=R_B\times H(x)=R_B\times\log_2 2=1\,000\ \text{(b/s)}$。

（2）求条件熵

$$H(y|x)=-(0.99\log_2 0.99+0.01\log_2 0.01)=0.081\ \text{(b/符号)}$$

于是信道容量为

$$C=R_{\max}=\max\left[H(Y)-H(Y|X)\right]\cdot r=(1-0.081)\times 1000=919\ \text{(b/s)}$$

由此可得，因传输不可靠而丢失的信息量为 81 b/s，信道容量为 919 b/s。

3.5.2 连续信道容量

在连续信道中，假设信道的带宽为 B(Hz)，信道输出的信号平均功率为 S(W)，输出加性高斯白噪声平均功率为 N(W)，则该信道的信道容量为

$$C=B\log_2\left(1+\frac{S}{N}\right)\quad\text{(b/s)} \tag{3.5-14}$$

这就是著名的香农（Shannon）信道容量公式，简称为香农公式。它给出了当信号与作用在信道上的起伏噪声的平均功率给定（即信噪比 S/N 给定）时，在具有一定频带宽度 B 的信道上，单位时间内可能传输的信息量的理论极限值。

注：这里所传输的信号是指严格带限信号，工程上常用于非严格带限信号，所以该理论值在实际应用中只是估算界限，应具体问题具体分析。

对白噪声而言，由于噪声功率 N 与信道带宽 B 有关，取噪声单边功率谱密度为 n_0，则噪声功率 $N=n_0B$，因此，香农公式的另一形式为

$$C = B\log_2\left(1+\frac{S}{n_0 B}\right)\text{(b/s)} \tag{3.5-15}$$

由式（3.5-15）可见，一个连续信道的信道容量受“三要素”B、n_0、S 的限制，关系如下：

（1）提高信号与噪声功率之比 S/N，可提高信道容量 C。

（2）当噪声功率 $N\to 0$ 时，信道容量 C 趋于∞，这意味着无干扰信道容量为无穷大。

（3）增加信道频带（也就是信号频带）B，并不能无限制地使信道容量增大。当噪声为白色高斯噪声时，随着 B 的增大，噪声功率 $N=n_0B$ 也增大，在极限情况下，

$$\lim_{B\to\infty} C = \lim_{B\to\infty} B\log_2\left(1+\frac{S}{n_0B}\right) = \frac{S}{n_0}\lim_{B\to\infty}\frac{n_0B}{S}\log_2\left(1+\frac{S}{n_0B}\right)$$

$$= \frac{S}{n_0}\log_2 e = 1.44\frac{S}{n_0}$$

由此可见，即使信道带宽无限增大，信道容量仍然是有限的，趋于常数 $1.44\frac{S}{n_0}$。

（4）当信道容量一定时，带宽 B 与信噪比 S/N 之间可以彼此互换。

（5）由于信息速率 $C = I/T$，T 为传输时间，代入式（3.5-14）则可得

$$I = TB\log_2\left(1+\frac{S}{N}\right) \tag{3.5-16}$$

可见，当 S/N 一定时，给定的信息量可以用不同的带宽和时间 T 的组合来传输。带宽与时间也可以互换。

香农公式虽然并未解决具体的实现方法，但它在理论上阐明了这一互换关系的极限形式，指出了努力的方向。

以信噪比（S/N）（单位：dB）为横坐标，归一化信道容量 C/B（单位频带的信息传输率，单位：b·s^{-1}/Hz）为纵坐标，得图 3-22 所示曲线。显然，C/B 愈大，频带利用率愈高，即信道利用愈充分。该曲线表示任何实际通信系统带限信号传输所能达到的频带利用率极限，曲线下部是实际通信系统所能达到的区域，而上部区域则是不可能实现的。

若将纵坐标改为 B/C，单位为 Hz/(b·s^{-1})，则可得到另一条曲线，如图 3-23 所示。这条曲线表示归一化信道带宽与信噪比之间的关系。它阐明了信噪比与带宽的互换关系，曲线上部为实际通信系统能达到的区域，下部则为不可能实现的互换区域。

香农公式虽然给出了理论极限，但对如何达到或接近这一理论极限，并未给出具体的实现方案。多年来，人们正是围绕着这一目标，开展了大量的研究，得到了各种数字信号表示方法和调制手段。

香农在他那篇著名的“通信的数学理论”论文中还提出了另一条具有十分重要指导意义的结论：若信道容量为 C，消息源产生信息的速率为 R，只要 $C>R$，则总可以找到一种信道编码方式实现无误传输；若 $C<R$，则不可能实现无误传输。这一结论为信道编码指出了方向。

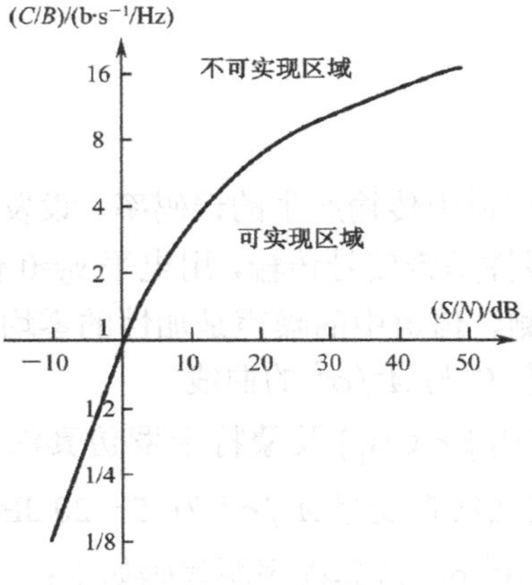

图 3-22　归一化信道容量与信噪比

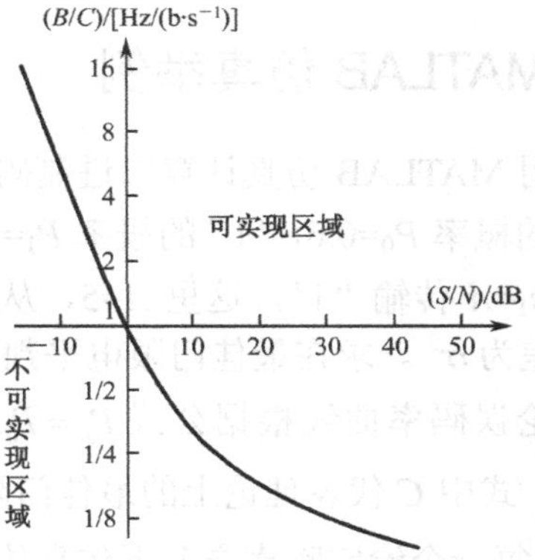

图 3-23　归一化信道带宽与信噪比

【例 3-2】　已知彩色电视图像由 5×10^5 个像素组成。设每个像素有 64 种彩色度，每种彩色度有 16 个亮度等级。设所有彩色度和亮度等级的组合机会均等，且统计独立。（1）试计算每秒传送 100 个画面所需的信道容量；（2）如果接收机信噪比为 30 dB，传送彩色图像所需的信道带宽为多少？（注：$\log_2 x = 3.32\lg x$）

【解】　（1）每像素信息 $I=\log_2(64\times16)=10\ \text{b}$

每幅图信息 $I_1=10\ \text{bit}\times5\times10^5=5\times10^6\ \text{b}$

信息速率 $R_b=100\times5\times10^6=5\times10^8\ \text{b/s}$

因为 R_b 必须小于或等于 C，所以信道容量为

$$C\geqslant R_b=5\times10^8\ \text{b/s}$$

（2）当信噪比为 30 dB 时，$10\lg\dfrac{S}{N}=30$，因此 $\dfrac{S}{N}=1\,000$。

可得信道带宽为

$$B=\frac{C}{\log_2\left(1+\dfrac{S}{N}\right)}=\frac{C}{3.32\lg\left(1+\dfrac{S}{N}\right)}=\frac{5\times10^8}{3.32\lg1001}\approx50\ (\text{MHz})$$

可见，所求带宽 B 约为 50 MHz。

【例 3-3】　设有一幅图像要在电话线中实现传真发送，大约要传输 2.25×10^6 个像素，每个像素有 12 个亮度等级。假设所有亮度等级是等概率的，电话线路具有 3 kHz 带宽和 30 dB 信噪比。试求在该标准电话线路上传输一张传真图片需要的最小时间。

【解】　每像素信息 $I=\log_2 12=3.32\lg12=3.58\ \text{b}$

每幅图信息 $I_1=2.25\times10^6\times3.58=8.06\times10^6\ \text{b}$

$$信道容量C=B\log_2\left(1+\frac{S}{N}\right)=3\times10^3\log_2(1+1000)$$

$$=3\times10^3\times3.32\lg1001\approx29.9\times10^3\ \text{b/s}$$

设每张图片传输时间最小为 t，则最大信息速率 $R_{max}=8.06\times10^6/t$。

由于 R 必须小于或等于 C，故 $R_{max}=C$，于是得到传输一张传真图片所需的最小时间为

$$t=\frac{8.06\times10^6\ \text{b}}{29.9\times10^3\ \text{b/s}}\approx0.269\times10^3\ \text{s}\approx4.5\ \text{min}$$

3.6 MATLAB 仿真举例

利用 MATLAB 仿真计算二进制码在离散无记忆信道中传输产生的误码率。设发送二进制码“0”的概率 P_0=0.6，“1”的概率 P_1=1−P_0。利用单极性基带信号传输，用电平 s_0=0 传输“0”，用电平 s_1=A 传输“1”，这里 A=5，从判决输入端观测。信道中的噪声是加性的零均值高斯噪声，方差为 σ^2。求在最佳门限电平判决下传输误码率 P_e 与 A^2/σ^2 的曲线。

理论误码率曲线根据公式 $P_e = P_0 P(\xi > C|s_0) + P_1 P(\xi < C|s_1)$ 及蒙特卡罗仿真法计算统计误码率，式中 C 代表理论上的最佳门限判决值。仿真曲线自变量 A^2/σ^2 为−5～20 dB，步进为 0.5 dB，每一个给定噪声方差下仿真传输序列长度为 10^5 b。仿真程序源代码如下：

```
clear;
s0=0;s1=5;
p0=0.6;                                %信源概率
p1=1-p0;
SNR_dB=-5:0.5:20;                      %仿真信噪比 SNR 范围（dB）
SNR=10.^( SNR_dB./10);                 %计算 SNR
PN=s1^2./ SNR;                         %噪声功率 PN 范围
N=1e5;                                 %信源序列长度
for k=1:length(PN)
    X=(randn(1,N)>p0);                 %按照 p0 产生信源
    n=sqrt(PN(k)).*randn(1,N);         %按照功率 PN 产生噪声
    xi=s1.*X+n;                        %模拟接收机输入
    C_opt=s1/2+PN(k)/s1*log(p0./p1);   %计算最佳判决门限
    y=(xi>C_opt);                      %判决输出
    err(k)=(sum(X-y~=0))./N;           %误码率统计
end
semilogy(SNR_dB,err,'o');hold on;      % 仿真结果

for k=1:length(PN)                     %理论计算
    C_opt=s1/2+PN(k)./s1.*log(p0./p1);  %计算最佳判决门限
    pe0=0.5-0.5*erf((C_opt)/(sqrt(2*PN(k))));    %发 0 出错率
    pe1=0.5+0.5*erf((C_opt-s1)/(sqrt(2*PN(k))));    %发 1 出错率
    pe(k)=p0*pe0+p1*pe1;                %平均误码率
end
semilogy(SNR_dB,pe);                    %理论误码率曲线
xlabel('SNR(dB)');
ylabel('错误率 Pe');
legend('实际误码率','理论误码率');
```

仿真结果如图 3-24 所示。

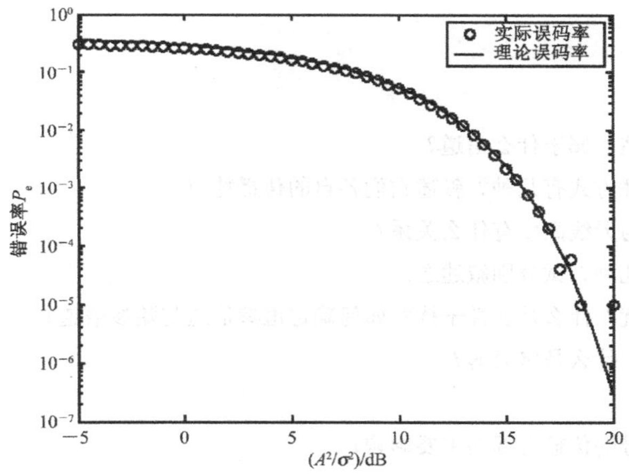

图 3-24　离散信道二元码传输的误码率曲线

3.7　本章小结

本章首先介绍了有关信道的基本知识，包括信道的定义、类型、模型、信道特性及其对信号传输的影响。

有线信道有明线、双绞线电缆、同轴电缆和光纤电缆等。光纤电缆按照传输模式分为单模光纤和多模光纤。按照光纤中折射率变化的不同，又分为阶跃型光纤和渐变型光纤。

无线信道按照传播方式不同，可分为地波、天波、空间直线波和散射传播，散射传播包括对流层散射、电离层散射等。视距传播无线电信号通过无线地面中继以视距传播方式转发，以增大地面传输距离；卫星通信则以地球同步卫星为转发站，采用空间直线波，实现地面远距离的通信或地面与空间的通信。

信道的数学模型分为调制信道模型和编码信道模型两类。调制信道是建立对模拟信号受加性干扰和乘性干扰对信号传输影响的信道。加性干扰是来自外部的各种噪声，叠加在有用信号上；乘性干扰是由于传输信道的不良，使传输信号产生线性失真、非线性失真、时间延迟以及衰减等。乘性干扰随机变化的信道称为随参信道，乘性干扰基本保持恒定的信道称为恒参信道。编码信道的建立以分析数字信号传输为对象，同样受加性和乘性干扰的影响，使传输的数字码元产生错码；编码信道模型主要用转移概率描述其特性。

恒参信道产生的失真主要是线性失真，可用振幅-频率特性（插入损耗）和相位-频率特性（群时延）来描述。随参信道对于信号传输的影响主要是多径传播。采用分集接收技术可改善随参信道的特性。

噪声按照来源来分，可分为人为噪声、自然噪声和内部噪声三大类。人为噪声是由于人类的活动产生的，自然噪声是自然界中存在的各种电磁辐射所引起的，内部噪声是系统设备本身产生的各种噪声。热噪声是由电阻性元器件中的自由电子受热产生布朗运动形成的，是白噪声。热噪声经过接收机的带通滤波器后，形成窄带噪声。

信道容量是指单位时间内信道能够传输的最大平均信息量。信道主要分为离散信道和连续信道，其信道容量计算公式不同。连续信道的容量与带宽、信噪比有关。当信噪比一定时，无限增大带宽得到的信道容量是有限的。

思考题

3-1 有线信道有哪些，属于什么信道？

3-2 无线信道的传播方式有几种？叙述它们各自的传播特点。

3-3 视距传播距离与天线高度有什么关系？

3-4 信道模型有哪几种？试分别叙述之。

3-5 什么是乘性干扰？什么是加性干扰？如何确定恒参信道与随参信道？

3-6 什么是快衰落？什么是慢衰落？

3-7 何谓多径效应？

3-8 恒参信道对信号的传输有哪些主要影响？

3-9 随参信道对信号的传输有哪些主要影响？

3-10 信道中常见的起伏噪声有哪些？它们的主要特点是什么？

3-11 热噪声是如何产生的，具有什么特征？

3-12 信道容量是如何定义的？离散信道容量和连续信道容量的定义有何区别？

3-13 叙述香农公式的意义，信道容量与“三要素”的关系如何？

习题

3-1 设有一条无线链路采用视距传播方式的通信，其天线的架设高度为 50 m，若不考虑大气折射率的影响，试求其最远通信距离。

3-2 设理想信道的传输函数为

$$H(\omega)=K_0 e^{-j\omega t_d}$$

式中，K_0和t_d 都是常数。试分析信号 $s(t)$通过该理想信道后输出信号的时域和频域表示式，并对结果进行讨论。

3-3 设某恒参信道的传输特性为

$$H(\omega)=[1+\cos(\omega T_0)]e^{-j\omega t_d}$$

式中，t_d 为常数。试确定信号 $s(t)$通过该信道的输出信号表达式，并讨论之。

3-4 假设某随参信道的两径时延差τ 为 1 ms，求该信道在哪些频率上传输衰耗最大？选用哪些频率传输有利？

3-5 设某随参信道的最大多径时延差为 3 ms，为了避免发生频率选择性衰落，试估算在该信道上传输的数字信号的码元脉冲宽度。

3-6 设高斯信道的带宽为 4 kHz，信号与噪声的功率比为 63，试确定利用这种信道的理想通信系统的传信率和差错率。

3-7 某一待传输的图片含 800×600 像素，各像素间统计独立，每像素灰度等级为 8 级（等概率出现），要求用 3 s 传送该图片，且信道输出端的信噪比为 30 dB，试求传输系统所要求的最小信道带宽。

3-8 已知每张静止图片含有6×10^5 像素，每像素有 16 个亮度电平，设所有亮度电平等概率出现。若信道传输带宽为5.78×10^6 Hz，问该信道每秒最多传多少幅图片（设信道输出信噪比为 30 dB）。

第 4 章　模拟信号的调制与解调

模拟信号是指信息参数在给定范围内表现为连续的信号，或在一段连续时间间隔内，其代表信息的特征量可以在任意瞬间呈现为任意数值的信号。

从频谱上分析，模拟信号一般含有丰富的低频分量，甚至直流分量，因此将频谱限于直流附近的低通型模拟信号称为模拟基带信号。模拟基带信号不便于进入现代通信系统或通信网络传输，因此需要利用某种调制将其转变为频带信号，进行频带传输。

模拟调制是指用模拟基带信号 $m(t)$ 去调制正弦型载波信号 $c(t)$，载波信号的数学表示式为：

$$c(t) = A\cos\left(\omega_c t + \varphi_0\right) \tag{4.0-1}$$

式中，A 是载波振幅，ω_c 是载波角频率，φ_0 是载波初始相位。模拟基带信号 $m(t)$（也称调制信号）对载波信号 $c(t)$ 进行的调制，是按 $m(t)$ 的变化规律去控制载波的幅度或角度，分别称为幅度调制和角度调制。调制后的信号称为已调信号，含有调制信号的全部特征。解调则是调制的逆过程，其作用是将已调信号中的模拟信号恢复出来。

进行正弦型载波调制主要有以下目的：

（1）在通信系统中通过调制将基带信号的低通频谱搬移到载波频率上，使得所发送的频带信号的频谱匹配于频带信道的带通特性。这是因为利用无线电通信时，欲发送信号的波长必须能与发射天线的几何尺寸相比拟，这样可以提高传输性能。以较小的发送功率与较小的天线来辐射电磁波，通常认为天线尺寸应大于波长的 1/4。例如，对于 3 000 Hz 的音频基带信号，波长为

$$\lambda = \frac{c}{f} = \frac{3\times10^8\ \text{m/s}}{3\times10^3\ \text{Hz}} = 1\times10^5\ \text{m} \tag{4.0-2}$$

如果不通过载波调制，而直接耦合到 $\lambda/4$ 的天线发送，则需要 25 km 的天线，显然这是难以实现的。

（2）通过调制技术可以在一个信道内同时传送多个信源的消息，提高信道利用率。这是由于携带每个消息的已调信号的带宽往往比频带信道的总带宽窄得多，因而通过调制将各消息的低通频谱分别搬移到互不重叠的频带上，这样可在一个信道内同时传送多路消息，实现信道的频分复用。

（3）通过采用不同的调制方式兼顾通信系统的有效性与可靠性。例如，将频率调制与幅度调制相比较，频率调制通过展宽已调信号的带宽来提高系统抗干扰和抗衰落能力，所以频率调制的可靠性优于幅度调制；但幅度调制信号的频带窄、有效性好。采用什么样的调制方式将直接影响着通信系统的性能。

由于数字通信技术的优越性及其应用技术的迅速发展，模拟调制目前在长距离传送中的应用日渐减少，但是它仍然是基本的调制方式，需要对它有基本的了解。本章着重讨论模拟调制系统的原理及抗噪声性能，介绍多路信号的频分复用，简述调频立体声广播的工作原理。

4.1 幅度调制与解调

4.1.1 幅度调制原理

幅度调制是由调制信号 $m(t)$ 去控制高频载波 $c(t)$ 的幅度，使高频载波 $c(t)$ 的幅度随调制信号 $m(t)$ 做线性变化的过程。根据幅度调制定义，幅度调制信号一般可表示为

$$s_{\mathrm{m}}(t)=Am(t)\cos(\omega_{\mathrm{c}}t) \tag{4.1-1}$$

这里载波初始相位 φ_0 假定为 0。

设调制信号 $m(t)$ 的频谱为 $M(\omega)$，已调信号 $s_{\mathrm{m}}(t)$ 的频谱为 $S_{\mathrm{m}}(\omega)$，则

$$S_{\mathrm{m}}(\omega)=\frac{A}{2}[M(\omega+\omega_{\mathrm{c}})+M(\omega-\omega_{\mathrm{c}})] \tag{4.1-2}$$

由以上表示式可见，在时间波形上，已调信号的幅度随基带信号的规律而成正比地变化；在频谱结构上，它的频谱完全是基带信号频谱在频域内的简单搬移。由于这种搬移是线性的，因此，幅度调制通常又称为线性调制。

1. 调幅（AM）

在线性调制中，最先应用的一种幅度调制是常规调幅，简称调幅（AM）。调幅信号的包络与调制信号成正比，其时域表示式为

$$s_{\mathrm{AM}}(t)=[A_0+m(t)]\cos(\omega_{\mathrm{c}}t)=A_0\cos(\omega_{\mathrm{c}}t)+m(t)\cos(\omega_{\mathrm{c}}t) \tag{4.1-3}$$

式中，A_0 为外加直流分量；$m(t)$的均值为 0，它可以是确知信号，也可以是随机信号。AM 调制模型如图 4-1 所示。

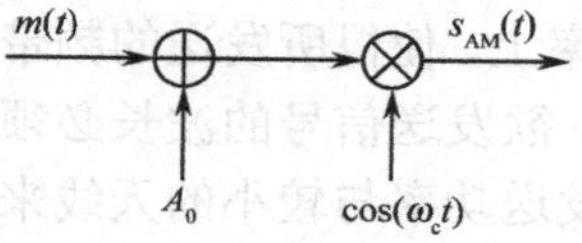

图 4-1 AM 调制模

若 $m(t)$为确知信号，则 AM 信号的频谱为

$$S_{\mathrm{AM}}(\omega)=\pi A_0[\delta(\omega+\omega_{\mathrm{c}})+\delta(\omega-\omega_{\mathrm{c}})]+\frac{1}{2}[M(\omega+\omega_{\mathrm{c}})+M(\omega-\omega_{\mathrm{c}})] \tag{4.1-4}$$

其典型波形和频谱如图 4-2 所示。

若 $m(t)$为随机信号，则已调信号的频域表示式必须用功率谱描述。

由波形可知，为了在解调时使用包络检波而不失真地恢复出原基带信号 $m(t)$，要求 $|m(t)|_{\max}\leqslant A_0$，使 AM 信号的包络 $A_0+m(t)$ 总是正的；否则会出现"过调幅"现象，用包络检波解调时会发生失真，这时可采用其他解调方法，如相干解调。

由频谱可以看出，AM 信号的频谱由载频分量（带箭头的直线）、上边带、下边带 3 部分组成。上边带的频谱结构与原调制信号的频谱结构相同，下边带是上边带的镜像。

AM 信号是带有载波分量的双边带信号，其带宽是基带信号带宽 f_{H} 的 2 倍，即

$$B_{\mathrm{AM}}=2f_{\mathrm{H}} \tag{4.1-5}$$

AM 信号在$1\,\Omega$电阻上的平均功率应等于 $s_{\mathrm{AM}}(t)$ 的均方值。当 $m(t)$ 为确知信号时，$s_{\mathrm{AM}}(t)$ 的均方值等于其平方的时间平均，即

$$\begin{aligned}P_{\mathrm{AM}}&=\overline{s_{\mathrm{AM}}^2(t)}=\overline{[A_0+m(t)]^2\cos^2(\omega_{\mathrm{c}}t)}\\&=\overline{A_0^2\cos^2(\omega_{\mathrm{c}}t)}+\overline{m^2(t)\cos^2(\omega_{\mathrm{c}}t)}+\overline{2A_0m(t)\cos^2(\omega_{\mathrm{c}}t)}\end{aligned} \tag{4.1-6a}$$

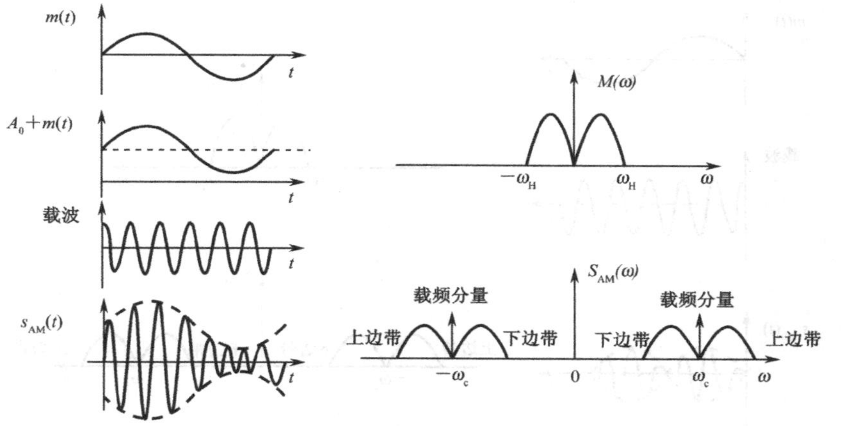

图 4-2　AM 信号的典型波形和频谱

因为通常 $\overline{m(t)}=0$，所以

$$P_{AM}=\frac{A_0^2}{2}+\frac{\overline{m^2(t)}}{2}=P_c+P_s \tag{4.1-6b}$$

式中，$P_c=A_0^2/2$ 为载波功率，$P_s=\overline{m^2(t)}/2$ 为边带功率。

由上述可见，AM 信号的总功率包括载波功率和边带功率两部分。只有边带功率才与调制信号有关，因此可定义调制效率：

$$\eta_{AM}=\frac{P_s}{P_{AM}}=\frac{\overline{m^2(t)}}{A_0^2+\overline{m^2(t)}} \tag{4.1-7a}$$

当调制信号为单音余弦信号时，即 $m(t)=A_m\cos(\omega_m t)$ 时，$\overline{m^2(t)}=A_m^2/2$。此时

$$\eta_{AM}=\frac{\overline{m^2(t)}}{A_0^2+\overline{m^2(t)}}=\frac{A_m^2}{2A_0^2+A_m^2} \tag{4.1-7b}$$

在"满调幅" $A_m=A_0$ 时（也称 100%调制），调制效率最高，这时 $\eta_{AM}=1/3$。一般地，η_{AM} 只有 10%左右，至多 25%。载波消耗 2/3 以上的发送功率，显然是极不合理的。

但是，之所以付出这么大功率的载波与双边带一起发送，目的就在于接收机的解调可用包络检波器，比较经济，因而 AM 在民用广播中获得广泛应用。

2. 双边带（DSB）调制

除上述民用广播利用 AM 以外，多数线性调制的应用则可以抑制载波。此时称为抑制载波双边带信号（DSB-SC），简称双边带信号（DSB）。其时域表示式为

$$s_{DSB}(t)=m(t)\cos(\omega_c t) \tag{4.1-8a}$$

式中，假设 $m(t)$ 为平均值为 0 的确知信号。DSB 信号的频谱为

$$S_{DSB}(\omega)=\frac{1}{2}[M(\omega+\omega_c)+M(\omega-\omega_c)] \tag{4.1-8b}$$

DSB 信号的典型波形和频谱如图 4-3 所示。

显然，DSB 信号的调制效率为 100%，即全部功率都用于信息传输。但由于 DSB 信号的包络不再与调制信号的变化规律一致，因而不能采用包络检波来恢复调制信号，需用相干检波，比较复杂。

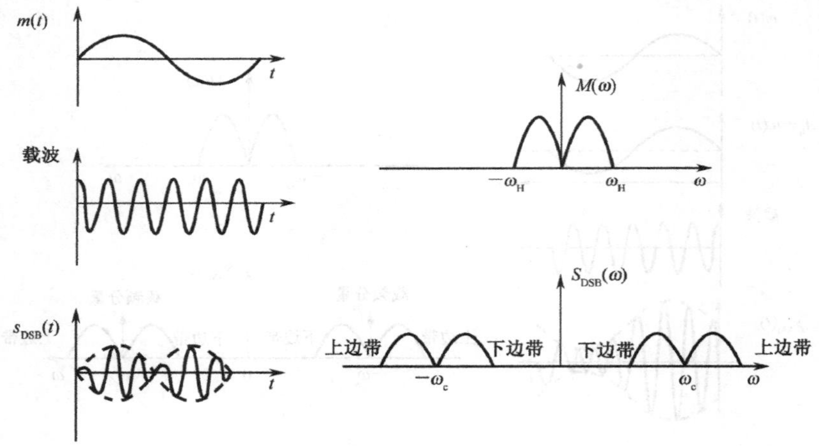

图 4-3　DSB 信号的典型波形和频谱

由频谱可以看出，DSB 信号的带宽仍然是调制信号带宽的 2 倍，即与 AM 信号的带宽相同。

3．单边带（SSB）调制

由于 DSB 信号的上、下边带含有相同的传输信息，为了节省一半带宽和发送功率，将双边带信号中的一个边带滤掉，这样就产生了单边带（SSB）信号。

1）滤波法及 SSB 信号的频域表示

滤波法原理图如图 4-4 所示，其中 $H(\omega)$ 为单边带滤波器的传输函数。对于保留上边带的单边带调制来说，有

$$H(\omega) = H_{\text{USB}}(\omega) = \begin{cases} 1, & |\omega| > \omega_c \\ 0, & |\omega| \leqslant \omega_c \end{cases} \tag{4.1-9}$$

对于保留下边带的单边带调制来说，有

$$H(\omega) = H_{\text{LSB}}(\omega) = \begin{cases} 1, & |\omega| < \omega_c \\ 0, & |\omega| \geqslant \omega_c \end{cases} \tag{4.1-10}$$

单边带信号的频谱为

$$S_{\text{SSB}}(\omega) = S_{\text{DSB}}(\omega) \cdot H(\omega) \tag{4.1-11}$$

图 4-5 示出了用滤波法产生上边带（USB）信号的频谱图。图 4-5 中的理想滤波器在实际中难以制作，随着载频的提高，可采用多级调制的方法来实现；如果调制信号中含有直流及低频分量，滤波法就不适用了。

2）相移法及 SSB 信号的时域表示

首先以单频为例，然后推广到一般情况。设单频调制信号为

$$m(t) = A_m \cos(\omega_m t) \tag{4.1-12}$$

载波为

$$c(t) = \cos(\omega_c t) \tag{4.1-13}$$

则 DSB 信号的时域表示式为

$$s_{DSB}(t)=A_m\cos(\omega_m t)\cos(\omega_c t)$$
$$=\frac{1}{2}A_m\cos[(\omega_c+\omega_m)t]+\frac{1}{2}A_m\cos[(\omega_c-\omega_m)t] \tag{4.1-14}$$

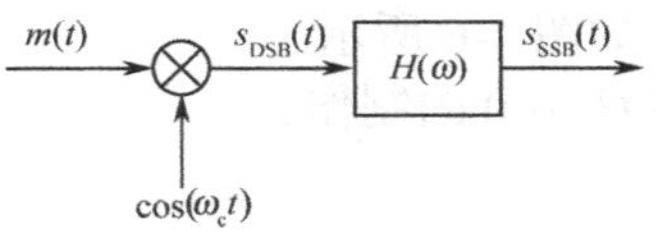

图 4-4　滤波法产生 SSB 信号

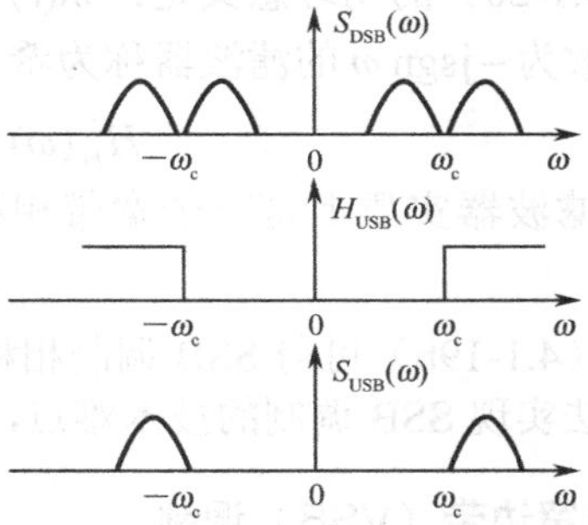

图 4-5　滤波法产生上边带信号的频谱图

若保留上边带，则单边带调制信号为

$$s_{USB}(t)=\frac{1}{2}A_m\cos[(\omega_c+\omega_m)t]$$
$$=\frac{1}{2}A_m\cos(\omega_m t)\cos(\omega_c t)-\frac{1}{2}A_m\sin(\omega_m t)\sin(\omega_c t) \tag{4.1-15}$$

同理，若保留下边带，则单边带调制信号为

$$s_{LSB}(t)=\frac{1}{2}A_m\cos[(\omega_c-\omega_m)t]$$
$$=\frac{1}{2}A_m\cos(\omega_m t)\cos(\omega_c t)+\frac{1}{2}A_m\sin(\omega_m t)\sin(\omega_c t) \tag{4.1-16}$$

将上两式合并：

$$s_{SSB}(t)=\frac{1}{2}A_m\cos(\omega_m t)\cos(\omega_c t)\mp\frac{1}{2}A_m\sin(\omega_m t)\sin(\omega_c t) \tag{4.1-17}$$

式中，“−”表示上边带信号，“+”表示下边带信号。

在式（4.1-17）中，第一项与调制信号和载波的乘积成正比，称为同相分量；而第二项则包含调制信号和载波信号分别移相 $-\pi/2$ 的结果，称为正交分量。由此得到的单边带调制称为相移法。可将 $A_m\sin(\omega_m t)$ 看成是 $A_m\cos(\omega_m t)$ 移相 $-\pi/2$ 而幅度大小保持不变的结果。这一移相过程称为希尔伯特变换，记为“^”，即

$$A_m\hat{\cos}(\omega_m t)=A_m\sin(\omega_m t) \tag{4.1-18}$$

这样，式（4.1-17）可以改写为

$$s_{SSB}(t)=\frac{1}{2}A_m\cos(\omega_m t)\cos(\omega_c t)\mp\frac{1}{2}A_m\hat{\cos}\,\omega_m t\sin(\omega_c t) \tag{4.1-19a}$$

把式（4.1-19a）推广到一般情况，即对于任意调制信号 $m(t)$，SSB 信号的时域表示式为

$$s_{SSB}(t)=\frac{1}{2}m(t)\cos(\omega_c t)\mp\frac{1}{2}\hat{m}(t)\sin(\omega_c t) \tag{4.1-19b}$$

式中，$\hat{m}(t)$ 是 $m(t)$ 的希尔伯特变换。

若 $M(\omega)$ 是 $m(t)$ 的傅里叶变换，则可证明 $\hat{m}(t)$ 的傅里叶变换 $\hat{M}(\omega)$ 为

$$\hat{M}(\omega)=-\mathrm{j}M(\omega)\operatorname{sgn}\omega \tag{4.1-20}$$

式中，sgnω为符号函数：

$$\text{sgn}\,\omega = \begin{cases} 1, & \omega > 0 \\ -1, & \omega < 0 \end{cases} \tag{4.1-21}$$

式（4.1-20）的物理意义是：$m(t)$ 通过传输函数为 $-\text{jsgn}\,\omega$ 的滤波器即可得到 $\hat{m}(t)$。把具有传输函数为 $-\text{jsgn}\,\omega$ 的滤波器称为希尔伯特滤波器，记为

$$H_{\text{H}}(\omega) = \hat{M}(\omega)/M(\omega) = -\text{jsgn}\,\omega \tag{4.1-22}$$

希尔伯特滤波器实质上是一个宽带相移网络，对 $m(t)$ 中任意频率分量均相移 $-\pi/2$，即可得到 $\hat{m}(t)$。

由式（4.1-19b）可得 SSB 调制相移法的一般模型，如图 4-6 所示。

相移法实现 SSB 调制的技术难点，是宽带相移网络 $H_{\text{H}}(\omega)$ 的制作。

4．残留边带（VSB）调制

残留边带调制是介于 SSB 与 DSB 之间的一种调制方式，它既克服了 DSB 信号占用频带宽的缺点，又解决了 SSB 信号实现中的困难。在这种调制方式中除了传送一个边带之外，还保留另外一个边带的一部分，如图 4-7 所示。

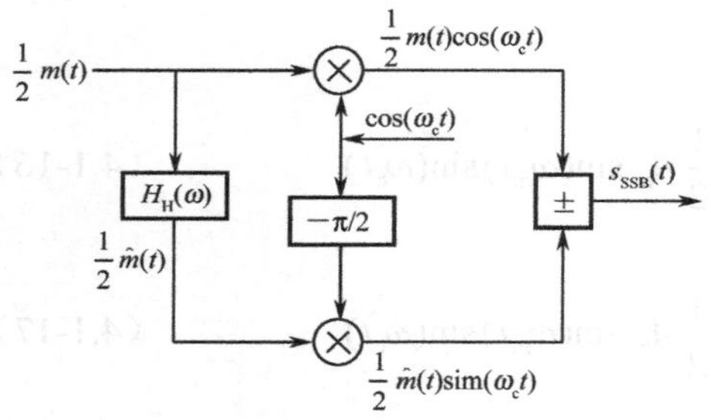

图 4-6　相移法产生 SSB 信号

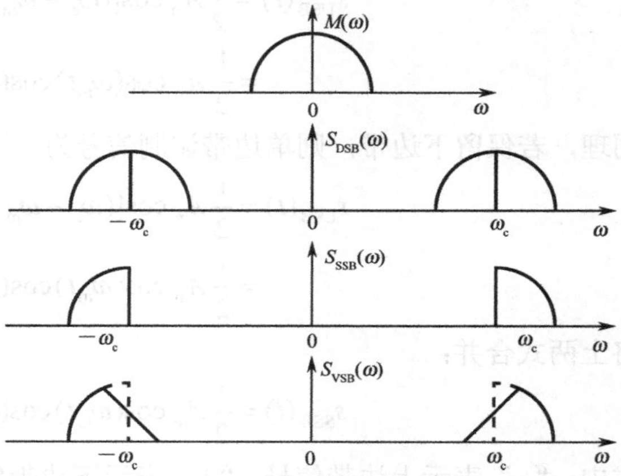

图 4-7　DSB、SSB、VSB 信号的频谱

用滤波法实现残留边带调制的原理框图与滤波法 SSB 调制器（参见图 4-4）相同。不过，这时滤波器的传输特性 $H(\omega)$ 应按残留边带调制的要求来进行设计，而不再要求十分陡峭的截止特性，因而它比单边带滤波器容易制作。

由滤波法可知，残留边带信号的频谱为

$$S_{\text{VSB}}(\omega) = S_{\text{DSB}}(\omega)\cdot H(\omega) = \frac{1}{2}[M(\omega+\omega_{\text{c}}) + M(\omega-\omega_{\text{c}})]H(\omega) \tag{4.1-23}$$

为了确定式（4.1-23）中残留边带滤波器传输特性 $H(\omega)$ 应满足的条件，先从 VSB 信号的相干解调入手。如图 4-8 所示，先将残留边带信号 $s_{\text{VSB}}(t)$ 与相干载波 $2\cos(\omega_{\text{c}}t)$ 相乘，并通过理想低通滤波；然后根据不失真恢复出 $m(t)$ 的条件，推导出对发端残留边带滤波器传输特性 $H(\omega)$ 的要求。

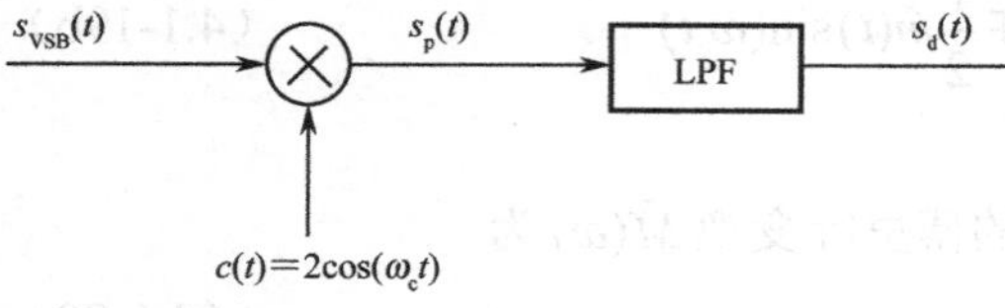

图 4-8　VSB 信号的相干解调

在图 4-8 中，$s_{\text{p}}(t) = 2s_{\text{VSB}}(t)\cos(\omega_{\text{c}}t)$，因为 $s_{\text{VSB}}(t) \Leftrightarrow S_{\text{VSB}}(\omega)$，　$\cos\omega_{\text{c}}t \Leftrightarrow \pi[\delta(\omega+\omega_{\text{c}})+$

$\delta(\omega-\omega_c)]$，$s_p(t)$ 对应的频谱为

$$S_p(\omega)=S_{VSB}(\omega+\omega_c)+S_{VSB}(\omega-\omega_c)$$
$$=\frac{1}{2}[M(\omega+2\omega_c)+M(\omega)]H(\omega+\omega_c)+\frac{1}{2}[M(\omega)+M(\omega-2\omega_c)]H(\omega-\omega_c) \tag{4.1-24}$$

式中，$M(\omega-2\omega_c)$ 及 $M(\omega+2\omega_c)$ 是 $M(\omega)$ 搬移到 $\pm2\omega_c$ 处的频谱，它们可以由解调器中的低通滤波器滤除。于是，低通滤波器的输出频谱为

$$S_d(\omega)=\frac{1}{2}M(\omega)[H(\omega+\omega_c)+H(\omega-\omega_c)] \tag{4.1-25}$$

由式(4.1-25)可知，为了保证相干解调的输出无失真地恢复调制信号 $m(t)$，传输函数 $H(\omega)$ 必须满足：

$$H(\omega+\omega_c)+H(\omega-\omega_c)=\text{常数},\quad |\omega|\leqslant\omega_H \tag{4.1-26}$$

式中，ω_H 是调制信号的截止角频率。该条件的含义是：残留边带滤波器的特性 $H(\omega)$ 在 $\pm\omega_c$ 必须具有互补对称（奇对称）特性，相干解调时才能无失真地从残留边带信号中恢复所需的调制信号。

满足互补对称特性的滚降形状可以有无穷多种，目前应用最多的是直线滚降和余弦滚降。图 4-9 示出了满足式（4.1-26）残留边带滤波特性 $H(\omega)$ 的余弦滚降的两种形式。其中，(a)是上边带滤波器特性，即滤去大部分上边带，保留下边带；(b)是下边带滤波器特性，即滤去大部分下边带，保留上边带。

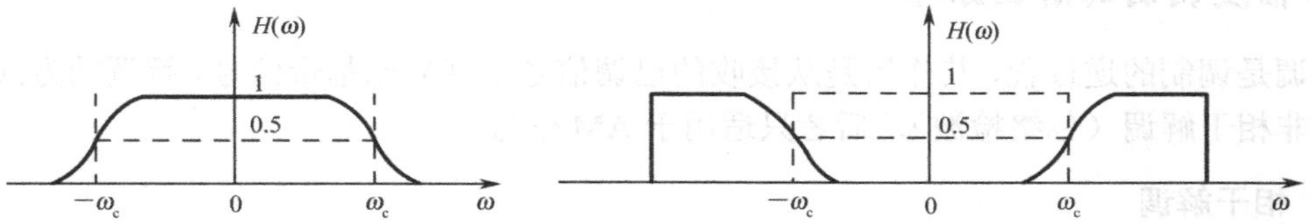

（a）残留部分上边带的滤波器特性　　（b）残留部分下边带的滤波器特性

图 4-9　残留边带滤波器特性

5．线性调制的一般模型

从线性调制包括的 4 种调幅方式可知，线性调制滤波法的一般模型如图 4-10 所示。其输出已调信号的时域和频域表示式为

$$s_m(t)=[m(t)\cos\omega_c t]*h(t) \tag{4.1-27}$$

$$S_m(\omega)=\frac{1}{2}[M(\omega+\omega_c)+M(\omega-\omega_c)]H(\omega) \tag{4.1-28}$$

式中，$H(\omega)\Leftrightarrow h(t)$。只要适当选择滤波器的特性 $H(\omega)$，便可以得到各种幅度调制信号。

利用三角公式可将式（4-1-27）的卷积展开为

$$s_m(t)=\int_{-\infty}^{\infty}h(\tau)m(t-\tau)\cos[\omega_c(t-\tau)]\mathrm{d}\tau$$
$$=\int_{-\infty}^{\infty}h(\tau)m(t-\tau)\cos(\omega_c\tau)\cos(\omega_c t)\mathrm{d}\tau+ \tag{4.1-29a}$$
$$\int_{-\infty}^{\infty}h(\tau)m(t-\tau)\sin(\omega_c\tau)\sin(\omega_c t)\mathrm{d}\tau$$

设 $h_I(t)=h(t)\cos(\omega_c t)$，$h_Q(t)=h(t)\sin(\omega_c t)$，则式（4.1-29a）可改写为

$$s_m(t)=[h_I(t)*m(t)]\cos(\omega_c t)+[h_Q(t)*m(t)]\sin(\omega_c t) \tag{4.1-29b}$$

若 $h_{\mathrm{I}}(t)$ 和 $h_{\mathrm{Q}}(t)$ 的傅里叶变换分别为 $H_{\mathrm{I}}(\omega)$ 和 $H_{\mathrm{Q}}(\omega)$，并令 $s_{\mathrm{I}}(t)=h_{\mathrm{I}}(t)*m(t)$，$s_{\mathrm{Q}}(t)=h_{\mathrm{Q}}(t)*m(t)$，则

$$s_{\mathrm{m}}(t)=s_{\mathrm{I}}(t)\cos(\omega_{\mathrm{c}}t)+s_{\mathrm{Q}}(t)\sin(\omega_{\mathrm{c}}t) \tag{4.1-30}$$

$$S_{\mathrm{m}}(\omega)=\frac{1}{2}\left[S_{\mathrm{I}}(\omega-\omega_{\mathrm{c}})+S_{\mathrm{I}}(\omega+\omega_{\mathrm{c}})\right]+\frac{\mathrm{j}}{2}\left[S_{\mathrm{Q}}(\omega+\omega_{\mathrm{c}})-S_{\mathrm{Q}}(\omega-\omega_{\mathrm{c}})\right] \tag{4.1-31}$$

式（4.1-30）表明，$s_{\mathrm{m}}(t)$ 可等效为两个互为正交调制分量的合成。由此可得线性调制移相法的一般模型，如图 4-11 所示。在图 4-11 中，同相滤波器实际不存在，即 $H_{\mathrm{I}}(\omega)=1$，$s_{\mathrm{I}}(t)=m(t)$。正交滤波特性 $H_{\mathrm{Q}}(\omega)$ 只有 SSB 和 VSB 采用，二者均存在正交支路，其 $H_{\mathrm{Q}}(\omega)$ 的本质皆为正交滤波。其中 SSB 的 $H_{\mathrm{Q}}(\omega)$ 只是宽带移相特性，幅度无变化；而 VSB 的 $H_{\mathrm{Q}}(\omega)$ 除正交移相特性外，信号通过后的幅度也有一定变化。

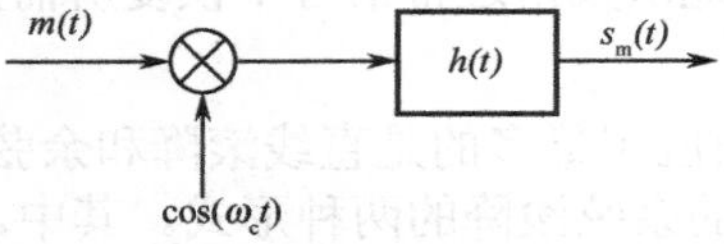

图 4-10　线性调制滤波法的一般模型

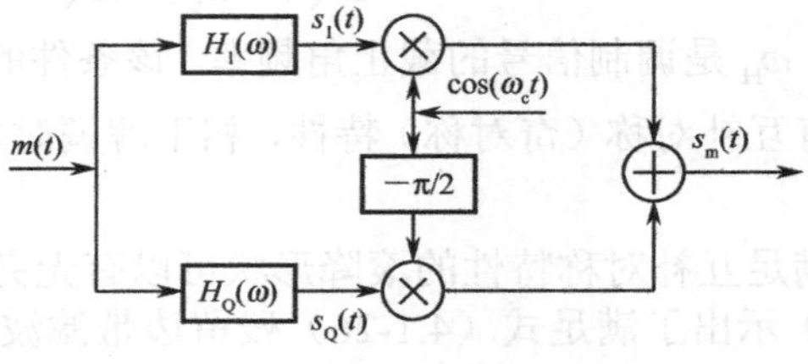

图 4-11　线性调制相移法的一般模型

4.1.2　幅度调制的解调原理

解调是调制的逆过程，其作用是从接收的已调信号中恢复原基带信号。解调的方式分相干解调与非相干解调（包络检波），后者只适用于 AM 信号。

1. 相干解调

解调与调制的实质一样，均是频谱搬移。相干解调的一般模型如图 4-12 所示。

由式（4.1-30）可知

$$s_{\mathrm{m}}(t)=s_{\mathrm{I}}(t)\cos(\omega_{\mathrm{c}}t)+s_{\mathrm{Q}}(t)\sin(\omega_{\mathrm{c}}t)$$

它与同频同相相干载波 $c(t)$ 相乘后可得

$$\begin{aligned}s_{\mathrm{p}}(t)&=s_{\mathrm{m}}(t)\cos(\omega_{\mathrm{c}}t)\\&=\frac{1}{2}s_{\mathrm{I}}(t)+\frac{1}{2}s_{\mathrm{I}}(t)\cos(2\omega_{\mathrm{c}}t)+\frac{1}{2}s_{\mathrm{Q}}(t)\sin(2\omega_{\mathrm{c}}t)\end{aligned} \tag{4.1-32}$$

经低通滤波后得

$$s_{\mathrm{d}}(t)=\frac{1}{2}s_{\mathrm{I}}(t)\propto m(t) \tag{4.1-33}$$

也可以从频域角度来看相干解调，由式（4.1-32）和（4.1-31）可得 $s_{\mathrm{p}}(t)$ 的频谱为

$$\begin{aligned}S_{\mathrm{p}}(\omega)&=\frac{1}{2\pi}S(\omega)*\left[\pi\delta(\omega-\omega_{\mathrm{c}})+\pi\delta(\omega+\omega_{\mathrm{c}})\right]\\&=\frac{1}{2}S_{\mathrm{I}}(\omega)+\frac{1}{4}\left[S_{\mathrm{I}}(\omega-2\omega_{\mathrm{c}})+S_{\mathrm{I}}(\omega+2\omega_{\mathrm{c}})\right]+\\&\quad\frac{\mathrm{j}}{4}\left[S_{\mathrm{Q}}(\omega+2\omega_{\mathrm{c}})-S_{\mathrm{Q}}(\omega-2\omega_{\mathrm{c}})\right]\end{aligned} \tag{4.1-34}$$

经低通滤波后可得

$$S_{\rm d}(\omega)=\frac{1}{2}S_{\rm I}(\omega)\propto M(\omega) \tag{4.1-35}$$

由此可见，相干解调适用于所有线性调制。实现相干解调的关键是接收端要提供一个与载波信号严格同步的相干载波，否则，相干解调后将会使原始基带信号减弱，甚至带来严重失真，这在传输数字信号时尤为严重。

2．非相干解调

AM 信号在满足$|m(t)|_{\max}\leqslant A_0$的条件下，其包络与调制信号$m(t)$的形状完全一样。由此，AM 信号除了可以采用相干解调外，一般都采用简单的包络检波法来恢复信号。

利用适当 RC 时间常数的检波电路进行包络检波，如图 4-13 所示，则输出为

$$s_{\rm d}(t)=A_0+m(t) \tag{4.1-36}$$

隔去直流后即可得到原信号$m(t)$。

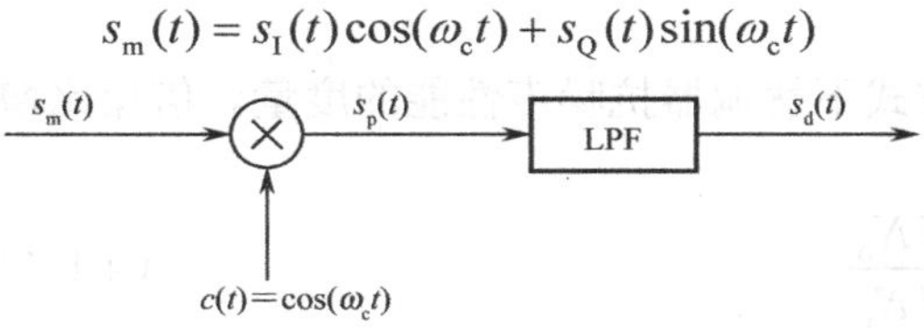

图 4-12　线性调制相干解调的一般模型

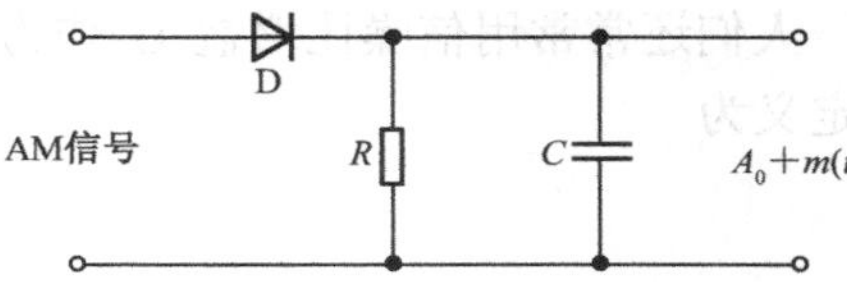

图 4-13　包络检波器

4.1.3　幅度调制抗噪声性能分析

1．分析模型

上面介绍调制原理时，只考虑信号本身的变化过程与解调结果。实际中，已调信号在传输过程中总会受到第 3 章所讨论的信道加性高斯白噪声的影响。

由于加性噪声只对已调信号的接收产生影响，因而通信系统的抗噪声性能可以用解调器的抗噪声性能来衡量。分析解调器抗噪声性能的模型如图 4-14 所示。其中，$s_{\rm m}(t)$为已调信号，$n(t)$为信道加性高斯白噪声；带通滤波器的作用是滤除已调信号频带以外的噪声；经过带通滤波器后到达解调器输入端的信号仍可认为是$s_{\rm m}(t)$，此时噪声为窄带高斯噪声$n_{\rm i}(t)$；解调器输出的有用信号为$m_{\rm o}(t)$，噪声为$n_{\rm o}(t)$。

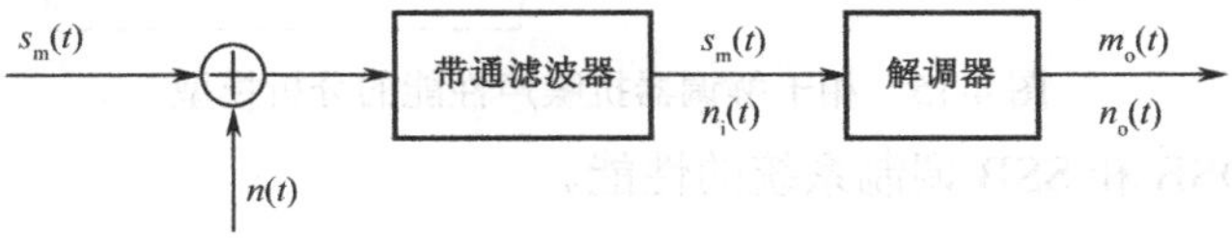

图 4-14　解调器抗噪声性能的分析模型

对于不同的调制系统，将有不同形式的已调信号$s_{\rm m}(t)$，但解调器输入端的窄带高斯噪声$n_{\rm i}(t)$的形式相同，它的表示式为

$$n_{\rm i}(t)=n_{\rm c}(t)\cos\omega_0 t-n_{\rm s}(t)\sin(\omega_0 t) \tag{4.1-37}$$

或者

$$n_{\rm i}(t)=V(t)\cos[\omega_0 t+\theta(t)] \tag{4.1-38}$$

式中，ω_0为带通滤波器的中心频率，$V(t)$的一维概率密度函数为瑞利分布，$\theta(t)$的一维概率密度函数是均匀分布。$n_{\rm i}(t)$、$n_{\rm c}(t)$、$n_{\rm s}(t)$的均值都为 0，且具有相同的方差，即

$$\overline{n_\mathrm{i}^2(t)}=\overline{n_\mathrm{c}^2(t)}=\overline{n_\mathrm{s}^2(t)}=N_\mathrm{i} \tag{4.1-39}$$

这里N_i为解调器输入噪声的平均功率。若高斯白噪声的单边功率谱密度为n_0，带通滤波器传输特性是高度为1、带宽为B的理想矩形函数，则N_i为

$$N_\mathrm{i}=n_0B \tag{4.1-40}$$

显然，为了使已调信号能无失真地进入解调器，而同时又最大限度地抑制噪声，带宽B应等于已调信号的频带宽度。

在模拟通信中，通常用解调器输出信噪比来衡量通信质量，输出信噪比定义为

$$\frac{S_\mathrm{o}}{N_\mathrm{o}}=\frac{\text{解调器输出有用信号的平均功率}}{\text{解调器输出噪声的平均功率}}=\frac{\overline{m_\mathrm{o}^2(t)}}{\overline{n_\mathrm{o}^2(t)}} \tag{4.1-41}$$

输出信噪比与调制方式有关，也与解调方式有关。因此，在已调信号平均功率相同，而且噪声功率谱密度也相同的情况下，输出信噪比反映了解调器的抗噪声性能。显然，输出信噪比越大越好。

人们还常常用信噪比增益G作为不同调制方式下解调器抗噪声性能的度量。信噪比增益的定义为

$$G=\frac{S_\mathrm{o}/N_\mathrm{o}}{S_\mathrm{i}/N_\mathrm{i}} \tag{4.1-42}$$

其中$S_\mathrm{i}/N_\mathrm{i}$为输入信噪比，定义为

$$\frac{S_\mathrm{i}}{N_\mathrm{i}}=\frac{\text{解调器输入已调信号的平均功率}}{\text{解调器输入噪声的平均功率}}=\frac{\overline{s_\mathrm{m}^2(t)}}{\overline{n_\mathrm{i}^2(t)}} \tag{4.1-43}$$

显然，信噪比增益愈高，解调器的抗噪声性能愈好。

2．相干解调抗噪声性能

相干解调抗噪声性能的分析模型如图4-15所示。相干解调器输入信号应为$s_\mathrm{m}(t)+n_\mathrm{i}(t)$，由于是线性系统，所以可以分别计算解调器输出的信号$m_\mathrm{o}(t)$和噪声$n_\mathrm{o}(t)$。

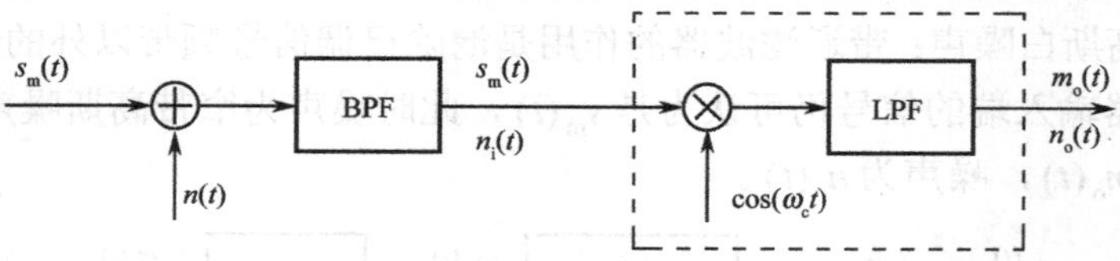

图4-15　相干解调器抗噪声性能的分析模型

下面分别讨论DSB和SSB调制系统的性能。

1）DSB系统的性能

解调器输入的DSB信号为

$$s_\mathrm{m}(t)=m(t)\cos(\omega_\mathrm{c}t) \tag{4.1-44}$$

与相干载波$\cos\omega_\mathrm{c}t$相乘后，得

$$m(t)\cos^2(\omega_\mathrm{c}t)=\frac{1}{2}m(t)+\frac{1}{2}m(t)\cos 2(\omega_\mathrm{c}t) \tag{4.1-45}$$

经低通滤波器后，输出信号为

$$m_\mathrm{o}(t)=\frac{1}{2}m(t) \tag{4.1-46}$$

因此，解调器输出端的有用信号功率为

$$S_o = \overline{m_o^2(t)} = \frac{1}{4}\overline{m^2(t)} \tag{4.1-47}$$

解调 DSB 信号时，带通滤波器的中心频率 ω_0 与调制载波频率 ω_c 相同，因此解调器输入的窄带高斯噪声 $n_i(t)$ 可表示为

$$n_i(t) = n_c(t)\cos(\omega_c t) - n_s(t)\sin(\omega_c t) \tag{4.1-48}$$

它与相干载波 $\cos(\omega_c t)$ 相乘后，得

$$\begin{aligned} n_i(t)\cos(\omega_c t) &= [n_c(t)\cos(\omega_c t) - n_s(t)\sin(\omega_c t)]\cos(\omega_c t) \\ &= \frac{1}{2}n_c(t) + \frac{1}{2}[n_c(t)\cos(2\omega_c t) - n_s(t)\sin(2\omega_c t)] \end{aligned} \tag{4.1-49}$$

经低通滤波器后，输出噪声为

$$n_o(t) = \frac{1}{2}n_c(t) \tag{4.1-50}$$

故输出噪声功率为

$$N_o = \overline{n_o^2(t)} = \frac{1}{4}\overline{n_c^2(t)} \tag{4.1-51}$$

根据式（4.1-39）和式（4.1-40），有

$$N_o = \frac{1}{4}\overline{n_i^2(t)} = \frac{1}{4}N_i = \frac{1}{4}n_0 B \tag{4.1-52}$$

其中 $B = 2f_H$ 为 DSB 信号的带宽。

解调器输入信号平均功率为

$$S_i = \overline{s_m^2(t)} = \overline{[m(t)\cos(\omega_c t)]^2} = \frac{1}{2}\overline{m^2(t)} \tag{4.1-53}$$

因此，解调器的输入信噪比为

$$\frac{S_i}{N_i} = \frac{1}{2}\overline{m^2(t)}\Big/(n_0 B) \tag{4.1-54}$$

解调器的输出信噪比为

$$\frac{S_o}{N_o} = \frac{1}{4}\overline{m^2(t)}\Big/\left(\frac{1}{4}N_i\right) = \frac{\overline{m^2(t)}}{n_0 B} \tag{4.1-55}$$

信噪比增益为

$$G_{DSB} = \frac{S_o / N_o}{S_i / N_i} = 2 \tag{4.1-56}$$

即 DSB 相干解调输出信噪比是解调器输入信噪比的 2 倍，解调器使信噪比改善 1 倍。

2）SSB 系统的性能

解调器输入的 SSB 信号为

$$s_{SSB}(t) = \frac{1}{2}m(t)\cos(\omega_c t) \mp \frac{1}{2}\hat{m}(t)\sin(\omega_c t) \tag{4.1-57}$$

与相干载波相乘后，再经低通滤波可得解调器输出信号

$$m_o(t) = \frac{1}{4}m(t) \tag{4.1-58}$$

因此，输出信号平均功率为

$$S_o = \overline{m_o^2(t)} = \frac{1}{16}\overline{m^2(t)} \tag{4.1-59}$$

解调 SSB 信号时，带通滤波器带宽为 $B = f_H$，中心频率为 $\omega_0 = \omega_c \pm \omega_H/2$；解调器输入的窄带高斯噪声 $n_i(t)$ 与解调 DSB 时的 $n_i(t)$ 相比，只是带宽减小了一半，频率不同而已。因此，解调器输出的噪声功率为

$$N_o = \frac{1}{4}N_i = \frac{1}{4}n_0 B \tag{4.1-60}$$

式中，$B = f_H$。

输入信号平均功率为

$$\begin{aligned} S_i = \overline{s_m^2(t)} &= \frac{1}{4}\overline{[m(t)\cos(\omega_c t) \mp \hat{m}(t)\sin(\omega_c t)]^2} \\ &= \frac{1}{4}[\frac{1}{2}\overline{m^2(t)} + \frac{1}{2}\overline{\hat{m}^2(t)}] \end{aligned} \tag{4.1-61}$$

因 $\hat{m}(t)$ 与 $m(t)$ 幅度相同，两者具有相同的平均功率，故式（4.1-61）写为

$$S_i = \frac{1}{4}\overline{m^2(t)} \tag{4.1-62}$$

于是，SSB 调制的输入信噪比为

$$\frac{S_i}{N_i} = \frac{1}{4}\overline{m^2(t)} \Big/ (n_0 B) = \frac{\overline{m^2(t)}}{4n_0 B} \tag{4.1-63}$$

输出信噪比为

$$\frac{S_o}{N_o} = \frac{1}{16}\overline{m^2(t)} \Big/ \left(\frac{1}{4}n_0 B\right) = \frac{\overline{m^2(t)}}{4n_0 B} \tag{4.1-64}$$

信噪比增益为

$$G_{SSB} = \frac{S_o/N_o}{S_i/N_i} = 1 \tag{4.1-65}$$

从以上分析看出，虽然 $G_{DSB} = 2G_{SSB}$，但在相同的输入信号功率 S_i、相同的输入噪声功率谱密度 n_0 和相同的基带信号带宽 f_H 的条件下，两者的输出信噪比相等，即

$$\left(\frac{S_o}{N_o}\right)_{DSB} = \left(\frac{S_o}{N_o}\right)_{SSB} = \frac{S_i}{n_0 f_H} \tag{4.1-66}$$

这就是说，两者的抗噪声性能是相同的。但 SSB 所需的传输带宽仅是 DSB 的一半，因此 SSB 得到普遍应用。

3. 非相干解调抗噪声性能

AM 信号采用包络检波抗噪声性能的分析模型如图 4-16 所示。包络检波器的输出电压正比于输入信号的包络变化。

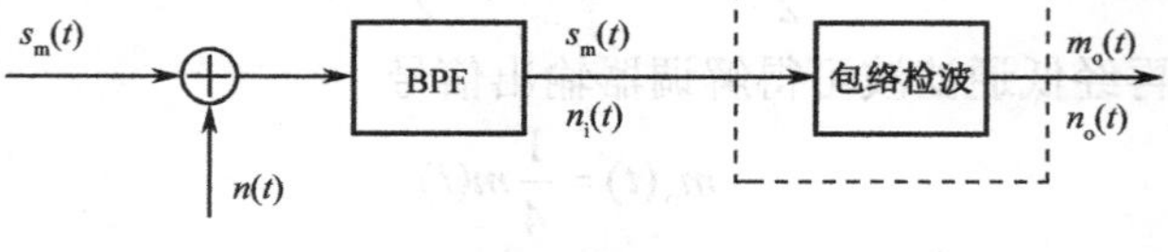

图 4-16　AM 包络检波抗噪声性能的分析模型

解调器输入的 AM 信号为

$$s_m(t)=[A_0+m(t)]\cos(\omega_c t) \tag{4.1-67}$$

这里仍假设调制信号 $m(t)$ 的均值为 0，且 $|m(t)|_{\max}\leqslant A_0$。因此，输入信号的功率为

$$S_i=\overline{s_m^2(t)}=\frac{A_0^2}{2}+\frac{\overline{m^2(t)}}{2} \tag{4.1-68}$$

图 4-16 中带通滤波器的中心频率与载波频率相同，其带宽 $B=2f_H$，因此解调器输入噪声为

$$n_i(t)=n_c(t)\cos(\omega_c t)-n_s(t)\sin(\omega_c t) \tag{4.1-69}$$

噪声功率为

$$N_i=\overline{n_i^2(t)}=n_0 B \tag{4.1-70}$$

包络检波器的输入混合波形为

$$\begin{aligned}s_m(t)+n_i(t)&=[A_0+m(t)+n_c(t)]\cos(\omega_c t)-n_s(t)\sin(\omega_c t)\\&=E(t)\cos[\omega_c t+\psi(t)]\end{aligned} \tag{4.1-71}$$

其中瞬时幅度

$$E(t)=\sqrt{[A_0+m(t)+n_c(t)]^2+n_s^2(t)} \tag{4.1-72}$$

相位

$$\psi(t)=\arctan\left[\frac{n_s(t)}{A_0+m(t)+n_c(t)}\right] \tag{4.1-73}$$

理想包络检波器的输出即为 $E(t)$，由式（4.1-72）可知，检波器输出中有用信号与噪声无法完全分开。因此，计算信噪比是件困难的事，可以分两种特殊情况来考虑。

1）大信噪比情况

大信噪比情况下，输入信号幅度远大于噪声幅度，即

$$[A_0+m(t)]\gg\sqrt{n_c^2(t)+n_s^2(t)} \tag{4.1-74}$$

所以

$$E(t)\approx A_0+m(t)+n_c(t) \tag{4.1-75}$$

其中，解调信号为 $A_0+m(t)$，输出噪声为 $n_c(t)$。滤去直流后输出信号功率和噪声功率分别为

$$S_o=\overline{m^2(t)} \tag{4.1-76}$$

$$N_o=\overline{n_c^2(t)}=\overline{n_i^2(t)}=n_0 B \tag{4.1-77}$$

输出信噪比为

$$\frac{S_o}{N_o}=\frac{\overline{m^2(t)}}{n_0 B} \tag{4.1-78}$$

信噪比增益为

$$G_{AM}=\frac{S_o/N_o}{S_i/N_i}=\frac{2\overline{m^2(t)}}{A_0^2+\overline{m^2(t)}}<1 \tag{4.1-79}$$

2）小信噪比情况

小信噪比情况下，输入信号幅度远小于噪声幅度，即

$$[A_0 + m(t)] \ll \sqrt{n_c^2(t) + n_s^2(t)} \tag{4.1-80}$$

由式（4.1-72）及式（4.1-80）得

$$\begin{aligned} E(t) &= \sqrt{[A_0 + m(t)]^2 + n_c^2(t) + n_s^2(t) + 2n_c(t)[A_0 + m(t)]} \\ &\approx \sqrt{[n_c^2(t) + n_s^2(t)]\left\{1 + \frac{2n_c(t)[A_0 + m(t)]}{n_c^2(t) + n_s^2(t)}\right\}} \\ &\approx \sqrt{n_c^2(t) + n_s^2(t)} + \frac{n_c(t)}{\sqrt{n_c^2(t) + n_s^2(t)}}[A_0 + m(t)] \end{aligned} \tag{4.1-81}$$

由式（4.1-81）可知，调制信号 $m(t)$ 无法与噪声分开，而且有用信号“淹没”在噪声之中，系统无法正常接收。这时，输出信噪比不是按比例地随着输入信噪比下降，而是急剧恶化，通常把这种现象称为解调器的门限效应。开始出现门限效应的输入信噪比称为门限值，理论分析表明，包络检波的门限值近似为 S_i/N_i=0 dB。

4.2 角度调制与解调

角度调制与线性调制不同，角度调制中已调信号的频谱与调制信号频谱之间不存在线性对应关系，而是产生出与频谱搬移不同的新的频率分量，因而呈现出非线性过程的特性，故又称为非线性调制。

角度调制可分为调频（FM）和调相（PM），鉴于调频与调相之间存在内在联系，而且在实际应用中调频得到广泛采用，因而本节主要讨论调频。

4.2.1 角度调制原理

角度调制信号可表示为

$$s_m(t) = A\cos[\omega_c t + \varphi(t)] \tag{4.2-1}$$

式中，A 为载波振幅；$\omega_c t + \varphi(t)$ 为已调信号的瞬时相位，记为 $\theta(t)$；$\varphi(t)$ 为相对于载波相位 $\omega_c t$ 的瞬时相位偏移。$\mathrm{d}[\omega_c t + \varphi(t)]/\mathrm{d}t$ 为已调信号的瞬时角频率，记为 $\omega(t)$；而 $\mathrm{d}\varphi(t)/\mathrm{d}t$ 称为相对于载波频率 ω_c 的瞬时频偏。

当瞬时相位偏移随调制信号 $m(t)$ 做线性变化时，这种调制方式称为调相，此时瞬时相位偏移可表达为

$$\varphi(t) = K_p m(t) \tag{4.2-2}$$

式中，K_p 称为调相灵敏度，其含义是单位调制信号幅度引起调相信号的相位偏移量，单位是 rad/V 。因此，调相信号为

$$s_{PM}(t) = A\cos[\omega_c t + K_p m(t)] \tag{4.2-3}$$

当瞬时频率偏移随调制信号 $m(t)$ 做线性变化时，这种调制方式称为调频，此时瞬时频率偏移可表达为

$$\frac{\mathrm{d}\varphi(t)}{\mathrm{d}t} = K_f m(t) \tag{4.2-4}$$

式中，K_f 称为调频灵敏度，单位是 $\mathrm{rad \cdot s^{-1}/V}$。这时相位偏移可表达为

$$\varphi(t) = K_f \int_{-\infty}^{t} m(\tau)\mathrm{d}\tau \tag{4.2-5}$$

因此调频信号为

$$s_{\mathrm{FM}}(t)=A\cos[\omega_{\mathrm{c}}t+K_{\mathrm{f}}\int_{-\infty}^{t}m(\tau)\mathrm{d}\tau] \tag{4.2-6}$$

比较式（4.2-3）和式（4.2-6）可见，FM 与 PM 的不同仅在于，FM 是将调制信号 $m(t)$ 积分后作为载波的瞬时相位参量，两者互为微分关系，即 $m(t)$ 进行积分后进行调相相当于调频，图 4-17 示出了 FM 与 PM 的这种关系。根据这种关系，可以进行间接调频和间接调相。

图 4-17　间接调频和间接调相

为了深入认识角度调制的概念和分析方法，先讨论调制信号为单频余弦信号的特殊情况。调制信号为

$$m(t)=A_{\mathrm{m}}\cos(\omega_{\mathrm{m}}t) \tag{4.2-7}$$

用它对载波进行调相时，由式（4.2-3）可得 PM 信号为

$$\begin{aligned}s_{\mathrm{PM}}(t)&=A\cos[\omega_{\mathrm{c}}t+K_{\mathrm{p}}A_{\mathrm{m}}\cos(\omega_{\mathrm{m}}t)]\\&=A\cos[\omega_{\mathrm{c}}t+m_{\mathrm{p}}\cos(\omega_{\mathrm{m}}t)]\end{aligned} \tag{4.2-8}$$

式中，$m_{\mathrm{p}}=K_{\mathrm{p}}A_{\mathrm{m}}$ 称为调相指数，表示最大的相位偏移。

如果进行调频，由式（4.2-6）可得 FM 信号为

$$\begin{aligned}s_{\mathrm{FM}}(t)&=A\cos[\omega_{\mathrm{c}}t+K_{\mathrm{f}}A_{\mathrm{m}}\int_{-\infty}^{t}\cos(\omega_{\mathrm{m}}\tau)\mathrm{d}\tau]\\&=A\cos[\omega_{\mathrm{c}}t+m_{\mathrm{f}}\sin(\omega_{\mathrm{m}}t)]\end{aligned} \tag{4.2-9}$$

式中，$m_{\mathrm{f}}=\dfrac{K_{\mathrm{f}}A_{\mathrm{m}}}{\omega_{\mathrm{m}}}=\dfrac{\Delta\omega}{\omega_{\mathrm{m}}}=\dfrac{\Delta f}{f_{\mathrm{m}}}$ 称为调频指数，表示最大的相位偏移，其中 $\Delta\omega=K_{\mathrm{f}}A_{\mathrm{m}}$ 为最大角频偏，$\Delta f=m_{\mathrm{f}}f_{\mathrm{m}}$ 为最大频偏。

由式（4.2-8）可得 PM 信号的瞬时角频率为

$$\omega(t)=\omega_{\mathrm{c}}-m_{\mathrm{p}}\omega_{\mathrm{m}}\sin(\omega_{\mathrm{m}}t) \tag{4.2-10}$$

由式（4.2-9）可得 FM 信号的瞬时角频率为

$$\omega(t)=\omega_{\mathrm{c}}+m_{\mathrm{f}}\omega_{\mathrm{m}}\cos(\omega_{\mathrm{m}}t) \tag{4.2-11}$$

由式（4.2-8）～式（4.2-11）可得单音 PM 信号和 FM 信号波形如图 4-18 所示。由图 4-18 可知，如果预先不知道调制信号 $m(t)$ 的具体形式，则无法判断已调信号是调相信号还是调频信号。

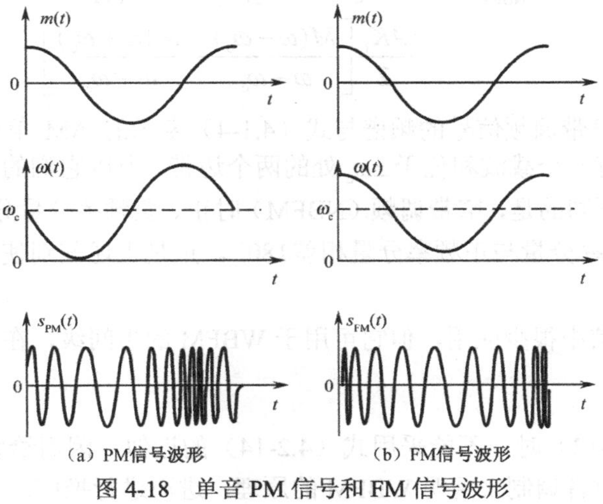

图 4-18　单音 PM 信号和 FM 信号波形

4.2.2 调频信号的频谱分析

根据调制后载波瞬时相位偏移的大小，可以将调频分为窄带调频（NBFM）与宽带调频（WBFM）。窄带调频与宽带调频并无严格的界限。但通常认为，当调制所引起的最大瞬时相位偏移远小于30°，即

$$\left|K_{\mathrm{f}}\int_{-\infty}^{t} m(\tau)\mathrm{d}\tau\right| \ll \frac{\pi}{6} \quad (\text{或}0.5) \tag{4.2-12}$$

时，称为窄带调频；当式（4.2-12）条件不满足时，则称为宽带调频。

1．窄带调频

将调频信号一般表达式（4.2-6）展开得到

$$\begin{aligned} s_{\mathrm{FM}}(t) &= A\cos[\omega_{\mathrm{c}}t + K_{\mathrm{f}}\int_{-\infty}^{t} m(\tau)\mathrm{d}\tau] \\ &= A\cos\omega_{\mathrm{c}}t\cos[K_{\mathrm{f}}\int_{-\infty}^{t} m(\tau)\mathrm{d}\tau] - A\sin(\omega_{\mathrm{c}}t)\sin[K_{\mathrm{f}}\int_{-\infty}^{t} m(\tau)\mathrm{d}\tau] \end{aligned} \tag{4.2-13}$$

当满足窄带调频条件时，有

$$\cos[K_{\mathrm{f}}\int_{-\infty}^{t} m(\tau)\mathrm{d}\tau] \approx 1$$

$$\sin[K_{\mathrm{f}}\int_{-\infty}^{t} m(\tau)\mathrm{d}\tau] \approx K_{\mathrm{f}}\int_{-\infty}^{t} m(\tau)\mathrm{d}\tau$$

此时式（4.2-13）可简化为

$$s_{\mathrm{NBFM}}(t) \approx A\cos(\omega_{\mathrm{c}}t) - [AK_{\mathrm{f}}\int_{-\infty}^{t} m(\tau)\mathrm{d}\tau]\sin(\omega_{\mathrm{c}}t) \tag{4.2-14}$$

若调制信号 $m(t)$ 的频谱为 $M(\omega)$，且假设 $m(t)$ 的均值为 0，即 $M(0)=0$，则由傅里叶变换理论可知

$$\int m(t)\mathrm{d}t \Leftrightarrow \frac{M(\omega)}{\mathrm{j}\omega} \tag{4.2-15}$$

$$\left[\int m(t)\mathrm{d}t\right]\sin(\omega_{\mathrm{c}}t) \Leftrightarrow \frac{1}{2}\left[\frac{M(\omega+\omega_{\mathrm{c}})}{\omega+\omega_{\mathrm{c}}} - \frac{M(\omega-\omega_{\mathrm{c}})}{\omega-\omega_{\mathrm{c}}}\right] \tag{4.2-16}$$

因此，窄带调频信号的频域表达式为

$$\begin{aligned} S_{\mathrm{NBFM}}(\omega) = {} & \pi A\,[\delta(\omega+\omega_{\mathrm{c}}) + \delta(\omega-\omega_{\mathrm{c}})] + \\ & \frac{AK_{\mathrm{f}}}{2}\left[\frac{M(\omega-\omega_{\mathrm{c}})}{\omega-\omega_{\mathrm{c}}} - \frac{M(\omega+\omega_{\mathrm{c}})}{\omega+\omega_{\mathrm{c}}}\right] \end{aligned} \tag{4.2-17}$$

这一结果表明，窄带调频信号的频谱与式（4.1-4）表示的 AM 信号的频谱相比，具有类似的形式：两者都含有一个载波和位于 $\pm\omega_{\mathrm{c}}$ 处的两个边带，所以它们的带宽相同，都为调制信号最高频率的 2 倍。不同的是，窄带调频（NBFM）时正、负频率分量分别乘了因式 $1/(\omega-\omega_{\mathrm{c}})$ 和 $1/(\omega+\omega_{\mathrm{c}})$，且负频率分量与正频率分量相差180°。正是上述差别使 NBFM 与 AM 有本质区别。

NBFM 在实际通信中很少应用，但它可用于 WBFM 的中间级，在 4.2.3 节中将做介绍。

2．宽带调频

当不满足式（4.2-12）时，不能采用式（4.2-14）的近似，因而给宽带调频的频谱分析带来了困难，但可以用单音调制来阐明 WBFM 的原理，进而进行推广。

设单音调制信号为

$$m(t) = A_m \cos(\omega_m t) = A_m \cos(2\pi f_m t)$$

由式（4.2-9）可知

$$s_{FM}(t) = A\cos[\omega_c t + m_f \sin\omega_m t] \tag{4.2-18}$$

式（4.2-18）可用三角公式展开为

$$s_{FM}(t) = A\cos(\omega_c t)\cdot\cos[m_f \sin(\omega_m t)] - A\sin(\omega_c t)\cdot\sin[m_f \sin(\omega_m t)] \tag{4.2-19}$$

其中 $\cos[m_f \sin(\omega_m t)]$ 和 $\sin[m_f \sin(\omega_m t)]$ 可进一步展开成以贝塞尔函数为系数的三角级数，即

$$\cos[m_f \sin(\omega_m t)] = J_0(m_f) + \sum_{n=1}^{\infty} 2J_{2n}(m_f)\cos(2n\omega_m t) \tag{4.2-20}$$

$$\sin[m_f \sin(\omega_m t)] = 2\sum_{n=1}^{\infty} J_{2n-1}(m_f)\sin[(2n-1)\omega_m t] \tag{4.2-21}$$

式中，$J_n(m_f)$ 为第一类 n 阶贝塞尔函数，它是 n 和调频指数 m_f 的函数，其值可用无穷级数

$$J_n(m_f) = \sum_{m=0}^{\infty} \frac{(-1)^m \left(\frac{1}{2}m_f\right)^{n+2m}}{m!(n+m)!} \tag{4.2-22}$$

计算。前 4 阶贝塞尔函数曲线如图 4-19 所示。

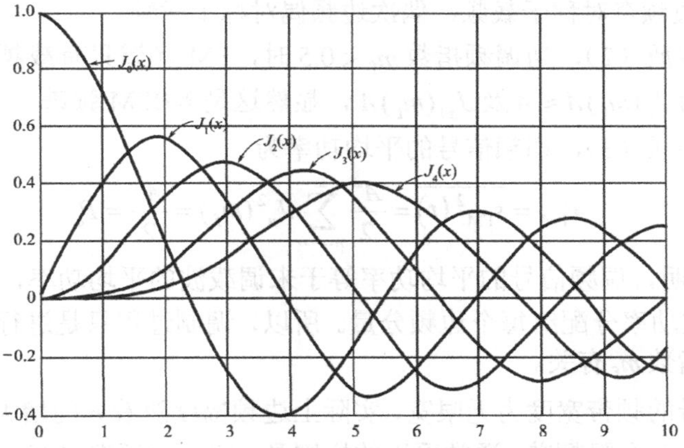

图 4-19　$J_n(m_f)$ 随 n 和 m_f 变化的关系曲线

贝塞尔函数有如下性质：

（1）$J_{-n}(m_f) = (-1)^n J_n(m_f)$。当 n 为奇数时，有 $J_{-n}(m_f) = -J_n(m_f)$；当 n 为偶数时，有 $J_{-n}(m_f) = J_n(m_f)$。

（2）当调频指数 $m_f < 0.5$ 时，有：$J_0(m_f) \approx 1$；$J_1(m_f) \approx m_f/2$；$J_n(m_f) \approx 0$，$n > 1$。

（3）$\sum_{n=-\infty}^{\infty} J_n^2(m_f) = 1$。

（4）当 $n \geqslant m_f + 1$ 时，$J_n(m_f) \leqslant 0.1$，即 $J_n(m_f)$ 的显著值为 $m_f + 1$ 对。

将式（4.2-20）和式（4.2-21）代入式（4.2-19）得

$$\begin{aligned} s_{FM}(t) = {} & A\cos(\omega_c t)\left[J_0(m_f) + \sum_{n=1}^{\infty} 2J_{2n}(m_f)\cos(2n\omega_m t)\right] - \\ & A\sin(\omega_c t)\left[2\sum_{n=1}^{\infty} J_{2n-1}(m_f)\sin[(2n-1)\omega_m t]\right] \end{aligned} \tag{4.2-23}$$

利用三角公式

$$\cos A\cos B=\frac{1}{2}\cos(A-B)+\frac{1}{2}\cos(A+B)$$

$$\sin A\sin B=\frac{1}{2}\cos(A-B)-\frac{1}{2}\cos(A+B)$$

及贝塞尔函数性质（1），可得FM信号的级数展开式：

$$\begin{aligned}s_{\rm FM}(t)=&AJ_0(m_{\rm f})\cos(\omega_{\rm c}t)-AJ_1(m_{\rm f})\{\cos[(\omega_{\rm c}-\omega_{\rm m})t]-\cos[(\omega_{\rm c}+\omega_{\rm m})t]\}+\\&AJ_2(m_{\rm f})\{\cos[(\omega_{\rm c}-2\omega_{\rm m})t]+\cos[(\omega_{\rm c}+2\omega_{\rm m})t]\}-\\&AJ_3(m_{\rm f})\{\cos[(\omega_{\rm c}-3\omega_{\rm m})t]-\cos[(\omega_{\rm c}+3\omega_{\rm m})t]\}+\cdots\\=&A\sum_{n=-\infty}^{\infty}J_n(m_{\rm f})\cos[(\omega_{\rm c}+n\omega_{\rm m})t]\end{aligned}\tag{4.2-24}$$

对式（4.2-24）进行傅里叶变换，即得FM信号的频域表达式：

$$S_{\rm FM}(\omega)=\pi A\sum_{-\infty}^{\infty}J_n(m_{\rm f})\left[\delta(\omega-\omega_{\rm c}-n\omega_{\rm m})+\delta(\omega+\omega_{\rm c}+n\omega_{\rm m})\right]\tag{4.2-25}$$

由式（4.2-24）和式（4.2-25）可知，调频信号的频谱由载频$\omega_{\rm c}$和无数边频$\omega_{\rm c}\pm n\omega_{\rm m}$组成。由贝塞尔函数性质（1），载频$\omega_{\rm c}$的幅度正比于$J_0(m_{\rm f})$；而围绕着$\omega_{\rm c}$的各次边频分量幅度正比于$J_n(m_{\rm f})$，且奇次边频奇对称于载频，偶次边频偶对称于载频。

由贝塞尔函数性质（2），当调频指数$m_{\rm f}<0.5$时，FM频谱只有载频与一对奇对称于它的边频，其幅度分别为$J_0(m_{\rm f})A\approx A$及$J_{\pm1}(m_{\rm f})A$，显然这是NBFM频谱。

由贝塞尔函数性质（3），调频信号的平均功率为

$$P_{\rm FM}=\overline{s_{\rm FM}^{\ 2}(t)}=\frac{A^2}{2}\sum_{n=-\infty}^{\infty}J_n^{\ 2}(m_{\rm f})=\frac{A^2}{2}=P_{\rm c}\tag{4.2-26}$$

式（4.2-26）说明，调频信号的平均功率等于未调载波的平均功率，即调制后总的功率不变，只是将原来载波功率分配给每个边频分量。所以，调制过程只是进行功率的重新分配，而分配的原则与调频指数$m_{\rm f}$有关。

理论上调频信号的频带宽度为无限宽，实际上边频幅度随着n的增大而逐渐减小，因此调频信号可近似认为具有有限频谱。通常采用的原则是，信号的频带宽度应包括幅度大于未调载波的10%以上的边频分量。由贝塞尔函数性质（4），FM谱线幅度$J_n(m_{\rm f})A\geqslant0.1A$的边频对数为$n=m_{\rm f}+1$，相邻边频之间的频率间隔为$f_{\rm m}$，所以FM信号的有效带宽为

$$B_{\rm FM}=2(m_{\rm f}+1)f_{\rm m}=2(\Delta f+f_{\rm m})\tag{4.2-27}$$

这就是广泛用于计算FM信号带宽的卡森（Carson）公式。

当$m_{\rm f}\ll1$时，式（4.2-27）可以近似为

$$B_{\rm FM}\approx2f_{\rm m}\tag{4.2-28}$$

这就是窄带调频的带宽，与前面分析相一致。

当$m_{\rm f}\gg1$时，式（4.2-27）可以近似为

$$B_{\rm FM}\approx2\Delta f\tag{4.2-29}$$

这时，带宽由最大频偏Δf决定，而与调制频率$f_{\rm m}$无关。

图4-20示出了某单音宽带调频波的频谱，其中只画出了单边谱。

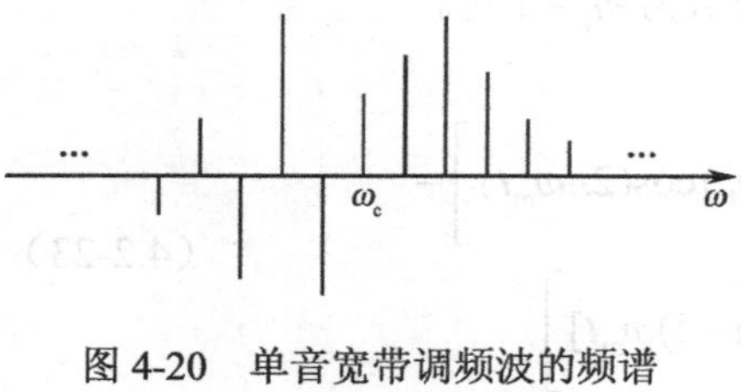

图4-20　单音宽带调频波的频谱

以上讨论的是单音调频的频谱特性和带宽。当调制信号不是单一频率时，由于调频是一种非线性过程，其频谱分析更加复杂。根据经验，对于多音和任意带限信号调频时的调频信号带宽仍可用卡森公式（4.2-27）来估算，只是 f_m 是调制信号的最高频率，m_f 是最大频偏 Δf 与 f_m 之比。例如，调频广播中规定的最大频偏 Δf 为 75 kHz，最高调制频率 f_m 为 15 kHz，故调频指数 $m_f = 5$，由卡森公式可计算出此 FM 信号的频带宽度为 180 kHz。

4.2.3 调频信号的产生与解调原理

1．调频信号的产生

有两种产生调频信号的方法：直接调频与间接调频。

1）直接调频

直接产生调频信号的方法之一是设计一振荡器，使它的振荡频率随输入电压而变，当输入电压为 0 时，振荡器产生一频率为 ω_c 的正弦波，当输入基带信号的电压变化时，该振荡器的频率按基带信号的规律线性地变化，即

$$\omega_i(t) = \omega_c + K_f m(t) \qquad (4.2\text{-}30)$$

称这样的振荡器为压控振荡器（VCO），如图 4-21 所示。

利用 VCO 做调频器的优点是可以得到很大的频偏，但很难同时保证 VCO 中心频率的频率稳定性要求。为了解决此矛盾，应用如图 4-22 所示的锁相环（PLL）调制器，可以获得高质量的 FM 或 PM 信号。

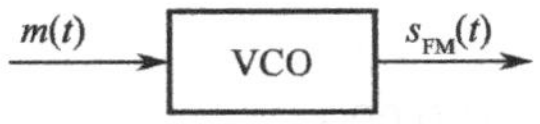

图 4-21　利用 VCO 做调频器

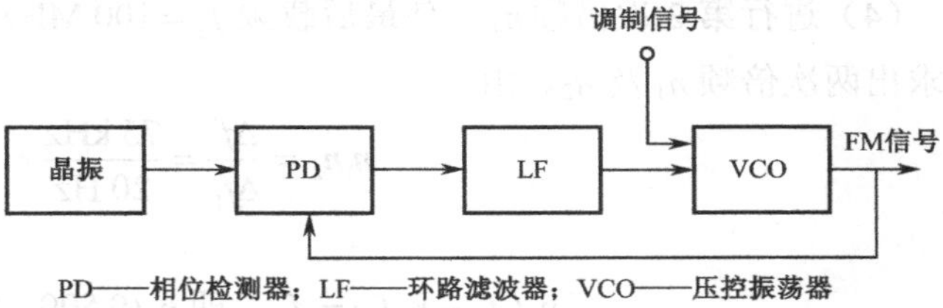

图 4-22　PLL 调制器

2）间接调频

间接产生调频信号的方法之一是先将调制信号积分，然后对载波进行调相，即可产生一个窄带调频（NBFM）信号，再经 n 次倍频器得到宽带调频（WBFM）信号。图 4-23（a）和图 4-23（b）分别是窄带及宽带调频信号的产生框图。这种产生 WBFM 的方法也称为阿姆斯特朗（Armstrong）法。

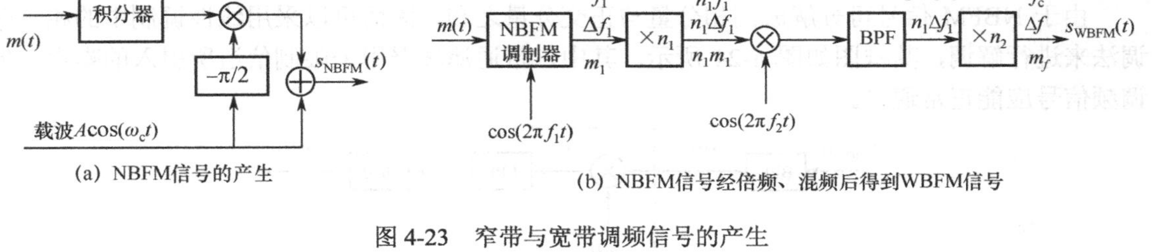

图 4-23　窄带与宽带调频信号的产生

图 4-23（a）的框图是完成式（4.2-14）的运算，产生 NBFM 信号。图 4-23（b）是将 NBFM

信号经倍频 n_1、混频、倍频 n_2 后得到所要求的载频及调频指数的 WBFM 信号。

倍频器的作用是将输入信号的瞬时频率倍频 n 倍，它由非线性器件及带通滤波器组成。若倍频器的输入信号为

$$s_i(t)=A\cos[\omega_c t+\varphi(t)] \tag{4.2-31}$$

则倍频器的输出为

$$s_o(t)=A\cos[n\omega_c t+n\varphi(t)] \tag{4.2-32}$$

混频的目的是由于 nf_c 不一定是所要求的载频，所以在倍频后再进行下变频；混频只改变载波频率而不影响频偏，适当选择 f_1、f_2 和 n_1、n_2 值，可得到所期望的任意载频及任意调频指数的 WBFM 信号。

【例 4-1】 设计适于传输优质音乐的宽带 FM 调制系统。音乐信号频率范围为 100 Hz～15 kHz，要求 NBFM 的载频 $f_1=100\,\text{kHz}$，NBFM 信号的频偏 $\Delta f_1=20\,\text{Hz}$，混频器的载频 $f_2=9\,500\,\text{kHz}$，发射机发往信道的载频 $f_c=100\,\text{MHz}$，$\Delta f=75\,\text{kHz}$。

【解】 仿效实际系统，适于传输优质音乐的宽带 FM 调制系统参见图 4-23（b）。

（1）NBFM 信号的频偏 $\Delta f_1=20\,\text{Hz}$，它与信号最低频率对应的调频指数为 $m_1=\dfrac{20}{100}=0.2$。

（2）以 n_1 倍的倍频来扩展其带宽，则倍频器 n_1 输出载频 $n_1 f_1=100n_1\,\text{kHz}$，频偏 $n_1\Delta f_1=20n_1\,\text{Hz}$。

（3）混频器的载频 $f_2=9\,500\,\text{kHz}$，变频后取下边带。于是其输出载频为 $f_2-n_1 f_1=9\,500\,\text{kHz}-100n_1\,\text{kHz}$；而频偏不变，仍为 $20n_1\,\text{Hz}$。

（4）进行第 2 次倍频 n_2，使最后载频 $f_c=100\,\text{MHz}$，频偏达 $\Delta f=75\,\text{kHz}$。由上述关系，可求出两次倍频 n_1 及 n_2。由

$$n_1 n_2=\frac{\Delta f}{\Delta f_1}=\frac{75\,\text{kHz}}{20\,\text{Hz}}=3\,750$$

及

$$n_2(f_2-n_1 f_1)=f_c\text{，即 }n_2(9\,500-100n_1)=100\,000$$

可得 $n_1=75$，$n_2=50$。

间接调频法的优点是频率稳定度好；缺点是需要多次倍频和混频，电路较为复杂。

2．调频信号的解调

调频信号的解调也分为相干解调和非相干解调。相干解调仅适用于 NBFM 信号，而非相干解调对 NBFM 信号和 WBFM 信号均适用。

1）NBFM 信号的相干解调

由于 NBFM 信号可分解成同相分量与正交分量之和，因而可以采用线性调制中的相干解调法来进行解调，其框图如图 4-24 所示。其中，带通滤波器用来限制信道所引入的噪声，但调频信号应能正常通过。

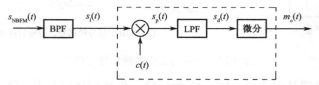

图 4-24　NBFM 信号相干解调框图

对于式（4.2-14）的窄带调频信号

$$s_{\mathrm{NBFM}}(t)=A\cos(\omega_c t)-A[K_f\int_{-\infty}^{t}m(\tau)\mathrm{d}\tau]\cdot\sin(\omega_c t) \tag{4.2-33}$$

设相干载波为

$$c(t)=-\sin(\omega_c t) \tag{4.2-34}$$

则相乘器的输出为

$$s_p(t)=-\frac{A}{2}\sin(2\omega_c t)+\frac{A}{2}[K_f\int_{-\infty}^{t}m(\tau)\mathrm{d}\tau]\cdot[1-\cos(2\omega_c t)]$$

经低通滤波器取出其低频分量

$$s_d(t)=\frac{A}{2}K_f\int_{-\infty}^{t}m(\tau)\mathrm{d}\tau$$

再经微分器，即得解调输出

$$m_o(t)=\frac{AK_f}{2}m(t) \tag{4.2-35}$$

这种解调方法与线性调制中的相干解调一样，要求本地载波与调制载波同步，否则将使解调信号失真。

2）非相干解调

由于调频信号为等幅已调波，直接用包络检波毫无意义。因此，采用先微分然后包络检波的非相干解调方法来恢复原信号。这种最简单的解调器称为振幅鉴频器，如图 4-25 所示。

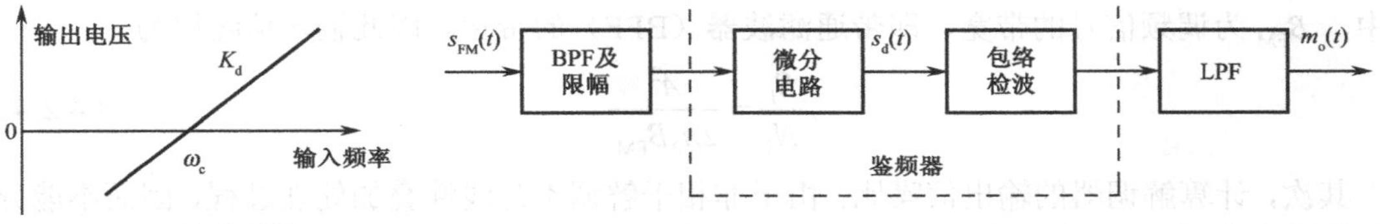

（a）振幅鉴频器特性　（b）原理框图

图 4-25　振幅鉴频器特性及原理框图

调频信号的一般表达式为

$$s_{\mathrm{FM}}(t)=A\cos[\omega_c t+K_f\int_{-\infty}^{t}m(\tau)\mathrm{d}\tau] \tag{4.2-36}$$

微分器输出为

$$s_d(t)=-A[\omega_c+K_f m(t)]\sin[\omega_c t+K_f\int_{-\infty}^{t}m(\tau)\mathrm{d}\tau] \tag{4.2-37}$$

这是一个调幅调频信号，包络检波器则将其幅度变化检出并滤去直流，再经低通滤波后即得解调输出

$$m_o(t)=K_d K_f m(t) \tag{4.2-38}$$

式中，K_d 为鉴频器灵敏度，单位为 V/(rad·s^{-1})。

在图 4-25 中，限幅器的作用是消除信道中的噪声等所引起的调频波的幅度起伏，带通滤波器（BPF）是让调频信号顺利通过，同时滤除带外噪声。

4.2.4　调频系统的抗噪声性能分析

由调频信号解调的分析可知，相干解调仅适用于 NBFM 信号，且需要载波同步，因此应用范围受限；而非相干解调不需要同步信号，且对于 NBFM 信号和 WBFM 信号均适用，因而是 FM 系统的主要解调方式。下面重点讨论 FM 非相干解调时的抗噪声性能，其分析模型如图 4-26 所示。其中，$n(t)$ 是均值为 0、单边功率谱密度为 n_0 的高斯白噪声。

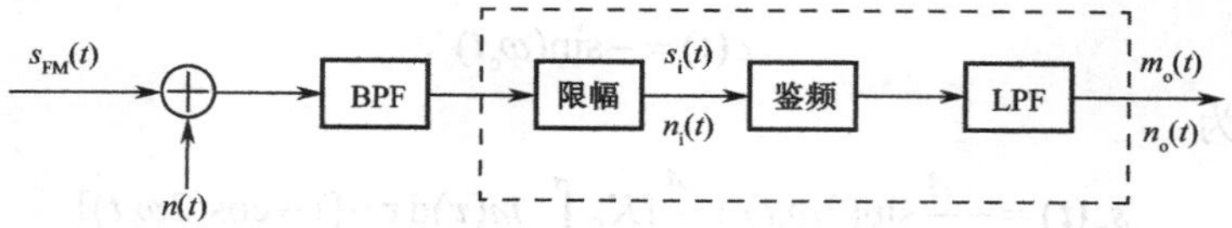

图 4-26　FM 非相干解调的抗噪声性能分析模型

FM 非相干解调时的抗噪性能分析方法，也和线性调制系统的一样，先分别计算解调器的输入信噪比和输出信噪比，然后通过信噪比增益来反映系统的抗噪性能。

首先，计算解调器的输入信噪比。已知解调器输入端的信号是 FM 信号 $s_i(t)$ 和窄带高斯噪声 $n_i(t)$ 的叠加，即

$$\begin{aligned} s_i(t)+n_i(t) &= s_{FM}(t)+n_i(t) \\ &= A\cos[\omega_c t+K_f\int_{-\infty}^{t} m(\tau)d\tau]+n_c(t)\cos(\omega_c t)-n_s(t)\sin(\omega_c t) \end{aligned} \tag{4.2-39}$$

故其输入信号功率为

$$S_i = A^2/2 \tag{4.2-40}$$

输入噪声功率为

$$N_i = n_0 B_{FM} \tag{4.2-41}$$

式中，B_{FM} 为调频信号的带宽，即带通滤波器（BPF）的带宽。因此输入信噪比为

$$\frac{S_i}{N_i}=\frac{A^2}{2n_0 B_{FM}} \tag{4.2-42}$$

其次，计算解调器的输出信噪比。由于非相干解调不是线性叠加处理过程，因而不能分别计算其输出信号 $m_o(t)$ 和噪声 $n_o(t)$。与 AM 信号的非相干解调一样，下面分大信噪比和小信噪比两种极端情况来讨论。

1．大信噪比输入时的抗噪声性能

在输入信噪比足够大的条件下，信号 $s_i(t)$ 和噪声 $n_i(t)$ 的相互作用可以忽略，这时可以把信号和噪声分开来计算。

假设输入噪声 $n_i(t)$ 为 0 时，由式（4.2-38）可知，解调输出信号为

$$m_o(t)=K_d K_f m(t)$$

故输出信号平均功率为

$$S_o=\overline{m_o^2(t)}=\left(K_d K_f\right)^2\overline{m^2(t)} \tag{4.2-43}$$

假设调制信号 $m(t)$ 为 0，则加到解调器输入端的是未调载波与窄带高斯噪声之和，即

$$\begin{aligned} A\cos(\omega_c t)+n_i(t) &= A\cos(\omega_c t)+n_c(t)\cos(\omega_c t)-n_s(t)\sin(\omega_c t) \\ &= \left[A+n_c(t)\right]\cos(\omega_c t)-n_s(t)\sin(\omega_c t) \\ &= A(t)\cos\left[\omega_c t+\psi(t)\right] \end{aligned} \tag{4.2-44}$$

式中，随机包络

$$A(t)=\sqrt{\left[A+n_c(t)\right]^2+n_s{}^2(t)} \tag{4.2-45}$$

随机相位偏移

$$\psi(t)=\arctan\frac{n_s(t)}{A+n_c(t)} \tag{4.2-46}$$

在大信噪比，即 $A \gg n_c(t)$ 和 $A \gg n_s(t)$ 时，随机相位偏移 $\psi(t)$ 可近似为

$$\psi(t)=\arctan\frac{n_s(t)}{A+n_c(t)}\approx\arctan\frac{n_s(t)}{A} \tag{4.2-47}$$

当 $x \ll 1$ 时，有 $\arctan x \approx x$，故

$$\psi(t)\approx\frac{n_s(t)}{A} \tag{4.2-48}$$

由于鉴频器的输出正比于输入的频率偏移，故此时鉴频器的输出噪声为

$$n_d(t)=K_d\frac{\mathrm{d}\psi(t)}{\mathrm{d}t}=\frac{K_d}{A}\frac{\mathrm{d}n_s(t)}{\mathrm{d}t} \tag{4.2-49}$$

式中，$n_s(t)$ 是窄带高斯噪声 $n_i(t)$ 的正交分量，因此它具有与 $n_i(t)$ 相同的功率谱密度 n_0，但 $n_i(t)$ 是带通型噪声，而 $n_s(t)$ 是解调后的低通型噪声，其功率谱密度在 $|f|\leqslant B_{FM}/2$ 范围内均匀分布。

由于鉴频器的输出与 $n_s(t)$ 的微分成正比，而理想微分电路的功率传输函数为

$$|H(f)|^2=|\mathrm{j}2\pi f|^2=(2\pi)^2f^2 \tag{4.2-50}$$

则鉴频器输出噪声 $n_d(t)$ 的功率谱密度为

$$P_{n_d}(f)=\left(\frac{K_d}{A}\right)^2|H(f)|^2P_{n_s}(f)=\left(\frac{K_d}{A}\right)^2(2\pi)^2f^2n_0,\quad |f|<\frac{B_{FM}}{2} \tag{4.2-51}$$

式（4.2-51）表明，鉴频器输出噪声功率谱密度已不再是均匀分布，而是与 f^2 成正比。调频信号解调过程的噪声功率谱变化如图 4-27 所示。

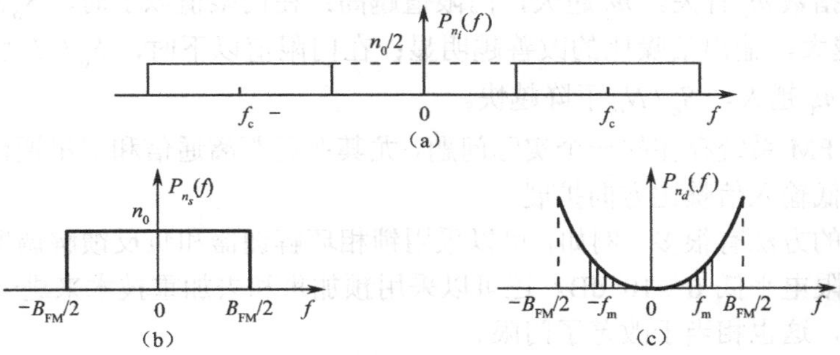

图 4-27　非相干解调时的噪声功率谱变化图

鉴频器输出噪声 $n_d(t)$ 经过低通滤波器的滤波，滤除调制信号带宽 f_m 以外的频率分量，故最终解调器输出（LPF 输出）的噪声功率应为图 4-27（c）中阴影部分的面积，即

$$N_o=\int_{-f_m}^{f_m}P_{n_d}(f)\mathrm{d}f=\int_{-f_m}^{f_m}\frac{4\pi^2K_d^2n_0}{A^2}f^2\mathrm{d}f=\frac{8\pi^2K_d^2n_0f_m^3}{3A^2} \tag{4.2-52}$$

于是，FM 非相干解调器输出端的输出信噪比为

$$\frac{S_o}{N_o}=\frac{3A^2K_f^2\overline{m^2(t)}}{8\pi^2n_0f_m^3} \tag{4.2-53}$$

因此大信噪比输入时的信噪比增益为

$$G_{FM}=\frac{S_o/N_o}{S_i/N_i}=\frac{3}{4}\frac{K_f^2\overline{m^2(t)}B_{FM}}{\pi^2 f_m^3} \tag{4.2-54}$$

在单一频率余弦波调制情况下，由式（4.2-7）及式（4.2-9）可知 $\overline{m^2(t)}=A_m^2/2$，$m_f=K_fA_m/\omega_m$，此时信噪比增益为

$$G_{FM}=\frac{3}{2}m_f^2\frac{B_{FM}}{f_m} \tag{4.2-55}$$

考虑在 WBFM 时，信号带宽为 $B_{FM}=2(m_f+1)f_m=2(\Delta f+f_m)$，式（4.2-55）还可以写成

$$G_{FM}=3m_f^2(m_f+1) \tag{4.2-56}$$

当 $m_f\gg 1$ 时，有近似式

$$G_{FM}\approx 3m_f^3 \tag{4.2-57}$$

式（4.2-57）结果表明：在大信噪比情况下，WBFM 系统的解调信噪比增益是很高的，它与调频指数的立方成正比。例如，调频广播中常取 $m_f=5$，则由式（4.2-56）可得信噪比增益为 $G_{FM}=450$。也就是说，加大调制指数，可使调频系统有很好的质量。但是调频带宽 $B_{FM}=2(m_f+1)f_m$，它比一般 DSB 或 AM 信号使信道付出了 m_f+1 倍传输带宽为代价，从而换取了这种高可靠性。

2. 小信噪比输入时的抗噪声性能

当 S_i/N_i 低于一定数值时，解调器的输出信噪比 S_o/N_o 急剧恶化，这种现象称为调频信号解调的门限效应。出现门限效应时所对应的输入信噪比值称为门限值，记为 $(S_i/N_i)_b$，作为估算，一般可认为门限值为 10 dB。

出现门限效应时输出信噪比的计算比较复杂，理论分析和实验结果均表明，发生门限效应的门限值与调频指数 m_f 有关。m_f 越大，门限值越高；在门限值以上时，S_o/N_o 与 S_i/N_i 成线性关系，且 m_f 越大，输出信噪比的改善越明显；在门限值以下时，S_o/N_o 将随 S_i/N_i 的下降而急剧下降，且 m_f 越大，S_o/N_o 下降越快。

门限效应是 FM 系统存在的一个实际问题，尤其在远距离通信和卫星通信等领域中，发展趋势是门限点向低输入信噪比方向扩展。

降低门限值的方法有很多。例如，可以采用锁相环解调器和负反馈解调器，它们的门限比一般鉴频器的门限电平低 6～10 dB。还可以采用预加重和去加重技术来进一步改善调频解调器的输出信噪比，这也相当于改善了门限。

3. 调频系统中的加重技术

在调频广播中所传送的语音和音乐信号，其大部分能量分布在低频端，且其功率谱密度随着频率的增高而下降。然而在鉴频器输出端，噪声功率谱与 f^2 成正比，因而在信号功率谱密度最小的高频端，噪声功率谱密度却最大，致使高频端的输出信噪比明显下降。为此，希望在解调后对高频分量进行衰减，以减小高频的噪声电平，但这会引起基带信号高频分量也受到衰减。为了补偿此影响，在发端调制前加一高通滤波器（称为预加重网络）对这些高频分量加以放大。相应地，为使系统对基带信号来说有一平坦的频率特性，在收端加一低通滤波器（称为去加重网络）。预加重网络的传输特性 $H_p(f)$ 和去加重网络的传输特性 $H_d(f)$ 应满足

$$H_p(f)=\frac{1}{H_d(f)} \tag{4.2-58}$$

加有预加重网络和去加重网络的调频系统框图如图 4-28 所示。

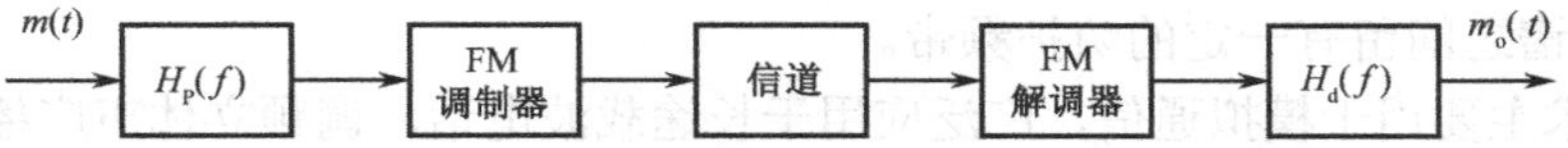

图 4-28　加有预加重网络和去加重网络的调频系统框图

由于采用预加重和去加重系统的输出信号的功率与没有采用预加重和去加重系统的功率相同，所以调频解调器输出信噪比的改善程度可用加重前的输出噪声功率与加重后的输出噪声功率的比值确定，即

$$\gamma=\frac{\int_{-f_m}^{f_m}P_{n_d}(f)\mathrm{d}f}{\int_{-f_m}^{f_m}P_{n_d}(f)\left|H_d(f)\right|^2\mathrm{d}f}\tag{4.2-59}$$

式（4.2-59）说明，输出信噪比的改善程度取决于去加重网络的特性。图 4-29 示出了一种实际中常采用的预加重和去加重电路，它在保持信号传输带宽不变的条件下，可使输出信噪比提高 6 dB 左右。

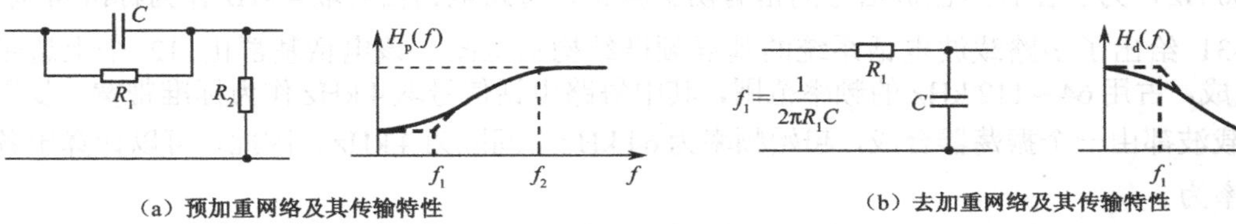

图 4-29　预加重和去加重网络

4.3　频分复用

在前面的分析中已经知道，当基带信号对载波进行幅度调制时，在频率域是将基带信号的低通频谱搬移到载频 f_c 上。如果有两个或更多个基带信号需在通信信道上同时传输，则由于通信信道的带宽远比每路基带信号的已调信号带宽宽得多，因此只需将各路基带信号分别调制到不同载频上，并且各路之间留有防护频带，这样就可以在同一信道中同时传输多路信号且互不干扰。在接收端，采用适当的带通滤波器将多路信号分开，分别解调接收。这种按频率分割信号的方法称为频分复用（FDM）。

频分多路复用的原理框图如图 4-30 所示。由于消息信号往往不是严格的带限信号，因而在发送端各路消息首先通过低通滤波器（LPF），以便限制各路信号的最高频率，然后进行线性调制，合成后送入信道传输。接收端首先用带通滤波器（BPF）将各路信号分别提取，然后解调，通过低通滤波器恢复出各路相应的基带信号。

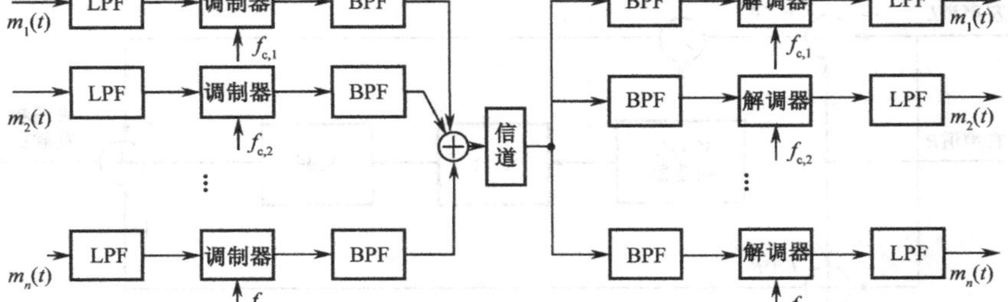

图 4-30　频分多路复用的原理框图

为了防止相邻信号之间产生相互干扰，应合理选择载波频率 $f_{c,1}$，$f_{c,2}$，…，$f_{c,n}$，以使各路已调信号频谱之间留有一定的防护频带。

FDM 技术主要用于模拟通信，广泛应用于长途载波电话、调频立体声广播、电视广播等方面。

4.4 模拟通信的典型应用

4.4.1 载波电话

在多路载波电话中采用单边带调制频分复用，目的在于最大限度地节省传输频带，并且使用层次结构：由 12 路电话复用为一个基群（basic group）；5 个基群复用为一个超群（super group），共 60 路电话；由 10 个超群复用为一个主群（master group），共 600 路电话。如果需要传输更多路电话，可以将多个主群进行复用，组成巨群（jumbo group）。每路电话信号的频带限制在 300～3 400 Hz，为了在各路已调信号间留有防护频带，每路电话信号取 4 kHz 作为标准带宽。

图 4-31 给出了多路载波电话系统的基群频谱结构示意图。该电话基群由 12 个上边带（USB）组成，占用 64～112 kHz 的频率范围，其中每路电话信号取 4 kHz 作为标准带宽。复用中所有的载波都由一个振荡器合成，起始频率为 64 kHz，间隔为 4 kHz。因此，可以计算出各路载波频率为

$$f_{c,n}=[64+4(n-1)]\ \text{kHz} \tag{4.4-1}$$

式中，$f_{c,n}$ 为第 n 路信号的载波频率，$n=1\sim 12$。

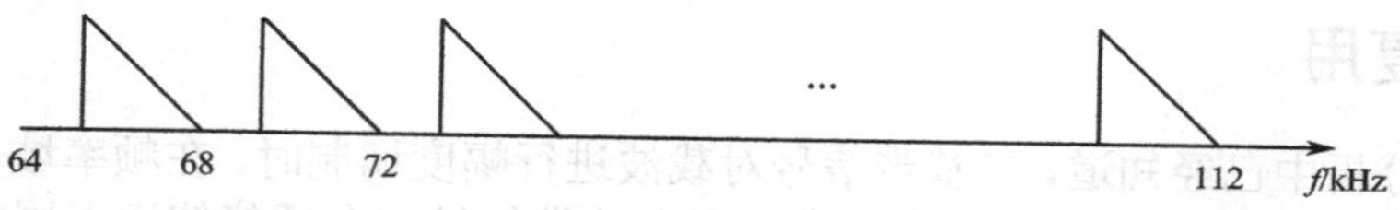

图 4-31　12 路电话基群频谱结构示意图

4.4.2 调频立体声广播

许多调频无线电广播电台发送的音乐节目是立体声，而立体声调频广播中的立体声复用是频分复用的一个实例。

立体声广播信号的形成如图 4-32 所示，声音在空间上被分成两路音频信号，一个左声道信号 L，一个右声道信号 R，其频率都在 50 Hz～15 kHz 之间。左声道与右声道相加形成和信号（$L+R$），相减形成差信号（$L-R$）。在调频之前，差信号（$L-R$）先对 38 kHz 的副载波进行抑制载波双边带（DSB-SC）调制，然后与和信号（$L+R$）进行频分复用后，作为 FM 立体声广

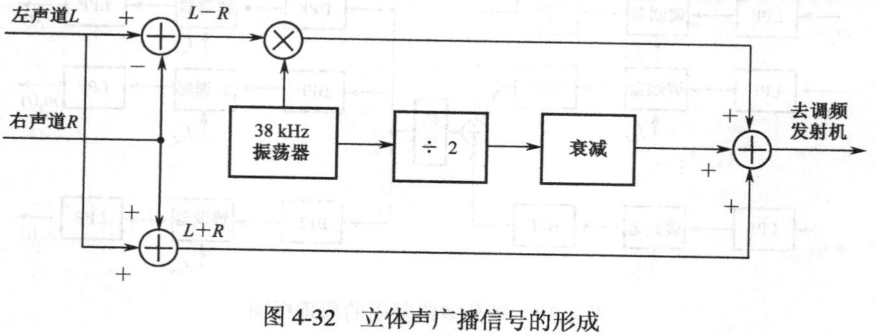

图 4-32　立体声广播信号的形成

播的基带信号。其频谱结构如图 4-33 所示，其中：0～15 kHz 用于传送（L+R）信号，23～53 kHz 用于传送（L−R）信号，59～75 kHz 则用作辅助通道；（L−R）信号的载波频率为 38 kHz，在 19 kHz 处发送一个单频信号（导频），用于接收端提取相干载波和立体声指示。立体声调频广播与普通调频广播是兼容的。在普通调频广播中只发送 0～15 kHz 的（L+R）信号。

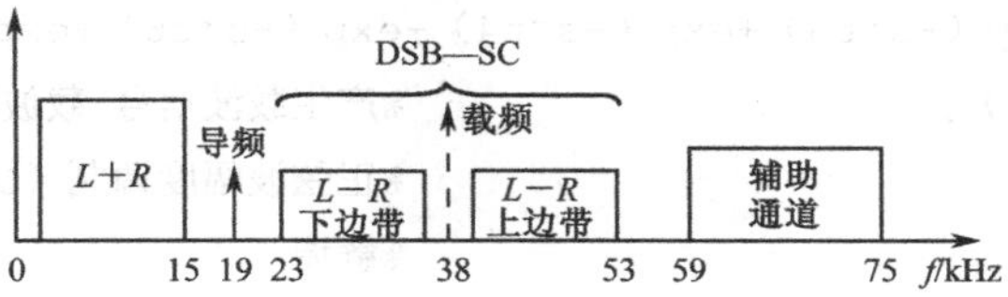

图 4-33　立体声广播信号的频谱

接收立体声广播后先进行鉴频，得到频分复用信号。对频分复用信号进行相应的分离，以恢复出左声道信号 L 和右声道信号 R，其原理框图如图 4-34 所示。

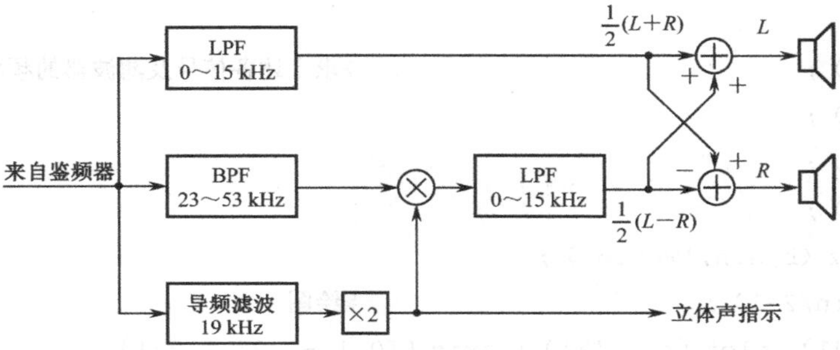

图 4-34　立体声广播信号的解调原理框图

4.5　MATLAB 仿真举例

4.5.1　双边带调制与解调仿真

设模拟基带信号为 $m(t)$，DSB 信号为

$$s_{\mathrm{DSB}}(t)=m(t)\cos(2\pi f_c t)$$

当 $m(t)$ 为确知信号时，其频谱为

$$S_{\mathrm{DSB}}(f)=\frac{1}{2}[M(f+f_c)+M(f-f_c)]$$

其中 $M(f)$ 是 $m(t)$ 的频谱。接收端采用如下相干解调：

$$r(t)=s_{\mathrm{DSB}}(t)\cos(2\pi f_c t)=m(t)\cos^2(2\pi f_c t)=\frac{1}{2}m(t)+\frac{1}{2}m(t)\cos(2\pi f_c t)$$

再用低通滤波器滤去高频分量，就恢复出了原始信号。

设调制信号为

$$m(t)=\mathrm{e}^{-640\pi(t-1/8)^2}+\mathrm{e}^{-640\pi(t-3/8)^2}+\mathrm{e}^{-640\pi(t-4/8)^2}+\mathrm{e}^{-640\pi(t-6/8)^2}+\mathrm{e}^{-640\pi(t-7/8)^2}$$

载波中心频率为 100 Hz。

DSB 通信系统仿真的 MATLAB 源代码如下：

```
n=1024;fs=n;                          %设取样频率 fs=1 024 Hz
s=640*pi;                             %产生调制信号 m(t)
```

```
i=0:1:n-1;
t=i/n;
t1=(t-1/8).^2;t3=(t-3/8).^2;t4=(t-4/8).^2;
t6=(t-6/8).^2;t7=(t-7/8).^2;
m=exp(-s*t1)+exp(-s*t3)+exp(-s*t4)+exp(-s*t6)+exp(-s*t7);
c=cos(2*pi*100*t);                       %产生载波信号 载波频率 fc=100 Hz
x=m.*c;                                  %正弦波幅度调制（DSB）
y=x.*c;                                  %解调
wp=0.1*pi;ws=0.12*pi;Rp=1;As=15;         %设计巴特沃思数字低通滤波器
[N,wn]=buttord(wp/pi,ws/pi,Rp,As);
[b,a]=butter(N,wn);
m1=filter(b,a,y);                        %滤波
m1=2*m1;
M=fft(m,n);                              %求上述各信号及滤波器的频率特性
C=fft(c,n);
X=fft(x,n);
Y=fft(y,n);
[H,w]=freqz(b,a,n,'whole');
f=(-n/2:1:n/2-1);                        %绘图
subplot(341),plot(t,m,'k');,axis([0,1,-0.25,1.25]);
title('调制信号的波形')
subplot(342),plot(f,abs(fftshift(M)),'k');axis([-300,300,0,250]);
title('调制信号的频谱')
subplot(343),plot(t,c,'k');axis([0,0.2,-1.2,1.2]);
title('载波的波形')
subplot(344),plot(f,abs(fftshift(C)),'k');axis([-300,300,0,600]);
title('载波的频谱')
subplot(345),plot(t,x,'k');axis([0,1,-1.2,1.2]);
title('已调信号的波形')
subplot(346),plot(f,abs(fftshift(X)),'k');axis([-300,300,0,120]);
title('已调信号的频谱')
subplot(347),plot(t,y,'k'); axis([0,1,0,1.2]);
title('解调信号的波形')
subplot(348),plot(f,abs(fftshift(Y)),'k');axis([-300,300,0,120]);
title('解调信号的频谱')
subplot(3,4,10),plot(f,abs(fftshift(H)),'k');axis([-300,300,0,1.25]);
title('滤波器传输特性')
subplot(3,4,11),plot(t,m1,'k'),axis([0,1,-0.25,1.25]);
title('解调滤波后的信号')
```

执行结果如图 4-35 所示。

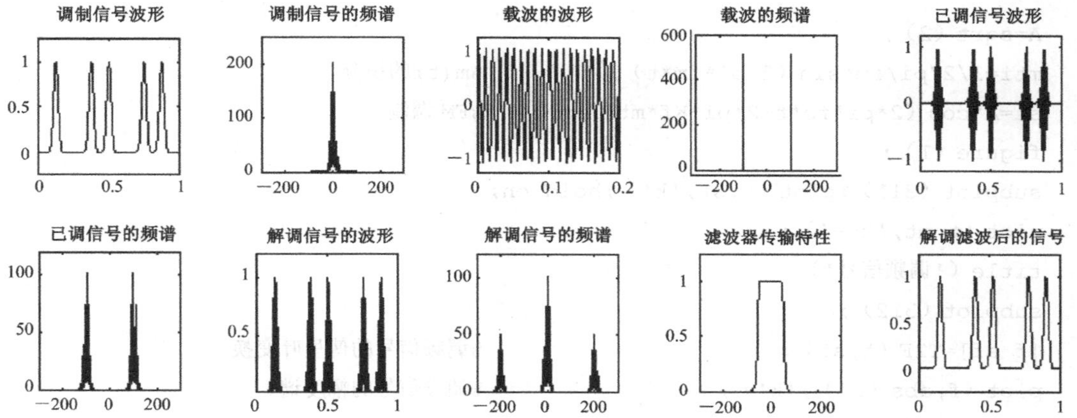

图 4-35　双边带调制与解调仿真

4.5.2　FM 调制与解调的仿真

当正弦载波的频率变化与输入基带信号幅度的变化成线性关系时，就构成了调频信号。调频信号可以写成

$$s_{\mathrm{FM}}(t)=A\cos[2\pi f_{\mathrm{c}}t+2\pi K_{\mathrm{f}}\int_{-\infty}^{t}m(\tau)\mathrm{d}\tau]$$

该信号的瞬时相位为

$$\phi(t)=2\pi f_{\mathrm{c}}t+2\pi K_{\mathrm{f}}\int_{-\infty}^{t}m(\tau)\mathrm{d}\tau$$

瞬时频率为

$$\frac{1}{2\pi}\frac{\mathrm{d}\phi}{\mathrm{d}t}=f_{\mathrm{c}}+K_{\mathrm{f}}m(t)$$

因此，调频信号的瞬时频率与输入信号成线性关系，K_{f} 称为调频灵敏度。

调频信号的频谱与输入信号频谱之间不再是频率搬移的关系，因此通常无法写出调频信号的频谱的明确表达式，但调频信号的 98%功率带宽与调频指数和输入信号的带宽有关。调频指数定义为最大的频率偏移与输入信号带宽 f_{m} 的比值，即

$$m_{\mathrm{f}}=\Delta f_{\max}/f_{\mathrm{m}}$$

调频信号的带宽可以根据经验公式——卡森公式近似计算：

$$B=2(m_{\mathrm{f}}+1)f_{\mathrm{m}}$$

设调制信号为 $m(t)=\cos(2\pi t)$，载波中心频率为 10 Hz，调频器的调频灵敏度 K_{f} 为 5 Hz/V，载波平均功率为 1 W。

FM 通信系统仿真的 MATLAB 源代码如下：

```
Kf=5;                                  %调频灵敏度
fc=10;                                 %载波频率
T=5;
dt=0.001;
fs=1/dt;
t=0:dt:T;
fm=1;                                  %产生调制信号
mt=cos (2*pi*fm*t) ;
```

```
A=sqrt (2) ;
mti=1/2/pi/fm*sin (2*pi*fm*t) ;                    %m(t)的积分
st=A*cos (2*pi*fc*t+2*pi*Kf*mti) ;                 %FM 调制
figure (1) ;
subplot (311) ;plot (t,st,'k') ;hold on;
plot (t,mt,'k--') ;
title ('调频信号')
subplot (312) ;
[f sf]=T2F (t,st) ;                                %调频信号的傅里叶变换
plot (f,abs (sf) ,'k') ;                           %调频信号的幅度谱
axis ([-25 25 0 3])
title ('调频信号幅度谱')
mo=demod (st,fc,fs,'fm') ;                         % FM 解调
subplot (313) ;plot (t,mo,'k') ;
title ('解调信号')

%脚本文件 T2F.m 定义了函数 T2F，计算信号的傅里叶变换
function[f,sf]=T2F (t,st)
dt=t (2) -t (1) ;
T=t (end) ;
df=1/T;
N=length (st) ;
f=-N/2*df:df:N/2*df-df;
sf=fft (st) ;
sf=T/N*fftshift (sf) ;
```

执行结果如图 4-36 所示。

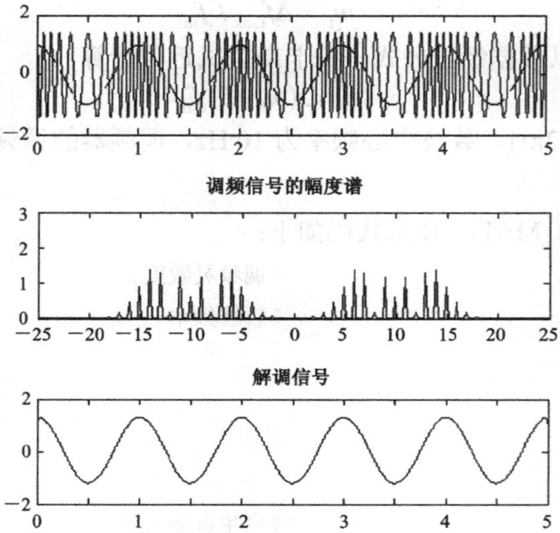

图 4-36　FM 调制与解调的仿真

4.6　本章小结

本章介绍了以正弦波为载波的模拟调制原理及抗噪声性能分析。所谓调制，是指按调制信号的变化规律去控制高频载波的某个参数的过程。根据正弦波受调参数的不同，模拟调制分为幅度调制和角度调制。

幅度调制是指高频载波的振幅按照基带信号的变化规律而变化的调制，它是一种线性调制，其已调信号的频谱是基带信号频谱的平移，或平移后再经过滤波除去不需要的频谱分量。幅度调制包括调幅（AM）、双边带（DSB）调制、单边带（SSB）调制、残留边带（VSB）调制。AM 信号的包络与调制信号的形状完全一样，因此可以采用简单的包络检波器进行解调；DSB 信号抑制了 AM 信号的载波分量，因此调制效率为 100%；SSB 信号只传输 DSB 信号中的一个边带，所以频谱最窄、效率最高；VSB 是 SSB 与 DSB 之间的一种折中方式，它既克服了 DSB 信号占用频带宽的缺点，又解决了 SSB 实现中的困难。

解调是调制的逆过程，其作用是将已调信号中的基带调制信号恢复出来。解调的方法分为相干解调和非相干解调（包络检波）。相干解调法适用于所有线性调制信号的解调，但 AM 信号一般采用包络检波法。

角度调制是指高频载波的频率或相位按照基带信号的变化规律而变化的调制，它是一种非线性调制，其已调信号的频谱不再保持原来基带信号频谱的结构。角度调制包括调频（FM）和调相（PM）。FM 信号的带宽随调频指数 m_f 增加而增加，其有效带宽一般可由卡森公式 $B_{FM} = 2(m_f + 1)f_m = 2(\Delta f + f_m)$ 来计算。与幅度调制相比，角度调制最突出的优势是具有较高的抗噪声性能，这种优势的代价是占用比调幅信号更高的带宽。

FM 信号的非相干解调和 AM 信号的非相干解调（包络检波）一样，都存在“门限效应”。

FDM 是一种按频率来划分频道的复用方式，普遍应用于多路载波电话系统中。

思考题

4-1　什么是调制？其目的是什么？

4-2　什么是线性调制，常见的线性调制有哪些？

4-3　AM 和 DSB 有何区别？两者的已调信号带宽是否相等？

4-4　SSB 信号的产生方法有哪些，各有什么技术难点？

4-5　VSB 滤波器的传输特性应满足什么条件？

4-6　什么叫信噪比增益？其物理意义是什么？

4-7　DSB 调制系统和 SSB 调制系统的抗噪性能是否相同？为什么？

4-8　什么是门限效应？AM 信号采用包络检波法解调时为什么会产生门限效应？

4-9　试写出频率调制和相位调制信号的表达式。两者关系如何？

4-10　什么是调频指数？试写出调频信号的带宽表达式。

4-11　FM 系统信噪比增益和信号带宽的关系如何？这一关系说明什么？

4-12　FM 系统产生门限效应的主要原因是什么？

4-13　FM 系统中采用加重技术的原理和目的是什么？

4-14　什么是频分复用？频分复用的目的是什么？

习题

4-1 已知一 AM 信号为 $s_{\mathrm{AM}}=[1+0.5\cos(2\pi f_{\mathrm{m}}t)]\cos(2\pi f_{\mathrm{c}}t)$，设 $f_m=3Hz$，$f_{\mathrm{c}}=8f_{\mathrm{m}}$。

（1）画出它的波形图和频谱图；

（2）求边带功率对载波功率的比值。

4-2 将模拟基带信号 $m(t)=\cos(2\pi f_{\mathrm{m}}t)$ 与载波 $c(t)=\cos(2\pi f_{\mathrm{c}}t)$ 相乘得到 DSB 信号，设 $f_{\mathrm{m}}=3\ \mathrm{Hz}$，$f_{\mathrm{c}}=8f_{\mathrm{m}}$。

（1）画出 DSB 信号波形图和频谱图；

（2）画出解调框图，并加以简单说明。

4-3 已知调制信号 $m(t)=\cos(2000\pi t)+\cos(4000\pi t)$，载波为 $\cos(10^4\pi t)$，进行单边带调制，试确定该单边带信号的表示式，并画出频谱图。

4-4 试证明：当 AM 信号采用相干解调法进行解调时，其信噪比增益 G 与包络检波的结果相同。

4-5 设某信道具有均匀的双边噪声功率谱密度 $P_{\mathrm{n}}(f)=0.5\times10^{-3}\ \mathrm{W/Hz}$，在该信道中传输 AM 信号，并设调制信号 $m(t)$ 的频带限制在 5 kHz 内，而载波为 100 kHz，边带功率为 10 kW，载波功率为 40 kW。若接收机的输入信号先经过一个合适的理想带通滤波器，然后加至包络检波器进行解调。试求：

（1）解调器输入端的信噪功率比；

（2）解调器输出端的信噪功率比；

（3）信噪比增益 G。

4-6 设某信道具有双边噪声功率谱密度 $P_{\mathrm{n}}(f)=0.5\times10^{-3}\ \mathrm{W/Hz}$，在该信道中传输抑制载波的双边带信号，并设调制信号 $m(t)$ 的频带限制在 5 kHz 内，而载波为 100 kHz，已调信号的功率为 10 kW。若接收机的输入信号在加至解调器之前，先经过带宽为 10 kHz 的一理想带通滤波器，试求：

（1）该理想带通滤波器的中心频率；

（2）解调器输入端的信噪功率比；

（3）解调器输出端的信噪功率比；

（4）解调器输出端的噪声功率谱密度，并用图形表示出来。

4-7 设某信道具有双边噪声功率谱密度 $P_{\mathrm{n}}(f)=0.5\times10^{-3}\ \mathrm{W/Hz}$，在该信道中传输抑制载波的单边带（上边带）信号，并设调制信号 $m(t)$ 的频带限制在 5 kHz 内，而载波为 100 kHz，已调信号的功率为 10 kW。若接收机的输入信号在加至解调器之前，先经过一理想带通滤波器，试问：

（1）该理想带通滤波器中心频率为多少？

（2）解调器输入端的信噪功率比为多少？

（3）解调器输出端的信噪功率比为多少？

4-8 已知调频信号 $s_{\mathrm{FM}}(t)=10\cos\left[10^6\pi t+8\cos(10^3\pi t)\right]$，求：

（1）已调信号的平均功率；

（2）调频指数；

（3）最大频偏；

（4）调频信号带宽。

4-9 设一宽带 FM 系统，载波振幅为 100 V，频率为 100 MHz，调制信号 $m(t)$ 的频带限制在 5 kHz 以内，$\overline{m^2(t)}=5\,000\ \mathrm{V^2}$，$K_{\mathrm{f}}=500\pi\ \mathrm{rad/(s\cdot V)}$，最大频偏 $\Delta f=75\ \mathrm{kHz}$，信道具有双边噪声功率谱密度 $P_{\mathrm{n}}(f)=0.5\times10^{-3}\ \mathrm{W/Hz}$，试求：

（1）接收机输入端理想带通滤波器的传输特性 $H(\omega)$；

（2）解调器输入端的信噪功率比；

（3）解调器输出端的信噪功率比；

（4）若 $m(t)$ 以 AM 调制方法传输，并以包络检波进行解调，试比较其输出信噪比和所需带宽与 FM 系统有何不同。

4-10　有 60 路模拟话音信号采用频分复用方式传输，已知每路话音信号频率范围为 0～4 kHz（已含防护频带），副载波采用 SSB 调制，主载波采用 FM 调制，调频指数 $m_f = 2$。

（1）试计算副载波调制合成信号的带宽；

（2）求信道传输信号带宽。

4-11　设基带信号为一个在 150～400 Hz 内、幅度随频率逐渐递减的音频信号，载波信号为 1 000 Hz 的正弦波，幅度为 1，MATLAB 仿真采样率设为 100 kHz，仿真时间为 1 s。

（1）求 SSB 调制输出信号波形和频谱；

（2）对 SSB 信号进行相干解调，仿真其解调波形和频谱。

第 5 章　模拟信号的数字化

数字通信系统模型中的信源可以是数字的也可是模拟的，如果是模拟的，则信源中应包含将模拟信号进行数字化的模/数转换部分。模/数转换包含对模拟信号进行抽样、量化和编码，使之转变成数字信号再进行传输。在接收端则将收到的数字信号进行数/模变换，使之还原成模拟信号再送至信宿。通常把从模拟信号抽样、量化，直到变换成为二进制码元的基本过程，称为脉冲编码调制（PCM）。PCM 是模拟信号数字化最基本和最常用的编码方法。编码方法直接和系统的传输效率有关，为了提高传输效率，常常将这种 PCM 信号进一步压缩编码，如差分脉冲编码调制（DPCM）和增量调制（ΔM）。

本章首先介绍模拟信号的数字化过程，然后介绍 DPCM 和 ΔM 的原理和方法，最后介绍时分复用和数字复接。

5.1　抽样

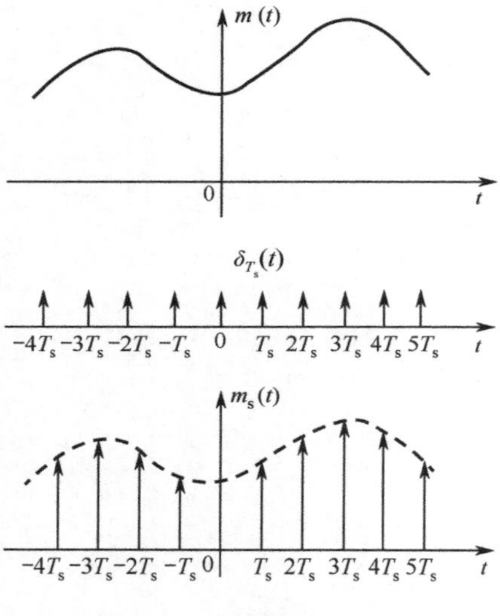

图 5-1　抽样的物理过程

抽样是任何模拟信号进行数字化过程的第一步，也是时分复用的基础。抽样的物理过程如图 5-1 所示。其中 $m(t)$ 是一个模拟信号，在等时间间隔 T_s 上对它抽样取值。在理论上抽样过程可以看成周期性单位冲激脉冲 $\delta_{T_s}(t)$ 和模拟信号 $m(t)$ 相乘，抽样结果得到的是一系列冲激脉冲 $m_s(t)$。在实际中，是用周期性窄脉冲代替冲激脉冲与模拟信号相乘。

抽样定理实质上是一个模拟信号经过抽样变成离散序列后，能否由此离散序列样值重建原始模拟信号的问题。

5.1.1　低通信号抽样定理

低通信号抽样定理：一个频带限制在 $(0 \sim f_H)$ 的连续模拟信号 $m(t)$，如果以 $T_s \leqslant 1/(2f_H)$ 的等间隔时间对它抽样，则所得的抽样信号 $m_s(t)$ 可以完全确定原信号 $m(t)$。

证明：由图 5-1 可知，抽样信号 $m_s(t)$ 可表示为

$$m_s(t) = m(t)\delta_{T_s}(t) \qquad (5.1\text{-}1a)$$

其中

$$\delta_{T_s}(t) = \sum_{k=-\infty}^{\infty} \delta(t - kT_s) \qquad (5.1\text{-}1b)$$

令 $M(f)$、$\Delta_{\Omega}(f)$ 和 $M_s(f)$ 分别表示 $m(t)$、$\delta_{T_s}(t)$ 和 $m_s(t)$ 的频谱，则按照频率卷积定理得

$$M_s(f) = M(f) * \Delta_{\Omega}(f) \qquad (5.1\text{-}2)$$

因为

$$\Delta_\Omega(f)=\frac{1}{T_s}\sum_{n=-\infty}^{\infty}\delta(f-nf_s),\quad f_s=\frac{1}{T_s}$$

所以

$$M_s(f)=\frac{1}{T_s}\left[M(f)*\sum_{n=-\infty}^{\infty}\delta(f-nf_s)\right]=\frac{1}{T_s}\sum_{n=-\infty}^{\infty}M(f-nf_s) \tag{5.1-3}$$

式（5.1-3）表明，由于 $M(f-nf_s)$ 是原信号频谱 $M(f)$ 在频率轴上平移了 nf_s 的结果，所以抽样信号的频谱 $M_s(f)$ 是由无数间隔频率为 f_s 的原信号频谱 $M(f)$ 相叠加而成的。因为已经假设信号 $m(t)$ 的最高频率小于 f_H，所以若频率间隔 $f_s\geqslant 2f_H$，则 $M_s(f)$ 中包含的每个原信号频谱 $M(f)$ 之间互不重叠。$M(f)$、$\Delta_\Omega(f)$ 及 $M_s(f)$ 的频谱如图 5-2 所示。

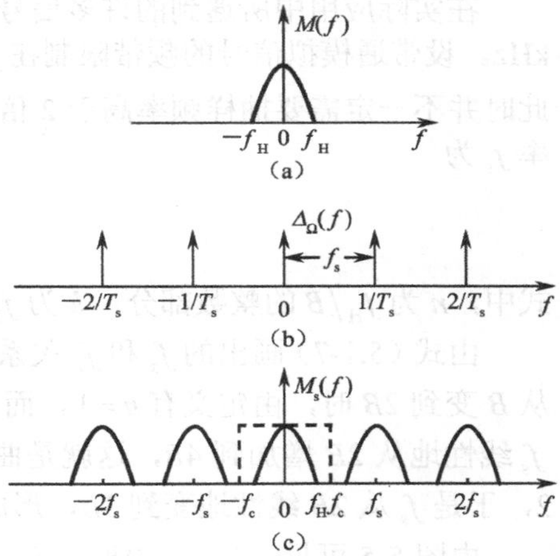

图 5-2　低通信号抽样前后的频谱

由图 5-2（c）可见，只要让 $m_s(t)$ 通过一个截止频率为 $f_c=f_s/2$ 的理想低通滤波器，就可以分离出信号 $m(t)$ 的频谱 $M(f)$，也就是能从抽样信号中不失真地恢复原信号。

这里，恢复原信号的条件是：

$$f_s\geqslant 2f_H \tag{5.1-4}$$

即抽样频率 f_s 应不小于 f_H 的 2 倍。这一最低抽样速率 $2f_H$ 称为奈奎斯特速率，与此相应的最大抽样时间间隔 $1/(2f_H)$ 称为奈奎斯特间隔。

若抽样频率 f_s 低于奈奎斯特速率，则由图 5-2（c）可以看出，相邻周期的频谱间将发生频谱重叠，此时不能无失真地恢复原信号。

从频域上看，抽样信号经过传输特性为 $H(f)$ 的理想低通滤波器后，重建信号的频谱为

$$M_o(f)=M_s(f)H(f),\quad |f|<f_H \tag{5.1-5}$$

其中

$$H(f)=\begin{cases}1, & |f|\leqslant f_H\\ 0, & |f|>f_H\end{cases}$$

显然，根据抽样定理，应当满足 $f_s\geqslant 2f_H$ 的条件。

从时域上看，重建信号可以表达为

$$\begin{aligned}m_o(t)=h(t)*m_s(t)&=\frac{1}{T_s}\left[\frac{\sin 2\pi f_H t}{2\pi f_H t}\right]*\sum_{k=-\infty}^{\infty}m(kT_s)\delta(t-kT_s)\\&=\frac{1}{T_s}\sum_{k=-\infty}^{\infty}m(kT_s)\frac{\sin[2\pi f_H(t-kT_s)]}{2\pi f_H(t-kT_s)}\\&=\frac{1}{T_s}\sum_{k=-\infty}^{\infty}m(kT_s)\mathrm{Sa}[2\pi f_H(t-kT_s)]\end{aligned} \tag{5.1-6}$$

式中，$h(t)$ 是 $H(f)$ 的逆傅里叶变换。由式（5.1-6）所得重建信号的波形如图 5-3 所示，它是以 T_s 为间隔、以各抽样值 $m(kT_s)$ 作为峰值的 $\mathrm{Sa}(\cdot)$ 形状波形序列的总和。

由于 $H(f)$ 所对应的理想滤波器在物理上不可实现，即实用滤波器的截止边缘不可能做到如此陡峭，所以实际使用的抽样频率 f_s 必须比 $2f_H$ 大一些。例如，典型电话信号的最高频率通常限制在 3 400 Hz 以下，而抽样频率通常采用 8 000 Hz。

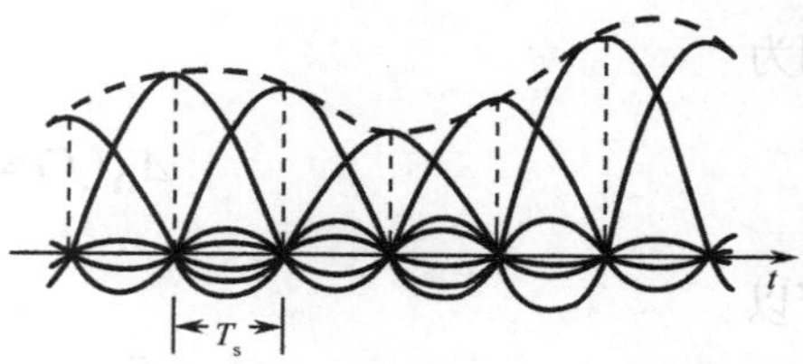

图 5-3　抽样信号经过理想低通滤波器输出波形

5.1.2　带通信号抽样定理

在实际应用中所遇到的许多信号是带通信号。例如基群载波电话信号，其频率为 60~108 kHz。设带通模拟信号的频带限制在 $f_L \sim f_H$ 范围内，如图 5-4 所示，则信号带宽 $B = f_H - f_L$，此时并不一定需要抽样频率高于 2 倍最高频率。可以证明，此带通模拟信号所需的最小抽样频率 f_s 为

$$f_s = 2B\left(1+\frac{k}{n}\right) \tag{5.1-7}$$

式中，n 为 f_H/B 的整数部分，k 为 f_H/B 的小数部分，$0 \leqslant k < 1$。

由式（5.1-7）画出的 f_s 和 f_L 关系的曲线如图 5-5 所示。可以看到：当 f_L 从 0 变到 B，即 f_H 从 B 变到 $2B$ 时，由定义有 $n=1$，而 k 从 0 变到 1，这时式（5.1-7）变成了 $f_s = 2B(1+k)$，即 f_s 线性地从 $2B$ 增加到 $4B$，这就是曲线的第一段；当 f_L 在 $B \sim 2B$ 这一变化范围内时，n 变为 2，于是 f_s 从 $2B$ 线性地变到 $3B$，形成曲线的第二段……依此类推。

由图 5-5 可见，当 $f_L = 0$ 时，$f_s = 2B$，这是低通模拟信号的抽样情况；而当 f_L 很大时，f_s 也趋近于 $2B$，这是窄带信号的情况。许多无线电信号，例如在无线电接收机的高频和中频系统中的信号，都是这种窄带信号。所以对于这种信号抽样，无论 f_H 是否为 B 的整数倍，在理论上都可以近似地将 f_s 取为略大于 $2B$。

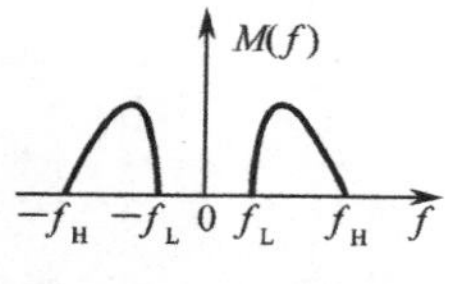

图 5-4　带通模拟信号的频谱

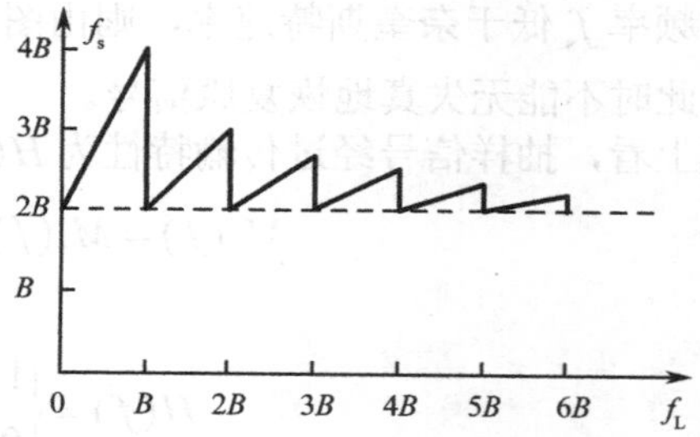

图 5-5　f_L 与 f_s 的关系

5.1.3　抽样保持电路

抽样定理中采用的抽样脉冲序列是理想冲激脉冲序列 $\delta_T(t)$，称为理想抽样。但实际抽样电路中用于抽样的脉冲是具有一定宽度 τ 的矩形脉冲，其抽样后，在脉宽期间抽样信号的幅度可以是不变的，也可以随信号幅度而变化。前者属于平顶抽样，后者则属于自然抽样。

1．自然抽样

设模拟基带信号为 $m(t)$，抽样脉冲序列是幅度为 A、脉冲宽度为 τ、周期为 T_s 的周期矩形脉冲 $s(t)$，其相应的频谱为 $M(f)$ 和 $S(f)$。自然抽样时，抽样过程实际上是相乘过程，即

$$m_s(t) = m(t)s(t) \tag{5.1-8}$$

则已抽样后的信号 $m_s(t)$ 通常称为 PAM（脉冲幅度调制）信号，其频谱为

$$M_s(f) = M(f) * S(f) = M(f) * \frac{A\tau}{T_s} \sum_{n=-\infty}^{\infty} \mathrm{Sa}(\pi n\tau f_s)\delta(f - nf_s)$$

$$= \frac{A\tau}{T_s} \sum_{n=-\infty}^{\infty} \mathrm{Sa}(\pi n\tau f_s) M(f - nf_s) \tag{5.1-9}$$

将式（5.1-9）与式（5.1-3）比较可知，自然抽样与理想抽样信号的频谱，其差别仅在于差一常数 $A\tau\mathrm{Sa}(\pi n\tau f_s)$，但每个频谱分量的形状不变，如图 5-6 所示。若 $s(t)$ 的周期 $T_s \leqslant (1/2f_H)$，或其重复频率 $f_s \geqslant 2f_H$，则采用一个截止频率为 f_H 的低通滤波器仍可以恢复出原模拟基带信号，如图 5-6（f）所示。

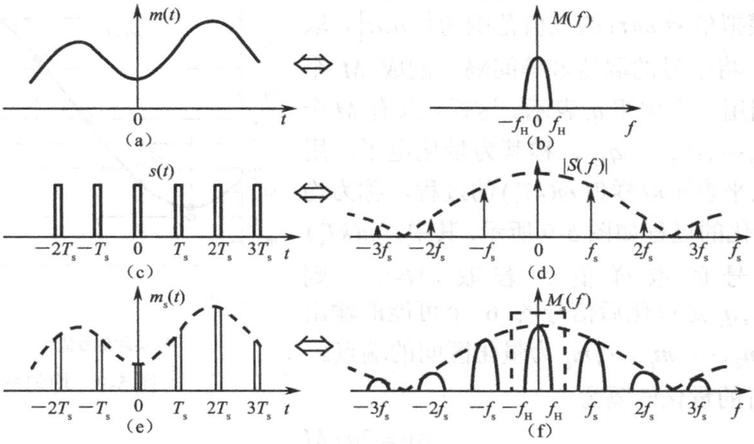

图 5-6　自然抽样的波形和频谱

2. 平顶抽样

通常抽样后的信号将被送到编码器中进行编码，而编码器要求被编码的样值大小在编码期间尽可能维持不变，而采用自然抽样后的样值大小在脉冲期间 τ 内，样值的幅度大小是变化的，显然不适合用于编码。平顶抽样就是用于解决这个问题的，它使每个抽样脉冲的顶部不随信号变化。在实际应用中，常用抽样保持电路产生平顶抽样信号。这种电路的原理框图可以用图 5-7 表示。其中模拟信号 $m(t)$先采用较窄的抽样脉冲（近似冲激脉冲）进行抽样，然后通过一个保持电路，将抽样电压保持一定时间。这样，保持电路的输出脉冲保持平顶，如图 5-8 所示。

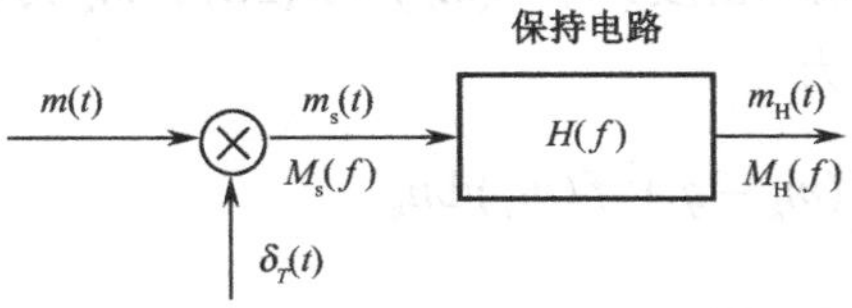

图 5-7　抽样保持电路原理框图

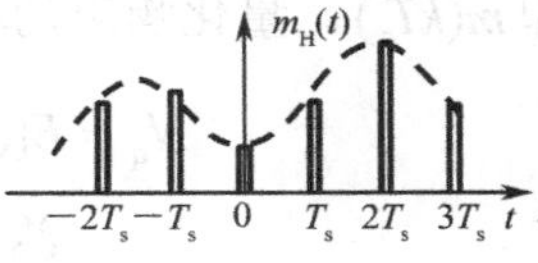

图 5-8　平顶抽样信号

设保持电路的传输函数为 $H(f)$，则其输出信号的频谱 $M_H(f)$ 为：

$$M_H(f) = M_s(f)H(f) = \frac{1}{T_s} \sum_{n=-\infty}^{\infty} H(f)M(f - nf_s) \tag{5.1-10}$$

由式（5.1-10）可见，平顶抽样信号频谱中的每一项都被 $H(f)$加权，不再与理想抽样信号的频谱 $M_s(f)$ 保持线性关系，因而不能用低通滤波器恢复原始模拟信号。但从原理上看，若

在低通滤波器之前加一个传输函数为 $1/H(f)$ 的修正滤波器，就能无失真地恢复原模拟信号。

5.2 量化

模拟信号经抽样后实现了时间上的离散化，但其幅度上的取值仍是连续的，仍然为模拟信号。若仅用 N 个二进制数字码元来代表此抽样值的大小，则 N 个二进制码元只能代表 $M=2^N$ 个不同的抽样值，因此还必须将抽样值的幅度离散化。对幅度离散化的过程，称为量化。

5.2.1 均匀量化

把输入信号的取值域按等间隔分割的量化，称为均匀量化。设模拟信号 $m(t)$ 的取值范围为 $[-a,a]$，取样值为 $m(kT_s)$，将信号的取值域等间隔分割成 M 个区间，每个区间用一个电平 q_i 表示。这样，共有 M 个离散电平 $q_1,q_2,\cdots,q_i,\cdots,q_M$，称其为量化电平。用这 M 个量化电平表示取样值 $m(kT_s)$ 的过程，称为均匀量化。均匀量化的过程如图 5-9 所示，其中，$m(kT_s)$ 表示模拟信号的取样值。若取 M=6，则 $q_1,q_2,\cdots,q_i,\cdots,q_6$ 是量化后信号的 6 个可能的输出电平，$m_0,m_1,m_2,\cdots,m_i,\cdots,m_6$ 为量化区间的端点。

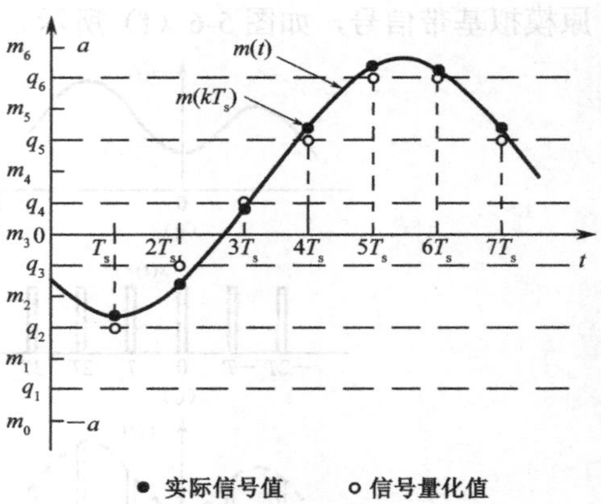

图 5-9 均匀量化过程

均匀量化时的量化间隔为

$$\Delta v=2a/M \tag{5.2-1}$$

量化区间的端点为

$$m_i=-a+i\Delta v\quad（i=0,1,\cdots,M） \tag{5.2-2}$$

若量化输出电平 q_i 取为量化间隔的中点，则

$$q_i=(m_i+m_{i-1})/2=-a+i\Delta v-\Delta v/2\qquad（i=1,2,\cdots,M） \tag{5.2-3}$$

显然，量化输出电平 q_i 和取样值 $m(kT_s)$ 一般不同，即存在量化误差，量化误差的范围为 $[-\Delta v/2,\ \Delta v/2]$，这个误差常称为量化噪声，并用信号功率与量化噪声功率之比衡量此误差对于信号的影响，这个比值称为信号量噪比。对于给定的信号最大幅度 a，量化电平数越多，量化噪声就越小，信号量噪比也就越高。信号量噪比是量化器的主要指标之一。

假设抽样信号在区间 $[-a,a]$ 内具有均匀的概率密度，即 $f(m_k)=1/(2a)$，m_k 为模拟信号的抽样值，即 $m(kT_s)$，量化噪声功率的平均值 N_q 为

$$\begin{aligned}N_q&=E[(m_k-q_i)^2]=\int_{-a}^{a}(m_k-q_i)^2f(m_k)\mathrm{d}m_k\\&=\sum_{i=1}^{M}\int_{m_{i-1}}^{m_i}(m_k-q_i)^2f(m_k)\mathrm{d}m_k\\&=\sum_{i=1}^{M}\int_{-a+(i-1)\Delta v}^{-a+i\Delta v}\left(m_k+a-i\Delta v+\frac{\Delta v}{2}\right)^2\left(\frac{1}{2a}\right)\mathrm{d}m_k\\&=\sum_{i=1}^{M}\left(\frac{1}{2a}\right)\left(\frac{\Delta v^3}{12}\right)=\frac{M(\Delta v)^3}{24a}\end{aligned}$$

因为 $M\Delta v=2a$，所以有

$$N_q = (\Delta v)^2 / 12 \tag{5.2-4}$$

抽样信号 $m(kT_s)$ 的平均功率为

$$\begin{aligned} S_0 &= E(m_k^2) = \int_{-a}^{a} m_k^2 f(m_k) \mathrm{d}m_k \\ &= \int_{-a}^{a} m_k^2 \left(\frac{1}{2a}\right) \mathrm{d}m_k = \frac{M^2}{12}(\Delta v)^2 \end{aligned} \tag{5.2-5}$$

所以，平均信号量噪比为

$$S_0 / N_q = M^2 \tag{5.2-6a}$$

或写成

$$\left(S_0 / N_q\right)_{\mathrm{dB}} = 20 \lg M = 20 \lg 2^n = 6n \text{ (dB)} \tag{5.2-6b}$$

由式（5.2-6b）可以看出，量化器的平均输出信号量噪比随量化电平数 M 的增大而提高，每多 1 位编码，量化信噪比改善 6 dB。

在实际应用中，对于给定的量化器，量化电平数 M 和量化间隔 Δv 都是确定的；而且由式（5.2-4）可知，量化噪声 N_q 也是确定的。但是，信号的强度可能随时间变化，例如语音信号，并且语音信号中小信号的出现概率往往比大信号的出现概率大。当信号很小时，信号量噪比也很低。所以，这种均匀量化器对于小输入信号很不利。为了克服这个缺点，改善小信号时的信号量噪比，在实际应用中常采用非均匀量化。

5.2.2　非均匀量化

非均匀量化时，量化间隔随信号抽样值的不同而变化。当信号抽样值很小时，量化间隔 Δv 也很小；信号抽样值变大时，量化间隔 Δv 也变大。非均匀量化过程可以用图 5-10 所示的压缩扩张的方法来实现。

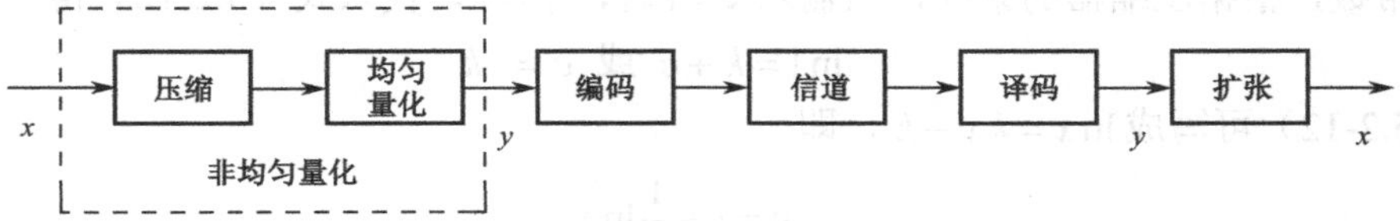

图 5-10　非均匀量化原理框图

抽样后的样值信号通过一个压缩器（非线性放大器），使小信号的放大倍数变大，而使大信号的放大倍数变小；经压缩后的信号再进行均匀量化。压缩器的压缩特性如图 5-11（a）所示，其中纵坐标 y 是均匀刻度的，横坐标 x 是非均匀刻度的，输入电压 x 越小，量化间隔也就越小。也就是说，小信号的量化误差也小，信噪比得到提高。在接收端，先进行译码，然后送入扩张器［其扩张特性如图 5-11（b）所示，作用恰好与压缩器相反］，还原出未经压缩扩张的抽样信号。

图 5-11 中仅画出压缩扩张特性曲线的正半部分，在第三象限奇对称的负半部分没有画出。下面就压缩特性做定量分析。在图 5-11（a）中，当量化区间划分得很多时，在每一量化区间内压缩特性曲线可以近似看成一段直线。因此，这段直线的斜率可以写为：

$$\frac{\Delta y}{\Delta x} = \frac{\mathrm{d}y}{\mathrm{d}x} = y' \tag{5.2-7}$$

并且有

$$\Delta x = \frac{\mathrm{d}x}{\mathrm{d}y} \Delta y \tag{5.2-8}$$

设此压缩器的输入和输出电压范围都限制在 0 和 1 之间，即进行归一化，且纵坐标 y 在 0

和 1 之间均匀划分成 N 个量化区间，则每个量化区间的间隔为

$$\Delta y = 1/N \tag{5.2-9}$$

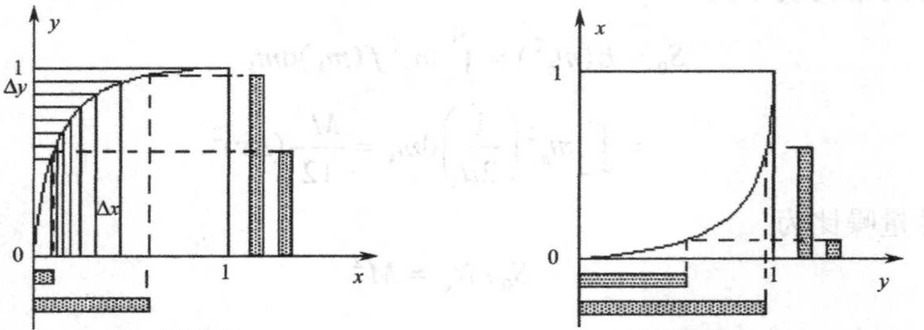

图 5-11　压缩扩张特性

将其代入式（5.2-8），得到

$$\Delta x = \frac{dx}{dy}\Delta y = \frac{1}{N}\frac{dx}{dy}$$

故

$$dx/dy = N\Delta x \tag{5.2-10}$$

为了对不同的信号强度保持信号量噪比恒定，当输入电压 x 减小时，应当使量化间隔 Δx 按比例地减小，即要求 $\Delta x \propto x$，因此式（5.2-10）可以写成

$$dx/dy = kx \tag{5.2-11}$$

式中，k 为比例常数。

式（5.2-11）是个一阶微分方程，其解为

$$\ln x = ky + c \tag{5.2-12}$$

其中 c 为常数，根据压缩器的条件，当输入 $x=1$ 时，$y=1$，代入式（5.2-12）得

$$\ln 1 = k + c \text{ 或 } c = -k$$

此时式（5.2-12）可写成 $\ln x = ky - k$，即

$$y = 1 + \frac{1}{k}\ln x \tag{5.2-13}$$

由式（5.2-13）看出，为了对不同的信号强度保持信号量噪比恒定，在理论上要求压缩特性具有对数特性，如图 5-12 所示。从图 5-12 可见，当输入 $x=0$ 时 $y=-\infty$，这不符合物理事实，也无法实现。所以，这个理想压缩特性的具体形式还要做适当修正，必须满足当 $x=0$ 时，$y=0$。

关于电话信号的压缩特性，国际电信联盟（ITU）制定了两种建议（即 A 压缩律和 μ 压缩律）以及相应的近似算法（13 折线法和 15 折线法）。我国大陆、欧洲各国以及国际间互连时采用 A 压缩律（简称 A 律）及相应的 13 折线法，北美、日本和韩国等少数国家和地区采用 μ 压缩律（简称 μ 律）及 15 折线法。下面仅讨论 A 律及其近似实现方法。

A 律的修正方法是，根据图 5-12 过原点作曲线的切线，切点坐标为（x_1，y_1），不难求得切点坐标为：$x_1 = e^{-(k-1)}$，$y_1 = 1/k$。若令 $x_1 = e^{-(k-1)} = 1/A$，则 $y_1 = 1/(1+\ln A)$，A 为压缩程度参数，A 律压缩特性如图 5-13 所示。这样，可以求得 A 律的数学表达式为

$$y = \begin{cases} \dfrac{Ax}{1+\ln A}, & 0 < x \leqslant \dfrac{1}{A} \\ \dfrac{1+\ln Ax}{1+\ln A}, & \dfrac{1}{A} \leqslant x \leqslant 1 \end{cases} \tag{5.2-14}$$

从式（5.2-14）可以得出：当 $A=1$ 时，$y=x$，属于均匀量化；当 $A>1$ 时，随着 A 值的增大，其压缩程度越来越显著。在实际应用中，选择 A=87.6。

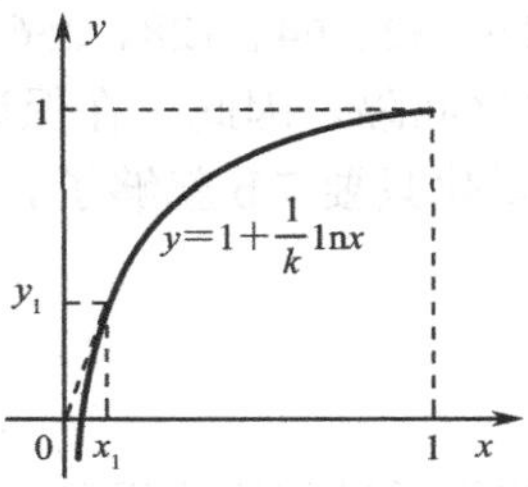

图 5-12　理想压缩特性

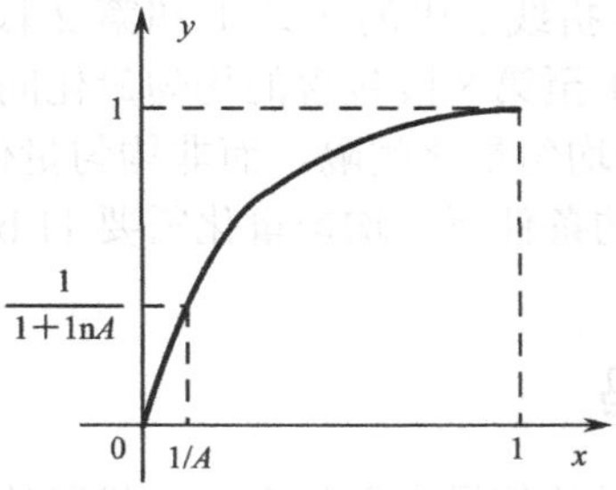

图 5-13　A 律压缩特性

A 律表示式是一条平滑曲线，用电子线路很难准确实现，一般用 13 折线特性曲线来近似地表示 A 律特性曲线，如图 5-14 所示。

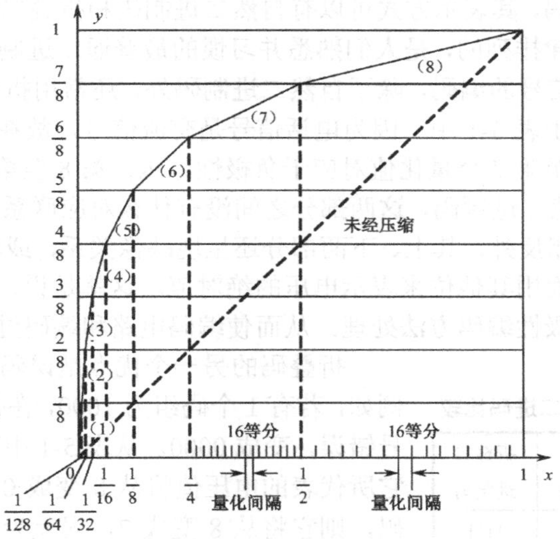

图 5-14　13 折线压缩特性

在图 5-14 中，横坐标 x 在 0～1 区间中分为不均匀的 8 段：1/2～1 间的线段称为第 8 段；1/4～1/2 间的线段称为第 7 段；依此类推，直到 0～1/128 间的线段称为第 1 段。纵坐标 y 则均匀地划分为 8 段。将与这 8 段相应的座标点（x, y）相连，就得到了一条折线。由图可见，除第 1 段和第 2 段外，其他各段折线的斜率都不相同：

折线段号	1	2	3	4	5	6	7	8
斜　率	16	16	8	4	2	1	1/2	1/4

因为语音信号为交流信号，所以，图 5-14 所示的压缩特性只是实际应用中压缩特性曲线的一半，为第 1 象限中的曲线，在第 3 象限还有对原点奇对称的另一半曲线。第 1 象限中的第 1 段和第 2 段折线，第 3 象限中的第 1 段和第 2 段折线，其斜率均相同，这 4 段折线实际上构成了一条直线。因此，共有 13 段折线，称为 13 折线压缩特性。

在 13 段折线中，每段再均匀地分为 16 等分，每一等分就为一个量化间隔。可见，在 0～1 范围内共有 16×8=128 个量化间隔，但不同段上的量化间隔是不均匀的。这样，对输入信号就形成了非均匀量化。其中，最小量化间隔为 1/(128×16)=1/2048，后面将此最小量化间隔称为1个量化单位；最大量化间隔为 1/(2×16)=1/32。

若用 13 折线法中的（第 1 和第 2 段）最小量化间隔作为均匀量化时的量化间隔，则 13 折线法中第 1 至第 8 段包含的均匀量化间隔数分别为 16、16、32、64、128、256、512、1024，共有 2048 个均匀量化间隔，而非均匀量化时只有 128 个量化间隔。因此，在保证小信号的量化间隔相等的条件下，均匀量化需要 11 b 编码，而非均匀量化只要 7 b 就够了。

5.3 编码

把量化后的信号电平值变换成代码的过程叫作编码，其相反过程称为译码。

5.3.1 常用的二进制码型

对于量化后的信号，总是能够用一定位数的二进制码元（或多进制码元）来表示。通常被用来编码的多为二进制码，其表示方式可以有自然二进制码和折叠二进制码。自然二进制码是按照二进制数的自然规律排列的，是人们熟悉并习惯的最普通二进制码。但是，它不是唯一一种编码方法。对于电话信号的编码，除了自然二进制码外，还常用折叠二进制码。现以 4 位码为例，将这两种编码列于表 5-1 中。因为电话信号是交流信号，故在此表中将 16 个双极性量化值分成两部分：第 0 至第 7 个量化值对应于负极性电压；第 8 至第 15 个量化值对应于正极性电压。显然，对于自然二进制码，这两部分之间没有什么对应联系。但是，对于折叠二进制码，除了其最高位符号相反外，其上、下两部分还呈现映像关系，或称折叠关系。这种码用最高位表示电压的极性，而用其他位来表示电压的绝对值。这就是说，在用最高位表示极性后，双极性电压可以采用单极性编码方法处理，从而使编码电路和编码过程大为简化。

表 5-1　自然二进码和折叠二进码比较

量化值序号	量化电压极性	自然二进制码	折叠二进制码
15	正极性	1111	1111
14		1110	1110
13		1101	1101
12		1100	1100
11		1011	1011
10		1010	1010
9		1001	1001
8		1000	1000
7	负极性	0111	0000
6		0110	0001
5		0101	0010
4		0100	0011
3		0011	0100
2		0010	0101
1		0001	0110
0		0000	0111

折叠码的另一个优点是误码对于小电压的影响较小。例如，若有 1 个码组为 1000，在传输或处理时发生 1 个符号错误，变成 0000。从表 5-1 中可见，若它为自然码，则它所代表的电压值将从 8 变成 0，误差为 8；若它为折叠码，则它将从 8 变成 7，误差为 1。但是，若一个码组从 1111 错成 0111，则自然码将从 15 变成 7，误差仍为 8；而折叠码则将从 15 错成 0，误差增大为 15。这表明，折叠码对于小信号有利。由于语音信号小电压出现的概率较大，所以折叠码有利于减小语音信号在传输或处理时由于误码所产生的平均噪声。

在语音通信中，采用 A 律 13 折线压缩特性进行非均匀量化，共有 256 个量化电平。也就是说，用 8 位的折叠二进制码就能够保证满意的通信质量。其中第 1 位 c_1 表示量化值的极性正负。后面的 7 位分为段落码和段内码两部分，用来表示量化值的绝对值。其中第 2～4 位（$c_2c_3c_4$）是段落码，共计 3 位，可以表示 8 种斜率的段落；其他 4 位（$c_5c_6c_7c_8$）为段内码，可以表示每一段落内的 16 种量化电平。段内码代表的 16 个量化电平是均匀划分的。所以，这 7 位码总共能表示 $2^7=128$ 种量化值。在表 5-2 和

表 5-3 中给出了段落码和段内码的编码规则。

表 5-2　段落码

段落序号	$c_2\,c_3\,c_4$	段落范围（量化单位）
8	1 1 1	1024～2048
7	1 1 0	512～1024
6	1 0 1	256～512
5	1 0 0	128～256
4	0 1 1	64～128
3	0 1 0	32～64
2	0 0 1	16～32
1	0 0 0	0～16

表 5-3　段内码

量化间隔	$c_5c_6\,c_7\,c_8$	量化间隔	$c_5c_6\,c_7\,c_8$
15	1 1 1 1	7	0 1 1 1
14	1 1 1 0	6	0 1 1 0
13	1 1 0 1	5	0 1 0 1
12	1 1 0 0	4	0 1 0 0
11	1 0 1 1	3	0 0 1 1
10	1 0 1 0	2	0 0 1 0
9	1 0 0 1	1	0 0 0 1
8	1 0 0 0	0	0 0 0 0

典型电话信号的抽样频率是 8 kHz，故在采用这类非均匀量化编码器时，典型的数字电话传输比特率为 64 kb/s。

5.3.2　逐次比较法编码与译码

实现将抽样信号变成二进制代码的编码器种类很多，如计数型、直读型、逐次比较型、折叠级联型及混合型等，但用得比较多的是逐次比较型（也称逐次反馈型）编码器。下面介绍逐次比较型编码器。

从段落码表 5-2 和段内码表 5-3 中可以看出：各位码的取值有明显的规律。例如，c_2 在 1～4 段为“0”，5～8 段为“1”，这样就可以通过将输入的样值脉冲信号与第 5 段的起始电平 128 进行比较，当大于 128 时 $c_2=1$，小于 128 时 $c_2=0$。如果 $c_2=0$，则信号幅度处于 1～4 段，c_3 在 1～4 段中的规律是 1～2 段 $c_3=0$，3～4 段 $c_3=1$，这时的比较标准是第 3 段的起始电平值 32：大于 32 时，$c_3=1$；小于 32 时，$c_3=0$。如果 $c_3=0$，则 c_4 在 1～2 段的规律是第 1 段 $c_4=0$，第 2 段 $c_4=1$，只要信号大于第 2 段的起始电平 16，则 $c_4=1$，反之 $c_4=0$。经过 3 次比较即可确定信号的幅度所处的具体段落，用类似的方法再经过 4 次比较可以确定信号幅度具体为某段的哪一量化间隔，这就是说通过 7 次比较就可以完成对样值脉冲幅度的量化和编码了。逐次比较型编码器就是利用上述原理实现量化和编码，其框图如图 5-15 所示，它由整流器、保持电路、比较器及本地译码电路组成。

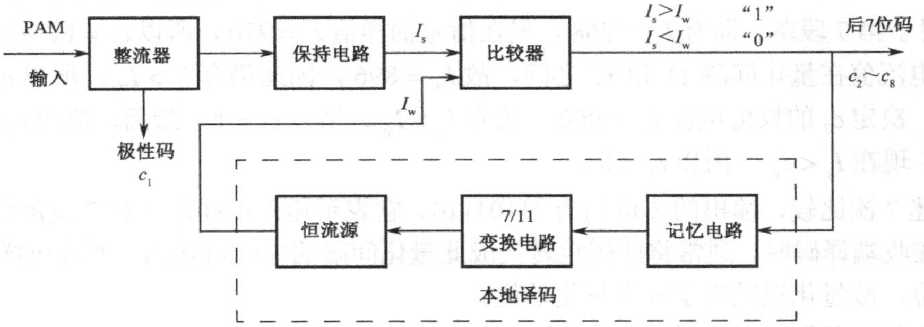

图 5-15　逐次比较型编码器框图

整流器用来判别输入样值脉冲的极性，编出第 1 位极性码 c_1，同时将双极性值变成单极性值。

保持电路的作用是保持输入信号的抽样值在整个比较过程中具有一定的幅度。

比较器是编码器的核心。它通过对输入信号抽样脉冲电流（或电压）I_s和称为权值电流的标准电流 I_W 逐次比较，每比较一次，得出 1 位二进制码：当 $I_s > I_W$ 时，输出为“1”码；反之，输出为“0”码。由于在 A 律 13 折线中用了 7 位二进制码来代表段落码和段内码，所以对一个输入信号的抽样值需要进行 7 次比较。每次所需的权值电流 I_W 均由本地译码电路提供。

本地译码电路包括记忆电路、7/11 变换电路和恒流源。记忆电路用来寄存二进制码，除第一次比较外，其余各次比较都要依据前几次比较的结果来确定权值电流 I_W。因此，每输出一位码都还要送入记忆电路暂存。7/11 变换电路的功能是将 7 位的非均匀量化码变换成 11 位的均匀量化码，以便于恒流源能够产生所需的权值电流 I_W。

用逐次比较编码完成量化和编码的过程可由下面的例子说明。

【例 5-1】 设输入电话信号抽样值的归一化动态范围在−1～+1 之间，将此动态范围划分为 4 096 个量化单位，即将 1/2048 作为 1 个量化单位。当输入抽样值为+970 个量化单位时，试用逐次比较法将其按照 13 折线 A 律特性进行编码。

【解】 其编码过程如下：

（1）确定极性码 c_1：因为输入抽样值+970 为正极性，所以 $c_1 = 1$。

（2）确定段落码 $c_2c_3c_4$：由段落码编码规则（表 5-2）可见，c_2 值决定于信号抽样值大于还是小于 128，即此时的权值电流 $I_w = 128$。现在输入抽样值等于 970，故 $c_2 = 1$。在确定 $c_2 = 1$ 后，c_3 决定于信号抽样值大于还是小于 512，即此时的权值电流 $I_w = 512$，因此判定 c_3=1。同理，在 $c_2c_3 = 11$ 的条件下，决定 c_4 的权值电流 $I_w = 1024$，将其和抽样值 970 比较后，得到 $c_4 = 0$。上述 3 次比较，就得出了段落码 $c_2c_3c_4 = 110$，并且得知抽样值 970 位于第 7 段落内。

（3）确定段内码 $c_5c_6c_7c_8$：段内码是按量化间隔均匀编码的，每一段落均被均匀地划分为 16 个量化间隔。但是，因为各个段落的斜率和长度不等，故不同段落的量化间隔是不同的。对于第 7 段落，其量化间隔如图 5-16 所示。

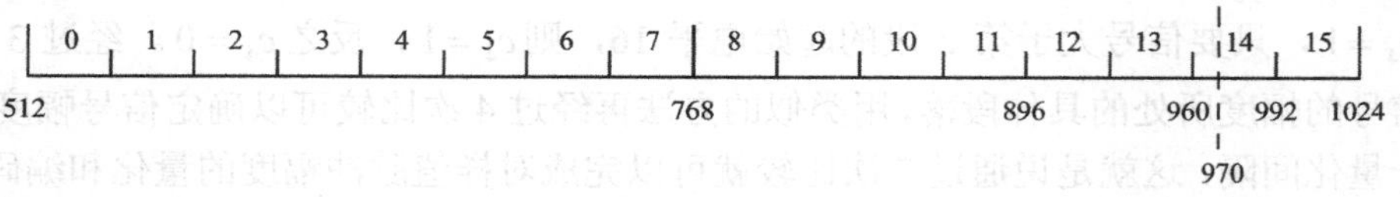

图 5-16　第 7 段落量化间隔

由段内码编码规则表（表 5-3）可见，决定 $c_5 = 1$ 还是 $c_5 = 0$ 的权值电流值在量化间隔 7 和 8 之间，对于第 7 段落，即有 $I_w = 768$，现在信号抽样值 $I_s = 970$，所以 $c_5 = 1$。同理，决定 c_6 值的权值电流值在量化间隔 11 和 12 之间，故 $I_w = 896$，因此仍有 $I_s > I_w$，所以 $c_6 = 1$。如此继续下去，决定 c_7 的权值电流 $I_w = 960$，仍有 $I_s > I_w$，所以 $c_7 = 1$。最后，决定 c_8 的权值电流 $I_w = 992$，现在 $I_s < I_w$，所以 $c_8 = 0$。

经上述 7 次比较，编出的 8 位码为 11101110。它表示输入抽样值在第 7 段落的第 14 量化间隔。在接收端译码时，通常将此码组转换成此量化间隔的中间值输出，即输出样值等于 976 个量化单位，故量化误差等于 6 个量化单位。

从以上的编码原理可以看出，量化和编码过程是结合在一起完成的，不一定存在独立的量化器。

在接收端译码中，译码器的核心部分原理和编码器的本地译码器的原理一样。由记忆电路接收发送来的码组。当记忆电路接收到码组的最后一位 c_8 后，经过 7/11 变换，由 11 位线性码控制恒流源产生一个权值电流，它等于量化间隔的中间值。由于编码器中的比较器只是比较抽样的绝对值，本地译码器也只是产生正值权值电流，所以在接收端的译码器中，最后一步要根据接收码组的第一位 c_1 值控制输出电流的正负极性。接收端译码器的原理方框图如图 5-17 所示。

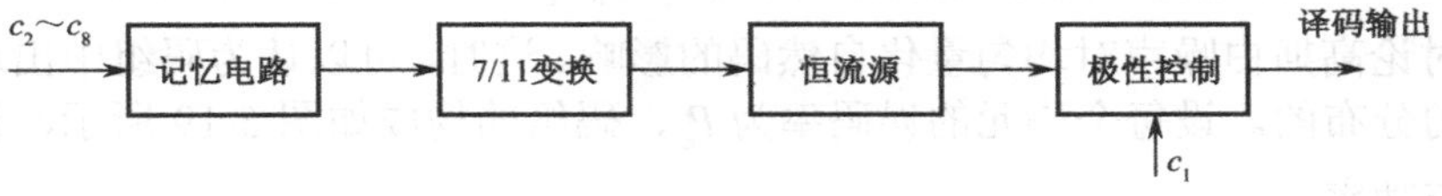

图 5-17　接收端译码器的原理框图

【例 5-2】　设收到码组为 11101110，将其译码输出。

【解】　从码组 $c_1=1$ 知道样值脉冲为正极性，由段落码 $c_2c_3c_4=110$ 知道样值脉冲处在第 7 段落内，第 7 段的起始电平为 512；段内码 $c_5c_6c_7c_8=1110$，表示抽样值在第 7 段落的第 14 量化间隔。第 7 段落的每个量化间隔为 32 个量化单位，所以可方便地得出 7 位非线性码 1101110 对应的 11 位线性码为 01111010000，如下所示：

b_{11}	b_{10}	b_9	b_8	b_7	b_6	b_5	b_4	b_3	b_2	b_1
1024	512	256	128	64	32	16	8	4	2	1
0	1	1	1	1	0	1	0	0	0	0

11 位线性码中第 5 位 $b_5=1$，是为了取量化间隔的中心电平为量化电平所加的半个量化间隔，即译码时添加了 16 个量化单位。

由所得的 11 位线性码算出译码后的量化电平为 512+256+128+64+16=976 个量化单位。

5.3.3　PCM 系统的抗噪声性能

PCM 系统的原理框图如图 5-18 所示。

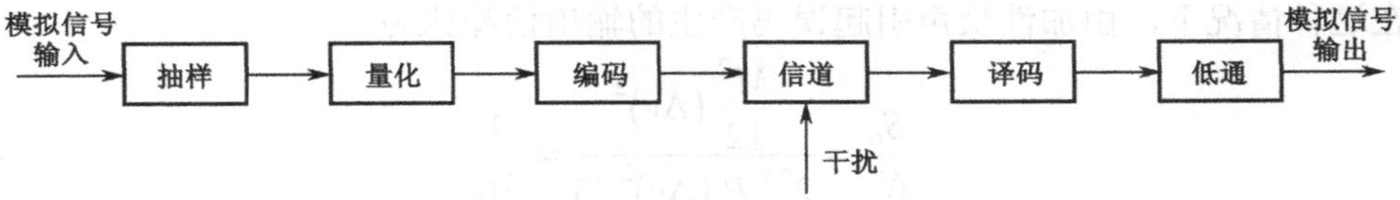

图 5-18　PCM 系统原理框图

在 PCM 通信系统中，重建信号的误差来源有两种：量化噪声和加性噪声，而且它们互不依赖，是彼此独立的，所以可以分别进行讨论。

为简单起见，这里仅讨论均匀量化时 PCM 系统的量化噪声。在 5.2.1 节中，已求出均匀量化器的输出信号量噪比为：

$$\frac{S_0}{N_q}=\frac{\dfrac{M^2}{12}(\Delta v)^2}{\dfrac{(\Delta v)^2}{12}}=M^2 \tag{5.3-1a}$$

对于 PCM 系统，解码器中具有这个信号量噪比的信号还要通过低通滤波器，然后输出。由于这个比值是按均匀量化器中的抽样值计算出来的，它与波形无关。所以，在低通滤波器后这个比值不变。当量化电平数 M 可用 N 位二进制码进行编码时，则式（5.3-1a）写为：

$$S_0 / N_q = M^2 = 2^{2N} \tag{5.3-1b}$$

PCM 信号在传输过程中受到加性干扰，将使接收码组中产生误码，造成信噪比下降。通常仅需考虑在码组中有一位错码的情况，因为在同一码组中出现两个以上错码的概率非常小，可以忽略。例如，当误码率为 $P_e = 10^{-4}$ 时，在一个 8 位码组中出现一位错码的概率为 $P_e' = 8P_e = 8\times10^{-4}$，而出现 2 位错码的概率为 $P_e'' = C_8^2 P_e^2 = 2.8\times10^{-7}$，所以 $P_e'' \ll P_e'$。

现在仅讨论高斯白噪声对均匀量化自然码的影响。这时，可以认为码组中出现的错码是彼此独立和均匀分布的。设每个码元的误码率为 P_e，码组的构成如图 5-19 所示，计算由于误码而造成的噪声功率。

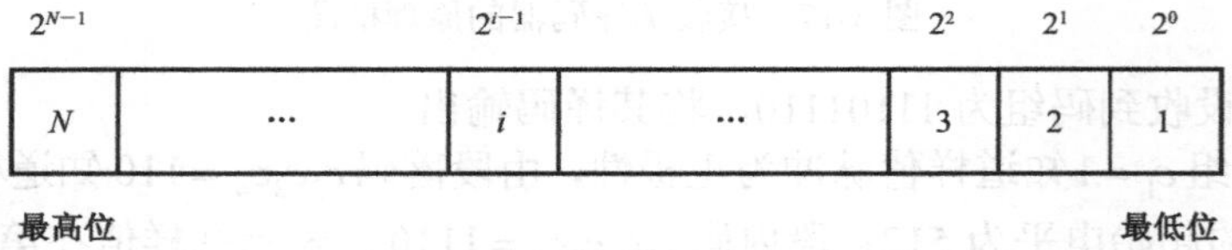

图 5-19　码组的构成

在一个长度为 N 的自然码码组中，每位的权值分别为 2^0，2^1，2^2，…，2^{N-1}，设量化间隔为 Δv，则第 i 位码元代表的信号权值为 $2^{i-1}\Delta v$。若该位码元发生错误，则产生的误差将为 $\pm(2^{i-1}\Delta v)$。由于已假设错码是均匀分布的，所以一个码组中，如果只有一个码元发生差错，它所造成的该码组误差功率的（统计）平均值将等于

$$\sigma_n^2 = \frac{1}{N}\sum_{i=1}^{N}\left(2^{i-1}\Delta v\right)^2 = \frac{(\Delta v)^2}{N}\sum_{i=1}^{N}(2^{i-1})^2 = \frac{2^{2N}-1}{3N}(\Delta v)^2 \approx \frac{2^{2N}}{3N}(\Delta v)^2 \tag{5.3-2}$$

考虑到每个码元发生误码的概率为 P_e，则一个码组出现误码的概率为 NP_e，由于误码而造成的噪声平均功率为

$$N_a = NP_e \frac{2^{2N}}{3N}(\Delta v)^2 = \frac{2^{2N}P_e}{3}(\Delta v)^2 \tag{5.3-3}$$

因此，在这种情况下，由加性噪声引起误码产生的输出信噪比为

$$\frac{S_0}{N_a} = \frac{\dfrac{M^2}{12}(\Delta v)^2}{2^{2N}P_e(\Delta v)^2/3} = \frac{1}{4P_e} \tag{5.3-4}$$

可见，由误码引起的信噪比与误码率成反比。

最后得到 PCM 系统的总输出信噪比

$$\frac{S}{N} = \frac{S_0}{N_a + N_q} = \frac{\dfrac{M^2}{12}(\Delta v)^2}{2^{2N}P_e(\Delta v)^2/3 + (\Delta v)^2/12} = \frac{M^2}{2^{2(N+1)}P_e + 1} = \frac{2^{2N}}{1 + 2^{2(N+1)}P_e} \tag{5.3-5}$$

在大信噪比条件下，即当 $2^{2(N+1)}P_e \ll 1$，误码率很小时，式（5.3-5）变成

$$S/N \approx 2^{2N} \tag{5.3-6}$$

这时系统中的量化噪声是主要的，为改善系统的信噪比，应设法减小量化误差，使用量化级数 M 大的量化器。

在小信噪比条件下，即当 $2^{2(N+1)}P_e \gg 1$，加性噪声的影响将占主要地位时，式（5.3-5）变成

$$S/N \approx 1/(4P_e) \tag{5.3-7}$$

5.4　语音压缩编码

目前数字电话系统中采用的 PCM 编码需要 64 kb/s 的速率传输 1 路电话信号。在第 6 章介绍的二进制基带传输系统中，传输 64 kb/s 数字信号的最小频带理论值为 32 kHz。而模拟单边带多路载波电话占用的频带仅为 4 kHz。PCM 占用频带要比模拟单边带通信系统宽很多倍。这将严重地限制 PCM 在已经相当拥挤的那些频段中的应用。因此，几十年来，人们一直致力于压缩数字化语音占用频带的研究工作，也就是在相同质量指标的条件下，努力降低数字化语音速率，以提高通信系统的频带利用率。通常，人们把低于 64-kb/s 码元速率的语音编码称为语音压缩编码。差分脉冲编码调制（DPCM）就是实现语音压缩编码的办法之一。

5.4.1　差分脉冲编码调制（DPCM）

DPCM 属于预测编码，在预测编码中，每个抽样值不是独立地编码，而是先根据前面几个抽样值计算出一个预测值，再取当前抽样值和预测值之差进行编码并传输。此差值称为预测误差。由于抽样值与其预测值之间有较强的相关性，即抽样值和其预测值非常接近，使此预测误差的可能取值范围比抽样值的变化范围小。所以，如果量化间隔相等，传输预测误差信号就可以采用较少的编码位数，从而降低其比特率。

一般来说，可以利用前面的几个抽样值的线性组合来预测当前的抽样值，称为线性预测。若仅用前面的 1 个抽样值预测当前的抽样值，那就是 DPCM。图 5-20 给出了线性预测编码、译码原理框图。其中输入抽样信号为 m_k，此抽样信号和预测器输出的预测值 m_k' 相减，得到预测误差 e_k。此预测误差经过量化后得到量化预测误差 r_k。r_k 除了送到编码器编码并输出外，还用于更新预测值。它和原预测值 m_k' 相加，构成预测器新的输入 m^*。假定量化器的量化误差为零，即 $r_k = e_k$，则由图 5-20（a）可见：

$$m_k^* = r_k + m_k' = e_k + m_k' = \left(m_k - m_k'\right) + m_k' = m_k \tag{5.4-1}$$

因此，m^* 可以看成带有量化误差的抽样信号 m_k。

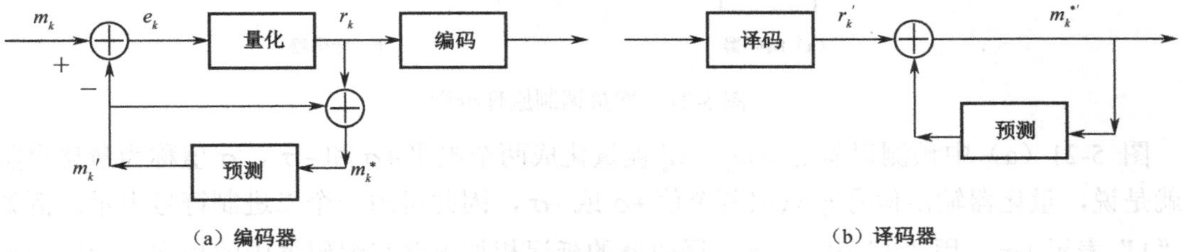

（a）编码器　　（b）译码器

图 5-20　线性预测编码、译码原理框图

预测器的输出和输入关系为：

$$m_k' = \sum_{i=1}^{p} a_i m_{k-i}^* \tag{5.4-2}$$

式中，p 是预测阶数，a_i 是预测系数。式（5.4-2）表明，预测值 m_k' 是前面 p 个带有量化误差的抽样信号值的加权和。在 DPCM 中，$p=1$，$a_1=1$，故 $m_k' = m_{k-1}^*$。这时，图 5-20 中的预测器就简化成为一个延迟电路，其延迟时间为 1 个抽样间隔时间 T_s。

由图 5-20 可见，编码器中预测器输入端和相加器的连接电路，与译码器中的完全一样。

当无传输误码，即编码器的输出就是译码器的输入时，这两个相加器的输入信号相同，即 $r_k' = r_k$。所以，此时译码器的输出信号 $m_k^{*\prime}$ 和编码器中相加器输出信号 m_k^* 相同，即等于带有量化误差的信号抽样值 m_k。

现在，传输码元速率为 32 kb/s 的 DPCM 系统的通话质量，大致可达到 64 kb/s PCM 的水平。为了改善 DPCM 体制的性能，将自适应技术引入量化和预测过程，得出自适应差分脉码调制（ADPCM）体制，它能大大提高信号量噪比和动态范围。

5.4.2 增量调制

PCM 和 DPCM 都是利用一组包含 N（$N \geqslant 2$）个二进制码元的代码来表示抽样值或预测误差值，因此收发双方除了必须保持码元（位）同步外，还必须保持码组（帧）同步，从而增加了系统的复杂性。如果用一个二进制码来传输抽样点的信息，将会使系统变得简单。利用一个二进制码来传输抽样点信息的通信方式就是增量调制（ΔM 或 DM）。显然，一位二进制码只能代表两种状态，不可以直接去表示模拟信号的抽样值，但是它可以表示相邻抽样值的相对大小，而相邻抽样值的变化同样反映出模拟信号的变化规律，因此用一位二进制码去描述模拟信号是完全可能的。增量调制是采用一种较低速率（16～32 kb/s）且极易实现的调制方式，由于电路简单，而语音质量也能满足一般要求，因此常用在军事通信及一些特殊通信中。

1. 增量调制原理

增量调制(ΔM)可以看成是一种最简单的 DPCM。当 DPCM 系统中量化器的量化电平数取为 2，且预测器仍简单地是一个延迟时间为抽样间隔 T_s 的延迟器时，DPCM 系统就成为增量调制系统。其原理框图如图 5-21 所示。

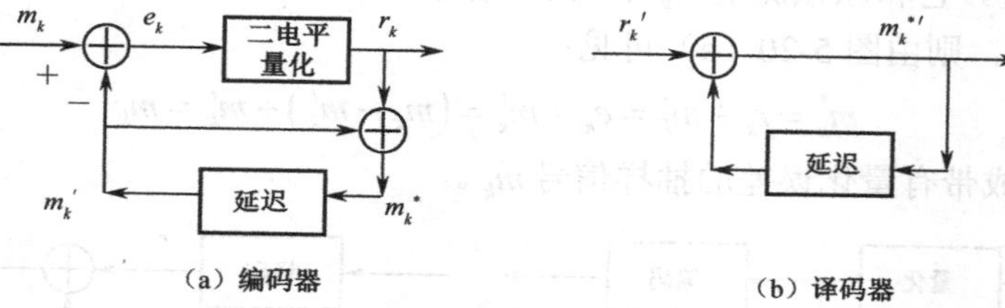

图 5-21 增量调制原理框图

图 5-21（a）中预测误差 $e_k = m_k - m_k'$ 被量化成两个电平 $+\sigma$ 和 $-\sigma$。σ 值称为量化台阶。这就是说，量化器输出信号 r_k 只取两个值 $+\sigma$ 或 $-\sigma$，因此可用一个二进制符号表示。例如，用“1”表示 $+\sigma$，用“0”表示 $-\sigma$。译码器的延迟相加电路和编码器中的相同。所以当无传输误码时，$m_k^{*\prime} = m_k^*$。

在实际应用中，为了简单起见，通常用一个积分器来代替延迟相加电路，如图 5-22 所示。

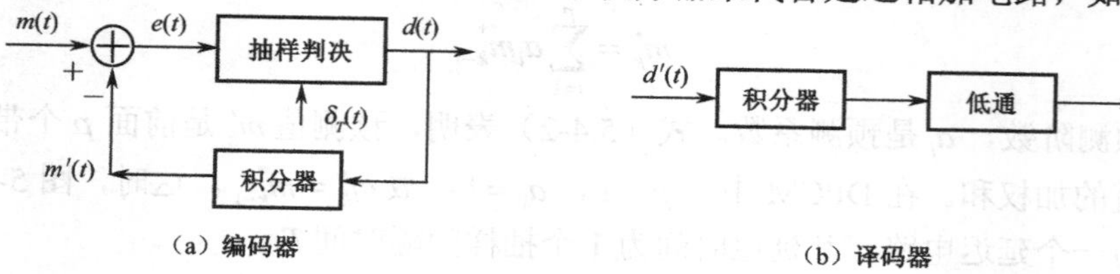

图 5-22 增量调制原理框图

图 5-22（a）中编码器输入信号为 $m(t)$，它与预测信号 $m'(t)$ 值相减，得到预测误差 $e(t)$。预测误差 $e(t)$ 被周期为 T_s 的冲激序列 $\delta_T(t)$ 抽样。若抽样值为正值，则判决输出电压 $+\sigma$（用“1”代表）；若抽样值为负值，则判决输出电压 $-\sigma$（用“0”代表）。这样就得到二进制输出数字信号。图 5-23 中给出了这一过程。

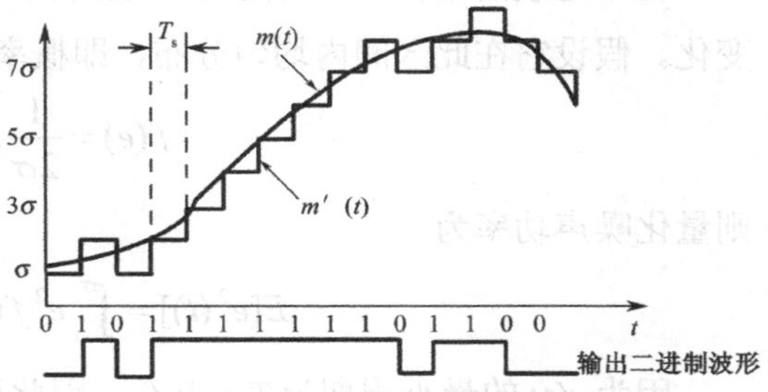

图 5-23　增量调制波形图

在译码器中，积分器只要每收到一个“1”码元就使其输出升高 σ，每收到一个“0”码元就使其输出降低 σ，这样就可以恢复出图 5-23 中的阶梯形电压 $m'(t)$。这个阶梯电压通过低通滤波器平滑后，就得到十分接近编码器原输入的模拟信号。

2．量化信噪功率比

与 PCM 一样，增量调制在模数转换过程中同样存在量化误差并形成量化噪声。因为增量调制中，虽然译码器中积分器所恢复的阶梯形电压 $m'(t)$ 与输入信号 $m(t)$ 的波形近似，但是存在失真。这种失真称为量化噪声。产生这种量化噪声的原因有两种，如图 5-24 所示。第一种是由于编译码时用阶梯波形去近似表示模拟信号波形，由阶梯本身的电压突跳产生失真。这是增量调制的基本量化噪声，又称一般量化噪声，见图 5-24（a）。它伴随着信号永远存在，即只要有信号，就有这种噪声。第二种噪声发生在输入信号斜率的绝对值过大时。由于当抽样频率 $f_s = 1/T_s$ 和量化台阶 σ 确定后，阶梯波的最大斜率 k 就确定了，即 $k = \sigma/T_s = \sigma f_s$，也称为译码器的最大跟踪斜率。这样，当输入信号斜率大于该斜率时，就会出现阶梯波 $m'(t)$ 跟不上输入信号 $m(t)$ 的现象，见图 5-24（b），从而产生大的失真，称为过载量化噪声。

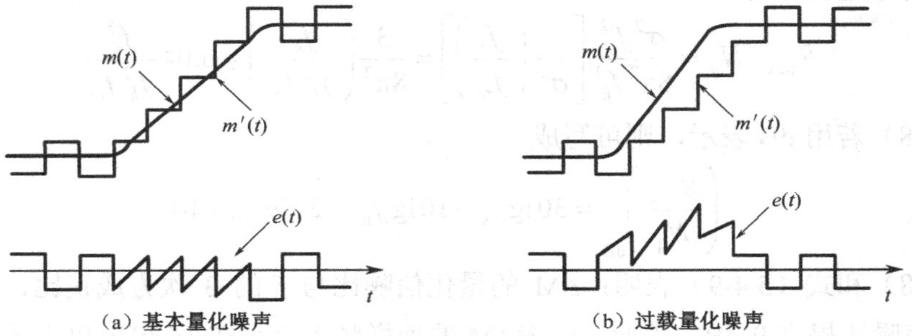

图 5-24　增量调制的量化噪声

为了避免发生过载量化噪声，必须使乘积 σf_s 足够大，使信号的斜率不超过这个值。另一方面，σ 值直接和基本量化噪声的大小有关，若取 σ 值太大，势必增大基本量化噪声。所以，用增大 f_s 的办法增大乘积 σf_s，才能保证基本量化噪声和过载量化噪声两者都不超过要求。实际中增量调制采用的抽样频率 f_s 值比 PCM 和 DPCM 的抽样频率值都大很多。

增量调制编码器不可能对任何幅度的输入信号都进行编码。当输入电压的峰-峰值小于 σ 时，编码器的输出就成为“1”和“0”交替的二进制序列。因为译码器的输出端接有低通滤波器，故这时译码器的输出电压为 0。只有当输入的峰值电压大于 $\sigma/2$ 时，输出代码结构才与信号的变化有关，一般小于 $\sigma/2$ 为非编码区或空载区，故称 $\sigma/2$ 为增量调制编码器的最小编码电平。

在不过载的条件下，量化误差的波形如图 5-24（a）所示，其误差值 $e(t)$ 在区间 $(-\sigma,+\sigma)$ 内变化。假设它在此区间内均匀分布，即概率密度函数为

$$f(e)=\frac{1}{2\sigma},\quad -\sigma\leqslant e\leqslant +\sigma \tag{5.4-3}$$

则量化噪声功率为

$$E[e^2(t)]=\int_{-\sigma}^{\sigma}e^2 f(e)\mathrm{d}e=\frac{1}{2\sigma}\int_{-\sigma}^{\sigma}e^2\mathrm{d}e=\sigma^2/3 \tag{5.4-4}$$

因为 $e(t)$ 的最小周期为 $T_s=1/f_s$，因此可认为这个功率的频谱均匀分布在从 0 到抽样频率 f_s 之间，即其功率谱密度 $P(f)$ 可以近似地表示为：

$$P(f)=\frac{\sigma^2}{3f_s},\qquad 0<f<f_s \tag{5.4-5}$$

由于接收端译码器后均接有低通滤波器，它的截止频率为 f_m，f_m 是信号的最高频率，则经低通滤波器后的输出量化噪声功率为

$$N_q=P(f)f_m=\frac{\sigma^2}{3}\left(\frac{f_m}{f_s}\right) \tag{5.4-6}$$

由此可见，基本量化噪声功率和输入信号大小无关，只和量化台阶 σ 与 f_m/f_s 有关。

当输入信号为正弦信号时，$m(t)=A\sin(\omega_k t)$，其斜率为 $A\omega_k$，则临界过载时，有 $A_{\max}\omega_k=\sigma/T_s=\sigma f_s$，$A_{\max}=\sigma f_s/\omega_k$，所以最大信号功率为

$$S_{\max}=\frac{A_{\max}^2}{2}=\frac{\sigma^2 f_s^2}{2\omega_k^2}=\frac{\sigma^2 f_s^2}{8\pi^2 f_k^2} \tag{5.4-7}$$

这时最大的信号量噪比为

$$S_{\max}/N_q=\frac{\sigma^2 f_s^2}{8\pi^2 f_k^2}\left[\frac{3}{\sigma^2}\left(\frac{f_s}{f_m}\right)\right]=\frac{3}{8\pi^2}\left(\frac{f_s^3}{f_k^2 f_m}\right)\approx 0.04\frac{f_s^3}{f_k^2 f_m} \tag{5.4-8}$$

式（5.4-8）若用 dB 表示，则可写成

$$\left(\frac{S_{\max}}{N_q}\right)_{\mathrm{dB}}=30\lg f_s-10\lg f_m-20\lg f_k-14 \tag{5.4-9}$$

式（5.4-8）和式（5.4-9）表明：ΔM 的量化信噪比与 f_s 的 3 次方成正比，即抽样频率每提高 1 倍，信噪比提高 9 dB。因此，一般ΔM 的抽样频率至少在 16 kHz 以上才能使量化信噪比达到 15 dB 以上。32 kHz 时，量化信噪比约为 26 dB，只能满足一般通信质量要求。而量化信噪比和信号频率 f_k 的平方成反比，即信号频率每提高 1 倍，量化信噪比下降 6-dB。因此，ΔM 时语音高频段的量化信噪比下降。为了提高增量调制的质量和降低编码速率，出现了一些改进方案，如增量总和（Δ-Σ）调制、压扩式自适应增量调制等。

5.5 时分复用与复接

5.5.1 时分复用基本原理

在数字通信中，PCM、ΔM、ADPCM 或者其他模拟信号的数字化，一般都采用时分复用方式来提高信道的传输效率。

时分复用（TDM）是利用不同时间间隙来传送各路不同信号的，其原理示意图如图 5-25（a）所示。首先，各路信号通过相应的低通变为带限信号，然后送到抽样旋转开关。旋转开关每 T_s 秒将各路信号依次抽样一次，这样 N 个样值按先后顺序错开纳入抽样间隔 T_s 之内，称为 1 帧。各路信号是断续地发送的，因此必须满足抽样定理。例如，语音信号的抽样频率为 8 kHz，则旋转开关应每秒旋转 8 000 次。合成的复用信号是 N 个抽样信号之和，如图 5-25（d）所示。相邻两个抽样脉冲之间的时间间隔称为时隙。在接收端，若开关同步地旋转，则对应各路的低通滤波器输入端能得到相应路的抽样信号。

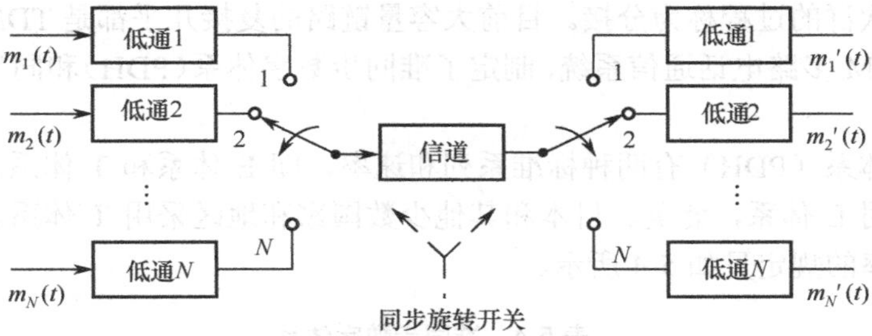

(a) 时分多路复用原理

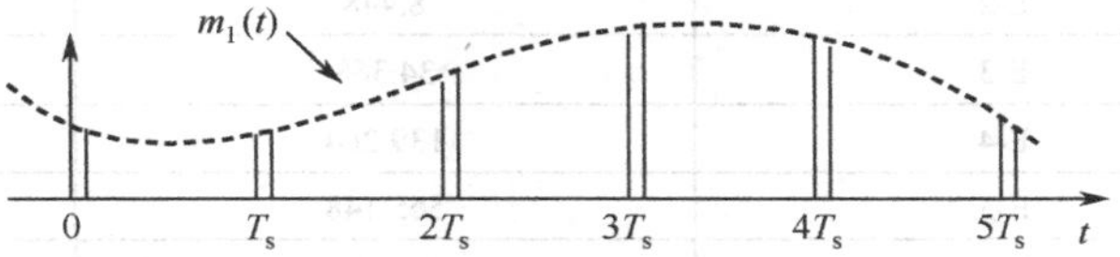

(b) 信号 $m_1(t)$ 的采样

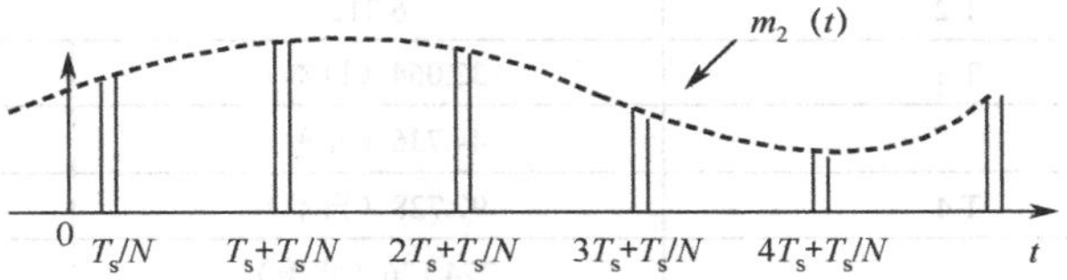

(c) 信号 $m_2(t)$ 的采样

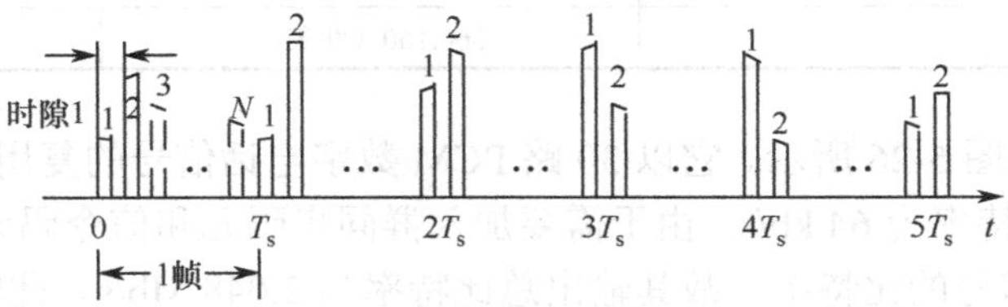

(d) 旋转开关采集到的信号

图 5-25　时分复用原理示意图

TDM 与 FDM 原理的差别在于：TDM 在时域上是各路信号分割开来的，但在频域上是各路信号混叠在一起的。FDM 在频域上是各路信号分割开来的，但在时域上是混叠在一起的。TDM 的主要优点：便于实现数字通信，易于制造，适于采用集成电路实现，生产成本较低。

国际上通用的 PCM 有两种标准，即 A 律 PCM 和 μ 律 PCM，其编码规则和帧结构均不相同。由于抽样频率为 8 000 Hz，故每帧的长度为 125 μs。在 A 律基群中，一帧共有 32 个时隙。各个时隙从 0 到 31 顺序编号，分别记为 TS0，TS1，TS2，…，TS31，其中 TS1～

TS15 和 TS17～TS31，用于传输 30 路语音抽样值的 8 位码组，TS0 用于传输帧同步码，TS16 用于传输话路信令。

5.5.2 数字复接基本原理

在通信网中往往有多次复用，由若干链路来的多路时分复用信号，再次复用，构成高次群。各链路信号来自不同地点，其时钟（频率和相位）之间存在误差。所以在低次群合成高次群时，需要将各路输入信号的时钟调整统一。这种将低次群合并成高次群的过程称为复接；反之，将高次群分解为低次群的过程称为分接。目前大容量链路的复接几乎都是 TDM 信号的复接。

ITU 对于 TDM 多路电话通信系统，制定了准同步数字体系（PDH）和同步数字体系（SDH）标准的建议。

准同步数字体系（PDH）有两种标准系列和速率，即 E 体系和 T 体系。我国大陆、欧洲及国际间连接采用 E 体系，北美、日本和其他少数国家和地区采用 T 体系。这两种体系的层次、路数和比特率的规定见如 5-4 所示。

表 5-4 准同步数字体系

	层　次	比特率/（Mb/s）	路数（每路 64 kb/s）
E 体系	E-1	2.048	30
	E-2	8.448	120
	E-3	34.368	480
	E-4	139.264	1920
	E-5	565.148	7680
T 体系	T-1	1.544	24
	T-2	6.312	96
	T-3	32.064（日本）	480
		44.736（北美）	672
	T-4	97.728（日本）	1440
		274.176（北美）	4032
	T-5	397.200（日本）	5760
		560.160（北美）	8064

E 体系的结构如图 5-26 所示。它以 30 路 PCM 数字电话信号的复用设备为基本层（E-1），每路 PCM 信号的比特率为 64 kb/s。由于需要加入群同步码元和信令码元等额外开销，所以实际占用 32 路 PCM 信号的比特率，故其输出总比特率为 2.048 Mb/s。此输出称为一次群信号，也称为基群信号。4 个一次群信号进行二次复用，得到二次群信号，其比特率为 8.448 Mb/s。按照同样的方法再次复用，得到比特率为 34.368 Mb/s 的三次群信号和比特率为 139.264 Mb/s 的四次群信号等。由此可见，相邻层次群之间路数成 4 倍关系，但是比特率之间不是严格的 4 倍关系。和一次群的额外开销一样，高次群也需要额外开销，故其输出比特率比相应的 1 路输入比特率的 4 倍还高一些。额外开销占总比特率很小的百分比，但是当总比特率增高时，此开销的绝对值并不小，很不经济。

随着数字通信速率的不断提高，PDH 体系已经不能满足要求。另外，用于 PDH 有 E 和 T 两种体系，它们分别用于不同地区，这样不利于国际间的互连互通。为了克服 PDH 的缺点，20 世纪 80 年代中期美国贝尔公司首先提出同步光网络（SONET），ITU 参照 SONET 体系在

1989 年制定了同步数字体系（SDH）。SDH 是针对更高速率的传输系统制定出的全球统一的标准，其整个网络中各设备的时钟来自同一个极精确的时间标准（如铯原子钟），没有准同步系统中各设备定时存在误差的问题。

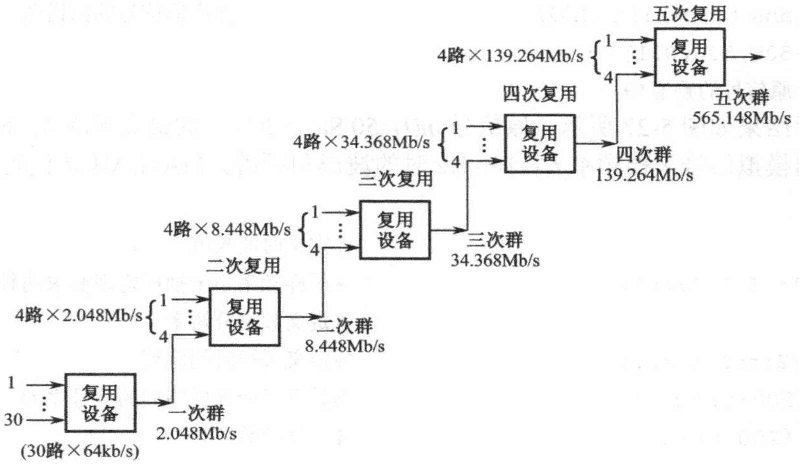

图 5-26 E 体系的结构

5.6 MATLAB 仿真举例

对于带宽受限的信号，抽样定理表明，采用一定速率的抽样，可以无失真地表示原始信号。下面举例说明低通采样定理的 MATLAB 实现。

低通采样定理：一个频带为 $[0, f_H]$ 的低通信号 $m(t)$，可以无失真地被抽样速率 $f_s \geqslant 2f_H$ 的抽样序列所恢复，即

$$m(t)=\sum_{k=-\infty}^{\infty} m(kT_s)\frac{\sin 2\pi f_H(t-kT_s)}{2\pi f_H(t-kT_s)} \tag{5.6-1}$$

设有一低通型信号 $m(t)=50\,\mathrm{Sa}^2(200t)$，分别用两种采样频率对其进行采样：$f_{s,1}$=100 Hz，$f_{s,2}$=200 Hz，通过 m 文件得到采样后的图像及频谱，并给出结论。

（1）画出模拟信号的波形和频谱。MATLAB 源代码如下：

```
clear
t0=10;                                  %定义时间长度
ts=0.001;                               %采样周期，取得很小
fs=1/ts;
df=0.5;                                 %定义频率分辨率
t=[-t0/2:ts:t0/2];                      %定义时间序列
x=sin (200*t) ; m=x./ (200*t) ;         %定义抽样函数
w=t0/ (2*ts) +1;                        %确定 t=0 的点
m (w) =1;                               %t=0 点的信号值为 1
m=m.*m;  m=50.*m;                       %得到信号序列
[M,mn,dfy]=fftseq (m,ts,df) ;           %傅里叶变换
M=M/fs;
f=[0:dfy:dfy*length (mn) -dfy]-fs/2;    %定义频率序列
```

```
subplot (2,1,1) ; plot (t,m)
title ('原信号的波形')
axis ([-0.15,0.15,-1,50]) ; subplot (2,1,2)
plot (f,abs (fftshift (M)))                    %作出原信号的频谱图
axis ([-500,500,0,1]) ;
title ('原信号的频谱')
```

程序运行结果如图 5-27 所示。原信号 $m(t)=50\,Sa^2(200t)$ 的最高频率 $f_H=64$ Hz。

（2）画出模拟信号采样频率 $f_{s,1}=100$ Hz 时的波形和频谱。MATLAB 源代码如下：

```
clear
t0=10;                                  %定义时间长度
ts1=0.01; fs1=1/ts1;                    %采样频率小于抽样定理要求的频率
df=0.5;                                 %定义频率分辨率
t1=[-t0/2:ts1:t0/2];                    %定义采样时间序列
x1=sin (200*t1) ;                       %计算对应采样序列的信号序列
m1=x1./ (200*t1) ;                      %计算函数序列
w1=t0/ (2*ts1) +1;                      %由于除 0 产生了错误值，计算该值标号
m1 (w1) =1;                             %将错误值修正
m1=m1.*m1;m1=50.*m1;
[M1,mn1,df1]=fftseq (m1,ts1,df) ;       %对采样序列进行傅里叶变换
M1=M1/fs1;
N1=[M1, M1, M1, M1, M1, M1, M1, M1, M1, M1, M1, M1, M1];
f1=[-7*df1*length (mn1) :df1:6*df1*length (mn1) -df1]-fs1/2;
pause; subplot (2,1,1) ;stem (t1,m1) ;
title ('欠采样信号的波形')
axis ([-0.15,0.15,-1,50]) ;  subplot (2,1,2)
plot (f1,abs (fftshift (N1)))                %作出欠采样信号的频谱图
title ('欠采样信号的频谱 fs=100Hz')
axis ([-500,500,0,1]) ;
```

程序运行结果如图 5-28 所示。由于采样频率 $f_{s,1}=100\ \text{Hz} < 2f_H$，属于欠抽样，不满足低通抽样定理的要求，故抽样信号频谱出现混叠。

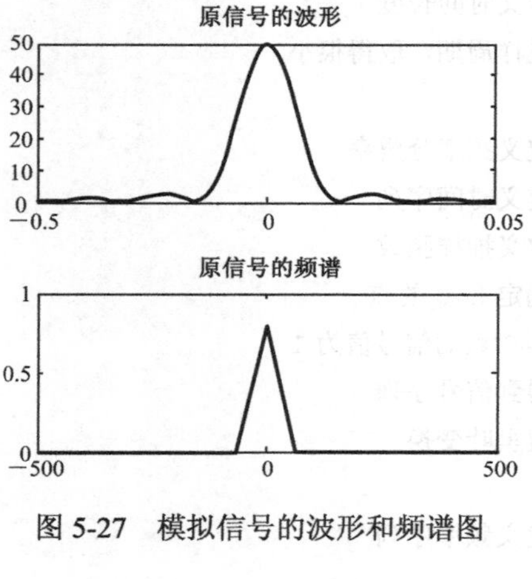

图 5-27　模拟信号的波形和频谱图

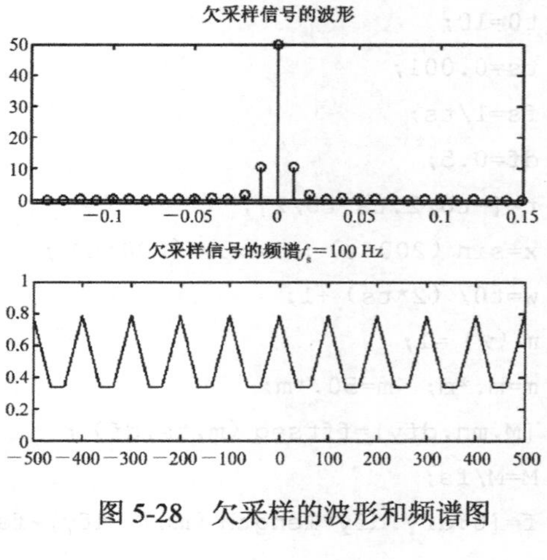

图 5-28　欠采样的波形和频谱图

（3）画出模拟信号采样频率 $f_{s,2}$=200 Hz 时的波形和频谱。MATLAB 源代码如下：

```
clear
t0=10;                                %定义时间长度
ts2=0.005; fs2=1/ts2;                 %采样周期
df=0.5;                               %定义频率分辨率
t2=[-t0/2:ts2:t0/2];                  %定义采样时间序列
x2=sin (200*t2) ;                     %计算对应采样序列的信号序列
m2=x2./ (200*t2) ;                    %计算函数序列
w2=t0/ (2*ts2) +1;                    %由于除 0 产生了错误值，计算该值标号
m2 (w2) =1;                           %将错误值修正
m2=m2.*m2; m2=50.*m2;
[M2,mn2,df2]=fftseq (m2,ts2,df) ;     %对采样序列进行傅里叶变换
M2=M2/fs2;
N2=[M2, M2, M2, M2, M2, M2, M2, M2, M2, M2, M2, M2, M2];
f2=[-7*df2*length (mn2) :df2:6*df2*length (mn2) -df2]-fs2/2;
pause; subplot (2,1,1) ;stem (t2,m2) ;
title ('满足抽样定理时信号的波形')
axis ([-0.15,0.15,-1,50]) ;  subplot (2,1,2)
plot (f2,abs (fftshift (N2)))                 %作出采样信号的频谱图
title ('满足抽样定理时信号的频谱 fs=200')
axis ([-500,500,0,1]) ;
```

程序运行结果如图 5-29 所示。由于采样频率 $f_{s,2}$=200 Hz > $2f_H$，满足低通抽样定理的要求，抽样信号频谱包含原信号频谱结构。

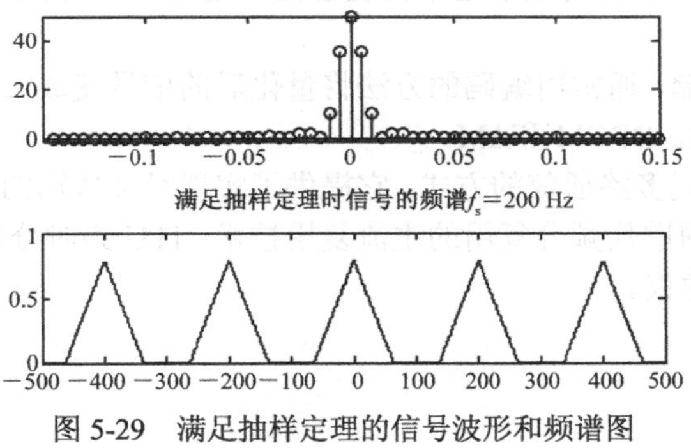

图 5-29　满足抽样定理的信号波形和频谱图

脚本文件 fftseq .m 定义了函数 fftseq，计算信号的傅里叶变换：

```
function [M,m,df]=fftseq (m,ts,df)
% [M,m,df]=fftseq (m,ts,df)
% [M,m,df]=fftseq (m,ts)
%FFTSEQ 生成 M，它是时间序列 m 的 FFT
% 对序列填充零，以满足所要求的频率分辨率“df”
%“ts”是采样间隔，输出“df”是最终的频率分辨率
% 输出“m”是输入“m”的补过零的版本，“M”是 FFT
```

```
fs=1/ts;
if nargin == 2          %函数变量个数为 2，表示 [M,m,df]=fftseq (m,ts)
n1=0;
else                    %否则函数变量个数为 3，表示[M,m,df]=fftseq (m,ts,df)
n1=fs/df;
end
n2=length (m) ;  %求序列长度
n=2^ (max (nextpow2 (n1) ,nextpow2 (n2))) ; %将 n1 或 n2 值按 2 的幂次度量，取大者
M=fft (m,n) ;  %得到 FFT
m=[m,zeros (1,n-n2) ];      %时间序列补零
df=fs/n;                    %得到最终的频率分辨率
```

5.7 本章小结

本章讨论了模拟信号数字化的原理和方法。模拟信号数字化需要经过 3 个步骤，即抽样、量化和编码。

模拟信号数字化的理论基础是抽样定理，即对一个频带限制在 $0 \sim f_H$ 的模拟信号抽样时，若最低抽样速率不小于奈奎斯特速率 $2f_H$，则所得的抽样信号可以完全确定原模拟信号。对于一个带宽为 B 的带通信号，所需最小抽样频率等于 $2B(1+k/n)$。语音信号的抽样频率的国际标准为 8 kHz。

量化有两种方法，一种是均匀量化，另一种是非均匀量化。抽样信号量化后的误差称为量化误差。非均匀量化可以有效地改善信号量噪比。语音信号的量化，通常采用 ITU 建议的具有对数特性的非均匀量化，即 A 律和 μ 律。欧洲和我国采用 A 律，北美、日本和其他一些国家和地区采用 μ 律。为了便于采用数字电路实现量化，通常用 13 折线法代替 A 律，用 15 折线代替 μ 律。

为了适于传输和存储，通常用编码的方法将量化后的信号变成二进制信号的形式。电话信号最常用的编码是 PCM、DPCM 和 ΔM。

时分复用是一种实现多路通信的方式，它提供了实现经济传输的可能性。由于时分复用的诸多优点，使其成为目前取代频分复用的主流复用技术。ITU 为时分复用数字电话通信制定了 PDH 和 SDH 两套标准建议。

思考题

5-1 什么是模拟信号的数字传输？

5-2 什么是低通型信号的抽样定理？ 什么是带通型信号的抽样定理？

5-3 试比较理想抽样、自然抽样和平顶抽样的异同点。

5-4 PCM 语音通信常用的标准抽样频率等于多少？

5-5 什么叫作量化和量化噪声？为什么要进行量化？

5-6 什么是均匀量化，它的主要缺点是什么？

5-7 什么是非均匀量化？在非均匀量化时，为什么要进行压缩和扩张？

5-8 什么是 A 律压缩？

5-9　什么是脉冲编码调制？在 PCM 系统中，为什么选用折叠二进码进行编码？

5-10　脉冲编码调制系统的输出信噪比与哪些因素有关？

5-11　什么是增量调制，它与脉冲编码调制有何异同？

5-12　什么是时分复用，它有何优点？

习题

5-1　已知一低通信号 $m(t)$ 的频谱 $M(f)$ 为

$$M(f)=\begin{cases}1-\dfrac{|f|}{200}, & |f|<200\ \text{Hz}\\ 0, & \text{其他}\end{cases}$$

（1）假设以 $f_s=300\ \text{Hz}$ 的速率对 $m(t)$ 进行理想抽样，试画出已抽样信号 $m_s(t)$ 的频谱草图；

（2）若用 $f_s=400\ \text{Hz}$ 的速率抽样，重做（1）题；

（3）若用 $f_s=500\ \text{Hz}$ 的速率抽样，重做（1）题；

（4）试比较以上结果。

5-2　已知某信号 $m(t)$ 的频谱 $M(\omega)$ 如图 5-30(a)所示。将它通过传输函数为 $H_1(\omega)$［如图 5-30（b）所示］的滤波器后再进行理想抽样，如图 5-30(c)所示 $(\omega_2<\omega_1)$。

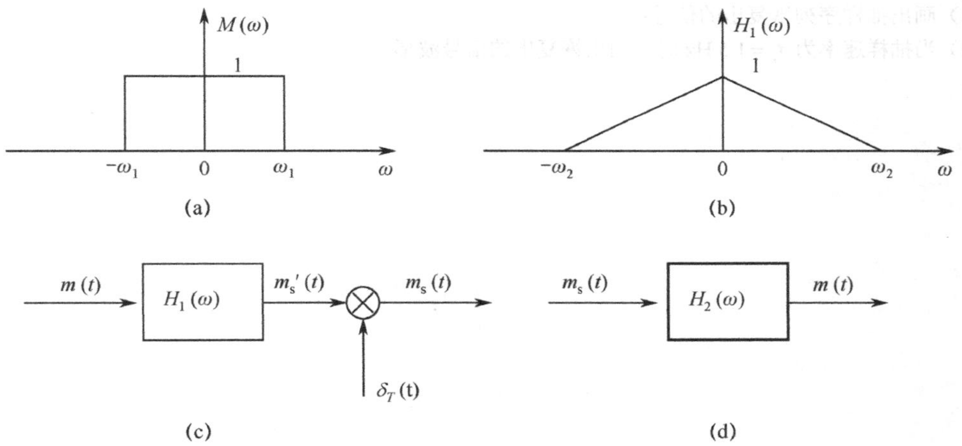

图 5-30

（1）试求此时抽样速率应为多少；

（2）若用 $f_S=3f_1$ 的速率抽样，画出已抽样信号 $m_S(t)$ 的频谱；

（3）接收端的 $H_2(\omega)$［如图 5-30（d）所示］应具有怎样的传输特性才能不失真地恢复 $m(t)$？

5-3　已知 12 路载波电话信号占有频率范围为 60～108 Hz，求其最低抽样频率 f_s，并画出理想抽样后的频谱。

5-4　设信号 $m(t)=9+A\cos(\omega t)$，其中 $A\leqslant 10\ \text{V}$。若 $m(t)$ 被均匀量化为 40 个电平，试确定所需的二进制码组的位数 N 和量化间隔 Δv。

5-5　采用 13 折线 A 律编码，设最小量化间隔为 1 个量化单位，已知抽样脉冲值为+321 个量化单位。

（1）试求此时编码器输出的码组，并计算量化误差；

（2）写出相对应于该 7 位码（不包括极性码）的 11 位线性码。

5-6　采用13折线A律编译码电路，设接收端收到的码组为“01100100”，最小量化间隔为1个单位，已知段内码为折叠二进制码。

（1）译码器输出为多少个量化单位？

（2）写出相对应于该7位码（不包括极性码）的11位线性码。

5-7　已知输入语音信号中含最高音频分量$f_H = 3.4\ \text{kHz}$，幅度为1 V。若$f_s = 32\ \text{kHz}$，则增量调制器量化器的量化台阶Δ是多少？

5-8　一单路语音信号的最高频率为4 kHz，抽样速率为8 kHz，以PCM方式传输。设传输信号的波形为矩形脉冲，其宽度为τ，且占空比为1。

（1）抽样后按8级量化，试求PCM基带信号第一零点带宽；

（2）若抽样后按128级量化，PCM基带信号第一零点带宽又为多少？

5-9　设电话信号的带宽为300～3 400 Hz，抽样速率为8 000 Hz。

（1）试求采用13折线A律编8位码和线性12位编码时的码元速率；

（2）现将10路编8位码的电话信号进行PCM时分复用传输，此时的码元速率为多少？

（3）传输此时分复用PCM信号所需要的奈奎斯特基带带宽为多少？

5-10　设低通信号$s(t) = \sin(2\pi t) + 0.5\cos(4\pi t)$，用MATLAB仿真。

（1）画出该低通信号的波形；

（2）画出抽样速率为f_s= 4 Hz的抽样序列；

（3）画出抽样序列恢复出的信号；

（4）当抽样速率为$f_s = 1.5\ \text{Hz}$时，画出恢复出的信号波形。

第6章　数字信号的基带传输

本书第1章指出，数字通信与模拟通信相比，具有许多突出的优点，但主要缺点是传输设备复杂和需要较大带宽。近年来，随着大规模集成电路的快速发展，数字通信设备的复杂度大大降低，同时先进的数字信号处理技术和光纤等大容量传输介质的广泛使用使得带宽问题不复存在。因此，目前的通信以数字通信为主。

在数字通信系统中，信源输出的是消息（或符号），其中包含所要传送的信息。一般信源输出消息由传感器转换为电信号，信源编码把该电信号用尽量低速率的数字码流来表示。数字码流所占据的频谱从零频或很低的频率开始，称为数字基带信号。与之相对应，把经过调制的数字信号称为频带信号。若通信信道的传递函数是低通型的，则称此信道为基带信道，如同轴电缆和双绞线信道均属于基带信道；将数字信号通过基带信道传输，则称此传输系统为数字基带传输系统。若通信信道是带通型的，即频带远离零频率，则称此信道为带通信道，如无线通信和光通信信道。为了在带通信道中传输，必须采用调制技术将数字基带信号进行频谱搬移，以实现将低通型频谱搬移到载波频率附近，成为带通信号，然后在带通信道中传输。我们将包括频带调制器及解调器的数字通信系统称为数字频带传输系统。

在实际的数字通信系统中，由于基带传输方式只能进行短距离的传输，因此其应用不如频带传输方式那样广泛；但是，对于基带传输系统的研究仍然具有十分重要的意义。第一，数字基带传输的基本理论不仅适用于基带传输，而且适用于频带传输，因为所有带通信号、线性带通系统及该系统对带通信号的响应均可以用其等效低通信号、等效低通系统以及等效低通系统对等效低通信号的响应来表示；第二，随着数字通信技术的发展，特别是计算机通信的发展，基带传输这种方式正在迅速发展。因此掌握数字信号的基带传输原理是十分重要的。

本章在分析基带传输系统的组成、信号波形、传输码型及其频谱特性的基础上，重点讨论码间串扰（亦称码间干扰）的形成和消除方法；分析在加性高斯白噪声信道条件下数字基带传输系统的抗噪声性能；介绍一种利用实验手段直观估计系统性能的方法——眼图；简单介绍两种改善基带传输系统性能的措施——均衡技术和部分响应系统；最后，介绍匹配滤波原理以及基于匹配滤波器的最佳基带传输系统。

6.1　数字基带传输系统的基本组成

一个典型的数字基带传输系统组成框图如图6-1所示。它主要由信道信号形成器（发送滤波器）、信道、接收滤波器、同步系统和抽样判决器等组成。

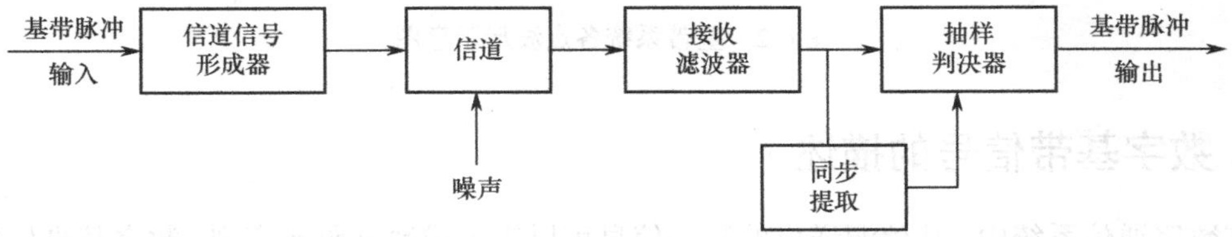

图6-1　数字基带传输系统组成框图

图 6-1 中各组成部分的作用简述如下。

（1）信道信号形成器（发送滤波器）：基带传输系统的输入是由终端设备或者编码器产生的脉冲序列，其频谱很宽，不适合信道传输。发送滤波器用于压缩输入信号频带，把传输码变换成适宜于信道传输的基带信号波形。这种变换主要通过码型变换和波形变换来实现，其目的是与信道匹配，减小码间串扰（ISI），利于定时提取和抽样判决。

（2）信道：允许基带信号通过的媒质，通常为有线信道，如同轴电缆、双绞线等。信道的传输特性通常不满足无失真传输条件，甚至是随机变化的。另外信道中会进入噪声，在通信系统的分析中，常常把噪声 $n(t)$ 集中在信道中引入，一般假设它是均值为零的高斯白噪声。

（3）接收滤波器：主要作用是滤除带外噪声，对信道特性进行均衡，使输出的基带波形有利于抽样判决。

（4）抽样判决器：作用是在规定时刻（由位定时脉冲控制）对接收滤波器的输出波形进行抽样判决，以恢复或再生基带信号。用来抽样的位定时脉冲则依靠定时提取电路从接收信号中提取，位定时的准确度直接影响判决效果。

图 6-2 画出了基带系统的各点波形示意图。其中，（a）是输入的基带信号，这是常见的单极性不归零信号（6.2.1 节将要介绍）；（b）是进行码变换后的波形；（c）对（a）而言进行了码型和波形的变换，是一种适合在信道中传输的信号；（d）是信道输出信号，由于信道传输不理想，波形发生失真并叠加了噪声；（e）是接收滤波器输出波形，与（d）相比，失真和噪声减弱；（f）是位定时同步脉冲；（g）为恢复的信息，其中第 5 个码元出现误码，造成误码的原因之一是信道加性噪声干扰，原因之二是系统传输总特性不理想。

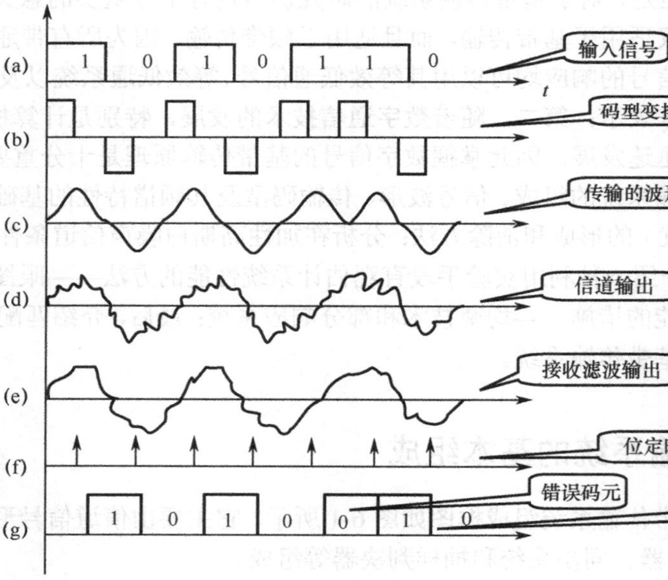

图 6-2　基带系统各点波形示意图

6.2　数字基带信号的描述

在数字通信系统中，从信源送出的数字信息可以表示成数字码元序列，数字基带信号是数字码元序列的脉冲电压或电流表现形式。根据各种数字基带信号中每个码元的幅度取值不同，可以把它们归纳分类为二元码、三元码和多元码等。从传送不同的数字码元这一目的来说，只要是任意可以区分并有利于改善传输性能的基带信号波形，都可以用于数字基带传输系统。不过应用最广泛的也是最简单的仍是方波信号。数字基带信号的码型指的是所传输的码元序列的结构。由数字信源产生的数字序列是原始的码元序列。由于数字信道的特性及要求不同，例如，很多信道不能传输信号的直流分量和频率很低的分量，这时需要对基带信号的频谱有所了解。另外，为了在接收端得到每个码元的起止时刻，需要在发送的信号中带有码元起止时刻的信息，为此需要将原码元依照一定的规则转换成适合信道传输要求的传输码（又称为线路码）。当然，在收端最终还是要将它们转换成原来的信码序列。

6.2.1　数字基带信号的波形

数字基带信号（以下简称为基带信号）的类型很多，下面以最常见的矩形脉冲为例，介绍几种基本的基带信号波形，如图 6-3 所示。

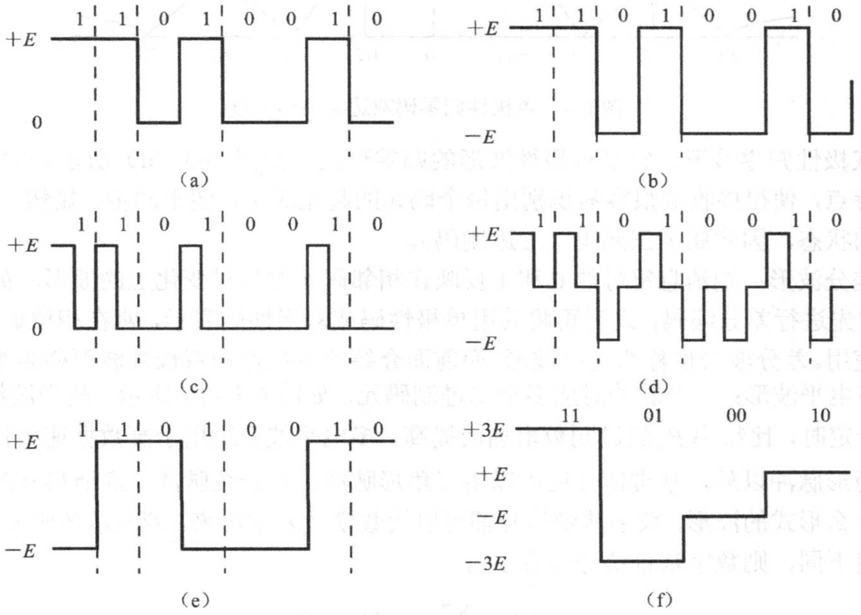

图 6-3　几种常见的基带信号波形

（1）单极性不归零波形：基带信号的零电平和正电平分别与二进制码元的“0”和“1”一一对应，在整个码元期间内电平保持不变，如图 6-3（a）所示。这是最常见的一种二元码，通常数字电路处理的就是这种信号，这种波形常记作 NRZ（不归零）。例如，常见的 TTL 电平信号，高电平为 5 V、低点平为 0 V。单极性不归零波形的优点是电脉冲之间无间隔，极性单一，易于用 TTL、CMOS 电路产生；缺点是没有时钟分量，不利于定时信号的提取，可能存在有长串的连“0”和连“1”，并且有直流分量，要求传输线路具有直流传输能力，因而不适于有交流耦合的远距离传输，只适于计算机内部或近距离的传输。

（2）双极性不归零波形：与单极性不归零码基本一样，只是在电平表示上“0”码用负电平表示。因此，它是一个正负电平变化的信号，不存在零电平，波形如图 6-3（b）所示。当“1”和“0”等概率出现时无直流分量，有利于在信道中传输，并且在接收端恢复信号的判决电平为零，因而不受信道特性变化的影响，抗干扰能力也较强。

（3）单极性归零波形：码元的电脉冲宽度比码元宽度窄，每个脉冲都回到零电位，如图 6-3（c）所示。这是基带传输系统中常采用的波形。通常，归零波形使用半占空码，即占空比为 50%。从单极性归零波形可以直接提取定时信息。单极性归零码的功率谱如图 6-4 所示。可以看出这种码型中含有极其丰富的直流和低频分量，在低频受限的信道中传输将产生很大的频率失真。

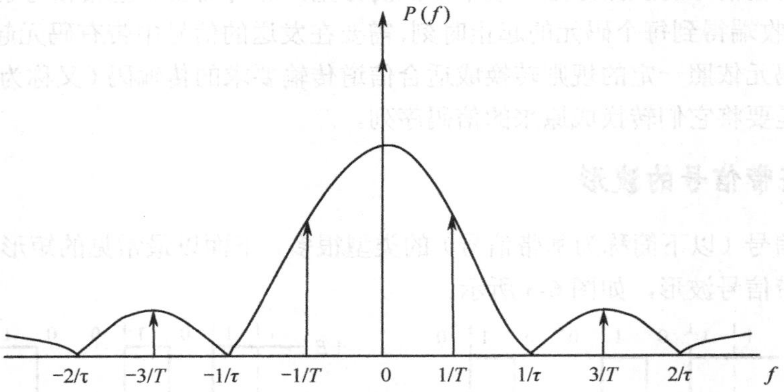

图 6-4　单极性归零码双边功率谱密度

（4）双极性归零波形：它是双极性波形的归零形式，如图 6-3（d）所示。它兼有双极性和归零的特点，使得接收端很容易识别出每个码元的起止时刻，便于同步。显然，这种码具有三种不同的状态，因此属于三元码（三进制码）。

（5）差分波形：把消息符号的 0 和 1 反映在相邻码元的相对变化上的波形，如图 6-3（e）所示。通常先进行差分编码，之后再将其用单极性码或双极性码表示，常在相位调制系统的码变换器中使用。差分波形也称相对码波形，而前面介绍的单极性和双极性波形称为绝对码波形。

（6）多电平波形：一个脉冲对应多个二进制码元，如图 6-3（f）所示。故当波特率 R_B（传输带宽）一定时，比特率 R_b 随进制数增加而提高。多电平波形适用于高数据速率传输系统中。

除了矩形脉冲以外，基带信号还可以用三角形脉冲、升余弦脉冲、高斯形脉冲等来表示。无论采用什么形式的波形，数字基带信号都可以用数学式表达出来。若表示各码元的波形相同而电平取值不同，则数字基带信号可表示为：

$$s(t)=\sum_{n=-\infty}^{\infty}a_n g(t-nT) \tag{6.2-1}$$

式中，a_n 是第 n 个码元所对应的电平值，T 为码元持续时间，$g(t)$ 为某种脉冲波形。

由于 a_n 的随机性，数字基带信号实际上是一个随机信号（脉冲序列）。一般情况下，数字基带信号可表示为一随机脉冲序列：

$$s(t)=\sum_{n=-\infty}^{\infty}s_n(t) \tag{6.2-2}$$

6.2.2　数字基带信号的功率谱

为了了解各种波形分别适合什么类型的数字传输系统，需要了解信号波形的带宽，是否有直流分量，是否含有接收端需要的位同步时钟分量等。这些问题都可通过研究波形的频谱特性来解答。数字基带信号一般是随机信号，因此不能用求确定信号频谱函数的方法来分析它的频谱特性，随机信号的频谱特性可用功率谱密度来描述。

假设一个二进制的随机脉冲序列如图 6-5 所示。其中，“1”码的基本波形为$g_1(t)$，“0”码为$g_2(t)$，码元宽度为 T。为了容易区分，$g_1(t)$为三角形波，$g_2(t)$为半圆形波。

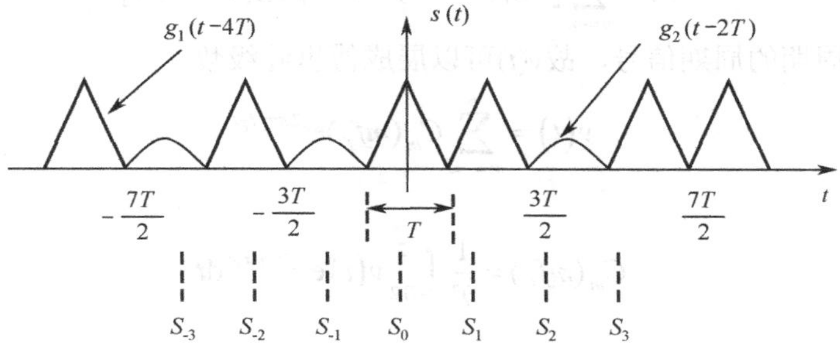

图 6-5　随机脉冲序列示意图

设序列中任一码元时间T内$g_1(t)$和$g_2(t)$出现的概率分别为p和$1-p$，且认为它们的出现是统计独立的，则该序列可表示为

$$s(t)=\sum_{n=-\infty}^{+\infty}s_n(t)=\begin{cases}g_1(t-nT), & \text{以概率 } p\text{出现}\\ g_2(t-nT), & \text{以概率 } 1-p\text{出现}\end{cases}\tag{6.2-3}$$

为了简化推导过程，可以把$s(t)$分解成稳态波$v(t)$和交变波$u(t)$。所谓稳态波，即随机序列 $s(t)$的统计平均分量，它取决于每个码元内出现$g_1(t)$和$g_2(t)$的概率加权平均，因此可表示成

$$v(t)=\sum_{n=-\infty}^{\infty}[pg_1(t-nT)+(1-p)g_2(t-nT)]=\sum_{n=-\infty}^{\infty}v_n(t)\tag{6.2-4}$$

由于$v(t)$在每个码元内的统计平均波形相同，故$v(t)$是以T为周期的周期信号。交变波$u(t)$是$s(t)$与稳态波$v(t)$之差，即

$$u(t)=s(t)-v(t)=\sum_{n=-\infty}^{\infty}u_n(t)=\sum_{n=-\infty}^{\infty}[s_n(t)-v_n(t)]\tag{6.2-5}$$

由式（6.2-3）和式（6.2-4）可得：

$$\begin{aligned}u_n(t)&=\begin{cases}g_1(t-nT)-pg_1(t-nT)-(1-p)g_2(t-nT), & \text{以概率}p\\ g_2(t-nT)-pg_1(t-nT)-(1-p)g_2(t-nT), & \text{以概率}1-p\end{cases}\\ &=\begin{cases}(1-p)[g_1(t-nT)-g_2(t-nT)], & \text{以概率}p\\ -p[g_1(t-nT)-g_2(t-nT)], & \text{以概率}1-p\end{cases}\end{aligned}\tag{6.2-6}$$

或者写成

$$u_n(t)=a_n[g_1(t-nT)-g_2(t-nT)]\tag{6.2-7}$$

式中，

$$a_n=\begin{cases}1-p, & \text{以概率}p\\ -p, & \text{以概率}1-p\end{cases}\tag{6.2-8}$$

显然，$u(t)$是一个随机脉冲序列。由式（6.2-4）及式（6.2-6）可见，稳态波和交变波都有相应的表达式，因此可以分别得到它们的频谱特性。再根据式（6.2-5）的关系最后得出$s(t)$的频谱特性。

1．求稳态波 $v(t)$的功率谱密度 $P_v(f)$

$$v(t)=\sum_{n=-\infty}^{\infty}\left[pg_1(t-nT)+(1-p)g_2(t-nT)\right]$$

由于 $v(t)$ 是以 T 为周期的周期信号，故 $v(t)$ 可以展成傅里叶级数

$$v(t)=\sum_{m=-\infty}^{\infty}C_m(mf_T)\mathrm{e}^{\mathrm{j}2\pi m f_T t} \tag{6.2-9}$$

其中

$$C_m(mf_T)=\frac{1}{T}\int_{-T/2}^{T/2}v(t)\mathrm{e}^{-\mathrm{j}2\pi mf_T t}\mathrm{d}t \tag{6.2-10}$$

式中，$f_T=1/T$ 为码元速率。由于在（$-T/2$，$T/2$）范围内，$v(t)=pg_1(t)+(1-p)g_2(t)$，所以

$$C_m(mf_T)=\frac{1}{T}\int_{-T/2}^{T/2}[pg_1(t)+(1-p)g_2(t)]\mathrm{e}^{-\mathrm{j}2\pi m f_T t}\mathrm{d}t \tag{6.2-11}$$

又由于 $pg_1(t)+(1-p)g_2(t)$ 只存在于（$-T/2$，$T/2$）范围内，所以式（6.2-11）积分限可以改为 $-\infty$ 到 $+\infty$，因此

$$\begin{aligned}C_m(mf_T)&=f_T\int_{-\infty}^{\infty}[pg_1(t)+(1-p)g_2(t)]\mathrm{e}^{-\mathrm{j}2\pi m f_T t}\mathrm{d}t\\&=f_T\left[pG_1(mf_T)+(1-p)G_2(mf_T)\right]\end{aligned} \tag{6.2-12}$$

式中，

$$G_1(mf_T)=\int_{-\infty}^{\infty}g_1(t)\mathrm{e}^{-\mathrm{j}2\pi mf_T t}\mathrm{d}t，即 g_1(t)\leftrightarrow G_1(mf_T)$$
$$G_2(mf_T)=\int_{-\infty}^{\infty}g_2(t)\mathrm{e}^{-\mathrm{j}2\pi m f_T t}\mathrm{d}t，即 g_2(t)\leftrightarrow G_2(mf_T)$$

根据周期信号的功率谱密度与傅里叶系数 C_m 的关系，可以得到 $v(t)$的功率谱密度为

$$\begin{aligned}p_v(f)&=\sum_{m=-\infty}^{\infty}\left|C_m(mf_T)\right|^2\delta(f-mf_T)\\&=\sum_{m=-\infty}^{\infty}\left|f_T\left[pG_1(mf_T)+(1-p)G_2(mf_T)\right]\right|^2\cdot\delta(f-mf_T)\end{aligned} \tag{6.2-13}$$

式（6.2-13）表明，稳态波的功率谱是冲激强度取决于 $\left|C_m(mf_T)\right|^2$ 的离散线谱，根据离散线谱可以确定随机序列是否包含直流分量（$m=0$）和定时分量（$m=1$）。

注意：周期信号的 Parseval 公式表明：周期信号的总功率等于各个频率分量单独贡献出的功率之和。由于 $n\omega_0$ 频率分量的平均功率等于 $\left|F_n(\omega)\right|^2$，周期信号的平均功率为：

$$P=\sum_{n=-\infty}^{\infty}F_n(\omega)F_n^*(\omega)=\sum_{n=-\infty}^{\infty}\left|F_n(\omega)\right|^2 \tag{6.2-14}$$

因此，周期信号的功率谱密度可利用冲激函数 $\delta(t)$ 的采样性质求得：

$$P(\omega)=2\pi\sum_{n=-\infty}^{\infty}\left|F_n(\omega)\right|^2\delta(\omega-n\omega_0) \tag{6.2-15}$$

2．求交变波 $u(t)$的功率谱密度 $P_u(f)$

由于交变波 $u(t)$ 是一个功率型的随机脉冲序列，它的功率谱密度可采用截短函数和统计平均的方法来求：

$$P_u(f)=\lim_{T'\to\infty}\frac{E[|U_T(f)|^2]}{T'} \tag{6.2-16}$$

式中：E 表示统计平均；$U_{T'}(f)$ 是 $u(t)$ 的截短函数 $u_{T'}(t)$ 所对应的频谱函数；T'是截取时间，设它等于 $(2N+1)$ 个码元的长度。此时，式（6.2-16）可以写成

$$P_u(f)=\lim_{N\to\infty}\frac{E[|U_{T'}(f)|^2]}{(2N+1)T} \tag{6.2-17}$$

下面先求出 $u_{T'}(t)$ 的频谱函数：

$$\begin{aligned}U_T(\omega)&=\int_{-\infty}^{\infty}u_T(t)\mathrm{e}^{-\mathrm{j}\omega t}\mathrm{d}t\\&=\sum_{n=-N}^{N}a_n\int_{-\infty}^{\infty}[g_1(t-nT)-g_2(t-nT)]\mathrm{e}^{-\mathrm{j}2\pi ft}\mathrm{d}t\\&=\sum_{n=-N}^{N}a_n\mathrm{e}^{-\mathrm{j}2\pi nT}[G_1(f)-G_2(f)]\end{aligned} \tag{6.2-18}$$

式中，

$$\begin{aligned}G_1(f)&=\int_{-\infty}^{\infty}g_1(t)\mathrm{e}^{-\mathrm{j}2\pi ft}\mathrm{d}t\\G_2(f)&=\int_{-\infty}^{\infty}g_2(t)\mathrm{e}^{-\mathrm{j}2\pi ft}\mathrm{d}t\end{aligned} \tag{6.2-19}$$

于是

$$\begin{aligned}|U_{T'}(f)|^2&=U_{T'}(f)U_{T'}^*(f)\\&=\sum_{m=-N}^{N}\sum_{n=-N}^{N}a_m a_n\mathrm{e}^{\mathrm{j}2\pi f(n-m)T}[G_1(f)-G_2(f)]\times[G_1^*(f)-G_2^*(f)]\end{aligned} \tag{6.2-20}$$

其统计平均值为

$$E\left[|U_{T'}(f)|^2\right]=\sum_{m=-N}^{N}\sum_{n=-N}^{N}E(a_m a_n)\mathrm{e}^{\mathrm{j}2\pi f(n-m)T}[G_1(f)-G_2(f)]\times[G_1^*(f)-G_2^*(f)] \tag{6.2-21}$$

不难看出，当 $m=n$ 时，

$$a_m a_n=a_n^{\ 2}=\begin{cases}(1-p)^2, & \text{以概率 } p\\ p^2 & \text{以概率（}1-p\text{）}\end{cases} \tag{6.2-22}$$

所以

$$E[a_n^2]=p(1-p)^2+(1-p)p^2=p(1-p) \tag{6.2-23}$$

当 $m\neq n$ 时，

$$a_n a_m=\begin{cases}(1-p)^2, & \text{以概率 } p^2\\ p^2, & \text{以概率}(1-p)^2\\ -p(1-p), & \text{以概率}2p(1-p)\end{cases} \tag{6.2-24}$$

所以，

$$E[a_m a_n]=p^2(1-p)^2+(1-p)^2p^2+2p(1-p)(p-1)p=0 \tag{6.2-25}$$

因此，

$$E[|U_T(f)|^2]=\sum_{n=-N}^{N}E[a_n^2]|G_1(f)-G_2(f)|^2=(2N+1)p(1-p)|G_1(f)-G_2(f)|^2 \quad (6.2\text{-}26)$$

将其代入式（6.2-17），可以得到$u(t)$的功率谱密度：

$$P_u(f)=\lim_{N\to\infty}\frac{(2N+1)p(1-p)|G_1(f)-G_2(f)|^2}{(2N+1)T}=f_T p(1-p)|G_1(f)-G_2(f)|^2 \quad (6.2\text{-}27)$$

式（6.2-27）表明，交变波的功率谱$P_u(f)$是连续谱，它与$g_1(t)$和$g_2(t)$的频谱以及概率p有关。通常，根据连续谱可以确定随机序列的带宽。

3．$s(t)$的功率谱密度 $P_s(f)$

根据式（6.2-13）和式（6.2-26），由于$s(t)=u(t)+v(t)$，所以有

$$P_s(f)=P_u(f)+P_v(f)=f_T p(1-p)|G_1(f)-G_2(f)|^2+\sum_{m=-\infty}^{\infty}|f_T[pG_1(mf_T)+(1-p)G_2(mf_T)]|^2\delta(f-mf_T) \quad (6.2\text{-}28)$$

这就是双边功率谱密度表示式。如果写成单边的，则有

$$P_s(f)=f_T p(1-p)|G_1(f)-G_2(f)|^2+f_T^2|pG_1(0)+(1-p)G_2(0)|^2\delta(f)+2f_T^2\sum_{m=1}^{\infty}|pG_1(mf_T)+(1-p)G_2(mf_T)|^2\delta(f-mf_T),\quad f\geqslant 0 \quad (6.2\text{-}29)$$

从式（6.2-29）可以看出，随机序列的功率谱密度可能包含两个部分：连续谱和离散谱。其中连续谱由交变波$u(t)$决定，离散谱由稳态波$v(t)$决定。对于连续谱而言，由于代表数字信息的$g_1(t)$和$g_2(t)$不可能完全相同，即$G_1(f)\neq G_2(f)$，所以$P_u(f)$总是存在。对于离散谱而言，在一般情况下，它也总是存在的。但容易看到，当$g_1(t)$和$g_2(t)$是形状相同、幅值相反的双极性脉冲时，$G_1(f)=-G_2(f)$，如果波形出现概率相同（p=1/2），则式（6.2-28）中的第二项恰好为0，因而没有离散谱（即不存在线谱分量）。

式（6.2-29）中包含3项：

第一项是交变波$u(t)$产生的连续谱$P_u(f)$，由于代表数字信息的$g_1(t)$和$g_2(t)$不可能完全相同，即$G_1(f)\neq G_2(f)$，所以$P_u(f)$总是存在。连续谱包含无穷多频率成分，主要关心其能量集中的频率范围，以便能确定信号带宽。

第二项是由稳态波$v(t)$产生的直流成分功率谱密度，不一定都存在直流成分；当$g_1(t)$和$g_2(t)$是双极性脉冲，且波形出现的概率相同（p=1/2）时，式（6.2-29）中的第二项恰好为0。

第三项是由$v(t)$产生的离散谱，主要用于同步，这一项也不一定总是存在；当$g_1(t)$和$g_2(t)$是双极性脉冲，且波形出现的概率相同（p=1/2）时，式（6.2-29）中的第三项也为0。

值得提出，由于在上述的分析中，对$g_1(t)$和$g_2(t)$的波形并没有做严格的限制，因此只要是二进制随机序列，式（6.2-28）也将普遍适用，即对于不属于基带波形范围的各种调制波，式（6.2-28）也适用。

为了加深对数字基带信号功率谱的理解，下面举两个例子进行说明。

【例6-1】 单极性二进制信号的功率谱密度计算。

【解】 假设单极性二进制信号中对应于信码0、1的幅度取值分别为0、+A，输入信码为各态遍历随机序列，0、1的出现统计独立。信号的波形集合为

$$\begin{cases} g_1(t)=g(t), & 以概率p \\ g_2(t)=0, & 以概率1-p \end{cases}$$

其中矩形脉冲 $g(t)$ 的波形如图 6-6 所示，则由式（6.2-28）可得

$$P_s(f)=f_T p(1-p)|G(f)|^2+f_T{}^2\sum_{m=-\infty}^{\infty}|pG(mf_T)|^2\cdot\delta(f-mf_T) \qquad (6.2\text{-}30)$$

若 0、1 等概率出现，即 $p=1/2$，则式（6.2-30）为

$$P_s(f)=\frac{1}{4T}|G(f)|^2+\frac{1}{4T^2}\sum_{m=-\infty}^{\infty}|G(mf_T)|^2\cdot\delta(f-mf_T) \qquad (6.2\text{-}31)$$

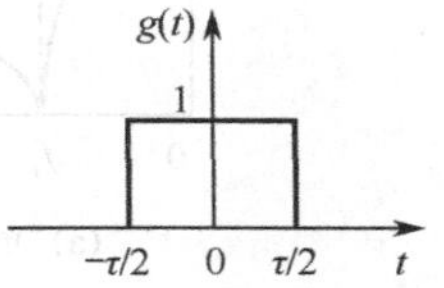

图 6-6　矩形脉冲波形

式中，第一项为连续谱，第二项为离散谱。可见，功率谱的连续部分与单个矩形脉冲波形频谱函数的平方成正比。根据周期性矩形脉冲的频谱特性

$$G(mf_T)=\tau\frac{\sin(m\pi\tau f_T)}{m\pi\tau f_T} \qquad (6.2\text{-}32)$$

离散线谱是否存在取决于单极性基带信号矩形脉冲的占空比 τ/T。对于非归零信号来说，脉宽等于周期 $\tau=T$，这时 $G(mf_T)=G(0)$，因此除了直流分量外不存在离散线谱。对于占空比为 50%的归零信号，脉宽为周期之半 $\tau/T=50\%$，此时当 m 为奇数时存在离散线谱，当 m 为偶数时不存在离散线谱。因此如前所述，占空比为 50%的单极性归零二进制信号中存在位定时分量。

已知单极性矩形脉冲的频谱 $G(f)$ 为

$$G(f)=\tau\frac{\sin(\pi f\tau)}{\pi f\tau}=\tau\mathrm{Sa}(\pi f\tau) \qquad (6.2\text{-}33)$$

因此单极性数字信号的功率谱可写成

$$P_s(f)=\frac{(\tau)^2}{4T}\left|\frac{\sin(\pi f\tau)}{\pi f\tau}\right|^2+\frac{1}{4}\left(\frac{\tau}{T}\right)^2\sum_{m=-\infty}^{\infty}\left|\frac{\sin(m\pi\tau f_T)}{m\pi\tau f_T}\right|^2\cdot\delta(f-mf_T) \qquad (6.2\text{-}34)$$

单极性信号的功率谱密度分别如图 6-7（a）中的实线和虚线所示。

【例 6-2】　双极性二进制信号的功率谱密度计算。

【解】　设双极性二进制信号的波形集合为

$$\begin{cases} g_1(t)=g(t), & 以概率1/2 \\ g_2(t)=-g(t), & 以概率1/2 \end{cases}$$

则由式（6.2-28）可得

$$P_s(f)=4f_T p(1-p)|G(f)|^2+\sum_{m=-\infty}^{\infty}|f_T(2p-1)G(mf_T)|^2\,\delta(f-mf_T) \qquad (6.2\text{-}35)$$

等概时，上式变为

$$P_s(f)=f_T|G(f)|^2 \qquad (6.2\text{-}36)$$

可以看出，在 0、1 等概率的情况下，双极性码的功率谱密度中不存在离散线谱。

如果矩形脉冲 $g(t)$ 的波形仍如图 6-6 所示，将式（6.2-33）代入式（6.2-28），得功率谱密度为

$$P_s(f)=\frac{\tau^2}{T}\left(\frac{\sin\pi f\tau}{\pi f\tau}\right)^2 \qquad (6.2\text{-}37)$$

显然，双极性码其功率谱中不存在离散线谱，当然不包含定时分量。双极性信号的功率谱密度分别如图 6-7（b）中的实线和虚线所示。

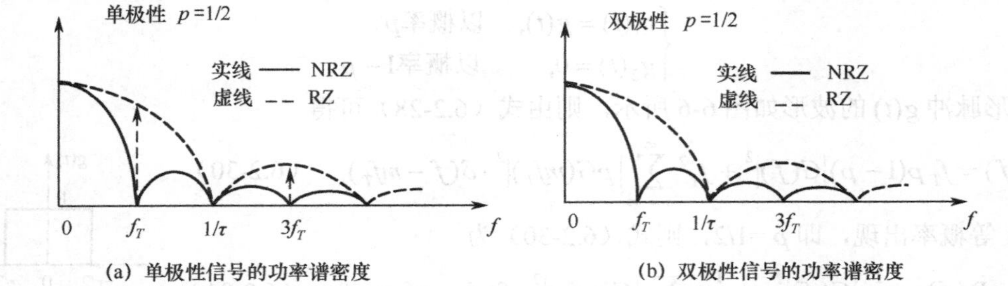

图 6-7　二进制基带信号的功率谱密度

分析：（1）单极性信号波形功率谱中不但含有连续谱，还有离散的直流分量。其中单极性归零信号波形还有位同步时钟分量。

（2）双极性信号波形中无离散谱，只有连续谱。

（3）脉冲型数字基带信号的近似带宽为 $1/\tau$。不归零的信号带宽为 $B=f_T$，数值上与码元速率相等；归零码的信号带宽为 $B=1/\tau$。

6.2.3　数字基带信号的传输码

在实际的基带传输系统中，并不是所有的基带波形都适合在信道中传输。例如，某数字微波通信设备输出的 2.048 Mb/s 单极性不归零码序列，要通过同轴电缆传到相距较远的另一数字终端复用设备,由于单极性不归零码序列的功率谱中含有离散的直流分量及很低的频率成分，这与同轴电缆的传输要求（由于均衡与屏蔽的困难，不使用低于 60 kHz 的频率）不相符，所以该码型不宜于在电缆中传输。为此，国际电信联盟规定，在数字通信设备之间传输 2.048 Mb/s 数据的接口线路码型为 HDB_3 码。由于在基带信道传输时，不同传输媒介具有不同的传输特性，所以需要使用不同的接口线路码型（传输码），这在国际上有统一规定。

1．传输码的设计原则

为了匹配于基带信道的传输特性，并考虑到接收端提取时钟方便，希望所设计的传输码具有以下的特性：

（1）不含直流分量，且低频分量较少；

（2）便于从接收码流中提取位同步时钟信号；

（3）功率谱主瓣宽度窄，以节省传输频带；

（4）不受信息源统计特性的影响；

（5）具有内在的检错能力；

（6）编译码简单，以降低通信延时和成本。

满足或部分满足以上特性的传输码型种类很多，下面将介绍目前常用的几种。

2．常用传输码型

1）AMI 码（传号交替反转码）

编码规则：信息码元 0（空号）仍编码为“0”（0 电平），信息码元 1（传号）编码为“+1”（$+A$ 电平）和“−1”（$-A$ 电平）交替出现的半占空归零脉冲。AMI 码的功率谱如图 6-8 所示。由 AMI 码的功率谱可以看出，其频谱中无直流分量，低频分量较小，能量集中在 $f_T/2$ 之处。AMI 码虽然没有时钟分量，但只要将基带信号进行 2 倍频就可获得时钟频率，2 倍频可以通过对信号进行全波整流来实现。

AMI 码具有检错能力，如在传输过程中因传号极性交替规律受到破坏而出现误码，则在接收端很容易发现这种错误，例如：

二进制信息	1	0	1	0	0	0	0	0	1	0	0	1	1
发送 AMI 码	+1	0	−1	0	0	0	0	0	+1	0	0	−1	+1
接收 AMI 码	+1	0	−1	0	+1	0	0	0	+1	0	0	−1	+1

显然，当传输中出现误码时传号交替的规律被破坏。但当出现连续偶数个误码时将无能为力。从信息论观点看，AMI 码之所以有检错能力是因为它含有冗余的信息量。

虽然 AMI 码具有许多传输码的特性，但 AMI 码还存在着一个主要的缺点（这与它的性能和信源的统计特性有密切关系）：它的功率谱形状随信息中传号率（即出现“1”的概率）而变化，如图 6-8 所示，并且当信息中出现长串连“0”码时，信号将维持长时间的零电平，因而定时提取遇到困难。

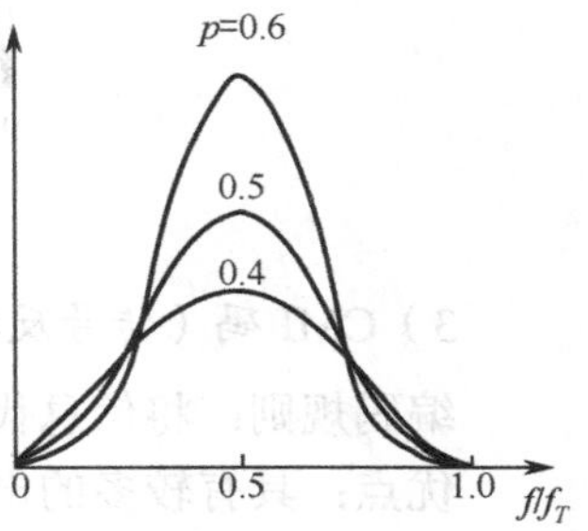

图 6-8　AMI 码的功率谱

2）HDB_3 码（三阶高密度双极性码）

（1）当信息代码中连“0”个数不大于 3 时，仍按 AMI 码的编码规则。

（2）当连“0”个数超过 3 时，将每 4 个连 0 串的第 4 个“0”编码为与前一非“0”码同极性的正脉冲或负脉冲。该脉冲破坏了“极性交替反转”原则，因此称为破坏码或 V 码。

（3）相邻 V 码的极性必须相反，为此当相邻 V 码间有偶数个“1”时，将后面的连“0”串中第 1 个“0”编码为 B 符号，B 符号的极性与前一非“0”码的极性相反，而 B 符号后面的 V 码与 B 符号的极性相同。

（4）V 码后面的非“0”符号的极性再交替反转。

原码：	1000	0	1	000	0	1	1	0000	0	1	1
AMI 码：	+1000	0	−1	000	0	+1	−1	0000	0	+1	−1
HDB_3 码：	+1 000+V	−1	000−V			+1	−1	+B00 +V	0	−1	+1

优点：具有 AMI 码的优点，编码输出连“0”个数不超过 3 个，HDB_3 码的功率谱与信源的统计特性无关。

应用：被前 CCITT 推荐作为欧洲系列 PCM 语音系统一次群、二次群、三次群线路接口码型，在高速长距离数据传输中采用。

在上述 AMI 码、HDB_3 码中，每位二进制信码都被变换成一位三电平取值的码，因此，这类码也称为 1B1T 码。AMI 码与 HDB_3 码波形如图 6-9 所示。

常见传输码的功率谱密度如图 6-10 所示。

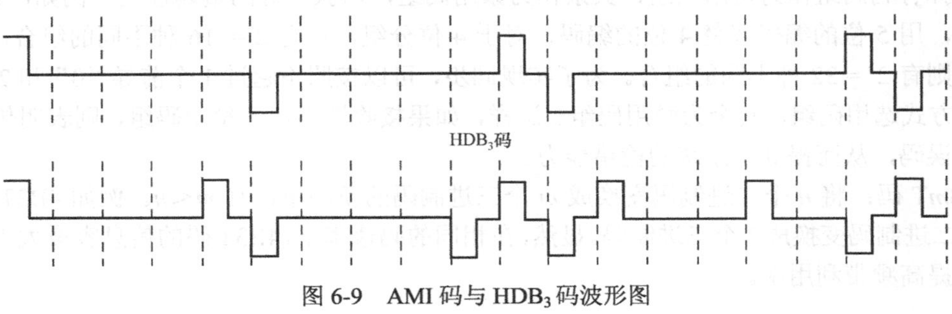

图 6-9　AMI 码与 HDB_3 码波形图

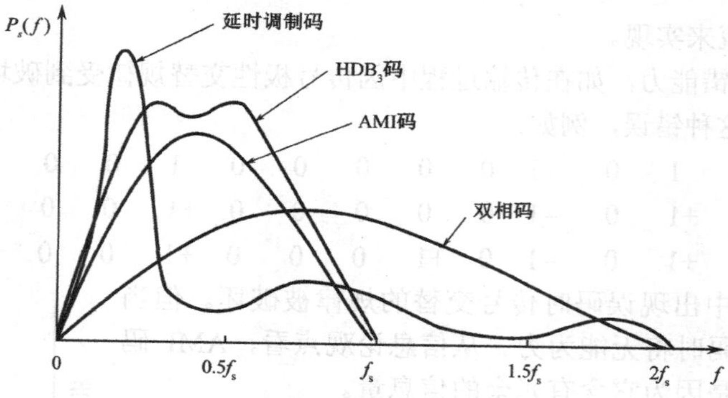

图 6-10　常见传输码的功率谱密度

3）CMI 码（传号反转码）

编码规则：将信息代码 0 编码为线路码“01”，信息代码 1 用“11”、“00”交替表示。

优点：具有较多的电平跳变，便于在接收端提取位同步时钟；具有检错能力。

应用：被前 CCITT 推荐为 PCM 语音系统四次群的线路接口码型；用于光缆传输系统。

4）双相码（Manchester 码）

编码规则：将信息代码 0 编码为线路码“01”，信息代码 1 编码为线路码“10”。

优点：可在接收端利用电平的正负跳变提取位同步时钟，编码过程简单。

缺点：信号带宽比前几种码型宽 1 倍。

应用：在本地局域网和数据传输速率为 10 Mb/s 的数据接口线路中使用。

5）延时调制码（密勒码）

编码规则：“1”码用码元中心点出现跃变来表示，即用“10”或“01”表示。“0”码有两种情况：单个“0”时，在码元持续时间内不出现电平跃变，且与相邻码元的边界处也不跃变；连“0”时，在两个“0”码的边界处出现电平跃变，即“00”与“11”交替。

优点：延时调制码的信号带宽是几种码型中最窄的，带宽约为 $0.75f_s$。

应用：在磁介质传输媒介、低速基带数传机、非接触存储卡中采用。

6）块编码

为了提高线路编码性能，需要在编码中引入冗余来确保码型的同步和检错能力。块编码可以在某种程度上达到这两个目的。块编码的常见形式有 *n*B*m*B 码、*n*B*m*T 码等。

*n*B*m*B 码：把原信息码流的 n 位二进制码分为一组，并置换成 m 位二进制码的新码组，其中 $m>n$。由于新码组可能有 2^m 种组合，故多出（2^m-2^n）种组合。在 2^m 种组合中，以某种方式选择有利码组作为可用码组，其余作为禁用码组，以获得好的编码性能。例如，在 4B5B 编码中，用 5 位的编码代替 4 位的编码，对于 4 位分组，只有 $2^4=16$ 种不同的组合，对于 5 位分组则有 $2^5=32$ 种不同的组合。为了实现同步，可以按照不超过 1 个前导“0”和 2 个后缀“0”的方式选用码组，其余为禁用码组。这样，如果接收端出现了禁用码组，则表明传输过程中出现误码，从而提高了系统的检错能力。

*n*B*m*T 码：将 n 个二进制码变换成 m 个三进制码的新码组，且 $m<n$。例如 4B3T 码，它把 4 个二进制码变换成 3 个三进制码。显然，在相同的码速率下，4B3T 码的信息容量大于 1B1T，因而可提高频带利用率。

6.3　数字基带信号的传输特性

6.3.1　码间串扰

前面从不同角度介绍了基带信号的特点，下面讨论基带信号的传输问题。携带数字信息的基带波形可以有各种形式，其中较常见的基带波形是以其幅度来表示数字信息的形式。下面就以这种形式为基础，分析基带脉冲传输的基本特点。

图 6-11 所示是一个典型的数字基带信号传输系统框图。它主要由发送滤波器（信道信号形成器）、信道、接收滤波器和抽样判决器组成。为了基带信号的恢复或再生，还要求有一个良好的同步系统（位同步及群同步等）。

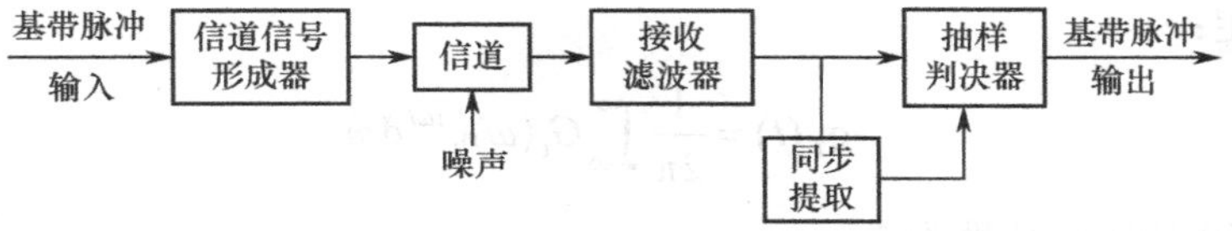

图 6-11　数字基带传输系统方框图

（1）发送滤波器（信道信号形成器）：产生适合在信道中传输的信号。传输码序列通常为矩形脉冲，频谱很宽，不利于传输；发送滤波器对其进行频谱压缩，转换成适合在信道中传输的基带波形。

（2）信道：信号通过信道传输会引起畸变，信道固有的幅频、相频特性和加性噪声引起随机畸变。

（3）接收滤波器：接收信号，尽可能消除信道噪声和其他干扰，对信道进行均衡，使输出的基带波形有利于抽样判决。

（4）同步提取：用同步提取电路从接收信号中提取定时脉冲。

（5）抽样判决器：在规定时刻对接收滤波器的输出波形进行抽样判决，以恢复或再生基带信号。

在前面图6-2中已画出了基带系统各点波形示意图，从中可以看出，接收端抽样判决器会产生错误判决。导致错误判决的原因有两方面：一方面要受到信道特性的影响，使信号产生畸变，也就是产生码间串扰；另一方面信号被信道中的加性噪声所叠加，造成信号的随机畸变。所谓码间串扰（intersymbol interference，ISI），是指由于系统传输总特性不理想，导致前后码元的波形畸变出现很长的拖尾，从而对当前码元的判决造成干扰。当码间串扰严重时，会造成错误判决，如图 6-12 所示。

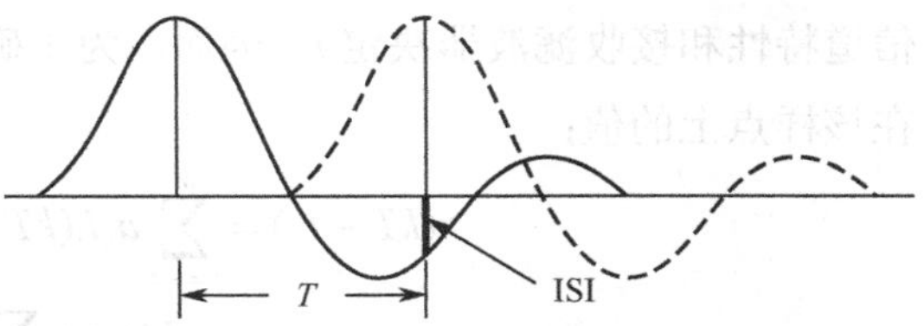

图 6-12　码间串扰示意图

通过分析基带传输系统的工作原理，可以把一个基带系统用图 6-13 所示的模型来概括。结合这个模型，可以用定量的关系式来表述数字基带信号的传输过程。

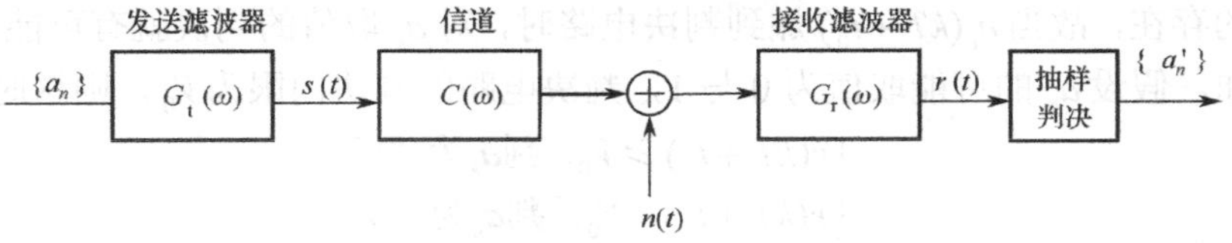

图 6-13　数字基带传输系统模型

设$\{a_n\}$为发送滤波器的输入符号序列，在二进制的情况下，符号a_n取值为 0、1 或-1、+1。为分析方便，把这个序列对应的基带信号表示成

$$d(t)=\sum_{n=-\infty}^{\infty} a_n\delta(t-nT) \tag{6.3-1}$$

这个信号由时间间隔为T的一系列$\delta(t)$所组成，而每一$\delta(t)$的强度则由$\{a_n\}$决定。当$d(t)$激励发送滤波器时，发送滤波器将产生信号$s(t)$，它可表示如下：

$$s(t)=\sum_{n=-\infty}^{\infty} a_n g_T(t-nT) \tag{6.3-2}$$

其中，$g_T(t)$是单个$\delta(t)$作用下形成的发送基本波形。设发送滤波器的传输特性为$G_{\rm t}(\omega)$，则$g_T(t)$由下式确定：

$$g_T(t)=\frac{1}{2\pi}\int_{-\infty}^{\infty} G_{\rm t}(\omega){\rm e}^{{\rm j}\omega t}{\rm d}\omega \tag{6.3-3}$$

这里已考虑了$\delta(t)$的频谱特性为 1。

信号$s(t)$通过信道时，它要产生波形畸变，同时还要叠加噪声。因此，若设信道的传输特性为$C(\omega)$，接收滤波器的传输特性为$G_{\rm r}(\omega)$，则接收滤波器输出信号$r(t)$可表示为

$$r(t)=\sum_{n=-\infty}^{\infty} a_n h(t-nT)+n_{\rm r}(t) \tag{6.3-4}$$

式中，

$$h(t)=\frac{1}{2\pi}\int_{-\infty}^{\infty} G_{\rm t}(\omega)C(\omega)G_{\rm r}(\omega){\rm e}^{{\rm j}\omega t}{\rm d}\omega \tag{6.3-5}$$

$n_{\rm r}(t)$为加性噪声$n(t)$通过接收滤波器后的波形。

$r(t)$被送入识别电路，并由该电路确定a_n的取值。假定识别电路是一个抽样判决电路，对信号抽样的时刻一般在$(kT+t_0)$。其中，k是相应的第k个时刻，t_0是可能的延迟（通常由信道特性和接收滤波器决定）。因而，为了确定a_k的取值，必须根据式（6.3-4）首先确定$r(t)$在该样点上的值：

$$\begin{aligned} r(kT+t_0)&=\sum_{n=-\infty}^{\infty} a_n h(kT+t_0-nT)+n_{\rm r}(kT+t_0)\\ &=a_k h(t_0)+\sum_{n\neq k} a_n h[(k-n)T+t_0]+n_{\rm r}(kT+t_0) \end{aligned} \tag{6.3-6}$$

这里，$a_k h(t_0)$是第k个接收基本波形在上述抽样时刻上的取值，它是确定a_k的依据。$\sum_{n\neq k} a_n h[(k-n)T+t_0]$是接收信号中除第$k$个以外的所有其他基本波形在第$k$个抽样时刻上的抽样值总和（代数和），称这个值为码间串扰值。由于a_n是以某种概率出现的，故这个值通常是一个随机变量；$n_{\rm r}(kT+t_0)$是输出噪声在抽样时刻的值，显然是一种随机干扰。由于码间串扰和随机干扰的存在，故当$n_{\rm r}(kT+t_0)$加到判决电路时，对a_k取值的判决就有可能判对，也有可能判错。例如，假设a_k的可能取值为 0 与 1，判决电路的判决门限为V_0，则这时判决规则为：

$$\begin{cases} r(kT+t_0)\geqslant V_0，判a_k为“1” \\ r(kT+t_0)<V_0，判a_k为“0” \end{cases} \tag{6.3-7}$$

显然，只有当码间串扰和随机干扰足够小时，才能保证上述判决的正确；当串扰及噪声严

重时，则判错的可能性就很大。

由此可见，为使基带脉冲传输获得足够小的误码率，必须最大限度地减小码间串扰和随机噪声的影响，这也是研究基带信号传输的基本出发点。如果外部噪声不好控制和难以避免，至少可通过合理地设计系统的传输特性去减少码间串扰。

要消除码间串扰，从数学式子看，只要 $\sum_{n \neq k} a_n h[(k-n)T+t_0]=0$ 即可。

由于 a_n 是随机变量，要想通过各项互相抵消使串扰为 0 是不行的，这就需要对 $h(t)$ 的波形提出要求。

从码间串扰的各项影响来看，前一个码元对本码元的影响最大。如果能让前一个码元波形在到达本码元采样判决时刻已衰减到 0，则可消除这种影响；但这种波形不易实现。

要合理地消除码间串扰，可采用另一种波形：虽然 t_0+T 到达以前没有衰减到 0，但它在 t_0+T 、 t_0+2T 等后面码元采样判决时刻正好为 0，如图 6-14 所示。

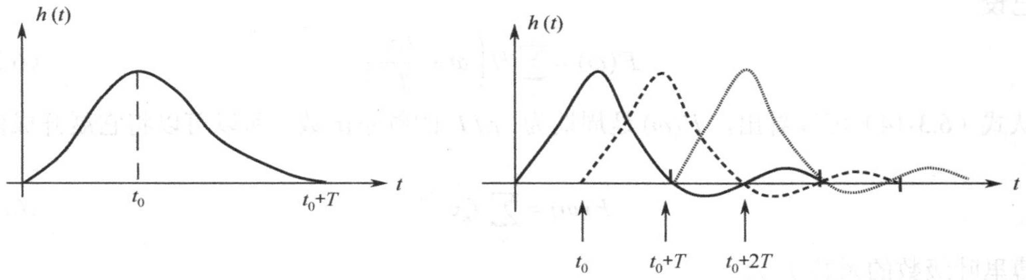

图 6-14　消除码间串扰的基本思想

码间干扰和信道噪声都会影响基带传输系统的性能，因此有必要研究如何减小它们的影响，使系统的误码率达到规定要求。为了简化分析，本节先讨论在不考虑噪声情况下，如何消除码间串扰；至于无码间串扰情况下，如何减小信道噪声的影响，将在 6.4 节讨论。

6.3.2　奈奎斯特第一准则

如前所述，只要基带传输系统的冲激响应波形 $h(t)$ 仅在本码元的抽样时刻上有最大值，并在其他码元的抽样时刻上均为 0，则可消除码间串扰。也就是说，若对 $h(t)$ 在时刻 $t=kT$ （这里假设信道和接收滤波器所造成的延迟 $t_0=0$ ）抽样，则应有下式成立：

$$h(kT)=\begin{cases}1, & k=0\\ 0, & k\text{为其他整数}\end{cases} \tag{6.3-8}$$

式（6.3-8）称为无码间串扰的时域条件。也就是说，若 $h(t)$ 的抽样值除了在 $t=0$ 时不为零外，在其他所有抽样点上均为零，就不存在码间串扰。根据 $h(t) \Leftrightarrow H(\omega)$ 的关系，寻找符合无码间串扰的 $h(t)$ 可以等价为设计基带传输系统总特性 $H(\omega)$ 的问题。

根据 $h(t)$ 和 $H(\omega)$ 之间存在的傅里叶变换关系：

$$h(t)=\frac{1}{2\pi}\int_{-\infty}^{\infty} H(\omega)\,\mathrm{e}^{\mathrm{j}\omega t}\mathrm{d}\omega \tag{6.3-9}$$

在 $t=kT$ 时刻，有

$$h(kT)=\frac{1}{2\pi}\int_{-\infty}^{\infty} H(\omega)\mathrm{e}^{\mathrm{j}\omega kT}\mathrm{d}\omega \tag{6.3-10}$$

用分段积分求和代替式（6.3-10）中的区间积分，每段长为 $2\pi/T$ ，则式（6.3-10）可写成

$$h(kT)=\frac{1}{2\pi}\sum_{i}\int_{(2i-1)\pi/T}^{(2i+1)\pi/T}H(\omega)\mathrm{e}^{\mathrm{j}\omega kT}\mathrm{d}\omega \tag{6.3-11}$$

做变量代换：令 $\omega'=\omega-2\pi i/T$，则有 $\mathrm{d}\omega'=\mathrm{d}\omega$，$\omega=\omega'+2\pi i/T$。于是

$$\begin{aligned}h(kT)&=\frac{1}{2\pi}\sum_{i}\int_{-\pi/T}^{\pi/T}H(\omega'+\frac{2i\pi}{T})\mathrm{e}^{\mathrm{j}\omega' kT}\mathrm{e}^{\mathrm{j}2\pi ik}\mathrm{d}\omega'\\&=\frac{1}{2\pi}\sum_{i}\int_{-\pi/T}^{\pi/T}H(\omega'+\frac{2i\pi}{T})\mathrm{e}^{\mathrm{j}\omega' kT}\mathrm{d}\omega'\end{aligned} \tag{6.3-12}$$

用 ω 代替 ω'，于是

$$\begin{aligned}h(kT)&=\frac{1}{2\pi}\int_{-\pi/T}^{\pi/T}\sum_{i}H(\omega+\frac{2i\pi}{T})\mathrm{e}^{\mathrm{j}\omega kT}\mathrm{d}\omega\\&=\frac{1}{2\pi}\int_{-\pi/T}^{\pi/T}F(\omega)\mathrm{e}^{\mathrm{j}\omega kT}\mathrm{d}\omega\end{aligned} \tag{6.3-13}$$

其中已设

$$F(\omega)=\sum_{i}H\left(\omega+\frac{2i\pi}{T}\right) \tag{6.3-14}$$

从式（6.3-14）可以看出，$F(\omega)$ 是周期为 $2\pi/T$ 的频率函数，所以可以将它展开成傅里叶级数

$$F(\omega)=\sum_{n}f_n\mathrm{e}^{-\mathrm{j}n\omega T} \tag{6.3-15}$$

其中傅里叶级数的系数 f_n 为

$$f_n=\frac{T}{2\pi}\int_{-\pi/T}^{\pi/T}F(\omega)\mathrm{e}^{\mathrm{j}n\omega T}\mathrm{d}\omega \tag{6.3-16}$$

将式（6.3-16）与式（6.3-13）对照，可以发现，$h(kT)$ 就是 $\frac{1}{T}\sum_{i}H(\omega+\frac{2i\pi}{T})$ 的指数型傅里叶级数的系数，即有

$$\frac{1}{T}\sum_{i}H(\omega+\frac{2\pi i}{T})=\sum_{k}h(kT)\mathrm{e}^{-\mathrm{j}\omega kT}=1 \tag{6.3-17}$$

因此，在无码间串扰时域条件的要求下，得到无码间串扰时的基带传输特性应满足

$$\frac{1}{T}\sum_{i}H(\omega+\frac{2\pi i}{T})=1\text{，}\quad |\omega|\leqslant\frac{\pi}{T} \tag{6.3-18}$$

或写成

$$H_{\mathrm{eq}}=\sum_{i}H(\omega+\frac{2\pi i}{T})=T\text{，}\quad |\omega|\leqslant\frac{\pi}{T} \tag{6.3-19}$$

该条件称为奈奎斯特第一准则，或无码间串扰准则。

奈奎斯特第一准则告诉我们：信号经传输后不管其波形发生了什么变化，但只要其抽样点的抽样值保持不变，那么用抽样判决的方法仍然可以准确无误地恢复出原始信码。基带系统的总特性 $H(\omega)$ 凡是能符合此要求的，均能消除码间串扰。

式（6.3-19）的物理意义是：将传递函数 $H(\omega)$ 在 ω 轴上以 $2\pi/T$ 为间隔切开，然后分段沿 ω 轴平移到（$-\pi/T,\pi/T$）区间内，将它们进行叠加，其结果应当为一常数（不必一定是 T）。也就是说，一个实际的 $H(\omega)$ 特性若能等效成一个理想（矩形）低通滤波器，则可实现无码间串扰。满足式（6.3-19）的 $H(\omega)$ 不是只有单一的解，而是可以有无穷多个解。

在实际中，基带信号的带宽通常定义在区间（$-2\pi/T$，$2\pi/T$）上，显然由式（6.3-19）看

到，这时相当于 n=0, ±1，即有

$$H_{eq}=H(\omega-\frac{2\pi}{T})+H(\omega)+H(\omega+\frac{2\pi}{T})=\begin{cases}T, & |\omega|\leqslant \pi/T\\ 0, & |\omega|>\pi/T\end{cases} \tag{6.3-20}$$

这时，实际上是把 $H(\omega)$ 按区间 $(-\pi/T,\pi/T)$ 的宽度分割成 3 段：$H(\omega-2\pi/T)$、$H(\omega)$、$H(\omega+2\pi/T)$，只要这 3 段在 $(-\pi/T,\pi/T)$ 上能叠加出理想低通特性，这样的 $H(\omega)$ 就可以实现抽样点无失真。图 6-15 示出了分割的过程。由此进一步看出，当 $H(\omega)$ 的定义区间超过 $[-\pi/T,\pi/T]$ 时，满足式（6.3-19）的 $H(\omega)$ 不是只有单一的解，而是可以有无穷多个解。

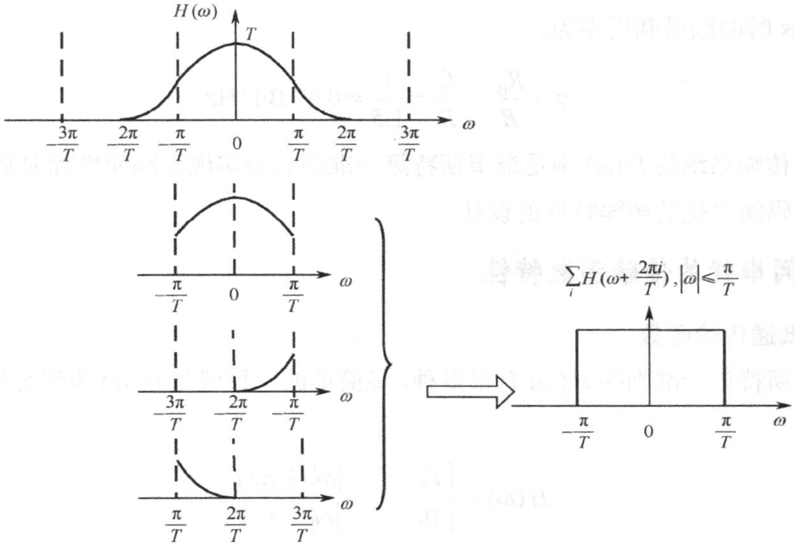

图 6-15　系统传输总特性的检验

【例 6-3】　图 6-16（a）为某滚降特性，当传输码元间隔为 T 的二进制信号时，试问：

（1）当 $T=0.5$ ms、$T=0.75$ ms 和 $T=1.0$ ms 时是否会引起码间串扰；

（2）对不产生码间串扰的情况，计算频谱利用率。

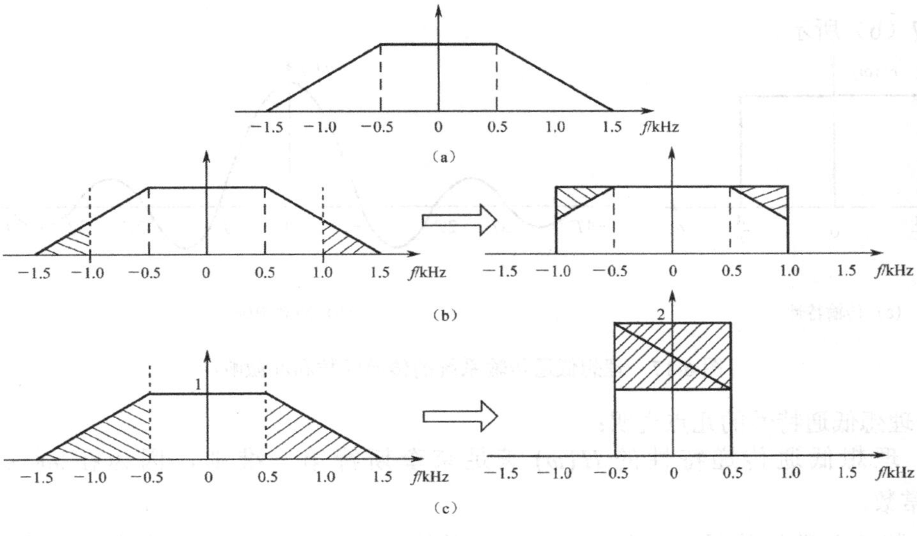

图 6-16　奈奎斯特第一准则应用

【解】 （1）$T=0.5$ ms、$T=0.75$ ms 和 $T=1.0$ ms，即 f_T 分别为 2 kHz、1.33 kHz 和 1 kHz。

根据传输特性即无码间干扰条件，$T=0.5$ ms 和 $T=1.0$ ms 时不会产生码间干扰，叠加之后的等效低通特性分别如图 6-16（b）和（c）所示。$T=0.75$ ms 时不能叠加出理想低通特性，因此会产生码间干扰。

（2）$T=0.5$ ms 时的频谱利用率为：

$$\eta=\frac{R_{\text{B}}}{B}=\frac{f_{\text{S}}}{B}=\frac{2}{1.5}=1.33\ \text{Bd/Hz}$$

$T=1.0$ ms 时的频谱利用率为：

$$\eta=\frac{R_{\text{B}}}{B}=\frac{f_{\text{S}}}{B}=\frac{1}{1.5}=0.67\ \text{Bd/Hz}$$

要求基带传输系统的 $H(\omega)$ 满足奈奎斯特第一准则只是实现无码间串扰的基本要求，下面来具体讨论无码间串扰的传输特性的设计。

6.3.3 无码间串扰的传输函数特性

1．理想低通传输函数

满足奈奎斯特第一准则的 $H(\omega)$ 有很多种，最简单的一种就是 $H(\omega)$ 为理想低通传输系统，其传递函数为

$$H(\omega)=\begin{cases}T, & |\omega|\leqslant \pi/T\\ 0, & |\omega|>\pi/T\end{cases} \tag{6.3-21}$$

如图 6-17（a）所示；它的冲激响应为

$$h(t)=\frac{\sin\frac{\pi}{T}t}{\frac{\pi}{T}t}=\text{Sa}(\pi t/T) \tag{6.3-22}$$

如图 6-17（b）所示。

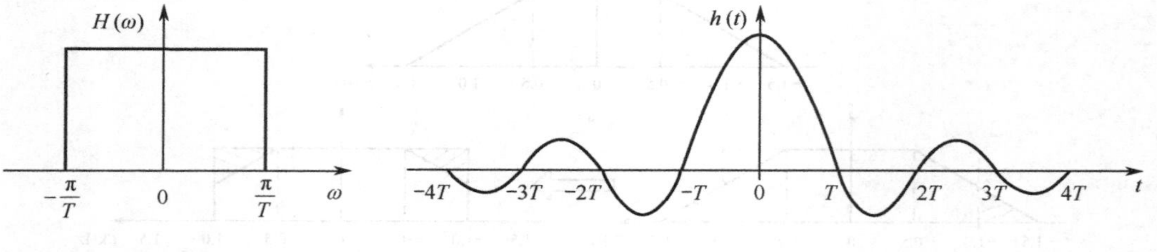

(a) 传输特性　　(b) 冲激响应

图 6-17　理想低通传输系统的传递函数和冲激响应

关于理想低通特性的几点说明：

（1）理想低通传递特性的 $H(\omega)$ 满足奈奎斯特第一准则，因为在 $|\omega|\leqslant\pi/T$ 内，$H(\omega)=$ 常数。

（2）若输入数据信号以波特率 $R_{\text{B}}=1/T$ 传递，则在抽样时刻不存在码间串扰。带宽

$B=\dfrac{\pi}{T}\cdot\dfrac{1}{2\pi}=\dfrac{1}{2T}=\dfrac{R_B}{2}$。此时，基带系统能够提供的最高频带利用率为$\eta=R_B/B=2$ (Bd/Hz)，通常将此带宽 1/(2T)称为奈奎斯特带宽，记为 f_N；将该系统无码间串扰的最高传输速率 $R_B=2f_N$ 称为奈奎斯特速率。

（3）理想低通传输特性尽管满足奈奎斯特第一准则，但仍然存在 $h(t)$拖尾衰减慢的问题，如果接收端抽样时刻稍有偏差，就会出现严重的码间干扰。因此，理想低通型传输特性通常只是作为一个理想的“标准”，以便于进行系统特性的比较。

2．余弦滚降传输函数

对于图 6-15 的过程，可以将 $H(\omega)$ 看成是在一定条件下对 $H_{eq}(\omega)$ 进行“圆滑”的结果。这个限定条件可以用图 6-18 来说明，即 $H(\omega)$ 可以看成是 $H_{eq}(\omega)$ 与 $H'(\omega)$ 的叠加：$H(\omega)=H_{eq}(\omega)+H'(\omega)$。不难看出，图 6-18 中只要 $H(\omega)$ 具有呈奇对称的振幅特性，则 $H(\omega)$ 必满足式（6.3-19）的条件，此时的“圆滑”通常被称为“滚降”。图 6-18 中 W_1 为无滚降（理想低通）时的截止频率，W_1+W_2 为滚降时的截止频率，则用 $\alpha=W_2/W_1$ 的大小来衡量滚降的程度，这里的α 称为滚降系数。

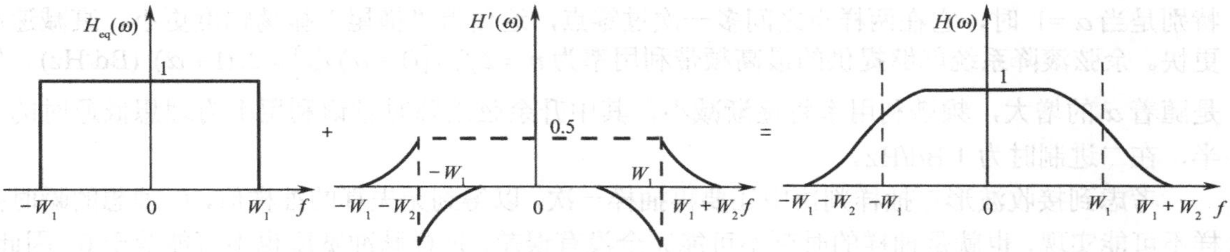

图 6-18　滚降特性的构成

具有“滚降”特性的 $H(\omega)$ 有很多，其中最常用的是余弦滚降，即 $H(\omega)$ 具有余弦波的变化特点，如图 6-19 所示。

余弦滚降可用下式表示：

$$H(\omega)=\begin{cases}1, & 0\leqslant|\omega|\leqslant\dfrac{(1-\alpha)\pi}{T}\\[2ex] 1+\cos\dfrac{T}{2\alpha}\left(\omega-\dfrac{(1-\alpha)\pi}{T}\right), & \dfrac{(1-\alpha)\pi}{T}\leqslant|\omega|\leqslant\dfrac{(1+\alpha)\pi}{T}\\[2ex] 0, & |\omega|\geqslant\dfrac{(1+\alpha)\pi}{T}\end{cases}\tag{6.3-23}$$

在 DVB-S（数字卫星广播系统）中，采用了α=0.35 的余弦滚降滤波；而在 DVB-S2（新一代数字卫星广播标准）中，频谱成形采用α=0.35、0.25、0.2 的余弦滚降滤波。

当α=1 时，式（6.3-23）变为

$$H(\omega)=\begin{cases}1+\cos\dfrac{\omega T}{2}, & |\omega|\leqslant\dfrac{2\pi}{T}\\[2ex] 0, & |\omega|\geqslant\dfrac{2\pi}{T}\end{cases}\tag{6.3-24}$$

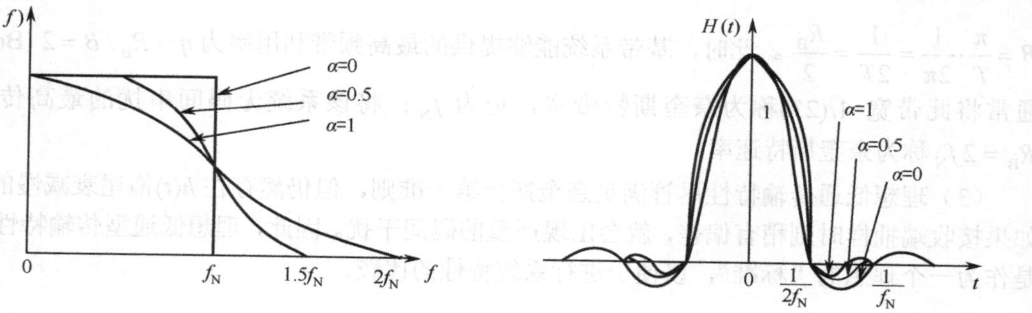

图 6-19　余弦滚降特性

称为升余弦滚降，其 $h(t)$ 可表示为

$$h(t)=\frac{\sin(\pi t/T)}{\pi t/T}\cdot\frac{\cos(\pi t/T)}{1-4t^2/T^2} \tag{6.3-25}$$

由图 6-19 中可以看出，滚降特性所形成的波形 $h(t)$ 除抽样点 $t=0$ 处不为 0 外，其余抽样点上均为 0，并且随着 α 的增大，“拖尾”振荡幅度减小，衰减速度加快。若 $\alpha>0$，$h(t)$ 的尾巴随时间以 $1/t^3$ 衰减，所以在有定时误差时，它在实际采样点引起的码间串扰比 $\alpha=0$ 时的小。特别是当 $\alpha=1$ 时，它在两样点之间多一次过零点，这使得“拖尾”振荡幅度更小，衰减速度更快。余弦滚降系统能够提供的最高频带利用率为 $\eta=2f_{\rm N}/[(1+\alpha)f_{\rm N}]=2/(1+\alpha)$ (Bd/Hz)，但是随着 α 的增大，频谱利用率将逐渐减小，其中升余弦滚降时频谱利用率为理想低通时的一半，在二进制时为 1 Bd/Hz。

考虑到接收波形在抽样判决中还要再抽样一次，以得到无失真的抽样值，而理想的瞬时抽样不可能实现，也就是抽样的时刻不可能完全没有误差，抽样脉冲宽度也不可能等于 0。因此，为了减小抽样定时脉冲误差所带来的影响，滚降系数 α 不能太小。同时，还要考虑频谱利用率不能过低，即占用的频带不能太宽。因此，α 的选择通常为 $0.2\leqslant\alpha\leqslant1$。

6.4　基带传输系统抗噪性能分析

6.3 节主要讨论了无码间串扰的基带传输特性，为了简单起见，在讨论中忽略了噪声的影响。本节将讨论在传输信道中引入噪声时对数字基带信号的影响，同样在讨论噪声的影响时也不考虑码间串扰的作用。

在图 6-11 所示的基带信号传输系统中，接收滤波器有两个作用：一是限制传输信道所引入噪声；二是与发送端波形成形滤波器共同得到所需形状的基带信号波形。从限制传输信道所引入噪声的角度来说，接收滤波器应设计为匹配滤波器（参看 6.8.1 节），以获得最大信噪比。但此时发送端输出波形通常与所需无失真基带信号波形不同。在无线传输系统中，特别是信噪比比较差的情况下，这两个作用必须同时予以考虑，往往在两者之间取一折中。而在有线传输系统中信噪比一般很高，因而无须采用匹配滤波器，接收滤波器的作用主要是有效地利用频带，得到设计所预期的基带信号波形，使码间串扰最小。

假设信道噪声 $n(t)$ 为均值等于 0 的加性高斯白噪声。因为接收滤波器是一个线性网络，故判决电路输入噪声 $n_{\rm r}(t)$ 也是均值为 0 的平稳高斯噪声，且它的功率谱密度为 $P_n(f)=\frac{n_0}{2}|G_{\rm r}(f)|^2$，方差为

$$\sigma_n^2 = \int_{-\infty}^{\infty} \frac{n_0}{2} \left| G_{\mathrm{r}}(f) \right|^2 \mathrm{d}f \tag{6.4-1}$$

$n_{\mathrm{r}}(t)$ 的幅度概率密度函数为

$$f(n) = \frac{1}{\sqrt{2\pi}\sigma} \mathrm{e}^{-n^2/(2\sigma^2)} \tag{6.4-2}$$

其中σ^2为噪声功率，是均方值。

6.4.1　二进制双极性系统

设二进制双极性信号在抽样时刻的电平取值为+A 或-A（分别对应信码“1”或“0”），则在一个码元持续时间内，抽样判决器输入端的（信号+噪声）波形$r(t)$在抽样时刻的取值为

$$r(kT) = \begin{cases} A + n_{\mathrm{r}}(kT), & \text{发送“1”时} \\ -A + n_{\mathrm{r}}(kT), & \text{发送“0”时} \end{cases} \tag{6.4-3}$$

因此，叠加噪声后接收波形$r(t)$的幅度概率密度函数为：

$$p_1(r) = \frac{1}{\sqrt{2\pi}\sigma} \mathrm{e}^{-(r-A)^2/(2\sigma^2)}\text{，发送“1”时} \tag{6.4-4}$$

$$p_0(r) = \frac{1}{\sqrt{2\pi}\sigma} \mathrm{e}^{-(r+A)^2/(2\sigma^2)}\text{，发送“0”时} \tag{6.4-5}$$

图 6-20 中画出了式（6.4-4）、式（6.4-5）所示的概率密度函数。

在-A 到+A 之间选择一个适当的电平 V_{d} 作为判决门限，根据判决规则将会出现以下几种情况：

$$\text{对“1”码}\begin{cases} \text{当} r > V_{\mathrm{d}}, & \text{判为“1”码（正确）} \\ \text{当} r < V_{\mathrm{d}}, & \text{判为“0”码（错误）} \end{cases} \tag{6.4-6}$$

$$\text{对“0”码}\begin{cases} \text{当} r < V_{\mathrm{d}}, & \text{判为“0”码（正确）} \\ \text{当} r > V_{\mathrm{d}}, & \text{判为“1”码（错误）} \end{cases} \tag{6.4-7}$$

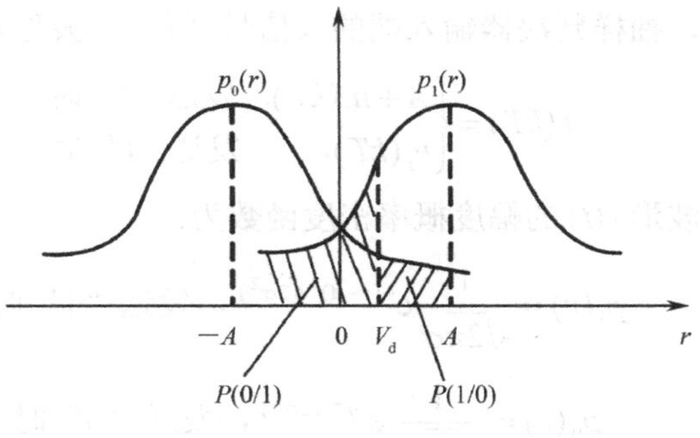

图 6-20　信号+噪声的概率密度曲线

可见，有两种差错形式：发送的“1”码被判为“0”码；发送的“0”码被判为“1 ”码。下面分别计算这两种差错概率。设“0”码错判为“1”码的概率为 P（1/0），“1”码错判为“0”码的概率为 P（0/1），则有

$$\begin{aligned} P(0/1) &= P(x < V_{\mathrm{d}}) = \int_{-\infty}^{V_{\mathrm{d}}} p_1(x)\mathrm{d}x \\ &= \int_{-\infty}^{V_{\mathrm{d}}} \frac{1}{\sqrt{2\pi}\sigma_n} \exp\left(-\frac{(x-A)^2}{2\sigma_n^2}\right)\mathrm{d}x = \frac{1}{2} + \frac{1}{2}\mathrm{erf}\left(\frac{V_{\mathrm{d}} - A}{\sqrt{2}\sigma_n}\right) \end{aligned} \tag{6.4-8}$$

$$P(1/0)=P(x>V_{\mathrm{d}})=\int_{V_{\mathrm{d}}}^{\infty}f_0(x)\mathrm{d}x$$
$$=\int_{V_{\mathrm{d}}}^{+\infty}\frac{1}{\sqrt{2\pi}\sigma_n}\exp\left(-\frac{(x+A)^2}{2\sigma_n^2}\right)\mathrm{d}x=\frac{1}{2}-\frac{1}{2}\mathrm{erf}\left(\frac{V_{\mathrm{d}}+A}{\sqrt{2}\sigma_n}\right) \tag{6.4-9}$$

两种错判概率分别如图 6-20 中阴影部分所示。假设信源发“0”或“1”码的概率分别为 $P(0)$ 和 $P(1)$，则总误比特率为：

$$P_{\mathrm{e}}=P(0)P(1/0)+P(1)P(0/1) \tag{6.4-10}$$

可以看出，误码率与发送概率 $P(1)$、$P(0)$，信号的峰值 A，噪声功率 σ_n^2，以及判决门限电平 V_{d} 有关。因此，在 $P(1)$、$P(0)$ 给定时，误码率最终由 A、σ_n^2 和判决门限 V_{d} 决定。

在 A 和 σ_n^2 一定的条件下，可以找到一个使误码率最小的判决门限电平，称为最佳门限电平。若令 $\dfrac{\partial P_{\mathrm{e}}}{\partial V_{\mathrm{d}}}=0$，则可求得最佳门限电平为：

$$V_{\mathrm{d}}^*=\frac{\sigma_n^2}{2A}\ln\frac{P(0)}{P(1)} \tag{6.4-11}$$

通常 0、1 为等概率，即 $P（0）=P（1）=1/2$，此时，$V_{\mathrm{d}}^*=0$。于是有

$$P_{\mathrm{e}}=\frac{1}{2}[P(1/0)+P(0/1)]=\frac{1}{2}\left[1-\mathrm{erf}\left(\frac{A}{\sqrt{2}\sigma_n}\right)\right]=\frac{1}{2}\mathrm{erfc}\left(\frac{A}{\sqrt{2}\sigma_n}\right) \tag{6.4-12}$$

由式（6.4-12）可见，在发送概率相等，且在最佳门限电平下，双极性基带系统的总误码率仅依赖于信号峰值 A 与噪声均方根值 σ_n 的比值，而与采用什么样的信号形式无关，而且比值 A/σ_n 越大，P_{e} 就越小。

6.4.2 二进制单极性系统

设二进制双极性信号在抽样时刻的电平取值为$+A$ 或 0（分别对应信码“1”或“0”），则在一个码元持续时间内，抽样判决器输入端的（信号+噪声）波形 $r(t)$ 在抽样时刻的取值为

$$r(kT)=\begin{cases}A+n_{\mathrm{r}}(kT), & \text{发送“1”时}\\ n_{\mathrm{r}}(kT), & \text{发送“0”时}\end{cases} \tag{6.4-13}$$

因此，叠加噪声后接收波形 $r(t)$ 的幅度概率密度函数为：

$$p_1(r)=\frac{1}{\sqrt{2\pi}\sigma}\mathrm{e}^{-(r-A)^2/(2\sigma^2)}，\text{发送“1”时} \tag{6.4-14}$$

$$p_0(r)=\frac{1}{\sqrt{2\pi}\sigma}\mathrm{e}^{-r^2/(2\sigma^2)}，\text{发送“0”时} \tag{6.4-15}$$

它们相应的曲线只需将图 6-20 中 $p_0(r)$ 曲线的分布中心由$-A$ 移到 0 即可。这样可求得最佳门限电平为

$$V_{\mathrm{d}}^*=\frac{A}{2}+\frac{\sigma_n^2}{A}\ln\frac{P(0)}{P(1)} \tag{6.4-16}$$

当 $P(0)=P(1)=1/2$ 时，有

$$V_{\mathrm{d}}^*=A/2 \tag{6.4-17}$$

$$P_e = \frac{1}{2}\mathrm{erfc}\left(\frac{A}{2\sqrt{2}\sigma_n}\right) \tag{6.4-18}$$

比较式（6.4-12）和式（6.4-18）可见，当比值 A/σ_n 一定时，双极性基带系统的误码率比单极性的低，抗噪声性能好。此外，在等概条件下，双极性的最佳判决门限电平为 0，与信号幅度无关，因而不随信道特性变化而变，故能保持最佳状态。而单极性的最佳判决门限电平为 $A/2$，信道峰值 A 易受信道特性变化的影响，从而导致误码率增大。由于以上原因，双极性基带系统比单极性基带系统应用更为广泛。

6.5 眼图

一个实际的基带传输系统，尽管经过了十分精心的设计，但要使其传输特性完全符合理想情况是困难的，甚至是不可能的。因此，码间串扰也就不可能完全避免。由前面的讨论知，码间串扰问题与发送滤波器特性、信道特性、接收滤波器特性等因素有关，因而计算由于这些因素所引起的误码率非常困难，尤其在信道特性不能完全确知的情况下，甚至得不到一种合适的定量分析方法。因此，在考虑码间串扰和噪声同时存在的情况下，系统性能的定量分析非常繁杂。

下面介绍利用实验手段能够方便地估计系统性能的一种方法。这种方法的具体做法是：用一个示波器跨接在接收滤波器的输出端，然后调整示波器水平扫描周期，使其与接收码元的周期同步，这时就可以从示波器显示的图形上，观察出码间串扰和噪声的影响，从而估计出系统性能的优劣程度。所谓眼图，就是指示波器显示的基带信号波形，因为在显示二进制信号波形时，它很像人的一只眼睛，故而得名。传输二进制信号时的眼图只有一只“眼睛”，当传输三元码时，会显示两只“眼睛”。不难想到，对于 M 码元则有（M–1）只眼睛。

现在来解释这种观察方法。为了便于理解，暂先不考虑噪声的影响。在无噪声存在的情况下，一个二进制的基带系统将在接收滤波器输出端得到一个基带脉冲的序列。如果基带传输特性是理想的，则将得到如图 6-21（a）所示的无码间串扰的基带脉冲序列；如果基带传输是非理想的，则将得到存在码间串扰的基带脉冲序列，如图 6-21（c）所示。

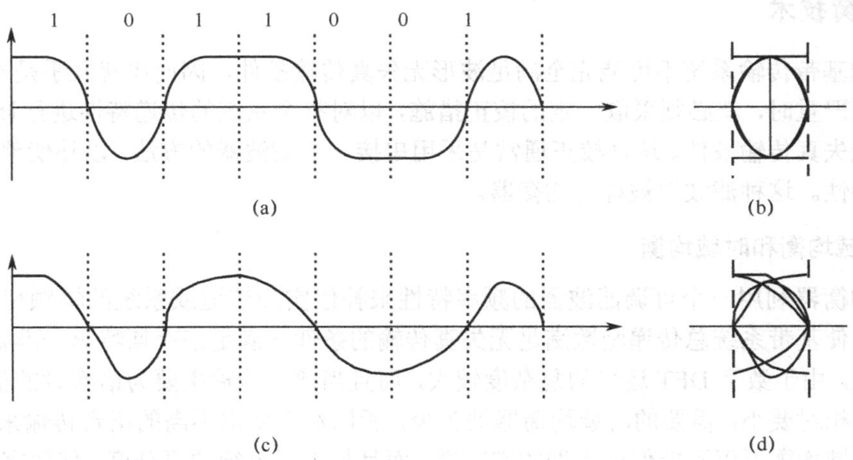

图 6-21　基带信号波形及眼图

现用示波器先观察图 6-21（a）中的波形，并将示波器扫描周期调整到码元的周期 T_S。这时图 6-21（a）中的每一个码元将重叠在一起。尽管图 6-21（a）波形并不是周期的（实际是随机的），但由于荧光屏的余辉作用，仍将若干码元重叠并显示图形。显然，由于图 6-21（a）波形是无码间串扰的，因而重叠的图形都完全重合，故示波器显示的迹线又细又清晰，如图 6-21（b）所示。当观察图 6-21（c）波形时，由于存在码间串扰，示波器的扫描迹线就不完全重合，于是形成的线迹较粗而且也不清晰，如图 6-21（d）所示。

从图 6-21（b）和（d）可以看到，当波形无码间串扰时，眼图像一只完全张开的眼睛，并且眼图中央的垂直线即表示最佳的抽样时刻，取值为±1，眼图中央的横轴位置即为最佳的判决门限电平。当波形存在码间串扰时，在抽样时刻得到的取值不再等于±1，而分布在比 1 小或比−1 大的附近，因而眼图将部分地闭合。由此可见，眼图“眼睛”张开的大小，将反映码间串扰的强弱。

当存在噪声时，噪声叠加在信号上，因而眼图的线迹更不清晰，眼睛张开得就更小。不过应该注意，从图形上并不能观察到随机噪声的全部形态，例如出现机会少的大幅度噪声，由于它在示波器上一晃而过，因而用人眼是观察不到的。所以，在示波器上只能大致估计噪声的强弱。

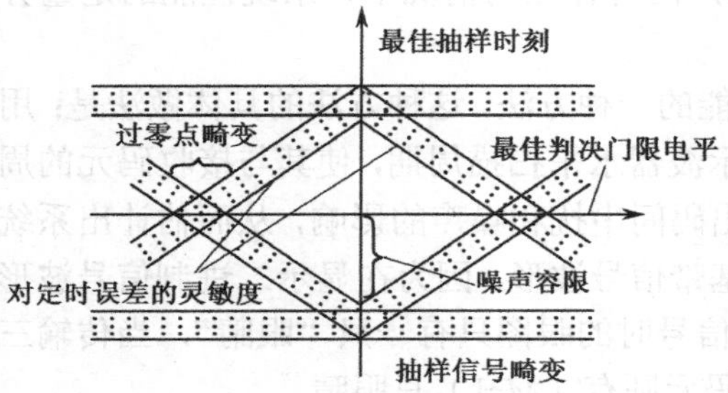

图 6-22　眼图的模型

为了说明眼图和系统性能之间的关系，可以把眼图简化为一个模型，如图 6-22 所示。

图 6-22 含有下列信息：（1）最佳抽样时刻应是眼睛张开最大的时刻；（2）对定时误差的灵敏度可由眼图斜边的斜率决定，斜率越大，对定时误差就越灵敏；（3）图中阴影区的垂直高度表示信号畸变范围；（4）图中央的横轴位置对应判决门限电平；（5）在抽样时刻，上下两阴影区的间隔距离之半为噪声的容限（或称噪声边际），即若噪声瞬时值超过这个容限，就可能发生错误判决。

6.6　信道均衡

6.6.1　均衡技术

实际的基带传输系统不可能完全满足波形无失真传输条件，因而串扰几乎是不可避免的。当串扰现象严重时，就必须采取一定的校正措施，以对整个系统的传递特性进行补偿，使其尽可能接近无失真传输条件。这种校正通常是采用串接一个滤波器的方法，以补偿整个系统的幅频和相频特性。这种滤波器被称为均衡器。

1．频域均衡和时域均衡

频域均衡器利用一个可调滤波器的频率特性来补偿实际信道或系统的幅频特性及相频特性的畸变，使基带系统总传递函数满足无失真传输的条件（满足奈奎斯特第一准则）。对于数字信号来说，由于数字 DFT 运算的复杂度较大，而且当通信传输主要为语音时的信号带宽窄，受到的衰落相对要小，需要的时域均衡器抽头少，所以对于要求不高的语音传输来说，进行分段序列的频域均衡不仅不能保证数据的实时性，而且加大了系统的复杂度，使数字频域均衡的应用一直受到阻碍。

时域均衡器直接校正已失真的时域波形，使基带系统的冲激响应满足无码间串扰条件。由于时域均衡是直接对系统的响应波形进行校正，因而非常适用于数字传输系统；尤其是随着数字信号处理理论和超大规模集成电路的发展，时域均衡已成为如今高速数据传输中所使用的主要方法。

2．自适应均衡器

由于数字通信系统的信道特性具有随机性和时变性（如无线移动通信信道），即信道事先是未知的，信道响应是时变的，这就要求均衡器必须能够实时跟踪数字通信信道的时变特性，可以根据信道响应自动调整抽头系数，这种均衡器称为自适应均衡器。

自适应均衡器一般包括两种模式，即训练模式和跟踪模式，首先发射机发射一个已知的、定长的训练序列，以便接收机的均衡器可以做出正确的设置。在接收用户数据时，均衡器通过递推算法来评估信道特性并修正滤波器系数，以对信道进行补偿。为了保证能有效地消除码间串扰，均衡器需要周期地重复训练。

3．线性均衡和非线性均衡

线性均衡和非线性均衡的主要差别是：如果自适应均衡的判决输出没有被用于均衡器的反馈逻辑中，那么均衡器是线性的；如果判决输出被用于反馈逻辑中并帮助改变了均衡器的后续输出，那么均衡器是非线性的。非线性均衡的优点是对信号幅度畸变有良好的补偿性能，对信号采用的相位不敏感。

4．自适应均衡分类

基于最小均方误差算法的自适应均衡（LMS）、DFE（判决反馈均衡器）和自适应极大似然序列估计（MLSE）（结合了自适应信道估计技术），这 3 种构成了自适应均衡的主要框架。

目前自适应均衡主要发展方向是：各种类型的均衡器相互融合，与通信系统中的其他环节相结合（MLSE 或 DFE 与各种编码调制技术的联合）。

6.6.2　时域均衡原理

时域均衡是利用波形补偿的方式将畸变的波形直接加以校正，从而消除码间干扰降低误码率。时域均衡的优点是不必预先详细知道传输系统的传输特性等性能而通过观察波形来直接进行调节。时域均衡的原理可通过图 6-23 来表述。其中，图（a）是发送的波形，图（b）为接收到的波形。由于传输特性的不理想波形产生了畸变（拖了“尾巴”），在$-NT$，$-(N-1)T$，…，$-T$，T，…，NT 抽样点上将会对其他码元造成串扰。如果在接收到波形的基础上加上一个如图（c）所示的波形，其大小与拖尾波形相等、极性相反，那么这个波形恰好把接收波形中的“尾巴”抵消掉。图（d）为校正后的波形，显然均衡后的波形就不存在码间干扰了。

那么如何才能得到图 6-23（c）的补偿波形？实际上补偿波形可以由接收到的波形经过延时加权来得到。这种具有延时加权功能的时域均衡器，称为横向滤波器。横向滤波器是目前时域均衡中普遍采用的一种，它是由一横向排列的延迟单元 T_s 和抽头系数 C_n 组成的。抽头间隔等于码元周期，每个抽头的延时信号经加权送到一个相加电路汇总后输出，其形式与有限冲激响应滤波器（FIR）相同，如图 6-24 所示。

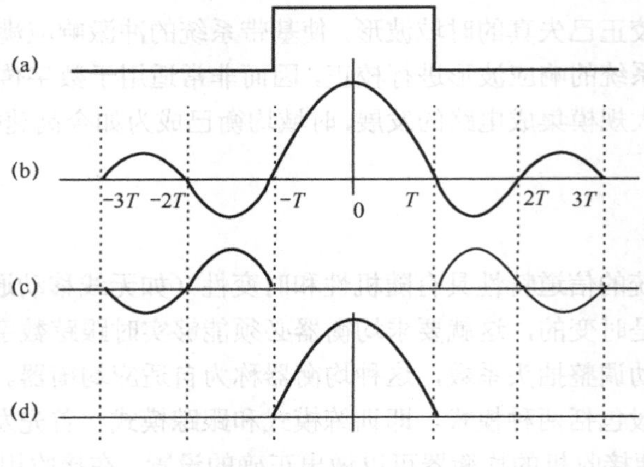

图 6-23　时域均衡示意图

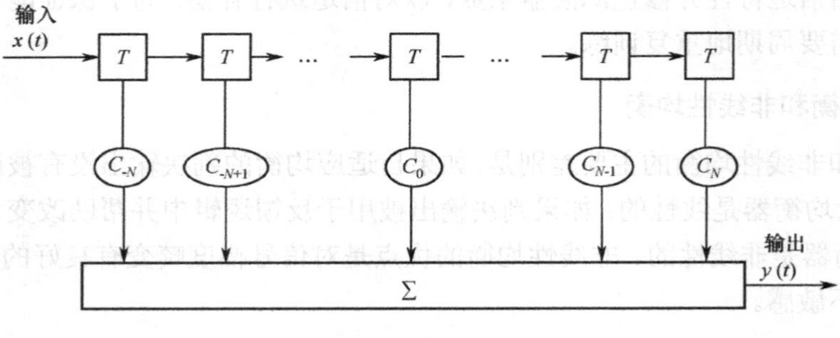

图 6-24　横向滤波器

横向滤波器的相加输出经抽样送往判决电路。每个抽头的加权系数是可调的，设置为可以消除码间串扰的数值。假设有（2N+1）个抽头，加权系数分别为 C_{-N}，C_{-N+1}，…，C_N，T 为一个延迟单元。Σ 是相加器，$y(t)$ 为均衡后的波形。我们知道，一个增益为 1 的延迟单元的传递函数为 $\mathrm{e}^{-\mathrm{j}\omega\tau}$，其中 τ 为延迟时间，则图 6-24 所示的横向滤波器的传递函数为

$$H(\omega)=\sum_{n=-N}^{N} C_n \mathrm{e}^{-\mathrm{j}\omega nT} \tag{6.6-1}$$

其相应的冲激响应为

$$h(t)=\sum_{n=-N}^{N} C_n \delta(t-nT) \tag{6.6-2}$$

显然，均衡器的输出 $y(t)$ 为输入信号 $x(t)$ 与横向滤波器的冲激响应 $h(t)$ 的卷积，即

$$y(t)=x(t)*h(t)=\sum_{n=-N}^{N} C_n x(t-nT) \tag{6.6-3}$$

如果第 k 个码元的抽样时间为 $t=t_0+kT$，则 $y(t)$ 的抽样值为

$$y(t_0+kT)=\sum_{n=-N}^{N} C_n x[t_0+(k-n)T] \tag{6.6-4}$$

或简写成

$$y_k=\sum_{n=-N}^{N} C_n x_{k-n} \tag{6.6-5}$$

式（6.6-5）表明，均衡器在第 k 个码元的抽样值 y_k 由（2N+1）个 C_n 与 x_{k-n} 的乘积之和来确定。根据时域均衡的目的和要求可知，期望均衡后的输出应达到：在抽样时刻 $t=t_0$（$k=0$）

时，原信号加补偿信号后其和信号有值，而在其他抽样时刻，y_k 都应为零。已知 $x(t)$ 是输入序列，它通常是给定的（当然 x_{k-n} 的序列值也是确定的）。显然，通过调节 C_n 使某一特定的 y_k 等于 0 是容易做到的，但是，要做到除 $k=0$ 以外的所有 y_k 都等于 0 很难。例如，若输入序列为 $x_{-1}=1/3, x_0=1$，$x_{+1}=1/2$，横向滤波器为有限个抽头（如 3 个抽头），其抽头系数 C_n 为 $C_{-1}=-1/3, C_0=1$，$C_{+1}=-1/2$，则均衡器的输出为

$$y(t)=C_{-1}x(t+T)+C_0x(t)+C_{+1}x(t-T) \tag{6.6-6}$$

根据式（6.6-6）可得到：$y_{-2}=-1/9$，$y_{-1}=0$，$y_0=2/3$，$y_{+1}=0$，$y_{+2}=-1/4$。可以看到，输出序列比输入序列长。除了 y_0 外，可以得到 y_{-1}和y_{+1} 均为 0，但 y_{-2}和y_{+2} 却不为 0。理论证明，当横向滤波器的抽头为有限时，均衡不可能完全消除码间串扰，增大横向滤波器长度 N，可使码间串扰减到任意小。当 $N\to\infty$时，可完全消除码间串扰。横向滤波器的特性完全取决于各抽头系数，而抽头系数的确定则依据均衡所要达到的效果。

6.6.3　均衡准则与实现

如上所述，有限长横向滤波器不可能完全消除码间串扰，为了衡量滤波器均衡的效果，需要建立度量均衡效果的标准。通常采用峰值失真和均方失真来衡量。

1. 峰值畸变准则和迫零算法

峰值畸变的定义为

$$D_{\mathrm{p}}=\frac{1}{y_0}\sum_{\substack{k=-\infty\\k\neq0}}^{\infty}|y_k| \tag{6.6-7}$$

式中，y_0 为 k=0 时刻的均衡器输出抽样值；$\sum\limits_{\substack{k=-\infty\\k\neq0}}^{\infty}|y_k|$ 是除 k=0 外的所有抽样时刻得到的码间串扰最大值。峰值畸变 D_{p} 表示所有抽样时刻上得到的码间串扰最大可能值（峰值）与 k=0 时刻的样值之比。显然，D_{p} 值越小，均衡效果越好；如果能做到除 $k=0$ 外所有 $y_k=0$，则峰值畸变 $D_{\mathrm{p}}=0$，这时也就完全消除了码间串扰。

为了讨论方便，将 y_k 归一化，并令 $y_0=1$，由式（6.6-5）知

$$y_0=y(t_0)=\sum_{n=-N}^{N}C_nx_{-n}=1 \tag{6.6-8}$$

或写成如下形式：

$$y_0=C_0x_0+\sum_{\substack{n=-N\\n\neq0}}^{N}C_nx_{-n}=1 \tag{6.6-9}$$

若令 $x_0=1$，则由式（6.6-9）可得

$$C_0=1-\sum_{\substack{n=-N\\n\neq0}}^{N}C_nx_{-n} \tag{6.6-10}$$

将式（6.6-10）代入式（6.6-5）得

$$y_k=\left(1-\sum_{\substack{n=-N\\n\neq0}}^{N}C_nx_{-n}\right)x_k+\sum_{\substack{n=-N\\n\neq0}}^{N}C_nx_{k-n}=\sum_{\substack{n=-N\\n\neq0}}^{N}C_n\left(x_{k-n}-x_{-n}x_k\right)+x_k \tag{6.6-11}$$

再将式（6.6-11）代入式（6.6-7）可得峰值畸变

$$D_{\mathrm{p}}=\sum_{\substack{k=-\infty\\k\neq0}}^{\infty}\left|\sum_{\substack{n=-N\\n\neq0}}^{N}C_n\left(x_{k-n}-x_{-n}x_k\right)+x_k\right| \tag{6.6-12}$$

由此可见，D_{p} 是输入序列 x_k 和各抽头增益 C_n（C_0 除外）的函数，当输入序列已定的情况下，D_{p} 只与各抽头增益 C_n 有关。由于码间串扰是由传输中码的拖尾造成的，一般在本码元附近影响严重，而离该码元越远，影响越小。当 N 足够大，调节 C_n 满足如下方程组，即可达到峰值畸变最小：

$$\begin{cases}y_{-N}=x_0C_{-N}+x_{-1}C_{-N+1}+\cdots x_{-N}C_0+\cdots x_{-2N}C_N=0\\ \quad\vdots\\ y_0=x_NC_{-N}+x_{N-1}C_{-N+1}+\cdots x_0C_0+\cdots x_{-N}C_N=1\\ \quad\vdots\\ y_N=x_{2N}C_{-N}+x_{2N-1}C_{-N+1}+\cdots x_NC_0+\cdots x_0C_N=0\end{cases} \tag{6.6-13}$$

可以将式（6.6-13）写成矩阵形式，有

$$\begin{bmatrix}x_0 & x_{-1} & \cdots & x_{-2N}\\ \vdots & \vdots & & \vdots\\ x_N & x_{N-1} & \cdots & x_{-N}\\ \vdots & \vdots & & \vdots\\ x_{2N} & x_{2N-1} & \cdots & x_0\end{bmatrix}\begin{bmatrix}C_{-N}\\ C_{-N+1}\\ \vdots\\ C_0\\ \vdots\\ C_{N-1}\\ C_N\end{bmatrix}=\begin{bmatrix}0\\ \vdots\\ 0\\ 1\\ 0\\ \vdots\\ 0\end{bmatrix} \tag{6.6-14}$$

这就是说，调整 $2N$ 个抽头增益 C_n（C_0 除外），迫使均衡器输出的各个抽样值 y_k 等于零，就达到了均衡调整的最佳状态。通常把这种调整叫作迫零调整。

【例 6-4】 设计一个具有 3 个抽头的迫零均衡器，以减小码间串扰。已知 x_{-2}=0.1，x_{-1}=−0.2，x_0=1，x_1=0.1，x_2=0，求 3 个抽头的系数，并计算均衡前后的峰值失真。

【解】 根据式（6.6-14）和 $2N+1=3$，列出矩阵方程为

$$\begin{bmatrix}x_0 & x_{-1} & x_{-2}\\ x_1 & x_0 & x_{-1}\\ x_2 & x_1 & x_0\end{bmatrix}\begin{bmatrix}C_{-1}\\ C_0\\ C_1\end{bmatrix}=\begin{bmatrix}0\\ 1\\ 0\end{bmatrix}$$

将样值代入上式，可列出方程组

$$\begin{cases}C_{-1}-0.2C_0+0.1C_1=0\\ 0.1C_{-1}+C_0-0.2C_1=1\\ 0.1C_0+C_1=0\end{cases}$$

解联立方程可得

$$C_{-1}=0.201\,73,\quad C_0=0.960\,6,\quad C_1=-0.096\,06,$$

然后通过公式

$$y_k=\sum_{i=-N}^{N}C_ix_{k-i}$$

可算出

$$y_{-1}=0,\quad y_0=1,\quad y_1=0$$
$$y_{-3}=0.020\,16,\quad y_{-2}=0.055\,7,\quad y_2=-0.009\,6,\quad y_3=0$$

输入峰值失真为

$$D_0=\frac{1}{x_0}\sum_{\substack{k=-\infty\\k\neq 0}}^{\infty}|x_k|=0.4$$

输出峰值失真为

$$D=\frac{1}{y_0}\sum_{\substack{k=-\infty\\k\neq 0}}^{\infty}|y_k|=0.086\,9$$

通过比较可知，均衡后的峰值失真减小至 1/4.6。

通常在实际应用中，N 不可能取无穷大，且信道的特性是变化的。因此，要使均衡器处于最佳状态，就必须随时调整抽头增益 C_n，故均衡往往是自动的。一般自动均衡器包括两部分：横向滤波器和自动控制。按其方法可分预置式均衡和自适应均衡。

预置式均衡是在正常传输数据之前，先传输预定的测试脉冲，接收端自动调整各抽头增益，当调整好后再传送数据；而自适应均衡不用预先发测试脉冲，调整抽头增益的控制信号是从数字信号中提取的。

图 6-25 示出了一个三抽头的自适应均衡器的原理框图。其中并/串转换的位数为 $\log_2 L$ 位，L 为发送信号的电平数；A/D 变换器则为 $n=\log_2 L+1$ 位。A/D 变换器的第一位输出码表示抽样值的极性，第 n 位则反映了误差信息。信号极性经移位寄存器与误差的极性用模 2 和求相关后送入可逆计数器进行统计，当可逆计数器溢出或退尽时控制抽头增益的增减。图 6-25 中所示为四电平系统。

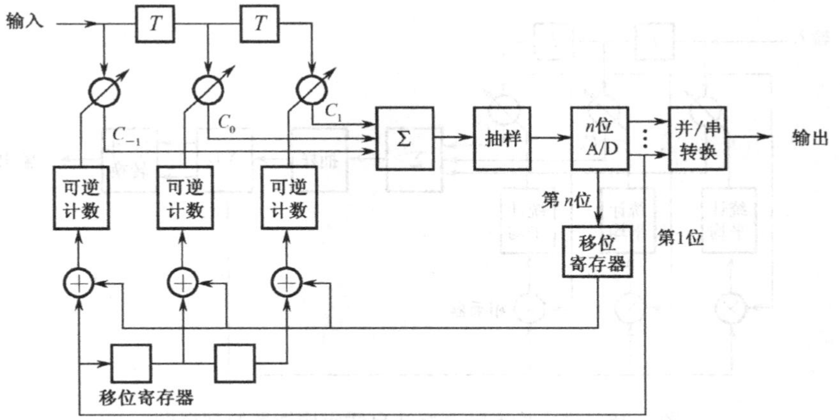

图 6-25　迫零算法自适应均衡器

2．最小均方失真准则

度量均衡效果的另一标准为均方失真，它的定义是

$$e^2=\frac{1}{y_0}\sum_{\substack{k=-\infty\\k\neq 0}}^{\infty}y_k^2 \tag{6.6-15}$$

式中，y_k 为均衡后冲激响应的抽样值。在自适应均衡时，均衡器的输出波形不再是单脉冲冲激响应，而是实际的数据信号，此时误差信号为

$$e_k = y_k - \delta_k \tag{6.6-16}$$

式中，δ_k 为所发送的幅度电平。均方畸变定义为

$$\overline{e^2} = \sum_{k=-N}^{N}(y_k - \delta_k)^2 \tag{6.6-17}$$

式中，$\overline{e^2}$ 表示均方误差的时间平均。

以最小均方畸变为准则时，均衡器应调整它的各抽头系数，使它们满足

$$\frac{\partial \overline{e^2}}{\partial C_i} = 0, \qquad i = \pm 1, \pm 2, \cdots, \pm N \tag{6.6-18}$$

由式（6.6-18）得

$$\frac{\partial \overline{e^2}}{\partial C_i} = 2\sum_{k=-N}^{N}(y_k - \delta_k)\frac{\partial y_k}{\partial C_i} \tag{6.6-19}$$

将式（6.6-5）、式（6.6-16）代入式（6.4-19）可得

$$\frac{\partial \overline{e^2}}{\partial C_i} = 2\sum_{k=-N}^{N} e_k x_{k-i}, \qquad i = \pm 1, \pm 2, \cdots, \pm N \tag{6.6-20}$$

由式（6.6-20）可知，当误差信号与输入抽样值的互相关为零时，抽头系数为最佳值。与迫零算法时相同，在最小均方误差算法中抽头系数的调整过程也可以采用迭代的方法，在每个抽样时刻抽头系数可以刷新一次，增或减一个步长。最小均方畸变算法可以用于预置式均衡器，也可以用于自适应均衡器。图 6-26 示出一个三抽头最小均方畸变算法的自适应均衡器原理框图，其中“统计平均”采用可逆计数器。

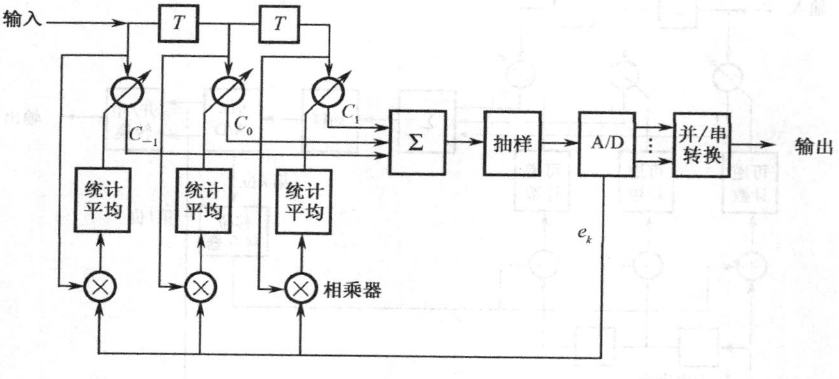

图 6-26　最小均方畸变算法自适应均衡器原理框图

理论分析和实验表明，最小均方误差算法比最小峰值畸变算法（即迫零算法）的收敛性好，调整时间短。

由于自适应均衡器的各抽头系数可随信道特性的时变而自适应调节，故调整精度高，不需预调时间。在高速数传系统中，普遍采用自适应均衡器来克服码间串扰。在实际系统中预置式均衡器常常与自适应均衡器混合使用。这是因为在上述自适应均衡器中误差信号是在有串扰和噪声情形下得到的，这在恶劣信道时会使收敛性变坏。作为一种解决办法，可以先进行预置式

均衡，然后转入自适应均衡。

自适应均衡器还有多种实现方案，经典的自适应均衡器准则或算法有：迫零算法（ZF）、最小均方误差算法（LMS）、递推最小二乘算法（RLS）、卡尔曼算法等。

另外，上述均衡器属于线性均衡器（因为横向滤波器是一种线性滤波器），它对于像电话线这样的信道来说性能良好；而对于无线信道传输，当信道严重失真造成的码间串扰以致线性均衡器不易处理时，可采用非线性均衡器，如判决反馈均衡（DFE）、最大似然序列估计、最大似然符号估计等，其中判决反馈均衡被证明是解决该问题的一个有效方法。

6.7 部分响应系统

本章 6.3 节我们讨论了无码间串扰的基带传输系统的设计，理想低通传输特性的频带利用率可达基带系统的理论极限值 2 Bd/Hz，但它不能在物理上实现，且响应波形 $\sin x/x$ 的尾巴振荡幅度大、收敛慢，从而对定时要求十分严格；升余弦滚降传输特性虽然能解决理想低通存在的问题，但代价是所需的频带加宽，频带利用率下降。能否找到频带利用率既高又能使尾巴衰减大的传输波形呢？奈奎斯特第二准则说：人为地、有规律地在码元抽样时刻引入码间串扰，并在接收端判决前加以消除，可以达到改善频谱特性、压缩传输频带、使频带利用率达到最大，以及加速传输波形尾巴的衰减和降低对定时精度的要求等目的，通常将这种波形称为部分响应波形。利用部分响应波形传输的基带系统称为部分响应系统。

部分响应系统的基本设计思想是：在既定的信息传输速率下，采用相关编码法，在前后符号之间注入相关性，用来改变信号波形的频谱特性，使得所传输信号波形的频谱变窄，以达到提高频带利用率的目的。该系统利用相关编码使基带系统既物理可实现又可达到奈氏带宽的要求，但是另一方面相关编码会使基带传输系统在收端采样时刻引入码间串扰，然而此码间串扰是受控的、已知的，所以在收端检测时可解除其相关性，恢复原始数字序列。这种部分响应系统能够达到理论上的最大频带利用率 2 Bd/Hz。

1. 第 I 类部分响应波形

由前面的讨论得知，理想低通的响应波形呈 $(\sin x)/x$ 形状，这种波形“拖尾”很严重。可以发现，相距 1 个码元间隔的两个 $(\sin x)/x$ 波形的“拖尾”刚好正负相反，利用这样的波形组合可以构成“拖尾”衰减很快的脉冲波形，因此可用两个间隔为 1 个码元长度 T 的 $(\sin x)/x$ 的合成波形来代替 $(\sin x)/x$，如图 6-27（a）所示。其相加的结果 $g(t)$ 可表示为

$$\begin{aligned} g(t) &= \frac{\sin[2\pi B(t+T/2)]}{2\pi B(t+T/2)} + \frac{\sin[2\pi B(t-T/2)]}{2\pi B(t-T/2)} \\ &= \frac{\sin\left[\frac{\pi}{T}(t+\frac{T}{2})\right]}{\frac{\pi}{T}(t+\frac{T}{2})} + \frac{\sin\left[\frac{\pi}{T}(t-\frac{T}{2})\right]}{\frac{\pi}{T}(t-\frac{T}{2})} \\ &= \frac{4}{\pi}\cdot\frac{\cos(\pi t/T)}{1-4t^2/T} \end{aligned} \tag{6.7-1}$$

式中，B 为奈奎斯特频率间隔，$B=1/(2T)$。

由傅里叶变换可得出 $g(t)$ 的频谱函数 $G(\omega)$ 为

$$G(\omega)=\begin{cases}2T\cos(\omega t/2), & |\omega|\leqslant \pi/T\\ 0, & |\omega|>\pi/T\end{cases} \tag{6.7-2}$$

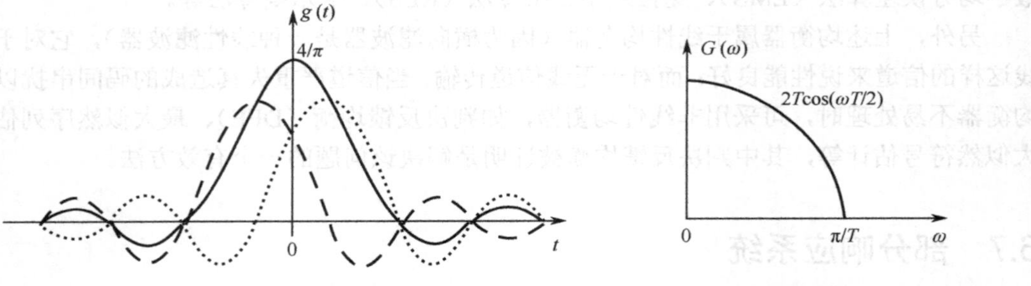

(a) 冲激响应　　　　(b) 频谱特性

图 6-27　部分响应波形及其频谱

显然，这个 $G(\omega)$是呈余弦型的，如图 6-27（b）所示。

根据式（6.7-1）、式（6.7-2）以及图 6-27，可以得出 $g(t)$具有以下特点：

（1）$g(t)$的"拖尾"幅度随 t^2 下降，说明它比 $(\sin x)/x$ 波形收敛快，衰减大。这是因为，相距 1 个码元间隔的两个 $(\sin x)/x$ 波形的"拖尾"正负相反而相互抵消，使得合成波形的"拖尾"衰减速度加快了。

（2）$g(t)$的频谱限制在（$-B$，$+B$）内，即与理想低通时的一样，这是因为两个相加波形均限制在这个范围内。

（3）$g(t)$除了在相邻的取样时刻 $t=\pm T/2$ 处 $g(t)$=1 外，在其余的取样时刻具有等间隔 T 的零点。若用 $g(t)$作为传送波形且传送码元间隔为 T，则在抽样时刻仅发生发送码元与其前后码元相互串扰，而与其他码元不发生串扰。表面上看，前后码元间的串扰很大，但实际上这种串扰是确定的。由图 6-27 可以看出，后一个码元上的串扰是由前一个码元被延时后所致，因此当前一个码元被正确接收后，只要将后一个码元的抽样结果减去前一个码元，就可消除串扰，正确还原出后一个码元。

设输入的二进制码元序列为 $\{a_k\}$，并设 a_k 的取值为+1 和−1（分别对应于"1"和"0"）。这样，当发送码元 a_k 时，接收波形 $g(t)$在相应时刻（第 k 时刻）的抽样值 c_k 由下式确定：

$$c_k = a_k + a_{k-1} \tag{6.7-3}$$

或

$$a_k = c_k - a_{k-1} \tag{6.7-4}$$

式中，a_{k-1} 是 a_k 的前一码元在第 k 时刻的抽样值（即串扰值）。

由于串扰值和信码抽样值相等，因此 $g(t)$的抽样值将有−2、0、+2 三种取值，即成为伪三进制序列。如果前一码元 a_{k-1} 已经接收判定，则接收端可根据收到的 c_k，由式（6.7-4）得到 a_k 的取值。因为 a_k 的恢复不仅仅由 c_k 来确定，而是必须参考前一码元 a_{k-1} 的判决结果，如果$\{C_k\}$序列中某个抽样值因干扰而发生差错，则不但会造成当前恢复的 a_k 值错误，而且还会影响到以后所有的 a_{k+1}，a_{k+2}，…的正确判决，出现一连串的错误。这一现象叫差错传播。

差错传播主要是由于控制地引入码间串扰时，将本来前后独立的码元变成了相关码元，即式（6.7-3）为相关编码，下面举例来说明。

输入信码	1	0	1	1	0	0	0	−1	0	1	1
发送端$\{a_k\}$	+1	−1	+1	+1	−1	−1	−1	+1	−1	+1	+1
发送端$\{c_k\}$		0	0	+2	0	−2	−2	0	0	0	+2
接收端$\{c_k'\}$		0	0	+2	0	−2	0	0	0	0	+2
恢复的$\{a_k'\}$	+1	−1	+1	+1	−1	−1	+1	−1	+1	−1	+3

由此来看，部分响应传输方式失去了实用的意义。为了解决上述问题，在相关编码前加入差分编码电路，即使相关编码器的输入为相对码。设 a_k 为绝对码，b_k 为相对码，则差分编译码的逻辑关系为

$$b_k = a_k \oplus b_{k-1} \tag{6.7-5}$$

然后进行相关编码：

$$c_k = b_k + b_{k-1}$$

在接收端进行模 2 判决：

$$[c_k]_{\mathrm{mod2}} = [b_k + b_{k-1}]_{\mathrm{mod2}} = b_k \oplus b_{k-1} = a_k \tag{6.7-6}$$

上式表明，对接收到的 c_k 进行模 2 处理便得到发送端的 a_k，此时不需要预先知道 a_{k-1}，因而不存在错误传播现象。这是因为，预编码后信号的各抽样值之间解除了相关性。

因此，整个上述处理过程可概括为“预编码—相关编码—模 2 判决”的过程，这属于第 I 类部分响应系统，其组成框图如图 6-28 所示。

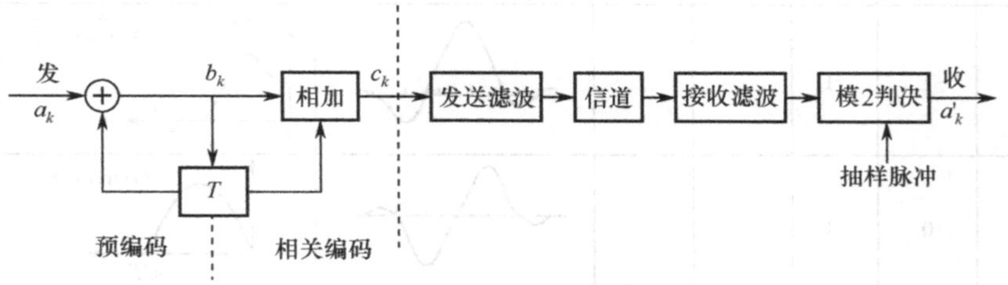

图 6-28　第 I 类部分响应系统组成框图

2．部分响应波形的一般形式

部分响应波形的一般形式可以是 N 个 $(\sin x)/x$ 波形之和，其表达式为

$$g(t) = r_0 \frac{\sin\left[\frac{\pi}{T}\left(t - \frac{T}{2}\right)\right]}{\frac{\pi}{T}\left(t - \frac{T}{2}\right)} + r_1 \frac{\sin\left[\frac{\pi}{T}\left(t + \frac{T}{2}\right)\right]}{\frac{\pi}{T}\left(t + \frac{T}{2}\right)} + r_2 \frac{\sin\left[\frac{\pi}{T}\left(t + \frac{3T}{2}\right)\right]}{\frac{\pi}{T}\left(t + \frac{3T}{2}\right)} + \cdots + r_N \frac{\sin\left[\frac{\pi}{T}\left(t + \frac{2N-1}{2}T\right)\right]}{\frac{\pi}{T}\left(t + \frac{2N-1}{2}T\right)} \tag{6.7-7}$$

其中加权系数 r_0，r_1，r_2，…，r_N 为整数。式（6.7-7）所示部分响应波形的频谱函数为

$$G(\omega) = \begin{cases} T\sum\limits_{k=0}^{N} r_k \mathrm{e}^{-\mathrm{j}\omega T(2k-1)/2}, & |\omega| \leqslant \pi/T \\ 0, & |\omega| > \pi/T \end{cases} \tag{6.7-8}$$

表 6-1 中示出了 5 类部分响应信号的波形、频谱特性及加权系数 r_k，分别命名为第 I、II、III、IV、V 类部分响应信号。为了便于比较，把具有 $(\sin x)/x$ 波形的理想低通也列在表内，并

称为第 0 类。可见，本节讨论的例子属于第 I 类。各类部分响应信号的频谱均不超过理想低通信号的频谱宽度，但它们的频谱结构相对邻近码元抽样时刻的串扰不同。目前应用最广的是第 I 类部分响应信号和第Ⅳ类部分响应信号，前者的频谱能量主要集中在低频段，适用于传输系统中信道频带在高端严重受限的情况。第 I 类部分响应信号又称为双二进制编码信号。第Ⅳ类部分响应信号具有无直流分量且低频分量很小的特点。由表 6-1 可知，第 I、Ⅳ类部分响应信号的抽样值电平数比其他类别要少，这也是它们得到广泛应用的原因之一。当输入为 L 进制信号时，经部分响应传输系统得到的第 I、Ⅳ类部分响应信号，其电平数为（$2L-1$）。

表 6-1　5 类部分响应波形、加权系数和频谱特性的比较

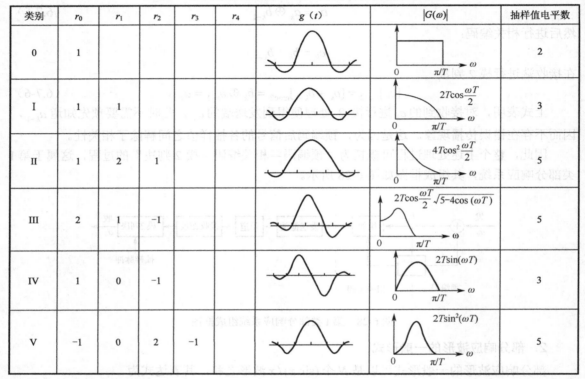

类别	r_0	r_1	r_2	r_3	r_4	$g(t)$	$\|G(\omega)\|$	抽样值电平数
0	1					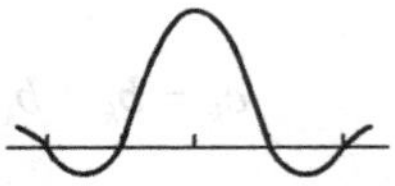	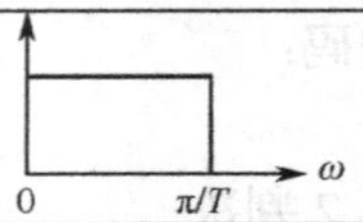	2
I	1	1				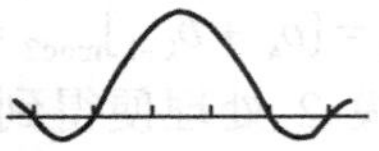	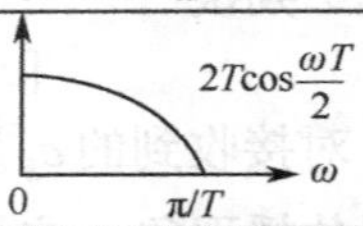	3
II	1	2	1			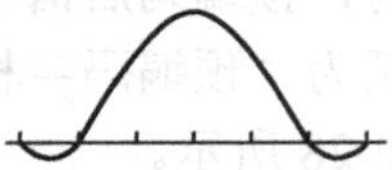	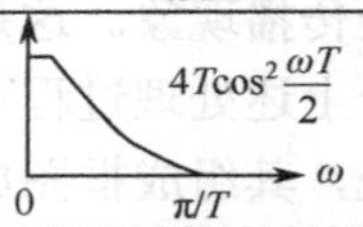	5
III	2	1	−1			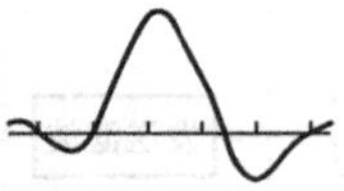	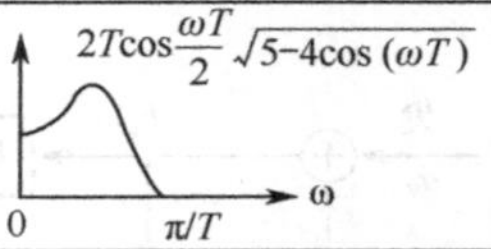	5
IV	1	0	−1			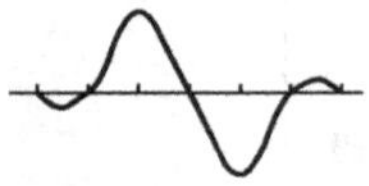	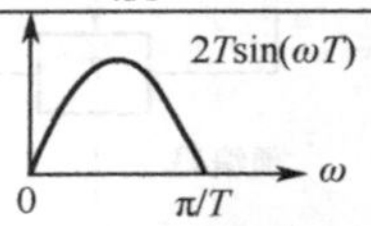	3
V	−1	0	2	−1		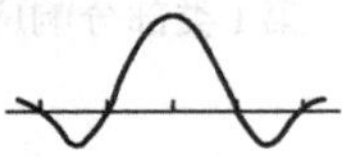	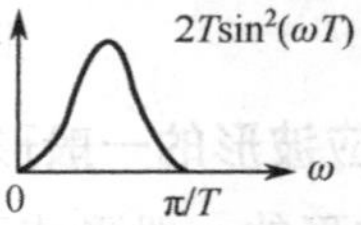	5

总之，采用部分响应系统的优点是，能实现 2 Bd/Hz 的频带利用率，且传输波形的“尾巴”衰减大、收敛快。部分响应系统的缺点是当输入数据为 L 进制时，部分响应波形的相关编码电平数要超过 L 个。因此，在同样输入信噪比条件下，部分响应系统的抗噪声性能要比理想低通系统差。

6.8　最佳基带传输系统

6.8.1　匹配滤波器

在数字通信系统中，滤波器是其中重要的部件之一，滤波器特性的选择直接影响数字信号的恢复。在数字信号接收中，滤波器的作用有两个方面：①使滤波器输出有用信号成分尽可能强；②抑制信号带外噪声，使滤波器输出噪声成分尽可能小，减小噪声对信号判决的影响。

对最佳线性滤波器的设计有两种准则：一种是使滤波器输出的信号波形与发送信号波形之间的均方误差最小，由此而导出的最佳线性滤波器称为维纳滤波器；

另一种是使滤波器输出信噪比在某一特定时刻达到最大，由此而导出的最佳线性滤波器称为匹配滤波器。

在数字通信理论、信号最佳接收理论以及雷达信号的检测理论等方面，匹配滤波器均有重要意义。本节介绍匹配滤波器的基本原理和主要性质。

设线性滤波器输入端加入信号与噪声的混合波形为 $x(t)=s(t)+n(t)$，并假定噪声为白噪声，其功率谱密度 $P_n(\omega)=n_0/2$，而信号 $s(t)$ 的频谱函数为 $S(\omega)$，即 $s(t)\Leftrightarrow S(\omega)$。现在求线性滤波器能够在某时刻 t_0 上有最大的信号瞬时功率与噪声平均功率的比值，也就是确定在上述最大输出信噪比准则下的最佳线性滤波器的传输特性 $H(\omega)$。

根据线性滤波器的线性叠加原理，$H(\omega)$ 的输出 $y(t)$ 也包含有信号与噪声两部分：

$$y(t)=s_o(t)+n(t) \tag{6.8-1}$$

式中，

$$s_o(t)=s(t)*h(t)=\frac{1}{2\pi}\int_{-\infty}^{\infty}H(\omega)S(\omega)e^{j\omega t}d\omega \tag{6.8-2}$$

输出噪声的功率谱密度为

$$P_{no}(\omega)=\frac{n_0}{2}\cdot|H(\omega)|^2$$

输出噪声平均功率 N_o 为

$$N_o=\frac{1}{2\pi}\int_{-\infty}^{\infty}\frac{n_0}{2}\cdot|H(\omega)|^2d\omega=\frac{n_0}{4\pi}\int_{-\infty}^{\infty}|H(\omega)|^2d\omega \tag{6.8-3}$$

令 t_0 为某一指定的时刻，则线性滤波器输出信号瞬时功率与噪声平均功率之比（SNR）为

$$\mathrm{SNR}=\frac{|s_o(t_0)|^2}{N_o}=\frac{\left|\dfrac{1}{2\pi}\int_{-\infty}^{\infty}H(\omega)S(\omega)e^{j\omega t}d\omega\right|^2}{\dfrac{n_0}{4\pi}\int_{-\infty}^{\infty}|H(\omega)|^2d\omega} \tag{6.8-4}$$

显然，寻求最大 SNR 的线性滤波器传递函数是我们的目的。这个问题可以用变分法或用施瓦兹（Schwarz）不等式加以解决。这里是用施瓦兹不等式的方法来求解。施瓦兹不等式表明，两个函数乘积的积分有如下性质：

$$\left|\int_{-\infty}^{\infty}X(\omega)Y(\omega)d\omega\right|^2\leqslant\int_{-\infty}^{\infty}|X(\omega)|^2d\omega\cdot\int_{-\infty}^{\infty}|Y(\omega)|^2d\omega \tag{6.8-5}$$

要使该不等式成为等式，只有当下式成立时：

$$X(\omega)=KY^*(\omega) \tag{6.8-6}$$

式中，K 为常数。现在把上述不等式用于式（6.8-4）的分子中，并令

$$X(\omega)=H(\omega),\qquad Y(\omega)=S(\omega)e^{j\omega t_0}$$

则可得

$$\mathrm{SNR}\leqslant\frac{\dfrac{1}{4\pi^2}\int_{-\infty}^{\infty}|H(\omega)|^2d\omega\int_{-\infty}^{\infty}|S(\omega)|^2d\omega}{\dfrac{n_0}{4\pi}\int_{-\infty}^{\infty}|H(\omega)|^2d\omega}=\frac{\dfrac{1}{2\pi}\int_{-\infty}^{\infty}|S(\omega)|^2d\omega}{\dfrac{n_0}{2}}=\frac{2E}{n_0} \tag{6.8-7}$$

式中，E 是信号 $S(t)$的总能量，即

$$E = \frac{1}{\pi}\int_0^{\infty}|S(\omega)|^2 \mathrm{d}\omega$$

式（6.8-7）说明，线性滤波器所能给出的最大输出信噪比为$\mathrm{SNR} = 2E/n_0$，它出现于式（6.8-6）成立时，即这时

$$H(\omega) = KS^*(\omega)\mathrm{e}^{-\mathrm{j}\omega t_0} \tag{6.8-8}$$

式中，$S^*(\omega)$为$S(\omega)$的复共轭。式（6.8-8）就是最佳线性滤波器的传输特性。

由此得到结论：在白噪声干扰背景下，按式（6.8-8）设计的线性滤波器将能在给定时刻t_0上获得最大的输出信噪比（$2E/n_0$），这种滤波器就是最大信噪比意义下的最佳线性滤波器。因其传输特性与信号频谱的复共轭相一致（除相乘因子$\mathrm{e}^{-\mathrm{j}\omega t_0}$外），故又称为匹配滤波器。

匹配滤波器的传输特性$H(\omega)$当然还可用它的冲激响应$h(t)$来表示，这时有

$$\begin{aligned} h(t) &= \frac{1}{2\pi}\int_{-\infty}^{\infty} H(\omega)\mathrm{e}^{\mathrm{j}\omega t}\mathrm{d}\omega = \frac{1}{2\pi}\int_{-\infty}^{\infty} KS^*(\omega)\mathrm{e}^{-\mathrm{j}\omega t_0}\mathrm{e}^{\mathrm{j}\omega t}\mathrm{d}\omega \\ &= \frac{K}{2\pi}\int_{-\infty}^{\infty}\left[\int_{-\infty}^{\infty} s(\tau)\mathrm{e}^{-\mathrm{j}\omega\tau}\mathrm{d}\tau\right]^* \mathrm{e}^{-\mathrm{j}\omega(t_0-t)}\mathrm{d}\omega \\ &= K\int_{-\infty}^{\infty}\left[\frac{1}{2\pi}\int_{-\infty}^{\infty}\mathrm{e}^{\mathrm{j}\omega(\tau-t_0+t)}\mathrm{d}\omega\right]s(\tau)\mathrm{d}\tau \\ &= K\int_{-\infty}^{\infty} s(\tau)\delta(\tau-t_0+t)\mathrm{d}\tau \\ &= Ks(t_0-t) \end{aligned} \tag{6.8-9}$$

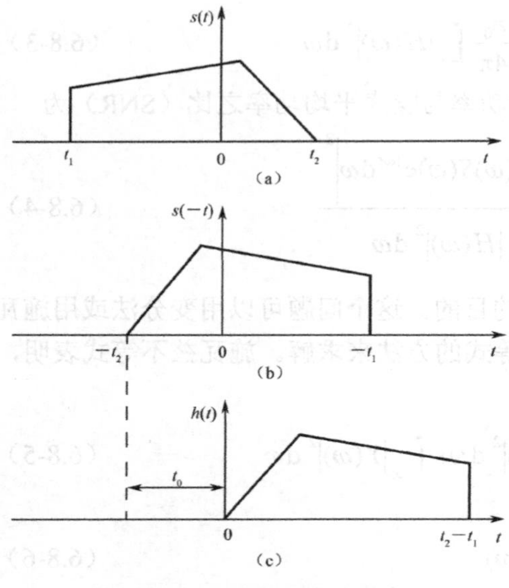

图6-29　从$s(t)$得出$h(t)$的图解

由此可见，匹配滤波器的冲激响应便是信号$s(t)$的镜像信号$s(-t)$在时间上再平移t_0。图6-29画出了从$s(t)$到$s(-t)$和$h(t)$的图解过程。

为了获得物理可实现的匹配滤波器，要求当$t<0$时有$h(t)=0$，为了满足这个条件，就要求满足

$$s(t_0-t)=0,\quad t<0$$

即

$$s(t)=0,\quad t>t_0$$

这个条件表明，物理可实现的匹配滤波器，其输入端的信号$s(t)$必须在它输出最大信噪比的时刻t_0之前消失（等于零）。一般不希望在码元结束之后很久才抽样，故通常选择在码元末尾抽样，即选$t_0=T$。故匹配滤波器的冲激响应可以写为

$$h(t)=Ks(T-t) \tag{6.8-10}$$

顺便指出，匹配滤波器的输出信号波形可表示为

$$\begin{aligned} s_{\mathrm{o}}(t) &= \int_{-\infty}^{\infty} s(t-\tau)h(\tau)\mathrm{d}\tau = K\int_{-\infty}^{\infty} s(t-\tau)s(t_0-\tau)\mathrm{d}\tau \\ &= K\int_{-\infty}^{\infty} s(-\tau')s(t-t_0-\tau')\mathrm{d}\tau' = KR(t-t_0) \end{aligned} \tag{6.8-11}$$

式中，$R(t)$为自相关函数。

由此可见，匹配滤波器的输出信号波形是输入信号的自相关函数的K倍。这是一个重

要的概念，今后常把匹配滤波器看成是一个相关器。

至于常数 K，实际上它是可以任意选取的，因为它对结果毫无影响（SNR 与 K 无关）。因此，在分析问题时，可令 K=1。

【例 6-5】 设输入信号如图 6-30（a）所示，试求该信号的匹配滤波器传输函数和输出信号波形。

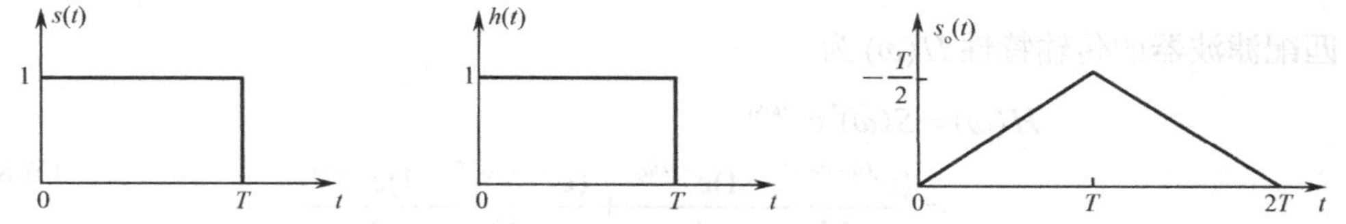

（a）接收信号波形 （b）匹配滤波器冲激响应波形 （c）输出信号波形

图 6-30 单个矩形脉冲及其匹配滤波器波形

【解】 输入信号 $s(t)$ 的表达式为

$$s(t)=\begin{cases}1, & 0\leqslant t\leqslant T\\ 0, & \text{其他}\end{cases} \tag{6.8-12}$$

其频谱为

$$S(\omega)=\int_{-\infty}^{\infty}s(t)\mathrm{e}^{-\mathrm{j}\omega t}\mathrm{d}t=\int_{0}^{T}\mathrm{e}^{-\mathrm{j}\omega t}\mathrm{d}t=\frac{1}{\mathrm{j}\omega}\left(1-\mathrm{e}^{-\mathrm{j}\omega T}\right) \tag{6.8-13}$$

由式（6.8-8），令 K=1，可知其匹配滤波器的传递函数为

$$H(\omega)=S^{*}(\omega)\mathrm{e}^{-\mathrm{j}\omega t_0}=\frac{1}{\mathrm{j}\omega}\left(\mathrm{e}^{\mathrm{j}\omega T}-1\right)\mathrm{e}^{-\mathrm{j}\omega t_0} \tag{6.8-14}$$

由式（6.8-9），令 K=1，可得匹配滤波器的冲激响应为

$$h(t)=s(t_0-t) \tag{6.8-15}$$

取 $t_0=T$，则有

$$H(\omega)=\frac{1}{\mathrm{j}\omega}\left(\mathrm{e}^{\mathrm{j}\omega T}-1\right)\mathrm{e}^{-\mathrm{j}\omega T}=\frac{1}{\mathrm{j}\omega}\left(1-\mathrm{e}^{-\mathrm{j}\omega T}\right) \tag{6.8-16}$$

$$h(t)=s(T-t) \tag{6.8-17}$$

此冲激响应的波形如图 6-30（b）所示。

由式（6.8-11）可以得到匹配滤波器的输出为

$$s_o(t)=R(t-t_0)=\int_{-\infty}^{\infty}s(x)s(x+t-t_0)\mathrm{d}x$$

$$=\begin{cases}t, & 0\leqslant t\leqslant T\\ 2T-t, & T\leqslant t\leqslant 2T\\ 0, & \text{其他}\end{cases} \tag{6.8-18}$$

其波形如图 6-30（c）所示。

由式（6.8-16）可以画出此匹配滤波器的框图如图 6-31 所示。式（6.8-16）中的 1/（jω）是理想积分器的传输函数，exp(−jωT) 是延迟时间为 T 的延迟电路的传输函数。

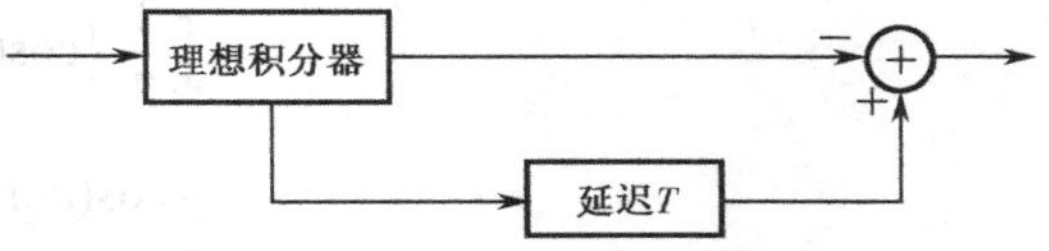

图 6-31 单个矩形脉冲的匹配滤波器框图

【例 6-6】 设接收信号波形如图 6-32（a）所示，试求其匹配滤波器的特性，并确定其输出波形。

【解】 根据图 6-32（a），接收信号可表示成

$$s(t)=\begin{cases}\cos(\omega_0 t), & 0\leqslant t\leqslant T\\ 0, & 其他\end{cases} \tag{6.8-19}$$

于是，匹配滤波器的传输特性 $H(\omega)$ 为

$$\begin{aligned}H(\omega)&=S(\omega)^{*}\mathrm{e}^{-\mathrm{j}\omega t_0}\\&=\frac{(\mathrm{e}^{\mathrm{j}(\omega-\omega_0)T}-1)\mathrm{e}^{-\mathrm{j}\omega t_0}}{2\mathrm{j}(\omega-\omega_0)}+\frac{(\mathrm{e}^{\mathrm{j}(\omega+\omega_0)T}-1)\mathrm{e}^{-\mathrm{j}\omega t_0}}{2\mathrm{j}(\omega+\omega_0)}\end{aligned} \tag{6.8-20}$$

令 $t_0=T$，则

$$H(\omega)=\frac{\mathrm{e}^{-\mathrm{j}\omega T}}{2}\left[\frac{\mathrm{e}^{\mathrm{j}(\omega-\omega_0)T}}{\mathrm{j}(\omega-\omega_0)}+\frac{\mathrm{e}^{\mathrm{j}(\omega+\omega_0)T}}{\mathrm{j}(\omega+\omega_0)}\right]-\frac{\mathrm{e}^{-\mathrm{j}\omega T}}{2}\left[\frac{1}{\mathrm{j}(\omega-\omega_0)}+\frac{1}{\mathrm{j}(\omega+\omega_0)}\right] \tag{6.8-21}$$

利用式（6.8-9），可求得滤波器的冲激响应 $h(t)$：

$$h(t)=s(t_0-t)=\cos\omega_0(t_0-t)\qquad 0\leqslant t\leqslant T \tag{6.8-22}$$

在 $t_0=T$ 时，

$$h(t)=\cos\omega_0(T-t),\qquad 0\leqslant t\leqslant T \tag{6.8-23}$$

为简便起见，假设余弦波信号的载频周期为 T_0，且有

$$T=kT_0 \tag{6.8-24}$$

式中，K 为整数。则

$$H(\omega)=\frac{1}{2}\left[\frac{1}{\mathrm{j}(\omega-\omega_0)}+\frac{1}{\mathrm{j}(\omega+\omega_0)}\right](1-\mathrm{e}^{-\mathrm{j}\omega T}) \tag{6.8-25}$$

而

$$h(t)=\cos(\omega_0 t),\qquad 0\leqslant t\leqslant T \tag{6.8-26}$$

同样，由式（6.8-11）可求得滤波器输出波形 $s_o(t)$，由于这时的 $s_o(t)$ 及 $h(t)$ 只在（0，T）时间域内才有值，故上面的积分值可分别按 $t<0$，$0\leqslant t\leqslant T$，$T\leqslant t\leqslant 2T$ 及 $t>2T$ 的时间段来求解 $s_o(t)$。显然，当 $t<0$ 及 $t>2T$ 时，$s(t)$ 与 $h(t)$ 卷积时两波形不相交，故 $s_o(t)$ 为零。此时分段求解的结果如下：

当 $0\leqslant t\leqslant T$ 时，则

$$\begin{aligned}s_o(t)&=\int_0^t s(\tau)h(t-\tau)\mathrm{d}\tau\\&=\int_0^t\cos(\omega_0\tau)\cos\omega_0(t-\tau)\mathrm{d}\tau\\&=\int_0^t\frac{1}{2}\{\cos(\omega_0 t)+\cos[\omega_0(t-2\tau)]\}\mathrm{d}\tau\\&=\frac{t}{2}\cos(\omega_0 t)+\frac{1}{2\omega_0}\sin(\omega_0 t)\end{aligned} \tag{6.8-27}$$

当 $T\leqslant t\leqslant 2T$ 时，则

$$
\begin{aligned}
s_o(t) &= \int_{t-T}^{T} s(\tau)h(t-\tau)\,\mathrm{d}\tau \\
&= \int_{t-T}^{T} \cos(\omega_0\tau)\cos\omega_0(t-\tau)\,\mathrm{d}\tau \\
&= \frac{2T-t}{2}\cos(\omega_0 t) - \frac{1}{2\omega_0}\sin(\omega_0 t)
\end{aligned} \tag{6.8-28}
$$

当 ω_0 远大于 1 rad/s 时，可得

$$
s_o(t) \approx \begin{cases} \dfrac{t}{2}\cos(\omega_0 t), & 0 \leqslant t \leqslant T \\ \dfrac{2T-t}{2}\cos(\omega_0 t), & T \leqslant t \leqslant 2T \\ 0, & 其他 \end{cases} \tag{6.8-29}
$$

图 6-32（b）、（c）分别为 $h(t)$ 和 $s_o(t)$ 的波形图。

由图 6-32（c）可以看出，匹配滤波器输出波形正如所预期的在 $t=T$ 时达到最大值。

在上面的讨论中对于信号波形从未涉及；也就是说，最大输出信噪比和信号波形无关，只决定于信号能量 E 与噪声功率谱密度 n_0 之比。所以这种匹配滤波法对于任何一种数字信号波形都适用，不论是基带数字信号还是已调数字信号。例 6-5 中给出的是基带数字信号的例子，而例 6-6 中给出的信号则是已调数字信号的例子。

根据匹配滤波器原理构成的二进制数字信号接收机可用图 6-33 表示。其中两个匹配滤波器分别与 $s_1(t)$ 和 $s_2(t)$ 匹配，滤波器输出在 $t=T$ 时刻进行比较，选择其中最大的信号作为判决结果。

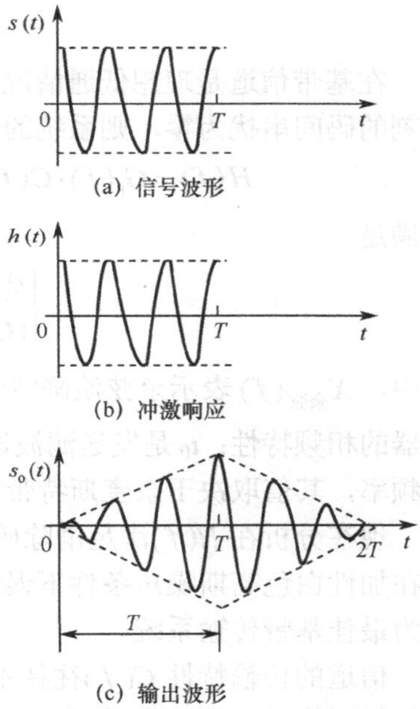

图 6-32　单个射频脉冲及其匹配滤波波形

在数字通信中，通常发送信号 $s(t)$ 只在（0，T）时间内出现，因而当 $s(t)$ 的匹配滤波器输入为 $x(t)$ 时，其输出的信号部分可表示为

$$
\begin{aligned}
s_o(t) &= x(t) * h(t) = K\int_0^T x(t-\tau)h(\tau)\mathrm{d}\tau = K\int_0^T x(t-\tau)s(T-\tau)\mathrm{d}\tau \\
&= K\int_{t-T}^{t} x(\tau')s(T-t+\tau')\mathrm{d}\tau'
\end{aligned} \tag{6.8-30}
$$

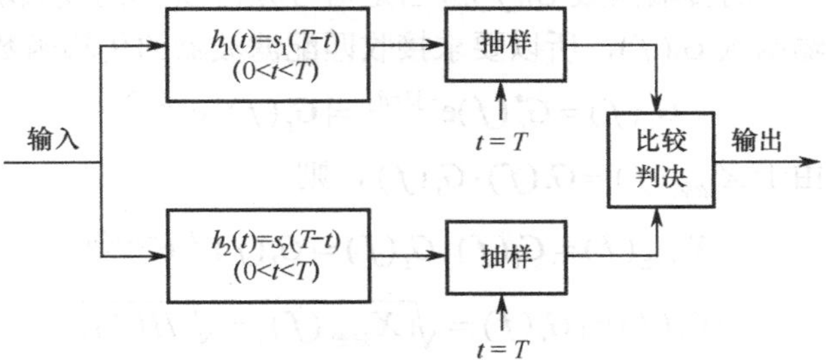

图 6-33　匹配滤波器接收电路框图

当 $t=T$ 时，有

$$s_o(T)=K\int_0^T x(\tau')s(\tau')\mathrm{d}\tau'=K\int_0^T x(t)s(t)\mathrm{d}t \qquad (6.8\text{-}31)$$

由式（6.8-31）可画出另一形式的匹配滤波器最佳接收机，如图 6-34 所示。其中的相乘与积分起相关器的功能，它在 $t=T$ 时的抽样值与匹配滤波器在 $t=T$ 时的输出值是相等的。

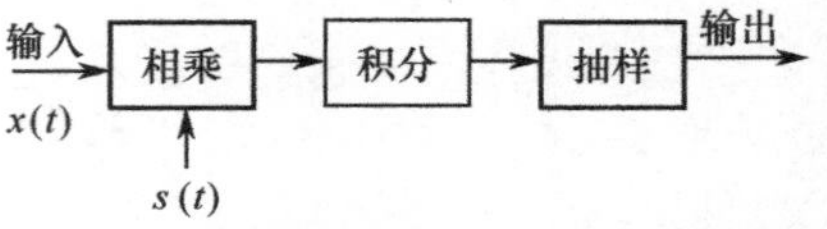

图 6-34　与匹配滤波器等效的最佳接收机

6.8.2　基于匹配滤波器的最佳基带传输系统

最佳基带传输系统的准则是：判决器输出差错概率最小。设基带数字信号传输系统由发送滤波器、信道和接收滤波器组成（参见图 6-13），其传输函数分别为 $G_t(f)$、$C(f)$和 $G_r(f)$。将这 3 个滤波器集中用一个基带总传输函数 $H(f)$表示：

$$H(f)=G_t(f)\cdot C(f)\cdot G_r(f)$$

在基带信道是理想低通情况下，适当地设计发送滤波器及接收滤波器，使得在接收端采样时刻的码间串扰为零，则系统的总传输特性应满足以下条件：

$$H(f)=G_t(f)\cdot C(f)\cdot G_r(f)=X_{余弦}(f)=|X_{余弦}(f)|\mathrm{e}^{-\mathrm{j}2\pi f t_0},\quad |f|\leqslant W \qquad (6.8\text{-}32)$$

即满足

$$\begin{cases}\theta_t(f)\theta_c(f)\theta_r(f)=-2\pi f t_0\\ |G_t(f)|\cdot|C(f)|\cdot|G_r(f)|=|X_{余弦}(f)|\end{cases} \qquad (6.8\text{-}33)$$

式中，$X_{余弦}(f)$表示余弦滚降特性；$\theta_t(f)$、$\theta_c(f)$、$\theta_r(f)$分别是发送滤波器、信道及接收滤波器的相频特性；t_0 是发送滤波器、信道、接收滤波器引入的总时延；W 为余弦滚降系统的截止频率，其值取决于奈奎斯特带宽和滚降系数。

现在分析在 $H(f)$满足消除码间串扰的条件之后，如何设计 $G_t(f)$、$C(f)$和 $G_r(f)$，以使系统在加性白色高斯噪声条件下误码率最小。通常将消除了码间串扰且噪声最小的基带传输系统称为最佳基带传输系统。

信道的传输特性 $C(f)$往往不易得知，而且还可能是时变的。为了分析简便，假设信道是理想低通信道，并且信道不引入时延（t_c=0），即

$$C(f)=\begin{cases}1, & |f|\leqslant W\\ 0, & |f|>W\end{cases} \qquad (6.8\text{-}34)$$

则接收到的确定信号的频谱仅取决于发送滤波器的特性 $G_t(f)$。由对匹配滤波器频率特性的要求可知，接收匹配滤波器的传输函数 $G_r(f)$应当是信号频谱 $S(f)$的复共轭。现在，信号的频谱就是发送滤波器的传输函数 $G_t(f)$，所以要求接收匹配滤波器的传输函数为：

$$G_r(f)=G_r^*(f)\mathrm{e}^{-\mathrm{j}2\pi f t_0}=|G_r(f)|\mathrm{e}^{-\mathrm{j}2\pi f t_r} \qquad (6.8\text{-}35)$$

其中已经假定 k=1。由于 $X_{余弦}(f)=G_t(f)\cdot G_r(f)$，则

$$X_{余弦}(f)=G_t(f)\cdot G_r(f)=|G_t(f)|^2\,\mathrm{e}^{-\mathrm{j}2\pi f t_0} \qquad (6.8\text{-}36)$$

$$|G_t(f)|=|G_r(f)|=\sqrt{|X_{余弦}(f)|}=\sqrt{|H(f)|} \qquad (6.8\text{-}37)$$

$$G_t(f)=\sqrt{|X_{余弦}(f)|}\,\mathrm{e}^{-\mathrm{j}2\pi f t_t} \qquad (6.8\text{-}38)$$

$$G_{\rm r}(f)=\sqrt{|X_{余弦}(f)|}\,{\rm e}^{-{\rm j}2\pi f t_{\rm r}} \tag{6.8-39}$$

综上所述，在理想低通条件下，最佳基带传输系统的设计是：总的收发系统的传输函数要符合无码间串扰基带传输的余弦特性，并且还要考虑在采样时刻信噪比最大的收、发滤波器共轭匹配的条件。式（6.8-38）和式（6.8-39）就是基于匹配滤波器的最佳基带传输系统对于收发滤波器传输函数的要求。

下面讨论这种最佳基带传输系统的误码率性能。设基带信号码元为 M 进制的多电平信号，一个码元可以取下列 M 种电平之一：$\pm d$，$\pm 3d$，…，$\pm(M-1)d$；其中 d 为相邻电平间隔的一半（如图 6-35 所示，图中 M=8）。

在接收端，判决电路的判决门限值则应当设定为：0，$\pm 2d$，$\pm 4d$，…，$\pm(M-2)d$。在接收端抽样判决时刻，若噪声值不超过 d，则不会发生错误判决。当噪声值大于最高信号电平值或小于最低电平值时，也不会发生错误判决；也就是说，对于最外侧的两个电平，只在一个方向有出错的可能，这种情况的出现占所有可能的 $1/M$。所以，错误概率为

$$P_{\rm e}=\left(1-\frac{1}{M}\right)P\left(|\xi|>d\right) \tag{6.8-40}$$

式中，ξ 是噪声的抽样值，而 $P(|\xi|>d)$是噪声抽样值大于 d 的概率。

现在来计算式（6.8-40）中的 $P(|\xi|>d)$。设接收滤波器输入端高斯白噪声的单边功率谱密度为 n_0，接收滤波器输出的带限高斯噪声的功率为 σ^2，则有

$$\sigma^2=\frac{n_0}{2}\int_{-\infty}^{\infty}|G_{\rm r}(f)|^2{\rm d}f=\frac{n_0}{2}\int_{-\infty}^{\infty}\left|\sqrt{|X_{余弦}(f)|}\right|^2{\rm d}f \tag{6.8-41}$$

其中的积分值是一个实常数，假设其等于 1，即假设

$$\int_{-\infty}^{\infty}\left|\sqrt{|X_{余弦}(f)|}\right|^2{\rm d}f=1 \tag{6.8-42}$$

故有

$$\sigma^2=n_0/2 \tag{6.8-43}$$

这样假设并不影响对误码率性能的分析。由于接收滤波器是一个线性滤波器，故其输出噪声的统计特性仍服从高斯分布。因此，输出噪声 ξ 的一维概率密度函数为

$$f(\xi)=\frac{1}{\sqrt{2\pi}\sigma}\exp\left(-\frac{\xi^2}{2\sigma^2}\right) \tag{6.8-44}$$

从而可得抽样噪声值超过 d 的概率：

$$\begin{aligned}P\left(|\xi|>d\right)&=2\int_d^{\infty}\frac{1}{\sqrt{2\pi}\sigma}\exp\left(-\frac{\xi^2}{2\sigma^2}\right){\rm d}\xi\\&=\frac{2}{\sqrt{\pi}}\int_{d/\sqrt{2}\sigma}^{\infty}\exp\left(-z^2\right){\rm d}z={\rm erfc}\left(\frac{d}{\sqrt{2}\sigma}\right)\end{aligned} \tag{6.8-45}$$

式中，已令 $z^2=\zeta^2/2\sigma^2$。将式（6.8-45）代入式（6.8-40），得到

$$P_{\rm e}=\left(1-\frac{1}{M}\right){\rm erfc}\left(\frac{d}{\sqrt{2}\sigma}\right) \tag{6.8-46}$$

现在，再将式（6.8-46）中的 $P_{\rm e}$ 和 d/σ 的关系变换成 $P_{\rm e}$ 和 E/n_0 的关系。由上述讨论已知，在 M 进制基带多电平最佳传输系统中，发送码元的频谱形状由发送滤波器的特性决定：

$$X(f)=G_{\mathrm{t}}(f)=\sqrt{|X_{余弦}(f)|}\mathrm{e}^{-\mathrm{j}2\pi f t_{\mathrm{t}}}$$

发送码元多电平波形的最大值为 $\pm d,\ \pm 3d,\ \cdots,\ \pm(M-1)d$。根据巴塞伐尔定理：

$$\int_{-\infty}^{\infty}x^2(t)\mathrm{d}t=\int_{-\infty}^{\infty}|X(f)|^2\,\mathrm{d}f \tag{6.8-47}$$

在计算码元能量时，设多电平码元的波形为 $Ax(t)$，其中 $x(t)$ 的最大值等于 1，$A=\pm d,\ \pm 3d,\ \cdots,\ \pm(M-1)d$，则码元能量为

$$A^2\int_{-\infty}^{\infty}x^2(t)\mathrm{d}t=A^2\int_{-\infty}^{\infty}\left|\sqrt{|X_{余弦}(f)|}\right|^2\mathrm{d}f=A^2 \tag{6.8-48}$$

式（6.8-48）的计算中已经代入了式（6.7-42）的假设。因此，对于 M 进制等概率多电平码元，可求出其平均码元能量 E 如下：

$$E=\frac{2}{M}\sum_{i=1}^{M/2}\left[d(2i-1)\right]^2=d^2\frac{2}{M}\left[1+3^2+5^2+\cdots+(M-1)^2\right]=\frac{d^2}{3}(M^2-1) \tag{6.8-49}$$

由此可以看出

$$d^2=3E/(M^2-1) \tag{6.8-50}$$

将式（6.8-43）和式（6.8-50）代入式（6.8-46），可以得到误码率的最终表示式：

$$P_{\mathrm{e}}=\left(1-\frac{1}{M}\right)\mathrm{erfc}\left(\frac{d}{\sqrt{2}\sigma}\right)=\left(1-\frac{1}{M}\right)\mathrm{erfc}\left[\left(\frac{3}{M^2-1}\cdot\frac{E}{n_0}\right)^{1/2}\right] \tag{6.8-51}$$

当 $M=2$ 时，有

$$P_{\mathrm{e}}=\frac{1}{2}\mathrm{erfc}\left(\sqrt{E/n_0}\right) \tag{6.8-52}$$

式（6.8-52）是在理想信道中，消除码间串扰条件下，二进制双极性基带信号传输的最佳误码率。

图 6-36 所示是按照上述结果画出的 M 进制信号最佳基带传输系统的误码率曲线。可以看出：当误码率较低时，为保持误码率不变，M 值增大到 2 倍，信噪比大约需要增加 7 dB。

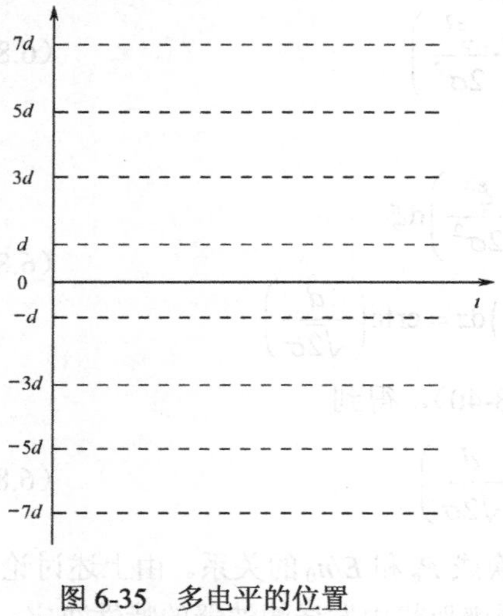

图 6-35　多电平的位置

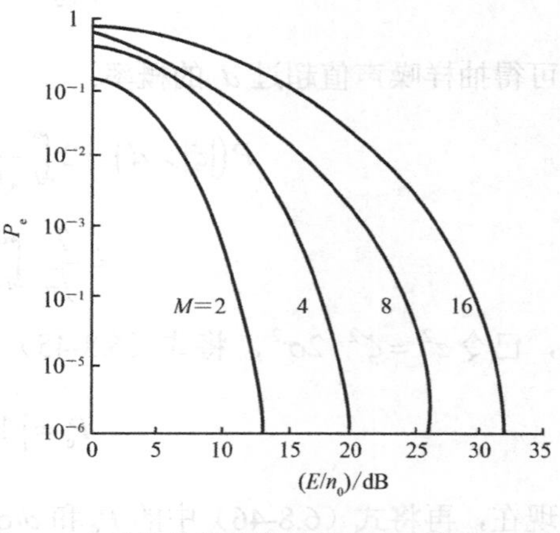

图 6-36　最佳基带传输系统误码率曲线

6.9　MATLAB 仿真举例

6.9.1　二进制数字基带信号波形与功率谱密度仿真

（1）通过 MATLAB 仿真对一串随机消息代码进行双极性归零（RZ）和不归零（NRZ）编码。

其 MATLAB 编码流程图如图 6-37 所示。画出单极性码及双极性码波形如图 6-38（a）、（b）所示，经测试，结果准确。

（2）产生 1 000 个随机信号序列，分别用单极性码、双极性码编码，求平均功率谱密度。最后画出其功率谱密度的统计平均如图 6-38（c）、（d）所示。仿真结果验证了在例 6-2 中得到的结论。

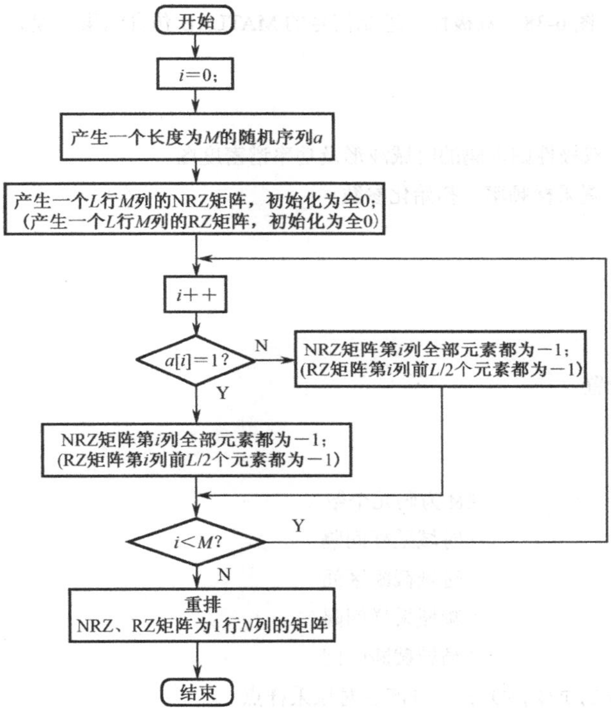

图 6-37　双极性码编码流程图

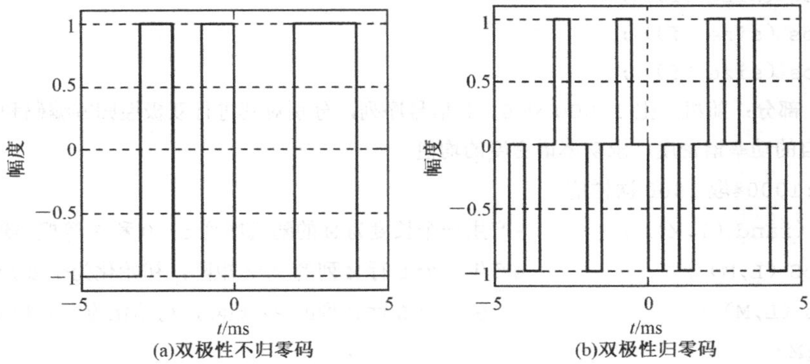

图 6-38　双极性二进制信号的 MATLAB 仿真结果

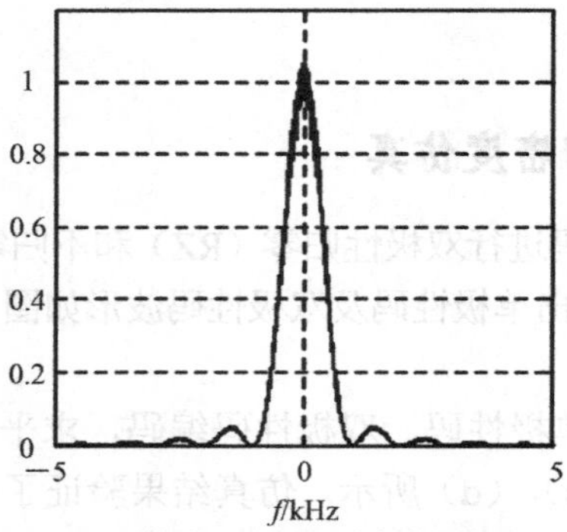

(c)双极性不归零码功率谱密度图

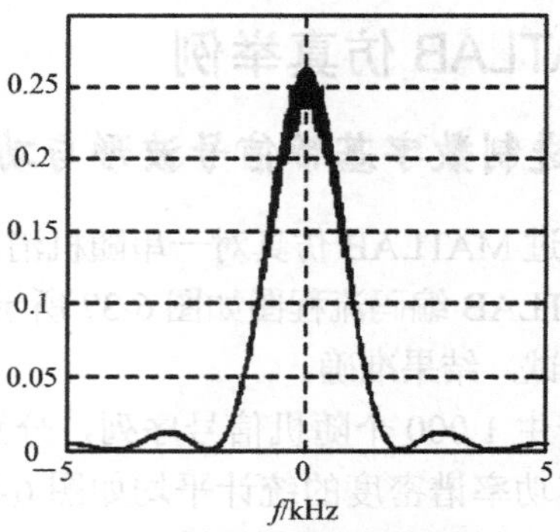

(d)双极性归零码功率谱密度图

图 6-38 双极性二进制信号的 MATLAB 仿真结果（续）

源代码如下：

```
%双极性不归零码、双极性归零码的时域波形及功率谱密度图
%程序第 1 部分：设置采样频率，初始化参数
close all
clear all
%采样点数的设置
k=14;
%每码元采样数的设置
L= 32;
N=2^k;
M=N/L;                          %M 为码元个数
dt=1/L;                         %时域采样间隔
T=N*dt;                         %时域截断区间
df=1.0/T;                       %频域采样间隔
Bs=N*df/2;                      %频域截断区间
t=linspace (-T/2,T/2,N) ;       %产生时域采样点
f=linspace (-Bs,Bs,N) ;         %产生频域采样点
EP1=zeros (size (f)) ;
EP2=zeros (size (f)) ;
EP3=zeros (size (f)) ;
%程序第 2 部分：随机产生 1 000 列 0、1 信号序列，分别对其进行双极性归零编码和不归零%编码，并且求各自的功率谱密度，求功率谱密度的均值
for x=1:1000%取 1000 次样值
a=round (rand (1,M)) ;          %产生一个长度为 M 的随机序列 a，0 和 1 等概出现
nrz=zeroS (L,M) ;               %产生一个 L 行 M 列的 NRZ 矩阵，初始化为全 0 矩阵
rz=zeros (L,M) ;                %产生一个 L 行 M 列的 RZ 矩阵，初始化为全 0 矩阵
for i=1:M
    if a (i) ==1
```

```
            nrz (:,i) =1;                  %使 NRZ 矩阵第 i 列全部元素都为 1
            rz (1:L/2,i) =1;               %使 RZ 矩阵第 i 列前 L/2 个元素为 1
        else
            nrz (:,i) =-1;                 %使 NRZ 矩阵第 i 列全部元素都为-1
            rz (1:L/2,i) =-1;              %使 RZ 矩阵第 i 列前 L/2 个元素为-1
    end
    end
    %分别重排 NRZ、RZ 矩阵为 1 行 N 列的矩阵
    nrz=reshape (nrz,1,N) ;
    rz=reshape (rz,1,N) ;
    %做傅里叶变换并算出功率谱密度
    NRZ=t2f (nrz,dt) ;
    P1=NRZ.*conj (NRZ) /T;
    RZ=t2f (rz,dt) ;
    P2=RZ.*conj (RZ) /T;
    %求功率谱密度的均值
    EP1= (EP1* (x-1) +P1) /x;
    EP2= (EP2* (x-1) +P2) /x;
    end
    %程序第 3 部分：画波形图和功率谱密度曲线
    figure (1)             %开启一个编号为 1 的绘图窗口
    %设置窗口 1 左上角的位置在距屏幕左侧 0 像素、下侧 400 像素的地方，长为 340 像素，宽为 300 像素
    set (1,'position',[0,400,340,300])
    plot (t,nrz)                     %画双极性不归零码的时域图
    axis ([-5,5,min (nrz) -0.1,max (nrz) +0.1])
    set (gca,'FontSize',12)
    title ('双极性不归零码','fontsize',12)
    xlabel ('t (ms) ','fontsize',12)
    ylabel ('nrz (t) ','fontsize',12)
    grid on
    figure (2)                  %开启一个编号为 2 的绘图窗口
    %设置窗口 2 左上角的位置在距屏幕左侧 340 像素、下侧 400 像素的地方，长为 340 像素，宽为 300
     像素
    set (2,'position',[340,400,340,300])
    plot (t,rz)                 %画双极性归零码的时域图
    axis ([-5,5,min (rz) -0.1,max (rz) +0.1])
    set (gca,'FontSize',12)
    title ('双极性归零码','fontsize',12)
    xlabel ('t (ms) ','fontsize',12)
```

```
ylabel ('rz (t) ','fontsize',12)
grid on
figure (3)                    %开启一个编号为3的绘图窗口
% P1B=30+10*log10 (EP1+eps) ;       %将功率谱密度的单位转换成dB
%设置窗口3左上角的位置在距屏幕左侧0像素、下侧50像素的地方，长为340像素，宽为300像素
set (3,'position',[0,50,340,300])
plot (f,EP1)                          %画双极性不归零码的功率谱密度图
axis ([-5,5,0,1.2])
set (gca,'FontSize',12)
title ('双极性不归零码功率谱密度图','fontsize',12)
xlabel ('f (kHz) ','fontsize',12)
ylabel ('P1 (f) ','fontsize',12)
grid on
figure (4)                %开启一个编号为4的绘图窗口
% P2B=30+10*log10 (EP2+eps) ;          %将功率谱密度的单位转换成dB
%设置窗口4左上角的位置在距屏幕左侧340像素、下侧50像素的地方，长为340像素，宽为300
 像素
set (4,'position',[340,50,340,300])
plot (f,EP2)                    %画双极性归零码的功率谱密度图
axis ([-5,5,0,0.3])
set (gca,'FontSize',12)
title ('双极性归零码功率谱密度图','fontsize',12)
xlabel ('f (kHz) ','fontsize',12)
ylabel ('P2 (f) ','fontsize',12)
grid on
```

上面这段程序中需要调用一个傅里叶变换的函数t2f，该函数定义如下：

```
%将时域信号通过傅里叶变换变换到频域
%限制条件是x必须是二阶的矩阵
%dt是信号的时域分辨率
function X=t2f (x,dt)
    X=fftshift (fft (x)) *dt;
```

6.9.2 二进制数字基带信号传输码与眼图仿真

（1）通过MATLAB仿真对一串消息代码进行HDB_3码编码。HDB_3码的MATLAB编码流程如图6-39所示。随机产生一列有40个码元的01码，画出原码和HDB_3码波形如图6-40所示，经测试，结果准确。

（2）利用MATLAB画出HDB_3码的功率谱密度。产生1 000个1码概率为0.4的不归零单极性矩形随机信号，分别进行HDB_3编码，并求功率谱密度。最后画出其功率谱密度如图6-41所示。

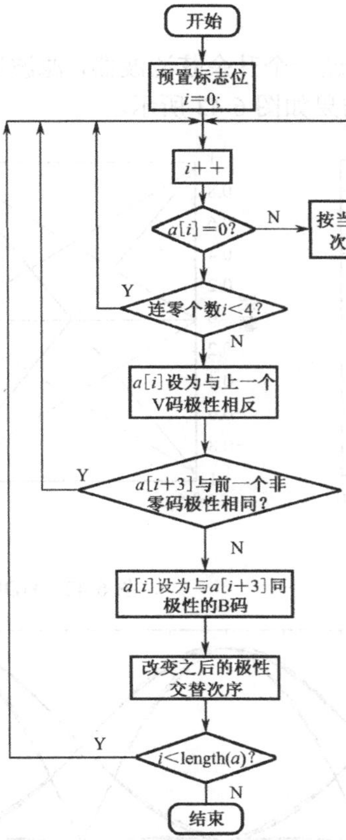

图 6-39　HDB_3 码的 MATLAB 编码流程

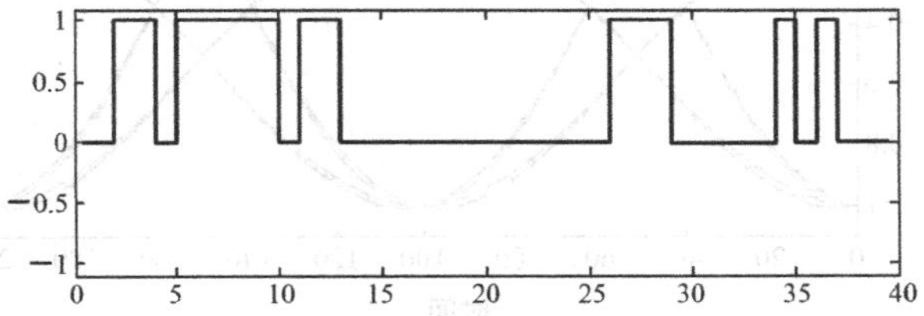

（a）原码

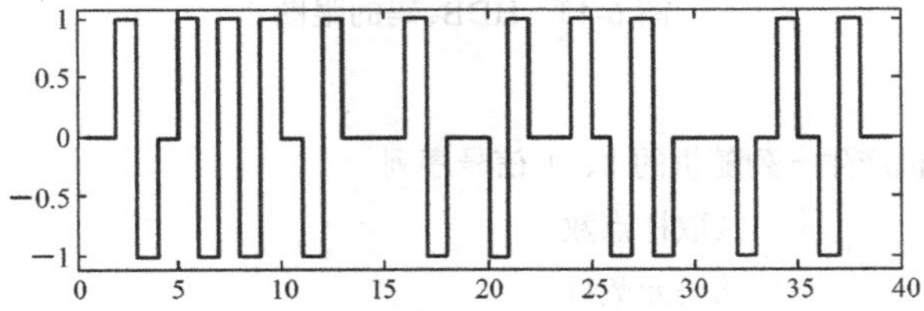

（b）HDB_3码

图 6-40　原码和 HDB_3 码波形

（3）画出 HDB_3 码的眼图。

方法一：直接调用 MATLAB 函数 eyediagram（x,n）画图。其中，“x”为消息序列，不需要构造矩形信号；“n”为扫描周期/码元周期。该函数相当于以 2 为过采样率对信号过采样后画出眼图，其结果如图 6-42 所示。其中粗线部分为“眼睛”，可以看出 HDB_3 码的眼图中额外地产生了两交叉的直线，这是因为它是三元码，码中出现−1→0→1 或 1→0→−1 的变化时就会产生眼图中的斜线。

方法二：将原信号序列过采样，通过一个升余弦滤波器，滤波后的信号将不同码元周期内的图形平移至一个周期内画出眼图。结果如图 6-43 所示。

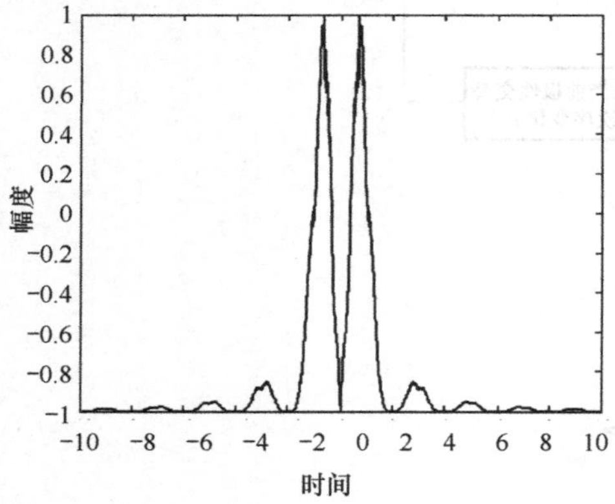

图 6-41　HDB_3码的功率谱密度

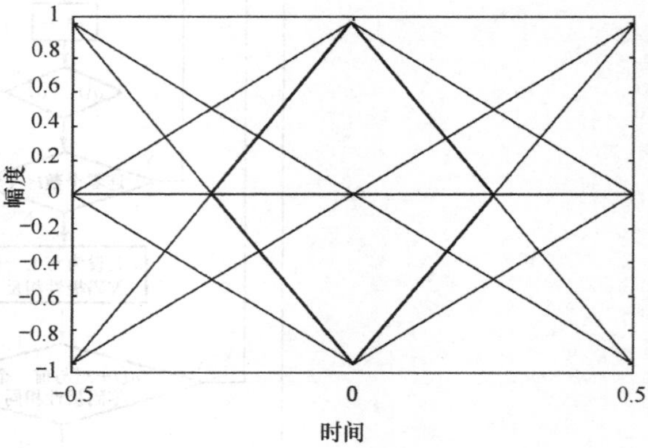

图 6-42　HDB_3码的眼图 1

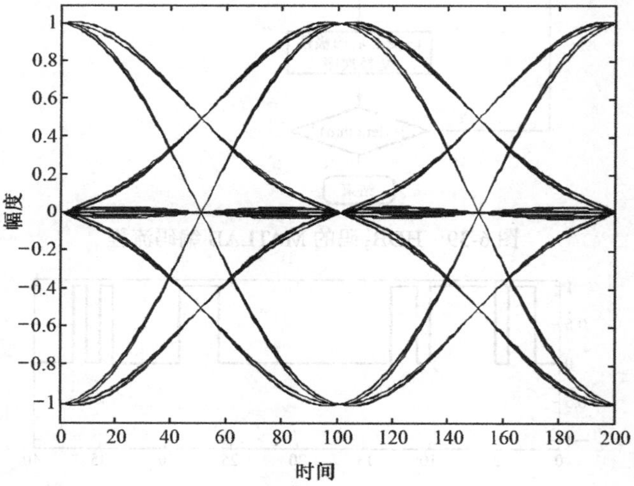

图 6-43　HDB_3码的眼图 2

源代码如下：

```
%程序第 1 部分：随机产生一列随机的 0、1 信号序列
N=15000;                        %取样点数
M=150;                          %码元数目
A=N/M;                          %一个码元的取样点数
dt=0.01;                        %时域采样间隔
t= (0:N-1) *dt;                 %时间轴
T=N*dt/M;                       %码元周期
P=0.4;                          %1 码概率
a=round (rand (1,M) +P-0.5) ;        %产生一列不等概 01 码
%程序第 2 部分：HDB3 编码，调用自定义的编码函数
```

```
b=hdb3 (a) ;
%程序第 3 部分：产生双极性不归零信号,比较原码和 HDB3 码
%一种简单的矩形信号产生方法
temp=[ones (A,1) ];
x=temp*a;
x=x (1:end) ;
y=temp*b;
y=y (1:end) ;
figure (1) ;
subplot (2,1,1) ;
plot (t,x) ;
axis ([0 40 -1.1 1.1]) ;
title ('原码') ;
subplot (2,1,2) ;
plot (t,y) ;
axis ([0 40 -1.1 1.1]) ;
title ('HDB3 码') ;
%程序第 4 部分：画功率谱密度
%产生 1 000 个统计特性相同的序列，HDB3 编码，求功率谱密度的平均值
Ev=zeros (1,2*N-1) ;
for ii=1:1000
x=zeros (size (t)) ;                %初始化一个样本
a=round (rand (1,M) +P-0.5) ;       %产生长为 M 的向量，1 和-1 出现概率为 P 和 1-P
b=hdb3 (a) ;
for jj=1:A
y ([0:M-1]*A+jj) =b;
end
Ry=xcorr (y) ;
Pf=abs (fftshift (fft (Ry))) ;
Ev=Ev+Pf;
end
Ev=Ev/100; %功率谱密度的均值
Ev=Ev/max (Ev) ;                    %归一化
df=1/ (dt*N) ;                      %频域采样间隔
f= (-N+1:N-1) *df;                  %频率轴
figure (2) ;
plot (f,Ev) ;
xlim ([-10 10]) ;
title ('HDB3 码的功率谱密度') ;
%程序第 5 部分：画眼图
```

```
%方法一 直接调用画眼图函数
eyediagram (b,2) ;
%方法二 成形滤波→扫描法画眼图
%① 过采样
%一种简单的方法生成过采样信号
temp=[1;zeros (A-1,1) ];
y1=temp*b;
y1=y1 (1:end) ; %过采样信号
%②通过升余弦滤波器,成形滤波
N_T=5;                          % 控制滤波器长度，滤波器的阶数为 2*N_T+1
alpha = 1;                      % 滚降系数，影响带宽
r=rcosfir (alpha,N_T,A,1) ;     % 产生升余弦滤波器系数
y2=conv (r,y1) ;
y2=y2 (fix (A*N_T) +1:end-fix (A*N_T)) ; %删去由于卷积产生的拖尾的 0
figure (4) ;
%滤波后信号和原序列画在同一坐标，便于比较
plot (y2) ;
xlim ([0 3000]) ;
hold on;
plot ([0:A:3000],b ([1:31]) ,'ro') ;
title ('成形滤波') ;
%③将不同码元周期内的图形平移至一个周期内画出眼图
figure (5) ;
for ii=0: (M-3) /2
plot (y2 ([1:2*A+1]+ii*2*A)) ;
hold on;
end
xlim ([0 200]) ;
ylim ([-1.1 1.1]) ;
title ('HDB3 码的眼图') ;
```

上面这段程序中需要调用一个自定义的 HDB_3 编码函数 hdb3，该函数定义如下：

```
function b=hdb3 (a)
M=length (a) ;
one_flag=1;            %取值为±1，表示原码中的“1”是否要转换为“-1”
v_flag=0;              %记录上一个破坏脉冲 V 码的极性
zero_test=0;           %测试四连零
i=1;
while (i<=M)
  if (a (i) ==1)       %原码为 1，是否变换极性取决于当前的 one_flag，之后 one_flag 变换极性
```

```
        a (i) =one_flag;
        one_flag=-one_flag;
  else  %原码为 0
    if i+3<=M  %若 i+3>0，不进入循环否则会出错
     for j=i:i+3
          zero_test=zero_test+a (j) ;
     end
     if zero_test==0                  %有四连零
          if v_flag==0                %第一次遇到四连零
             a(i+3)=-one_flag;        %第四个零变为与前一个非零码同极性的 V 码
             v_flag=-one_flag;        %记录当前 V 码极性
             i=i+3;
          else  %不是第一次遇到四连零
             v_flag=-v_flag;          %V 码极性要交替变换
             if v_flag==one_flag      %第四个零变为 V 码，即要与之前 V 码不同极性，又要与
                                       前一个非零码同极性，若出现矛盾，将四连零的第一个
                                       变为 B 码
                a(i)=v_flag;
                one_flag=-one_flag;        %若有 B 码产生，之后 1 码的极性交替要改变
                end
                a(i+3)=v_flag;
                i=i+3;
             end
          end
      zero_test=0;
     end
   end
   i=i+1;
 end
 b=a;
```

6.10　本章小结

本章主要讲述了 7 个方面内容：

（1）数字基带传输系统基本组成；

（2）基带信号的波形与传输码型选择以及功率谱特征；

（3）码间串扰与奈奎斯特第一准则；

（4）无码间串扰的基带传输系统抗噪声性能；

（5）估计接收信号质量的实验手段——眼图；

（6）改善系统性能的有效措施——信道均衡和部分响应；

（7）匹配滤波原理和运用匹配滤波器进行信号接收的最佳基带传输系统。

一个典型的数字基带传输系统主要由信道信号形成器（发送滤波器）、信道、接收滤波器、同步系统和抽样判决器等组成。数字基带信号是指未经调制的数字信号，其占据的频谱从零频或很低频率开始，并且占据的频带较宽。基带信号在进入信道传输前，必须经过一些处理或某些变换（如波形、码型变化，频谱的搬移等），所以要掌握基带信号的波形、码型和频谱特征。

数字基带信号是消息代码的电波形，波形可以分为单极性和双极性波形、归零和非归零波形、差分波形、多电平波形等。等概率的双极性波形无直流分量，有利于在信道中传输；单极性归零波形中含有位定时信息，因而常常作为提取位同步信息时的过渡性波形；差分波形可以消除设备初始状态的影响；多电平波形可以提高频带利用率。由于在基带信道传输时，不同传输媒介具有不同的传输特性，所以需要使用不同的接口线路码型（传输码），如 HDB_3 码、AMI 码、双相码、密勒码等。分析信号功率谱特征可以确定信号的带宽，还可以确定能否从脉冲序列中直接提取出定时分量。

码间串扰和信道噪声是造成误码的两个主要因素。奈奎斯特第一准则为消除码间串扰提供了理论依据。理想低通系统（$\alpha = 0$）可以达到 2 Bd/Hz 的理论极限值，但它不能物理实现；实际中运用较多的是 $\alpha > 0$ 的余弦滚降特性，其中 $\alpha = 1$ 的升余弦特性易于实现，且响应波形的尾巴衰减收敛快，有利于减小码间串扰和位定时误差的影响，但是升余弦滚降时频谱利用率为理想低通时的一半，在二进制时为 1 Bd/Hz。

在相同条件下，双极性基带系统的误码率比单极性的低，抗噪声性能好。另外，在等概条件下，双极性的最佳判决门限电平为 0，与信号幅度无关，因而不随信道特性变化而变，故能保持最佳状态；而单极性的最佳判决门限电平为 $A/2$，它易受信道特性变化的影响，从而导致误码率增大。因此，双极性基带系统比单极性基带系统应用更为广泛。

眼图为直观评价接收信号的质量提供了一种有效的实验方法。它可以定性反映码间串扰和噪声的影响程度，还可以用来指示接收滤波器的调整，以实现较佳的接收。

实际系统中为了减小码间串扰的影响，可以采用信道均衡技术。实用的均衡器是有限长的横向均衡器，其均衡原理是直接校正接收信号的波形，减小码间串扰。峰值失真和均方失真是评价均衡效果的两个准则。部分响应通过有控制地引入码间串扰（在接收端抽样判决前消除），可以达到 2 Bd/Hz 的理想频带利用率，并且部分响应波形“尾巴”振荡衰减较快。部分响应系统由预编码器、相关编码器、发送滤波器、信道和接收滤波器共同组成。其中，预编码是为了解除码元之间的相关性，而相关编码才是为了得到部分响应信号。最常用的部分响应波形是第Ⅰ、Ⅳ类部分响应波形。

匹配滤波器使滤波器输出信噪比在某一特定时刻达到最大，在数字通信理论、信号最佳接收理论以及雷达信号的检测理论等方面，匹配滤波器均有重要意义。匹配滤波器的冲激响应是输入信号 $s(t)$ 的镜像信号 $s(-t)$ 在时间上再平移 t_0，匹配滤波器的输出信号波形是输入信号的自相关函数的 K 倍，匹配滤波器的输出信号在定时时刻 t_0 上获得最大的输出信噪比为 $2E/n_0$。

思考题

6-1　数字基带传输系统的基本结构及各部分的功能是什么？

6-2　有哪些常用的数字基带信号波形？它们各有什么特点？

6-3　数字基带信号的功率谱有什么特征？从中可以获得哪些信息？

6-4　HDB_3 的编码规则是什么？它有什么优缺点？

6-5　码间串扰产生的原因是什么？码间串扰会对通信质量造成什么影响？

6-6　符合奈奎斯特第一准则的基带传输系统应该满足什么条件？

6-7　数字基带传输系统在无码间串扰的条件下，能够达到的最高频带利用率是多少？

6-8　什么叫作余弦滚降系统，它和理想低通系统比较有什么优势？

6-9　从抗噪声角度考虑，二进制双极性系统和单极性系统哪一种更优？

6-10　什么是眼图？从眼图模型可以说明基带系统的哪些性能？四进制基带信号的眼图上应该出现几只眼睛？

6-11　什么是频域均衡？什么是时域均衡？横向滤波器的工作原理是什么？

6-12　什么是部分响应波形？什么是部分响应系统？部分响应技术解决了什么问题？

6-13　什么是匹配滤波？匹配滤波器的冲激响应和信号波形有何关系？其传输函数和信号频谱有什么联系？

习题

6-1　设有一数字序列为 1011000101，请画出相应的单极性非归零码（NRZ）、归零码（RZ）、差分码和双极性归零码的波形。

6-2　设二进制随机序列的“0”和“1”出现概率分别为 p 和 $1-p$，“0”由 $g(t)$表示，“1”由$-g(t)$表示：

（1）求该二进制随机序列的功率谱密度及功率；

（2）若 $g(t)$波形如图 6-44（a）所示，T 为码元宽度，问该序列是否存在 $f=1/T$ 的离散分量？

（3）若 $g(t)$波形改为如图 6-44（b）所示，重新回答（2）所问。

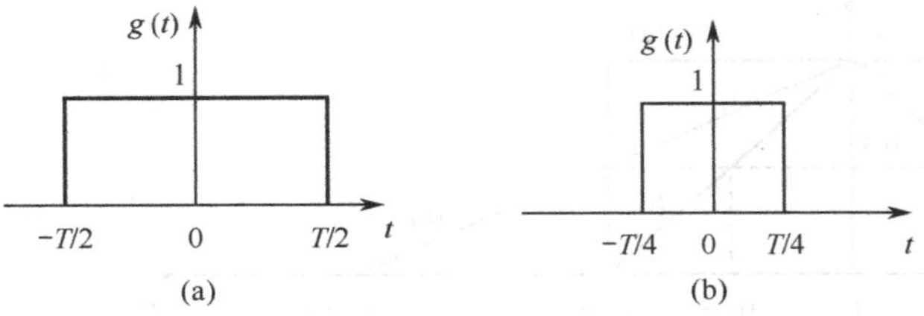

图 6-44

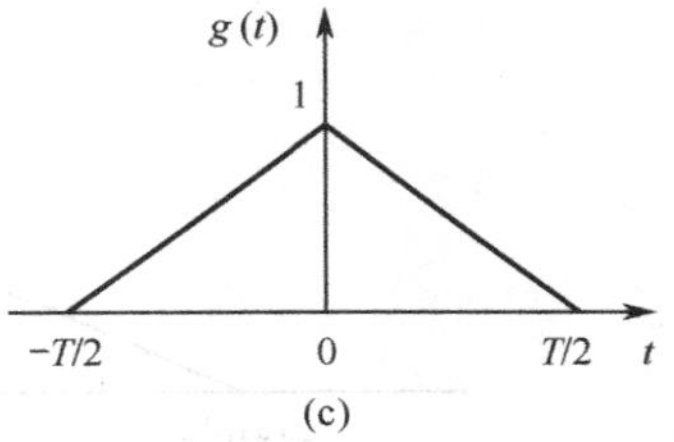

图 6-45

6-3　设某二进制序列的“0”和“1”出现概率相等，“0”和“1”分别用 $g(t)$ 的有无表示，$g(t)$ 为三角形脉冲，如图 6-45 所示。

（1）求该二进制随机序列的功率谱密度，并画出功率谱密度图；

（2）该序列是否存在 $f=1/T$ 的离散分量？若存在，试计算该分量的功率。

6-4　设某二进制基带信号中，数字信息的“1”和“0”出现概率相等，“1”和“0”分别用 $g(t)$和$-g(t)$表示，$g(t)$为升余弦频谱脉冲，即 $g(t)$的频谱为

$$G(\omega)=\begin{cases}1+\cos(\omega T/2), & |\omega|\leqslant 2\pi/T\\ 0, & |\omega|\geqslant 2\pi/T\end{cases}$$

（1）求该二进制基带信号的功率谱密度，并画出功率谱密度示意图；

（2）该基带信号是否存在 $f=1/T$ 的定时分量？

（3）若码元间隔 $T=2\times10^{-3}$ s，求该数字基带信号所占据的频带宽度。

6-5 设有一数字码序列为 10010000010110000000001，试编为 AMI 码和 HDB_3 码，并分别画出编码后的波形。（第一个非零码编为−1）

6-6 已知消息代码为 011001010，试编为双相码和 CMI 码，并分别画出编码后的波形。

6-7 设基带传输系统的发送滤波器、信道及接收滤波器组成总特性为 $H(\omega)$，若要求以 $2/T$ 波特的速率进行数据传输，试检验图 6-46 中各种 $H(\omega)$ 是否满足消除抽样点上码间干扰的条件。

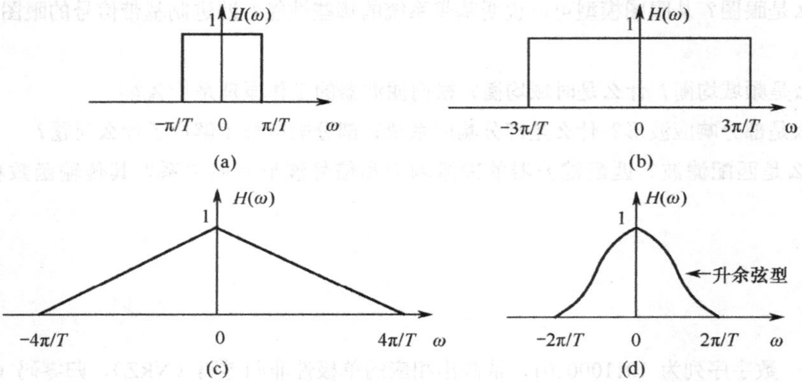

图 6-46

6-8 设有一码元速率为 R_B=1000 Bd 的数字信号，通过图 6-47 所示的三种不同传输特性的信道进行传输。

（1）简要讨论这三种传输特性是否会引起码间干扰；

（2）简要讨论采用哪种传输特性较好。

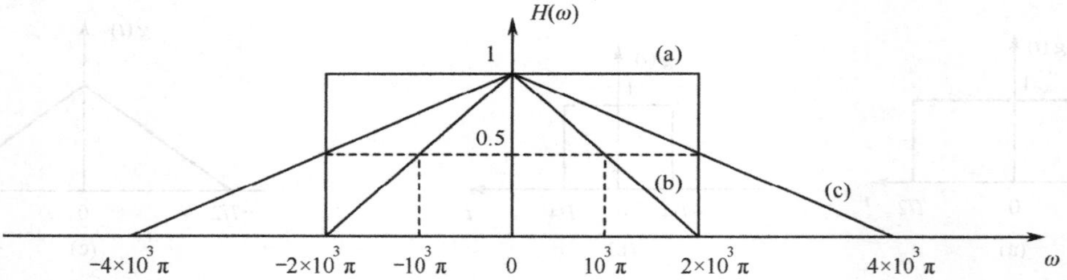

图 6-47

6-9 设数字基带传输系统的传输特性 $H(\omega)$ 如图 6-48 所示，其中 α 是某个常数（$0\leqslant\alpha\leqslant1$）。问：

（1）该系统能否实现无码间干扰传输？

（2）该系统的最大码元速率为多少？这时的系统频带利用率是多少？

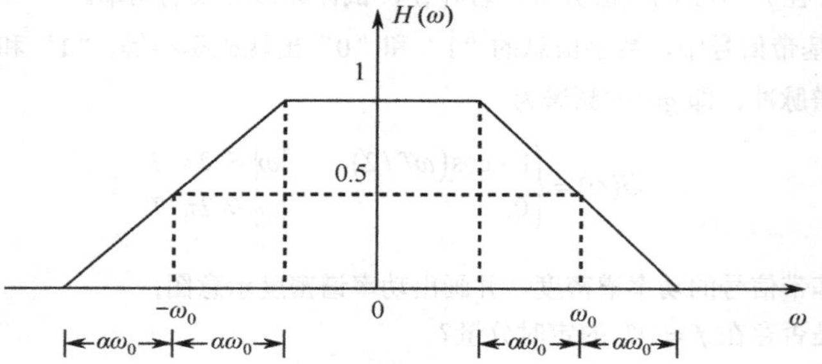

图 6-48

6-10　对于双极性基带信号，试证明下式成立：

$$V_{\rm d}^{*}=\frac{\sigma_n^2}{2A}\ln\frac{P(0)}{P(1)}$$

$$P_{\rm e}=\frac{1}{2}{\rm erfc}\left(\frac{A}{\sqrt{2}\sigma_n}\right)$$

6-11　某二进制数字基带系统所传送的是单极性基带信号，且数字信息“1”和“0”的出现概率相等。接收滤波器输出信号在抽样判决时刻的值用 A（V）表示，接收滤波器输出噪声是均值为 0、均方根值为 0.2（V）的高斯噪声。问：

（1）若要求误码率 $P_{\rm e}$ 不大于 10^{-5}，试确定 A 至少是多少；

（2）若 A=1，求这时的误码率。

6-12　设有一随机二进制基带信号，“1”码对应的基带波形为升余弦波形，持续时间为 T；“0”码对应的基带波形与“1”码相反。

（1）当示波器扫描周期为 T 时，试画出眼图；

（2）当示波器扫描周期为 $2T$ 时，再画出眼图；

（3）比较以上两种眼图的最佳判决时刻、判决门限电平及噪声容限值。

6-13　某二进制数字基带系统如图 6-49 所示。

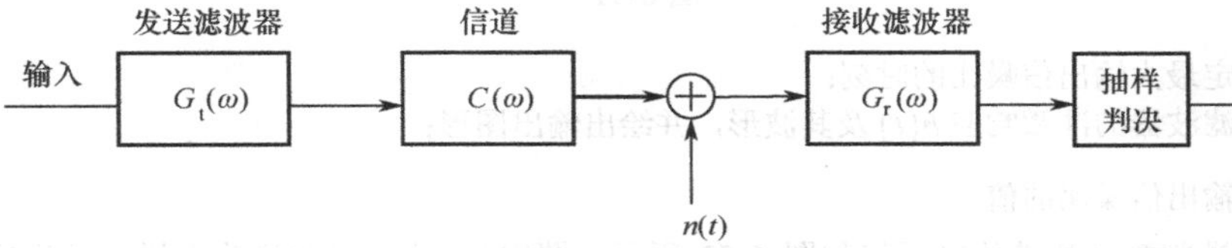

图 6-49

设该系统无码间干扰，且发送数据“1”的概率为 $P(1)$，发送数据“0”的概率为 $P(0)$。信道噪声 $n(t)$为高斯白噪声，其双边功率谱密度为 $n_0/2$（W/Hz）。所传送的信号为单极性基带信号，且发送数据“1”时，在接收滤波器输出端有用信号的抽样值为 A；发送数据“0”时，在接收滤波器输出端有用信号的抽样值为 0。接收滤波器的传递函数为

$$G_{\rm r}(\omega)=\begin{cases}1, & |f|\leqslant B\\ 0, & \text{其他}\end{cases}$$

式中，B 为理想滤波器的带宽。

（1）求接收滤波器输出的噪声功率；

（2）若 $P(1)=P(0)$，试分析该基带传输系统的误码率表示式；

（3）若 $P(1)\neq P(0)$，试分析该基带传输系统的最佳判决门限。

6-14　已知一个三抽头的横向滤波器，输入信号 $x(t)$在各抽样点的值依次为 $x_{-2}=0$、$x_{-1}=0.2$、$x_0=1$、$x_1=-0.3$、$x_2=0.1$，其余均为零。

（1）试画出该横向滤波器的原理图，求出单位冲激响应和传输函数；

（2）已知抽头系数 $C_{-1}=-0.1779$，$C_0=0.8897$，按迫零算法求出 C_1。

（3）比较均衡前后的峰值畸变。

6-15　以表 6-1 中第Ⅳ类部分响应系统为例，试画出包括预编码在内的第Ⅳ类部分响应系统的方框图。

6-16　某系统如图 6-50（a）所示，其输入 $s(t)$ 及 $h_1(t)$、$h_2(t)$ 分别如图 6-50（b）、(c)、(d) 所示。

（1）绘图解出 $h_1(t)$ 的输出波形；

（2）绘图解出 $h_2(t)$ 的输出波形；

（3）说明 $h_1(t)$、$h_2(t)$ 是否是 $s(t)$ 的匹配滤波器。

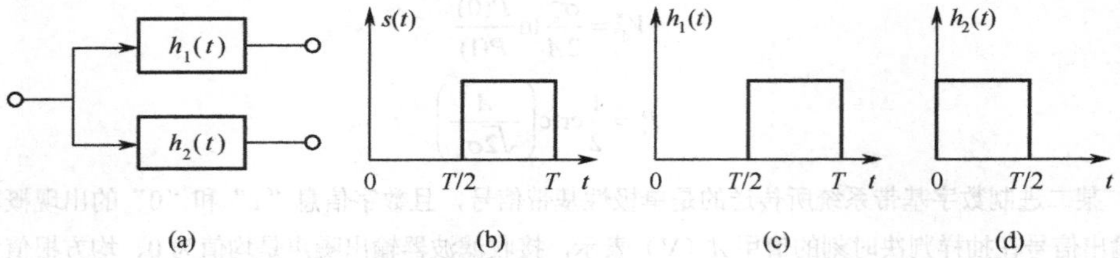

图 6-50

6-17　在功率谱密度为 $n_0/2$ 的高斯白噪声下，设计一个下图 6-51 所示 $f(t)$ 的匹配滤波器。

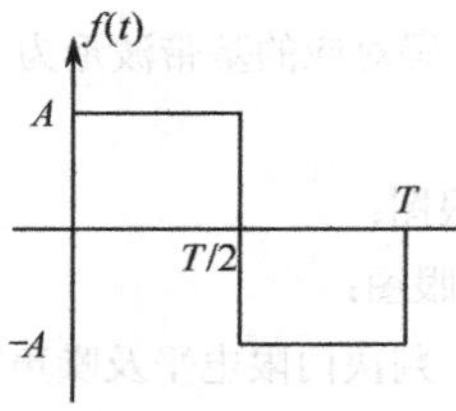

图 6-51

（1）如何确定最大输出信噪比的时刻；

（2）求匹配滤波器的冲激响应 $h(t)$ 及其波形，并绘出输出图形；

（3）求最大输出信噪比的值。

6-18　某二进制数字基带传输系统如图 6-52 所示。图中 $\{a_n\}$ 与 $\{a_n\}$ 分别为发送的数字序列和恢复的数字序列，已知发送滤波器的传输函数 $G_t(\omega)$ 为

$$G_t(\omega)=\begin{cases}\sqrt{\dfrac{1}{2}\left(1+\cos\dfrac{\omega T}{2}\right)} & |\omega|\leqslant\dfrac{2\pi}{T}\\ 0 & |\omega|>\dfrac{2\pi}{T}\end{cases}$$

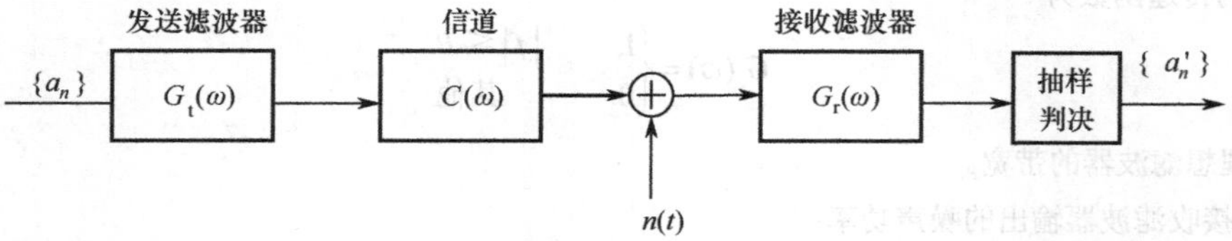

图 6-52

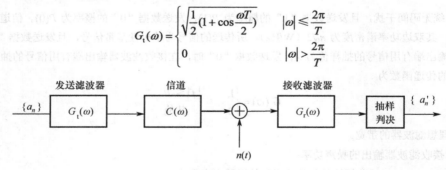

信道传输函数 $C(\omega)=1$，$n(t)$ 是双边功率谱密度为 $n_0/2$（W/Hz）、均值为零的高斯白噪声。

（1）若要使该基带传输系统最佳化，试问 $G_r(\omega)$ 应如何选择？

（2）该系统无码间干扰的最高码元传输速率是多少？

第 7 章　数字信号的频带传输

在第 6 章中，对数字信号的基带传输进行了详细分析。然而，实际通信中的信道多为带通信道，如卫星通信、移动通信、光纤通信等，都是在规定带通信道内传输频带信号。本章侧重讲解数字基带信号通过载波调制而成为频带信号后，在带通信道中传输并在接收端进行解调的工作原理；同时，围绕频带信号的功率谱密度和系统的误码率两个方面，分析频带传输系统的基本性能。

调制是利用基带信号去控制载波某些参数的过程。其中，基带信号可以为模拟信号，也可以为数字信号；载波可以为正弦波，也可以为脉冲波。对于正弦波，其调制参数为幅度、频率和相位；而对于脉冲波，其调制参数为脉冲幅度、脉冲宽度和脉冲相位。

本章主要讨论如何利用数字基带信号控制正弦载波参数的过程，即数字调制。根据载波调制参数的不同，数字调制可分为振幅键控（ASK）、频移键控（FSK）和相移键控（PSK）三种基本方式。

在信息传输的过程中，数字码元有二进制和多进制之分，所以数字调制又分为二进制数字调制和多进制数字调制。二进制数字调制是将“0”和“1”两个二进制码元信息分别映射为两个不同参数的载波信号；而多进制数字调制则是将多个码元信息映射为多个不同参数的载波信号。本章重点讨论二进制数字调制与解调的基本原理、信号功率谱密度及系统的抗噪声性能，并简要介绍多进制数字调制的基本原理及抗噪声性能。

数字调制可分为线性调制和非线性调制。若数字已调信号的功率谱密度是数字基带信号功率谱密度在频率轴上的线性搬移，即只有幅度上的衰减，没有频谱的变化，则此调制为线性调制，否则为非线性调制。以上 3 种数字调制中，只有 ASK 为线性调制，而 FSK 和 PSK 为非线性调制。

7.1　二进制振幅键控

本节主要讨论二进制振幅键控（2ASK）的基本原理及调制、解调基本方法，通过分析 2ASK 信号的功率谱密度来讲解线性调制的基本原理，并且详细讨论各种 2ASK 传输系统的抗噪声性能。

7.1.1　2ASK 调制与解调基本原理

1. 2ASK 的基本原理

振幅键控（ASK）是利用正弦载波的幅度变化来传递数字信息的，而其频率和初始相位保持不变。对于二进制振幅键控（2ASK），当发送码元“1”时取正弦载波的振幅为 A_1；当发送码元“0”时取振幅为 A_2，根据载波的振幅不同来区分码元信息，即：

$$e_{2\text{ASK}}(t)=\begin{cases}A_1\cos(\omega_c t+\varphi), & \text{以概率}p\text{发送“1”时}\\ A_2\cos(\omega_c t+\varphi), & \text{以概率}1-p\text{发送“0”时}\end{cases} \tag{7.1-1}$$

若取 $A_1=A$，$A_2=0$，且初始相位 $\varphi=0$，则式（7.1-1）可简化为：

$$e_{2ASK}(t)=\begin{cases}A\cos(\omega_c t), & 以概率 p 发送“1”时\\ 0, & 以概率 1-p 发送“0”时\end{cases} \tag{7.1-2}$$

这种常见的、最简单的、类似于正弦载波导通与关闭的数字调制方式，也称为通-断键控（OOK）。

根据 2ASK 的基本实现原理，可以写出信号的一般表达式：

$$e_{2ASK}(t)=s(t)\cos(\omega_c t) \tag{7.1-3}$$

式中，$s(t)=\sum_n a_n g(t-nT)$ 为二进制单极性不归零基带信号，a_n 为第 n 个码元值，取值为“1”或“0”；$g(t)$ 为矩形脉冲波形，其幅值为 A、宽度为 T（一个码元持续时间）。下面通过波形图举例说明 2ASK（OOK）信号产生的基本原理。

【例 7-1】 试画出二进制码元序列 $\{a_n\}$ 为“1010”的 2ASK 信号波形。

【解】 二进制码元序列 $\{a_n\}$ 为“1010”的 2ASK 信号波形如图 7-1 所示。

在图 7-1 中，在一个码元持续时间 T 内只有一个周期正弦载波，这是为了分析问题方便。实际在一个 T 内有多个周期载波。并且，本章载波数学表达式为 $\cos(\omega_c t)$，而图中载波波形为正弦波，这主要是为了绘图简便，两者并不矛盾，实际只相差 $\pi/2$ 相位。

2．2ASK 的调制

根据产生 2ASK 信号的基本原理，可得到两种基本调制方法：“模拟调幅法”和“键控法”，其原理框图如图 7-2 所示。

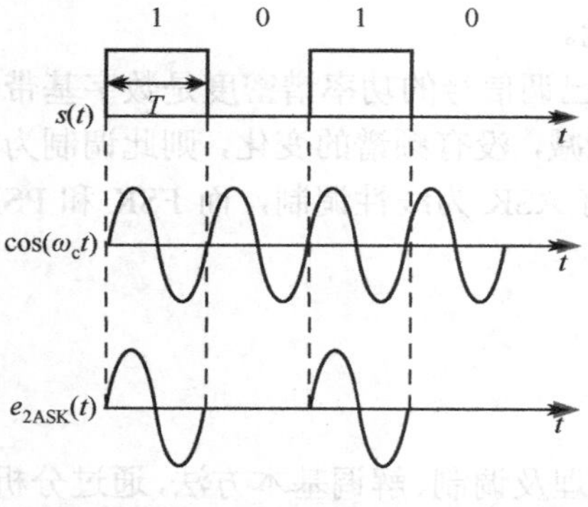

图 7-1　2ASK 调制原理波形图

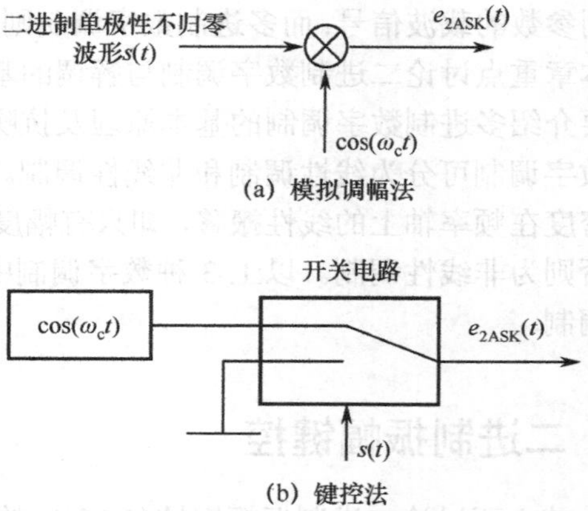

图 7-2　2ASK 调制原理框图

在“键控法”中，开关电路的开启方式受二进制单极性基带信号 $s(t)$ 的控制，从而产生 2ASK 信号：当 $s(t)$ 为矩形脉冲时，开关电路连接振荡信号产生器，输出 $\cos(\omega_c t)$，持续时间 T；当 $s(t)$ 为 0 时，开关电路接地，无信号输出。

3．2ASK 的解调

2ASK 信号有两种基本解调方法：相干解调和非相干解调。相干解调需要在接收端乘以与发送端同频同相的载波，所以又称同步检测；非相干解调只需检测出信号包络，所以又称包络检波。两种解调方法的原理如图 7-3 所示。

在非相干解调中，全波整流器和低通滤波器构成了包络检波器。下面通过波形图举例说明 2ASK 解调原理。

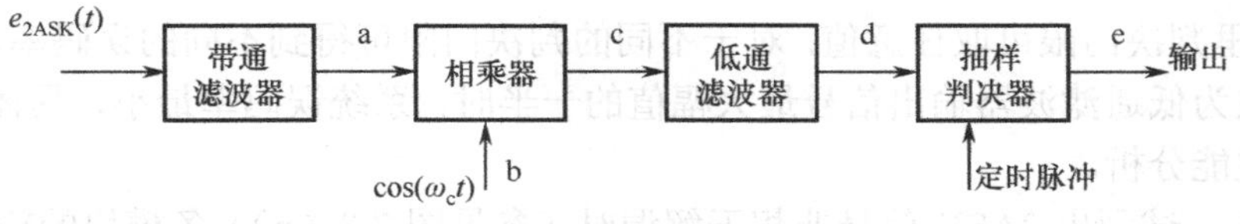

(a) 相干解调

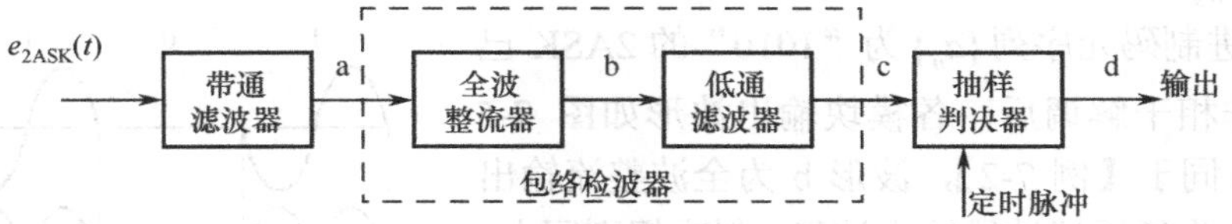

(b) 非相干解调

图 7-3　2ASK 解调原理框图

【例 7-2】　试画出 2ASK 信号相干解调时[参见图 7-3（a）]各模块的输出波形。二进制码元序列$\{a_n\}$为“1010”。

【解】　二进制码元序列$\{a_n\}$为“1010”的 2ASK 已调信号经过相干解调后，各模块输出波形如图 7-4 所示。

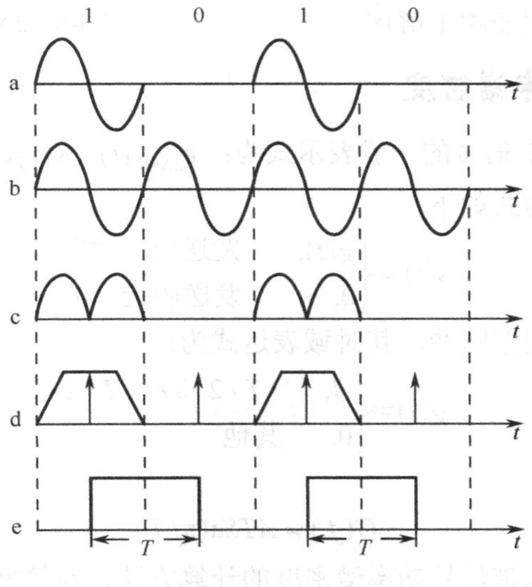

图 7-4　2ASK 相干解调各模块输出波形

图 7-4 中波形 a～e 对应了相干解调系统框图中各模块的输出信号。其中波形 a 为 2ASK 已调信号经过带通滤波器后的输出波形。由于带通滤波器的作用是保留信号、滤除噪声，这里不考虑信道中噪声影响，所以波形 a 与 2ASK 已调信号一致。波形 b 为接收端载波，与发送端同频同相。波形 c 是波形 a 与波形 b 相乘后的输出结果。波形 d 为低通滤波器输出信号。这里取波形 d 中每个码元持续时间的中间时刻进行抽样判决（幅值最大时刻），判决门限为V_d：当抽样值V大于V_d时，抽样判决器输出高电平（对应码元“1”），波形延时T；当抽样值V小于V_d时，抽样判决器输出低电平（对应码元“0”），延时T。由此得到 2ASK 解调信号 e，对应码元信息为“1010”，与原始码元序列$\{a_n\}$一致。

需要注意的是，判决规则的设置要与调制规则相吻合。因为当二进制码元为“1”时，2ASK 已调信号为$A\cos(\omega_c t)$，而二进制码元为“0”时， 2ASK 已调信号为 0，所以判决规则如上所设。同时，这里判决门限可取任意值，对于不同的判决门限可得到不同的误码率。一般情况下，当判决门限取为低通滤波器输出信号最大幅值的一半时，系统误码率最小，具体情况见 2ASK 系统抗噪声性能分析。

【例 7-3】 试画出 2ASK 信号非相干解调时（参见图 7-3（b））各模块的输出波形。二进制码元序列 $\{a_n\}$ 为“1010”。

【解】 二进制码元序列 $\{a_n\}$ 为“1010”的 2ASK 已调信号经过非相干解调后，各模块输出波形如图 7-5 所示。波形 a 同于【例 7-2】，波形 b 为全波整流输出波形，波形 c 为低通滤波器输出波形，判决规则同上，得到 2ASK 解调信号 d，对应码元信息为“1010”，与原始码元序列 $\{a_n\}$ 一致。

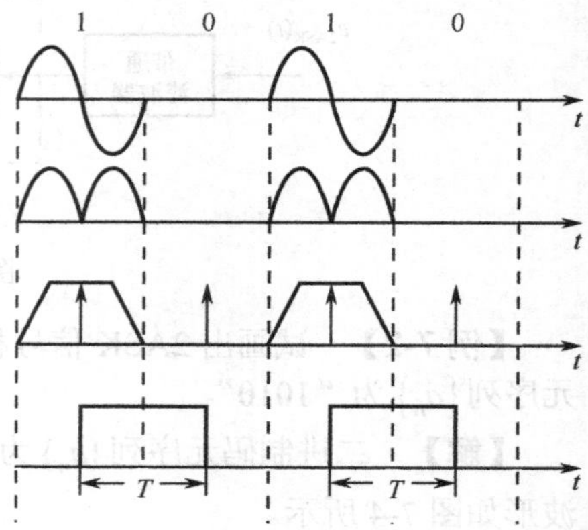

图 7-5 2ASK非相干解调各模块输出波形

由图 7-4 和图 7-5 可见，非相干解调各模块的输出信号与相干解调相同，唯一区别是相干解调接收端需要乘以与发送端同频同相的载波，所以相干解调系统的复杂度高于非相干解调。在大信噪比情况下，二者抗噪声性能一致，一般选用非相干解调。

7.1.2 2ASK 信号的功率谱密度

前面已经讲述了 2ASK 信号的一般表示式为：$e_{2\text{ASK}}(t)=s(t)\cos(\omega_{\text{c}}t)$，其中 $s(t)$ 为二进制单极性不归零信号，其表达式如下：

$$s(t)=\begin{cases}g(t), & \text{发送码元“1”}\\ 0, & \text{发送码元“0”}\end{cases} \tag{7.1-4}$$

为简化分析，这里 $g(t)$ 为矩形脉冲，其时域表达式为：

$$g(t)=\begin{cases}A, & -T/2\leqslant t\leqslant T/2\\ 0, & \text{其他}\end{cases} \tag{7.1-5}$$

对应的频谱函数为：

$$G(f)=AT\text{Sa}(\pi fT) \tag{7.1-6}$$

根据第 6 章所述数字基带信号功率谱密度的计算方法，在等概发送二进制码元的情况下，得到二进制单极性不归零基带信号 $s(t)$ 的功率谱密度为：

$$P_s(f)=\frac{A^2T}{4}\text{Sa}^2(\pi fT)+\frac{A^2}{4}\delta(f) \tag{7.1-7}$$

其示意图如图 7-6 所示。

由 2ASK 信号的时域表达式 $e_{2\text{ASK}}(t)=s(t)\cos(\omega_{\text{c}}t)$ 可推导出 $s(t)$ 的功率谱密度与 2ASK 信号的功率谱密度之间的关系如下：

$$P_{2\text{ASK}}(f)=\frac{1}{4}[P_s(f-f_{\text{c}})+P_s(f+f_{\text{c}})] \tag{7.1-8}$$

将式（7.1-7）代入式（7.1-8），得到 2ASK 信号的功率谱密度表达式为：

$$P_{2\text{ASK}}(f)=\frac{A^2T}{16}\text{Sa}^2[\pi(f-f_{\text{c}})T]+\frac{A^2T}{16}\text{Sa}^2[\pi(f+f_{\text{c}})T]+\frac{A^2}{16}\delta(f-f_{\text{c}})+\frac{A^2}{16}\delta(f+f_{\text{c}}) \tag{7.1-9}$$

其示意图如图 7-7 所示。

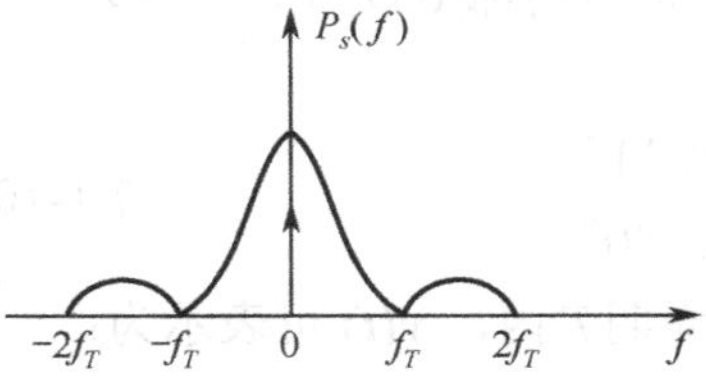

图 7-6　$s(t)$的功率谱密度示意图

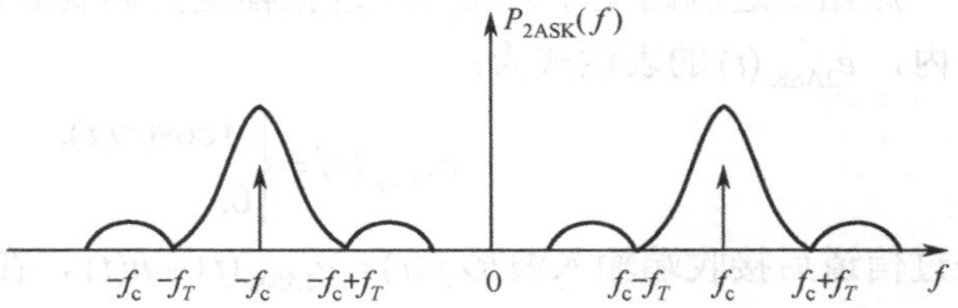

图 7-7　2ASK 信号的功率谱密度示意图

由图 7-6 和 7-7 可以看出：2ASK 信号的功率谱密度是基带信号 $s(t)$ 的功率谱密度在载频 f_c 和 $-f_c$ 上的线性搬移，只有幅值的衰减，没有频谱的变化，因而是线性调制。并且，2ASK 信号的带宽为 $2f_T$（即功率谱密度主瓣宽度，$f_T=1/T$ 为二进制码元速率），它是基带信号 $s(t)$ 带宽的 2 倍。同时，2ASK 信号功率谱密度中的离散分量使得在接收端容易提取载波信号，所提取的载波可用于相干解调。

7.1.3　2ASK 系统的抗噪声性能

通信系统的抗噪声性能是指系统克服加性噪声影响的能力。数字频带传输系统的一般模型如图 7-8 所示。其中，原始数字码元序列 $\{a_n\}$ 经过调制后变成数字频带信号在信道中传输，若信道中无噪声，则解调器输入信号为频带信号，对该信号进行解调，可获得与原码相同的解码；若信道中有噪声，则解调器输入信号为频带信号和噪声的混合信号，由于噪声的影响，导致解码 $\{a_n'\}$ 与原码 $\{a_n\}$ 有一定的区别，所以数字频带传输系统的抗噪声性能通常用误码率来衡量，解调器输入端的信噪比决定了系统抗噪声性能的好坏。为简化分析，本章中关于数字频带传输系统抗噪声性能的分析，均假设信道是恒参信道，在信号的频带范围内具有理想矩形的传输特性，信道中的噪声是加性高斯白噪声。

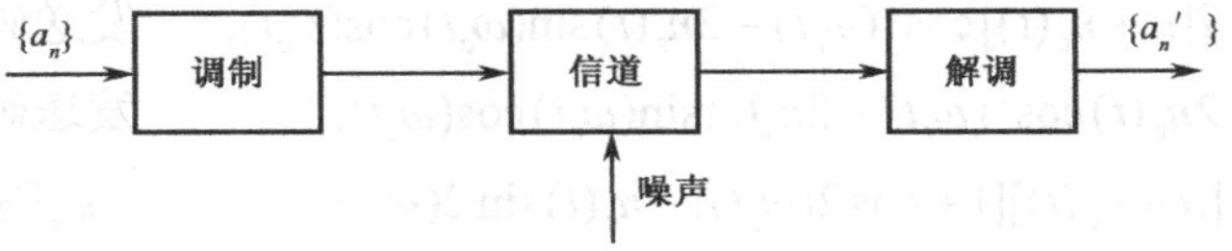

图 7-8　数字通信系统的一般模型

本节主要讨论 2ASK 系统的抗噪声性能。前面已经讲过，2ASK 信号的解调方法有相干解调和非相干解调，下面将分别讨论这两种解调系统的抗噪声性能。

1. 2ASK 相干解调系统的抗噪声性能

由于只考虑噪声的影响，所以将数字频带传输系统中的解调器进行扩展，可得到 2ASK 相干解调系统模型，如图 7-9 所示。

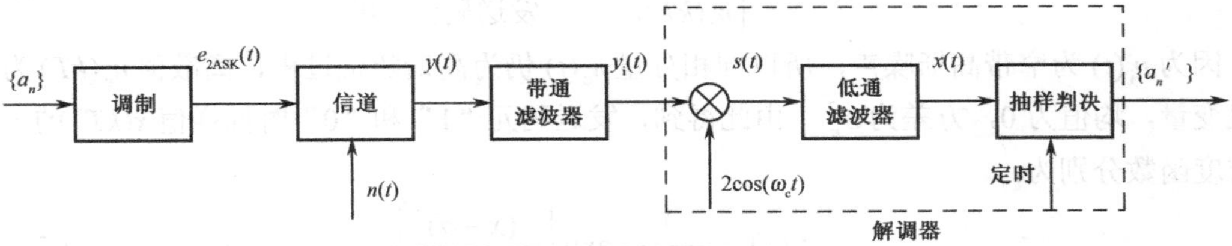

图 7-9　2ASK 相干解调系统模型

原始二进制码元序列$\{a_n\}$经过振幅键控调制后得到 2ASK 信号$e_{2ASK}(t)$，在一个码元周期T内，$e_{2ASK}(t)$的表达式为：

$$e_{2ASK}(t)=\begin{cases}A\cos(\omega_c t), & \text{发送码元“1”}\\ 0, & \text{发送码元“0”}\end{cases} \tag{7.1-10}$$

经过信道后接收端输入波形$y(t)=e_{2ASK}(t)+n(t)$，在一个码元周期T内，$y(t)$可表示为：

$$y(t)=\begin{cases}a\cos(\omega_c t)+n(t), & \text{发送码元“1”}\\ n(t), & \text{发送码元“0”}\end{cases} \tag{7.1-11}$$

式中，$n(t)$是信道中的加性高斯白噪声，均值为 0。由于假设信道为恒参信道，它在信号的频带范围内具有理想矩形的传输特性，所以信道只对 2ASK 信号产生幅值衰减，无频率损失，信号幅值由A衰减为a。经过带通滤波器后，输出波形$y_i(t)$为：

$$y_i(t)=\begin{cases}a\cos(\omega_c t)+n_i(t) & \text{发送码元“1”}\\ n_i(t) & \text{发送码元“0”}\end{cases} \tag{7.1-12}$$

其中，$n_i(t)$是加性高斯白噪声$n(t)$经过带通滤波器后的输出噪声。由于带通滤波器的作用是使信号无失真通过，并且最大可能地滤除噪声，所以信号可无失真通过，仍为$a\cos(\omega_c t)$，而噪声受到限制。根据随机信号分析可知，高斯窄带噪声$n_i(t)$的均值仍为 0，方差为σ_n^2（$\sigma_n^2=n_0B$，一般取带通滤波器带宽B等于 2ASK 信号带宽）。$n_i(t)$表达式为：

$$n_i(t)=n_c(t)\cos(\omega_c t)-n_s(t)\sin(\omega_c t) \tag{7.1-13}$$

将式（7.1-13）代入式（7.1-12），得到：

$$y_i(t)=\begin{cases}[a+n_c(t)]\cos(\omega_c t)-n_s(t)\sin(\omega_c t), & \text{发送码元“1”}\\ n_c(t)\cos(\omega_c t)-n_s(t)\sin(\omega_c t), & \text{发送码元“0”}\end{cases} \tag{7.1-14}$$

$y_i(t)$与载波$2\cos(\omega_c t)$相乘后得到：

$$\begin{aligned}s(t)&=\begin{cases}2[a+n_c(t)]\cos^2(\omega_c t)-2n_s(t)\sin(\omega_c t)\cos(\omega_c t), & \text{发送码元“1”}\\ 2n_c(t)\cos^2(\omega_c t)-2n_s(t)\sin(\omega_c t)\cos(\omega_c t), & \text{发送码元“0”}\end{cases}\\ &=\begin{cases}[a+n_c(t)][1+\cos 2(\omega_c t)]-n_s(t)\sin 2(\omega_c t), & \text{发送码元“1”}\\ n_c(t)[1+\cos 2(\omega_c t)]-n_s(t)\sin 2(\omega_c t), & \text{发送码元“0”}\end{cases}\end{aligned} \tag{7.1-15}$$

经过低通滤波器，滤除高频分量，得到$s(t)$的输出包络信号$x(t)$：

$$x(t)=\begin{cases}a+n_c(t), & \text{发送码元“1”}\\ n_c(t), & \text{发送码元“0”}\end{cases} \tag{7.1-16}$$

式中，a为信号成分，$n_c(t)$为噪声。对$x(t)$进行抽样判决，即可得到输出码元序列$\{a_n'\}$。假设对第k个码元进行判决，取kT为其抽样时刻，得到抽样值为：

$$x(kT)=\begin{cases}a+n_c(kT), & \text{发送码元“1”}\\ n_c(kT), & \text{发送码元“0”}\end{cases} \tag{7.1-17}$$

因为$n_i(t)$为窄带高斯噪声，所以同相分量$n_c(t)$仍为高斯随机过程，离散值$n_c(kT)$为高斯随机变量，均值为 0，方差为σ_n^2。由此得到，发送码元“1”和“0”时抽样值$x(kT)$的一维概率密度函数分别为：

$$f_1(x)=\frac{1}{\sqrt{2\pi}\sigma_n}\exp\left\{-\frac{(x-a)^2}{2\sigma_n^2}\right\} \tag{7.1-18}$$

$$f_0(x)=\frac{1}{\sqrt{2\pi}\sigma_n}\exp\left\{-\frac{x^2}{2\sigma_n^2}\right\} \tag{7.1-19}$$

取判决门限为 b，则当抽样值 $x(kT)\geqslant b$ 时，判输出码元为“1”；当抽样值 $x(kT)<b$ 时，判输出码元为“0”。由此得到，发送码元“1”，错误判决为“0”的概率为：

$$P(0/1)=P(x<b)=\int_{-\infty}^{b}f_1(x)\mathrm{d}x=1-\frac{1}{2}\operatorname{erfc}\left(\frac{b-a}{\sqrt{2}\sigma_n}\right) \tag{7.1-20}$$

而发送码元“0”，错误判决为“1”的概率为：

$$P(1/0)=P(x\geqslant b)=\int_{b}^{+\infty}f_0(x)\mathrm{d}x=\frac{1}{2}\operatorname{erfc}\left(\frac{b}{\sqrt{2}\sigma_n}\right) \tag{7.1-21}$$

所以系统总的误码率为：

$$P_e=P(1)\times P(0/1)+P(0)\times P(1/0) \tag{7.1-22}$$

即图 7-10 中阴影部分面积所示。由式（7.1-22）可以看出，2ASK 相干解调系统误码率与发送码元“1”和“0”的概率、解调器输入端的信噪比以及判决门限有关，当信源、信道确定时，发送码元概率及信噪比确定，可通过调节判决门限来降低系统误码率。

定义使系统误码率达到最小的判决门限，为最佳判决门限，可通过以下方程获得：

$$\partial P_e/\partial b=0 \tag{7.1-23a}$$

$$P(1)f_1(b^*)=P(0)f_0(b^*) \tag{7.1-23b}$$

证明过程从略，得到最佳判决门限 b^* 为：

$$b^*=\frac{a}{2}+\frac{\sigma_n^2}{a}\ln\frac{P(0)}{P(1)} \tag{7.1-24}$$

一般情况下 $P(0)=P(1)$，最佳判决门限 $b^*=a/2$，将其代入式（7.1-22）中，得到

$$\begin{aligned}P_e&=P(1)P(0/1)+P(0)P(1/0)=\frac{1}{2}\times\left[1-\frac{1}{2}\operatorname{erfc}\left(\frac{a/2-a}{\sqrt{2}\sigma_n}\right)\right]+\frac{1}{2}\times\frac{1}{2}\operatorname{erfc}\left(\frac{a/2}{\sqrt{2}\sigma_n}\right)\\&=\frac{1}{2}\times\left\{1-\frac{1}{2}\left[2-\operatorname{erfc}\left(\frac{a/2}{\sqrt{2}\sigma_n}\right)\right]\right\}+\frac{1}{2}\times\frac{1}{2}\operatorname{erfc}\left(\frac{a/2}{\sqrt{2}\sigma_n}\right)\\&=\frac{1}{2}\operatorname{erfc}\left(\frac{a}{2\sqrt{2}\sigma_n}\right)\end{aligned} \tag{7.1-25}$$

取解调器输入端的信噪比 $r=\dfrac{a^2}{2\sigma_n^2}$，则式（7.1-25）化简为 $P_e=\dfrac{1}{2}\operatorname{erfc}\left(\sqrt{\dfrac{r}{4}}\right)$。当 $r\gg 1$（大信噪比）时，可近似表示为 $P_e\approx\dfrac{1}{\sqrt{\pi r}}\mathrm{e}^{-r/4}$。

图 7-11 所示进一步说明了系统最小误码率和最佳判决门限。由式（7.1-23b）可知，最佳判决门限 b^* 为两个概率曲线的交点处，又 $P(0)=P(1)$ 且两个概率曲线 $f_0(x)$、$f_1(x)$ 形状相同、关于 $a/2$ 对称，所以最佳判决门限 $b^*=a/2$。此时，曲线下阴影面积最小，系统误码率最低。

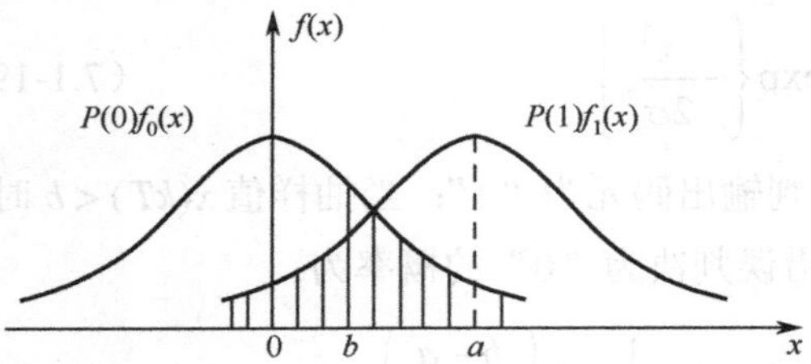

图 7-10　2ASK 相干解调系统误码率几何示意图

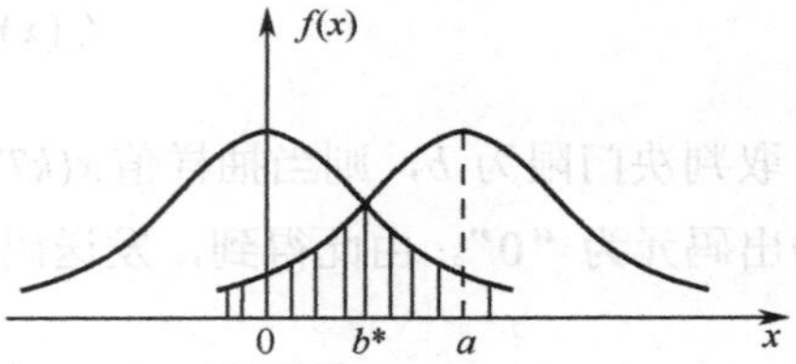

图 7-11　2ASK 相干解调系统最小误码率几何示意图

2．2ASK 非相干解调系统的抗噪声性能

2ASK 非相干解调系统模型如图 7-12 所示。这里包络检波器由全波整流器和低通滤波器构成。

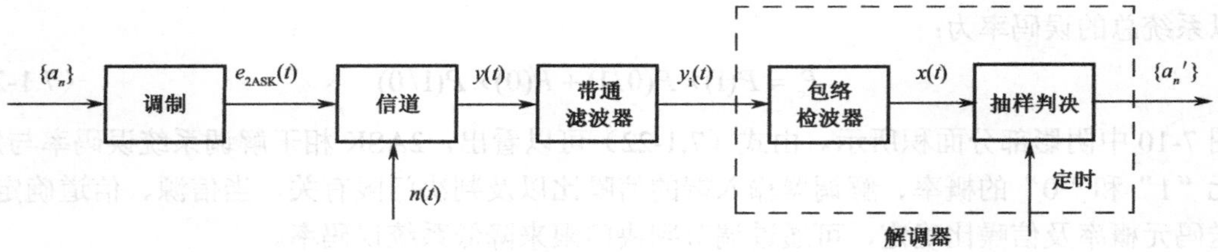

图 7-12　2ASK 非相干解调系统模型

与前面的分析一样，带通滤波器的输出 $y_{\rm i}(t)$ 为：

$$y_{\rm i}(t)=\begin{cases}a\cos(\omega_{\rm c}t)+n_{\rm i}(t), & \text{发送码元“1”}\\ n_{\rm i}(t), & \text{发送码元“0”}\end{cases} \tag{7.1-26}$$

式中，$n_{\rm i}(t)$ 是窄带高斯噪声，$n_{\rm i}(t)=n_{\rm c}(t)\cos(\omega_{\rm c}t)-n_{\rm s}(t)\sin(\omega_{\rm c}t)$。代入式（7.1-26）中得到：

$$y_{\rm i}(t)=\begin{cases}[a+n_{\rm c}(t)]\cos(\omega_{\rm c}t)-n_{\rm s}(t)\sin(\omega_{\rm c}t), & \text{发送码元“1”}\\ n_{\rm c}(t)\cos(\omega_{\rm c}t)-n_{\rm s}(t)\sin(\omega_{\rm c}t), & \text{发送码元“0”}\end{cases} \tag{7.1-27}$$

经过包络检波器，得到输出包络信号为：

$$x(t)=\begin{cases}\sqrt{[a+n_{\rm c}(t)]^2+n_{\rm s}^2(t)}, & \text{发送码元“1”}\\ \sqrt{n_{\rm c}^2(t)+n_{\rm s}^2(t)}, & \text{发送码元“0”}\end{cases} \tag{7.1-28}$$

假设对第 k 个码元进行判决，取 kT 为其抽样时刻，得到抽样值为：

$$x(kT)=\begin{cases}\sqrt{[a+n_{\rm c}(kT)]^2+n_{\rm s}^2(kT)}, & \text{发送码元“1”}\\ \sqrt{n_{\rm c}^2(kT)+n_{\rm s}^2(kT)}, & \text{发送码元“0”}\end{cases} \tag{7.1-29}$$

其中，$n_{\rm c}(kT)$、$n_{\rm s}(kT)$ 均为高斯分布随机变量，均值为 0，方差为 σ_n^2，则得到发送码元“1”时，抽样值 $x(kT)$ 的一维概率密度函数为：

$$f_1(x)=\frac{x}{\sigma_n^2}I_0\left(\frac{ax}{\sigma_n^2}\right)\mathrm{e}^{-\frac{x^2+a^2}{2\sigma_n^2}} \tag{7.1-30}$$

发送码元“0”时，抽样值 $x(kT)$ 的一维概率密度函数为：

$$f_0(x)=\frac{x}{\sigma_n^2}\mathrm{e}^{-\frac{x^2}{2\sigma_n^2}} \tag{7.1-31}$$

$f_1(x)$ 满足广义瑞利分布（莱斯分布），$f_0(x)$ 满足瑞利分布。取判决门限为 b，当抽样值 $x(kT)\geqslant b$ 时，判输出码元为“1”；当抽样值 $x(kT)<b$ 时，判输出码元为“0”。由此得到，发送码元“1”时，错误判决为“0”的概率为：

$$P(0/1)=\int_0^b f_1(x)\mathrm{d}x=1-\int_b^\infty \frac{x}{\sigma_n^2}I_0\left(\frac{ax}{\sigma_n^2}\right)\mathrm{e}^{\frac{-(x^2+a^2)}{2\sigma_n^2}}\mathrm{d}x \qquad (7.1\text{-}32)$$

定义 Q 函数为 $Q(\alpha,\beta)=\int_\beta^\infty tI_0(\alpha t)\,\mathrm{e}^{-\frac{t^2+\alpha^2}{2}}\mathrm{d}t$，令 $\alpha=\dfrac{a}{\sigma_n},\beta=\dfrac{b}{\sigma_n},t=\dfrac{x}{\sigma_n}$，则式（7.1-32）可化简为 Q 函数形式，即 $P(0/1)=1-Q(\dfrac{a}{\sigma_n},\dfrac{b}{\sigma_n})$。同理，发送码元“0”时，错误判决为“1”的概率为：

$$P(1/0)=\int_b^\infty f_0(x)\mathrm{d}x=\mathrm{e}^{-b^2/2\sigma_n^2} \qquad (7.1\text{-}33)$$

所以，系统总的误码率为：

$$P_\mathrm{e}=P(1)P(0/1)+P(0)P(1/0) \qquad (7.1\text{-}34)$$

图 7-13 所示为 2ASK 非相干解调系统误码率几何示意图。

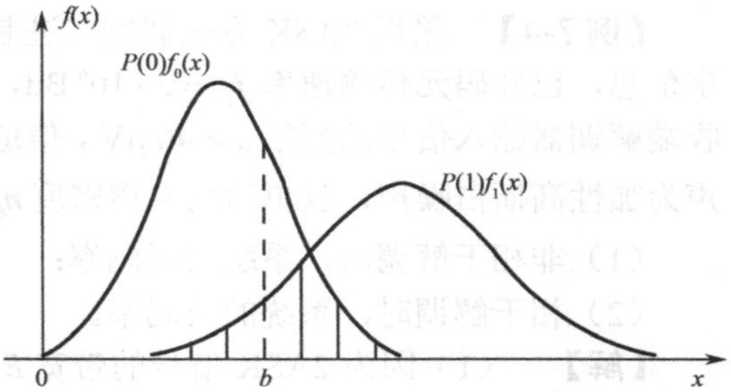

图 7-13　2ASK 非相干解调系统误码率几何示意图

可以看出，2ASK 非相干解调系统误码率也与发送码元“1”和“0”的概率、解调器输入端的信噪比和判决门限有关。最佳判决门限也可通过求极值的方法得到，简要证明过程如下：

$$\frac{\partial P_\mathrm{e}}{\partial b}=0 \qquad (7.1\text{-}35\text{a})$$

$$P(1)f_1(b^*)=P(0)f_0(b^*) \qquad (7.1\text{-}35\text{b})$$

当 $P(1)=P(0)$ 时，有 $f_1(b^*)=f_0(b^*)$，即 $f_0(x)$ 和 $f_1(x)$ 两条曲线交点处的取值就是最佳判决门限值 b^*。得到近似值为：

$$b^*\approx\frac{a}{2}\sqrt{1+\frac{8\sigma_n^2}{a^2}}=\frac{a}{2}\sqrt{1+\frac{4}{r}} \qquad (7.1\text{-}36)$$

式中，$r=a^2/2{\sigma_n}^2$。当 $r\gg1$ 时，$b^*=a/2$；当 $r\ll1$ 时，$b^*=\sqrt{2}\sigma_n$。归一化最佳判决门限为：

$$b_0{}^*=\frac{b^*}{\sigma_n}=\begin{cases}\sqrt{r/2}, & r\gg1\\ \sqrt{2}, & r\gg1\end{cases} \qquad (7.1\text{-}37)$$

在实际工作中，一般认为信噪比很大，则最佳判决门限取 $b^*=a/2$（$b_0{}^*=\sqrt{r/2}$），代入式（7.1-34）中，得到

$$\begin{aligned}P_\mathrm{e}&=P(1)\times[1-Q(\frac{a}{\sigma_n},\frac{b}{\sigma_n})]+P(0)\times\mathrm{e}^{-b^2/(2\sigma_n^2)}\\&=P(1)\times[1-Q(\frac{a}{\sigma_n},\frac{a}{2\sigma_n})]+P(0)\times\mathrm{e}^{-a^2/(8\sigma_n^2)} \qquad (7.1\text{-}38\text{a})\\&=\frac{1}{2}\times[1-Q(\frac{a}{\sigma_n},\frac{a}{2\sigma_n})]+\frac{1}{2}\times\mathrm{e}^{-a^2/(8\sigma_n^2)}\end{aligned}$$

由于$Q(\alpha,\beta)=1-\frac{1}{2}\text{erfc}(\frac{\alpha-\beta}{\sqrt{2}})$，所以

$$P_e=\frac{1}{4}\text{erfc}(\frac{a}{2\sqrt{2}\sigma_n})+\frac{1}{2}\times e^{-a^2/(8\sigma_n^2)}=\frac{1}{4}\text{erfc}\left(\sqrt{\frac{r}{4}}\right)+\frac{1}{2}e^{-r/4} \tag{7.1-38b}$$

当$r\to\infty$时，式（7.1-38b）中的第二项起主要作用，所以$P_e\approx\frac{1}{2}e^{-r/4}$。

如图 7-14 所示，两个概率曲线交点处为最佳判决门限（即$b^*=a/2$），与图 7-11 的分析相同，得到 2ASK 非相干解调系统误码率的几何表示，此时曲线下阴影面积最小，系统误码率最低。

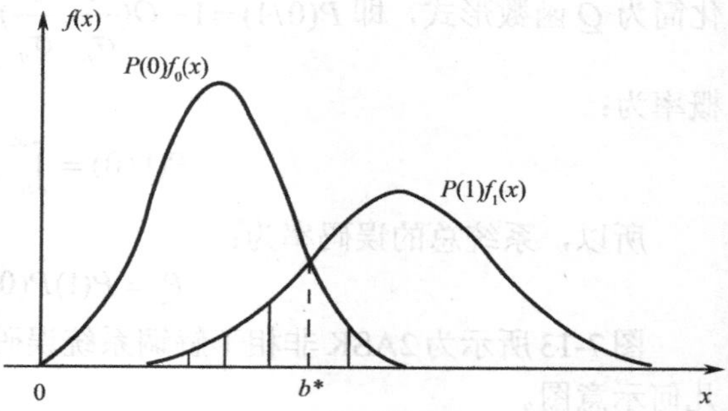

图 7-14　2ASK 非相干解调系统最小误码率几何示意图

一般情况下，相干解调系统的抗噪声性能优于非相干解调，在大信噪比情况下，二者性能相似。非相干解调系统设备简单、易于实现，但在小信噪比情况下，存在门限效应；相干解调系统在任何情况下都不存在门限效应，但设备复杂，成本较高。

【例 7-4】　采用 2ASK 方式调制二进制数字信息，已知码元传输速率$f_T=2\times10^6$ Bd，接收端解调器输入信号的振幅$a=40\ \mu\text{V}$，信道噪声为加性高斯白噪声，且单边功率谱密度$n_0=6\times10^{-18}$ W/Hz，试求：

（1）非相干解调时，系统的误码率；

（2）相干解调时，系统的误码率。

【解】　（1）因为 2ASK 信号的带宽$B=2f_T=4\times10^6$ Hz，所以解调端带通滤波器的带宽取为4×10^6 Hz，得到解调端输入噪声的功率为$N_i=n_0B=24\times10^{-12}$ W。由于信号的功率为$S_i=\frac{1}{2}a^2=8\times10^{-10}$ W，所以信噪比为$r=\frac{S_i}{N_i}=\frac{8\times10^{-10}}{24\times10^{-12}}\approx33.33$。可见 $r\gg1$，所以非相干解调误码率为$P_e\approx\frac{1}{2}e^{-\frac{r}{4}}\approx1.2\times10^{-4}$。

（2）由于$r=33.33\gg1$，所以相干解调误码率为$P_e\approx\frac{1}{\sqrt{\pi r}}e^{-\frac{r}{4}}\approx2.4\times10^{-5}$。

7.2　二进制频移键控

本节主要讨论二进制频移键控（2FSK）的基本原理及调制、解调基本方法，通过分析 2FSK 信号的功率谱密度来理解非线性调制的基本原理，并且详细讨论相干和非相干 2FSK 传输系统的抗噪声性能。

7.2.1　2FSK 调制与解调基本原理

1. 2FSK 的基本原理

频移键控是利用正弦载波的频率变化来传递数字信息，而其幅度和初始相位保持不变。对

于二进制频移键控，当发送码元“1”时，取载波的频率为 f_1，当发送码元“0”时取频率为 f_2，根据载波的频率不同来区分码元信息，可表示为：

$$e_{2\mathrm{FSK}}(t)=\begin{cases}A\cos(\omega_1 t+\varphi), & \text{以概率 } p \text{ 发送“1”时}\\ A\cos(\omega_2 t+\varphi), & \text{以概率} 1-p \text{ 发送“0”时}\end{cases} \tag{7.2-1}$$

为简化分析，假设初始相位 $\varphi=0$，推导出 2FSK 信号的一般表达式：

$$e_{2\mathrm{FSK}}(t)=s_1(t)\cos(\omega_1 t)+s_2(t)\cos(\omega_2 t) \tag{7.2-2}$$

其中，$s_1(t)$ 和 $s_2(t)$ 均为二进制单极性不归零基带信号，表示为：

$$s_1(t)=\sum_n a_n g(t-nT) \tag{7.2-3}$$

$$s_2(t)=\sum_n b_n g(t-nT) \tag{7.2-4}$$

式中，a_n 和 b_n 为二进制码元，且互为反码，即 $b_n=\bar{a}_n$，表示为：

$$a_n=\begin{cases}1, & \text{概率为}p\\ 0, & \text{概率为}1-p\end{cases}\ ;\ b_n=\begin{cases}0, & \text{概率为}p\\ 1, & \text{概率为}1-p\end{cases} \tag{7.2-5}$$

$g(t)$ 仍为幅值为 A、宽度为 T 的矩形脉冲。因此，2FSK 信号可以看成两个不同载频的码元序列反相的 2ASK 信号的叠加，下面通过波形图举例说明 2FSK 信号产生的基本原理。

【例 7-5】 设二进制码元序列 $\{a_n\}$ 为“1010”，试画出 2FSK 信号波形图。其中调制载波分别为 $\cos(\omega_1 t)$ 和 $\cos(\omega_2 t)$，载波频率满足 $\omega_1=2\omega_2$。

【解】 二进制码元序列 $\{a_n\}$ 为“1010”的 2FSK 信号波形产生过程如图 7-15 所示。

2．2FSK 的调制

与 2ASK 调制方法一样，2FSK 也有两种基本调制方法：模拟调频法和数字键控法，其原理框图分别如图 7-16（a）和（b）所示。

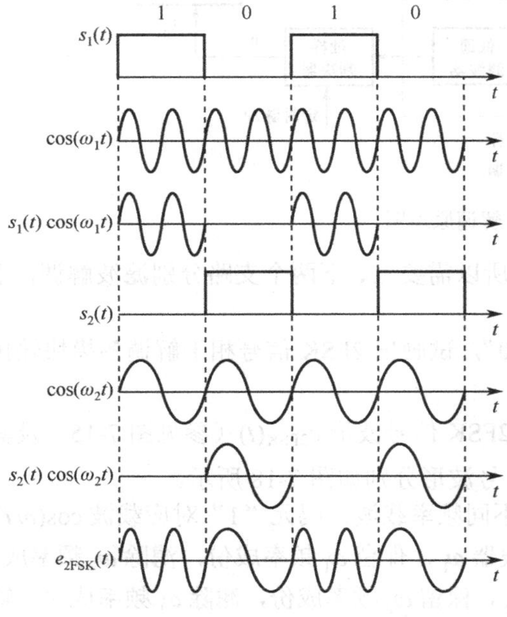

图 7-15　2FSK 调制原理波形图

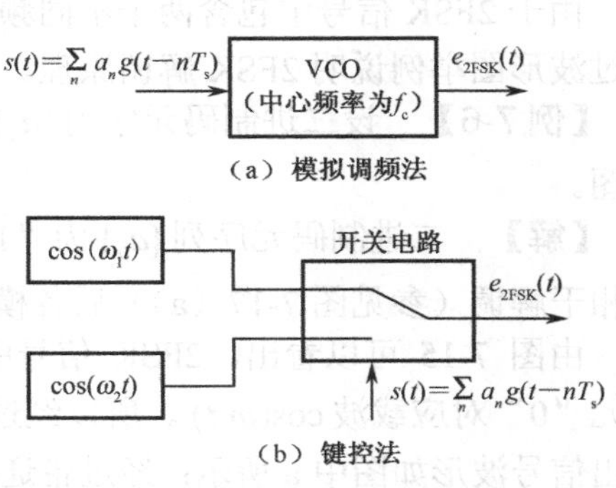

图 7-16　2FSK 调制原理框图

在“键控法”中，开关电路的开启方式受二进制单极性不归零信号 $s(t)$ 的控制。当 $s(t)$ 为高电平“1”时，开关电路连接到 $\cos(\omega_1 t)$ 振荡信号产生器，持续时间 T；当 $s(t)$ 为低电平“0”时，开关电路连接 $\cos(\omega_2 t)$ 振荡信号产生器，持续时间 T，由此产生 2FSK 信号。而“模拟调频法”利用二进制基带信号对单一频率振荡器进行调频，也可得到 2FSK 信号。这两种方法的差异是：“键控法”产生的信号是由电子开关在两个独立的频率源之间切换而形成的，相邻码元之间相位不一定连续；而“模拟调频法”的相位由基带信号 $s(t)$ 控制压控振荡器（VCO）产生，相位是连续的。

3．2FSK 的解调

对于 2FSK 信号的解调同样也有两种基本方法：相干解调和非相干解调，其原理框图分别如图 7-17（a）和（b）所示。

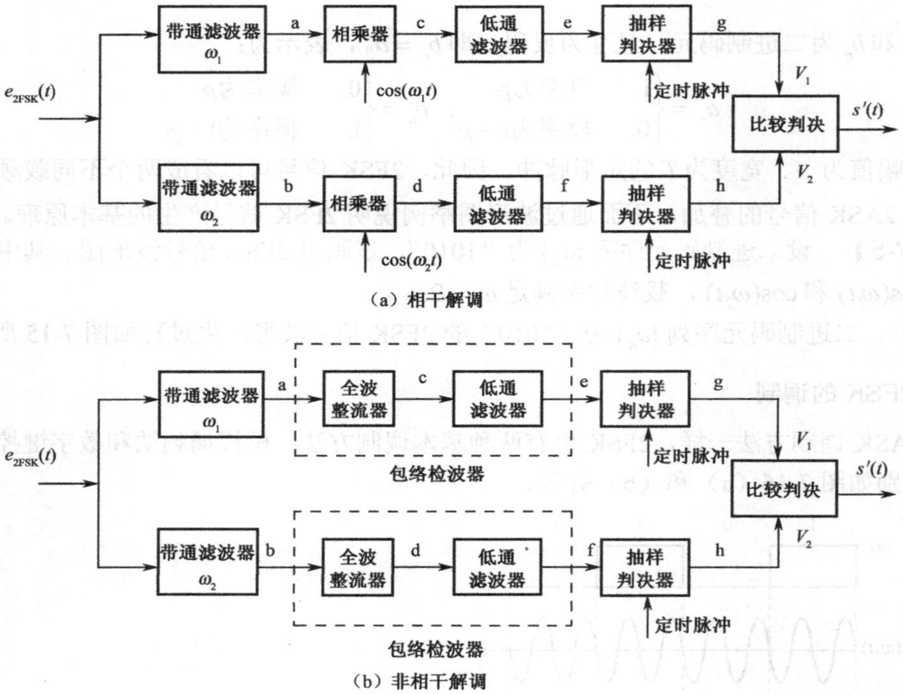

图 7-17　2FSK 解调原理图

由于 2FSK 信号中包含两个不同频率载波，所以需要上、下两个支路分别滤波解调，下面通过波形图举例说明 2FSK 解调原理。

【例 7-6】 设二进制码元序列 $\{a_n\}$ 为“1010”，试画出 2FSK 信号相干解调各模块输出波形图。

【解】 二进制码元序列 $\{a_n\}$ 为“1010”的 2FSK 信号波形 $e_{2FSK}(t)$（参见图 7-15）及其经过相干解调（参见图 7-17（a））后各模块输出信号波形分别如图 7-18 所示。

由图 7-15 可以看出，2FSK 信号中有两个不同频率载波，码元“1”对应载波 $\cos(\omega_1 t)$，码元“0”对应载波 $\cos(\omega_2 t)$。所以经过带通滤波器 ω_1，保留 ω_1 频率成份，滤除 ω_2 频率成份，输出信号波形如图中 a 所示；经过带通滤波器 ω_2，保留 ω_2 频率成份，滤除 ω_1 频率成份，输出信号波形如图中 b 所示。分别乘以与发送端同频同相的载波信号，得到倍频信号，如图中 c、d 所示。经过低通滤波器后，在每个码元周期的中间时刻分别对上、下支路包络信号波形（如图中 e、f 所示）进行抽样，若上支路抽样值V_1大于下支路抽样值V_2，则输出高电平（对应码元“1”），波形延时T_s；反之输出低电平（对应码元“0”），延时T_s。由此得到 2FSK 解调信号波形$s'(t)$，对应码元序列为“1010”，与原始码元序列一致。

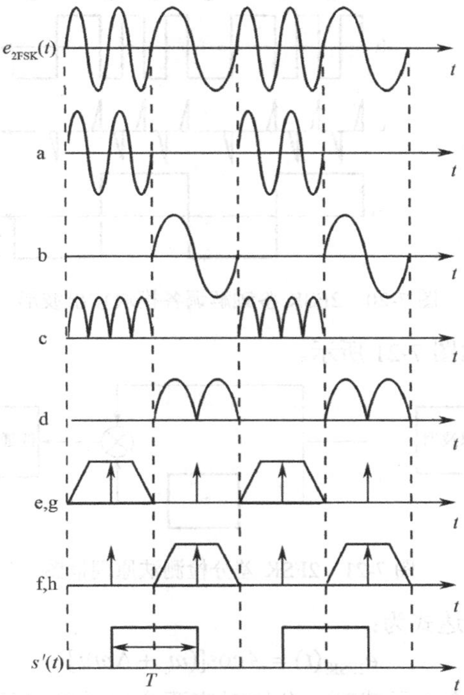

图 7-18　2FSK 相干解调各模块输出波形

可以看出，在对 2FSK 信号进行解调时，不需要设置判决门限，只需比较上、下支路的抽样值，根据判决规则可得到解调信号。需要注意的是，这里的判决规则仍需与调制规则相一致，若假设调制规则与之前的相反，即码元“0”用载波$\cos(\omega_1 t)$调制，码元“1”用载波$\cos(\omega_2 t)$调制，仍用图 7-17（a）进行相干解调，则为获得正确的输出码元，判决规则也要进行相应的改变，即当上支路抽样值V_1大于下支路V_2时，判为“0”，反之判为“1”。

非相干解调各模块输出波形与相干解调相似，这里不再重复，读者可自行分析其解调原理。

除以上两种基本解调方法外，还可通过鉴频法和差分检测法对 2FSK 信号进行解调。其中鉴频法原理框图和各模块输出波形分别如图 7-19 和图 7-20 所示。

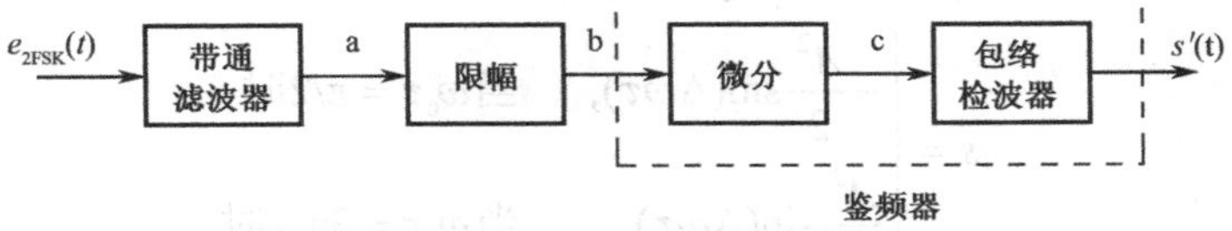

图 7-19　2FSK 鉴频解调原理框图

鉴频法是通过检测波形的过零点数目的多少，从而区分两个不同频率的码元信号。通过限幅将正弦信号变成矩形脉冲，便于微分电路获得尖脉冲信号，尖脉冲密集程度与信号频率的高低成正比，也与直流分量成正比，经过包络检波器中的低通滤波器取出直流分量，完成 2FSK

信号到数字基带信号的转换。

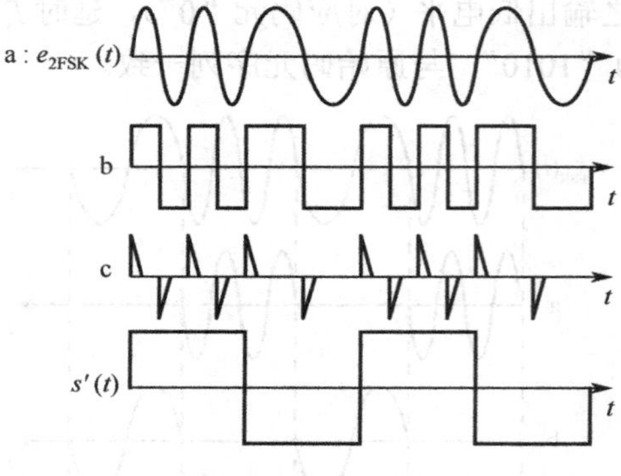

图 7-20　2FSK 鉴频解调各模块输出波形

差分检测法原理框图如图 7-21 所示。

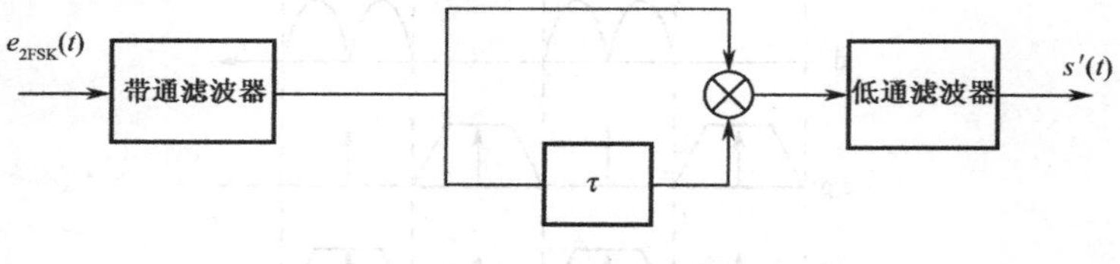

图 7-21　2FSK 差分检测法原理框图

设 2FSK 信号的一般表达式为：

$$e_{2FSK}(t)=A\cos[(\omega_c+\Delta\omega)t] \tag{7.2-6}$$

根据 $\Delta\omega$ 的不同，可得到两个不同载频，分别对应两个二进制码元。2FSK 信号中两个频率的一般表达式为 $\omega=\omega_c+\Delta\omega$。当 $\Delta\omega<0$ 时，载波频率 $\omega=\omega_1<\omega_c$，调制码元"1"；反之，当 $\Delta\omega>0$ 时，载波频率 $\omega=\omega_2>\omega_c$，调制码元"0"。

2FSK 信号经过带通滤波器后，一路延时 τ，一路无延时，两路信号相乘，得到表达式：

$$\begin{aligned} e_{2FSK}(t)e_{2FSK}(t-\tau) &= A\cos[(\omega_c+\Delta\omega)t]\cdot A\cos[(\omega_c+\Delta\omega)(t-\tau)] \\ &= \frac{A^2}{2}\cos[2(\omega_c+\Delta\omega)t-(\omega_c+\Delta\omega)\tau]+\frac{A^2}{2}\cos[(\omega_c+\Delta\omega)\tau] \end{aligned} \tag{7.2-7}$$

经过低通滤波器后，倍频信号被滤除，输出基带信号 $s'(t)$：

$$s'(t)=\frac{A^2}{2}\cos[(\omega_c+\Delta\omega)\tau]=\frac{A^2}{2}\cos(\omega_c\tau)\cos(\Delta\omega\tau)-\frac{A^2}{2}\sin(\omega_c\tau)\sin(\Delta\omega\tau) \tag{7.2-8}$$

取 $\cos(\omega_c\tau)=0$，则 $\sin(\omega_c\tau)=\begin{cases}+1, & 当\omega_c\tau=\pi/2时\\ -1, & 当\omega_c\tau=3\pi/2时\end{cases}$，所以式（7.2-8）化简为：

$$s=\begin{cases}-\dfrac{A^2}{2}\sin(\Delta\omega\tau), & 当\omega_c\tau=\pi/2时\\ \dfrac{A^2}{2}\sin(\Delta\omega\tau), & 当\omega_c\tau=3\pi/2时\end{cases} \tag{7.2-9}$$

由式（7.2-9）可以看出，延时 τ 为固定值，频偏 $\Delta\omega$ 取正负，s 值也有正负，通过比较 s 离散值的正负来判断输出码元为"1"或"0"。取表达式 $s=-\dfrac{A^2}{2}\sin(\Delta\omega\tau)$，则根据调制规则（$\Delta\omega<0$，调制码元"1"；$\Delta\omega>0$，调制码元"0"），得到判决规则：

$$\begin{cases} 当s>0时 \Rightarrow \quad \Delta\omega<0 \ \Rightarrow 判为"1" \\ 当s<0时 \Rightarrow \quad \Delta\omega>0 \ \Rightarrow 判为"0" \end{cases} \tag{7.2-10}$$

同理，若取表达式 $s=\frac{A^2}{2}\sin(\Delta\omega\tau)$，则判决规则为：

$$\begin{cases} 当s>0时 \Rightarrow \quad \Delta\omega>0 \Rightarrow 判为"0" \\ 当s<0时 \Rightarrow \quad \Delta\omega<0 \Rightarrow 判为"1" \end{cases} \tag{7.2-11}$$

由此可见，当数字频带系统中信道延时失真严重时，可以选用差分检测法进行解调，解调性能优于鉴频法。但差分检测法也有其缺点，它受条件 $\cos(\omega_0\tau)=0$ 的限制。

7.2.2　2FSK 信号的功率谱密度

由前面分析可知，2FSK 信号的一般表示为：

$$e_{2\text{FSK}}(t)=s_1(t)\cos(\omega_1 t)+s_2(t)\cos(\omega_2 t) \tag{7.2-12}$$

式中，$s_1(t)$ 为原始数字基带信号 $s(t)$，$s_2(t)=\overline{s(t)}$ 是原始数字基带信号的反相，二者均为二进制单极性不归零信号。因此，2FSK 信号可以看成是两个不同载频的码元序列反相的 2ASK 信号的叠加。

根据 2ASK 信号功率谱密度的表达式，可得到 2FSK 信号的功率谱密度的一般表达式：

$$P_{2\text{FSK}}(f)=\frac{1}{4}\left[P_{s_1}(f-f_1)+P_{s_1}(f+f_1)\right]+\frac{1}{4}\left[P_{s_2}(f-f_2)+P_{s_2}(f+f_2)\right] \tag{7.2-13}$$

式中，$P_{s_1}(f)$ 和 $P_{s_2}(f)$ 分别为 $s_1(t)$、$s_2(t)$ 的功率谱密度。$s_1(t)=\overline{s_2(t)}=s(t)$，可表示为：

$$s_1(t)=\begin{cases} g(t), & 发送码元“1” \\ 0, & 发送码元“0” \end{cases} \tag{7.2-14a}$$

$$s_2(t)=\begin{cases} 0, & 发送码元“1” \\ g(t), & 发送码元“0” \end{cases} \tag{7.2-14b}$$

这里仍取 $g(t)$ 为矩形脉冲，其时域表达式为：

$$g(t)=\begin{cases} A, & -T/2\leqslant t\leqslant T/2 \\ 0, & 其他 \end{cases} \tag{7.2-15}$$

对应频谱函数为 $G(f)=AT\text{Sa}(\pi fT)$。所以得到在等概发送二进制码元情况下，单极性不归零基带信号 $s_1(t)$、$s_2(t)$ 的功率谱密度为：

$$P_{s_1}(f)=P_{s_2}(f)=\frac{A^2T}{4}\text{Sa}^2(\pi fT)+\frac{A^2}{4}\delta(f) \tag{7.2-16}$$

代入式（7.2-13）中，得到 2FSK 信号的功率谱密度表达式：

$$\begin{aligned} P_{2\text{FSK}}(f)=&\frac{A^2T}{16}\text{Sa}^2[\pi(f-f_1)T]+\frac{A^2T}{16}\text{Sa}^2[\pi(f+f_1)T]+\frac{A^2T}{16}\text{Sa}^2[\pi(f-f_2)T]+ \\ &\frac{A^2T}{16}\text{Sa}^2[\pi(f+f_2)T]+\frac{A^2}{16}\delta(f-f_1)+\frac{A^2}{16}\delta(f+f_1)+\frac{A^2}{16}\delta(f-f_2)+\frac{A^2}{16}\delta(f+f_2) \end{aligned} \tag{7.2-17}$$

可以看出，2FSK 信号功率谱密度是基带信号 $s_1(t)$、$s_2(t)$ 的功率谱密度在频率 $\pm f_1$ 和 $\pm f_2$ 上的搬移，如图 7-22 所示。因为 2FSK 信号的功率谱密度 $P_{2\text{FSK}}(f)$ 与原始数字基带信号 $s(t)$ 的功率谱密度 $P_s(f)$（$P_{s_1}(f)=P_{s_2}(f)$）之间并不是线性关系，所以称 2FSK 调制是非线性调制。

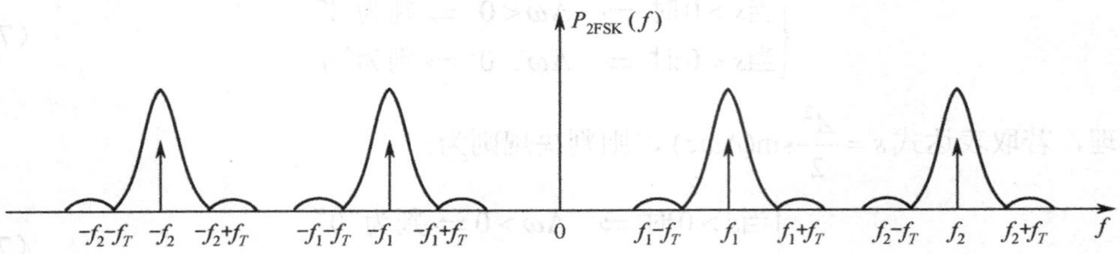

图 7-22　2FSK 信号的功率谱密度示意图

由于取 f_1 和 f_2 的间隔较大，所以图 7-22 中 2FSK 信号的功率谱密度有明显的两个波峰；若 f_1 和 f_2 间隔较小，则 $P_{s_1}(f)$ 和 $P_{s_2}(f)$ 两个功率谱密度将会重叠，形成一个波峰。一般情况下，当 $|f_2-f_1|>f_T$ 时，功率谱密度表现为双峰；当 $|f_2-f_1|<f_T$ 时，表现为单峰。当然，也可用偏移率 $D=|f_2-f_1|/f_T$ 判断功率谱的单双峰情况：$D>1$ 时为双峰，$D<1$ 时为单峰。一般情况下，取功率谱密度中两个抽样函数的主瓣宽度为 2FSK 信号的带宽，则表达式可写成 $B_{2FSK}=|f_2-f_1|+2f_T$，其中 f_T 为二进制码元速率。需要注意的是，相位连续的 2FSK 信号的功率谱密度，其旁瓣按 $1/f^4$ 衰减，而相位不连续的 2FSK 信号的功率谱密度，其旁瓣按 $1/f^2$ 衰减。前者旁瓣衰减速度快，为更精确地求得信号带宽，所以常用相位连续的 2FSK 调制方式。

7.2.3　2FSK 系统的抗噪声性能

下面讨论 2FSK 的相干解调系统和非相干解调系统的抗噪声性能。

1．2FSK 相干解调系统的抗噪声性能

由前面分析可知，2FSK 信号可看成两个 2ASK 信号的叠加。因此，2FSK 的相干解调系统是 2ASK 相干解调系统的扩展，如图 7-23 所示。

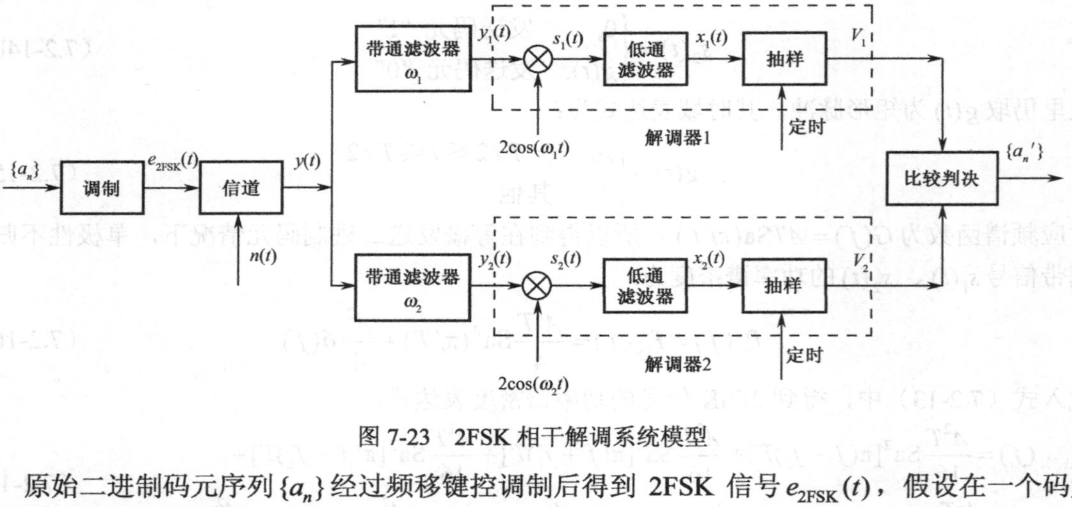

图 7-23　2FSK 相干解调系统模型

原始二进制码元序列 $\{a_n\}$ 经过频移键控调制后得到 2FSK 信号 $e_{2FSK}(t)$，假设在一个码元周期 T 内，$e_{2FSK}(t)$ 的表达式为：

$$e_{2FSK}(t)=\begin{cases}A\cos(\omega_1 t), & \text{发送码元“1”}\\ A\cos(\omega_2 t), & \text{发送码元“0”}\end{cases} \tag{7.2-18}$$

经过信道后接收端混合波形 $y(t)=e_{2FSK}(t)+n(t)$，在一个码元周期 T 内，$y(t)$ 可表示为：

$$y(t)=\begin{cases}a\cos(\omega_1 t)+n(t), & 发送码元“1”\\ a\cos(\omega_2 t)+n(t), & 发送码元“0”\end{cases} \tag{7.2-19}$$

与前面分析一样，这里 $n(t)$ 是信道中的高斯白噪声，均值为 0。由于信道为恒参信道，在信号的频带范围内它具有理想矩形的传输特性，所以只对 2FSK 信号的幅值有衰减，数值由 A 衰减为 a。由于带通滤波器 ω_1 只允许中心频率为 ω_1 的信号通过，所以输出信号 $y_1(t)$ 为：

$$y_1(t)=\begin{cases}a\cos(\omega_1 t)+n_1(t), & 发送码元“1”\\ n_1(t), & 发送码元“0”\end{cases} \tag{7.2-20}$$

其中 $n_1(t)$ 为高斯白噪声 $n(t)$ 经过带通滤波器 ω_1 后的窄带高斯噪声，均值为 0，方差为 σ_n^2，其表达式为：

$$n_1(t)=n_{1,c}(t)\cos(\omega_1 t)-n_{1,s}(t)\sin(\omega_1 t) \tag{7.2-21}$$

同理，$y(t)$ 经过带通滤波器 ω_2 后，输出信号 $y_2(t)$ 为：

$$y_2(t)=\begin{cases}n_2(t), & 发送码元“1”\\ a\cos(\omega_2 t)+n_2(t), & 发送码元“0”\end{cases} \tag{7.2-22}$$

其中 $n_2(t)$ 为高斯白噪声 $n(t)$ 经过带通滤波器 ω_2 后的窄带高斯噪声，均值为 0，方差为 σ_n^2，其表达式为：

$$n_2(t)=n_{2,c}(t)\cos(\omega_2 t)-n_{2,s}(t)\sin(\omega_2 t) \tag{7.2-23}$$

这里，$n_1(t)$ 和 $n_2(t)$ 均为窄带高斯噪声，只是中心频率不同；它们的方差均为 $\sigma_n^2=n_0 B$，B 为带通滤波器的带宽。一般取带通滤波器带宽为信号带宽，由于 2FSK 信号可看成两个 2ASK 信号的叠加，所以上、下两支路的带通滤波器带宽取 $B=2f_T$，f_T 为码元速率。

将式（7.2-21）和式（7.2-23）分别代入式（7.2-20）和式（7.2-22）中，得到：

$$y_1(t)=\begin{cases}[a+n_{1,c}(t)]\cos(\omega_1 t)-n_{1,s}(t)\sin(\omega_1 t), & 发送码元“1”\\ n_{1,c}(t)\cos(\omega_1 t)-n_{1,s}(t)\sin(\omega_1 t), & 发送码元“0”\end{cases} \tag{7.2-24}$$

$$y_2(t)=\begin{cases}n_{2,c}(t)\cos(\omega_2 t)-n_{2,s}(t)\sin(\omega_2 t), & 发送码元“1”\\ [a+n_{2,c}(t)]\cos(\omega_2 t)-n_{2,s}(t)\sin(\omega_2 t), & 发送码元“0”\end{cases} \tag{7.2-25}$$

由前面的 2ASK 相干解调分析可知，$y_1(t)$ 和 $y_2(t)$ 分别与对应同频同相载波相乘，经过低通滤波器后，输出包络信号为：

$$x_1(t)=\begin{cases}a+n_{1,c}(t), & 发送码元“1”\\ n_{1,c}(t), & 发送码元“0”\end{cases} \tag{7.2-26}$$

$$x_2(t)=\begin{cases}n_{2,c}(t), & 发送码元“1”\\ a+n_{2,c}(t), & 发送码元“0”\end{cases} \tag{7.2-27}$$

分别对 $x_1(t)$ 和 $x_2(t)$ 进行抽样，得到发送码元“1”时上、下两个支路的抽样值：

$$\begin{cases}V_1=a+n_{1,c}(kT)\\ V_2=n_{2,c}(kT)\end{cases} \tag{7.2-28}$$

以及发送码元“0”时上、下两支路的抽样值：

$$\begin{cases}V_1=n_{1,c}(kT)\\ V_2=a+n_{2c}(kT)\end{cases} \tag{7.2-29}$$

由于 $n_{1,c}(t)$ 和 $n_{2,c}(t)$ 为窄带高斯噪声 $n_1(t)$ 和 $n_2(t)$ 的同相分量，仍服从高斯分布，所以在第

k 个时刻上的抽样值 $n_{1,c}(kT)$ 和 $n_{2,c}(kT)$ 为高斯随机变量，均值为 0，方差为 σ_n^2。由此得到发送码元“1”时上、下两支路抽样值的概率密度函数：

$$\begin{cases} f(V_1)=\dfrac{1}{\sqrt{2\pi}\sigma_n}\exp\left\{-\dfrac{(V_1-a)^2}{2\sigma_n^2}\right\} \\ f(V_2)=\dfrac{1}{\sqrt{2\pi}\sigma_n}\exp\left\{-\dfrac{V_2^2}{2\sigma_n^2}\right\} \end{cases} \tag{7.2-30}$$

和发送码元“0”时上、下两支路抽样值的概率密度函数：

$$\begin{cases} f(V_1)=\dfrac{1}{\sqrt{2\pi}\sigma_n}\exp\left\{-\dfrac{V_1^2}{2\sigma_n^2}\right\} \\ f(V_2)=\dfrac{1}{\sqrt{2\pi}\sigma_n}\exp\left\{-\dfrac{(V_2-a)^2}{2\sigma_n^2}\right\} \end{cases} \tag{7.2-31}$$

由调制规则设置判决规则，当抽样值 $V_1 \geqslant V_2$ 时，判输出码元为“1”；当抽样值 $V_1 < V_2$ 时，判输出码元为“0”。所以，发送码元“1”时，错误判决为“0”的概率为：

$$P(0/1)=P(V_1<V_2)=P(V_1-V_2<0) \tag{7.2-32}$$

取随机变量 $Z=V_1-V_2$。由于 V_1 服从均值为 a、方差为 σ_n^2 的高斯分布，记为 $V_1 \sim N(a,\sigma_n^2)$；V_2 服从均值为 0、方差为 σ_n^2 的高斯分布，记为 $V_2 \sim N(0,\sigma_n^2)$，所以 $Z \sim N(a,2\sigma_n^2)$，式（7.2-32）化简为：

$$P(0/1)=P(V_1-V_2<0)=P(Z<0)=\int_{-\infty}^{0} f(z)\mathrm{d}z=\int_{-\infty}^{0}\frac{1}{2\sqrt{\pi}\sigma_n}\mathrm{e}^{-\frac{(z-a)^2}{4\sigma_n^2}}\mathrm{d}z \tag{7.2-33}$$

取 $\dfrac{z-a}{2\sigma_n}=-t$，则式（7.2-33）化简为：

$$P(0/1)=\int_{\frac{a}{2\sigma_n}}^{\infty}\frac{1}{\sqrt{\pi}}\mathrm{e}^{-t^2}\mathrm{d}t=\frac{1}{2}\mathrm{erfc}\left(\sqrt{\frac{r}{2}}\right) \tag{7.2-34}$$

同理，发送码元“0”时，错判为“1”的概率为：

$$P(1/0)=P(V_1 \geqslant V_2)=P(Z \geqslant 0)=\int_{0}^{+\infty} f(z)\mathrm{d}z=\frac{1}{2}\mathrm{erfc}\left(\sqrt{\frac{r}{2}}\right) \tag{7.2-35}$$

所以在等概率情况下，系统总的误码率为

$$P_\mathrm{e}=P(1)\times P(0/1)+P(0)\times P(1/0)=\frac{1}{2}\mathrm{erfc}\left(\sqrt{\frac{r}{2}}\right) \tag{7.2-36}$$

式中，$r=a^2/2\sigma_n^2$ 为解调器输入端（带通滤波器输出端）的信噪比。

2．2FSK 非相干解调系统的抗噪声性能

将相干解调系统模型中的相乘器和低通滤波器换成包络检波器，可得到 2FSK 非相干解调系统模型，如图 7-24 所示。

与相干解调法一样，混合信号 $y(t)$ 分别经过上、下两支路带通滤波器后，输出信号 $y_1(t)$ 和 $y_2(t)$ 分别为：

$$y_1(t)=\begin{cases}a\cos(\omega_1 t)+n_1(t), & \text{发送码元“1”}\\ n_1(t), & \text{发送码元“0”}\end{cases} \tag{7.2-37}$$

$$y_2(t)=\begin{cases}n_2(t), & \text{发送码元“1”}\\ a\cos(\omega_2 t)+n_2(t), & \text{发送码元“0”}\end{cases} \tag{7.2-38}$$

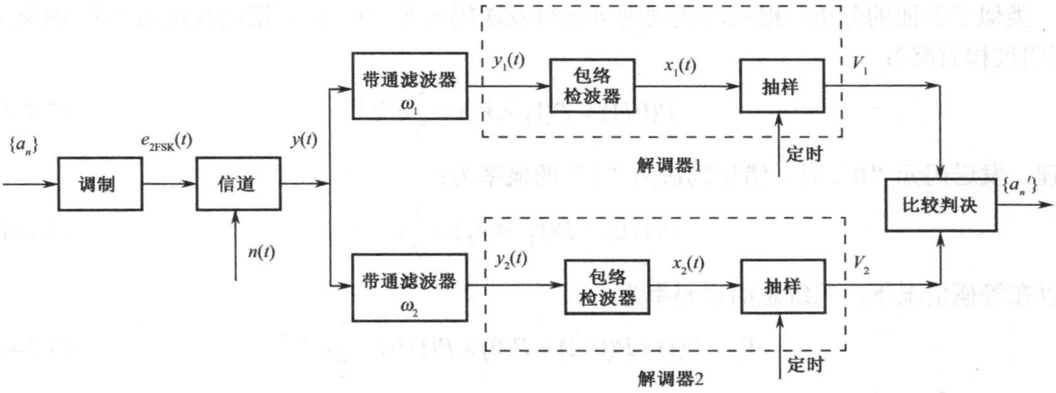

图 7-24　2FSK 非相干解调系统模型

经过包络检波器，得到上、下两支路的输出包络波形分别为：

$$x_1(t)=\begin{cases}\sqrt{[a+n_{1,c}(t)]^2+n_{1,s}^2(t)}, & \text{发送码元“1”}\\ \sqrt{n_{1,c}^2(t)+n_{1,s}^2(t)}, & \text{发送码元“0”}\end{cases} \tag{7.2-39}$$

$$x_2(t)=\begin{cases}\sqrt{n_{2,c}^2(t)+n_{2,s}^2(t)}, & \text{发送码元“1”}\\ \sqrt{[a+n_{2,c}(t)]^2+n_{2,s}^2(t)}, & \text{发送码元“0”}\end{cases} \tag{7.2-40}$$

分别对 $x_1(t)$ 和 $x_2(t)$ 进行抽样，得到发送码元“1”时上、下两个支路的抽样值：

$$\begin{cases}V_1=\sqrt{[a+n_{1,c}(kT)]^2+n_{1,s}^2(kT)}\\ V_2=\sqrt{n_{2,c}^2(kT)+n_{2,s}^2(kT)}\end{cases} \tag{7.2-41}$$

和发送码元“0”时上、下两支路的抽样值：

$$\begin{cases}V_1=\sqrt{n_{1,c}^2(kT)+n_{1,s}^2(kT)}\\ V_2=\sqrt{[a+n_{2,c}(kT)]^2+n_{2,s}^2(kT)}\end{cases} \tag{7.2-42}$$

由于抽样值 $n_{1,c}(kT)$ 和 $n_{2,c}(kT)$ 为高斯分布随机变量，均值为 0，方差为 σ_n^2；因此，得到发送码元“1”时上、下两支路抽样值的概率密度函数：

$$\begin{cases}f(V_1)=\dfrac{V_1}{\sigma_n^2}I_0\left(\dfrac{aV_1}{\sigma_n^2}\right)\mathrm{e}^{-(V_1^2+a^2)/(2\sigma_n^2)} & \text{（广义瑞利分布）}\\ f(V_2)=\dfrac{V_2}{\sigma_n^2}\mathrm{e}^{-V_2^2/(2\sigma_n^2)} & \text{（瑞利分布）}\end{cases} \tag{7.2-43}$$

和发送码元“0”时上、下两支路抽样值的概率密度函数：

$$\begin{cases} f(V_1)=\dfrac{V_1}{\sigma_n^2}\mathrm{e}^{-V_1^2/(2\sigma_n^2)} & \text{（瑞利分布）} \\ f(V_2)=\dfrac{V_2}{\sigma_n^2}I_0\left(\dfrac{aV_2}{\sigma_n^2}\right)\mathrm{e}^{-(V_2^2+a^2)/(2\sigma_n^2)} & \text{（广义瑞利分布）} \end{cases} \tag{7.2-44}$$

类似于前面的分析，根据判决规则可求得发送码元为“1”时，错误判决为“0”的概率为（证明过程省略）：

$$P(0/1)=P(V_1<V_2)=\frac{1}{2}\mathrm{e}^{-r/2} \tag{7.2-45}$$

同理，发送码元“0”时，错误判决为“1”的概率为：

$$P(1/0)=P(V_1\geqslant V_2)=\frac{1}{2}\mathrm{e}^{-r/2} \tag{7.2-46}$$

所以在等概情况下，系统总的误码率为：

$$P_{\mathrm{e}}=P(1)\times P(0/1)+P(0)\times P(1/0)=\frac{1}{2}\mathrm{e}^{-r/2} \tag{7.2-47}$$

式中，$r=a^2/(2\sigma_n^2)$ 为解调器输入端（带通滤波器输出端）的信噪比。

由以上分析可知，对 2FSK 信号解调无须设置判决门限，所以系统的最小误码率只与解调器输入端的信噪比有关，而与最佳判决门限无关。由此可见，与 2ASK 系统相比，2FSK 系统的抗噪声性能更好，可靠性更高。

【例 7-7】 若某 2FSK 系统的码元传输速率为 2×10^6 Bd，数字信息为“1”时的频率为 $f_1=10\ \mathrm{MHz}$，数字信息为“0”时的频率为 $f_2=10.4\ \mathrm{MHz}$。输入接收解调器的信号峰值振幅 $a=40\ \mu\mathrm{V}$，信道加性噪声为高斯白噪声，且单边功率谱密度 $n_0=6\times10^{-18}\ \mathrm{W/Hz}$。试求：

（1）2FSK 信号的第一零点带宽；（2）非相干接收时，系统的误码率；（3）相干接收时，系统的误码率。

【解】 （1）因为 2FSK 信号的带宽为 $B=|f_1-f_2|+2f_T$，根据题中的已知条件：$f_T=2\times10^6\ \mathrm{Hz}$，$f_1=10\ \mathrm{MHz}$，$f_2=10.4\ \mathrm{MHz}$，所以得到 2FSK 信号的第一零点带宽为 $B=|f_1-f_2|+2f_T=(10.4\ \mathrm{MHz}-10\ \mathrm{MHz})+2\ \mathrm{MHz}\times2=4.4\ \mathrm{MHz}$。

（2）解调器的输入噪声功率为 $\sigma_n^2=n_0\times2f_T=6\times10^{-18}\ \mathrm{W/Hz}\times2\times2\times10^6\ \mathrm{Hz}=2.4\times10^{-11}\ \mathrm{W}$，输入信噪比为 $r=\dfrac{a^2}{2\sigma_n^2}=\dfrac{(40\times10^{-6})^2}{2\times2.4\times10^{-11}}=33.3$。所以，非相干接收时，系统误码率为 $P_{\mathrm{e}}=\dfrac{1}{2}\mathrm{e}^{-r/2}=\dfrac{1}{2}\mathrm{e}^{-33.3/2}=3\times10^{-8}$。

（3）同理，相干接收时系统误码率为 $P_{\mathrm{e}}=\dfrac{1}{2}\mathrm{erfc}\left(\sqrt{\dfrac{r}{2}}\right)\approx\dfrac{1}{\sqrt{2\pi r}}\mathrm{e}^{-r/2}=4\times10^{-9}$。

7.3 二进制相移键控

二进制相移键控分为绝对相移键控和相对相移键控，本节讨论绝对相移键控，即利用载波不同相位表示二进制数字信号的调制过程，主要从二进制相移键控（2PSK）的基本原理、调制解调基本方法、功率谱密度和 2PSK 传输系统的抗噪声性能几个方面进行分析。

7.3.1　2PSK 调制与解调基本原理

1．2PSK 的基本原理

相移键控是利用正弦载波的相位变化来传递数字信息，而其频率和幅度保持不变。对于二进制相移键控，当发送码元“1”时取正弦载波的相位为 φ_1，当发送码元“0”时取相位为 φ_2，根据载波的相位不同来区分码元信息，即表示为：

$$e_{2PSK}(t)=\begin{cases}A\cos(\omega_c t+\varphi_1), & \text{以概率 } p \text{ 发送“1”时}\\ A\cos(\omega_c t+\varphi_2), & \text{以概率 } 1-p \text{ 发送“0”时}\end{cases} \tag{7.3-1}$$

一般情况下，取 $\varphi_1=0$，$\varphi_2=\pi$，则式（7.3-1）可简化为：

$$e_{2PSK}(t)=\begin{cases}A\cos(\omega_c t), & \text{以概率 } p \text{ 发送“1”时}\\ -A\cos(\omega_c t,) & \text{以概率 } 1-p \text{ 发送“0”时}\end{cases} \tag{7.3-2}$$

由此导出 2PSK 信号的一般表达式为：

$$e_{2PSK}(t)=s(t)\cos(\omega_c t) \tag{7.3-3}$$

式中，$s(t)$ 为双极性不归零基带信号，表示为：

$$s(t)=\sum_n a_n g(t-nT) \tag{7.3-4}$$

其中，

$$a_n=\begin{cases}1, & \text{概率为}p\\ -1, & \text{概率为}1-p\end{cases}$$

与 2ASK、2FSK 信号一样，这里仍取 $g(t)$ 为幅值为 A、宽度为 T 的矩形脉冲。由此可见，2PSK 信号可以看成是双极性基带信号与载波信号相乘所得。下面通过波形变化举例说明 2PSK 信号产生的基本原理。

【例 7-8】　二进制码元序列 $\{a_n\}$ 为“1010”，调制载波为 $\cos(\omega_c t)$，试画出 2PSK 信号波形图。

【解】　二进制码元序列 $\{a_n\}$ 为“1010”的 2PSK 信号波形产生过程如图 7-25 所示。

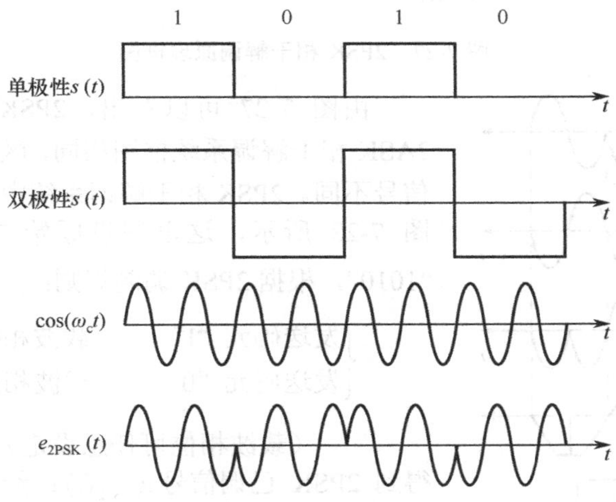

图 7-25　2PSK 调制原理波形图

由图 7-25 可以看出：发送码元“1”时，2PSK 信号相位为“0”；发送码元“0”时，2PSK

信号相位为“π”。这种以载波不同相位直接表示相应二进制码元的数字调制方法，又称为二进制绝对相移键控。

2. 2PSK 的调制

产生 2PSK 信号的基本方法也有两种：模拟调相法和键控法，其原理框图如图 7-26 所示。

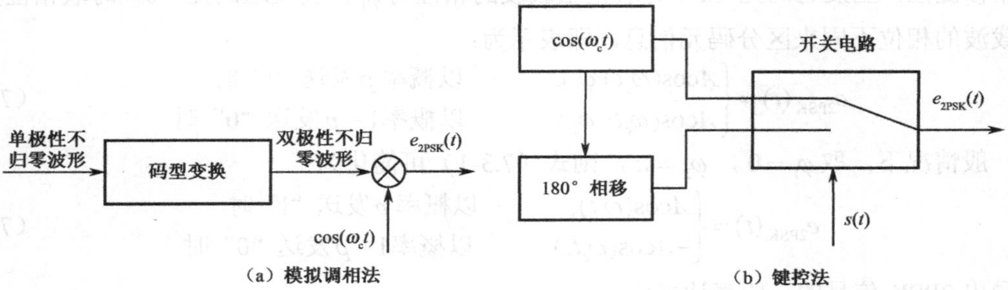

图 7-26 2PSK 调制原理框图

从“模拟调相法”中，可以进一步理解 2PSK 信号产生的基本原理，即将单极性基带信号转换成双极性基带信号，与载波相乘后得到 2PSK 已调信号。与 2ASK 信号的“模拟调幅法”相比，区别仅是与载波相乘的基带信号不同，2ASK 中是单极性，2PSK 中是双极性。“键控法”中仍是用单极性基带信号控制开关电路：当 $s(t)$ 为高电平时（对应码元“1”），开关电路连接 $\cos(\omega_c t)$ 振荡信号产生器，持续时间为 T；而当 $s(t)$ 为低电平时（对应码元“0”），开关电路连接振荡信号的180° 相移输出，持续时间 T。

3. 2PSK 的解调

2PSK 信号的解调通常采用相干解调方式，其原理框图如图 7-27 所示。

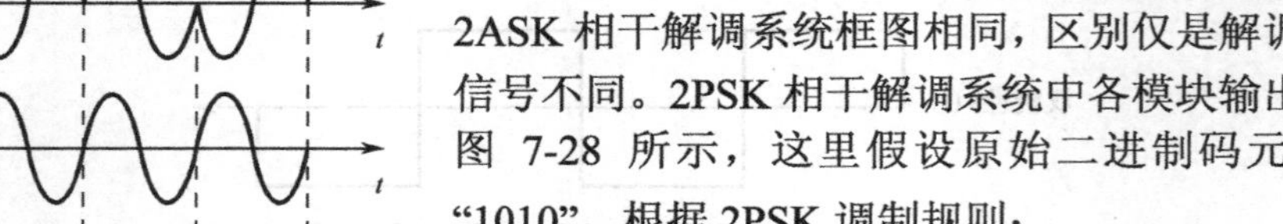

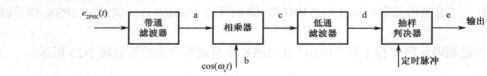

图 7-27 2PSK 相干解调原理框图

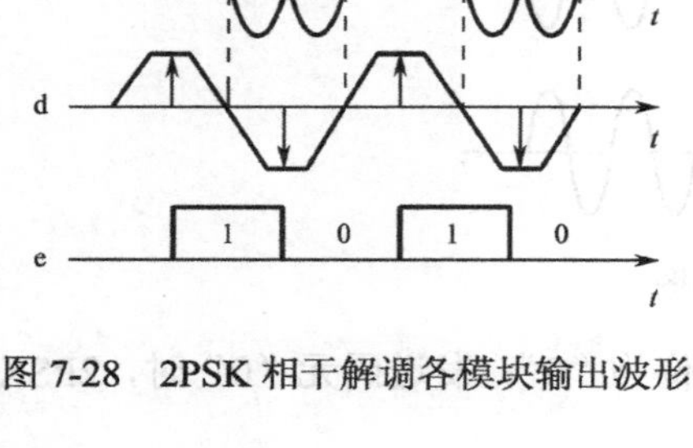

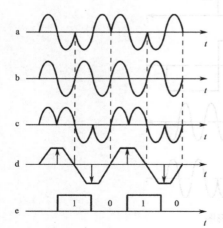

图 7-28 2PSK 相干解调各模块输出波形

由图 7-27 可以看出，2PSK 相干解调系统框图与 2ASK 相干解调系统框图相同，区别仅是解调端输入频带信号不同。2PSK 相干解调系统中各模块输出信号波形如图 7-28 所示，这里假设原始二进制码元序列 $\{a_n\}$ 为“1010”，根据 2PSK 调制规则：

$$\begin{cases} \text{发送码元“1”}, & \text{载波相位}\varphi = \text{"0"} \\ \text{发送码元“0”}, & \text{载波相位}\varphi = \text{"}\pi\text{"} \end{cases}$$

（载波相位可任意设定）

得到 2PSK 已调信号 $e_{2PSK}(t)$；经过带通滤波器后，输出 2PSK 信号 a 与载波信号 b 相乘，得到倍频信号 c；经过低通滤波器，输出包络信号 d；根据判决规则：

$$\begin{cases} V \geqslant b, & \text{判为码元“1”} \\ V < b, & \text{判为码元“0”} \end{cases}$$

得到 2PSK 解调信号 e，对应码元序列为“1010”，与原始码元序列一致。这里 b 为判决门限，一般情况取 $b=0$。由于判决规则是根据调制规则制定的，若调制规则变为：

$$\begin{cases} \text{发送码元“1”，} & \text{载波相位}\varphi = \text{"}\pi\text{"} \\ \text{发送码元“0”，} & \text{载波相位}\varphi = \text{"0"} \end{cases}$$

则判决规则也要随之进行相应的改变，即

$$\begin{cases} V \geqslant b, & \text{判为码元“0”} \\ V < b, & \text{判为码元“1”} \end{cases}$$

需要注意的是，2PSK 相干解调系统中的解调载波是从 2PSK 信号中提取出来的，一般使用平方环法或科斯塔斯环法进行载波提取。由于这两种方案均使用了锁相环，$\theta = n\pi$（n 为任意整数）的各点都是锁相环的平衡点，锁相环在工作时可能锁定在任一稳定平衡点上，这就意味着调制载波与解调载波的相位差可能是“0”相位，也可能是“π”相位，相位关系的不确定性将造成解调信号与发送信号正好相反，这种现象称为 2PSK 调制的“倒π”现象。为了解决这一问题，可采用二进制差分相移键控（2DPSK）来进行数字调制，这一方法将在后面讲解。

7.3.2　2PSK 信号的功率谱密度

由前面分析可知，2PSK 信号的一般表达式为：

$$e_{2\text{PSK}}(t) = s(t)\cos(\omega_c t) \tag{7.3-5}$$

其中 $s(t)$ 为二进制双极性不归零基带信号，所以 2PSK 信号的功率谱密度可以看成是双极性基带信号 $s(t)$ 的功率谱密度在 $\pm f_c$ 频率上的搬移，其一般表达式为：

$$P_{2\text{PSK}}(f) = \frac{1}{4}[P_s(f - f_c) + P_s(f + f_c)] \tag{7.3-6}$$

这里 $s(t) = \begin{cases} g(t), & \text{发送码元“1”} \\ -g(t), & \text{发送码元“0”} \end{cases}$，其中 $g(t)$ 为矩形脉冲，其时域表达式为：

$$g(t) = \begin{cases} A, & -T/2 \leqslant t \leqslant T/2 \\ 0, & \text{其他} \end{cases} \tag{7.3-7}$$

对应的频谱函数为：

$$G(f) = AT\text{Sa}(\pi f T) \tag{7.3-8}$$

根据第 6 章所述数字基带信号功率谱密度的计算方法，在等概发送二进制码元的情况下，得到二进制双极性不归零基带信号 $s(t)$ 的功率谱密度为：

$$P_s(f) = A^2 T\text{Sa}^2(\pi f T) \tag{7.3-9}$$

由此推导出 2PSK 信号的功率谱密度为：

$$P_{2\text{PSK}}(f) = \frac{A^2 T}{4}\text{Sa}^2[\pi(f - f_c)T] + \frac{A^2 T}{4}\text{Sa}^2[\pi(f + f_c)T] \tag{7.3-10}$$

由图 7-29 可以看出，2PSK 信号的功率谱密度与 2ASK 信号相似，区别仅是 2PSK 信号在载频 f_c 和 $-f_c$ 上无离散分量。因此，2PSK 调制是非线性调制。2PSK 信号的带宽也是 $2f_T$。

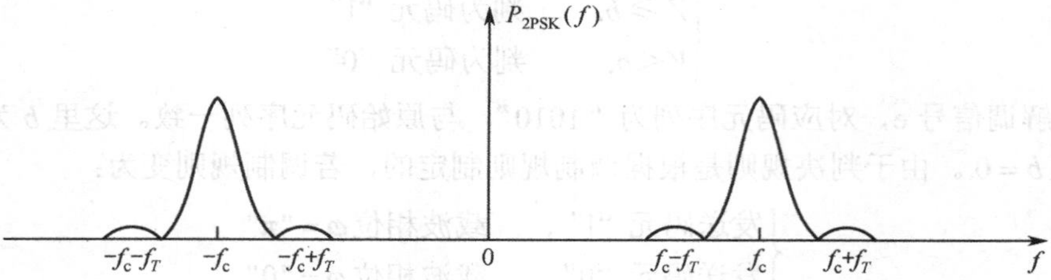

图 7-29 2PSK 信号功率谱密度示意图

7.3.3 2PSK 系统的抗噪声性能

本节只考虑 2PSK 相干解调系统的抗噪声性能。与前面分析可知，2PSK 相干解调系统模型与 2ASK 相干解调系统模型一致，如图 7-30 所示。

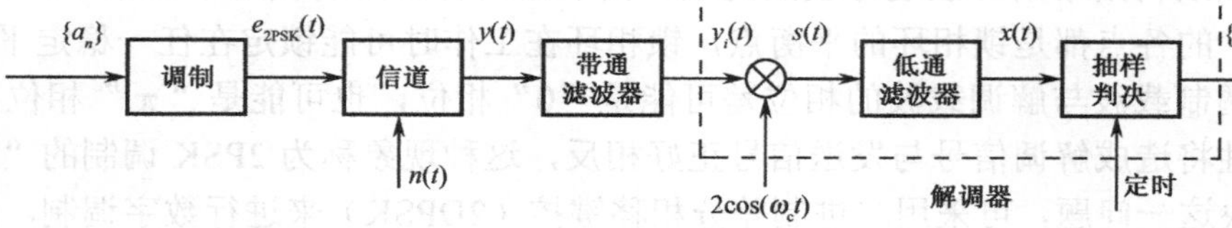

图 7-30 2PSK 相干解调系统模型

根据前述调制规则：

$$\begin{cases}\text{发送码元“1”}, & \text{载波相位}\varphi=\text{"0"}\\ \text{发送码元“0”}, & \text{载波相位}\varphi=\text{"}\pi\text{"}\end{cases}$$

得到原始码元序列 $\{a_n\}$ 经过 2PSK 调制后，在一个码元周期 T 内 $e_{2PSK}(t)$ 的表达式为：

$$e_{2PSK}(t)=\begin{cases}A\cos(\omega_c t), & \text{发送码元“1”}\\ -A\cos(\omega_c t), & \text{发送码元“0”}\end{cases} \tag{7.3-11}$$

同前面的分析，这里假设信道中噪声 $n(t)$ 是高斯白噪声，均值为 0，且信道只对 2PSK 信号产生幅值衰减。所以经过信道后，接收端输入信号 $y(t)=e_{2PSK}(t)+n(t)$，在一个码元周期 T 内，$y(t)$ 可表示为：

$$y(t)=\begin{cases}a\cos(\omega_c t)+n(t), & \text{发送码元“1”}\\ -a\cos(\omega_c t)+n(t), & \text{发送码元“0”}\end{cases} \tag{7.3-12}$$

经带通滤波器后，输出信号 $y_i(t)$ 为：

$$y_i(t)=\begin{cases}a\cos\omega_c t+n_i(t), & \text{发送码元“1”}\\ -a\cos\omega_c t+n_i(t), & \text{发送码元“0”}\end{cases} \tag{7.3-13}$$

将 $n_i(t)=n_c(t)\cos(\omega_c t)-n_s(t)\sin(\omega_c t)$ 代入式（7.3-13），得到

$$y_i(t)=\begin{cases}[a+n_c(t)]\cos(\omega_c t)-n_s(t)\sin(\omega_c t), & \text{发送码元“1”}\\ [-a+n_c(t)]\cos(\omega_c t)-n_s(t)\sin(\omega_c t), & \text{发送码元“0”}\end{cases} \tag{7.3-14}$$

与载波相乘，且经过低通滤波器，得到输出包络 $x(t)$ 为：

$$x(t)=\begin{cases}a+n_c(t), & \text{发送码元“1”}\\ -a+n_c(t), & \text{发送码元“0”}\end{cases} \tag{7.3-15}$$

对 $x(t)$ 进行抽样判决，即可得到解码序列 $\{a_n'\}$。假设对第 k 个符号进行判决，取 kT 为其

抽样时刻，则抽样值为：

$$x(kT_s)=\begin{cases}a+n_c(kT), & 发送码元“1” \\ -a+n_c(kT), & 发送码元“0”\end{cases} \tag{7.3-16}$$

因为 $n_c(kT)$ 为高斯分布随机变量，均值为 0，方差为 σ_n^2，所以当发送码元“1”和“0”时，抽样值 $x(kT)$ 也满足高斯分布，它们的一维概率密度函数分别为：

$$f_1(x)=\frac{1}{\sqrt{2\pi}\sigma_n}\exp\left\{-\frac{(x-a)^2}{2\sigma_n^2}\right\} \tag{7.3-17}$$

$$f_0(x)=\frac{1}{\sqrt{2\pi}\sigma_n}\exp\left\{-\frac{(x+a)^2}{2\sigma_n^2}\right\} \tag{7.3-18}$$

根据调制规则，得到判决规则：

$$\begin{cases}x(kT)\geqslant b, & 判为码元"1" \\ x(kT)<b, & 判为码元"0"\end{cases}$$

得到发送码元“1”时错误判决为“0”的概率为：

$$P(0/1)=P(x<b)=\int_{-\infty}^{b}f_1(x)\mathrm{d}x \tag{7.3-19}$$

发送码元“0”时错误判决为“1”的概率为：

$$P(1/0)=P(x\geqslant b)=\int_{b}^{+\infty}f_0(x)\mathrm{d}x \tag{7.3-20}$$

由前面最佳判决门限分析可知，若取最佳判决门限 $b^*=0$，此时概率曲线下阴影面积最小，系统误码率最小，如图 7-31 所示。进一步计算得到，发送码元“1”时，错误判决为“0”的概率为：

$$P(0/1)=P(x<b)=\int_{-\infty}^{0}f_1(x)\mathrm{d}x=\frac{1}{2}\mathrm{erfc}(\sqrt{r}) \tag{7.3-21}$$

发送码元“0”时，错误判决为“1”的概率为：

$$P(1/0)=P(x\geqslant b)=\int_{0}^{+\infty}f_0(x)\mathrm{d}x=\frac{1}{2}\mathrm{erfc}(\sqrt{r}) \tag{7.3-22}$$

所以系统最小误码率为 $P_e=\frac{1}{2}\mathrm{erfc}\left(\sqrt{r}\right)$，其中 $r=\frac{a^2}{2\sigma_n^2}$。在大信噪比 $r>>1$ 条件下，近似为 $P_e=\frac{1}{2\sqrt{\pi r}}\mathrm{e}^{-r}$。

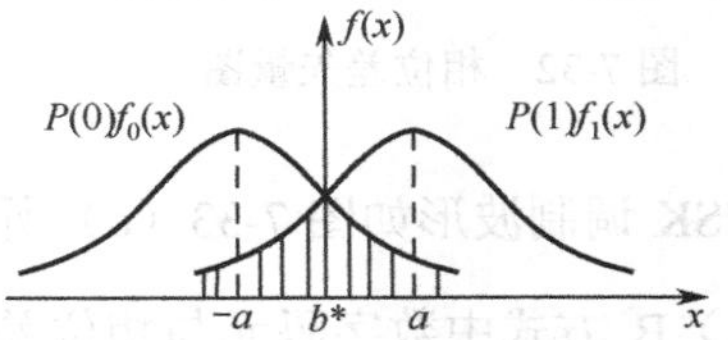

图 7-31　2PSK 相干解调系统最小误码率几何示意图

7.4　二进制差分相移键控

由前面分析可知，二进制相移键控（2PSK）会产生“倒π”现象，可利用二进制差分相移键控（2DPSK）解决此问题。下面将从二进制差分相移键控（2DPKS）的基本原理、调制与解调基本方法和抗噪声性能几个方面进行分析。

7.4.1 2DPSK调制与解调基本原理

1. 2DPSK的基本原理

二进制相移键控（2PSK）又称绝对相移键控，它利用不同的载波相位来区分数字信息；而二进制差分相移键控（2DPSK）则是利用前后相邻码元的载波相位变化来传递数字信息，所以又称为相对相移键控。

这里取$\Delta\varphi$表示为当前码元的载波初相和前一码元的载波末相的相位差，根据相位差$\Delta\varphi$的取值不同，可分为A方式和B方式两种调制规则，关系式如下：

A方式：$\Delta\varphi=\begin{cases}0, & 表示码元“0”\\ \pi, & 表示码元“1”\end{cases}$　或　$\Delta\varphi=\begin{cases}\pi, & 表示码元“0”\\ 0, & 表示码元“1”\end{cases}$

B方式：$\Delta\varphi=\begin{cases}\pi/2, & 表示码元“0”\\ -\pi/2, & 表示码元“1”\end{cases}$　或　$\Delta\varphi=\begin{cases}-\pi/2, & 表示码元“0”\\ \pi/2, & 表示码元“1\end{cases}$

A方式和B方式的矢量图如图7-32所示，其中虚线部分表示前一码元的载波结束相位，实线部分表示当前码元的载波起始相位。

由此可见，根据数字信息与相位差$\Delta\varphi$的关系，可得到多种2DPSK调制波形。下面举例说明。

【例7-9】二进制码元序列$\{a_n\}$为“1010”，选择A方式$\left(\Delta\varphi=\begin{cases}0, & 表示码元“0”\\ \pi, & 表示码元“1”\end{cases}\right)$和B方式$\left(\Delta\varphi=\begin{cases}\pi/2, & 表示码元“0”\\ -\pi/2, & 表示码元“1”\end{cases}\right)$两种规则进行2DPSK调制，画出2DPSK信号波形图。这里假设初始相位为0，且一个码元周期内包含整数倍的载波周期。

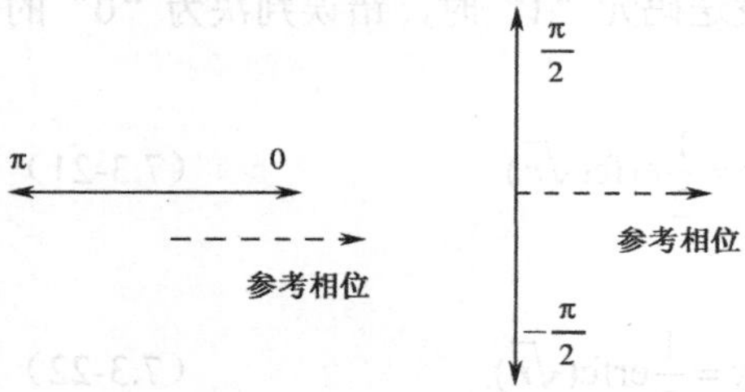

（a）A方式　　（b）B方式

图7-32　相位差矢量图

【解】（1）A方式中数字码元与相位差的关系为$\Delta\varphi=\begin{cases}0, & 表示码元“0”\\ \pi, & 表示码元“1”\end{cases}$，初始相位为0，得到第一个码元“$a_1=1$”的载波初相为$\pi$。又因为码元周期内包含整数倍载波周期，所以“$a_1=1$”的载波初相等于载波末相，得到第二个码元“$a_2=0$”的载波初相为$\pi$。同理，可得到其他码元对应的载波初相。

因此，二进制码元序列$\{a_n\}$为“1010”在A方式调制规则下得到对应的载波初相分别为“$\pi\pi00$”，此时2DPSK调制波形如图7-33（a）所示。

（2）B方式中数字码元与相位差的关系为$\Delta\varphi=\begin{cases}\pi/2, & 表示码元“0”\\ -\pi/2, & 表示码元“1”\end{cases}$，初始相位为0，得到第一个码元“$a_1=1$”的载波初相为$-\pi/2$。又因为码元周期内包含整数倍载波周期，所以“$a_1=1$”的载波初相等于载波末相，得到第二个码元“$a_2=0$”的载波初相为0。同理，可得到其他码元对应的载波初相。

因此，二进制码元序列$\{a_n\}$为“1010”在B方式调制规则下得到对应的载波初相分别为“$-\frac{\pi}{2}\,0\,-\frac{\pi}{2}\,0$”，此时2DPSK调制波形如图7-33（b）所示。

由图 7-33 可以看出，A 方式的 2DPSK 调制虽然解决了载波相位不确定性问题，但码元的定时问题没有解决；而在 B 方式中，相邻码元之间会发生载波相位的跳变，在接收该信号时，通过利用检测此相位的变化来确定每个码元起止时刻，即可得到码元的定时信息。

需要注意，若假设初始相位不同，即使调制规则不变，得到的 2DPSK 信号波形也不同。在例 7-9 中若假设初始相位为 π，则得到 A 方式 $\Delta\varphi=\begin{cases}0, & \text{表示码元“0”}\\ \pi, & \text{表示码元“1”}\end{cases}$ 的 2DPSK 信号波形[见图 7-34(b)]，与初始相位为 0 的波形[见图 7-34(a)]完全相反。

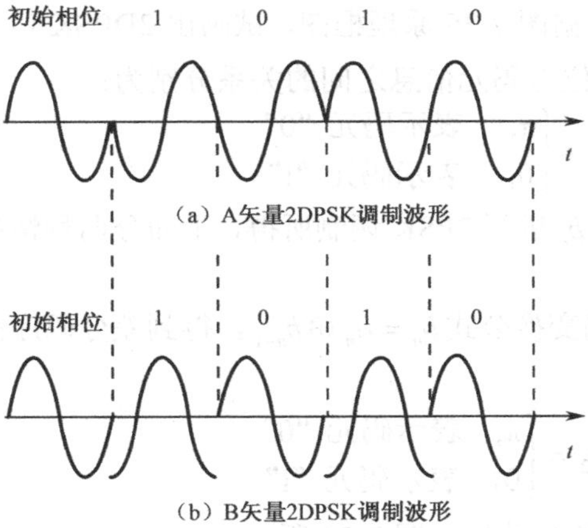

（a）A矢量2DPSK调制波形

（b）B矢量2DPSK调制波形

图 7-33　2DPSK 调制波形

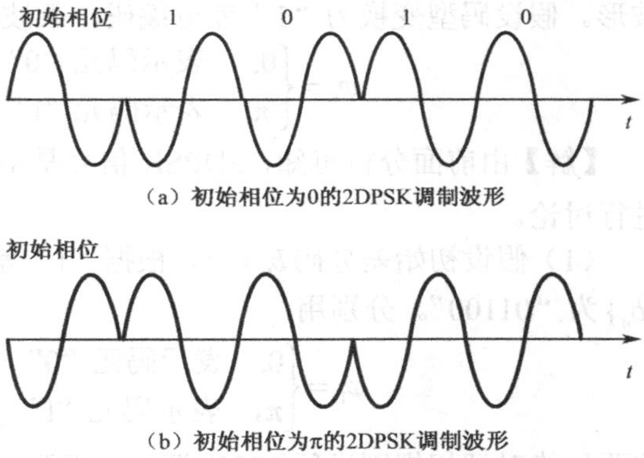

（a）初始相位为0的2DPSK调制波形

（b）初始相位为π的2DPSK调制波形

图 7-34　初始相位不同的 2DPSK 调制波形

由此可见，2DSPK 信号波形的相位并不直接代表数字信息，前后码元波形的相位差才唯一决定数字信息。从图 7-34 可以看出，(a)、(b) 两个已调 2DPSK 信号的相位分别为“$0\pi\pi00$”和“$\pi00\pi\pi$”，但相位差都为“$\pi0\pi0$”，由 A 方式中数字码元与相位差的关系 $\Delta\varphi=\begin{cases}0, & \text{表示码元“0”}\\ \pi, & \text{表示码元“1”}\end{cases}$，可以正确解码出“1010”。

2．2DPSK 的调制

由前面分析可知，2DPSK 信号波形的前后码元的相位差唯一决定数字信息。所以在设计产生电路时，为了方便获得 2DPSK 信号，可先将表示数字信息的原码 a_n 进行码型变换得到相对码 b_n，再由相对码 b_n 控制开关电路输出不同相位载波，从而获得 2DPSK 信号，其原理框图如图 7-35 所示。与 2PSK 调制相比，2DPSK 调制中多了一个码型变换，所以 2DPSK 调制又可看成是相对码 b_n 的 2PSK 调制。

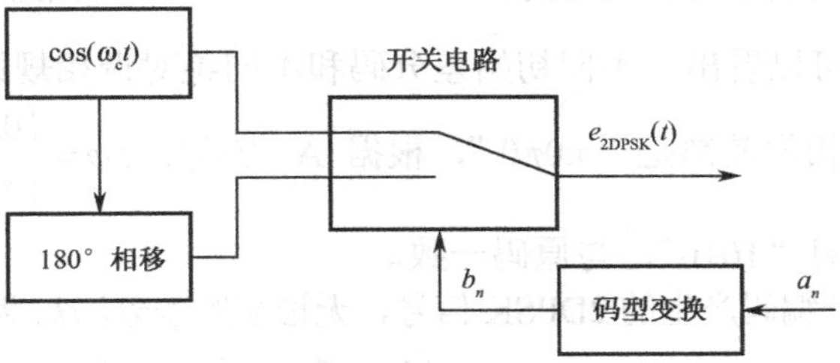

图 7-35　2DPDK 调制原理框图

这里的码型变换是指差分编码，相对码 b_n 又称为差分码。一般情况下，差分编码可以分

“1”差分编码和“0”差分编码两类，与之对应的差分译码也可分为“1”差分译码和“0”差分译码，它们的变换公式分别为：

$$b_n = a_n \oplus b_{n-1} \text{（“1”差分编码）} \tag{7.4-1}$$

$$a_n = b_n \oplus b_{n-1} \text{（“1”差分译码）} \tag{7.4-2}$$

$$b_n = \overline{a_n} \oplus b_{n-1} \text{（“0”差分编码）} \tag{7.4-3}$$

$$a_n = \overline{b_n \oplus b_{n-1}} \text{（“0”差分译码）} \tag{7.4-4}$$

下面通过例子进一步说明如何利用差分编码进行 2DPSK 调制。

【例 7-10】 二进制码元序列 $\{a_n\}$ 为“1010”，根据图 7-35 原理框图，试画出 2DPSK 信号波形。假设码型变换为“1”差分编码，载波绝对相位与码元信息之间的关系分别为：

$$\varphi_1 = \begin{cases} 0, & \text{表示码元“0”} \\ \pi, & \text{表示码元“1”} \end{cases} \quad \text{和} \quad \varphi_2 = \begin{cases} \pi, & \text{表示码元“0”} \\ 0, & \text{表示码元“1”} \end{cases}$$

【解】由前面分析可知，2DPSK 信号是由差分码 b_n 进行 2PSK 调制所得，下面分两种情况进行讨论。

（1）假设初始差分码 $b_0 = 0$，根据“1”差分编码变换公式 $b_n = a_n \oplus b_{n-1}$，得到差分码序列 $\{b_n\}$ 为“01100”。分别用

$$\varphi_1 = \begin{cases} 0, & \text{表示码元“0”} \\ \pi, & \text{表示码元“1”} \end{cases} \quad \text{和} \quad \varphi_2 = \begin{cases} \pi, & \text{表示码元“0”} \\ 0, & \text{表示码元“1”} \end{cases}$$

这两种绝对调相规则进行 2PSK 调制，得到 2DPSK 信号波形如图 7-36 所示。

（2）同理，假设初始差分码 $b_0 = 1$，根据“1”差分编码变换公式 $b_n = a_n \oplus b_{n-1}$ 得到差分码序列 $\{b_n\}$ 为“10011”。分别用 φ_1 和 φ_2 两种绝对调相规则进行 2PSK 调制，得到 2DPSK 信号波形如图 7-37 所示。

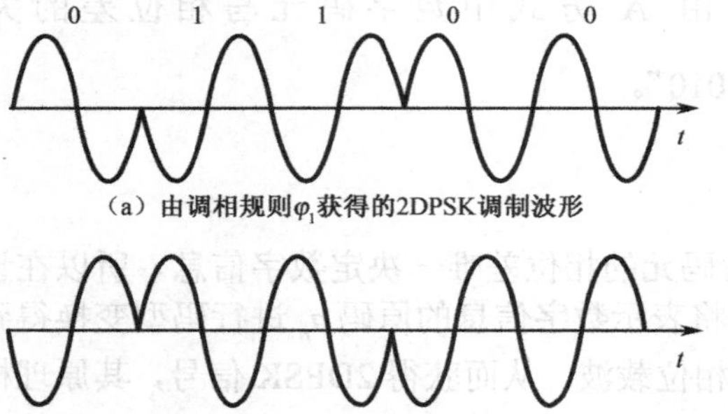

（a）由调相规则 φ_1 获得的2DPSK调制波形

（b）由调相规则 φ_2 获得的2DPSK调制波形

图 7-36　初始差分码 b_0=0 的 2DPSK 波形

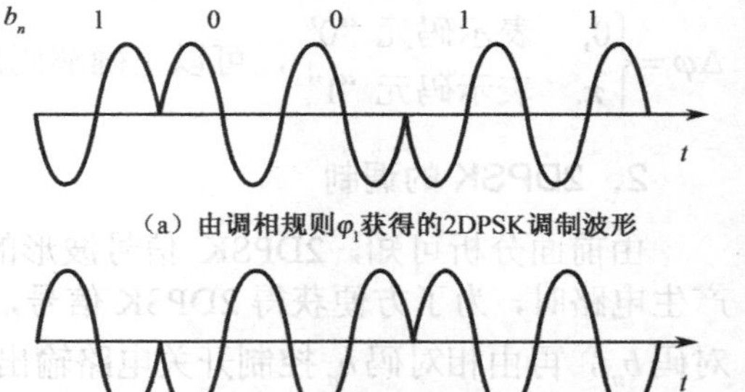

（a）由调相规则 φ_1 获得的2DPSK调制波形

（b）由调相规则 φ_2 获得的2DPSK调制波形

图 7-37　初始差分码 b_0=1 的 2DPSK 波形

由图 7-36 和 7-37 可以看出，不同初始差分码和不同绝对调相规则都会影响 2DPSK 信号波形，但这四种波形的相位差都是“$\pi 0 \pi 0$”，根据 A 方式中 $\Delta\varphi = \begin{cases} 0, & \text{表示码元“0”} \\ \pi, & \text{表示码元“1”} \end{cases}$ 调制规则，都可得相同解码信息“1010”，与原码一致。

由此可见，“1”差分编码产生的 2DPSK 信号，无论初始差分码 b_0 为“0”或“1”，也无论绝对调相规则为 φ_1 或 φ_2，都等效于 A 方式中 $\Delta\varphi = \begin{cases} 0, & \text{表示码元“0”} \\ \pi, & \text{表示码元“1”} \end{cases}$ 调制规则产生的 2DPSK 信号。

同理，“0”差分编码产生的 2DPSK 信号波形，无论初始差分码为“0”或“1”，也无论绝对调相规则为 φ_1 或 φ_2，也都等效于 A 方式中 $\Delta\varphi=\begin{cases}\pi, & \text{表示码元“0”}\\ 0, & \text{表示码元“1”}\end{cases}$ 调制规则产生的 2DPSK 信号。这里不再做具体讲解，由读者自行分析。

3．2DPSK 的解调

2DPSK 信号的解调方法之一是相干解调，这与前面的调制方法是对应的。首先通过相干解调获得相对码 b_n，再通过码型反变换转换为绝对码 a_n，从而恢复出原始数字信息，其原理框图如图 7-38 所示。

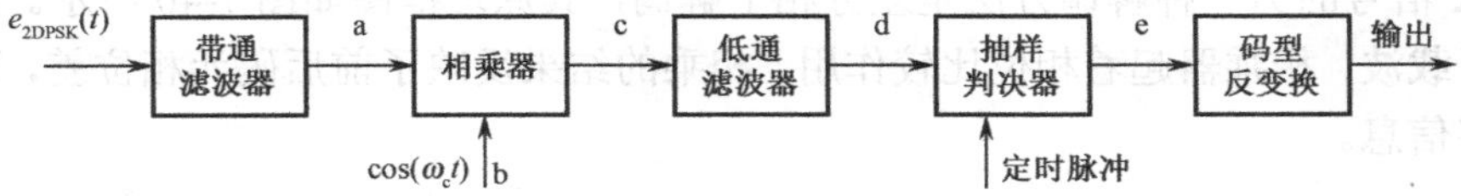

图 7-38　2DPSK 相干解调原理框图

2DPSK 相干解调与 2PSK 相干解调是相似的，区别仅在于 2DPSK 相干解调中有一个码型反变换模块，其作用是进行差分译码，这与调制端的差分编码是对应的。假设调制波形如图 7-36（a）或图 7-37（b）所示，采用例 7-10 中的 2DPSK 信号波形进行相干解调，则各模块输出信号波形如图 7-39 所示。

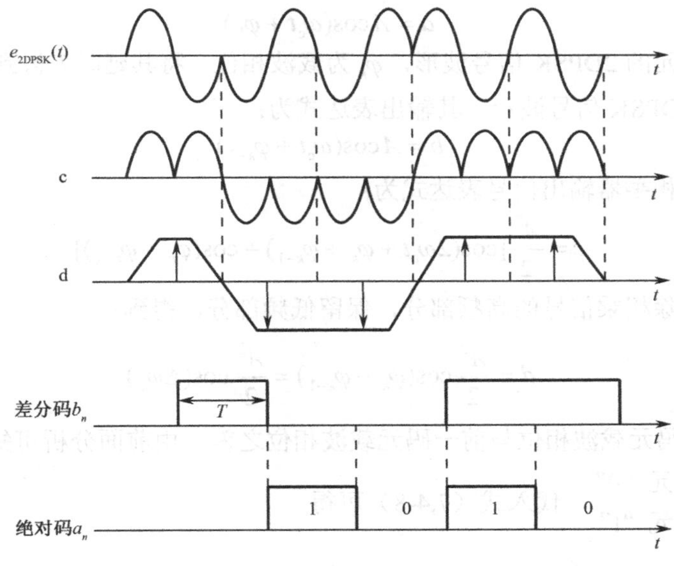

图 7-39　2DPSK 相干解调各模块输出波形

在解调过程中，若载波相位模糊，使得解调出的相对码相反（例如图 7-39 中相对码 b_n 变为“01100”），但差分译码[见式（7.4-2）]是比较前后相邻相对码变化，所以无论相对码是否倒置，绝对码 a_n 都不受影响（仍解码为“1010”），解决了 2PSK 的“倒π”现象。

对于图 7-39 中的包络信号 d，根据判决规则：

$$\begin{cases}V\geqslant 0, & \text{判为码元“1”}\\ V<0, & \text{判为码元“0”}\end{cases}$$

得到差分码序列$\{b_n\}$为“10011”；再利用“1”差分译码公式$a_n = b_n \oplus b_{n-1}$，可得到绝对码序列$\{a_n'\}$为“1010”。若改变判决规则：

$$\begin{cases} V<0, & \text{判为码元“1”} \\ V \geqslant 0, & \text{判为码元“0”} \end{cases}$$

则差分码序列$\{b_n\}$变为“01100”，利用“1”差分译码变换，仍可得到正确的绝对码。

由此可见，对于 2DPSK 相干解调，无论判决规则与调制规则是否一致，也无论载波相位是否模糊，经过差分译码后均可得到正确的绝对码。同理，若对图 7-36（b）或图 7-37（a）进行相干解调分析，也可得到以上结论。

2DPSK 信号的另一种解调方法是差分相干解调，其原理框图如图 7-40 所示。差分相干解调中无相干载波，相乘器起着相位比较作用，相乘的结果反映了前后码元相位差，可直接恢复出原始数字信息。

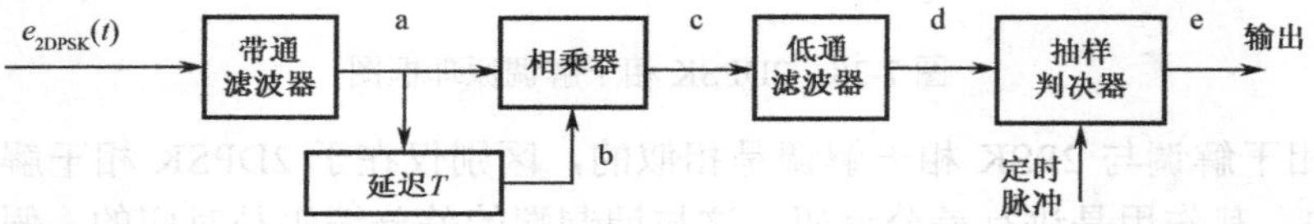

图 7-40　2DPSK 差分相干解调原理框图

假设在一个码元周期 T 内，带通滤波器的输出信号表达式为：

$$a = A\cos(\omega_c t + \varphi_k) \tag{7.4-5}$$

它表示为第 k 个码元的 2DPSK 信号波形，φ_k 为载波相位。将其延时 T 得到前一个码元（即第 $k-1$ 个码元）的 2DPSK 信号波形，其输出表达式为：

$$b = A\cos(\omega_c t + \varphi_{k-1}) \tag{7.4-6}$$

两路信号相乘得到相乘器输出信号表达式为：

$$c = \frac{A^2}{2}[\cos(2\omega_c t + \varphi_k + \varphi_{k-1}) + \cos(\varphi_k - \varphi_{k-1})] \tag{7.4-7}$$

利用低通滤波器滤除相乘信号的高频部分，保留低频部分，得到：

$$d = \frac{A^2}{2}\cos(\varphi_k - \varphi_{k-1}) = \frac{A^2}{2}\cos(\Delta\varphi_k) \tag{7.4-8}$$

式中，$\Delta\varphi_k$ 为当前码元载波相位与前一码元载波相位之差。由前面分析可知，若调制规则为 $\Delta\varphi_k = \begin{cases} 0, & \text{表示码元“0”} \\ \pi, & \text{表示码元“1”} \end{cases}$，代入式（7.4-8）可得

$$\begin{cases} \Delta\varphi_k = 0 \;\Rightarrow\; d = A^2/2 > 0 \;\Rightarrow\; \text{译码“0”} \\ \Delta\varphi_k = \pi \;\Rightarrow\; d = -A^2/2 < 0 \Rightarrow\; \text{译码“1”} \end{cases}$$

同理，若调制规则为 $\Delta\varphi_k = \begin{cases} \pi, & \text{表示数字信息“0”} \\ 0, & \text{表示数字信息“1”} \end{cases}$，可得

$$\begin{cases} \Delta\varphi_k = \pi \;\Rightarrow\; d = -A^2/2 < 0 \Rightarrow \text{译码“0”} \\ \Delta\varphi_k = 0 \;\Rightarrow\; d = A^2/2 > 0 \;\Rightarrow \text{译码“1”} \end{cases}$$

由此得到以下结论：

（1）由调制规则为 $\Delta\varphi=\begin{cases}0, & 表示码元“0”\\ \pi, & 表示码元“1”\end{cases}$ 产生的 2DPSK 信号，其差分相干解调判决规则为 $\begin{cases}V>0, & 判为“0”\\ V<0, & 判为“1”\end{cases}$。

（2）由调制规则为 $\Delta\varphi=\begin{cases}\pi, & 表示码元“0”\\ 0, & 表示码元“1”\end{cases}$ 产生的 2DPSK 信号，其差分相干解调判决规则为 $\begin{cases}V<0, & 判为“0”\\ V>0, & 判为“1”\end{cases}$。

下面通过例题进一步验证以上结论。这里采用例 7-10 中的调制波形（假设调制波形如图 7-36（a）或图 7-37（b）所示）进行差分相干解调，各模块输出波形如图 7-41 所示。

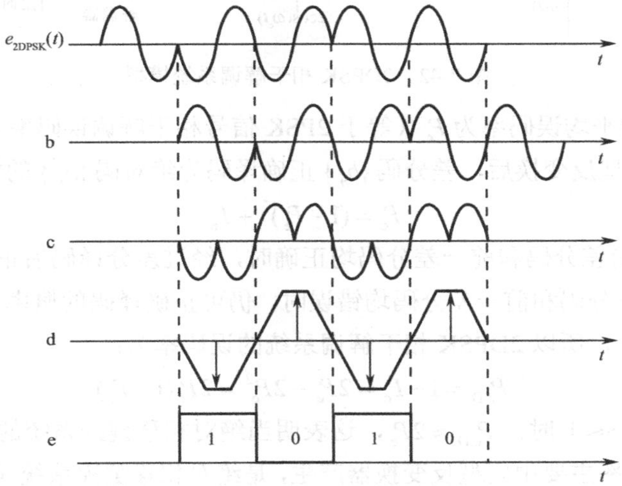

图 7-41　2PDSK 差分相干解调各模块输出波形

这里的 2DPSK 信号是利用 $\Delta\varphi=\begin{cases}0, & 表示码元“0”\\ \pi, & 表示码元“1”\end{cases}$ 调制规则产生，因此抽样判决时，根据判决规则 $\begin{cases}V>0, & 判为码元“0”\\ V<0, & 判为码元“1”\end{cases}$ 可得到正确的输出码元序列“1010”。若对原码 a_n 采用 $\Delta\varphi=\begin{cases}\pi, & 表示码元“0”\\ 0, & 表示码元“1”\end{cases}$ 规则进行 2DPSK 调制和差分相干解调，各模块输出波形变化由读者自己分析。

7.4.2　2DPSK 信号的功率谱密度

由差分相移键控基本原理可知，2DPSK 调制等效于差分码 b_n 的 2PSK 调制，所以 2DPSK 波形与 2PSK 波形相似，区别仅在于 2DPSK 信号相位变化与差分码 b_n 相对应，而 2PSK 信号相位变化与原码 a_n 相对应。因此，2DPSK 信号的功率谱密度和 2PSK 信号的功率谱密度相同，参见式（7.3-10）；其带宽仍为码元速率的 2 倍，即 $B=2f_T$。2DPSK 调制也是非线性调制。

7.4.3 2DPSK 系统的抗噪声性能

1．2DPSK 相干解调系统的抗噪声性能

2DPSK 信号是由差分码 b_n 进行 2PSK 调制得到，所以 2DPSK 相干解调仅比 2PSK 多一个码型反变换器，如图 7-42 所示。因此，输出差分码 $\{b_n'\}$ 的误码率即为解调 2PSK 信号的误码率，只需在此基础上再考虑码型反变换器的误码影响，则可得到 2DPSK 信号的误码率。

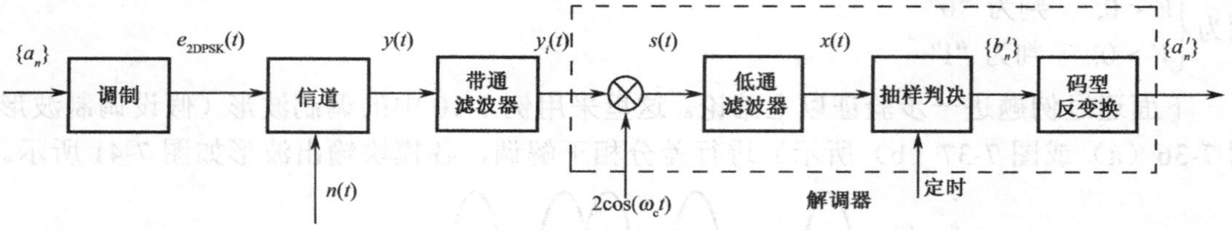

图 7-42 2DPSK 相干解调系统模型

设差分码 $\{b_n'\}$ 的平均误码率为 P_e（等于 2PSK 信号相干解调误码率），则正确判决的概率为（$1-P_e$），经过码型反变换后，差分码 $\{b_n'\}$ 正确译码为绝对码 $\{a_n'\}$ 的概率为：

$$P_c=(1-P_e)^2+P_e^2 \tag{7.4-9}$$

其中 $(1-P_e)^2$ 表示当前差分码和前一差分码均正确时，经过差分译码后正确判决出绝对码的概率；P_e^2 则表示当前差分码和前一差分码均错误时，仍可正确译码的概率。将式（7-4-9）展开，得到 $P_c=1-2P_e+2P_e^2$，所以 2DPSK 相干解调系统的误码率为：

$$P_{e,D}=1-P_c=2P_e-2P_e^2=2P_e(1-P_e) \tag{7.4-10}$$

可以看出，当 $P_e \ll 1$ 时，$P_{e,D}\approx 2P_e$，这表明当绝对相移键控系统的误码率很小时，差分相移键控系统的误码率主要由码型反变换器产生，是绝对相移键控系统误码率的 2 倍；而当 P_e 接近于 1/2 时，$P_{e,D}\approx P_e$，即当绝对相移键控系统的误码率很大（接近于一半），差分相移键控系统的误码率接近于绝对相移键控系统的误码率，码型反变换器对其无影响。

2．2DPSK 差分相干解调系统的抗噪声性能

2DPSK 的差分相干解调系统模型如图 7-43 所示。假设经过信道衰减和带通滤波器滤波后，在一个码元周期 T 内解调信号 $y_1(t)$ 表达式为：

$$y_1(t)=\begin{cases} a\cos(\omega_c t)+n_1(t), & \text{发送码元“1”} \\ -a\cos(\omega_c t)+n_1(t), & \text{发送码元“0”} \end{cases} \tag{7.4-11}$$

经过延时 T 后，得到前一码元波形 $y_2(t)$ 表达式为：

$$y_2(t)=\begin{cases} a\cos(\omega_c t)+n_2(t), & \text{发送码元“1”} \\ -a\cos(\omega_c t)+n_2(t), & \text{发送码元“0”} \end{cases} \tag{7.4-12}$$

这里的码元“1”或“0”是指差分码，$n_1(t)$ 为叠加在当前码元调制波形上的窄带高斯噪声，$n_2(t)$ 为叠加在前一码元调制波形上的窄带高斯噪声，$n_1(t)$ 和 $n_2(t)$ 相互独立，其表达式为：

$$\begin{cases} n_1(t)=n_{1,c}(t)\cos(\omega_c t)-n_{1,s}(t)\sin(\omega_c t) \\ n_2(t)=n_{2,c}(t)\cos(\omega_c t)-n_{2,s}(t)\sin(\omega_c t) \end{cases} \tag{7.4-13}$$

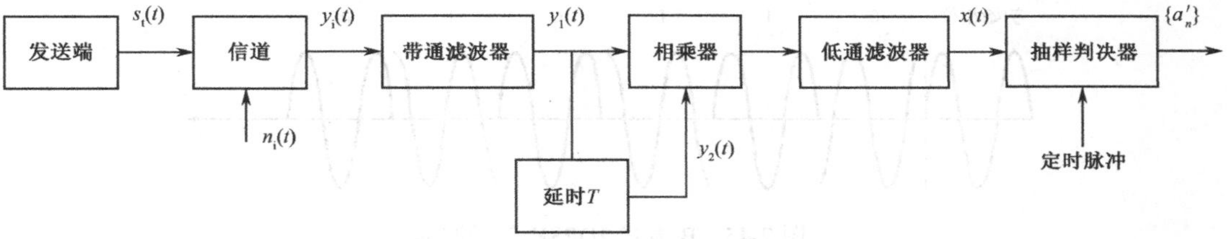

图 7-43　2DPSK 差分相干解调系统模型

由于当前差分码和前一差分码都有两种取值："0"或"1"，所以低通输出包络有 4 种情况。第一种情况，假设当前差分码为"1"，前一差分码也为"1"，则 $y_1(t)=a\cos(\omega_c t)+n_1(t)$，$y_2(t)=a\cos(\omega_c t)+n_2(t)$，两路信号相乘且经过低通滤波器后，得到输出包络信号为：

$$x(t)=\frac{1}{2}\{[a+n_{1,c}(t)][a+n_{2,c}(t)]+n_{1,s}(t)n_{2,s}(t)\} \tag{7.4-14}$$

若 2DPSK 信号是根据调制规则 $\Delta\varphi=\begin{cases}0, & \text{表示码元“0”}\\ \pi, & \text{表示码元“1”}\end{cases}$ 产生，则由前面的分析结论，可根据判决规则 $\begin{cases}V>0, & \text{判为码元“0”}\\ V<0, & \text{判为码元“1”}\end{cases}$ 得到输出解码 $\{a_n'\}$。由此得到，发送码元"0"而错判为"1"的误码率为 $P(1/0)=P\{x<0\}=\mathrm{e}^{-r/2}$，发送码元"1"而错判为"0"的误码率也为 $P(0/1)=P\{x>0\}=\mathrm{e}^{-r/2}$，$r=\dfrac{a^2}{2\sigma_n^2}$ 为带通滤波器的输出信噪比。同理，对于其他 3 种情况，误码率与第一种情况相同，这里不再详细讨论，证明过程从略。所以，等概情况下 2DPSK 差分相干解调系统总的误码率为：

$$P_e=\frac{1}{2}\mathrm{e}^{-r} \tag{7.4-15}$$

【例 7-11】　设发送的绝对码序列 $\{a_n\}$ 为"011010"，采用 2DPSK 方式传输。已知码元传输速率为 1200 Bd，载波频率为 1800 Hz。定义相位差 $\Delta\varphi$ 为后一码元初始相位和前一码元结束相位之差。

（1）若 $\Delta\varphi=0^\circ$ 代表"0"，$\Delta\varphi=180^\circ$ 代表"1"，试画出这时的 2DPSK 信号波形；

（2）若 $\Delta\varphi=270^\circ$ 代表"0"，$\Delta\varphi=90^\circ$ 代表"1"，试画出这时的 2DPSK 信号波形。

【解】　由于码元传输速率为 1200 Bd，载波频率为 1800 Hz，所以在一个码元周期内包含 3/2 个载波周期，码元的起始相位与结束相位不同。根据调制规则 $\Delta\varphi=0^\circ$ 代表"0"，$\Delta\varphi=180^\circ$ 代表"1"，得到 2DPSK 调制波形如图 7-44 所示（假设初始相位为 0）。

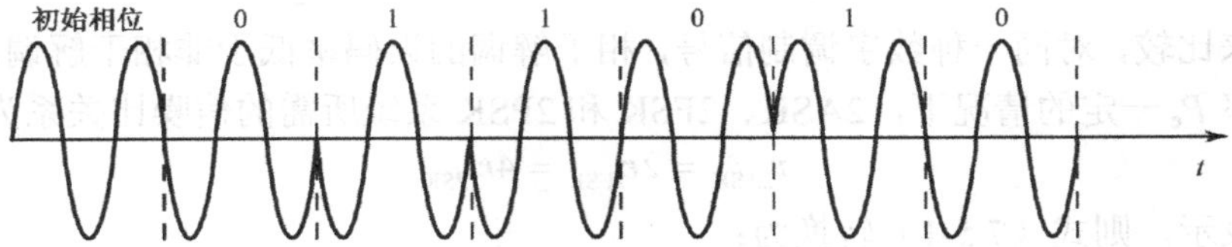

图 7-44　A 方式 2DPSK 信号波形

同理，根据调制规则 $\Delta\varphi=270^\circ$ 代表"0"，$\Delta\varphi=90^\circ$ 代表"1"，，得到 2DPSK 调制波形如图 7-45 所示。

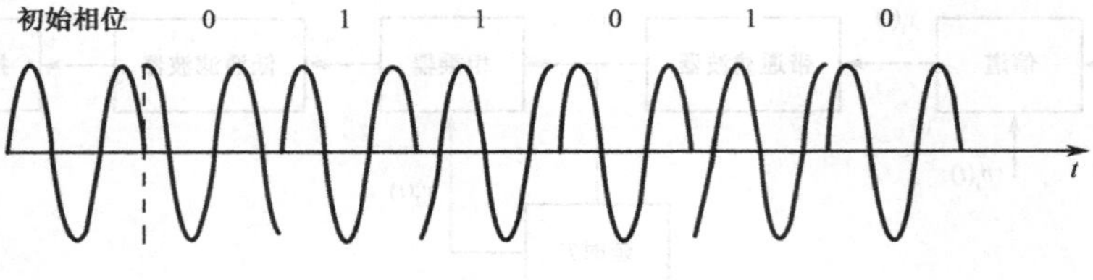

图 7-45　B 方式 2DPSK 信号波形

【例 7-12】　在二进制相移键控系统中，已知解调器输入端信噪比 $r = 10$ dB，试分别求出 2PSK 相干解调、2DPSK 相干解调和 2DPSK 差分相干解调的系统误码率。

【解】　因为解调器输入端信噪比 $r = 10$ dB，所以 2PSK 相干解调系统误码率为：

$$P_{e,2PSK} = \frac{1}{2}\text{erfc}(\sqrt{r}) = \frac{1}{2\sqrt{\pi r}}e^{-r} = 4\times10^{-6}$$

又 2DPSK 相干解调系统误码率在大信噪比情况下是 2PSK 相干解调系统的 2 倍，所以

$$P_{e,2DPSK相干} = \text{erfc}(\sqrt{r}) = \frac{1}{\sqrt{\pi r}}e^{-r} = 8\times10^{-6}$$

最后，2DPSK 差分相干解调系统误码率为：

$$P_{e,2DPSK差分} = \frac{1}{2}e^{-r} = 2.27\times10^{-5}$$

7.5　二进制数字调制系统的性能比较

下面我们对二进制数字通信系统的误码率、频带利用率、对信道的适应能力、设备复杂度等方面的性能做进一步的比较。

1. 误码率

	相干解调	非相干解调
2ASK	$P_e = \frac{1}{2}\text{erfc}\sqrt{\frac{r}{4}}$	$P_e = \frac{1}{2}e^{-\frac{r}{4}}$
2FSK	$P_e = \frac{1}{2}\text{erfc}\sqrt{\frac{r}{2}}$	$P_e = \frac{1}{2}e^{-\frac{r}{2}}$
2PSK	$P_e = \frac{1}{2}\text{erfc}\sqrt{r}$	
2DPSK	$P_e = \text{erfc}\sqrt{r}$	$P_e = \frac{1}{2}e^{-r}$

从横向来比较，对同一种数字调制信号，相干解调的误码率低于非相干解调；从纵向来比较，在误码率 P_e 一定的情况下，2ASK、2FSK 和 2PSK 系统所需的信噪比关系为：

$$r_{2ASK} = 2r_{2FSK} = 4r_{2PSK} \tag{7.5-1}$$

如果用分贝表示，则式（7.5-1）转换为：

$$(r_{2ASK})_{dB} = (r_{2FSK})_{dB} + 3\text{ dB} = (r_{2PSK})_{dB} + 6\text{ dB} \tag{7.5-2}$$

在信噪比一定的情况下，这里假设信噪比较大，则各种调制系统的误码率大小关系为：

$$P_{e,2PSK} < P_{e,相干2DPSK} < P_{e,差分2DPSK} < P_{e,相干2FSK} < P_{e,非相干2FSK} < P_{e,相干2ASK} < P_{e,非相干2ASK}$$

误码率 P_e 与信噪比 r 的关系曲线如图 7-46 所示。

2．频带利用率

若传输的码元速率为 f_T，则各个数字频带信号的带宽分别为

$$B_{2\mathrm{ASK}} = B_{2\mathrm{PSK}} = B_{2\mathrm{DPSK}} = 2f_T \tag{7.5-3}$$

$$B_{2\mathrm{FSK}} = |f_1 - f_2| + 2f_T \tag{7.5-4}$$

从频带利用率来看，2FSK 系统的频带利用率最低。

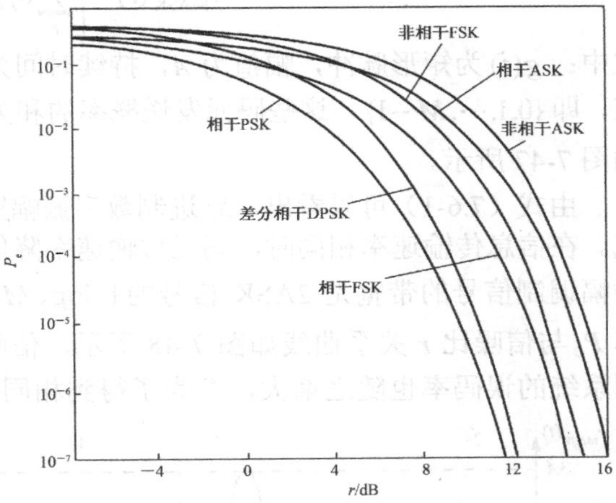

图 7-46　二进制数字调制系统误码率与信噪比的关系曲线

3．对信道特性的灵敏度

在选择数字调制方式时，还应考虑系统对信道特性的变化是否敏感。在 2FSK 系统中，判决器是根据上、下两个支路解调输出样值的大小来做出判决，对信道的变化不敏感。在 2PSK 系统中，当发送符号概率相等时，判决器的最佳判决门限为零，判决门限不随信道特性的变化而变化。在 2ASK 系统中，判决器的最佳判决门限为 $a/2$，它与接收机输入信号的幅度有关，当信道特性发生变化时，接收机输入信号的幅度将随着发生变化，从而导致最佳判决门限也将随之而变，这时接收机不容易保持在最佳判决门限状态。因此，2ASK 对信道特性变化敏感，性能最差。

4．设备复杂度

相干解调系统需要提取同步载波，所以其设备比非相干解调系统复杂，成本也高。同为非相干解调设备时，2DPSK 最复杂，2FSK 次之，2ASK 最简单。

通过以上几个方面对各种二进制数字调制系统进行比较可以看出，对数字通信系统的选择需要考虑多种因素：若对系统抗噪声性能要求较高，则应考虑 2PSK 和 2DPSK 数字调制方式，而 2ASK 调制不可取；若通信系统要求有较高的频带利用率，则可选择 2PSK、2DPSK、2ASK 调制传输，而 2FSK 最不可取。目前用得最多的数字频带传输方式是相干 2DPSK 传输系统和非相干 2FSK 传输系统，相干 2DPSK 主要用于高速数据传输，而非相干 2FSK 则用于中、低速数据传输，特别是在衰落信道中。

7.6　多进制数字调制

在实际的频带传输系统中，由于信道资源有限，所以需要有效地提高信号的频带利用率，即在有限信道频带内，提高信息传输速率。这就需要采用多进制数字调制系统，它是二进制数字调制的扩展。与二进制数字调制相比，多进制数字调制实现复杂度增加，且在保证相同误码率条件下，接收信号信噪比增加。

多进制数字调制原理与二进制数字调制类似，即用多进制码元去控制载波的振幅、频率或相位，产生多进制振幅键控（MASK）、多进制频移键控（MFSK）和多进制相移键控（MPSK）三种数字频带信号。本节对多进制数字调制基本原理做简要介绍，给出主要结论。

7.6.1 多进制振幅键控

多进制振幅键控（MASK）的载波幅度有 M 种取值，在每个码元时间间隔 T 内调制产生一种幅度载波信号，其基本表达式为：

$$e_{\mathrm{MASK}}(t)=\left[\sum_n a_n g(t-nT)\right]\cos(\omega_c t) \tag{7.6-1}$$

式中：$g(t)$ 为矩形脉冲，幅值为 A，持续时间为 T；a_n 表示为第 n 个码元值，可以有 M 种取值，即 $\{0,1,\cdots,M-1\}$，这些码元发送概率的和为 1。一种四进制数字振幅键控信号的时间波形如图 7-47 所示。

由式（7.6-1）可以看出，M 进制数字振幅键控信号的功率谱与 2ASK 信号具有相似的形式。在信息传输速率相同时，码元传输速率降低为 2ASK 信号的 $1/\log_2 M$，因此 M 进制数字振幅调制信号的带宽是 2ASK 信号的 $1/\log_2 M$ 倍。当 M 取不同值时，MASK 系统的总误码率 P_e 与信噪比 r 关系曲线如图 7-48 所示。信噪比相同，M 取值越大时，多进制数字振幅调制系统的误码率也随之增大，若为了得到相同的误码率，所需的信噪比将随 M 增大而增大。

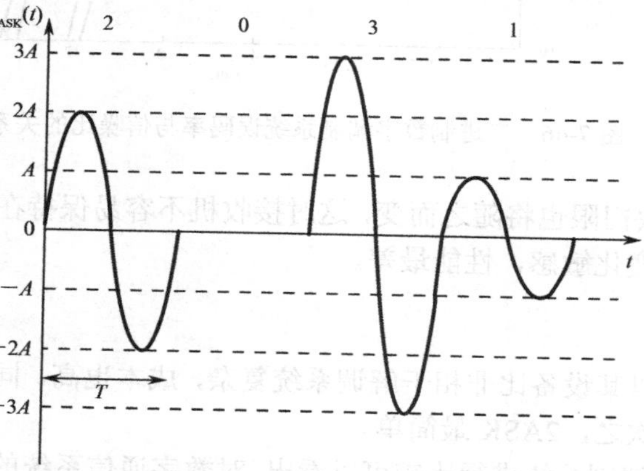

图 7-47　M 进制数字振幅键控信号的时间波形

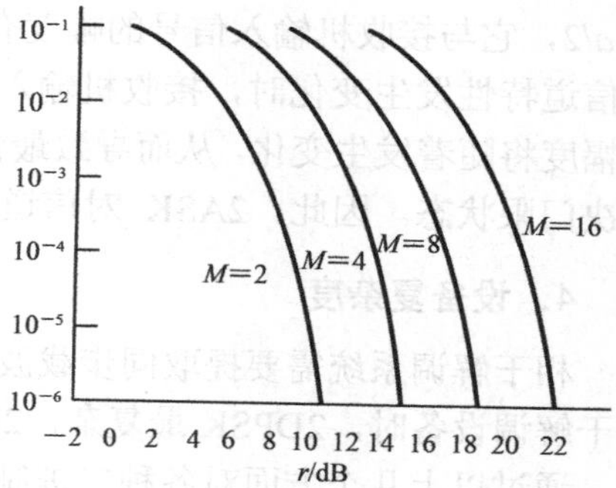

图 7-48　MASK 系统误码率性能曲线

7.6.2 多进制频移键控

多进制频移键控（MFSK）是二进制频移键控（2FSK）的推广，用 M 个不同频率的载波调制 M 个码元，其基本表达式为：

$$e_{\mathrm{MFSK}}(t)=\sum_n g(t-nT)\cos(\omega_n t) \tag{7.6-2}$$

式中：$g(t)$ 为矩形脉冲，其幅值为 A，持续时间为 T；ω_n 为第 n 个码元的载波频率，共有 M 种取值。一般取 M 种载波频率为 $f_i=i/(2T)$ $(i=1,2,\cdots,M)$，由此获得的 M 种载频信号相互正交。

多进制频移键控信号的带宽近似为：

$$B=|f_M-f_1|+2f_T \tag{7.6-3}$$

式中：f_M 为最高载频，f_1 为最低载频，f_T 为码元速率。MFSK 信号具有较宽的频带，所以信道频带利用率不高。一种四进制数字频移键控信号的时间波形如图 7-49 所示。

多进制频移键控系统误码率性能曲线如图 7-50 所示，图中虚线为非相干解调系统性能，实线为相干解调系统性能。在 M 一定的情况下，信噪比 r 越大，误码率越小；在 r 一定的情况下，M越大误码率也越大。相干解调和非相干解调的性能差距将随M的增大而减小；当M相同时，随着信噪比r的增加，非相干解调性能将趋于相干解调性能。

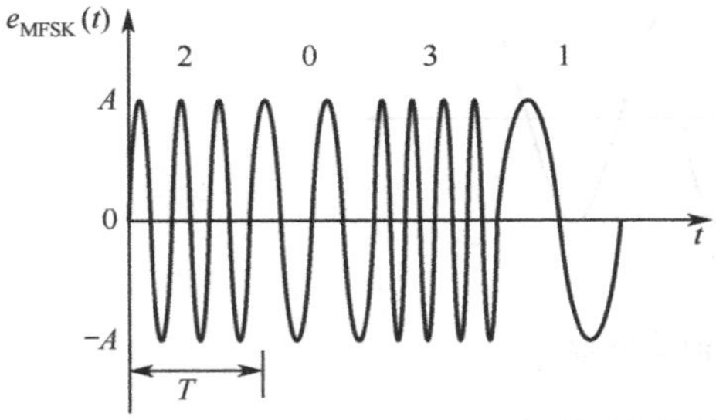

图 7-49　M进制数字频移键控信号的时间波形

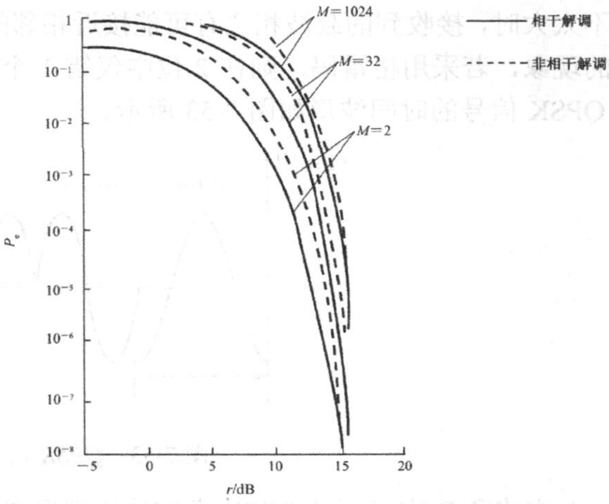

图 7-50　MFSK 系统误码率性能曲线

7.6.3　多进制相移键控

多进制相移键控（MPSK）是利用载波的多种不同相位来表征数字信息的调制方法，其一般表达式为：

$$e_{MPSK}(t)=\sum_n g(t-nT)\cos(\omega_c t+\theta_n) \tag{7.6-4}$$

式中：$g(t)$为矩形脉冲，幅值为A，持续时间为T；θ_n为第n个码元的初始相位，它有M种取值。一般将2π平均分成M份，$\theta_n=2\pi(n-1)/M$（$n=1,2,\cdots,M$）。当M=8 时，θ_n有 8 种取值，如图 7-51 所示。

由式（7.6-4）可以得到，第k个码元符号的 MPSK 信号表达式为$s_k(t)=A\cos(\omega_c t+\theta_k)$，将其展开得到$s_k(t)=A\cos\theta_k\cos(\omega_c t)-A\sin\theta_k\sin(\omega_c t)$，取$a_k=A\cos\theta_k$，$b_k=A\sin\theta_k$，则

$$s_k(t)=a_k\cos(\omega_c t)-b_k\sin(\omega_c t)$$

由此可见，MPSK 是采用两个正交载波对a_k和b_k进行 MASK 调制后叠加而成，所以 MPSK 的带宽与 MASK 带宽一致。

下面以M= 4 为例，讲解 MPSK 调制解调基本原理。4PSK 又称为正交相移键控（QPSK），可用 4 个不同相位表示 4 进制码元，即 00、01、10 和 11。根据相位的不同取值，可分为 A 方式和 B 方式两种，其相位矢量图如图 7-52 所示。

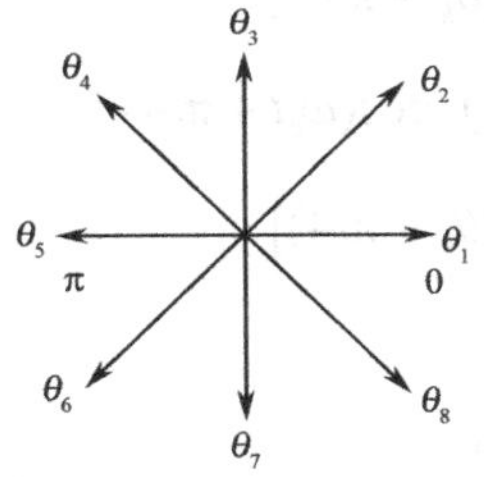

图 7-51　8PSK 信号初始相位示意图

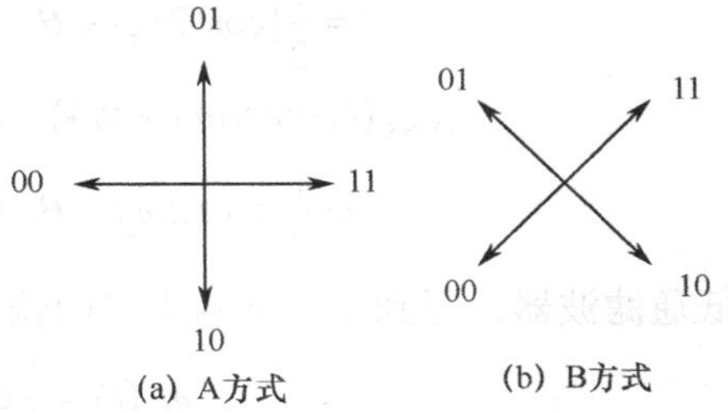

图 7-52　QPSK 信号相位矢量图

A 方式的相位分别为 0°、90°、180°和 270°，B 方式的相位分别为 45°、135°、225°和 315°，

两种方式表示了不同的相位取值。图 7-52 中码元排列顺序为格雷码，即相邻两个码元之间只有一个位不同。这样编码的好处是，若 QPSK 信号在信道中传输时受到加性噪声干扰，在噪声不太大时，接收到的载波相位有可能接近相邻的载波相位，在解调时，会发生错判为相邻码元的现象，若采用格雷码，则在 2 位中仅错 1 个，减小了误比特率。以 A 方式调制为例，一种 QPSK 信号的时间波形如图 7-53 所示。

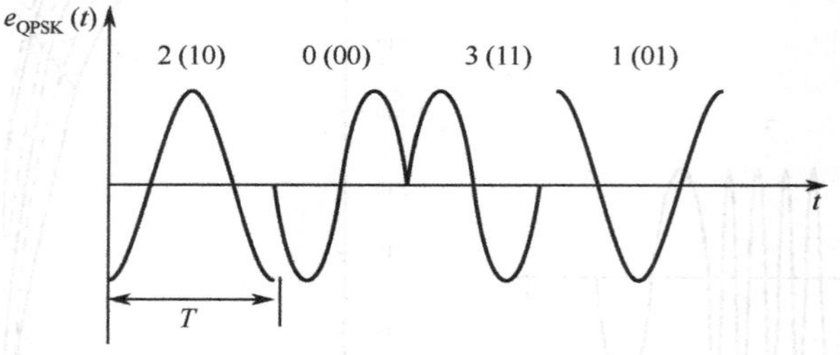

图 7-53　*QPSK* 信号的时间波形

A 方式和 B 方式两种 QPSK 调制的原理框图如图 7-54 所示。

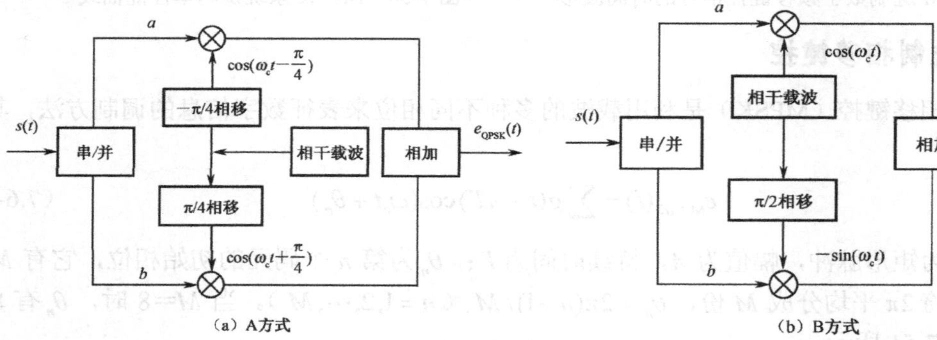

图 7-54　QPSK 调制原理框图

以 A 方式为例，若 $a=1$，$b=1$，则 $e_{QPSK}(t)=\cos(\omega_c t-\pi/4)+\cos(\omega_c t+\pi/4)=\sqrt{2}\cos(\omega_c t)$，即码元 11 经 QPSK 调制后得到的载波相位 $\theta_k=0$。同理，可得到其他码元的 QPSK 信号相位。

QPSK 信号的解调框图如图 7-55 所示。

下面以 A 方式为例，阐述 QPSK 的解调原理。将 QPSK 调制信号分别与上、下两支路相移载波相乘，得到

$$e_{QPSK}(t)\cdot\cos(\omega_c t-\pi/4)=\cos(\omega_c t+\theta_k)\cdot\cos(\omega_c t-\pi/4)$$

$$=\frac{1}{2}[\cos(2\omega_c t+\theta_k-\pi/4)+\cos(\theta_k+\pi/4)] \tag{7.6-5}$$

$$e_{QPSK}(t)\cdot\cos(\omega_c t+\pi/4)=\cos(\omega_c t+\theta_k)\cdot\cos(\omega_c t+\pi/4)$$

$$=\frac{1}{2}[\cos(2\omega_c t+\theta_k+\pi/4)+\cos(\theta_k-\pi/4)] \tag{7.6-6}$$

分别经过低通滤波器，得到上、下两支路的输出分别为：

$$m_u(t)=\frac{1}{2}\cos(\theta_k+\pi/4) \tag{7.6-7}$$

$$m_d(t)=\frac{1}{2}\cos(\theta_k-\pi/4) \tag{7.6-8}$$

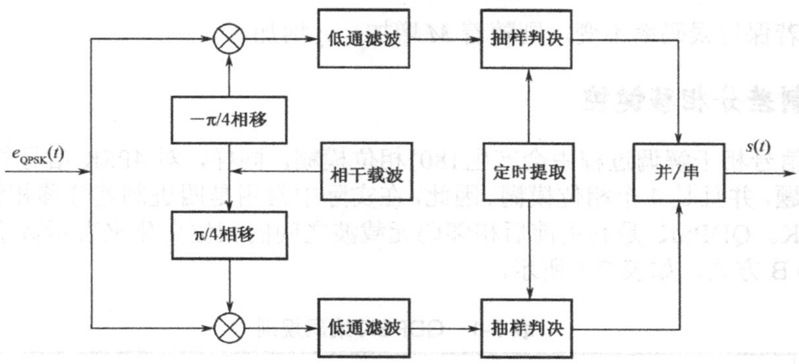

（a）A方式

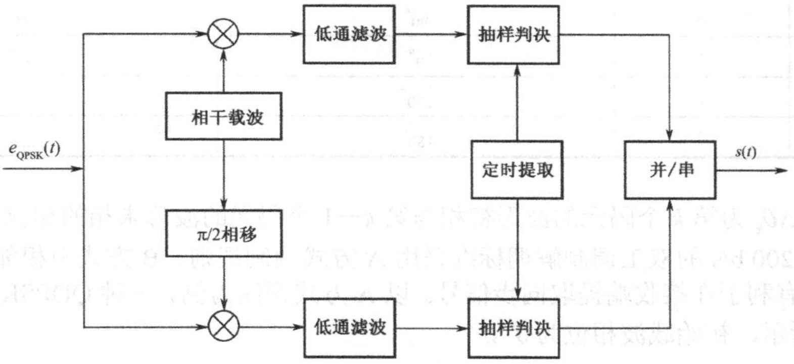

（b）B方式

图 7-55　QPSK 解调原理框图

由于 A 方式 QPSK 调制信号相位取值分别为 0°、90°、180°和 270°，代入式（7.6-7）和式（7.6-8）中，得到 4 组正负幅值排列，即++、−+、−−、+−，经过抽样判决和并/串变换，即可解调出原始码元。

由前面分析可知，QPSK 信号可以看成上下支路两个 2PSK 信号的叠加。由于每个支路上码元持续时间是输入码元的两倍，若输入信噪比为 r，则上下支路的每个解调器输入端的信噪比为 $r/2$，得到每个支路的误码率为 $P_e=\frac{1}{2}\mathrm{erfc}(\sqrt{\frac{r}{2}})$，每个支路正确解码概率为 $1-\frac{1}{2}\mathrm{erfc}(\sqrt{\frac{r}{2}})$。由于 QSPK 信号正确解码需要上下支路都正确解码，所以 QPSK 的误码率为：

$$P_{QPSK}=1-\left[1-\frac{1}{2}\mathrm{erfc}(\sqrt{\frac{r}{2}})\right]^2 \qquad (7.6\text{-}9)$$

多进制相移键控（MPSK）系统误码率性能曲线如图 7-56 所示，其中 r_b 是比特信噪比，与码元信噪比 r 的关系是 $r_b=r/\log_2 M$。若保持 r_b 不变，则随着 M 增加，

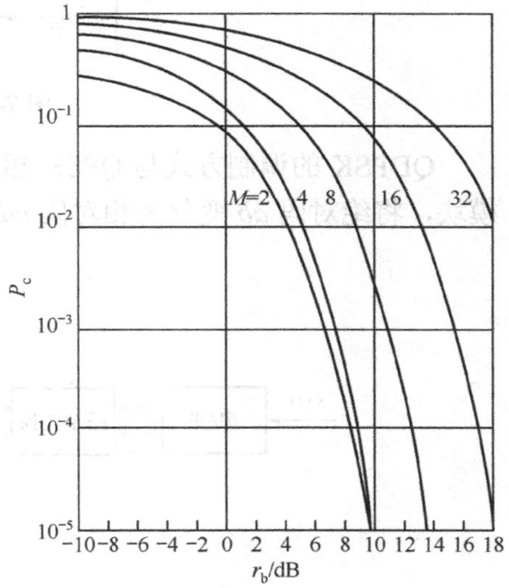

图 7-56　MPSK 系统误码率性能曲线

误码率增加；若保持误码率不变，则随着 M 增加，r_b 增加。

7.6.4 多进制差分相移键控

在 2PSK 信号相干解调过程中会产生180°相位模糊。同样，对 4PSK 信号相干解调也会产生相位模糊问题，并且是 4 个相位模糊。因此，在实际中常用是四进制差分移相键控（4DPSK），又记为 QDPSK。QDPSK 是利用前后相邻码元载波之间的相位变化来表示数字信息的，也可分为 A 方式和 B 方式，如表 7-1 所示。

表 7-1　QDPSK 编码规则

a	b	$\Delta\theta_k$	
		A 方式	B 方式
0	0	90°	135°
0	1	0°	45°
1	1	270°	315°
1	0	180°	225°

表 7-1 中 $\Delta\theta_k$ 为第 k 个码元的波形初相与第 $k-1$ 个码元的波形末相的相位差。ITU-T 建议 V.22 中速率 1 200 b/s 的双工调制解调标准采用 A 方式调制规则。B 方式中相邻码元之间也有相位变化，故有利于在接收端提取同步信号。以 A 方式调制为例，一种 QDPSK 信号的时间波形如图 7-57 所示，初始载波相位为 0°。

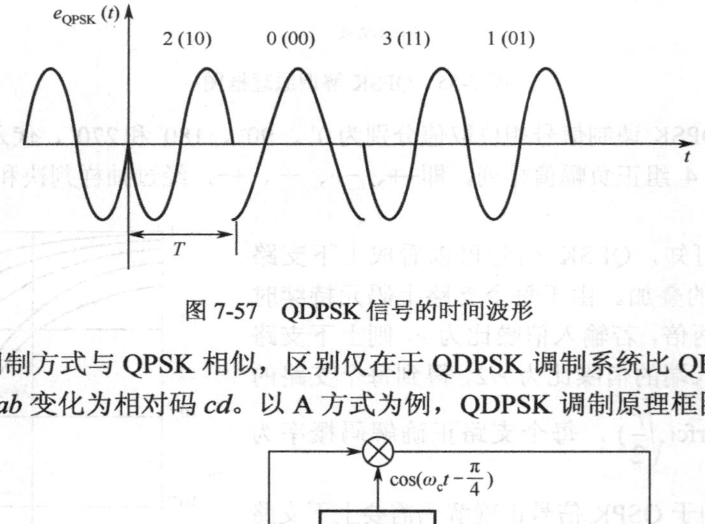

图 7-57　QDPSK 信号的时间波形

QDPSK 的调制方式与 QPSK 相似，区别仅在于 QDPSK 调制系统比 QPSK 多了码型变换模块，将绝对码 ab 变化为相对码 cd。以 A 方式为例，QDPSK 调制原理框图如图 7-58 所示。

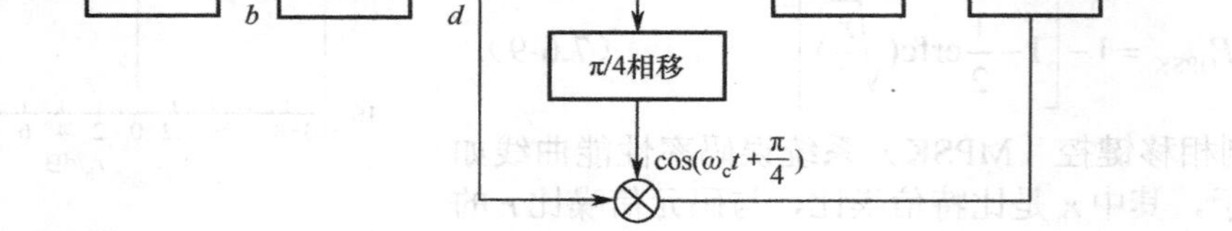

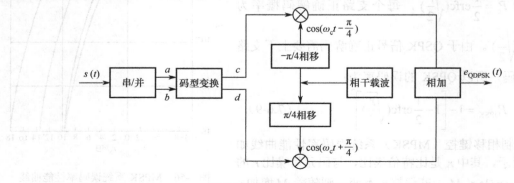

图 7-58　QDPSK 调制原理框图

码型变换器输入绝对码$a_k b_k$与输出相对码$c_k d_k$之间有 16 种关系，如表 7-2 所示，其中绝对码$a_k b_k$与相位差$\Delta\theta_k$的关系参见表 7-1，相对码$c_k d_k$与相位θ_k的关系参见图 7-52 中的 A 方式。

表 7-2 QDPSK 码型变换关系

a_k b_k	$\Delta\theta_k$	c_{k-1} d_{k-1}	θ_{k-1}	c_k d_k	θ_k
0 0	90°	0 0	180°	1 0	270°
		0 1	90°	0 0	180°
		1 1	0°	0 1	90°
		1 0	270°	1 1	0°
0 1	0°	0 0	180°	0 0	180°
		0 1	90°	0 1	90°
		1 1	0°	1 1	0°
		1 0	270°	1 0	270°
1 1	270°	0 0	180°	0 1	90°
		0 1	90°	1 1	0°
		1 1	0°	1 0	270°
		1 0	270°	0 0	180°
1 0	180°	0 0	180°	1 1	0°
		0 1	90°	1 0	270°
		1 1	0°	0 0	180°
		1 0	270°	0 1	90°

分析表 7-2 可知，假设当前输入绝对码$a_k b_k$为“00”，表示产生波形与前一波形的相位差为 90°。若前一相对码$c_{k-1}d_{k-1}$为“01”，表示前一波形相位为 90°，则得到产生波形相位为 180°，编码出当前相对码$c_k d_k$为“00”。

由此得到绝对码$a_k b_k$与相对码$c_k d_k$的编码公式为：

$$若\ c_{k-1}\oplus d_{k-1}=0，则\begin{cases} c_k=\overline{b_k\oplus c_{k-1}} \\ d_k=a_k\oplus d_{k-1} \end{cases} \tag{7.6-10}$$

$$若\ c_{k-1}\oplus d_{k-1}=1，则\begin{cases} c_k=a_k\oplus c_{k-1} \\ d_k=\overline{b_k\oplus d_{k-1}} \end{cases} \tag{7.6-11}$$

同理，QDPSK 的解调比 QPSK 多了码型反变换模块，这里不再详述，由读者自行分析。多进制差分相移键控（MDPSK）系统的误码率性能曲线如图 7-59 所示，其误码率与比特信噪比、进制 M 的关系与 MPSK 一致。

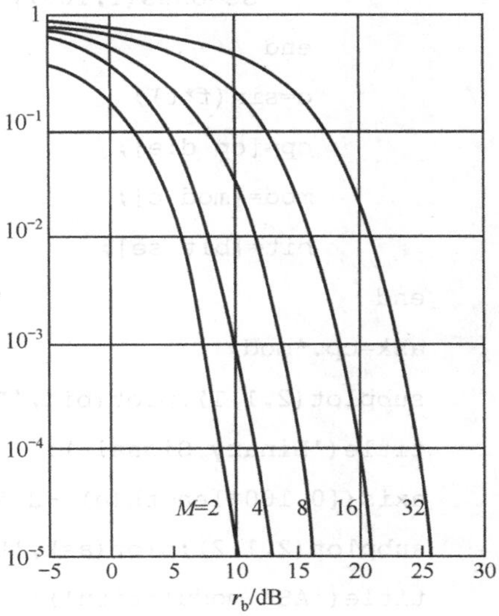

图 7-59 MDPSK 系统误码率性能曲线

7.7 MATLAB 仿真举例

本节以二进制数字基带信号为例，介绍用 MATLAB 对其进行 2ASK、2FSK 和 2PSK 三种调制方法的仿真实现。

（1）以下用函数askd( )，实现对二进制数字基带信号的ASK调制，并绘制调制后的波形。

```
function askd(g,f)          %“g”为二进制数字基带信号，“f”为载波频率
if nargin > 2
error ('Too many input arguments')
%如果输入变量数大于2，则输出' Too many input arguments'
elseif nargin==1
        f=1;            %如果输入变量数为1，则取默认频率f=1
end
if f<1;
error ('Frequency must be bigger than 1') ;
%如果f<1，则输出' Frequency must be bigger than 1'
end
t=0:2*pi/99:2*pi;
cp=[];sp=[];
mod=[];mod1=[];bit=[];
for n=1:length(g);
        if g(n)==0;
            die=ones(1,100);        %若基带信号为0，则ASK调制信号的振幅为1
            se=zeros(1,100);
        else g(n)==1;
            die=2*ones(1,100);  %若基带信号为1，则ASK调制信号的振幅为2
            se=ones(1,100);
        end
        c=sin(f*t);
        cp=[cp die];
        mod=[mod c];
        bit=[bit se];
end
ask=cp.*mod;                              %得到ASK调制波形
subplot(2,1,1);plot(bit,'LineWidth',1.5);grid on;  %画出二进制数字基带信号波形
title('Binary Signal');
axis([0 100*length(g) -2.5 2.5]);
subplot(2,1,2);plot(ask,'LineWidth',1.5);grid on;  %画出ASK调制信号波形
title('ASK modulation');
axis([0 100*length(g) -2.5 2.5]);
```

在MATLAB命令窗口中输入函数命令askd（[1 0 1 1 0],2），得到数字基带信号10110的波形及其2ASK调制波形，如图7-60所示。其中横坐标表示所有码元取时间点的个数，调用

5 个码元，每个码元取 100 个时间点，故共有 500 个时间点。由于“f” =2，故在一个码元时间内 2ASK 信号有 2 个完整波形。

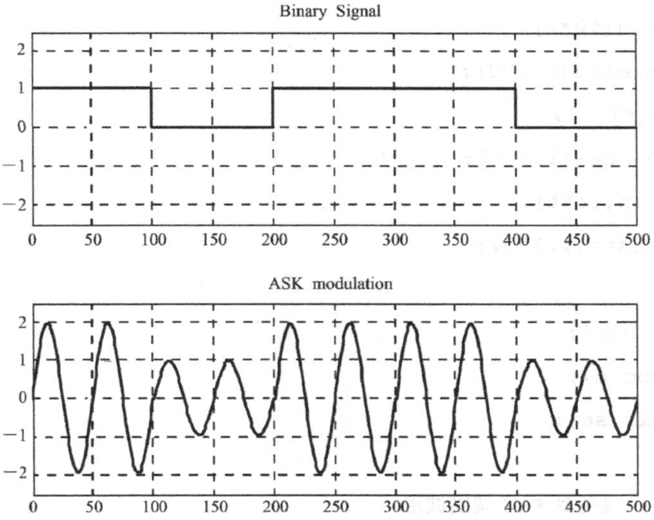

图 7-60　数字基带信号及 2ASK 调制波形

（2）以下用函数 fskd( )实现对二进制数字基带信号的 FSK 调制，并绘制调制后的波形。

```
function fskd(g,f0,f1) %          “g”为二进制数字基带信号，“f0”、“f1”为载波频率
if nargin > 3
        error('Too many input arguments')
elseif nargin==1
        f0=1;f1=2;
elseif nargin==2
        f1=2;
end
val0=ceil(f0)-f0;
val1=ceil(f1)-f1;
if val0 ~=0 || val1 ~=0;
       error('Frequency must be an integer');    % 载波频率必须为整数
end
if f0<1 || f1<1;
       error('Frequency must be bigger than 1');    % 载波频率必须大于 1
end
t=0:2*pi/99:2*pi;
cp=[];sp=[];
mod=[];mod1=[];bit=[];
for n=1:length(g);
```

```
        if g(n)==0;
            die=ones(1,100);
            c=sin(f0*t);
            se=zeros(1,100);
        else g(n)==1;
            die=ones(1,100);
            c=sin(f1*t);
            se=ones(1,100);
        end
        cp=[cp die];
        mod=[mod c];
        bit=[bit se];
    end
    fsk=cp.*mod;     %得到 FSK 调制波形
    subplot(2,1,1);plot(bit,'LineWidth',1.5);grid on;
    title('Binary Signal');
    axis([0 100*length(g) -2.5 2.5]);
    subplot(2,1,2);plot(fsk,'LineWidth',1.5);grid on;
    title('FSK modulation');
    axis([0 100*length(g) -2.5 2.5]);
```

在 MATLAB 命令窗口中输入函数命令 fskd（[1 0 1 1 0],1,2），得到数字基带信号 10110 的波形及其 2FSK 调制波形，如图 7-61 所示。由于“f0”=1，“f1”=2，故在一个码元时间内代表“0”的 2FSK 信号有 1 个完整波形，代表“1”的 2FSK 信号有 2 个完整波形。

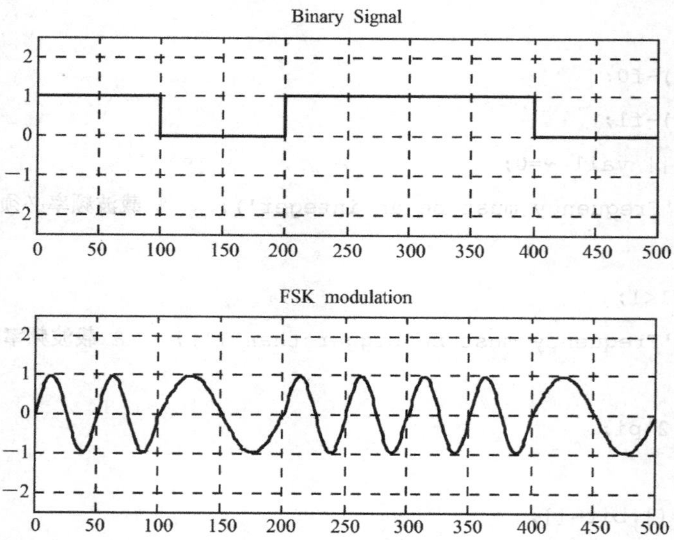

图 7-61　数字基带信号及 2FSK 调制波形

（3）以下用函数 bpskd( )实现对二进制数字基带信号的 PSK 调制，并绘制调制后的波形。

```
function bpskd(g,f)                  %“g”为二进制数字基带信号，“f”为载波频率
if nargin > 2
       error('Too many input arguments');
elseif nargin==1
       f=1;
end
if f<1;
       error('Frequency must be bigger than 1');
end
t=0:2*pi/99:2*pi;
cp=[];sp=[];
mod=[];mod1=[];bit=[];
for n=1:length(g);
       if g(n)==0;
          die=-ones(1,100);      %基带信号为 0 则 PSK 调制信号振幅为-1
          se=zeros(1,100);
       else g(n)==1;
          die=ones(1,100);       %基带信号为 1 则 PSK 调制信号振幅为 1
          se=ones(1,100);
       end
       c=sin(f*t);
       cp=[cp die];
       mod=[mod c];
       bit=[bit se];
end
bpsk=cp.*mod;                          %得到 2PSK 调制波形
subplot(2,1,1);plot(bit,'LineWidth',1.5);grid on;
title('Binary Signal');
axis([0 100*length(g) -2.5 2.5]);
subplot(2,1,2);plot(bpsk,'LineWidth',1.5);grid on;
title('PSK modulation');
axis([0 100*length(g) -2.5 2.5]);
```

在 MATLAB 命令窗口中输入函数命令 bpskd（[1 0 1 1 0],2），得到数字基带信号 10110 的波形及其 2PSK 调制波形，如图 7-62 所示。由于“f”=2，故在一个码元时间内 2PSK 信号有 2 个完整波形。

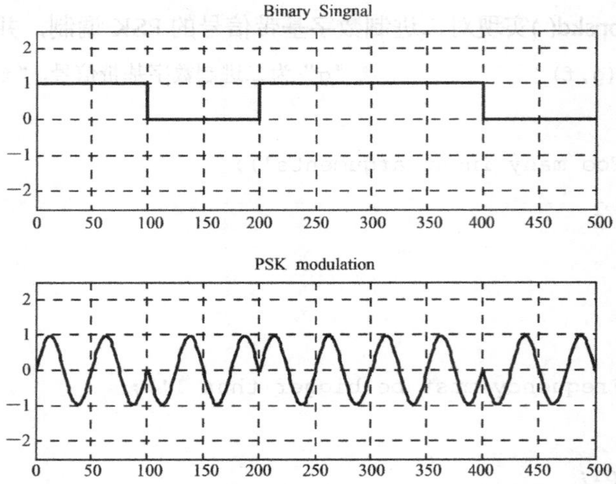

图 7-62　数字基带信号及 2PSK 调制波形

7.8　本章小结

本章侧重分析数字基带信号通过正弦载波调制成频带信号在带通信道中传输，并在接收端进行解调的工作原理；围绕频带信号功率谱密度和系统误码率两个方面，分析频带传输系统的基本性能。

ASK 是一种应用最早的基本调制方式，其优点是设备简单，频带利用率较高；缺点是抗噪声性能差，并且对信道特性变化敏感，不易使抽样判决器工作在最佳判决门限状态。

FSK 是数字通信中不可或缺的一种调制方式。其优点是抗干扰能力较强，不受信道参数变化的影响，因而特别适合应用于衰落信道；缺点是占用频带较宽，尤其是 MFSK，频带利用率较低。目前，调频体制主要应用于中、低速数据传输中。

PSK 或 DPSK 是一种高传输效率的调制方式，其抗噪声能力比 ASK 和 FSK 都强，且不易受信道特性变化的影响，因此在高、中速数据传输中得到了广泛的应用。绝对相移（PSK）在相干解调时存在载波相位模糊的问题，在实际应用中很少采用直接传输，DPSK 应用更广泛。

多进制数字键控系统主要采用非相干解调的 MFSK、MDPSK 和 MASK。一般在信号功率受限，而带宽不受限的场合用 MFSK；在信道带宽受限，而功率不受限的场合用 MDPSK；在信道带宽受限，而功率不受限的恒参信道用 MASK。

在 MASK 系统中，若 M 相同，则双极性相干解调的抗噪声性能最好，单极性相干解调次之，单极性非相干解调性能最差。虽然 MASK 系统的抗噪声性能比 2ASK 差，但其频谱利用率高，是一种高效传输方式。

在 MFSK 系统中，若 M 相同，则相干解调的抗噪声性能优于非相干解调，但 M 很大时两者差别不明显。再考虑设备的复杂性，因而实际应用中非相干 MFSK 多于相干 MFSK。

在 MPSK 系统中，若 M 相同，则相干解调 MPSK 系统的抗噪声性能优于差分解调 MDPSK 系统，但由于 MDPSK 系统无反向工作的问题，收端设备没有 MPSK 复杂，因而比 MPSK 更为实用。

思考题

7-1　数字信号调制与模拟信号调制有何区别？

7-2　2ASK 信号的功率谱与 2PSK 信号的功率谱有何不同？说明原因。

7-3　比较相干检测 2ASK 系统与包络检波 2ASK 系统的性能及特点。

7-4　2FSK 信号的功率谱有何特点？

7-5　比较相干检测 2FSK 系统与包络检波 2FSK 系统的性能和特点。

7-6　比较 2PSK 和 2DPSK 信号产生的原理。

7-7　2PSK 和 2DPSK 信号的功率谱有何不同？

7-8　8 电平调制的 MASK 系统，其信息传输速率为 4 800 b/s，则码元传输速率为多少？

7-9　画出 QPSK 系统的调制、解调框图，说明其工作原理。

7-10　画出 QDPSK 系统的调制、解调框图，说明其工作原理。

习题

7-1　设发送数字信息为“011011100010”，试画出 2ASK 的信号波形示意图。

7-2　设发送数字信息为“011011100010”，试画出 2FSK 的信号波形示意图。

7-3　设发送数字信息为“011011100010”，试画出 2DPSK 的信号波形示意图。

7-4　已知某 2ASK 系统的码元传输速率为 10^3 Bd，所用的载波信号为 $A\cos[4\pi\times10^3 t]$ 。

（1）设所传输的数字信息为 011001，试画出相应的 2ASK 信号波形图；

（2）求 ASK 信号的带宽。

7-5　设载频为 1800 Hz，码元速率为 1200 Bd，发送数字信息为“011010”。

（1）若相位偏移 $\Delta\varphi=0°$ 代表“0”，$\Delta\varphi=180°$ 代表“1”，试画出这时的 2DPSK 信号波形；

（2）若 $\Delta\varphi=270°$ 代表“0”，$\Delta\varphi=90°$ 代表“1”，则这时的 2DPSK 信号的波形又如何？（注：在画以上波形时，幅度可自行假设。）

7-6　若采用 OOK 方式传送二进制数字信息，已知码元传输速率为 $f_T=2\times10^6$ Bd，接收端解调器输入信号的振幅 $a=40\,\mu\text{V}$，信道加性噪声为高斯白噪声，且单边功率谱密度为 $n_0=6\times10^{-18}$ W/Hz 。试求：

（1）相干接收时，系统的误码率；

（2）非相干接收时，系统的误码率。

7-7　对 OOK 信号进行相干接收，已知发送“1”(有信号)的概率为 p，发送“0”(无信号)的概率为 $1-p$；已知发送信号的峰值振幅为 5 V，带通滤波器输出端的正态噪声功率为 3×10^{-12} W：

（1）若 $p=1/2$，$P_e=10^{-4}$，则发送信号传输到解调器输入端时，其幅度衰减多少分贝（dB）？这时的最佳门限为多大？

（2）试说明 $p>1/2$ 时的最佳门限比 $p=1/2$ 时的大还是小。

（3）若 $p=1/2$，$r=10$ dB，求 P_e。

7-8　若某 2FSK 系统的码元传输速率为 2×10^6 Bd，数字信息为“1”时的频率 $f_1=10$ MHz，数字信息为“0”时的频率为 $f_2=10.4$ MHz 。输入接收解调器的信号峰值振幅 $a=40\,\mu\text{V}$，信道加性噪声为高斯白噪声，且单边功率谱密度 $n_0=6\times10^{-18}$ W/Hz 。试求：

（1）2FSK 信号的第一零点带宽；

（2）非相干接收时，系统的误码率；

（3）相干接收时，系统的误码率。

7-9　若采用 2FSK 方式传送二进制数字信息，已知发送端发出的信号振幅为 5 V，输入接收端解调器的高斯噪声功率为 $\sigma_n^2=3\times10^{-12}$ W，今要求误码率 $P_e=10^{-4}$。试求：

（1）非相干接收时，由发送端到解调器输入端的发送信号幅值衰减；

（2）相干接收时，由发送端到解调器输入端的发送信号幅值衰减。

7-10　若相干 2PSK 和差分相干 2DPSK 系统的输入噪声功率相同，系统工作在大信噪比条件下，试计算它们达到同样误码率所需的相对功率电平（$k=r_{DPSK}/r_{PSK}$）；若要求输入信噪比一样，则系统性能相对比值 $P_{e,PSK}/P_{e,DPSK}$ 为多大。

7-11　在二进制相移键控系统中，已知解调器输入端的信噪比 $r=10\text{ dB}$，试分别求出相干解调 2PSK、相干解调-码反变换和差分相干解调 2DPSK 信号的系统误码率。

7-12　设发送数字信息序列为“01011000110100”，试按 A 方式的要求，分别画出相应的 4PSK 及 4DPSK 信号的所有可能波形。

第 8 章　现代数字调制与解调

通过用数字基带信号改变正弦载波的幅度、频率和相位，获得适合于在信道中传输的数字频带信号，这是数字调制的基础，即幅度调制、频率调制和相位调制。

随着对通信系统质量要求的不断提高，这 3 种调制方式存在的不足逐步显现。人们对于调制和解调的要求不仅是为了将发送信号的频谱搬移到适合于信道的传输频带中，还要求抗噪声和抗其他干扰的性能好，抗衰落能力强，频带利用率高，对相邻频道干扰小，尽可能减少发射功率，设备简单且易于制造，等等。因此，人们提出一些改进的调制解调方法，以适应各种新的通信系统的要求；随着超大规模集成电路和数字信号处理技术的发展，这些相对复杂的调制与解调技术实现起来不再困难。

8.1　正交幅度调制

由多进制 ASK 或 PSK 系统的分析可以看出，在系统带宽一定的条件下，多进制调制的信息传输速率比二进制的高，也就是说，多进制调制系统的频带利用率高。但是，多进制调制系统频带利用率的提高是通过牺牲功率利用率来换取的。因为随着进制数 M 值的增加，在信号空间中各信号点间的最小距离减小，相应的信号判决区域也随之减小。因此，当信号受到噪声和干扰的损害时，接收信号错误概率也将随之增大，只能通过提高信号功率来加以区分。以 MPSK 信号为例，如果幅度不变，仅相位变化，随着 M 的增大，相邻相位距离减小，噪声容限随之减小，误码率的要求难以得到保证。

正交幅度调制（QAM）是一种在两个正交载波上进行幅度调制的方式，即数据信号是用相互正交的两个载波的幅度变化来表示的，这两个载波通常是相位差为 π/2 的正弦波，因此称之为正交载波。采用 M(M>2)进制的正交幅度调制，称为 MQAM，下面针对 MQAM 的工作原理、调制解调方法、频带利用率和抗噪声性能等进行分析。

8.1.1　MQAM 原理

在 QAM 信号体制中，一个 MQAM 码元可表示为

$$s_k(t) = A_k\cos(\omega_c t + \theta_k),\qquad kT < t \leqslant (k+1)T \tag{8.1-1}$$

式中，$k=1, 2, 3, \cdots, M$，共有 M 个可能的信号；A_k 和 θ_k 分别为 MQAM 信号的幅度和相位，它们之间在理论上并没有制约关系。

将式（8.1-1）展开，得到

$$s_k(t) = X_k\cos(\omega_c t) + Y_k\sin(\omega_c t) \tag{8.1-2}$$

其中，

$$X_k = A_k\cos\theta_k,\qquad Y_k = -A_k\sin\theta_k \tag{8.1-3}$$

式（8.1-2）表明，MQAM 信号由两路在时域上成正交的抑制载波的双边带调幅信号组成，一路是 $X_k\cos(\omega_c t)$，另一路是 $Y_k\sin(\omega_c t)$。式（8.1-2）和式（8.1-3）还表明，由于 A_k 和 θ_k 彼此独立，X_k 和 Y_k 也彼此独立，因此每一种调制波形可用空间中的一个矢量点 A_k 和 θ_k 或

X_k和Y_k 来表示。矢量端点表示了调制后的一种可能的信号。k 有 M 个选择，可以构成 M 个矢量点，也称为 MQAM 调制；其矢量图形似星座，故又称为星座（constellation）调制。

由于 X_k 和Y_k 通常选择为在两个坐标轴方向分别均匀分布，因此当 M 取为 2 的整数次幂，如 M=4, 16, 64, 256 时，按式（8.1-2）绘制的是图 8-1 所示的矩形星座图，一般取 X 方向和 Y 方向相邻点的间隔相等，因此也称为方形星座图。

当 M 取为 2 的奇数次幂，如 M=32, 128 时，星座图往往取为十字结构，如图 8-2 所示。

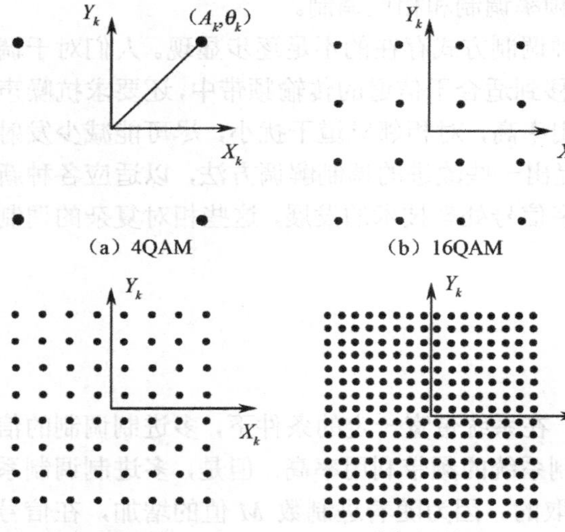

（a）4QAM　（b）16QAM　（c）64QAM　（d）256QAM

图 8-1　M=4, 16, 64, 256 的 QAM 星座图

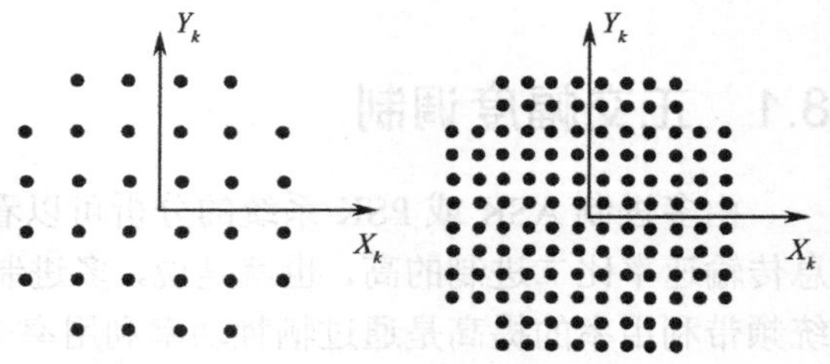

（a）32QAM　（b）128QAM

图 8-2　M=32, 128 的 QAM 星座图

由于 MPSK 是广泛采用的数字调制方式之一，它利用载波的多种不同相位状态来表征数字的信息，因此可以对 MPSK 和 MQAM 的调制方式进行比较。

设已调信号的最大幅度为 1，由于星座图上 MPSK 相邻信号点间的弧长为 $2\pi/M$，相邻信号点之间欧氏距离就是

$$d_{\text{MPSK}} = 2\sin(\pi/M) \tag{8.1-4}$$

对于 MQAM 信号，仍保持最大幅度为 1，在方形星座图上相邻信号点间的欧氏距离可计算得

$$d_{\text{MQAM}} = \sqrt{2}/(\sqrt{M}-1) = \sqrt{2}/(L-1) \tag{8.1-5}$$

式中，$L=\sqrt{M}$ 向上取整，代表的是方形星座图上信号点在水平轴或垂直轴上投影的电平数。

当 M=4 时，$d_{\text{4QAM}} = d_{\text{4PSK}} = \sqrt{2}$，这时 4PSK 和 4QAM 的星座图相同；当 M=8, 16, 32, 64, … 时，不难计算，$d_{\text{MQAM}} > d_{\text{MPSK}}$，这表明 MQAM 的抗干扰能力高于 MPSK。

以具有代表性 16QAM 为例，M=16，d_{16QAM}=0.47，d_{16PSK}=0.39，$d_{\text{16PSK}} < d_{\text{16QAM}}$，而 $10\lg\left(\dfrac{d_{\text{16QAM}}}{d_{\text{16PSK}}}\right)^2 = 1.62\,(\text{dB})$，这表明，16QAM 系统的噪声容限大于 16PSK 约 1.62 dB。这里的比较是在最大振幅相等的条件下进行的，如果用两种体制的平均功率来比较，可以证明，在等概率条件下，16QAM 的最大功率与平均功率之比等于 1.8，即 2.55 dB，而 16PSK 的最大功率与平均功率相等。因此，在平均功率相等的条件下比较，16QAM 系统的噪声容限大于 16PSK 约 4.17 dB。16PSK 和 16QAM 的星座图如图 8-3 所示。

MQAM 星座图并非一定要采用图 8-1 中的方形结构，事实上，从抗衰落性能角度，以边

界越接近圆形越好。图 8-4 示出了一种 16QAM 改进型方案，称之为星形星座图。比较方形星座图与星形星座图可知，星形星座图有 8 种相位、2 种振幅，而方形星座图有 3 种振幅、12 种相位。由于星形星座图中振幅和相位数量少，因此比方形在抗衰落性能上更优越。换句话，在满足一定的最小欧氏距离条件下，方形星座图信号所需的平均发送功率比星形星座信号的平均发射功率要稍大些。

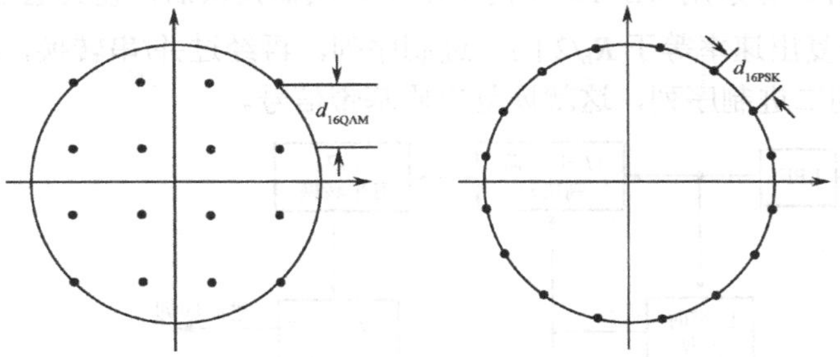

(a) 16QAM　　(b) 16PSK

图 8-3　16QAM 和 16PSK 星座图

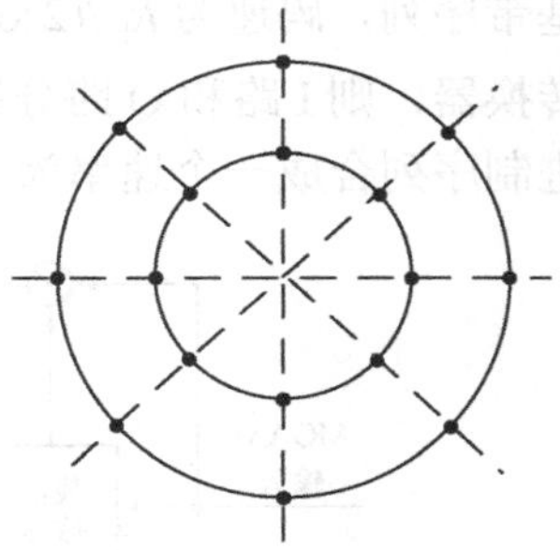

图 8-4　16QAM 星形星座图

方形星座图虽不是最优的星座结构，但其信号的产生及解调比较容易实现，所以方形星座 MQAM 信号在实际通信中得到广泛应用。

8.1.2　MQAM 的调制与解调

当 M 为 2 的偶数次幂时，根据式（8.1-1）至式（8.1-3），MQAM 的调制原理可用图 8-5 表示。串行输入的二进制序列，其速率为 R_b。二进制序列经过串/并转换后分成两路，上路是原序列中为 A 的码元，下路是原序列中为 B 的码元，且 A、B 码元在时间上对齐，这就将原序列分成了两个速率为 $R_b/2$ 的信号序列。2/L 电平转换器将每个速率为 $R_b/2$ 的二电平序列变成 L 电平信号，$L=\sqrt{M}$，码速变成 $R_b/(2\log_2 L)$。再将两路 L 电平信号分别与两个正交的载波信号相乘，分别得到同相路（I）信号和正交路（Q）信号，两者相加后形成 MQAM 信号，这时的码元速率是 $R_b/\log_2 L$，信息速率仍为 R_b。

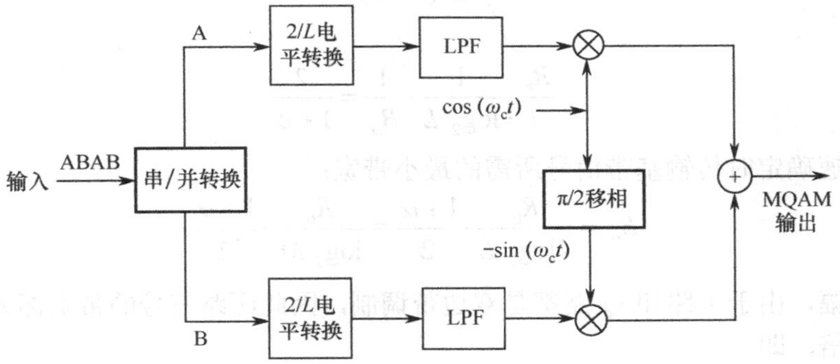

图 8-5　MQAM 调制

以 16QAM 为例，M=16，L=4。经串/并转换后，码速为 R_b 的二进制输入信号转换成码速为 $R_b/2$ 的两路二进制信号。编号为 B 的位通过下路 2/4 电平转换器，每两个二进制码元为一组转成一个四进制电平，码速成为 $R_b/4$。同样，编号为 A 的位通过上路 2/4 电平转换器，每两个二进制码元为一组也转成一个四进制电平，码速也是 $R_b/4$。上、下两路四进制电平的产生是各自独立的，因此经两个正交载波相乘并叠加后的信号可有 16 种状态，即 16QAM，参见图 8-3。

MQAM 的解调原理如图 8-6 所示，码速为 $R_b/\log_2 L$ 的 MQAM 信号经过相干解调和低通滤波器后分成上面的同相路（I）信号和下面的正交路（Q）信号，两路信号都是具有 L 个电平的基带序列，码速为 $R_b/(2\log_2 L)$。分别用（$L-1$）个门限电平判决器判决后，使其通过 $L/2$ 电平转换器，则 I 路和 Q 路分别恢复出速率等于 $R_b/2$ 的二进制序列。再经过并/串转换，将两路二进制序列合成一个速率为 R_b 的二进制序列，这就恢复出原基带信号。

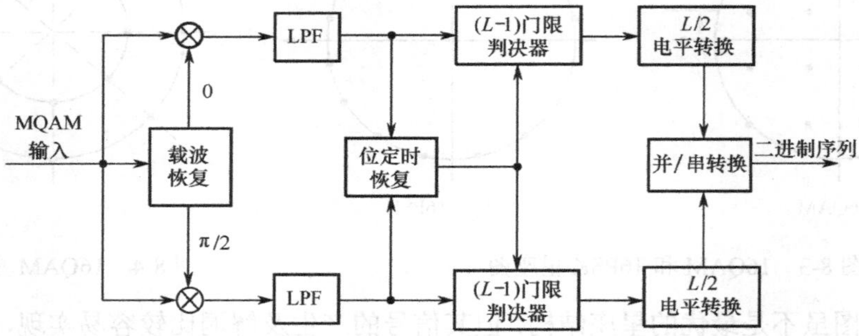

图 8-6　MQAM 解调

当 M 为 2 的奇数次幂时，也可采用相干解调，但在电路结构上有差异，在此不予介绍。

8.1.3　MQAM 的频带利用率与抗噪声性能

1．MQAM 的频带利用率

求 MQAM 信号的频带利用率，首先计算传输 MQAM 信号所需的频带宽度。由上面的分析（参见图 8-5），经过串/并转换和 $2/L$ 电平转换后，每一路中的 L 电平信号的速率为 $R_b/(2\log_2 L)$。当 L 电平信号通过滚降系数为 α 的滤波器后，根据第 6 章无码间串扰的条件知，基带系统所能提供的最高频带利用率为

$$2/(1+\alpha) \tag{8.1-6}$$

即

$$\frac{R_b}{2}\cdot\frac{1}{\log_2 L}\cdot\frac{1}{B_\alpha}=\frac{2}{1+\alpha} \tag{8.1-7}$$

式中，B_α是码速确定时传输基带信号所需的最小带宽：

$$B_\alpha=\frac{R_b}{2\log_2 L}\cdot\frac{1+\alpha}{2}=\frac{R_b}{\log_2 M}\cdot\frac{1+\alpha}{2} \tag{8.1-8}$$

再经过正交调幅，由于 I 路和 Q 路都是双边带调制，因此两路信号的带宽都为式（8.1-8）中基带信号的 2 倍，即

$$B_{MQAM}=2B_\alpha=\frac{R_b(1+\alpha)}{\log_2 M} \tag{8.1-9}$$

当两路信号相加后，信号的带宽没有变化，仍为 B_{MQAM}。由于信息速率为 R_b，因此 MQAM 信号的频带利用率为

$$\eta_{\text{MQAM}} = \frac{R_b}{B_{\text{MQAM}}} = \frac{\log_2 M}{1+\alpha} \ (\text{b}\cdot\text{s}^{-1})/\text{Hz} \tag{8.1-10}$$

对理想低通传输系统，$\alpha=0$，M分别等于 4, 16, 64, 256, 1024 时，MQAM 的频带利用率分别为 2, 4, 6, 8, 10 $(\text{b}\cdot\text{s}^{-1})$/Hz。

频率利用率的提高意味着在一定的频带范围内可以提高信息传输速率。例如，电话信号的频率范围是 300～3 400 Hz，如果利用信道较好的 600～3 000 Hz 来传输 16QAM 信号，且$\alpha=0$，则信道的最大传输能力为 4×(3 000−600)=9 600（b/s）。

2．MQAM 的抗噪声性能

对于方形星座图的 QAM，可以看成是由两个相互正交、相互独立的 L 进制 ASK 信号的叠加而成，其中 $L=\sqrt{M}$。设每比特的信号码元能量为 E_b，噪声单边功率谱密度为 n_0，则利用多电平信号误码率分析方法，可求得 M进制 QAM 的符号差错概率为

$$P_e = 1-(1-P_1)^2 \tag{8.1-11}$$

其中，

$$P_1 = \left(1-\frac{1}{L}\right)\text{erfc}\left(\sqrt{\frac{3\log_2 L}{M-1}\cdot\frac{E_b}{n_0}}\right) \tag{8.1-12}$$

E_b/n_0 是每比特的平均信噪比（SNR）。根据式（8.1-11）和式（8.1-12），可绘制一个符号的差错概率 P_e随 SNR 变化的曲线，如图 8-7 所示。其中横坐标是 SNR=E_b/n_0，单位是 dB；纵坐标是 P_e，采用对数坐标图。可见，对不同的 M 和相同的 SNR，误码率随 M 的增加而增大。

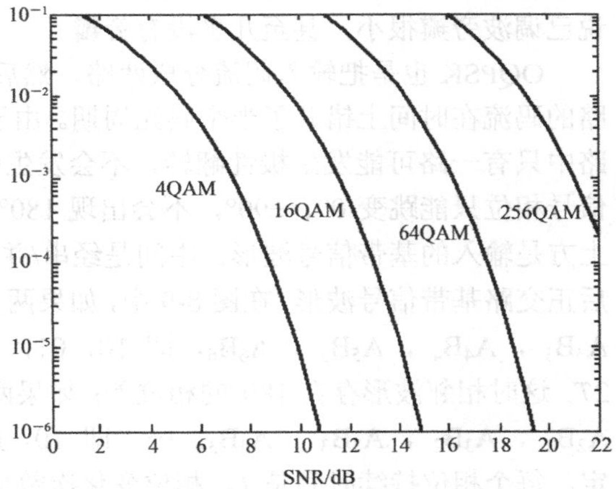

图 8-7　QAM 中一个符号的差错概率

通过上面的分析，QAM 是一种频谱利用率很高的调制方式，星座点比 PSK 的星座点更分散，相邻星座点之间的距离更大，因此能提供更好的传输性能。但是 QAM 星座点的幅度不是完全相同的，解调器需要能同时正确检测相位和幅度，不像 PSK 解调只需检测相位，这增加了 QAM 解调器的复杂性。虽然星座点数越多，每个符号能传输的信息量就越大，但如果在星座图的平均能量保持不变的情况下增加星座点，会使星座点之间的距离变小，进而导致误码率上升。

8.2　交错正交相移键控

8.2.1　OQPSK 原理

第 7 章中所讨论的正交相移键控（QPSK），是利用载波的 4 种不同相位来表征输入的数字信息，在π/4 体系（B 方式）中，它规定了 4 种载波相位，分别为π/4、3π/4、5π/4、7π/4。调制器输入的数据是二进制数字序列，为了能和四进制的载波相位相配合，需要把二进制数据

变换为四进制数据；这就是说需要把二进制数字序列中每 2 个比特分成一组，共有 4 种组合，即 00、01、10 和 11，其中每一组称为双比特码元，常规定 11 代表π/4，01 代表 3π/4，00 代表 5π/4，10 代表 7π/4。QPSK 中每次调制可传输 2 个信息比特，这些信息比特是通过载波的 4 种相位来传递的，解调器根据星座图及接收到的载波信号的相位来判断发送端发送的信息比特。

QPSK 是一种常用的卫星数字信号调制方式，具有较高的频谱利用率和较强的抗干扰性，在电路上实现也较为简单。但是 QPSK 也存在很大不足，当相邻双比特码元出现由 00 到 11 或由 01 到 10，即相邻双比特码元中的两个位同时发生改变时，会产生 180°的载波相位跳变。由于理想的 QPSK 信号是包络恒定的波形，其理论上的频谱为无限大，为能在有限带宽的信道中传输，需要加带通滤波器，带限后的 QPSK 信号已不能保持包络的恒定，而 180°的载波相位跳变会引起包络的最大起伏，甚至出现零点。图 8-8 示出了相邻码元之间存在 180°的载波瞬时相位跳变在滤波前后可能出现的波形。当信号再经过非线性功率放大器放大时，这种包络的起伏可得到削弱，但已经滤除的带外分量又被恢复出来，导致频谱扩展，增加对相邻波道的干扰。总的来讲，就是相位的跃变会引起相位对时间的变化率很大，从而使信号功率谱扩展，旁瓣增大。为了消除 180°的相位跳变，使信号的功率谱尽可能集中在主瓣范围，衰减主瓣以外的功率谱，在 QPSK 基础上提出了交错正交相移键控，即 OQPSK。

OQPSK 是一种恒包络数字调制技术，其中已调波的包络保持为恒定。恒包络技术所产生的已调波经过带限滤波器后，当通过非线性部件时，只产生很小的频谱扩展。OQPSK 已调波具有两个主要特点：一是包络恒定或起伏很小；二是已调波频谱具有高频快速滚降特性，或者说已调波旁瓣很小，甚至几乎没有旁瓣。

OQPSK 也是把输入码流分成两路，然后进行正交调制。不同点在于它将同相和正交两支路的码流在时间上错开了半个码元周期。由于两支路码元半周期的偏移，在任一时刻，两条支路中只有一路可能发生极性翻转，不会发生两支路码元极性同时翻转的现象。因此，OQPSK 信号相位只能跳变 0°、±90°，不会出现 180°的相位跳变。OQPSK 信号的形成见图 8-9，其中上方是输入的基带信号波形，中间是经串/并转换后同相路基带信号波形，下方是经串/并转换后正交路基带信号波形。在图 8-9 中，如果两支路的码元不错开，QPSK 的相位由 A_1B_1，A_2B_2，A_3B_3，A_4B_4，A_5B_5，A_6B_6，即 10，01，11，10，11，01 所决定，每个相位的持续时间是 $2T$，这时相邻波形存在 180°的相位差；如果两支路的码元错开，QPSK 的相位由 A_1B_1，A_2B_1，A_2B_2，A_3B_2，A_3B_3，A_4B_3，…，即 10，00，01，11，11，11，10，10，11，01，01 所决定，每个相位持续时间是 T，相位变化次数加倍，但相位变化幅度最大只有 90°。

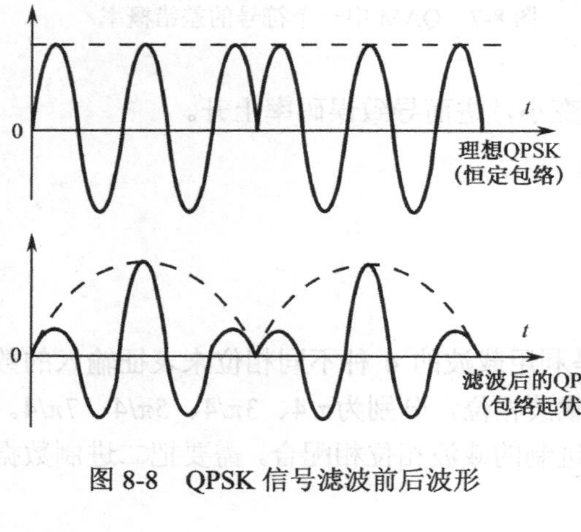

图 8-8　QPSK 信号滤波前后波形

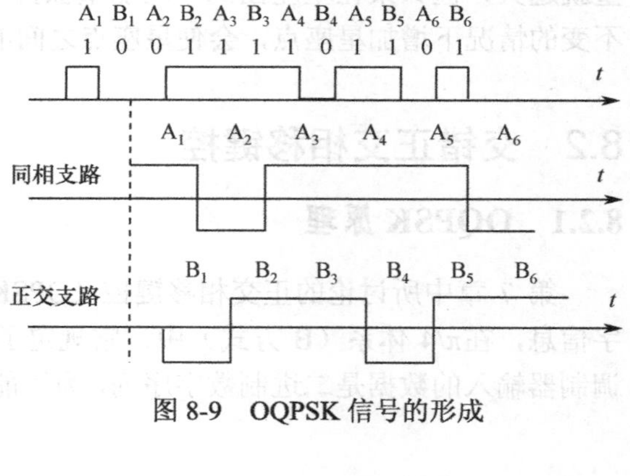

图 8-9　OQPSK 信号的形成

8.2.2 OQPSK 调制与解调

OQPSK 的调制原理如图 8-10 所示，其中 $T/2$ 延迟电路是为了保证正交支路码元偏离同相支路码元半个周期，BPF 的作用是形成 OQPSK 信号的频谱形状，保证包络恒定。

OQPSK 的解调原理如图 8-11 所示，采用的是正交相干解调。正交支路中对抽样信号的判决比同相支路延迟了 $T/2$，这与调制时正交支路信号在时间上偏离 $T/2$ 相对应，以保证两支路交错抽样。

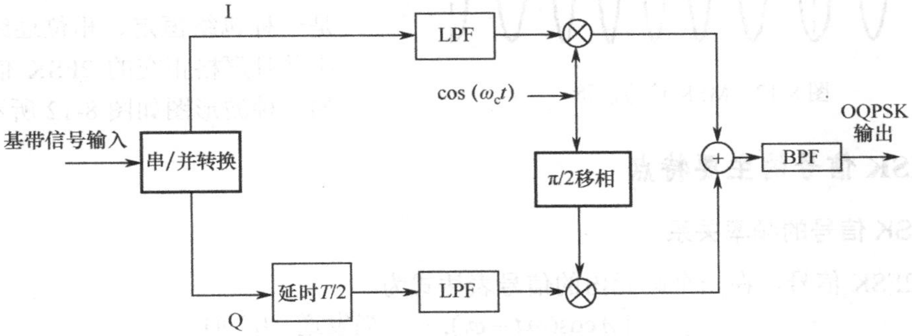

图 8-10　OQPSK 信号产生

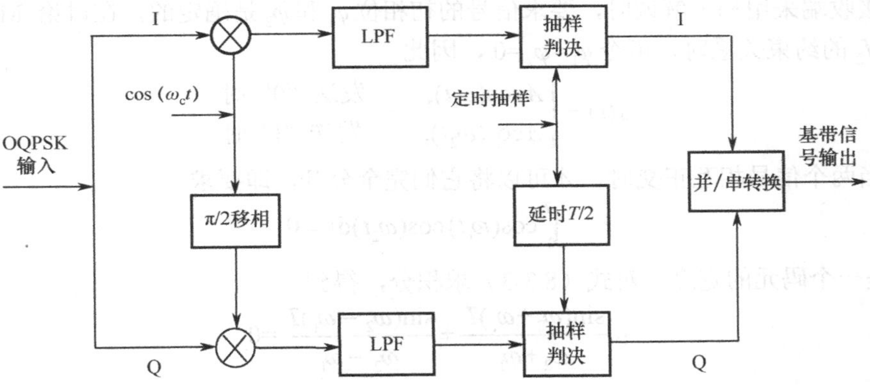

图 8-11　OQPSK 正交相干解调

OQPSK 克服了 QPSK 的 180°的相位跳变，信号通过 BPF 后包络起伏小，性能得到改善。但由于码元转换时相位不连续，存在 90°的相位跳变，因而高频滚降慢，未能从根本上解决包络起伏，使得频带仍然较宽。下面要介绍的最小频移键控（MSK）将能够产生包络恒定、相位连续的数字调制信号。

OQPSK 的抗噪声性能和 QPSK 完全相同。

8.3 最小频移键控

2FSK 是一种性能优良的键控方式，在数字通信中有广泛应用；然而 2FSK 的载频信号通常是由两个独立的振荡源产生的，在频率转换处相位通常不连续，因而会产生功率谱很大的旁瓣分量，当通过带限系统后会产生信号包络的起伏变化，再通过非线性部件后会产生频谱的扩展。为了解决这些问题，对已调信号的要求是：（1）包络恒定；（2）具有最小功率谱占用率。

恒包络技术所产生的已调波经过发送带限滤波器后，当通过非线性部件时，只产生很小的频谱扩展。一个已调波的频谱特性与其相位路径有着密切的关系，因此，为了控制已调波的频率特性，必须控制它的相位特性，以保证相位的连续性，从而提高频带的利用率。最小频移键控（MSK）是 2FSK 的一种改进，它是一种包络恒定、相位连续、带宽最小并且严格正交的 2FSK 信号。MSK 的一种波形图如图 8-12 所示。

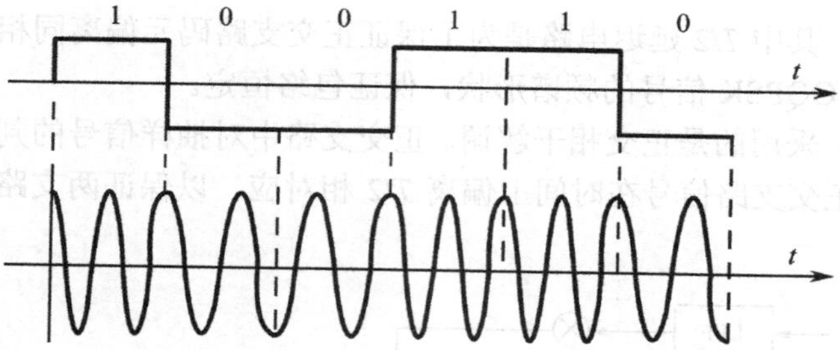

图 8-12　MSK 信号波形

8.3.1　MSK 信号的主要特点

1. MSK 信号的频率关系

对于 2FSK 信号，在一个码元内的信号表达式为

$$s(t)=\begin{cases}A\cos(\omega_1 t+\varphi_1), & \text{当发送“0”时}\\ A\cos(\omega_2 t+\varphi_2), & \text{当发送“1”时}\end{cases} \tag{8.3-1}$$

当在接收端采用相干解调时，要求信号的初相位 φ_1 和 φ_2 是确定的，在讨论 MSK 信号的频率 f_1 和 f_2 的约束关系时，可令 $\varphi_1=\varphi_2=0$，因此

$$s(t)=\begin{cases}A\cos(\omega_1 t), & \text{发送“0”时}\\ A\cos(\omega_2 t), & \text{发送“1”时}\end{cases} \tag{8.3-2}$$

由于当两个信号相互正交时，才可以将它们完全分开，即要求

$$\int_0^T \cos(\omega_1 t)\cos(\omega_2 t)\mathrm{d}t=0 \tag{8.3-3}$$

式中，T 是一个码元的宽度。对式（8.3-3）求积分，得到

$$\frac{\sin(\omega_2+\omega_1)T}{\omega_2+\omega_1}+\frac{\sin(\omega_2-\omega_1)T}{\omega_2-\omega_1}=0 \tag{8.3-4}$$

这要求

$$(\omega_2-\omega_1)T=k\pi \tag{8.3-5}$$

$$(\omega_1+\omega_2)T=n\pi \tag{8.3-6}$$

其中 k 和 n 都是不为 0 的正整数。

由式（8.3-5）得到，$2\pi(f_2-f_1)T=k\pi$。当 k=1 时，f_2-f_1 有最小值，即

$$f_2-f_1=1/(2T) \tag{8.3-7}$$

这就是 MSK 信号对频率间隔的要求。式（8.3-7）也可以写成

$$f_2-f_1=f_T/2 \tag{8.3-8}$$

f_T=1/T 是码元的重复频率，若定义频移指数 h 为

$$h=(f_2-f_1)/f_T \tag{8.3-9}$$

可见，MSK 信号的频移指数等于 1/2，这正是最小频移键控名称的由来。

又由式（8.3-6）得到

$$4\pi\cdot\frac{f_2+f_1}{2}\cdot T=4\pi f_c T=n\pi \tag{8.3-10}$$

式中，$f_c=(f_2+f_1)/2$ 是未调载波频率。将式（8.3-10）重新写成

$$T = n\times 1/(4f_c) \tag{8.3-11}$$

式（8.3-11）说明，MSK 信号在每一个码元周期内必须包含 1/4 个载波周期 $(1/f_c)$ 的整数倍。式（8.3-11）也可改写成下面的形式：

$$f_c = n\cdot\frac{1}{4T} = \left(N+\frac{m}{4}\right)\frac{1}{T} \tag{8.3-12}$$

式中，N 是一个任取的正整数（1, 2, 3, …）；而 m 只能取 4 个值（0, 1, 2, 3）。如果 N 最小取值限定为 1，这使得最小的 $f_c=1/T$，表明一个码元周期内至少需要包含一个完整的未调载波。

根据式（8.3-7）、式（8.3-10）和式（8.3-12），写出调制后的两个实际载波频率如下：

$$f_1 = f_c - \frac{1}{4T} = \left(N+\frac{m-1}{4}\right)\frac{1}{T} \tag{8.3-13}$$

$$f_2 = f_c + \frac{1}{4T} = \left(N+\frac{m+1}{4}\right)\frac{1}{T} \tag{8.3-14}$$

写成时间关系：

$$T = \left(N+\frac{m-1}{4}\right)T_1 = \left(N+\frac{m+1}{4}\right)T_2 \tag{8.3-15}$$

式（8.3-15）给出了在一个码元周期 T 内包含的两种实际载波的个数。一般取 $f_2>f_1$，因此在一个码元周期中频率为 f_2 的已调载波个数比频率为 f_1 的已调载波个数多 1/2 个。当 N=1，m=3 时，一个码元周期中包含 2 个频率为 f_2 的载波和 1.5 个频率为 f_1 的载波，图 8-12 就是这种情况。

2．MSK 信号的相位关系

MSK 信号要求相邻码元所对应的载波相位连续，即要求前一码元末尾的瞬时相位等于后一码元起始时的瞬时相位，因此 MSK 各个码元载波信号的初始相位一般并不相同。为讨论方便，令 A=1，于是 MSK 信号可以表示为

$$s_k(t) = \cos\left[2\pi\left(f_c+\frac{a_k}{4T}\right)t+\varphi_k\right],(k-1)T<t\leqslant kT \tag{8.3-16}$$

式中，a_k=+1 或−1，分别代表输入码元“1”和“0”，φ_k 代表第 k 个码元信号的初始相位，它在一个码元宽度中是不变的。式（8.3-16）满足了 MSK 频率间隔的要求：$f_2-f_1=1/(2T)$。

可根据相位的连续性要求计算相邻码元初始相位的关系，由式（8.3-16）得到

$$\frac{\pi a_{k-1}}{2T}kT+\varphi_{k-1} = \frac{\pi a_k}{2T}kT+\varphi_k \tag{8.3-17}$$

$$\varphi_k = \varphi_{k-1}+\frac{k\pi}{2}(a_{k-1}-a_k) = \begin{cases}\varphi_{k-1}, & a_k = a_{k-1}\\ \varphi_{k-1}\pm k\pi, & a_k\neq a_{k-1}\end{cases}\quad(\text{模}2\pi) \tag{8.3-18}$$

式（8.3-18）反映了相邻码元初始相位之间应满足的关系。可见，MSK 码元的初始相位不仅与当前码元 a_k 有关，还与相邻的前一码元的 a_{k-1} 和 φ_{k-1} 有关。如果第一个码元的初始相位定为 0，则第 k 个码元的初始相位就是 0 或者π。式（8.3-18）中的相位选择，并未破坏两个信号的正交性。

为了反映瞬时相位的连续性，可将式（8.3-16）写成

$$s_k(t) = \cos\left[\omega_c\text{t}+\theta(\text{t})\right],(k-1)T<t\leqslant kT \tag{8.3-19}$$

式中，

$$\theta(t)=\frac{a_k\pi}{2T}t+\varphi_k \tag{8.3-20}$$

其中$\theta(t)$称为第 k 个码元的附加相位，是 MSK 信号的总相位减去随时间线性增长的未调载波相位后的剩余部分。由式（8.3-20）可知，由于在任何一个码元内 a_k 和 φ_k 都是常数，因此附加相位随时间线性变化，最大变化幅度为 $\pm\pi/2$ 。当 a_k=1 时，增大$\pi/2$；当 a_k=−1 时，减小$\pi/2$。

【例 8-1】 已知数字序列$\{a_0\,a_1\,a_2\cdots a_9\}=\{1\ -1\ -1\ 1\ 1\ 1\ -1\ -1\ -1\ -1\}$，试画出 MSK 信号的附加相位函数曲线。

【解】 可以直接利用结论：在一个 T 内，当 a_k=1 时，相位增大$\pi/2$；当 a_k=−1 时，相位减小$\pi/2$。设初始附加相位为 0，则该序列的附加相位函数曲线如图 8-13 所示。

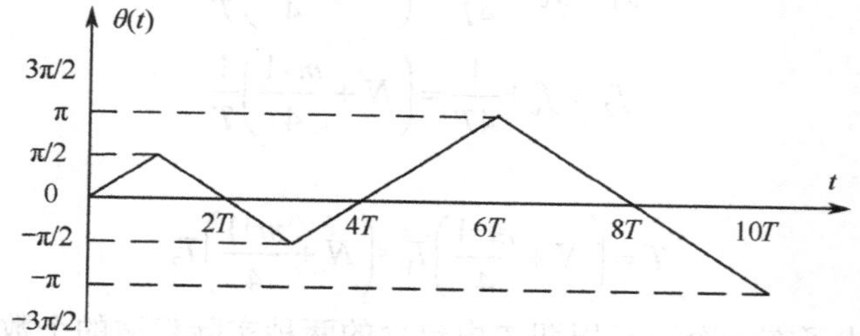

图 8-13 附加相位函数曲线图

由图 8-13 可见，在码元转换时刻的相位是连续的，即信号的波形没有跳变。其中正斜率的直线是传输“1”码的轨迹，负斜率的直线是传输“0”码的轨迹。

8.3.2 MSK 信号的调制与解调

由式（8.3-19），可将 MSK 信号用两个彼此正交的载波 $\cos(\omega_c t)$与 $\sin(\omega_c t)$展开，即

$$s_k(t)=\cos\left[\omega_c t+\theta(t)\right]=\cos\theta(t)\cos(\omega_c t)-\sin\theta(t)\sin(\omega_c t) \tag{8.3-21}$$

由式（8.3-20），因为 $a_k=\pm 1$，而 φ_k 可以选为 0 或π，故

$$\begin{cases}\cos\theta(t)=\cos\dfrac{\pi t}{2T}\cos\varphi_k \\ \sin\theta(t)=a_k\sin\dfrac{\pi t}{2T}\cos\varphi_k\end{cases} \tag{8.3-22}$$

将式（8.3-22）代入到式（8.3-21），得到

$$s_k(t)=I_k\cos\frac{\pi t}{2T}\cos(\omega_c t)-Q_k\sin\frac{\pi t}{2T}\sin\omega_c t=x_I(t)+x_Q(t) \tag{8.3-23}$$

式中，

$$I_k=\cos\varphi_k=\pm 1,\qquad Q_k=a_k\cos\varphi_k=a_k I_k=\pm 1 \tag{8.3-24a}$$

$$x_I(t)=I_k\cos\frac{\pi t}{2T}\cos(\omega_c t),\qquad x_Q(t)=-Q_k\sin\frac{\pi t}{2T}\sin(\omega_c t) \tag{8.3-24b}$$

MSK 信号调制过程如图 8-14 所示。对输入码元 a_k，先进行差分编码形成 b_k，再对 b_k 进行串/并转换。将其中的一路延迟 T，得到相互交错的两个码元宽度的两路信号 I_k 和 Q_k，I_k 经 $\cos\dfrac{\pi t}{2T}$ 加权调制和同相载波 $\cos(\omega_c t)$ 相乘输出 $x_I(t)$；Q_k 经 $\sin\dfrac{\pi t}{2T}$ 加权调制和正交载波

$-\sin(\omega_c t)$ 相乘输出 $x_Q(t)$。$x_I(t)$ 和 $x_Q(t)$ 相加并通过带通滤波器后，得到 MSK 信号。

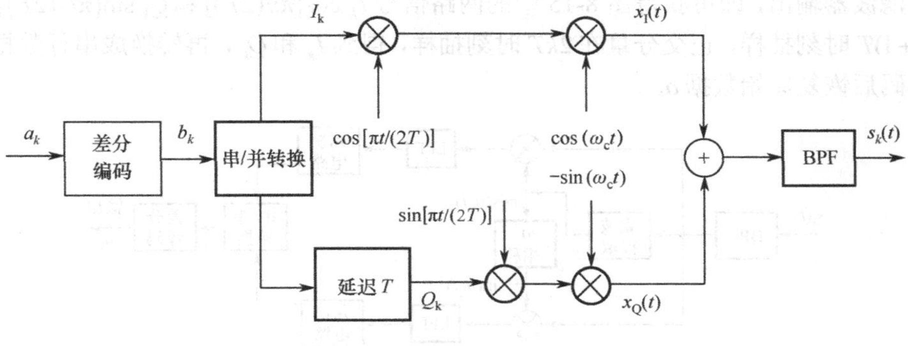

图 8-14　MSK 调制原理图

下面通过一个实例来考察图 8-14 中有关点的波形可以很好地解释上面的调制过程。设输入码序列 $a_k = +1, -1, +1, -1, \ -1, +1, +1, -1, +1$，则各码元对应载波的初始相位 φ_k 由式（8.3-18）给出，分析可以看出其规律是：当 k 为偶数时，$\varphi_k = \varphi_{k-1}$；当 k 为奇数时，如果 $a_k = a_{k-1}$ 则仍有 $\varphi_k = \varphi_{k-1}$，如果 $a_k \neq a_{k-1}$ 则 $\varphi_k = \varphi_{k-1} \pm \pi$，设第一个码元的初始相位 $\varphi_1 = 0$，则可求出各个码元的 φ_k，取值只能是 0 或π。I_k 和 Q_k 对于不同 k 的取值由式（8.3-24）计算。图 8-15 绘出了各相关点的波形图。由图可见，I_k 和 Q_k 每个码元的时间间隔是 $2T$，相互错开 T，按 I_1，Q_1，I_2，Q_2，…所构成的码元序列是 1 -1 -1 1 -1 -1 -1 1 1，这正是 a_k 的差分编码 b_k（a_k 为+1 时，b_k 保持不变；a_k 为-1 时，b_k 发生跃变)，也就是按图 8-14 的方法进行调制，输出的就是 MSK 信号。

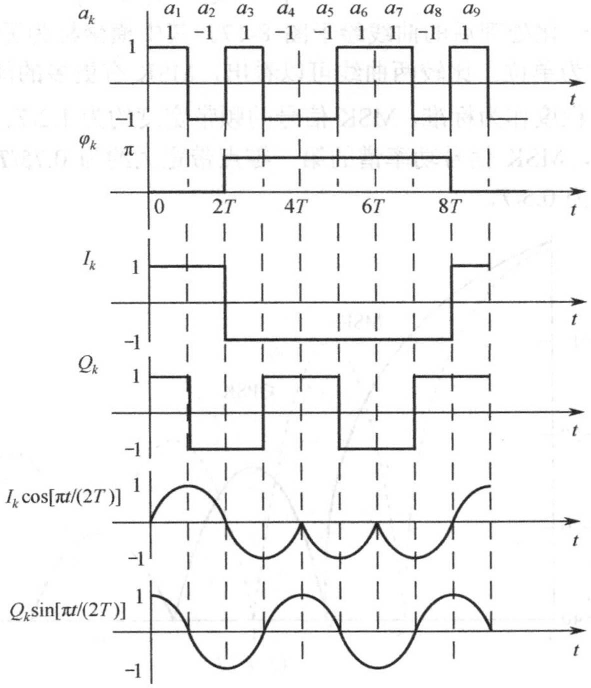

图 8-15　MSK 各点信号波形

MSK 信号的相干解调原理框图如图 8-16 所示。MSK 信号经带通滤波器滤除带外噪声后分成上下两路，同时通过载波恢复获得相互正交的相干载波，相干载波与两路信号分别相乘后再经低通滤波器输出，即可获得图 8-15 中的两路信号 $I_k\cos[\pi t/(2T)]$ 和 $Q_k\sin[\pi t/(2T)]$。同相分量在 $(2k+1)T$ 时刻抽样，正交分量在 $2kT$ 时刻抽样，得到 I_k 和 Q_k，再转换成串行数据得到 b_k，经差分译码后恢复原始数据 a_k。

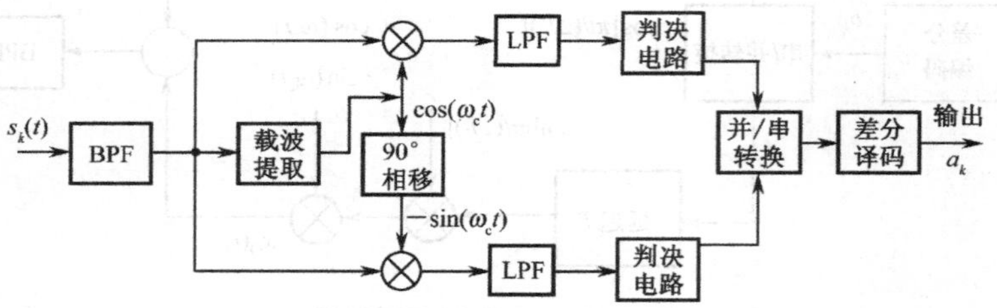

图 8-16　MSK 相干解调原理框图

8.3.3　MSK 信号的功率谱与误码率

MSK 信号的功率谱密度可由下式计算：

$$P_{\text{MSK}}(f)=\frac{16A^2T}{\pi^2}\left\{\frac{\cos[2\pi(f-f_c)T]}{1-16(f-f_c)^2T^2}\right\}^2 \tag{8.3-25}$$

为了便于比较，可写出 QPSK 信号的功率谱

$$P_{\text{QPSK}}(f)=2A^2T\left\{\frac{\sin[2\pi(f-f_c)T]}{2\pi(f-f_c)T}\right\}^2 \tag{8.3-26}$$

将两功率谱做归一化处理后的曲线绘于图 8-17。其中横坐标为无量纲的数 $(f-f_c)T$；纵坐标是 $P(f)$，以 dB 为单位。比较两曲线可以看出，MSK 有更多的能量集中在频率较低处。若以 99%的能量集中程度作为标准，MSK 信号的频带宽度约为 1.2/*T*，而 QPSK 信号的频带宽度约为 10.3/*T*。但是，MSK 信号功率谱的第一零点带宽大约为 0.75/*T*，而 QPSK 信号功率谱的第一零点带宽大约为 0.5/*T*。

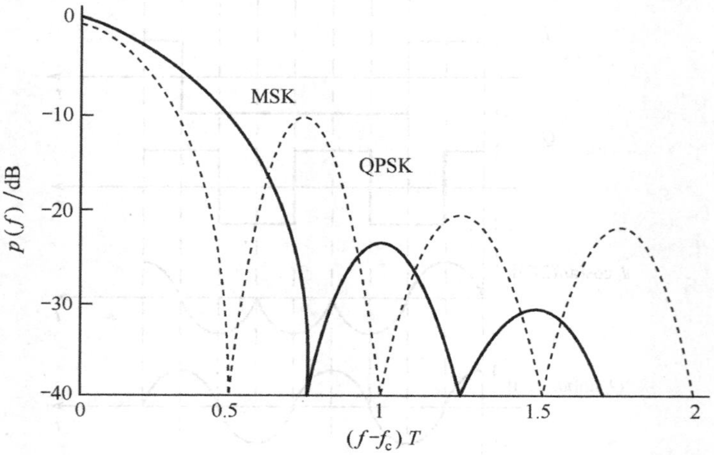

图 8-17　MSK 与 QPSK 的功率谱

可以证明，如果信道特性是恒参信道，噪声为加性高斯白噪声，即均值为 0，方差为 σ^2，

则 MSK 在两条支路中的误码率与 2PSK、QPSK 和 OQPSK 等相同：

$$P_s = \frac{1}{2}\mathrm{erfc}(\sqrt{r}) \tag{8.3-27}$$

经过交替门输出和差分译码后，系统的总误比特率为

$$P_e = 2P_s(1 - P_s) \tag{8.3-28}$$

8.4　高斯最小频移键控

MSK 虽然具有信号功率谱在主瓣以外衰减较快、占用的带宽窄、频谱利用率高、抗干扰性强等优点，但在一些通信场合（如移动通信），对信号带外辐射功率的限制十分严格，比如要求衰减 70～80 dB 以上，从而减小对邻道的干扰，但 MSK 不能满足这一要求，因此提出了高斯最小频移键控（GMSK）。

高斯最小频移键控（GMSK）就是以 MSK 为基础，在其调制前将矩形信号脉冲先通过一个高斯型的低通滤波器，这使得基带方波变得圆滑，从而对已调信号的功率谱进行控制，使之更加集中，如图 8-18 所示。

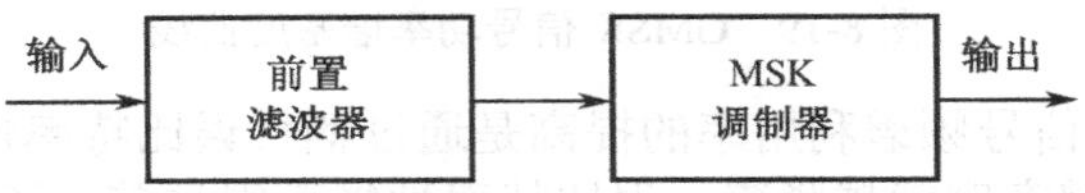

图 8-18　GMSK 调制

高斯型滤波器的传输函数可表示为

$$H(f) = \mathrm{e}^{-\alpha^2 f^2} \tag{8.4-1}$$

式中，常数α 的选择决定了滤波器的特性。当 $H(f)$降低到 $H(0)$的$1/\sqrt{2}$时，可求得滤波器的 3 dB 带宽 B_b 为

$$B_b = \sqrt{\frac{\ln 2}{2}}\cdot\frac{1}{\alpha} = \frac{0.5887}{\alpha} \tag{8.4-2}$$

因此 $H(f)$可写成

$$H(f) = \exp\left[-\frac{\ln 2}{2}\cdot\left(\frac{f}{B_b}\right)^2\right] \tag{8.4-3}$$

用傅里叶变换转换到时域，得到滤波器的冲激响应为

$$h(t) = \frac{\sqrt{\pi}}{\alpha}\exp\left(-\frac{\pi^2 t^2}{\alpha^2}\right) \tag{8.4-4}$$

上面的公式表明：随着 B_b 的增大，即α 的减小，滤波器的传输函数曲线 $H(f)$变宽，但冲激响应曲线 $h(t)$将变窄；反之，当带宽 B_b 变窄，则输出响应 $h(t)$将被展开得越宽，这对于一个宽度为 T 的输入码元，其输出将对其前后的相邻码元产生影响，同时也会受到前后相邻码元的影响。这就是说，输入原始数据在通过高斯型滤波器后，已不可避免地引入了码间串扰。带宽越窄，相邻码元之间的相互影响越大。

GMSK 的功率谱密度很难分析计算，可通过计算机仿真得到，图 8-19 绘出了 GMSK 信号功率谱密度曲线。其中纵坐标是归一化功率谱密度，单位是 dB；横坐标是归一化频率（$f-f_c$）T，参变量 B_bT 称为归一化带宽。从图 8-19 可见，B_bT 越小，GMSK 的率谱密度衰减得越快，主

瓣也越窄；$B_bT=\infty$ 曲线是MSK信号的功率谱密度。

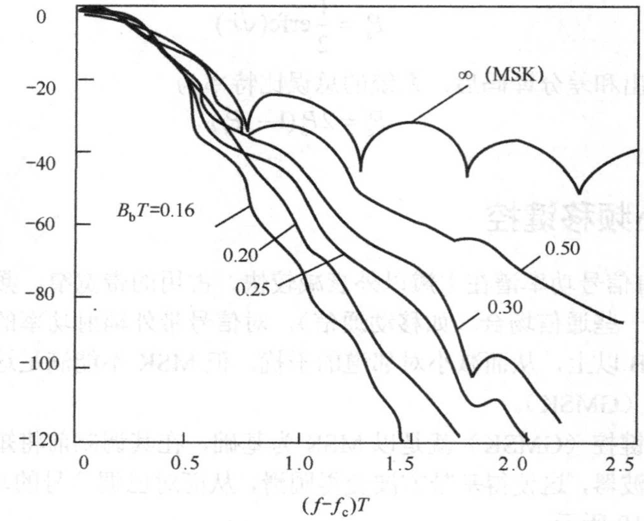

图 8-19 GMSK 信号功率谱密度曲线

应该指出，GMSK 信号频谱利用率的提高是通过牺牲误比特率性能换来的，前置滤波器的带宽越窄，输出功率谱密度就越紧凑，误比特率性能变得越差，通常 B_bT 取为 0.2～0.25，这时 GMSK 信号频谱对邻道的干扰小于−60 dB。

8.5 正交频分复用

正交频分复用(OFDM)属于多载波调制的一种，其主要思想是：将信道分成多个正交子信道，使高速数据信号转换成并行的低速子数据流，调制到每个子信道上进行传输。正交信号可以通过在接收端采用相关技术来分开，这样可以减少子信道之间的相互干扰。每个子信道上的信号带宽小于信道的相关带宽，因此每个子信道上的干扰可以看成平坦性衰落，从而可以消除符号间干扰；而且由于每个子信道的带宽仅仅是原信道带宽的一小部分，因而信道均衡变得相对容易。

在宽带无线数字通信系统中，影响信息高速传输的最主要的干扰是由信道的多径效应引起的频率选择性衰落，表现为对某些频率的信号严重衰减，而对另一些频率的信号又有较大增益，这使得接收信号出现码间串扰，造成通信性能下降。OFDM 就是针对人们对信息传输速率的要求不断提高，特别是多媒体技术和移动通信技术不断发展的新要求而逐步发展起来的一种新型多载波调制技术。

8.5.1 OFDM 原理

设在一个 OFDM 系统中有 N 个子信道，每个子信道采用一个子载波，则调制后的第 k 个子载波信号可写为

$$x_k = B_k\cos(2\pi f_k t + \varphi_k),\quad k = 0, 1, 2, \cdots, N-1 \tag{8.5-1}$$

式中，B_k、f_k 和 φ_k 分别代表该子载波的振幅、频率和初相位，B_k 的值受到输入码元的调制。N 个调制后的子载波相加并同时发送，实现 N 个子信道并行传输信息，相加后的信号为

$$s(t)=\sum_{k=0}^{N-1}x_k=\sum_{k=0}^{N-1}B_k\cos(2\pi f_k t+\varphi_k) \tag{8.5-2}$$

可以证明，如果各个子载波的频率 f_k 满足

$$f_k=(2k+m)/(2T) \tag{8.5-3}$$

（其中 m 是一个任意的正整数），则在码元持续时间 T 内任意两个子载波都是正交的，即满足

$$\int_0^T\cos(2\pi f_k t+\varphi_k)\cos(2\pi f_{k+i}t+\varphi_{k+i})\mathrm{d}t=0 \tag{8.5-4}$$

式中，φ_k 和 φ_{k+i} 可取任意值而不影响正交性。这种满足正交性的多子载波系统，称之为正交频分复用（OFDM）系统，而满足正交性的重叠信号在接收端能将其完全分离开来。

考察式（8.5-3）可知，OFDM 的各相邻子载波的频率间隔相等，等于码元持续时间 T 的倒数，即

$$\Delta f=f_{k+1}-f_k=1/T \tag{8.5-5}$$

将式（8.5-3）改写成

$$f_k=m/(2T)+k/T=f_c+k/T \tag{8.5-6}$$

式中，$f_c=m/(2T)$ 代表 k=0 时的子载波，是子载波的最低频率。

图 8-20 所示为一个 OFDM 符号内包含 4 个子载波的示意图，其中所有的子载波都取为相同的幅值和相位，幅值用 $X_k(t)$表示。取 $m=2$，则 k = 0, 1, 2, 3 的各个子载波的频率分别为 $1/T$、$2/T$、$3/T$、$4/T$ 。

子载波的正交性还可以从频域来解释。由于在有限时长 T 内余弦波的频谱都是 sinc 函数，各频谱的峰值处在各子载波的频率处，因此可绘出图 8-21 所示的 OFDM 子载波频域图（正频率部分）。

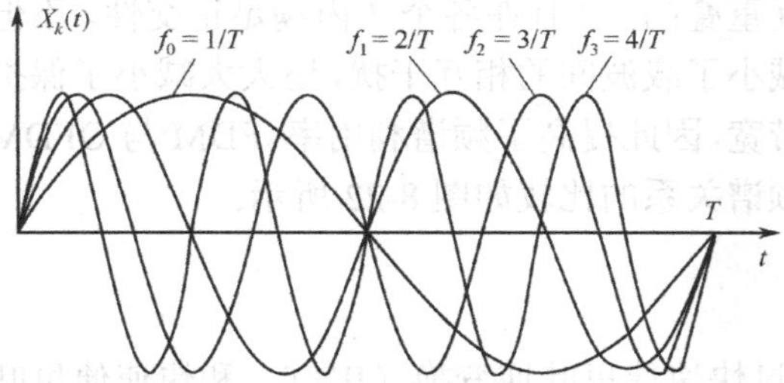

图 8-20　OFDM 子载波时域图

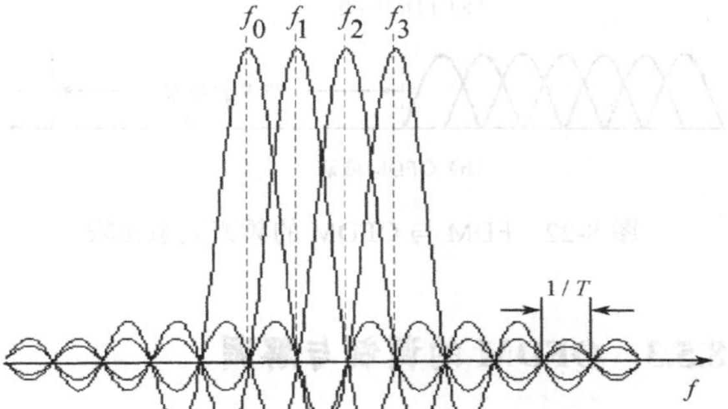

图 8-21　OFDM 子载波频域图

从图 8-21 可以看到，在每个子载波频率最大值处，所有其他子信道的频谱值恰好为零。因为在对 OFDM 信号解调过程中需要计算这些点所对应的每个子载波频率的最大值，所以可以从多个互相重叠的子信道中提取每一个子信道信号，而不会受到其他子信道的干扰。因此，这种一个子信道频谱出现最大值而其他子信道频谱为零的特点，可以避免载波间的串扰。

8.5.2　OFDM 的频带利用率

对于一个 N 路子载波的 OFDM 系统，码元持续时间为 T，假定每一路子载波均采用 M 进制调制，则结合图 8-21 可知，OFDM 信号所占用的频带为

$$B_{\mathrm{OFDM}}=\frac{N+1}{T}\quad(\mathrm{Hz}) \tag{8.5-7}$$

N个码元并行传输，信息传输速率为

$$R_{\mathrm{b}}=\frac{N\log_2 M}{T} \tag{8.5-8}$$

因此，OFDM 信号的频带利用率为

$$\eta_{\mathrm{OFDM}}=\frac{R_{\mathrm{b}}}{B_{\mathrm{OFDM}}}=\frac{N}{N+1}\log_2 M\quad(\mathrm{b\cdot s^{-1}/Hz}) \tag{8.5-9}$$

当子信道数目N很大时，

$$\eta_{\mathrm{OFDM}}\approx\log_2 M\ \ (\mathrm{b\cdot s^{-1}/Hz}) \tag{8.5-10}$$

对于单个载波的M进制码元传输，为得到相同传输速率，码元传输持续时间应缩短为T/N，其占用的频带为

$$B_M=2N/T \tag{8.5-11}$$

频带利用率为

$$\eta_M=\frac{R_{\mathrm{b}}}{B_M}=\frac{1}{2}\log_2 M\ \ (\mathrm{b\cdot s^{-1}/Hz}) \tag{8.5-12}$$

将式（8.5-10）与式（8.5-12）比较可知，并行的 OFDM 体制频带利用率大约是串行的单载波体制的频率利用率的 2 倍。

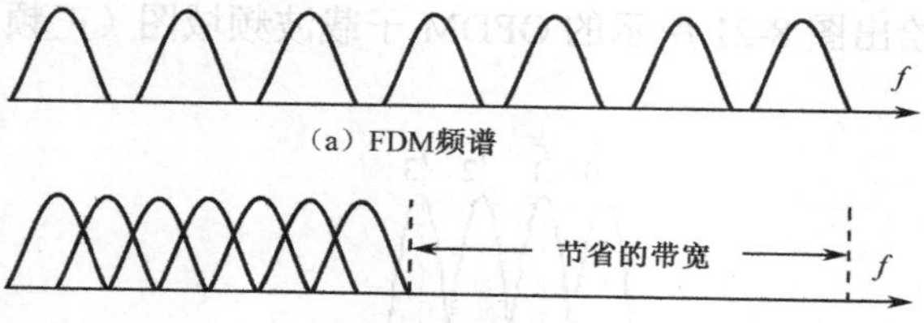

(b) OFDM频谱

图 8-22　FDM 与 OFDM 的频谱关系比较

在传统的频分复用（FDM）多载波技术中，各个子载波的频谱是互不重叠的，为了减少各子载波的相互干扰，子载波之间还需要保留足够的频率间隔，因而频谱利用率低。而 OFDM 多载波调制中各个子载波的频谱是相互重叠的，并且在各个T内满足正交性，不但减小了载波间的相互干扰，还大大减小了保护带宽，因此提高了频谱利用率。FDM 与 OFDM 频谱关系的比较如图 8-22 所示。

8.5.3　OFDM 的调制与解调

OFDM 的调制与解调相对比较复杂，需要通过快速傅里叶逆变换（IFFT）和快速傅里叶变换（FFT）来分别实现，以下对其过程做简要介绍。

不失一般性，可令式（8.5-2）中的$\varphi_k=0$，则 OFDM 信号写为

$$s(t)=\sum_{k=0}^{N-1}B_k\cos(2\pi f_k t)=\mathrm{Re}\Big(\sum_{k=0}^{N-1}B_k\mathrm{e}^{\mathrm{j}2\pi f_k t}\Big) \tag{8.5-13}$$

将代（8.5-6）入式（8.5-13），得

$$\begin{aligned}s(t)&=\mathrm{Re}\Big(\mathrm{e}^{\mathrm{j}2\pi f_{\mathrm{c}}t}\sum_{k=0}^{N-1}B_k\mathrm{e}^{\mathrm{j}2\pi kt/T}\Big)\\&=\cos(2\pi f_{\mathrm{c}}t)\,\mathrm{Re}\Big(\sum_{k=0}^{N-1}B_k\mathrm{e}^{\mathrm{j}2\pi kt/T}\Big)-\sin(2\pi f_{\mathrm{c}}t)\,\mathrm{Im}\Big(\sum_{k=0}^{N-1}B_k\mathrm{e}^{\mathrm{j}2\pi kt/T}\Big)\end{aligned} \tag{8.5-14}$$

令

$$y(t)=\sum_{k=0}^{N-1}B_k e^{j2\pi kt/T} \tag{8.5-15}$$

可见，OFDM 信号的调制与 $y(t)$的实现密切相关。如果在一个 T 内对 $y(t)$采样 N 个点，则相邻抽样点时间间隔为 $\Delta t=T/N$，第 n 个抽样点时刻为 $t=n\Delta t=nT/N$，因此式（8.5-15）化为

$$y_n=\sum_{k=0}^{N-1}B_k e^{j2\pi kn/N},\quad n=0,1,\cdots,N-1 \tag{8.5-16}$$

由式（8.5-16）可知，略去系数关系，序列$\{B_k,\ k=0,1,\cdots,N-1\}$的 N 点离散傅里叶反变换（IDFT）是 OFDM 信号 N 个点的抽样值 y_n。这表明，IDFT 运算可实现 OFDM 的基带调制过程。在解调端，对序列$\{y_n,\ n=0,1,\cdots,N-1\}$的 N 点进行离散傅里叶变换（DFT），则可恢复基带信号序列 B_k。因此，OFDM 的基带调制和解调分别等效于 IDFT 和 DFT。在实际应用中，一般用 IFFT 和 FFT 来分别代替 IDFT 和 DFT，这是因为前者的计算效率更高，适用于所有应用系统。

OFDM 的调制过程如图 8-23 上半部分所示。输入比特序列先进行信道编码，目的是提高通信系统的性能。根据所采用的调制方式，将传输信号进行数字调制，将它转换成载波幅度和相位的映射，形成调制信息序列$\{B_k\}$。将 N 个串行数据作为一组转换为 N 个并行数据并分配给 N 个不同的子信道。对调制信息序列进行 IFFT，将数据的频谱变换到时域上，得到 OFDM 的时域抽样序列$\{y_n\}$。对每个 OFDM 符号间插入保护间隔，可进一步抑制符号间的干扰，还可以减小在接收端的定时偏移误差。再进行数字变频，得到 OFDM 已调信号的时域波形 $s(t)$。OFDM 的解调过程与调制过程相反，如图 8-23 下半部分所示。

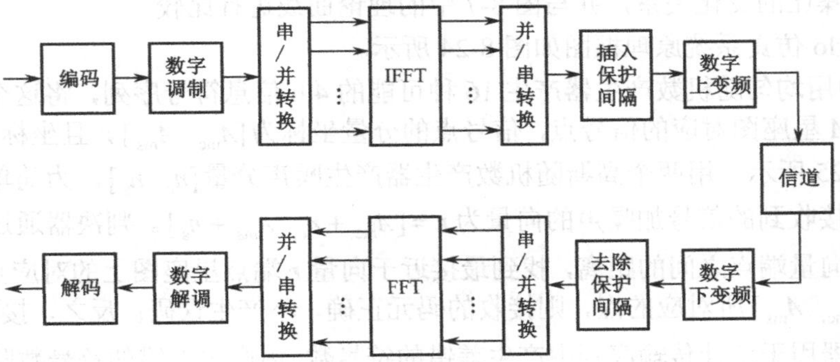

图 8-23　OFDM 的调制与解调

8.5.4　OFDM 的主要优缺点

OFDM 的主要优点表现在：

（1）抗衰落能力强。OFDM 把用户信息通过多个子载波传输，在每个子载波上的信号时间就相应地比同速率的单载波系统上的信号时间长很多倍，每个子信道码元宽度大于多径延迟，如果码元之间再增加一定宽度保护间隔，就会使多径传播引起的码间干扰能基本消除。由于 OFDM 将频率选择性衰落引起的突发性误码分散在不相关的子信道上，从而变为随机性误码，这可用前向纠错有效地恢复信息，因此对脉冲噪声和信道快衰落的抵抗力大大增加。如果衰落不是特别严重，就无须采用复杂的信道均衡系统。

（2）频谱利用率高。OFDM 多载波调制技术中各子载波的频谱是互相重叠的，可用较窄频带资源传输相同的数据信息。

（3）适合高速数据传输。OFDM 自适应调制机制，使不同的子载波可以按照信道情况和

噪声背景的不同而使用不同的调制方式。当信道条件较好时，采用效率较高的调制方式；当信道条件较差时，采用抗干扰能力较强的调制方式。系统可以把更多的数据集中放在条件好的信道上以高速率传送。

（4）抗码间串扰（ISI）能力强。码间串扰是数字通信系统中除噪声干扰之外最主要的干扰，它是一种乘性的干扰。OFDM 采用添加循环前缀方式，对抗码间串扰的能力很强。

（5）OFDM 利用离散傅里叶变换对并行数据进行调制和解调，能够大大降低系统实现的复杂度。

OFDM 的主要缺点表现在：

（1）对频偏和相位噪声比较敏感。OFDM 区分各个子信道的方法是利用各个子载波之间严格的正交性。频偏和相位噪声会使各个子载波之间的正交特性遭到破坏，导致子信道间的干扰（ICI），OFDM 系统对频偏和相位噪声的敏感性是 OFDM 系统的主要缺点。

（2）功率峰值与均值比（PAPR）大。由于 OFDM 信号输出是多个子信道信号的叠加，这样的合成信号瞬时功率可能会远大于平均功率，即 PAPR 值很大。高的 PAPR 会对发射机功率放大器的线性度提出很高的要求。

8.6 MATLAB 仿真举例

本节采用 Monte Carlo 法对 16QAM 通信系统进行仿真，计算系统的符号差错概率随每比特信号能量信噪比的变化关系，并与图 8-7 中的理论曲线进行比较。

Monte Carlo 仿真系统原理框图如图 8-24 所示。

图 8-24 中用均匀随机数产生器产生 16 种可能的 4 b 信息符号序列，将这个信息符号序列映射到 16QAM 星座图对应的信号点，信号点的分量坐标为$[A_{mc}, A_{ms}]$，且坐标的取值为$\pm d$和$\pm 3d$，如图 8-25 所示。用两个高斯随机数产生器产生噪声分量$[n_c, n_s]$。为简单起见，令信道相移$\varphi=0$，则接收到的信号加噪声的向量为$\boldsymbol{r}=[A_{mc}+n_c, A_{ms}+n_s]$。判决器通过计算该向量端点与各信号点向量端点之间的距离，找到最接近于向量$\boldsymbol{r}$端点星座图上的对应点。如果找到的点就是坐标$[A_{mc}, A_{ms}]$所对应的点，则接收的码元正确，不产生误码；反之，接收的码元错误。错误符号计数器用于统计传输序列中产生差错的符号数，由产生差错的符号数除以总的传输符号数所得到的符号误码率。

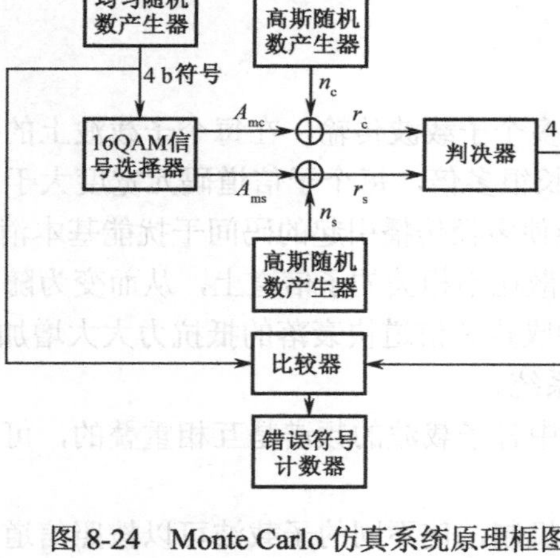

图 8-24 Monte Carlo 仿真系统原理框图

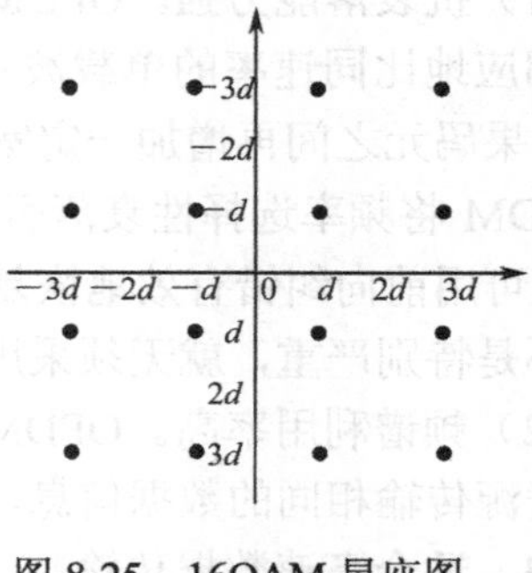

图 8-25 16QAM 星座图

图 8-26 绘制了误码率随不同的 E_b/n_0（dB）的变化关系，星号表示 Monte Carlo 仿真，取样符号数 N=10 000，实线则由理论公式（8.1-11）得到。在 MATLAB 程序中，函数 MonCar 是进行 Monte Carlo 仿真，用于计算误码率并返回主函数。函数 gngauss 计算均值为 0、方差给定时两路独立的高斯随机变量。程序中变量“Eav”是在每个码元等概率出现时的码元平均信号功率，计算公式是：$\text{Eav} = d^2 \cdot 4[(1^2+1^2)+(1^2+3^2)+(3^2+1^2)+(3^2+3^2)]/16 = 10d^2$。

因为曲线的横坐标是用 dB 表示的每比特能量信噪比，化成无量纲表示就是“snr”，即 snr $=E_b/n_0$。对于 16QAM，每比特的平均能量 E_b=Eav/4，而方差 $\sigma^2=n_0/2$，因此 snr $= E_b/n_0$=Eav/$(8\sigma^2)$，即 σ^2=Eav/(8×snr)。在程序中方差的开根是 sgma=sqrt(Eav/(8*snr))，sgma 的值用于产生高斯分布的随机变量。

仿真结果表明，Monte Carlo 法所算得的误码率曲线与理论曲线很好地吻合，表明了该方法在通信系统的分析、验证和设计方面具有重要地位和作用。

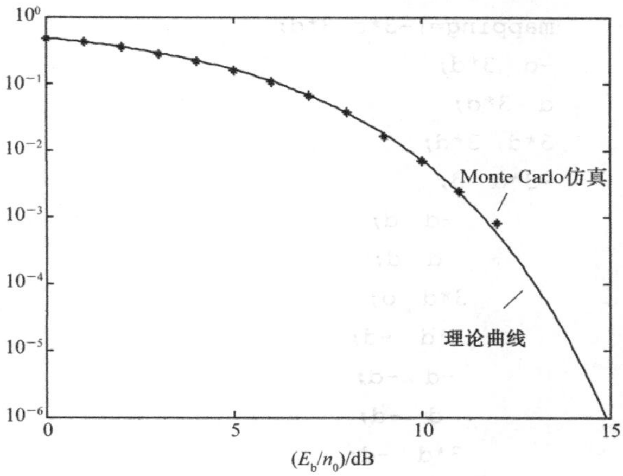

图 8-26　16QAM 系统 Monte Carlo 仿真

本例的 MATLAB 源代码如下：

```
clear
SNRindB1=0:1:15;                    %每比特信号能量信噪比的 dB 表示
SNRindB2=0:0.1:15;
M=16;
L=log2(M);
for i=1:length(SNRindB1)
  pe_1(i)=MonCar(SNRindB1(i));            %调用函数 MonCar，计算每一个 SNRindB1 所对应的
误码率
end
for i=1:length(SNRindB2)
    SNR=10^(SNRindB2(i)/10);
    x=sqrt(3*log2(L)/(M-1)*SNR);
    p1=(1-1/L)*erfc(x);
    pe_2(i)=1-(1-p1)^2;                 %根据理论公式计算误码率
end
semilogy(SNRindB1,pe_1,'k*');           %绘制 Monte Carlo 法计算的误码率曲线
hold on
semilogy(SNRindB2,pe_2,'k-');           %绘制理论误码率曲线
axis([0 15 1e-6 1])
function [p]=MonCar(snr_in_dB)
N=10000;
d=1;                                    % 图 8-25 中的间距 d
Eav=10*d^2;                             % 每个符号的平均能量
snr=10^(snr_in_dB/10);                  % 每比特能量信噪比
sgma=sqrt(Eav/(8*snr));                 % 方差开根
```

```
M=16;
for i=1:N,
  temp=rand;                              % 产生 0～1 之间的随机数
  dsource(i)=1+floor(M*temp);             % 产生 1～16 之间的随机数
end;
% 建立 16QAM 星座图各点坐标映射关系
mapping=[-3*d 3*d;
-d  3*d;
d  3*d;
3*d  3*d;
-3*d  d;
     -d  d;
      d  d;
    3*d  d;
  -3*d  -d;
     -d  -d;
      d  -d;
    3*d  -d;
   -3*d  -3*d;
     -d  -3*d;
      d  -3*d;
    3*d  -3*d];
for i=1:N,
  qam_sig(i,:)=mapping(dsource(i),:);    %qam_sig 每行数据是 mapping 中随机抽取的一
                                           行数据，代表一个星座点
  end;
for i=1:N,
  [n(1) n(2)]=gngauss(sgma);             %产生两路独立的高斯随机变量，均值为 0、方
                                           差为 sgma 的平方
  r(i,:)=qam_sig(i,:)+n;                 %在两个正交方向的信号上添加噪声
end;
numoferr=0;                              %用于统计存在误码的码元个数
for i=1:N,
  for j=1:M,
metrics(j)=(r(i,1)-mapping(j,1))^2+(r(i,2)-mapping(j,2))^2;
%计算含噪声的信号点与各星座点之间的距离
 end;
 [min_metric decis] = min(metrics);      %找出最小的距离
   if (decis~=dsource(i)),
      numoferr=numoferr+1;               %统计传输中产生的码元数
   end;
end;
p=numoferr/(N);                          %计算误码率返回主函数
%计算均值为 m、标准差为 sgma 的两路高斯随机变量。
```

```
%如果形参只有一个，则代表 sgma，表示输出均值为 0、标准差为 sgma 的两路高斯随机变量。
function [gsrv1,gsrv2]=gngauss(m,sgma)
if nargin == 0,
  m=0; sgma=1;
elseif nargin == 1,
  sgma=m; m=0;
end;
u=rand;
z=sgma*(sqrt(2*log(1/(1-u))));
u=rand;
gsrv1=m+z*cos(2*pi*u);
gsrv2=m+z*sin(2*pi*u);
```

8.7　本章小结

正交幅度调制是一种在两个正交载波上进行幅度调制的调制方式，这两个载波通常是相位差为$\pi/2$ 的正弦波。QAM 发射信号集可以用星座图来表示，星座图上每一个星座点对应一个发射信号。QAM 是一种频谱利用率很高的调制方式，星座点数越多，每个符号能传输的信息量就越大。在抗噪声性能方面，QAM 也有较强的优势。但是，QAM 星座点的幅度不是完全相同的，解调器需要能同时正确检测相位和幅度，这增加了 QAM 解调器的复杂性。

OQPSK 将输入码流分成两路，然后进行正交调制，但它的同相和正交两支路的码流在时间上错开了半个码元周期，这使得两条支路的码元极性不会同时翻转。OQPSK 信号的主要特点是：包络恒定或起伏很小；已调波频谱具有高频快速滚降特性，旁瓣很小。OQPSK 广泛应用于卫星通信和移动通信领域。

MSK 是对 2FSK 的一种改进，是一种包络恒定、相位连续、带宽最小并且严格正交的 2FSK 信号，频移指数等于 1/2。MSK 具有更多的能量集中在低频端，因此频带利用率高。

GMSK 是在 MSK 的基础上，在调制前将矩形信号脉冲先通过一个高斯型的低通滤波器，从而对已调信号的功率谱进行控制，使之更加集中。GMSK 信号频谱利用率的进一步提高是通过降低误比特率性能换来的。

OFDM 调制过程是，将信道分成若干正交子信道，将高速数据信号转换成并行的低速子数据流，调制到在每个子信道上进行传输。正交信号可以通过在接收端采用相关技术来分开，这样可以减小子信道之间的相互干扰。每个子信道上的信号带宽小于信道的相关带宽，因此每个子信道上的干扰可以看成平坦性衰落，从而可以消除码间串扰；而且，由于每个子信道的带宽仅仅是原信道带宽的一小部分，信道均衡变得相对容易。

思考题

8-1　简述 QAM 信号的主要优缺点。

8-2　分析 MSK 信号与 2FSK 的主要异同点。

8-3　OFDM 的主要优缺点有哪些？

8-4　什么是 OQPSK，OQPSK 信号相邻码元相位差的最大值是多少？

8-5 OFDM 信号中各相邻子载波的频率间隔是多少？频带利用率是多少？

8-6 什么是 GMSK，它的主要特点有哪些？

8-7 在最大功率相等和平均功率相等条件下，16QAM 和 16PSK 信号的噪声容限有怎样的关系？

8-8 什么是星座图？它有什么用途？

习题

8-1 一个 16QAM 调制系统，带宽为 2 400 Hz，滚降系数分别等于 1 和 0.5。求：

（1）频带利用率；

（2）系统可传输的信息速率。

8-2 设发送的二进制码元序列为 00101101，采用 MSK 的传输方式，码元传输速率为 1 200 b/s，载波频率为 2 400 Hz。求：

（1）符号“0”和“1”所对应的频率；

（2）画出 MSK 信号的时间波形。

8-3 已知数据序列为 10101100，试画出 MSK 信号附加相位的路径图。

8-4 一个 MSK 信号，其码元速率 R_B=1 200 b/s，如果用 f_2 和 f_1 分别代表码元“1”和“0”的信号频率，则当 f_2=2 400 Hz 时求 f_1，并画出 4 个码元“1100”的波形图。

第 9 章　差错控制编码

在数字信号的传输过程中，会受到信道特性不理想和噪声的影响，即乘性干扰和加性干扰。乘性干扰会引起码间串扰；而加性干扰一般指信道中的噪声，会引起波形失真，造成误码。在设计通信系统时，应该首先考虑选择合理的调制、解调方法及发送功率，使得加性干扰不足以影响系统达到误码率要求，在仍不能满足要求的情况下，可考虑采用差错控制技术降低误码率。

9.1　差错控制技术简介

在通信系统中，对信号产生影响的噪声可分为两类：随机噪声和脉冲噪声。随机噪声包括热噪声、散弹噪声和传输媒介引起的噪声等，会引起码元的随机出错；而脉冲噪声则指突发性的噪声，包括雷电、电火花脉冲干扰等，会引起码元突发出错。因此，按加性干扰引起错码的分布不同，可将信道分为随机信道、突发信道和混合信道，其中随机信道是指信道中的错码随机出现，且错码之间是统计独立的；突发信道是指信道中的错码成串集中出现，即在一些短促的时间段内会出现大量错码，而在这些短促的时间段之间，存在较长的无错码区域；混合信道中既存在随机错码，也存在突发错码。

为了应对以上 3 种错码情况，需采用不同的差错控制技术，目前常用的差错控制技术主要有：检错重发、前向纠错、检错删除和反馈校验。

检错重发（error detection retransmission）是指在发送码元序列中加入差错控制码元，接收端利用这些码元检测是否有错码，若有则利用反向信道通知发送端重发，直到正确接收为止。检错重发技术只能进行码元检错，不能纠错，且通信系统中需要有双向信道传送重发指令。

前向纠错（forward error correction）是指在发送码元序列中加入差错控制码元，接收端利用这些码元不但能够发现错码，而且还能纠错。前向纠错技术中不需要反向信道传送重发指令，因此无延时，实时性好。但为了纠错，与检错重发技术相比，需要加入更多的差错控制码元，导致设备复杂。

检错删除（error detection deletion）是指在接收端发现错码后，立即将其删除，不要求重发。这种技术只适用于少数特定系统中，如系统发送码元中有大量冗余度，删除部分接收码元不影响其应用。

反馈校验（feedback checkout）技术与前面 3 种不同，不需要在发送端加入差错控制码元，只需将接收端收到的码元原封不动地转发回发送端，将它和原码比较，若有不同，则认为出现错码，发送端重发。

由此可见，差错控制技术的基本思想是在发送端加入差错控制码元，又称为监督码元，利用监督码元和信息码元之间的确定关系来进行纠错和检错。不同的编码方式，具有不同的纠错和检错能力，一般来说，增加的监督码元越多，纠错和检错的能力就越强。因此，差错控制是以降低系统有效性为代价来提高系统可靠性的。

9.2 差错控制编码基础

9.2.1 差错控制编码的分类

由前面分析可知，差错控制技术的基本思想是在发送端加入监督码元，利用监督位和信息位之间的确定关系来进行纠错和检错。因此，实现差错控制技术的编码方式称为差错控制编码。差错控制编码方式多种多样，可从多个不同角度进行分类。

（1）按差错控制编码的功能分类，可以分为检错码和纠错码。检错码只能用于发现错码，而纠错码可以纠正错码，两种码在理论上没有本质区别，只是应用场合不同。

（2）按照对码元的的处理方式不同，可分为分组码和卷积码。分组码是对本组 k 位信息位独立进行编译码，各分组之间无关；而卷积码在进行编译码时，不仅需要考虑本组信息位，还需要考虑前面若干组信息位。

（3）按照信息位与码元的关系，可分为线性码和非线性码。线性码的码元是信息位的线性组合；而非线性码的码元并不都是信息位的线性组合，还与前面若干组已编的码元有关。早期实现的差错控制编码多为线性码，目前多为非线性码。

（4）按差错控制类型分类，可分为纠随机差错码、纠突发差错码和纠混合差错码。纠随机差错码用于随机信道，其纠错能力用允许独立差错的位数来衡量；纠突发差错码用于突发信道，其纠错能力用允许突发差错的最大位长来衡量；纠混合差错码表示既能纠随机差错，也能纠突发差错。

以上是差错控制编码的基本分类，若从其他角度进行观察，也可得到其他不同的分类，如二进制码和多进制码，循环码和非循环码等。本章主要从分组码和卷积码两个方面进行差错控制编码的讲解，在分组码中重点讲解线性分组码。

9.2.2 差错控制编码的基本原理

本节首先介绍矢量空间和码空间的基本概念，进而分析差错控制编码的基本原理。

假设一个码元由 n 位组成，则这个码元可视为一个 n 维矢量，表示为 $V_i=[v_{i0},v_{i1},\cdots,v_{i(n-1)}]$，$v_{ij}\in F$。其中 F 表示码字中信息位的数域取值，一般取 $F=\{0,1\}$，为二元域。

所有 n 维矢量的码元集合 $\bar{V}=\{V_i\}$，若满足以下条件，则称码元集合 $\bar{V}$ 是数域 F 上的 n 维矢量空间：

（1）$\bar{V}$ 中的矢量元素在矢量加运算下构成加群；

（2）$\bar{V}$ 中的矢量元素与数域 F 中数值的标乘封闭在 $\bar{V}$ 中；

（3）分配率和结合率成立，即 $\alpha(V_i+V_j)=\alpha V_i+\alpha V_j$，$(a+b)V_i=aV_i+bV_i$，$(ab)V_i=a(bV_i)$。

矢量空间各元素间可能相关，也可能无关。对于矢量空间 $\bar{V}$ 中的若干矢量 V_1，V_2，…，V_n 及 V_k，若 $\alpha_1V_1+\alpha_2V_2+\cdots+\alpha_nV_n=V_k$（$\alpha_i\in F$），则称 V_k 是 V_1，V_2，…，V_n 的线性组合。若 $\alpha_1V_1+\alpha_2V_2+\cdots+\alpha_nV_n=0$（$\alpha_i\in F$，且不全为 0），则称矢量 V_1，V_2，…，V_n 线性相关，否则，称它们线性无关。当一组矢量线性无关时，这组矢量中的任意一个组合都不能用其他矢量的线性组合代替，所以也称线性无关矢量 V_1，V_2，…，V_n 是矢量空间 $\bar{V}$ 的基底。n 维的矢量空间应包含 n 个基底，但基底不是唯一的。

【例 9-1】 (0, 1) 和 (1, 0) 是二维平面的一个基底。基底各矢量元素中只包含一个 1 而其余都为 0，则该基底也称为自然基底。自然基底的任意缩放和旋转仍是基底。所以 (0, 2) 和 (2, 0) 仍是二维平面的一个基底。(0, 1, 0) 和 (1, 0, 0) 也是二维平面的一个基底。

由例 9-1 可以看出，(0, 1) 和 (1, 0) 两组矢量与 (0, 1, 0) 和 (1, 0, 0) 两组矢量都可看成是二维平面的基底。为了区分它们，这里称 (0, 1) 和 (1, 0) 为二维二重矢量，而 (0, 1, 0) 和 (1, 0, 0) 称为二维三重矢量。这里"重"数是指构成矢量的有序元素的个数，而"维"数则指张成矢量空间的基底的个数。一般情况下，由 n 个 n 重基底张成 n 维矢量空间，维数和重数是一致的，但若引入子空间，则不一定。

为了进一步说明一般情况下差错控制编码的检错和纠错能力，首先介绍"码重"、"码距"的基本概念。在差错控制编码中，各个码元中"1"的个数称为"码重"，"码重"的最小值称为该码组的"最小码重"；两个码元对应位上数字不同的位数，称为这两个码元的"码距"，也称为"汉明距离"，各个码元之间距离的最小值称为"最小码距"。例如，码字"1001"和"1100"中"1"的个数都为 2，所以码重为 2；这两个码字对应位上数字不同的位数有 2 位，所以它们之间的码距也为 2。一种差错控制编码的最小码距 d_0 的大小，直接关系着这种编码的检错和纠错能力：

（1）为检测 e 个错码，要求最小码距 $d_0 \geqslant e+1$；

（2）为纠正 t 个错码，要求最小码距 $d_0 \geqslant 2t+1$；

（3）为纠正 t 个错码，检测 e 个错码，要求最小码距 $d_0 \geqslant t+e+1\ (e>t)$。

下面通过图 9-1 对以上结论进行简单说明。

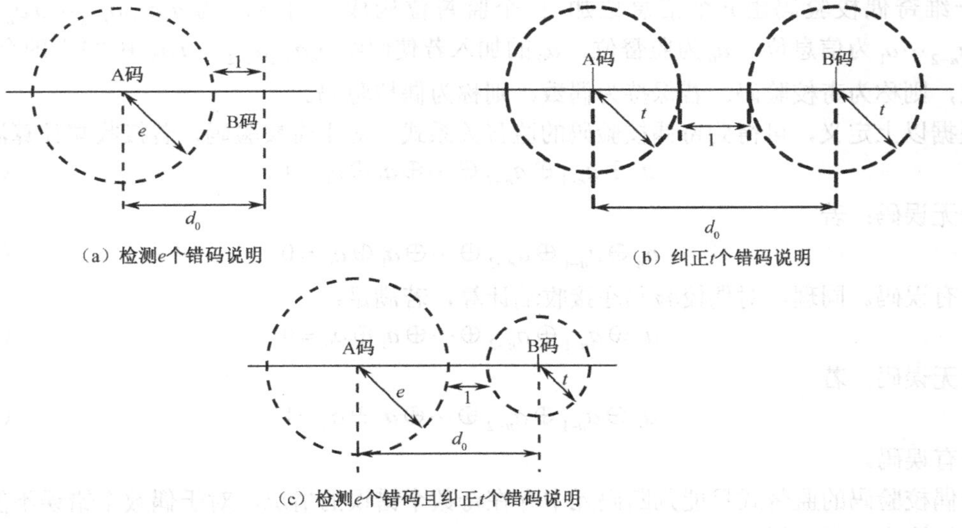

图 9-1　最小码距与检纠错的关系

下面分析检错和纠错的区别。检错只要求在原码出错后，错码与原码不相同，即错码不落于原码空间，则可进行检错；而纠错则要求在不同原码发生错误后，产生互不相交的错码空间，这样才能将不同的错码映射为不同的原码，进行纠错。由图 9-1(a)可以看出，当码元 A 发生 e 个错误后，可能产生的错码落于以 A 为中心的圆上，与码元 B 的最小码距为 1，此时若码元 A 再发生 1 个错误，码元 B 落于圆上，则不能检测该码元是 A 发生了 $(e+1)$ 个错误后的错码，还是 B 本身。因此为了实现检错，要求码元 A 发生 e 个错误产生的码空间与码元 B 不重合，即最小码距 $d_0 \geqslant e+1$。由图 9-1(b)可以看出，当码元 A 和码元 B 同时发生 t 个错误后，错码 A

落于以 A 为中心的圆上，错码 B 落于以 B 为中心的圆上，两者之间最小码距为 1，两圆不相交，不同的错码可以映射为不同的原码，可进行纠正。但是，如果码元 A 和码元 B 之间的最小码距为 d_0-1，即两圆相切，则对于相切点的错码不能判断是码元 A 还是码元 B 发生错误产生的。因此为实现纠错，要求两码元之间的最小码距满足 $d_0 \geqslant 2t+1$。最后分析既能纠错又能检错的能力，如图 9-1(c)所示。若码元 A 与码元 B 的最小码距为 $d_0=e+t$，则码元 A 发生 e 位错误的错码会落于码元 B 发生 t 位错误的码空间内，则该码元会被误认为是码元 B 发生了 t 位错误的结果，从而被纠正为码元 B。因此，若要差错控制编码既能检错也能纠错，则要求 $d_0 \geqslant t+e+1\ (e>t)$。

9.2.3 几种简单差错控制编码方法

1．恒比码

恒比码是指每组码元中含有相同数目的“0”和“1”，使“0”和“1”的数目比值保持恒定。接收端只要发现接收码元“0”和“1”的数目比值发生变化，则可判断产生误码。恒比码的编码原理比较简单，这里不再详述。

2．奇偶校验码

1）一维奇偶校验码

一维奇偶校验码主要用来检测码元中是否发生奇数个错误，可分为奇校验码和偶校验码两类。一维奇偶校验码由 n 个信息位加 1 个监督位构成，可表示为 $a_n a_{n-1} a_{n-2} \cdots a_1 a_0$，其中 $a_n a_{n-1} a_{n-2} \cdots a_1$ 为信息位，a_0 为监督位。a_0 的加入若使码组 $a_n a_{n-1} a_{n-2} \cdots a_1 a_0$ 中“1”的个数保持为奇数，则称为奇校验码；若保持为偶数，则称为偶校验码。

根据以上定义，可得到奇偶校验码的监督关系式。对于奇校验码，若接收端计算满足：

$$a_n \oplus a_{n-1} \oplus a_{n-2} \oplus \cdots \oplus a_1 \oplus a_0 = 1 \tag{9.2-1}$$

则认为无误码；若

$$a_n \oplus a_{n-1} \oplus a_{n-2} \oplus \cdots \oplus a_1 \oplus a_0 = 0 \tag{9.2-2}$$

则认为有误码。同理，对偶校验码在接收端计算，若满足：

$$a_n \oplus a_{n-1} \oplus a_{n-2} \oplus \cdots \oplus a_1 \oplus a_0 = 0 \tag{9.2-3}$$

则认为无误码；若

$$a_n \oplus a_{n-1} \oplus a_{n-2} \oplus \cdots \oplus a_1 \oplus a_0 = 1 \tag{9.2-4}$$

则认为有误码。

奇偶校验码的监督式只能判断码元中存在奇数个错误的情况，对于偶数个错误不能识别，而且只能检错，不能纠错。

【例 9-2】 构造信息码元 00 的奇偶校验码，分析其检错能力。

【解】 根据定义得到信息码元 00 的奇校验码为 001，偶校验码为 000。当奇偶校验码中发生 1 位或 3 位错误时，接收端可以检测出来。例如，以奇校验码 001 为例，错码为 101，或 011，或 110 时，根据式（9.2-2）可判断为有误码。但码元中发生 2 位错误时，接收端就不能检测出来。例如，001 错码为 111，或 100，或 010，根据式（9.2-1）都判为无误码。同理，偶校验码也是如此。并且，奇偶校验码只能检错，不能纠错。例如，偶校验码 000 中任何一位发生错误，都会导致式（9.2-4）成立，接收端只能判断发生了误码，但不能确定是码元中哪一位或哪几位错了。

2）二维奇偶校验码

与一维奇偶校验码不同，二维奇偶校验码是对若干码元组成的方阵按行和列分别添加 1 位监督位，其组成结构如图 9-2 所示。在图 9-2 中，$a_n^1 a_{n-1}^1 \cdots a_1^1 a_0^1$ 为第一组奇偶校验码，其中 $a_n^1 a_{n-1}^1 \cdots a_1^1$ … 为信息位，a_0^1 为监督位，同理，$a_n^2 a_{n-1}^2 \cdots a_1^2 a_0^2$ 为第二组奇偶校验码，$a_n^m a_{n-1}^m \cdots a_1^m a_0^m$ 为第 m 组奇偶校验码，a_0^2 和 a_0^m 为监督位。c_n 是按列对码元 $a_n^1 a_n^2 \cdots a_n^m$ 添加的监督位，同理可得到 $c_{n-1} \cdots c_1 c_0$ 等。

$$
\begin{array}{cccc}
a_n^1 & a_{n-1}^1 & \cdots & a_1^1 \; a_0^1 \\
a_n^2 & a_{n-1}^2 & \cdots & a_1^2 \; a_0^2 \\
\vdots & \vdots & \vdots & \vdots \quad \vdots \\
a_n^m & a_{n-1}^m & \cdots & a_1^m \; a_0^m \\
c_n & c_{n-1} & \cdots & c_1 \quad c_0
\end{array}
$$

图 9-2　二维奇偶校验码

二维奇偶校验码比一维奇偶校验码优越之处在于，它不仅可以检测奇数个错误，还可以检测偶数个错误。当一组码元发生偶数个错误时，虽然行监督位不能检测出来，但列监督位可以检测出来；但要注意的是，当错码构成矩形区域时，二维奇偶校验码也检测不出了。对于仅在一行中有奇数个错误的二维奇偶校验码，不仅可以检错，也可以纠错。

【例 9-3】　构造四组码元 00、01、10、11 的二维奇偶校验码，并分析其检错能力。

【解】　根据奇偶校验码的定义，得到 4 组码元 00、01、10、11 的二维奇校验码如图 9-3(a)所示，二维偶校验码如图 9-3(b)所示，其中图(a)(b)中第 3 列为行监督位、第 5 行为列监督位。

以在二维奇校验码为例，行与列中“1”的个数均为奇数，若假设二维奇校验码中仅第 1 行码元有 2 个错误，错误方阵如图 9-3(c)所示，这时虽然第 1 行中“1”的个数仍为奇数，但第 1 列和第 2 列中“1”的个数为偶数，所以可以检测出发生 2 个错误。由此可见，二维奇校验码发生奇数个错误时，可由行监督位检测出来；发生偶数个错误时，可同时结合列监督位检测。但若二维奇校验码发生的错码构成矩形区域，则检测不出。例如，图 9-3(a)中第 1 行和第 2 行码元的第 1 位和第 2 位出错，错误方阵如图 9-3(d)所示，此时行与列中“1”的个数均为奇数，所以检测不出误码。二维偶校验码的检错能力与二维奇校验码相同，这里不再分析。

(a)	(b)	(c)	(d)
0 0 1	0 0 0	① ① 1	① ① 1
0 1 0	0 1 1	0 1 0	① ⓪ 0
1 0 0	1 0 1	1 0 0	1 0 0
1 1 1	1 1 0	1 1 1	1 1 1
1 1 1	0 0 0	1 1 1	1 1 1

图 9-3　二维奇偶校验码示例

3．正反码

正反码中监督位数目与信息位数目相同，当信息位中“1”的个数为奇数时，监督位与信息位一致，当信息位中“1”的个数为偶数时，监督位是信息位的反码。例如，若信息位为 10011，则正反码组为 1001110011；若信息位为 10001，则正反码组为 1000101110。正反码是一种简单的纠错编码，长度为 10 的正反码，可以纠正 1 位错码。下面以长度为 10 的正反码为例，分析接收端如何进行纠错，具体步骤如下：

（1）将接收码中信息位和监督位按位模 2 相加，得到 5 位合成码。若接收码的信息位中“1”的个数为奇数，则合成码为校验码；若为偶数，则合成码的反码为校验码。

（2）若校验码全为“0”，表示无误码；若校验码中有只有 1 个“0”，则表示信息位中有 1 位错码，其位置对应校验码中“0”的位置；若校验码中只有 1 个“1”，则表示监督位中有 1

位错码，其位置对应校验码中“1”的位置；其他情况表示有多位错码。

例如，正反码 1001110011 的第 2 个信息位发生错误，在接收端变为 1101110011，则根据以上步骤将收码中信息位和监督位按模 2 相加，得到合成码 01000。由于信息位中“1”的个数为偶数，则校验码为合成码的反码，即 10111。此时，校验码中只有 1 个“0”，则表示信息位中有 1 位错码，其位置对应校验码中“0”的位置，则收码纠错为 1001110011。

9.3 线性分组码

9.3.1 线性分组码基本原理

1．线性分组码编码原理

分组码又称块码，是将信息流切割为 k 位一组的独立块，编成由 n 位组成的码元；若信息位和监督位满足线性约束关系，则称为线性分组码。线性分组码具有如下性质：

（1）线性分组码具有封闭性，即线性分组码中任意两个码元的模 2 运算仍属于该码组；

（2）全零码必属于线性分组码；

（3）线性分组码中各码元之间的最小码距等于该码组的最小码重。

为了具体说明线性分组码的编码原理，以（7, 3）线性分组码为例进行讲解。设（7, 3）线性分组码为 $\boldsymbol{C}=(c_6,c_5,c_4,c_3,c_2,c_1,c_0)$，其中 c_6,c_5,c_4 为信息位，c_3,c_2,c_1,c_0 为监督位。将信息流分成每 3 位为一组构成原码，即 $\boldsymbol{A}=(a_2,a_1,a_0)$，按下列线性方程进行编码：

$$\begin{cases} c_6=a_2 \\ c_5=a_1 \\ c_4=a_0 \\ c_3=a_1\oplus a_0 \\ c_2=a_2\oplus a_1 \\ c_1=a_2\oplus a_1\oplus a_0 \\ c_0=a_2\oplus a_0 \end{cases} \tag{9.3-1}$$

写出矩阵形式，则可表示为：

$$\boldsymbol{C}=[c_6,c_5,c_4,c_3,c_2,c_1,c_0]=[a_2,a_1,a_0]\begin{bmatrix}1000111\\0101110\\0011011\end{bmatrix}=\boldsymbol{AG} \tag{9.3-2}$$

式中，$\boldsymbol{A}$ 为原码，$\boldsymbol{C}$ 为生成的线性分组码，$\boldsymbol{G}$ 称为生成线性分组码的生成矩阵。一般情况下，生成（n, k）线性分组码的生成矩阵大小为 $k\times n$。若生成矩阵 $\boldsymbol{G}$ 可以分解成以下形式：

$$\boldsymbol{G}_{k\times n}=[\boldsymbol{I}_k\,|\,\boldsymbol{Q}_{k\times r}] \tag{9.3-3}$$

其中 $\boldsymbol{I}_k$ 为 k 阶单位矩阵，$\boldsymbol{Q}_{k\times r}$ 为 $k\times r$ 阶矩阵，$r=n-k$ 为监督位数，则称该生成矩阵为典型生成矩阵。由典型生成矩阵所获得的线性分组码又称为系统码。系统码具有信息位等于原码、监督位附加其后的特性。例如，若原码为 $\boldsymbol{A}=(0,0,1)$，经过编码得到生成的线性分组码为：

$$[c_6,c_5,c_4,c_3,c_2,c_1,c_0]=[0,0,1]\begin{bmatrix}1000111\\0101110\\0011011\end{bmatrix}=[0,0,1,1,0,1,1] \tag{9.3-4}$$

其中前 3 位与原码一致，后 4 位则由生成矩阵计算得到。

线性分组码的生成矩阵 $\boldsymbol{G}$ 具有如下性质：

（1）线性分组码的每个码元都是生成矩阵 $\boldsymbol{G}$ 各行向量的线性组合。

（2）生成矩阵 $\boldsymbol{G}$ 的各行向量线性无关。

（3）生成矩阵 $\boldsymbol{G}$ 的每一行向量都是线性分组码中的一个码元。

（4）如果生成矩阵 $\boldsymbol{G}$ 不具备式（9.3-3）的形式，则生成的线性分组码称为非系统码。可以通过初等行列变换将生成矩阵变换成式（9.3-3）的形式，从而生成系统码。系统码和非系统码具有相同的纠错检错能力，只是原码与线性分组码的映射关系不同而已。

由式（9.3-1），可以进一步得到监督位与信息位的关系，将原码用信息位代替得到：

$$\begin{cases} c_3 = a_1 \oplus a_0 = c_5 \oplus c_4 \\ c_2 = a_2 \oplus a_1 = c_6 \oplus c_5 \\ c_1 = a_2 \oplus a_1 \oplus a_0 = c_6 \oplus c_5 \oplus c_4 \\ c_0 = a_2 \oplus a_0 = c_6 \oplus c_4 \end{cases} \tag{9.3-5}$$

经过变换得到：

$$\begin{cases} c_5 \oplus c_4 \oplus c_3 = 0 \\ c_6 \oplus c_5 \oplus c_2 = 0 \\ c_6 \oplus c_5 \oplus c_4 \oplus c_1 = 0 \\ c_6 \oplus c_4 \oplus c_0 = 0 \end{cases} \tag{9.3-6}$$

写出矩阵形式为：

$$\begin{bmatrix} 0 & 1 & 1 & 1 & 0 & 0 & 0 \\ 1 & 1 & 0 & 0 & 1 & 0 & 0 \\ 1 & 1 & 1 & 0 & 0 & 1 & 0 \\ 1 & 0 & 1 & 0 & 0 & 0 & 1 \end{bmatrix} \begin{bmatrix} c_6 \\ c_5 \\ c_4 \\ c_3 \\ c_2 \\ c_1 \\ c_0 \end{bmatrix} = \begin{bmatrix} 0 \\ 0 \\ 0 \\ 0 \\ 0 \\ 0 \\ 0 \end{bmatrix} = \boldsymbol{HC}^{\mathrm{T}} = \boldsymbol{0}^{\mathrm{T}} \tag{9.3-7}$$

式中：$\boldsymbol{H}$ 称为监督矩阵，它表示信息位与监督位的关系。若已知信息位，则可由监督矩阵得到监督位。若监督矩阵 $\boldsymbol{H}$ 满足以下形式，则该监督矩阵称为典型监督矩阵：

$$\boldsymbol{H}_{r\times n} = [\boldsymbol{P}_{r\times k} \mid \boldsymbol{I}_r] \tag{9.3-8}$$

其中 $\boldsymbol{I}_r$ 为 r 阶单位矩阵，$\boldsymbol{P}_{r\times k}$ 为 $r\times k$ 阶矩阵，$r = n-k$ 为监督位数。典型生成矩阵 $\boldsymbol{G}$ 中的矩阵 $\boldsymbol{Q}$ 和典型监督矩阵 $\boldsymbol{H}$ 中的矩阵 $\boldsymbol{P}$ 具有如下关系：

$$\boldsymbol{Q}_{k\times r} = \boldsymbol{P}_{r\times k}^{\mathrm{T}} \quad \text{或} \quad \boldsymbol{P}_{r\times k} = \boldsymbol{Q}_{k\times r}^{\mathrm{T}} \tag{9.3-9}$$

如式（9.3-2）和式（9.3-7）所示。由前面生成矩阵 $\boldsymbol{G}$ 的性质，即生成矩阵中每一行都是线性分组码的码元，代入式（9.3-7）中得到生成矩阵和监督矩阵的关系：

$$\boldsymbol{HG}^{\mathrm{T}} = \boldsymbol{0}^{\mathrm{T}} \quad \text{或} \quad \boldsymbol{GH}^{\mathrm{T}} = \boldsymbol{0} \tag{9.3-10}$$

监督矩阵 $\boldsymbol{H}$ 具有如下性质：

（1）监督矩阵 $\boldsymbol{H}$ 中的每一个行向量与线性分组码中的任一码元的内积为 0；

（2）监督矩阵 $\boldsymbol{H}$ 中的每一个行向量都线性无关；

（3）若 $\boldsymbol{HC}^{\mathrm{T}} = 0^{\mathrm{T}}$，说明码元 $\boldsymbol{C}$ 属于线性分组码集，否则不属于；

（4）一个（n, k）线性分组码，若要纠正小于等于 t 个错误，则其充要条件是 $\boldsymbol{H}$ 矩阵中任何 $2t$ 列线性无关。

【例 9-4】 一个（6, 3）线性分组码，其生成矩阵 $\boldsymbol{G}=\begin{bmatrix}1\,1\,1\,0\,1\,0\\1\,1\,0\,0\,0\,1\\0\,1\,1\,1\,0\,1\end{bmatrix}$，求：

（1）计算码集，列出原码与线性分组码的映射；

（2）系统化后计算码集，列出原码与线性分组码的映射；

（3）计算监督矩阵 $\boldsymbol{H}$，若接收码元为 $\boldsymbol{B}=[100110]$，检验是否属于该码集。

【解】 （1）因为原码为 3 位，取值为 $\boldsymbol{A}=\{000,001,010,011,100,101,110,111\}$，代入 $\boldsymbol{C}=\boldsymbol{A}\cdot\boldsymbol{G}$ 中计算得到码集为：

原码	线性分组码（非系统码）
000	000000
001	011101
010	110001
011	101100
100	111010
101	100111
110	001011
111	010110

（2）用初等行变换将生成矩阵 $\boldsymbol{G}$ 系统化为典型生成矩阵 $\boldsymbol{G}_T$ 的形式，得到：

$$\boldsymbol{G}_T=\begin{bmatrix}1\,1\,1\,0\,1\,0\\1\,1\,0\,0\,0\,1\\0\,1\,1\,1\,0\,1\end{bmatrix}=\begin{bmatrix}1\,0\,0\,1\,1\,1\\0\,1\,0\,1\,1\,0\\0\,0\,1\,0\,1\,1\end{bmatrix}$$

根据 $\boldsymbol{C}=\boldsymbol{A}\boldsymbol{G}_T$ 计算得到系统码：

原码	线性分组码（系统码）
000	000000
001	001011
010	010110
011	011101
100	100111
101	101100
110	110001
111	111010

（3）因为典型生成矩阵 $\boldsymbol{G}_T=\begin{bmatrix}1\,0\,0\,1\,1\,1\\0\,1\,0\,1\,1\,0\\0\,0\,1\,0\,1\,1\end{bmatrix}$，则得到典型监督矩阵 $\boldsymbol{H}_T=\begin{bmatrix}1\,1\,0\,1\,0\,0\\1\,1\,1\,0\,1\,0\\1\,0\,1\,0\,0\,1\end{bmatrix}$，

计算 $\boldsymbol{H}_T\boldsymbol{B}^{\mathrm{T}}=\begin{bmatrix}1\,1\,0\,1\,0\,0\\1\,1\,1\,0\,1\,0\\1\,0\,1\,0\,0\,1\end{bmatrix}\cdot[100110]^{\mathrm{T}}=[0\;0\;1]\neq[0\;0\;0]$，所以 $\boldsymbol{B}$ 不属于该码集。

2. 线性分组码译码原理

已知线性分组码的编码原理，则其译码可通过图 9-4 实现。

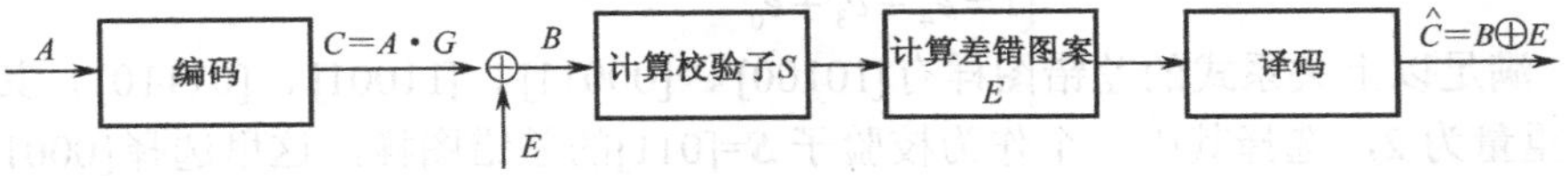

图 9-4　线性分组码编译码原理框图

图 9-4 中 $\boldsymbol{A}$ 为原码，经过线性分组编码后得到码集 $\boldsymbol{C}$，在信道中传输时由于噪声干扰，会引入差错 $\boldsymbol{E}$，这里 $\boldsymbol{E}$ 称为差错图样。$\boldsymbol{E}$ 为向量形式，表示为 $\boldsymbol{E}=(e_{n-1},e_{n-2},\cdots,e_0)$，它的第 i 位表示发送的编码 C 中第 i 位是否发生了错误，若 $e_i=1$ 表示第 i 位出错，若 $e_i=0$ 表示无错。所以得到接收码元 $\boldsymbol{B}=\boldsymbol{C}\oplus\boldsymbol{E}$，可用式（9.3-7）判断接收码元中是否有错误：若无错误，则 $\boldsymbol{BH}^{\mathrm{T}}=\boldsymbol{CH}^{\mathrm{T}}=\boldsymbol{0}$；若有错误，则 $\boldsymbol{BH}^{\mathrm{T}}=(\boldsymbol{C}\oplus\boldsymbol{E})\boldsymbol{H}^{\mathrm{T}}=\boldsymbol{CH}^{\mathrm{T}}\oplus\boldsymbol{EH}^{\mathrm{T}}=\boldsymbol{EH}^{\mathrm{T}}\neq\boldsymbol{0}$。但需要注意，当接收码元中错误较多时，已超过编码的检错能力，这时 $\boldsymbol{BH}^{\mathrm{T}}=0$ 仍可能成立。取 $\boldsymbol{S}=\boldsymbol{BH}^{\mathrm{T}}$，这里 $\boldsymbol{S}$ 称为线性分组码的伴随式或校验子，由于 $\boldsymbol{BH}^{\mathrm{T}}=\boldsymbol{EH}^{\mathrm{T}}$，所以 $\boldsymbol{S}=\boldsymbol{EH}^{\mathrm{T}}$，表明校验子的取值只取决于差错图样，与编码无关。当给定校验子 $\boldsymbol{S}$ 时，可由方程组 $\boldsymbol{EH}^{\mathrm{T}}=\boldsymbol{S}$ 计算得到差错图样值，再根据 $\hat{\boldsymbol{C}}=\boldsymbol{B}\oplus\boldsymbol{E}$ 得到最终译码 $\hat{\boldsymbol{C}}$。

因为校验子 $\boldsymbol{S}$ 有 2^r（r 为监督位数）种可能组合，而差错图样 $\boldsymbol{E}$ 有 2^n（n 为编码 C 的位数）种可能组合，因此 $\boldsymbol{S}$ 与 $\boldsymbol{E}$ 不是一一对应。已知校验子 $\boldsymbol{S}$，根据方程组 $\boldsymbol{EH}^{\mathrm{T}}=\boldsymbol{S}$ 求解差错图样 $\boldsymbol{E}$ 不是唯一的。对于一组 $\boldsymbol{S}$ 值可得到 2^k 个差错图样解，最佳译码方法就是从这 2^k 个所有可能差错图样中选择码重最小，即错误个数最少的那个差错图样来纠正。因此，实际译码时可以事先对每一种可能的校验子计算出它可能的差错图样，构成差错图样表。当对接收码元进行纠错时，首先计算其校验子，然后查表得到它对应的差错图样，最后进行纠正。

【例 9-5】　设某（5,2）线性分组码的生成矩阵 $\boldsymbol{G}=\begin{bmatrix}1\ 0\ 1\ 1\ 1\\0\ 1\ 1\ 0\ 1\end{bmatrix}$，接收码元 $\boldsymbol{B}=[1\ 0\ 1\ 0\ 1]$，试构造该码组的差错图样表，译出原码 $\boldsymbol{C}$。

【解】　由于题中生成矩阵为典型生成矩阵，所以直接得到典型监督矩阵 $\boldsymbol{H}$：

$$\boldsymbol{H}=\begin{bmatrix}1\ 1\ 1\ 0\ 0\\1\ 0\ 0\ 1\ 0\\1\ 1\ 0\ 0\ 1\end{bmatrix}$$

取 $\boldsymbol{S}=[s_2,s_1,s_0]$，$\boldsymbol{E}=[e_4,e_3,e_2,e_1,e_0]$，根据 $\boldsymbol{S}=\boldsymbol{EH}^{\mathrm{T}}$ 得到方程组：

$$\begin{cases}s_2=e_4+e_3+e_2\\s_1=e_4+e_1\\s_0=e_4+e_3+e_0\end{cases}$$

由前面分析可知，$\boldsymbol{S}$ 有 $2^3=8$ 种组合，$\boldsymbol{E}$ 有 $2^5=32$ 种组合，为了构造差错图样表，需从这 32 种组合中选出 8 种错误最少的差错图样与校验子 $\boldsymbol{S}$ 一一对应，从而进行正确译码。首先 $\boldsymbol{E}=[00000]$ 与校验子 $\boldsymbol{S}=[000]$ 对应，表示无差错。在剩余的 31 种差错图样中，[10000]、[01000]、[00100]、[00010]、[00001]这些差错图样都满足错误最少原则，代入上述方程组得到对应的校验子为[111]、[101]、[100]、[010]、[001]，由此可见还剩余两个校验子[011]和[110]需要找到其对应的差错图样，以 $\boldsymbol{S}$=[011]为例，将其代入方程组中得到：

$$\begin{cases}0=e_4+e_3+e_2\\1=e_4+e_1\\1=e_4+e_3+e_0\end{cases}\Rightarrow\begin{cases}e_4\neq e_1\\e_2\neq e_0\end{cases}$$

因此，满足以上关系式的差错图样有[10100]、[00011]、[11001]、[01110]，其中[10100]和[00011]重量为 2，选择其中一个作为校验子 $\boldsymbol{S}$=[011]的差错图样，这里选择[00011]。同理，得到校验子 $\boldsymbol{S}$=[110]对应的差错图样为[00110]，因此得到差错图样表：

$$\begin{aligned}
&\boldsymbol{S}_0=[000] && \boldsymbol{E}_0=[00000]\\
&\boldsymbol{S}_1=[001] && \boldsymbol{E}_1=[00001]\\
&\boldsymbol{S}_2=[010] && \boldsymbol{E}_2=[00010]\\
&\boldsymbol{S}_3=[011] && \boldsymbol{E}_3=[00011]\\
&\boldsymbol{S}_4=[100] && \boldsymbol{E}_4=[00100]\\
&\boldsymbol{S}_5=[101] && \boldsymbol{E}_5=[01000]\\
&\boldsymbol{S}_6=[110] && \boldsymbol{E}_6=[00110]\\
&\boldsymbol{S}_7=[111] && \boldsymbol{E}_7=[10000]
\end{aligned}$$

因为接收码元 $\boldsymbol{B}=[10101]$，代入 $\boldsymbol{S}=\boldsymbol{B}\boldsymbol{H}^{\mathrm{T}}$ 中得到校验子为 $\boldsymbol{S}=[010]$，$\boldsymbol{S}=\boldsymbol{S}_2$，根据差错图样表得到 $\boldsymbol{E}_2=[00010]$，由式 $\hat{\boldsymbol{C}}=\boldsymbol{B}\oplus\boldsymbol{E}$ 得到原码为[10111]。

9.3.2 汉明码

汉明码是 1949 年由汉明提出的一种能够纠正一位错码且编码效率较高的线性分组码。若线性分组码长为 n，信息位数为 k，则监督位数为 $r=n-k$，能得到 2^r 个校验式，可纠正 1 位错码的 2^r-1 个可能位置，若 $2^r-1=n$，则为汉明码。当 r=3, 4, 5,…时，线性分组码（7, 4）、（15, 11）和（31, 26）等都是汉明码。

汉明码可以纠正 1 位错误，所以最小码距 $d_0=3$，其编码效率定义为 $R=\dfrac{k}{n}=\dfrac{n-r}{n}=1-\dfrac{r}{n}$，当 n 较大时，编码码率接近于 1，所以汉明码是一种高效纠错码。

9.4 循环码

9.4.1 循环码基本原理

已知（7, 3）线性分组码的生成矩阵为 $\boldsymbol{G}=\begin{bmatrix}1&0&0&1&1&1&0\\0&1&0&0&1&1&1\\0&0&1&1&1&0&1\end{bmatrix}$，根据 $\boldsymbol{C}=\boldsymbol{A}\cdot\boldsymbol{G}$ 可得原码 $\boldsymbol{A}$ 与生成码字 $\boldsymbol{C}$ 之间的映射关系，见表 9-1。

表 9-1　（7, 3）线性分组码表

编号	原码	生成码字	编号	原码	生成码字
C_0	000	0000000	C_4	100	1001110
C_1	001	0011101	C_5	101	1010011
C_2	010	0100111	C_6	110	1101001
C_3	011	0111010	C_7	111	1110100

由表 9-1 可以看出，生成码字中的任一编码，经任意位左移循环后，产生的码字仍属于该码集，满足这种特性的线性分组码，称之为循环码。循环码是线性分组码中最重要的一类，可以用线性反馈移位寄存器很容易地实现其编码，同时循环码有许多固有的代数结构，可通过其找到许多简单实用的译码方法。对于 $(2^r-1,\ 2^r-r-1)$（r 为监督位数）形式的汉明码，必为循环码。循环码数学描述为：

设 $\boldsymbol{C}$ 是某 (n,k) 线性分组码的码字集合，如果将任一码字 $\boldsymbol{c}=(c_{n-1},c_{n-2},\cdots,c_0)$ 向左移 1 位，记为 $\boldsymbol{c}^{(1)}=(c_{n-2},\ c_{n-3},\cdots,c_0,c_{n-1})$ 也属于码集 $\boldsymbol{C}$，则该线性分组码为循环码。循环码中任一码字向左移 i 位，即 $\boldsymbol{c}^{(i)}=(c_{n-i-1},c_{n-i-2},\cdots,c_0,c_{n-1},\cdots,c_{n-i})$ 都属于该码集。

1．循环码的编码原理

对于一个任意长为 n 的码字 $\boldsymbol{c}=(c_{n-1},c_{n-2}\cdots,c_1,c_0)$，可用一个多项式的形式表示出来，即 $c(x)=c_{n-1}x^{n-1}+c_{n-2}x^{n-2}+\cdots+c_1x+c_0$，这个多项式称为码多项式，系数不为 0 的 x 的最高次数称为多项式 $c(x)$ 的次数或阶数。在进行码多项式简单运算时，所得系数需进行模 2 运算。

【例 9-6】　已知（7，3）线性分组码的两个码字 $\boldsymbol{c}_1=(0010111)$ 和 $\boldsymbol{c}_3=(0111001)$，求它们的码多项式及两个码多项式的加法和乘法运算。

【解】　由前面定义得到，c_1 的码多项式为 $c_1(x)=x^4+x^2+x+1$，c_3 的码多项式为 $c_3(x)=x^5+x^4+x^3+1$，则码多项式相加，得到 $c_1(x)+c_3(x)=x^5+2x^4+x^3+x^2+x+2$，将各项系数模 2 运算，得到 $c_1(x)+c_3(x)=x^5+x^3+x^2+x$。同理，得到码多项式相乘式 $c_1(x)\cdot c_3(x)=x^9+x^8+x^5+x^4+x^3+x^2+x+1$。

定义一正整数 M 除以正整数 N，得到商为 Q，余数为 R，则表示为：

$$M/N=Q+R/N \tag{9.4-1}$$

也可记为

$$M\equiv R\,(\bmod N) \tag{9.4-2}$$

推广到多项式的形式，则对任意两个多项式 $M(x)$ 和 $N(x)$，一定存在唯一多项式 $Q(x)$ 和 $R(x)$，使得 $Q(x)$ 是 $M(x)$ 除以 $N(x)$ 的商，$R(x)$ 是余式，记为

$$M(x)\equiv R(x)\,(\bmod N(x)) \tag{9.4-3}$$

这里在进行除法运算时，减法用加法代替，系数进行模 2 运算。

【例 9-7】　计算多项式 x^7 除以 x^4+x^2+x+1 的余式。

【解】因为

$$
\begin{array}{r|l}
 & x^3+x+1 \\
\hline
x^4+x^2+x+1 & x^7 \\
 & x^7+x^5+x^4+x^3 \\
\hline
 & x^5+x^4+x^3 \\
 & x^5+x^3+x^2+x \\
\hline
 & x^4+x^2+x \\
 & x^4+x^2+x+1 \\
\hline
 & 1
\end{array}
$$

所以

$$\frac{x^7}{x^4+x^2+x+1}=x^3+x+1+\frac{1}{x^4+x^2+x+1}$$

即

$$x^7\equiv 1 \bmod (x^4+x^2+x+1)$$

有了前面码多项式的定义，则可得到循环码的生成多项式的定义：记 $C(x)$ 是（n,k）循环

码的所有码字多项式的集合，若 $g(x)$ 是 $C(x)$ 中除零多项式以外次数最低的多项式，则称 $g(x)$ 为这个循环码的生成多项式，其一般表达式为：

$$g(x)=x^r+g_{r-1}x^{r-1}+\cdots+g_1x+1 \tag{9.4-4}$$

式中，r 为 $g(x)$ 的次数，它等于线性分组码的监督位数 $r=n-k$。

(n,k) 线性分组循环码的生成多项式 $g(x)$ 具有如下一些性质：

（1）$g(x)$ 的零次项为 1；

（2）$g(x)$ 的次数等于监督位数，即 $r=n-k$；

（3）$g(x)$ 是唯一的，即 $C(x)$ 中除零次项外次数最低的码多项式只有 1 个；

（4）循环码的每个码多项式都是生成多项式 $g(x)$ 的倍式；

（5）$g(x)$ 是 x^n+1 的一个因子。

以（7, 3）线性分组循环码为例，根据生成多项式的定义，表 9-1 中 $\boldsymbol{c}_1=(0011101)$ 对应的码多项式的次数最低，所以该码对应的多项式为生成多项式，即 $g(x)=x^4+x^3+x^2+1$。将（7, 3）线性分组码的生成矩阵 $\boldsymbol{G}=\begin{bmatrix}1&0&0&1&1&1&0\\0&1&0&0&1&1&1\\0&0&1&1&1&0&1\end{bmatrix}$ 进行初等行变换，使其矩阵中行是 $\boldsymbol{c}_1=(0011101)$ 的左移循环形式或者它本身，得到 $\boldsymbol{G}'=\begin{bmatrix}1&1&1&0&1&0&0\\0&1&1&1&0&1&0\\0&0&1&1&1&0&1\end{bmatrix}$，其对应的码多项式为 $\boldsymbol{G}'=\begin{bmatrix}x^6+x^5+x^4+x^2\\x^5+x^4+x^3+x\\x^4+x^3+x^2+1\end{bmatrix}=\begin{bmatrix}x^2(x^4+x^3+x^2+1)\\x(x^4+x^3+x^2+1)\\1(x^4+x^3+x^2+1)\end{bmatrix}$，又 $g(x)=x^4+x^3+x^2+1$，所以 $\boldsymbol{G}'=[x^2g(x)\ \ xg(x)\ \ g(x)]^{\mathrm{T}}$。

由此可以直接得到生成码字的码多项式。例如，原码 (010) 的生成码字多项式为

$$[010][x^2g(x)\ \ xg(x)\ \ g(x)]^{\mathrm{T}}=xg(x)=x^5+x^4+x^3+x$$

其对应的码字为（0111010）。推广到一般形式，得到 k 个信息位的循环码编码形式：

$$\boldsymbol{C}(x)=\boldsymbol{AG}=[a_{k-1},\ a_{k-2},\cdots,\ a_0]\left[x^{k-1}g(x)\quad x^{k-2}g(x)\ \cdots\ g(x)\right]^{\mathrm{T}} \tag{9.4-5}$$

式中，$\boldsymbol{A}=[a_{k-1},\ a_{k-2},\ \cdots,\ a_0]$ 为原信息码，$\boldsymbol{G}=\left[x^{k-1}g(x)\quad x^{k-2}g(x)\ \cdots\ g(x)\right]^{\mathrm{T}}$ 为循环码的生成矩阵。当 $\boldsymbol{A}$ 取不同值时，可得到 (n,k) 线性分组循环码的所有 2^k 个码多项式，对应 2^k 个码字。

该例子中生成矩阵不是典型生成矩阵，所产生的循环码是非系统码；若想得到系统码，则仍需获得典型生成矩阵。下面具体介绍如何由生成多项式 $g(x)$ 获得典型生成矩阵。

典型生成矩阵的一般形式如下：

$$\boldsymbol{G}=\begin{bmatrix}1&0&\cdots&0&r_{11}&r_{12}&\cdots&r_{1,n-k}\\0&1&\cdots&0&r_{21}&r_{22}&\cdots&r_{2,n-k}\\\vdots&\vdots&&\vdots&\vdots&\vdots&&\vdots\\0&0&\cdots&1&r_{k1}&r_{k2}&\cdots&r_{k,n-k}\end{bmatrix} \tag{9.4-6}$$

写成码多项式的形式，得到生成矩阵的第 i 行的码多项式为 $g_i(x)=x^{n-i}+r_i(x)$，其中多项式 $r_i(x)=r_{i,1}x^{n-k-1}+r_{i,2}x^{n-k-2}+\cdots+r_{i,n-k-1}x+r_{i,n-k}$。因为 $g_i(x)$ 为循环码，所以它是生成多项式 $g(x)$ 的

倍式，即 $[x^{n-i}+r_i(x)]\equiv 0 \bmod g(x)$，也可写成 $x^{n-i}\equiv r_i(x) \bmod g(x)$，表示 $r_i(x)$ 是 x^{n-i} 除以 $g(x)$ 的余式，所以典型生成矩阵 $\boldsymbol{G}$ 的码多项式形式可表示为：

$$\boldsymbol{G}=\begin{bmatrix} x^{n-1}+r_1(x) \\ x^{n-2}+r_2(x) \\ \vdots \\ g(x) \end{bmatrix}=\begin{bmatrix} x^{n-1}+x^{n-1} \bmod g(x) \\ x^{n-2}+x^{n-2} \bmod g(x) \\ \vdots \\ g(x) \end{bmatrix} \tag{9.4-7}$$

式中，码多项式共有 k 行，其中最高次数为 $n-1$，然后依次递减，直至最后一行为生成多项式 $g(x)$。

【例 9-8】　已知（7, 4）循环码的生成多项式为 $g(x)=x^3+x+1$，求其典型生成矩阵。

【解】　由式（9.4-7）得到典型生成矩阵的表现形式为：

$$\boldsymbol{G}=\begin{bmatrix} x^6+x^6 \bmod g(x) \\ x^5+x^5 \bmod g(x) \\ x^4+x^4 \bmod g(x) \\ g(x) \end{bmatrix}$$

其中，

$$x^6 \bmod g(x)\equiv x^2+1$$
$$x^5 \bmod g(x)\equiv x^2+x+1$$
$$x^4 \bmod g(x)\equiv x^2+x$$

因而得到

$$\boldsymbol{G}=\begin{bmatrix} x^6+x^2+1 \\ x^5+x^2+x+1 \\ x^4+x^2+x \\ x^3+x+1 \end{bmatrix}=\begin{bmatrix} 1&0&0&0&1&0&1 \\ 0&1&0&0&1&1&1 \\ 0&0&1&0&1&1&0 \\ 0&0&0&1&0&1&1 \end{bmatrix}$$

【例 9-9】　已知（7，4）循环码的生成多项式为 $g(x)=x^3+x+1$，若原信息码为（0100），对其进行（7，4）循环编码，则生成系统码为多少？

【解】

方法一　利用例 9-8 中获得的典型生成矩阵：

$$\boldsymbol{G}=\begin{bmatrix} x^6+x^2+1 \\ x^5+x^2+x+1 \\ x^4+x^2+x \\ x^3+x+1 \end{bmatrix}=\begin{bmatrix} 1&0&0&0&1&0&1 \\ 0&1&0&0&1&1&1 \\ 0&0&1&0&1&1&0 \\ 0&0&0&1&0&1&1 \end{bmatrix}$$

代入公式 $\boldsymbol{C}=\boldsymbol{AG}$ 中，可得到系统循环码为：

$$\boldsymbol{C}=[0\ 1\ 0\ 0]\begin{bmatrix} 1&0&0&0&1&0&1 \\ 0&1&0&0&1&1&1 \\ 0&0&1&0&1&1&0 \\ 0&0&0&1&0&1&1 \end{bmatrix}=[0\ 1\ 0\ 0\ 1\ 1\ 1]$$

方法二　因为原码 $\boldsymbol{A}$=（0100），其码多项式为 $a(x)=x^2$，所以 $x^{n-k}a(x)=x^3\cdot x^2=x^5$ 用 x^5 除以 $g(x)$ 得到余式 $R(x)$ 为：

$$R(x)=x^2+x+1$$

所以生成系统循环码的码多项式为 $c(x)=x^3a(x)+R(x)=x^5+x^2+x+1$，对应码字为（0100111）。

前面已经分析得到循环码的生成多项式及典型和非典型生成矩阵的一般形式，下面介绍循环码的监督多项式及监督矩阵的基本结构，限于篇幅，中间分析过程省略，直接给出结论。

（n, k）线性分组循环码的监督多项式的一般表达式为：

$$h(x)=\frac{x^n+1}{g(x)}=h_kx^k+h_{k-1}x^{k-1}+\cdots+h_0 \tag{9.4-8}$$

取 $h(x)$ 的互反多项式为 $h^*(x)=h_0x^k+h_1x^{k-1}+\cdots+h_k$，则监督矩阵的一般表达式为：

$$\boldsymbol{H}=\begin{bmatrix} x^{n-k-1}h^*(x) \\ x^{n-k-2}h^*(x) \\ \vdots \\ h^*(x) \end{bmatrix} \tag{9.4-9}$$

式中，码多项式共有 $r=n-k$ 行。仍以（7，4）线性分组循环码为例，因为生成多项式为 $g(x)=x^3+x+1$，则得到监督多项式 $h(x)=\dfrac{x^7+1}{x^3+x+1}=x^4+x^2+x+1$，其互反多项式 $h^*(x)=x^4+x^3+x^2+1$，代入式（9.4-9）中得到监督矩阵为：

$$\boldsymbol{H}=\begin{bmatrix} x^2(x^4+x^3+x^2+1) \\ x(x^4+x^3+x^2+1) \\ x^4+x^3+x^2+1 \end{bmatrix}=\begin{bmatrix} x^6+x^5+x^4+x^2 \\ x^5+x^3+x^3+x \\ x^4+x^3+x^2+1 \end{bmatrix}=\begin{bmatrix} 1\,1\,1\,0\,1\,0\,0 \\ 0\,1\,1\,1\,0\,1\,0 \\ 0\,0\,1\,1\,1\,0\,1 \end{bmatrix}$$

而由生成多项式 $g(x)=x^3+x+1$ 获得的生成矩阵为：

$$\boldsymbol{G}=\begin{bmatrix} x^3g(x) \\ x^2g(x) \\ xg(x) \\ g(x) \end{bmatrix}=\begin{bmatrix} x^6+x^4+x^3 \\ x^5+x^3+x^2 \\ x^4+x^2+x \\ x^3+x+1 \end{bmatrix}=\begin{bmatrix} 1\,0\,1\,1\,0\,0\,0 \\ 0\,1\,0\,1\,1\,0\,0 \\ 0\,0\,1\,0\,1\,1\,0 \\ 0\,0\,0\,1\,0\,1\,1 \end{bmatrix}$$

容易验证

$$\boldsymbol{GH}^{\mathrm{T}}=\begin{bmatrix} 0\,0\,0 \\ 0\,0\,0 \\ 0\,0\,0 \end{bmatrix}$$

2．循环码的译码原理

在接收端对循环码进行译码时，首先要先判断码字在传输过程中是否发生错误。达到检错的译码原理十分简单，当接收端码多项式 $y(x)$ 除以生成多项式 $g(x)$ 不能除尽，即 $\dfrac{y(x)}{g(x)}=Q(x)+\dfrac{R(x)}{g(x)}$，则说明接收码不属于循环码，在传输中出错。因此，可以用余式 $R(x)$ 是否为零来判断接收码组中是否有错。但需注意的是，当码字中错误位数超过循环码的检错能力时，接收码多项式仍有可能被 $g(x)$ 整除，利用以上方法则不能检测出误码。

在接收端判断码字发生错误后，需要对其进行纠正。由于接收码多项式 $y(x)=c(x)+e(x)$，其中 $c(x)$ 为发送码多项式，$e(x)$ 为差错图样多项式。因为 $[c(x)]_{\text{mod}\,g(x)}=0$，所以 $[y(x)]_{\text{mod}\,g(x)}=[e(x)]_{\text{mod}\,g(x)}$，即 $y(x)$ 除以 $g(x)$ 的余式等于 $e(x)$ 除以 $g(x)$ 的余式。定义接收码多项式 $y(x)$ 的伴随多项式 $s(x)$ 等于 $y(x)$ 除以 $g(x)$ 的余式，即 $s(x)=[y(x)]_{\text{mod}\,g(x)}=R(x)$，所以

$s(x)=[e(x)]_{\bmod g(x)}$。根据前面线性分组码解码原理可知，当 $s(x)$ 给定时，则有 2^k 个不同的 $e(x)$ 满足 $s(x)=[e(x)]_{\bmod g(x)}$，选择码重最小的解作为可纠正的差错图样。

为了纠错，将发生错误的接收码多项式 $y(x)$ 除以生成多项式 $g(x)$ 得到余式 $R(x)$，通过查表或计算得到差错图样 $e(x)$，从余式 $R(x)$ 中减去 $e(x)$ 即可得到正确发送的码字 $C(x)$。

9.4.2 BCH 码和 RS 码

BCH 是一类重要的循环码，能纠正多个随机错误。它是在 1959 年由 Hocquenghem、Bose 和 Chaudhuri 各自独立发现的，因此人们用他们 3 人名字的首字母 BCH 命名。BCH 码具有纠错能力强、构架简单、编译码易于实现等一系列优点，因此被广泛采用。

这里首先介绍本原多项式和既约多项式的概念。一个 m 次多项式 $f(x)$ 不能被任何次数小于 m 但大于 0 的多项式除尽，则称它为既约多项式或不可约多项式。若一个 m 次多项式 $f(x)$ 满足下列条件，则称 $f(x)$ 为本原多项式：

（1） $f(x)$ 是既约的；

（2） $f(x)$ 可整除 x^n+1，$n=2^m-1$；

（3） $f(x)$ 除不尽 x^q+1，$q<n$。

BCH 码可以分为本原 BCH 码和非本原 BCH 码。本原 BCH 码是指生成多项式 $g(x)$ 中含有最高次数为 m 的本原多项式，且码长为 $n=2^m-1$（$m\geqslant 3$，为正整数）。非本原 BCH 码是指生成多项式 $g(x)$，且码长 n 是 2^m-1 的一个因子。二进制本原 BCH 码的码长位数 n、监督位数 k 和纠错个数 t 之间满足如下关系：$n=2^m-1$（m 为正整数，$m\geqslant 3$），$n-k\leqslant mt$，$d_{\min}=2t+1$（t 也为正整数，$t<m/2$）。如果是非本原 BCH 码，其码长 n 是 2^m-1 的一个因子，即码长 n 能除得尽 2^m-1，其余条件都一样。通常可通过查表得到不同 n、k、t 取值情况下 BCH 码的生成多项式 $g(x)$，见表 9-2 和表 9-3。

表 9-2 部分本原 BCH 码生成多项式

n	K	T	$g(x)$（八进制）
3	1	1	7
7	4	1	13
7	1	3	77
15	11	1	23
15	7	2	721
15	5	3	2467
15	1	7	7777
31	26	1	45
31	21	2	3551
31	16	3	107657
31	11	5	5423325
31	6	7	313365047
63	57	1	103
63	51	2	12471
63	45	3	1701317

（续表）

n	*K*	*T*	*g*(*x*)（八进制）
63	39	4	166623567
63	36	5	1033500423
63	30	6	157464165547
63	24	7	17323260404441
127	120	1	211
127	113	2	41567
127	106	3	11554743
127	99	4	3447023271
127	92	5	624730022327
127	85	6	130704476322273
127	78	7	26230002166130115
127	71	9	6255010713253127753
127	64	10	1206534025570773100045

表 9-3　部分非本原 BCH 码生成多项式

n	*k*	*T*	*g*(*x*)（八进制）
17	9	2	727
21	12	2	1663
23	12	3	5343
33	22	2	5145
41	21	4	6647133
47	24	5	43073357
65	53	2	10761
65	40	4	354300067
73	46	4	1717773537

表 9-2 中生成多项式的系数都是用八进制数表示的，例如 n=15，k=11，t=1 的 BCH 码生成多项式为 $g(x)=(23)_8$，将八进制数表示成二进制数得到 $g(x)=(23)_8=(010011)_2$，它对应了生成多项式各项的系数，即 $g(x)=x^4+x+1$。

在表 9-3 中，（23, 12）是一个非本原 BCH 码，又称为格雷码，其码距为 7，可以纠正 3 个随机独立的错误。它是一个完备码，其监督位得到了充分利用，其生成多项式为 $g(x)=(5343)_8=(101011100011)_2=x^{11}+x^9+x^7+x^6+x^5+x+1$。在实际应用中，BCH 码的码长都为奇数，有时为了得到偶数码长，可将 BCH 码的生成多项式乘以一个因子 $(x+1)$，它相当于在原 BCH 码上增加了一个校验位，从而得到更强的纠错能力，但解码更复杂。

RS 码是一种纠错能力很强的多进制 BCH 码，由 Reed 和 Solomon 的名字命名。当 q 进制 BCH 码的码长 $n=q-1$ 时，则称此码为 q 进制的 RS 码；当 $q=2^m$ 时，码元符号取自伽罗华域 $GF(2^m)$ 的 RS 码可以用来纠正突发错误。

对于一个可以纠正 t 个错误符号的 $q=2^m$ 进制 RS 码，其码长 $n=2^m-1$ 个符号，因为每个

符号由 m 位组成，所以码长为 $n=m(2^m-1)$ 位，信息段为 k 个符号或者 mk 位，监督段 $r=n-k=2t$ 个符号，最小码距 $d_{\min}=2t+1$ 个符号。例如，（255, 223）RS 码表示码块长度共 255 个符号，其中信息段有 223 个符号，监督段有 32 个检验符号。在这个由 255 个符号组成的码块中，可以纠正在这个码块中出现的 16 个分散或连续的错误符号。

RS 码纠错能力很强，广泛用于数字通信和数字存储领域。卫星通信中与卷积码级联使用，在中等数据传输率下，误码率为 10^{-8} 时可以有 8.5～9.5 dB 的编码增益，这样可以大大降低卫星上的发射功率，降低误码率，也可以减小天线的口径，提高有效载荷，具有很高的实用价值。

9.5　卷积码

9.5.1　卷积码的编码原理

分组码是将 k 个信息位编成 n 位的码组，其监督位仅与本码组的 k 个信息位有关，而与其他码组无关，为了达到一定的纠错检错能力，分组码的长度一般都较长。

与分组码的编码方式不同，卷积码的 n 位编码不仅与当前段的 k 个信息位有关，还与前面 $m=N-1$ 段的信息位有关，这里称 N 为卷积码的编码约束度，nN 为编码的约束长度，卷积码记为 $(n,\ k,\ N)$ 或 $(n,\ k,\ m)$。卷积码的码长较小，因此适合以串行形式传输，时延小。当 N 增大时，卷积码的差错率随之呈指数下降，纠错性能增加。在编码器复杂性相同的情况下，卷积码的性能优于分组码，但卷积码没有分组码那样的严密数学分析，需要通过计算机来搜索好码。

卷积码是 1955 年由 Elias 首次提出的。1957 年，Wozencraft 和 Reiffen 提出了序列译码，对具有较大约束长度的卷积码有效。1963 年，Massey 提出了一个效率不高、但易于实现的译码方法——门限译码，使得卷积码大量应用于卫星和无线信道的数字传输中。1967 年，维特比（Viterbi）提出了最大似然译码，对存储器级数较小的卷积码较容易实现，被广泛应用于现代通信中。

$(n,\ k,\ N)$ 卷积码编码器的一般结构如图 9-5 所示，其中包括：

（1）N 段移位寄存器，每段移位寄存器有 k 个存储单元，共 Nk 个；

（2）n 个模 2 加法器，n 等于卷积编码输出位数，每个模 2 加法器连接到一些移位寄存器的输出端，数目可以不同，所连接的移位寄存器也可以不同；

（3）n 位的输出移位寄存器，n 个模 2 加法器与 n 位输出移位寄存器一一对应连接，模 2 加法器的运算结果即为卷积编码输出，每输入 k 位，就得到 n 位的输出。

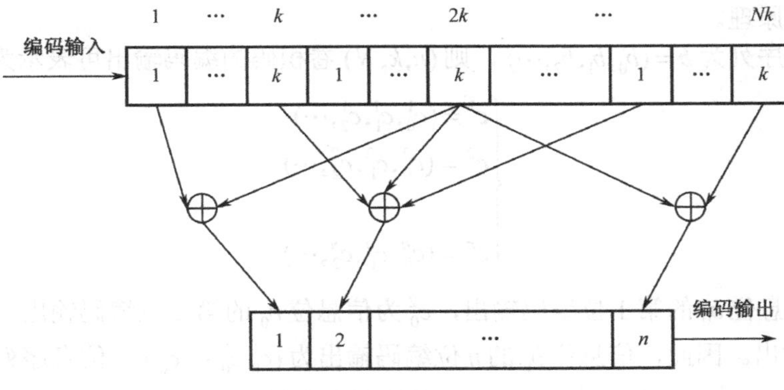

图 9-5　(n, k, N) 卷积码编码器一般结构

下面通过一个简单的例子来简要说明卷积码的编码原理。以（2,1,3）卷积码为例，其编码器框图如图9-6所示，这里$n=2$，$k=1$，$N=3$。

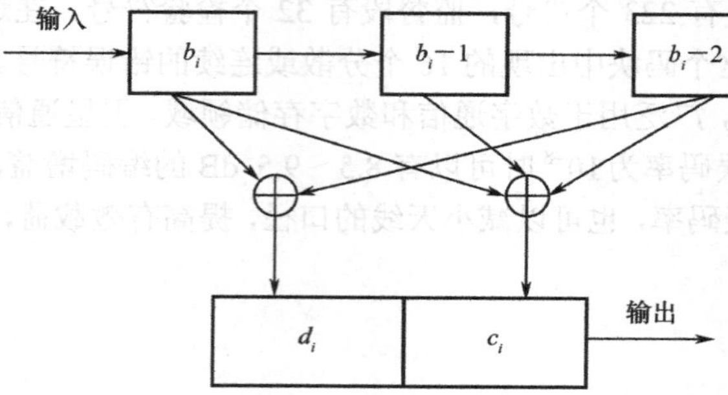

图9-6　（2,1,3）卷积码编码原理框图

设输入信息序列是$\cdots b_{i-2}b_{i-1}b_ib_{i+1}\cdots$，当输入$b_i$时，此时编码器的输出为$c_id_i$，表达式如下：

$$c_i = b_i \oplus b_{i-1} \oplus b_{i-2} \tag{9.5-1}$$

$$d_i = b_i \oplus b_{i-2} \tag{9.5-2}$$

当输入序列为$b_1=1$，$b_2=1$，$b_3=0$，$b_4=1$时，由以上表达式可计算得到卷积码的编码输出（假设移位寄存器的初始状态都为0）：

$$\begin{cases} c_1 = b_1 \oplus b_0 \oplus b_{-1} = 1\oplus 0\oplus 0 = 1 \\ d_1 = b_1 \oplus b_{-1} = 1\oplus 0 = 1 \end{cases}$$

$$\begin{cases} c_2 = b_2 \oplus b_1 \oplus b_0 = 1\oplus 1\oplus 0 = 0 \\ d_2 = b_2 \oplus b_0 = 1\oplus 0 = 1 \end{cases}$$

$$\begin{cases} c_3 = b_3 \oplus b_2 \oplus b_1 = 0\oplus 1\oplus 1 = 0 \\ d_3 = b_3 \oplus b_1 = 0\oplus 1 = 1 \end{cases}$$

$$\begin{cases} c_4 = b_4 \oplus b_3 \oplus b_2 = 1\oplus 0\oplus 1 = 0 \\ d_4 = b_4 \oplus b_2 = 1\oplus 1 = 0 \end{cases}$$

所以编码器的输出为（11，01，01，00）。

1．卷积码的代数表示法

卷积码有多种表示方法，主要分为代数法和图形法。这里首先通过代数表示法，进一步讲解卷积码的编码原理。

设输入信息序列为$\boldsymbol{b}=(b_0,b_1,b_2,\cdots)$，则$(n,k,N)$卷积码的编码输出可表示为：

$$\begin{cases} \boldsymbol{c}^1 = (c_0^1, c_1^1, c_2^1, \cdots) \\ \boldsymbol{c}^2 = (c_0^2, c_1^2, c_2^2, \cdots) \\ \quad\vdots \\ \boldsymbol{c}^n = (c_0^n, c_1^n, c_2^n, \cdots) \end{cases} \tag{9.5-3}$$

式中，c_0^1表示信息位b_0的第1位编码输出，c_0^2为信息位b_0的第2位编码输出，c_0^n为信息位b_0的第n位编码输出。因此，信息位b_0的n位编码输出为$(c_0^1\ c_0^2\cdots c_0^n)$，信息序列$\boldsymbol{b}$的编码输出为$\boldsymbol{c}=(\boldsymbol{c}^1\ \boldsymbol{c}^2\cdots \boldsymbol{c}^n)=(c_0^1c_0^2\cdots c_0^n, c_1^1c_1^2\cdots c_1^n,\cdots)$，其编码方程可表示为：

$$\begin{cases} \boldsymbol{c}^1 = \boldsymbol{b} * \boldsymbol{g}^1 \\ \boldsymbol{c}^2 = \boldsymbol{b} * \boldsymbol{g}^2 \\ \quad\vdots \\ \boldsymbol{c}^n = \boldsymbol{b} * \boldsymbol{g}^n \end{cases} \tag{9.5-4}$$

式中，“*”表示卷积运算；$\boldsymbol{g}^1$，$\boldsymbol{g}^2$，…，$\boldsymbol{g}^n$ 是由编码器得到的 n 个脉冲冲激响应向量，表示为：

$$\begin{cases} \boldsymbol{g}^1 = (g_0^1, g_1^1, g_2^1, \cdots) \\ \boldsymbol{g}^2 = (g_0^2, g_1^2, g_2^2, \cdots) \\ \quad\vdots \\ \boldsymbol{g}^n = (g_0^n, g_1^n, g_2^n, \cdots) \end{cases} \tag{9.5-5}$$

它们都是 $1\times N$ 的行向量，具体值可根据编码器中 n 个模 2 加法器的运算表达式获得。这里仍用 (2, 1, 3) 卷积码为例，讲解如何用代数表示法进行卷积编码。

假设输入信息序列 $\boldsymbol{b} = (1\ 1\ 0\ 1)$，因为由图 9-6 可得到两个输出表达式：

$$c_i = b_i \oplus b_{i-1} \oplus b_{i-2}$$

$$d_i = b_i \oplus b_{i-2}$$

由此得到两个冲激响应向量 $\begin{cases} \boldsymbol{g}^1 = (111) \\ \boldsymbol{g}^2 = (101) \end{cases}$，所以编码器的输出为

$$\begin{cases} \boldsymbol{c}^1 = \boldsymbol{b} * \boldsymbol{g}^1 = (1011) * (111) = (100011) \\ \boldsymbol{c}^2 = \boldsymbol{b} * \boldsymbol{g}^2 = (1011) * (101) = (111001) \end{cases}$$

即 $\boldsymbol{c} = (\boldsymbol{c}^1, \boldsymbol{c}^2) = (11,01,01,00,10,11)$。

若用码多项式表示冲激响应，则 $\begin{cases} g^1 = 1 + x + x^2 \\ g^2 = 1 + x^2 \end{cases}$，输入信息序列也可表示成码多项式形式 $b = 1 + x + x^3$，这里码多项式的次数从低到高依次递增，最低项次数为 $x^0 = 1$，各项系数为冲激响应向量值，所以得到编码器的输出多项式为：

$$\begin{cases} c^1 = b * g^1 = (1 + x + x^3) * (1 + x +^2) = 1 + x^4 + x^5, \text{即} \boldsymbol{c}^1 = (100011) \\ c^2 = b * g^2 = (1 + x + x^3) * (1 + x^2) = 1 + x + x^2 + x^5, \text{即} \boldsymbol{c}^2 = (111001) \end{cases}$$

最终编码输出为 $\boldsymbol{c} = (\boldsymbol{c}^1, \boldsymbol{c}^2) = (11,01,01,00,10,11)$。

2. 卷积码的图形表示法

1）状态图

卷积码在当前时刻的输出取决于当前时刻的输入及移位寄存器的当前存储内容，当信息序列不断输入时，移位寄存器的存储内容不断从一个状态转移到另一个状态，并输出相应的码序列。描述移位寄存器状态改变的图形称为状态图，对于一个 (n, k, N) 卷积码，可能状态有 $2^{(N-1)k}$ 个。这里仍用 (2,1,3) 卷积码讲解状态图的实现过程，因为 $N = 3$，$k = 1$，所以共有 $2^{(N-1)k} = 2^2 = 4$ 种状态，取为 $s_0 = 00$，$s_1 = 01$，$s_2 = 10$，$s_3 = 11$。分析 4 种不同状态情况下，每输入 1 位时，移位寄存器的状态改变及编码输出，其具体过程如下：

（1）若移位寄存器的当前状态为 00，则：当输入 $b_i = 0$ 时，移位寄存器的状态变为 00，输出码序列为 00；当输入 $b_i = 1$ 时，移位寄存器的状态变为 10，输出码序列为 11。

（2）若移位寄存器的当前状态为 10，则：当输入 $b_i=0$ 时，移位寄存器的状态变为 01，输出码序列为 10；当输入 $b_i=1$ 时，移位寄存器的状态变为 11，输出码序列为 01。

（3）若移位寄存器的当前状态为 11，则：当输入 $b_i=0$ 时，移位寄存器的状态变为 01，输出码序列为 01；当输入 $b_i=1$ 时，移位寄存器的状态变为 11，输出码序列为 10。

（4）若移位寄存器的当前状态为 01，则：当输入 $b_i=0$ 时，移位寄存器的状态变为 00，输出码序列为 11；当输入 $b_i=1$ 时，移位寄存器的状态变为 10，输出码序列为 00。

根据以上分析得到(2,1,3)卷积码的状态图如图 9-7 所示。其中圆圈中数值表示移位寄存器的当前状态，箭头上方数值表示移位寄存器由一个状态转移到另一个状态时，编码器的输出码序列。

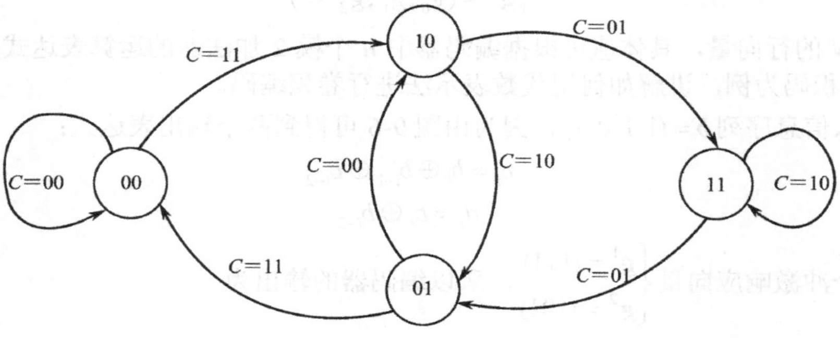

图 9-7　(2, 1, 3)卷积码的状态图

2）树图

状态图虽然可以清晰描述移位寄存器的状态，但不能描述输入与输出的时序关系。树图最大的特点是时序关系清晰，对于每一组输入序列，都有唯一的树枝结构与之对应。

(2, 1, 3) 卷积码的树图如图 9-8 所示，这里假设移位寄存器的初始状态为 00，上支路表示输入为 0，下支路表示输入为 1，每个支路上的码元序列表示当前输入情况下的编码输出。

由图 9-8 可以看出，当输入码元为 b_3 时，码树的上半部分与下半部分一致，这表示从第 4 个信息位开始，输出码元已与第一个信息位无关，因此编码器的约束度为 $N=3$。若输入序列为 $\boldsymbol{b}=(1101)$，则沿着图中箭头走向，得到输出码元序列为 $\boldsymbol{c}=(11,01,01,00)$。

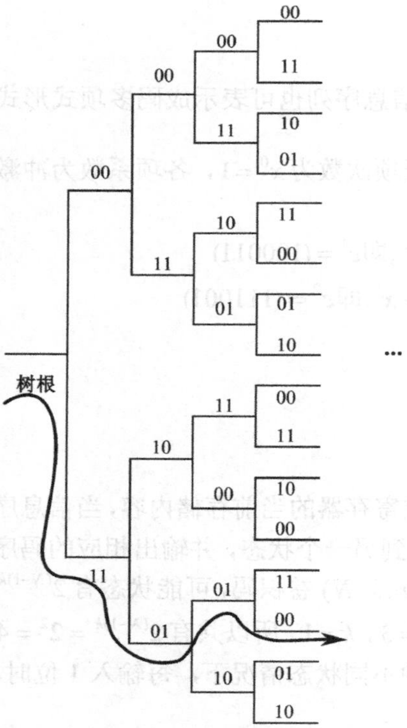

图 9-8　(2, 1, 3)卷积码树图

3）网格图

网格图是描述卷积码的状态随时间变化的情况，其纵坐标表示所有状态，横坐标表示时间变化，网格图在卷积码的译码，特别是维特比译码中特别有用，这将在后面讲解。

(2, 1, 3) 卷积码的网格图如图 9-9 所示，其中每个圆圈表示当前时刻移位寄存器所处的状态。随着输入序列的增加，移位寄存器的状态会沿着实线或虚线改变：当前输入为 0 时，状态沿实线改变；当前输入为 1 时，状态沿虚线改变。实线或虚线上的码元序列表示当前输入下的编码输出，若输入序列为 $\boldsymbol{b}=(1101)$，则沿着实线或虚线走向可得到相应输出码元序列 $\boldsymbol{c}=(11,01,01,00)$，如图 9-9 中箭头指向的路径。

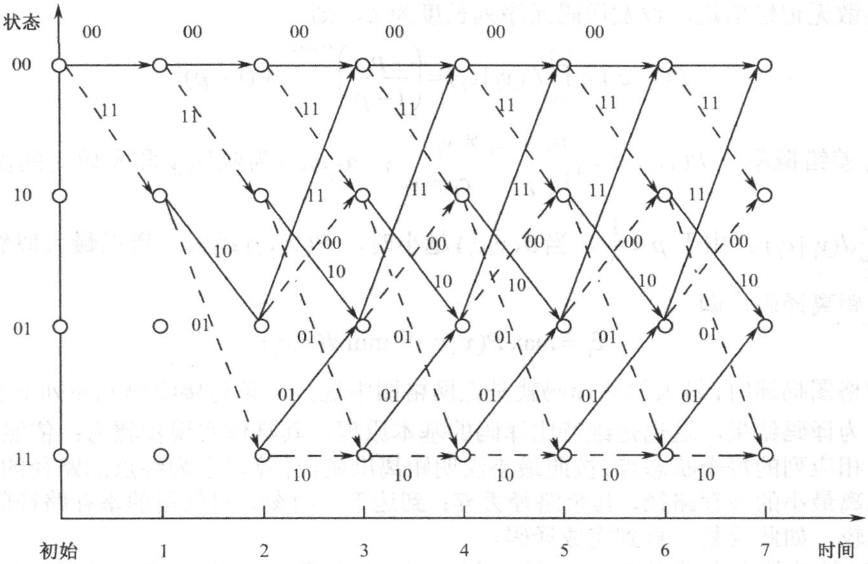

图 9-9 (2, 1, 3)卷积码网格图

同样，从网格图的第 3 个时刻开始，后面节点所延伸出的树结构完全一致，这也说明了从第 4 个信息位开始，输出码元已与第 1 个信息位无关，因此编码器的约束度为 $N=3$。

9.5.2 卷积码的译码原理

卷积码的译码方法主要分为两大类：代数译码和概率译码。代数译码是指利用编码本身的代数结构进行译码，不考虑信道的统计特性；概率译码则是基于信道的统计特性和卷积码的特点进行译码。这里我们重点介绍概率译码，这也是卷积码的主要译码方法。

1967 年，维特比引入了一种卷积码的译码算法，这就是著名的维特比算法。维特比算法属于概率译码，本质是利用最大似然准则进行译码。下面首先介绍最大似然译码的原理，再介绍维特比算法的具体实现步骤。

译码器的基本原理是在已知接收码 y 的条件下，找出最大可能性的发码 c_i，作为译码输出 $\hat{c}_i$，即满足表达式：

$$\hat{c}_i=\max_i P(c_i \mid y) \tag{9.5-6}$$

这种译码方法称为最大后验概率译码（MAP），其中 $P(c_i \mid y)$ 称为后验概率。在实际应用中得到后验概率很困难，一般只能给出先验概率 $P(y \mid c_i)$，因此根据贝叶斯公式：

$$P(c_i \mid y)=\frac{P(y \mid c_i)P(c_i)}{P(y)} \tag{9.5-7}$$

得到

$$P(y \mid c_i)=\frac{P(c_i \mid y)P(y)}{P(c_i)} \tag{9.5-8}$$

假设输入输出码元等概，则 $P(y|c_i)=P(c_i|y)$，即最大后验概率译码等效于最大先验概率译码，满足表达式：

$$\hat{c}_i=\max_i P(y|c_i) \tag{9.5-9}$$

$P(y|c_i)$ 也称为似然函数，所以最大先验概率译码又称为最大似然译码（ML）。

对于离散无记忆信道，设发送码元序列长度为 L，则

$$P(y|c_i)=\prod_{l=0}^{L-1}P(y_l|c_l)=\left(\frac{p}{1-p}\right)^{d(y,c_i)}+(1-p)^L \tag{9.5-10}$$

式中，p 为差错概率；$P(y_l|c_l)=\begin{cases}p, & c_l\neq y_l\\ 1-p, & c_l=y_l\end{cases}$；$d(y,c_i)$ 为收码 y 和发码 c_i 的汉明距离，$d(y,c_i)=\sum_{l=0}^{L-1}d(y_l|c_l)$。由于 $p<\frac{1}{2}$，当 $d(y,c_i)$ 越小时，$P(y|c_i)$ 越大，所以最大似然译码等价于最小汉明距离译码，即

$$\hat{c}_i=\max_i P(y|c_i)=\min_i d(y,c_i) \tag{9.5-11}$$

在用网格图描述时，最大似然译码就是在网格图中选择一条与接收码元序列 y 汉明距离最小的路径作为译码结果，这也是维特比译码的基本原理，其具体实现步骤为：依照不同时刻，对网格图中相应列的每个状态点，按照最小汉明距离准则，计算以它为终点的路径的汉明距离，保留汉明距离最小的幸存路径，其余路径丢弃；到达下一时刻，对保留的幸存路径的延伸路径继续进行比较，如此反复，直到完成译码。

对于 L 长的输入信息序列，对其进行 (n,k,N) 卷积编码时，产生的输出序列码长为 $n(L+N-1)$，用维特比算法译码，在网格图中需要有 $L+N$ 个时间段，用 0, 1, …, $L+N-1$ 表示。这里仍以 (2,1,3) 卷积码为例，若发送信息序列为 $\boldsymbol{b}=(1101)$，经编码后输出的码序列为 $\boldsymbol{c}=(110101001011)$，经过信道后接收码元序列为 $\boldsymbol{y}=(100100001011)$。现用维特比算法进行译码，因为 $L=4$，$N=3$，所以网格图中最少需要 $L+N-1=6$ 级节点，可采用如图 9-9 所示的网格图进行译码。具体实现步骤为（假设移位寄存器初始状态为 00）：

在 $t=1$ 时刻接收码元序列 $y=10$，而发送码元 0 或 1 的编码输出码元序列分别为 00 或 11，与 $y=10$ 的汉明距离分别为 $d_0=1$ 和 $d_1=1$，两者距离一致，所以这两条路径都保留，如图 9-10 所示。

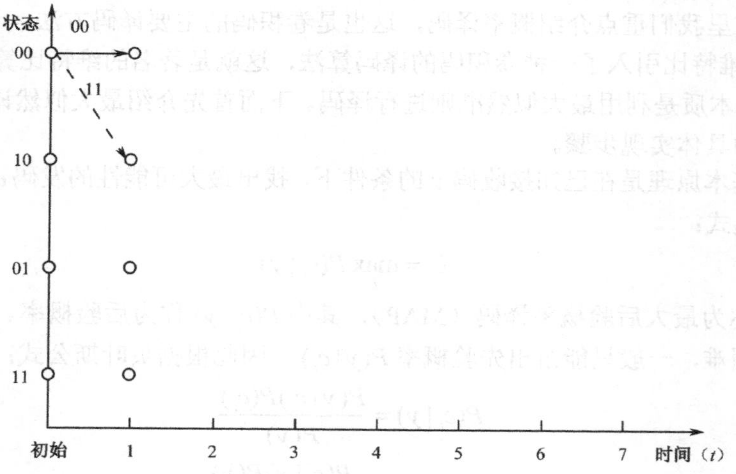

图 9-10　维特比译码步骤 1 示意图

在 $t=2$ 时刻接收码元序列 $y=01$，在前两条路径基础上，分别发送码元 0 或 1，得到 4 条路径，如图 9-11 所示。比较这 4 条路径的输出码元序列与 $y=01$ 的汉明距离，从上到下依次为：$d_{00}=1$，$d_{01}=1$，$d_{10}=2$，$d_{11}=0$。

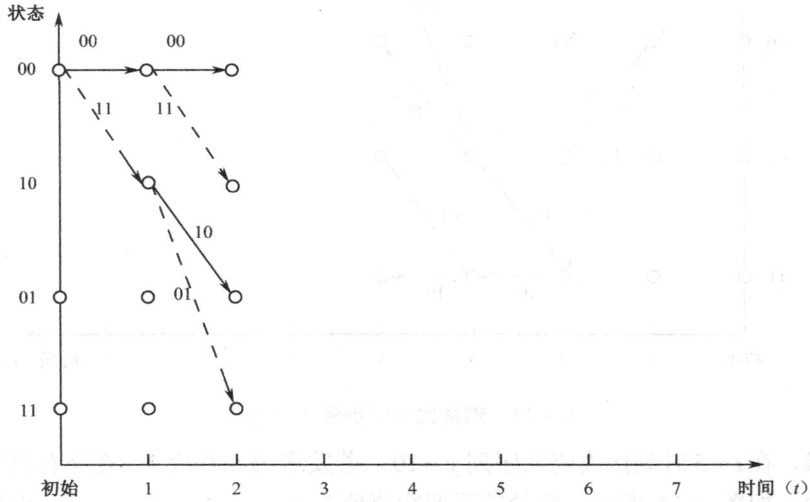

图 9-11　维特比译码步骤 2 示意图

由以上关系式可见：当发送码元序列 11 时，该路径的累加汉明距离为 $d=d_1+d_{11}=1+0=1$ 最小，所以保留该路径，丢弃其余路径，这里 d 的下标表示从 $t=1$ 时刻到当前时刻的所有发送码元序列。

在 $t=3$ 时刻接收码元序列 $y=00$，在前面得到的幸存路径的基础上，分别发送码元 0 或 1，得到两条路径如图 9-12 所示，这两条路径的汉明距离相等，即 $d_{110}=1$，$d_{111}=1$，所以两条路径都保留。

在 $t=4$ 时刻接收码元序列 $y=00$，在前面路径基础上，分别发送码元 0 或 1，得到 4 条路径如图 9-13 所示，汉明距离值分别为 $d_{1100}=2$，$d_{1101}=0$，$d_{1110}=1$，$d_{1111}=1$。可见，发送码元序列 1101 的路径的累计汉明距离值最小，所以保留该路径，丢弃其他路径。

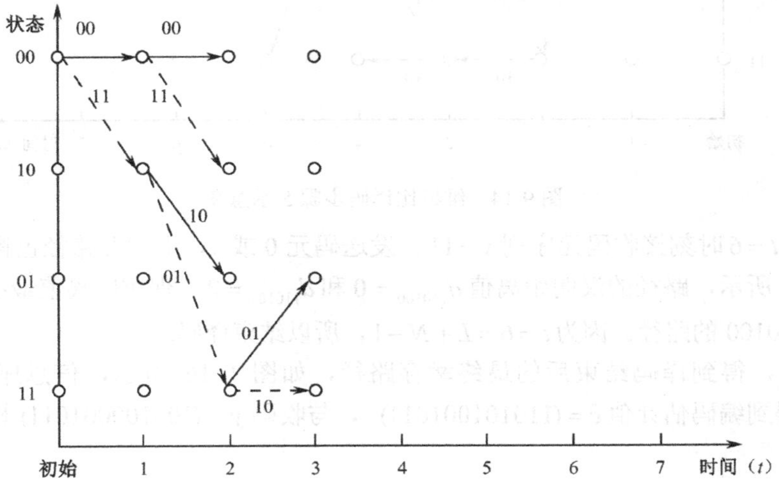

图 9-12　维特比译码步骤 3 示意图

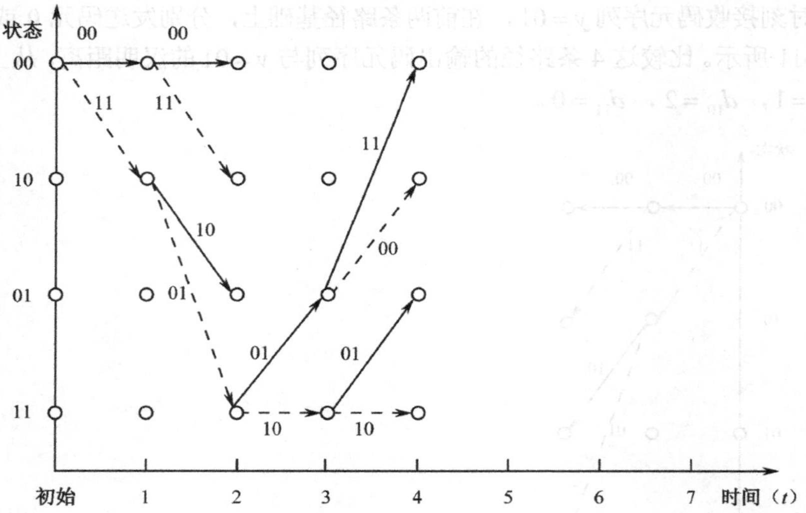

图 9-13　维特比译码步骤 4 示意图

以此类推，在 $t=5$ 时刻接收码元序列 $y=10$，若发送码元 0 或 1，在幸存路径基础上得到两条延伸路径，如图 9-14 所示，路径的汉明距离值为 $d_{11010}=0$ 和 $d_{11011}=2$。保留距离值最小的路径，即发送码元序列 11010 的路径。

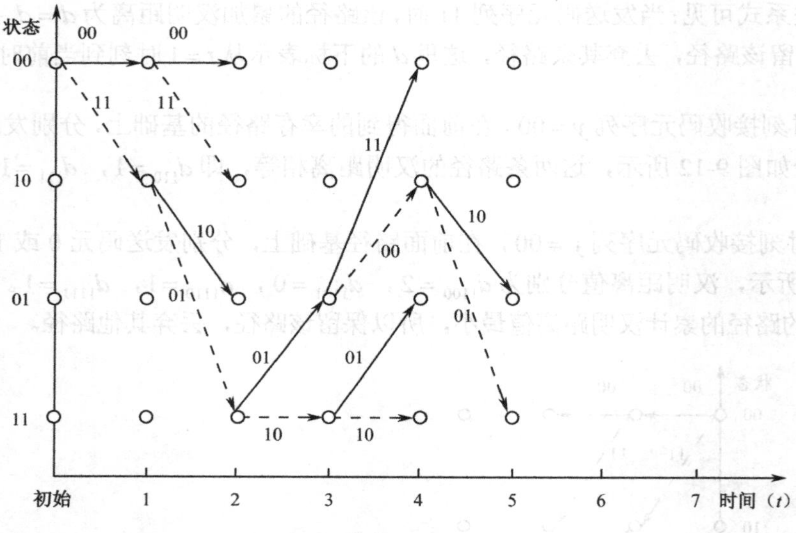

图 9-14　维特比译码步骤 5 示意图

最后，在 $t=6$ 时刻接收码元序列 $y=11$，发送码元 0 或 1，沿幸存路径也得到两条延伸路径，如图 9-15 所示，路径的汉明距离值 $d_{110100}=0$ 和 $d_{110101}=2$。保留距离值最小的路径，即发送码元序列 110100 的路径。因为 $t=6=L+N-1$，所以结束译码。

经过分析，得到译码结束后的最终幸存路径，如图 9-16 所示，信息序列的估计值为 $\hat{\boldsymbol{b}}=(1101)$，得到编码估计值 $\hat{\boldsymbol{c}}=(110101001011)$，与收码 $\boldsymbol{y}=(100100001011)$ 相比，两个错误被纠正。

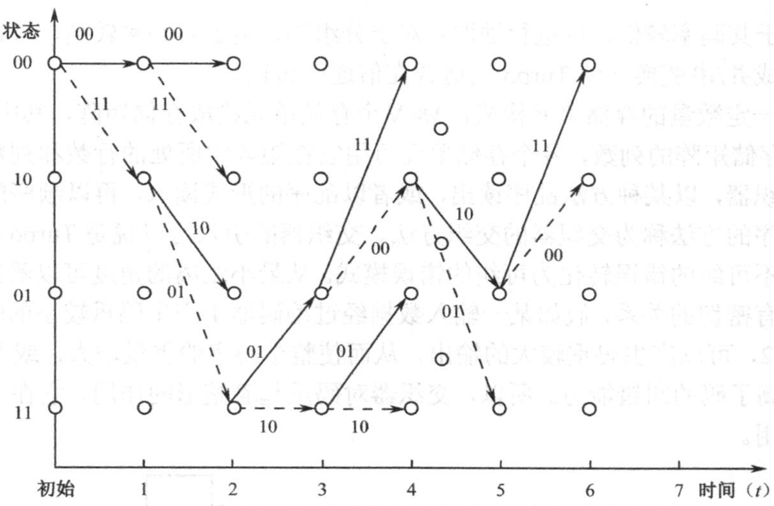

图 9-15 维特比译码步骤 6 示意图

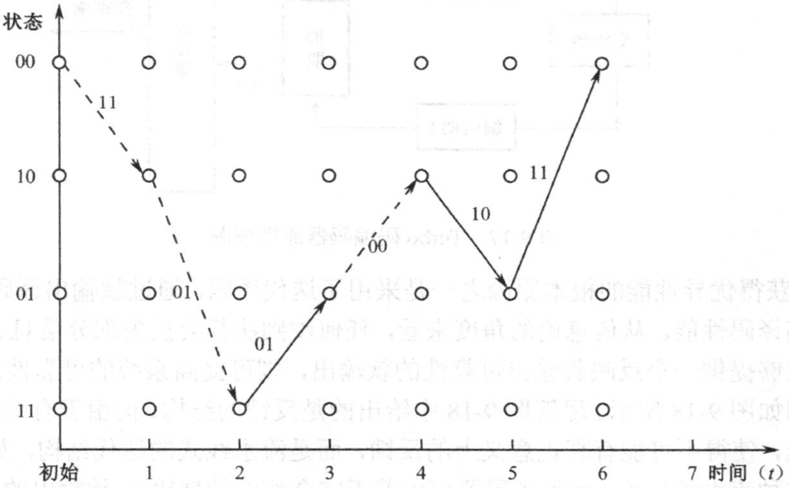

图 9-16 (2, 1, 3)卷积码维特比译码的幸存路径

9.6 Turbo 码

1993 年法国的 C. Berrou 等人在国际会议 ICC 上提出了一种新型纠错编码——Turbo 码。Turbo 码一经提出，就以其优异的性能被编码界专家认为具有很大的发展潜力。Turbo 码与以往所有码的不同之处在于它通过一个交织器，使之达到接近香农性能极限。此外，它所采用的迭代译码策略，使得译码复杂性大大降低。它采用两个子译码器通过交换边信息，从而提高译码性能，边信息的交换是在迭代译码的过程中实现的，前一次迭代产生的边信息经交换后将作为后一次迭代的先验信息。

Turbo 码编码器的原理框图如图 9-17 所示，其中有两个编码器，它们可以选择相同的码，也可以选择不同的码。编码器将输入数据的 n 位分为一组，由编码器 1 进行行编码，再经过交织器由编码器 2 进行列编码。将两路编码的校验位进行抽取，删除适当码元，以提高码率：对于卷积码，由于其码率较低，可进行抽取；对于分组码，由于其码率较高，可直接省略。最后进行复接，完成并/串变换，使 Turbo 码适合在信道中传输。

交织器由一定数量的存储单元构成，$M \times N$ 个存储单元构成存储矩阵，其中 M 为存储矩阵的行数，N 为存储矩阵的列数，各个存储单元可用它在矩阵中所处的行数和列数来表示。信息流顺序流入交织器，以某种方法乱序读出，或者以乱序的形式读入，再以顺序的形式读出，这种决定读出顺序的方法称为交织器的交织方法。交织器的引入可以说是 Turbo 码的一大特色，它可以将一些不可纠的错误转化为可纠的错误模式。从最小距离的角度可以看出，码的性能与码的最小距离有密切的关系，假如某一输入数据经过编码器 1 产生码重较小的输出，但它交织后经过编码器 2，可以产生码重较大的输出，从而使整个码字的重量增大，或者说使最小距离增大，从而提高了码的纠错能力。所以，交织器对码重起着整形的作用，它在 Turbo 码中起着至关重要的作用。

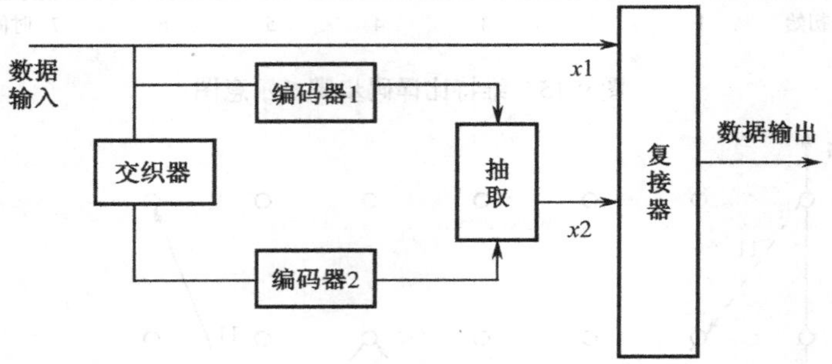

图 9-17　Turbo 码编码器原理框图

Turbo 码获得优异性能的根本原因之一是采用了迭代译码，通过软输出译码器之间软信息的交换来提高译码性能。从信息论的角度来看，任何硬判决都会损失部分信息。因此，如果软输出译码器能够提供一个反映其输出可靠性的软输出，则可提高系统的可靠性。Turbo 码译码器的原理框图如图 9-18 所示。尽管图 9-18 中给出的是反馈的结构，但由于有交织环节的存在，必然引起时延，使得不可能有真正意义上的反馈，而是流水线式的迭代结构，如图 9-19 所示。也正是因为这种流水线结构，使得译码器可由若干完全相同的软输入/软输出的基本单元构成，从而以较小的复杂度实现了最大似然译码。

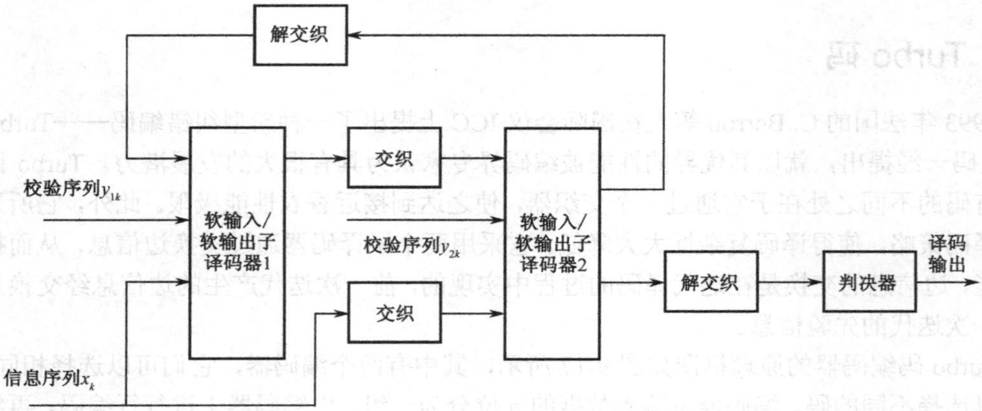

图 9-18　Turbo 码译码器原理框图

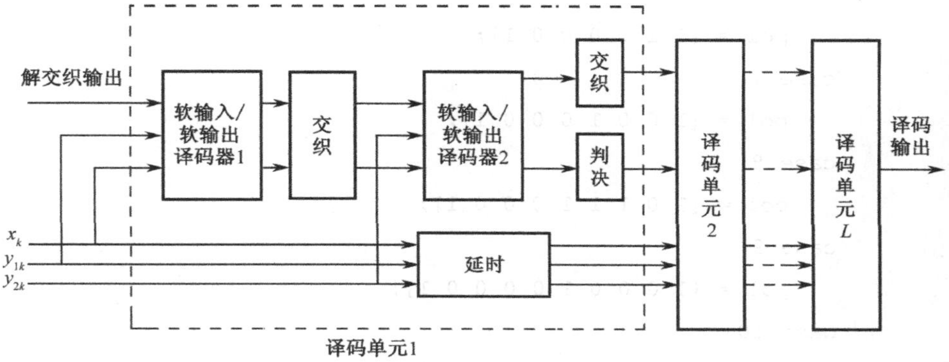

图 9-19　Turbo 流水线迭代结构示意图

Turbo 码的出现为编码理论和实践带来了一场革命。在理论上，Turbo 码不仅有着不同于以往的结构，而且带来了迭代译码的思想，使逼近信道容量成为可能。目前，Turbo 码已作为第三代移动通信系统的信道编码方案之一，由于 Turbo 码的译码采用了迭代译码的思想，因此可以推广到 CDMA 多用户检测中，实现基于 Turbo 码译码原理的 CDMA 多用户检测接收。可以说，只要时延和复杂度允许，Turbo 码可在各种恶劣条件下提供接近极限的通信能力。

9.7　MATLAB 仿真举例

本节以（n, k）汉明码为例，介绍用 MATLAB 实现其编码和译码过程。

1．汉明码编码函数

```
function encodedmsg=hamc(m,msg)          %m为监督位数，msg为信息原码，其码长为(2^m-1)-m，
                                          encodedmsg为生成码字
p=2;
n=2^(m)-1;
k=n-m;
if ( (p == 2) & (m <= 24) )              %根据m取值，得到汉明码的生成多项式
      switch m
         case 1
            pol = [1 1];
         case 2
            pol = [1 1 1];
         case 3
            pol = [1 1 0 1];
         case 4
            pol = [1 1 0 0 1];
         case 5
            pol = [1 0 1 0 0 1];
         case 6
```

```
            pol = [1 1 0 0 0 0 1];
          case 7
            pol = [1 0 0 1 0 0 0 1];
          case 8
            pol = [1 0 1 1 1 0 0 0 1];
          case 9
            pol = [1 0 0 0 1 0 0 0 0 1];
          case 10
            pol = [1 0 0 1 0 0 0 0 0 0 1];
          case 11
            pol = [1 0 1 0 0 0 0 0 0 0 0 1];
          case 12
            pol = [1 1 0 0 1 0 1 0 0 0 0 0 1];
          case 13
            pol = [1 1 0 1 1 0 0 0 0 0 0 0 0 1];
          case 14
            pol = [1 1 0 0 0 0 1 0 0 0 1 0 0 0 1];
          case 15
            pol = [1 1 0 0 0 0 0 0 0 0 0 0 0 0 0 1];
          case 16
            pol = [1 1 0 1 0 0 0 0 0 0 0 0 1 0 0 0 1];
          end
end
% 编码循环程序
b=zeros(1,m);
g=pol;
c=b;
for i=length(msg):-1:1
      u1=xor(msg(i),c(m-1));
      c(1)=xor(b(1),g(2)*u1);
      b(1)=u1;
     for j=2:m-1
        c(j)=xor(b(j),g(j+1)*u1);
        b(j)=c(j-1);
     end
        c(m)=b(m);
        b(m)=c(m-1);
end
```

```
encodedmsg=[b msg];%得到汉明编码
```

在 MATLAB 命令窗口中键入函数命令 hamc（3,[0 0 0 0]）对信息原码 0000 进行（7, 4）汉明编码，得到汉明码为 0000 000。同理，0001～1111 信息原码用函数 hamc()对其进行（7, 4）汉明编码如下：

原码	（7, 4）汉明码	原码	（7, 4）汉明码
0001	1010001	1001	0111001
0010	1110010	1010	0011010
0011	0100011	1011	1001011
0100	0110100	1100	1011100
0101	1100101	1101	0001101
0110	1000110	1110	0101110
0111	0010111	1111	1111111
1000	1101000		

2. 汉明码译码函数

```
function [out,decoded]=hamd(m,encoded)  %m为监督位数，encoded为生成码字，decoded
                                        为汉明译码
p=2;
n=2^(m)-1;
k=n-m;
if ( (p == 2) & (m <= 24) )
      switch m
          case 1
              pol = [1 1];
          case 2
              pol = [1 1 1];
          case 3
              pol = [1 1 0 1];
          case 4
              pol = [1 1 0 0 1];
          case 5
              pol = [1 0 1 0 0 1];
          case 6
              pol = [1 1 0 0 0 0 1];
          case 7
              pol = [1 0 0 1 0 0 0 1];
          case 8
```

```
            pol = [1 0 1 1 1 0 0 0 1];
        case 9
            pol = [1 0 0 0 1 0 0 0 0 1];
        case 10
            pol = [1 0 0 1 0 0 0 0 0 0 1];
        case 11
            pol = [1 0 1 0 0 0 0 0 0 0 0 1];
        case 12
        pol = [1 1 0 0 1 0 1 0 0 0 0 0 1];
        case 13
            pol = [1 1 0 1 1 0 0 0 0 0 0 0 0 1];
        case 14
            pol = [1 1 0 0 0 0 1 0 0 0 1 0 0 0 1];
        case 15
            pol = [1 1 0 0 0 0 0 0 0 0 0 0 0 0 0 1];
        case 16
            pol = [1 1 0 1 0 0 0 0 0 0 0 0 1 0 0 0 1];
        end
end
%译码循环程序，可纠正单个错误
s=zeros(1,m);
g=pol;
t=s;
bu=encoded;
kl=0;
for i=length(encoded):-1:1
        u1=xor(encoded(i),xor(t(m-1),kl));
        t(1)=xor(s(1),g(2)*u1);
        s(1)=u1;
      for j=2:m-1
          t(j)=xor(s(j),g(j+1)*u1);
          s(j)=t(j-1);
      end
          t(m)=s(m);
          s(m)=t(m-1);
end
s1=s;
h=1;
```

```
for l=1:length(s)-1
h=and(~s1(l),h);
end
s1(end)=and(s1(end),h);
kl=s1(end);
for i=length(encoded):-1:1
        out(i)=xor(bu(i),kl);
u1=xor(0,xor(t(m-1),kl));
        t(1)=xor(s(1),g(2)*u1);
        s(1)=u1;
        for j=2:m-1
           t(j)=xor(s(j),g(j+1)*u1);
           s(j)=t(j-1);
        end
        t(m)=s(m);
        s(m)=t(m-1);
s1=s;
h=1;
for l=1:length(s)-1
        h=and(~s1(l),h);
end
s1(end)=and(s1(end),h);
kl=s1(end);
end
decoded=out(m+1:n);
```

在 MATLAB 命令窗口中键入函数命令[out,decoded]=hamd（3,[0 0 0 0 0 0 0]），对汉明码 0000000 进行译码，得到信息原码为 0000；同理，对其他的（7, 4）汉明码用函数 hamd（）对其进行译码，得到原码如下：

（7,4）汉明码	原码	（7,4）汉明码	原码
1010001	0001	0111001	1001
1110010	0010	0011010	1010
0100011	0011	1001011	1011
0110100	0100	1011100	1100
1100101	0101	0001101	1101
1000110	0110	0101110	1110
0010111	0111	1111111	1111
1101000	1000		

9.8 本章小结

信道编码以码元在信道上的正确传输为目标，可以从两个层次理解：一是如何通过信道编码正确接收载有信息的码元；二是如何通过信道编码避免差错码元对信息的影响。前面章节主要从第一个层次进行讨论，如 AMI 码、HDB_3 码、$nBmB$ 码等线路编码主要是为了消除直流，改造信号频谱，适应信道特性。而本章则从第二个层次讨论如何通过差错控制编码对发送码元进行纠错检错，降低系统误码率。

差错控制编码可分为分组码和卷积码两大类。若监督位和信息位的关系由线性代数方程式决定，则这种编码为线性分组码。奇偶校验码是一种最常用的线性分组码；汉明码是一种能够纠正 1 位错码的效率较高的线性分组码；循环码是具有循环性的线性分组码，其中 BCH 码是能够纠正多个随机错码的循环码，RS 码是一种具有很强纠错能力的多进制 BCH 码。

卷积码是非分组码，它的监督码元不仅和当前 k 位信息段有关，而且还同前面（N−1）个信息段有关，N 为卷积码的约束度。

思考题

9-1 差错控制编码属于信源编码还是信道编码，进行纠错或检错的本质是什么？

9-2 信道中的噪声有哪些，产生的影响有什么不同？

9-3 差错控制技术有哪几种，各有什么特点？

9-4 什么是分组码，其编码原理有何特点？

9-5 什么是卷积码，其编码原理有何特点？

9-6 简述差错控制编码的最小码距与其纠错和检错的关系。

9-7 简述奇偶校验码的工作原理。

9-8 线性分组码的生成矩阵有哪些性质？监督矩阵有哪些性质？它们之间有何关系？

9-9 循环码的定义是什么？其生成多项式和监督多项式有何特点？

9-10 什么是 BCH 码？什么是本原 BCH 码？什么是非本原 BCH 码？

9-11 卷积码有哪些表示方法？

9-12 什么是维特比译码算法？其具体实现步骤是什么？

9-13 简述 Turbo 码的基本原理。

习题

9-1 已知两组码为（0000）和（1111），若用于检错和纠错，其性能如何？

9-2 码长为 15 的汉明码，其监督位 r 为多少，编码效率为多少？

9-3 已知（15,11）汉明码的生成多项式 $g(x)=x^4+x^3+1$，求其生成矩阵和监督矩阵。

9-4 已知（7,4）分组码的生成矩阵为 $\boldsymbol{G}=\begin{bmatrix}1&0&0&0&1&1&1\\0&1&0&0&1&0&1\\0&0&1&0&0&1&1\\0&0&0&1&1&1&0\end{bmatrix}$，求以下信息序列的生成码字：（1）1000；（2）0101；（3）1110。

9-5　已知非系统码的生成矩阵为 $G=\begin{bmatrix}0&0&0&1&0&1&1\\0&0&1&0&1&1&0\\0&1&0&1&1&0&0\\1&0&1&1&0&0&0\end{bmatrix}$，求其典型生成矩阵和典型监督矩阵。

9-6　已知（15,7）循环码的生成多项式为 $g(x)=x^8+x^7+x^6+x^4+1$，求其生成矩阵和信息多项式 $m(x)=x^6+x^3+x+1$ 的生成码多项式。

9-7　已知（15,7）循环码的生成多项式为 $g(x)=x^5+x^3+x+1$，求其监督多项式。

9-8　已知 $x^7+1=(x^3+x^2+1)(x^3+x+1)(x+1)$，求：

（1）（7,3）循环码的生成多项式；

（2）（7,4）循环码的生成多项式。

9-9　已知某线性分组码的生成矩阵为 $G=\begin{bmatrix}0&0&1&1&1&0&1\\0&1&0&0&1&1&1\\1&0&0&1&1&1&0\end{bmatrix}$，若译码器输入为 $y=(1000101)$，求其对应的校验子。

9-10　已知某线性分组码监督矩阵为 $H=\begin{bmatrix}1&1&1&0&1&0&0\\1&1&0&1&0&1&0\\1&0&1&1&0&0&1\end{bmatrix}$，列出所有生成码字。

9-11　已知（2,1,2）卷积码的编码器输入与输出关系为 $\begin{cases}c_1=b_1\oplus b_2\\c_2=b_1\oplus b_2\oplus b_3\end{cases}$，试画出该编码器的原理框图，以及卷积码的状态图、树图和网格图。

9-12　（2,1,2）卷积编码器的输入信息序列为 $b=(1011100)$，输出码序列为 $c=(11100001100111)$，经过离散无记忆信道后，接收码序列为 $y=(10100001110111)$，其中有 2 位错误，试用维特比译码算法求出估计信息序列 $\hat{b}$ 和码序列 $\hat{c}$。

9-13　已知（3,1,4）卷积码编码器的输入与输出关系为 $\begin{cases}c_1=b_1\\c_2=b_1\oplus b_2\oplus b_3\oplus b_4\\c_3=b_1\oplus b_3\oplus b_4\end{cases}$，当输入信息序列为 10110 时，求其输出码序列。

第10章 同步原理

在一个完整的通信系统中，除了包括前面章节介绍的知识外，往往还应包括同步系统。尤其是数字通信系统，在对接收到的码元进行判决时需要保持同步，否则将会判错；当按字来传输信息时，所接收到的字的8位码前后位置必须保持一致；当采用时分复用方式传输时，接收端应当正确区分哪个是第1路，哪个是第2路等。对于调制系统，无论是模拟通信还是数字通信，对已调信号进行相干解调时，其载波必须与发端保持一致，即收发载波同步，否则将无法还原出原始信号。当多个通信系统互联组成通信网时，同样需要同步，以避免出现"滑码"现象导致的丢帧。

由此可见，同步是数字通信系统能否实现通信的关键，可以说是进行信息传输的前提。同步系统性能的降低会直接导致通信系统性能的降低，甚至使通信系统不能工作。因此，为了保证信息的可靠传输，要求同步系统有很高的可靠性。

对于数字基带传输系统，保证收发码元一致的同步称为位同步（或时钟同步）；用于保障各支路信号正确分接的同步称为群同步或帧同步；使整个通信网同步工作的称为网同步；对于采用相干解调的频带传输系统，用于相干载波获取的称为载波提取，又称载波恢复或载波同步。

本章将分别讨论载波同步、位同步、帧同步和网同步。

10.1 载波同步

在接收端获得载波信息的方法大致可分为两类：第一类为发送端在发送有用信号的同时，也送出载波或与它有关的导频信号，叫插入导频法；第二类是发送端不专门传送载波或有关载波的信息，而是从接收到的已调信号中提取载波，叫直接提取法。

在插入导频法中所发送的载波或导频信号所占的平均功率，通常都低于有用信号功率，可以根据接收端载波提取的要求而控制，并且由于发送电平是恒定的，所以可用作自动增益控制电路的参考信号。

下面分别讨论这几种载波同步的方法。

10.1.1 插入导频法

插入导频法又分为两种：一种是在频域中插入，即在发送信息的频谱中或频带外插入导频；另一种是在时域上插入载频信息。

1. 在频域中插入导频

频域插入法多用于已调信号的功率谱中不含有离散谱的调制系统。如前所述，模拟调制中的抑制载波的双边带（DSB）已调信号、单边带（SSB）调制信号和数字调制中的调相信号自身都不含有载波频率。对于这些调制方式，可以采用插入导频法来提取相干载波。残留边带信号虽然一般含有载波分量，但很难从已调信号的频谱中将载波分离出来，也可以采用插入导频法来提取相干载波。值得一提的是，单边带调制系统不能使用直接提取法，只能采用插入导频法来提取相干载波。数字相位调制信号在符号不等概时其功率谱密度中将含有线谱分量，只有符号等概时，该信号中的线谱分量才为零，但通常在调制前都采用扰码技术使符号近似等概。

通常插入导频法中导频的选择首先考虑采用载波频率 f_c（双边带调制时 f_c 也就是已调信

号的中心频率 f_0）作为导频。这样做的好处是载波频率在已调信号频谱的频带内，插入导频后不会增加信号的带宽；其次是接收端提取出的导频不用变换就可以作为解调用的载波。但是这样做的前提是，基带信号频谱中不能含有直流分量，以及靠近直流附近的低频分量要小。这样插入导频后可以避免信号与导频间的相互干扰，且有利于在接收端进行导频提取。然而，一般的数字基带信号不仅含有直流，而且含有丰富的低频分量，采用双边带调制后频谱中包含有载波频率分量，且邻近直流的低频成分在调制后非常靠近载波频率，如图 10-1 所示。因此，如果在 f_0 处再插入导频将会受到干扰，使得在接收端提取纯净的载波几乎不可能。

对于这类情况，为了在载波频率位置插入导频，需要对基带信号先进行波形变换，使频谱在零频率的能量为 0，并且在零频率附近的能量较小，然后再用它去调制载波。这时得到的已调信号频谱中，在载频 f_0 处形成了一个零点，就可以利用已调信号频谱的这个零点来插入导频，如图 10-2 所示。由于调制后在 $f = f_0$ 处形成频谱零点，并且在其附近的频谱分量较少，这就可以在发送端根据接收端提取载频的需要在频谱零点 f_0 处加入一个幅度和相位恒定的导频分量。注意，导频是将调制用的载波移相 90°后的正弦波——正交载波。插入导频法的发送端组成框图如图 10-3（a）所示。

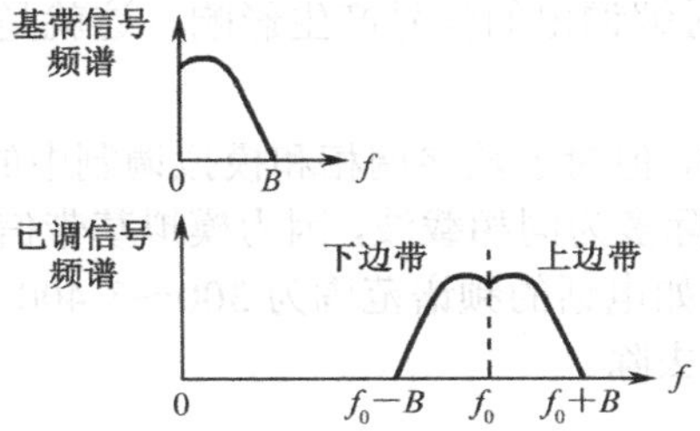

图 10-1 抑制载波双边带调制

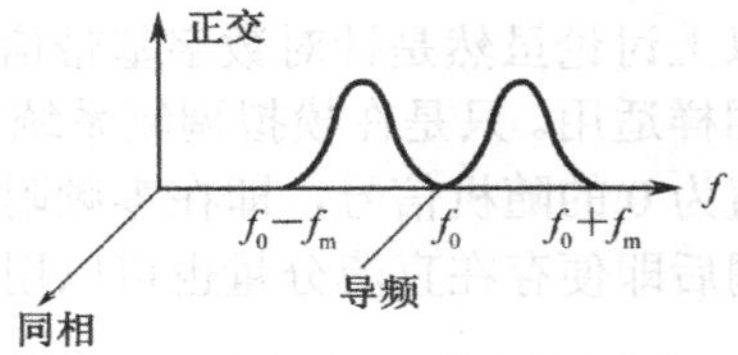

图 10-2 双边带调制信号的导频插入

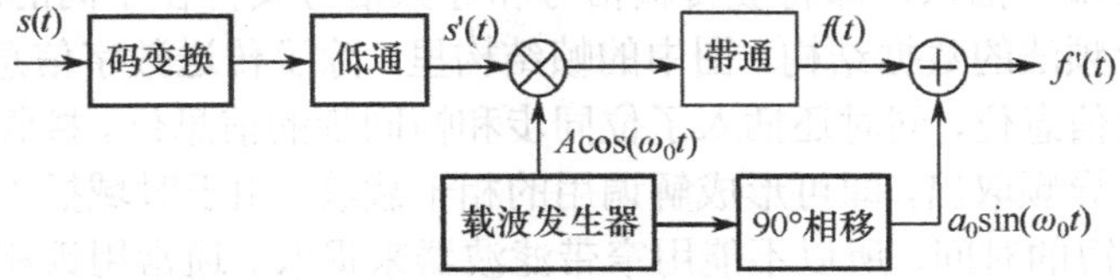

(a) 发送端组成框图

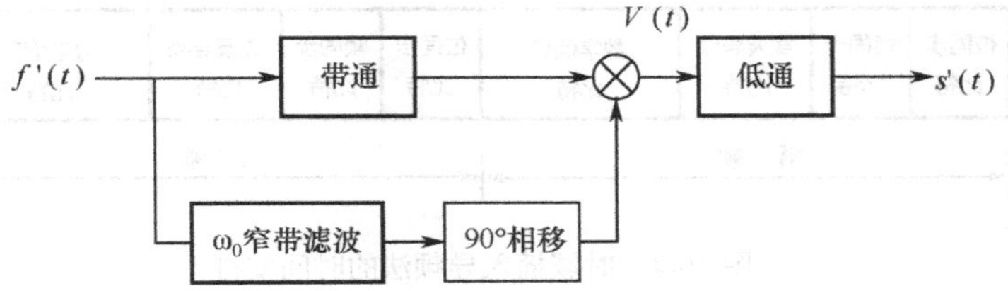

(b) 接收端组成框图

图 10-3 插入导频法原理框图

设基带信号为 $s(t)$，经码型变换和低通滤波器（截止频率为 f_m）后为 $s'(t)$，载波为 $A\cos(\omega_0 t)$，插入导频是被调载波移相 90°形成的，为 $a_0\sin(\omega_0 t)$，其中 a_0 是插入导频的振幅，则输出信号 $f'(t)$ 为：

$$f'(t) = As'(t)\cos(\omega_0 t) + a_0\sin(\omega_0 t) \tag{10.1-1}$$

设接收端所收到的信号与发端输出信号相同，则接收端用一个中心频率为 ω_0 的窄带滤波器就可以将 $a_0\sin(\omega_0 t)$ 导频取出，再将之移相 90°后就可得到与调制载波同频同相的相干载波 $\cos(\omega_0 t)$。接收端组成框图如图 10-3（b）所示。

如前所述，插入的导频是正交载波，因此从接收端相乘器的输出 $V(t)$ 为

$$\begin{aligned}V(t)&=\left[As'(t)\cos(\omega_0 t)+a_0\sin(\omega_0 t)\right]\cos(\omega_0 t)\\&=\frac{A}{2}s'(t)+\frac{A}{2}s'(t)\cos(2\omega_0 t)+\frac{a_0}{2}\sin(2\omega_0 t)\end{aligned} \tag{10.1-2}$$

设图 10-3（b）中低通滤波器的截止频率为 f_m，$V(t)$ 经过低通滤波器后，就可以恢复出调制信号 $s'(t)$。

但是，如果发端加入的导频不是正交载波，而是同相载波，这时接收端相乘器的输出 $V(t)$ 为

$$\begin{aligned}V(t)&=\left[As'(t)\cos(\omega_0 t)+a_0\cos(\omega_0 t)\right]\cos(\omega_0 t)\\&=\frac{A}{2}s'(t)+\frac{A}{2}s'(t)\cos(2\omega_0 t)+\frac{a_0}{2}+\frac{a_0}{2}\cos(2\omega_0 t)\end{aligned} \tag{10.1-3}$$

由式（10.1-3）可以看出：接收端相乘器的输出中除了有调制信号 $s'(t)$ 外，还会有直流分量 $a_0/2$，这个直流分量无法用低通滤波器滤除，将对解调出的信号产生影响。这就是发送端导频正交插入的原因。

以上讨论虽然是针对数字基带信号的双边带调制，但对于数字调相和模拟调制中的 DSB、SSB 同样适用。只是在模拟调制系统中插入的导频实际多为同相载波，因为模拟基带信号通常是均值为 0 的随机信号，即在零频附近没有分量，例如电话的频谱范围为 300～3 400 Hz，所以解调后即便存在直流分量也可以用隔直电路将直流去除。

2．在时域中插入导频的方法

载波导频也可在时域中插入，即将被传输信号和导频信号安排在不同的时隙上。图 10-4 示出了一种时域插入导频法的数据结构。图中的帧结构里，除了传送数字信息以外，在规定的时隙插入了载波导频的信息位，同时还插入了位同步和帧同步的信息位。接收端用相应的控制信号将每帧插入的载波导频取出，即可形成解调用的相干载波。由于时域插入载波导频是不连续的，在一帧中只占很短的时间，所以不能用窄带滤波器来提取。通常用锁相环来提取相干载波，其原理框图如图 10-5 所示。

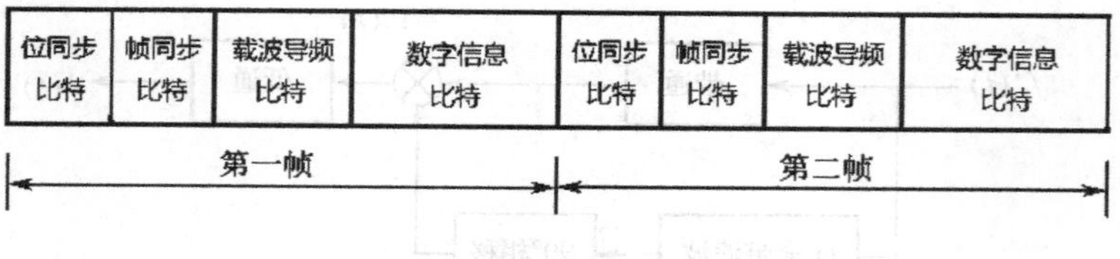

图 10-4　时域插入导频法的时间安排

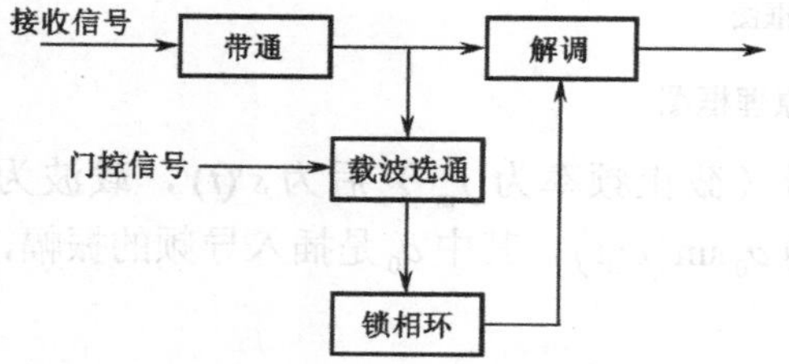

图 10-5　时域插入导频提取的原理框图

锁相环压控振荡器的自由振荡频率应尽量与载波导频标准频率相等，而且有足够的频率稳定度。由于时域插入导频法是一帧一帧地插入，所以锁相环路每隔一帧时间进行一次相位比较和调节。当载波标准消失以后，压控振荡器具有足够的同步保持时间，直到下一帧载波标准出现时再进行相位比较和调整。只要适当设计锁相环路，就能恢复符合要求的相干载波。

10.1.2 直接提取法

前面讨论的插入导频法虽然比较简单，并且很直接，但是需要在发送端增加导频的插入处理电路以及控制导频的功率，同时还要在接收端提供导频信号的捡测和提取电路。这无疑增加了通信设备的复杂度，也会降低该通信系统的效率。因此，目前基本上都采用直接提取法来实现载波同步。

对于抑制载波的双边带调制（数字调相都属于这一类），其已调信号中并不包含载波分量，但是当对该信号进行某些非线性变换之后，就可以使其包含有与载波分量有关的量（载波的倍频分量），获得该量并分频即可得到解调所需的载波分量。由此可见，直接法实际上是通过对接收到的已调信号进行某种变换处理后再从中提取载波频率的，而并不是直接从所接收到的信号中提取载波频率。不难看出，采用直接法实现载波同步只需在接收端增加相应的处理电路，而在发送端无须进行任何处理。因此直接法载波同步是目前主要采用的方法。

直接提取法可分为“非线性变换+滤波法”和“非线性变换+锁相环法”两种，本质是一样的，因为锁相本身就可起到很好的窄带滤波作用。直接提取法的基本原理是：首先对接收到的已调信号进行非线性变换，使原本不含线谱分量的已调信号经非线性处理后可产生相应的线谱分量；然后用窄带滤波器或锁相环滤除调制谱和干扰，获得解调所需的载波。目前大多采用“非线性变换+锁相环”的方式从已调信号中提取相干载波，又称为载波跟踪环。

1．*M* 次方环

1）2PSK 信号的载波提取

设调制信号为 $s(t)$，载波为 $\cos(\omega_0 t)$，则 2PSK 信号表示为

$$f(t)=s(t)\cos(\omega_0 t)$$

式中，

$$s(t)=\begin{cases}+1, & \text{发送1码时}\\ -1, & \text{发送0码时}\end{cases}$$

接收端对该信号进行平方变换，可得到

$$e(t)=f^2(t)=s^2(t)\cos^2(\omega_0 t)=\frac{s^2(t)}{2}+\frac{s^2(t)}{2}\cos(2\omega_0 t) \tag{10.1-4}$$

由于 $s(t)=\pm1$，因此 $e(t)$ 表达式中的第 1 项 $s^2(t)/2$ 为直流分量，第 2 项中包含 $2\omega_0$ 频率分量。如果用一个窄带滤波器将 $2\omega_0$ 频率分量滤出，再进行二分频，即可获得所需的载波。根据这种分析所得出的平方变换法提取载波的原理框图如图 10-6 所示。若调制信号 $s(t)=\pm1$，则式（10.1-4）可以简化为

$$e(t)=s^2(t)\cos^2(\omega_0 t)=\frac{1}{2}+\frac{1}{2}\cos(2\omega_0 t) \tag{10.1-5}$$

图 10-6 平方法载波提取的原理框图

由于对接收到的已调信号进行平方处理，使处理后的信号失去了相位信息。也就是说，无论发送的信号相位是 0°还是 180°，平方后都被当作 0°。因此，提取出的载波将存在 0°或 180°

的相位模糊问题。由数字调制原理可知，载波相位模糊问题可以通过对数字基带信号进行差分编码来解决，即采用相对调相。

平方法提取载波方框图中的窄带滤波器如果用锁相环来代替，构成如图10-7所示的框图，就称为平方环法提取载波。由于锁相环具有良好的跟踪、窄带滤波和记忆性能，平方环法比一般平方变换法具有更好的性能，所以平方环法提取载波，其应用较为广泛。

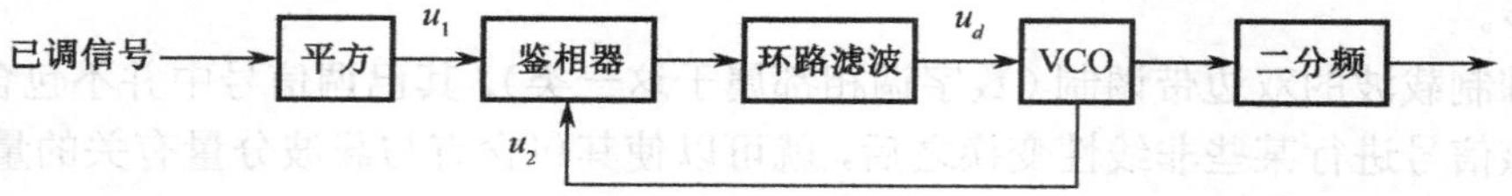

图10-7　平方环法载波提取的原理框图

设2PSK信号表示为

$$f(t)=\cos[\omega_0 t+\varphi(t)+\varphi_1]$$

式中，

$$\varphi(t)=\begin{cases}0, & 发送“0”码时\\ \pi, & 发送“1”码时\end{cases}$$

φ_1代表环路所要跟踪的载波相位。

接收到的已调信号经平方电路后为

$$\begin{aligned}u_1=f^2(t)&=\cos^2[\omega_0 t+\varphi(t)+\varphi_1]\\&=\frac{1}{2}+\frac{1}{2}\cos 2[\omega_0 t+\varphi(t)+\varphi_1]\\&=\frac{1}{2}+\frac{1}{2}\cos(2\omega_0 t+2\varphi_1)\end{aligned}\tag{10.1-6}$$

设压控振荡器（VCO）的输出信号为

$$u_2(t)=\sin(2\omega_0 t+2\varphi_2)\tag{10.1-7}$$

式中，φ_2为压控振荡器输出信号的初始相位。

鉴相器的输出经环路滤波后为

$$u_{\rm d}=k_{\rm m}u_1u_2\big|_{取低频}=\frac{k_{\rm m}}{4}\sin[2(\varphi_2-\varphi_1]=k_{\rm d}\sin(2\varphi)\tag{10.1-8}$$

式中，$k_{\rm d}$为鉴相器的增益常数，$u_{\rm d}$为锁相环跟踪所需的误差电压——鉴相特性，φ为相差。$u_{\rm d}$为0时表示锁相环工作在锁定状态。上式不难看出，当φ为0°和180°时，$u_{\rm d}=0$，即存在两个锁定点。同平方法一样，平方环法也存在两重载波相位模糊。

2）多进制数字调相信号的载波提取

数字通信中经常使用多进制数字调制方式。对于多相移相信号，同样可以采用类似2PSK时的平方环方法，只是根据进制数M的不同采用M次方变换或M次方环法来提取载波。现以四相移相（QPSK）信号为例进行介绍，图10-8（a）示出了这种载波提取方法的原理框图。

输入的QPSK信号写成如下形式：

$$f(t)=A\cos[\omega_0 t+\varphi(t)+\varphi_1]\tag{10.1-9}$$

式中，$\varphi(t)$取0、$\frac{\pi}{2}$、π、$\frac{3\pi}{2}$（或$\frac{\pi}{4}$、$\frac{3\pi}{4}$、$\frac{5\pi}{4}$、$\frac{7\pi}{4}$）4种相位，代表所要传送的信息；φ_1代表环路所要跟踪的载波相位。

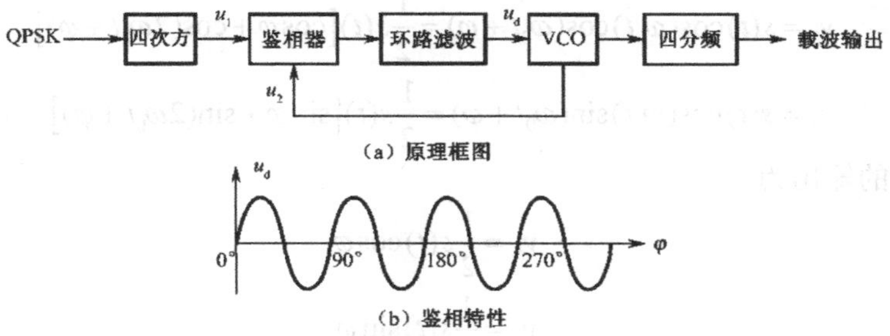

图 10-8 4 次方环载波跟踪的原理框图和鉴相特性

输入信号经过 4 次方运算后，调制信息被消除，产生了 4 倍的载波分量

$$u_1(t)=\frac{1}{4}A^4\cos(4\omega_0 t+4\varphi_1) \tag{10.1-10}$$

设环路已经锁定，压控振荡器的输出信号为

$$u_2(t)=\sin(4\omega_0 t+4\varphi_2) \tag{10.1-11}$$

鉴相器的输出经环路滤波后为

$$u_d=k_m u_1 u_2\big|_{取低频}=\frac{k_m}{8}A^4\sin[4(\varphi_2-\varphi_1)]=k_d\sin(4\varphi) \tag{10.1-12}$$

式（10.1-12）的鉴相特性如图 10-8（b）所示。根据锁相原理并由鉴相特性可以得出，当 $\varphi=0°$、90°、180°和 270°时，锁相环都将稳定地工作在锁定状态。此外 $u_d=0$ 的点除以上 4 个点外还有 $\varphi=45°$、135°225°和 315°这 4 个点，称为暂时稳定点。根据锁相环的调整方向，一旦偏离这 4 个点，将会向 $\varphi=0°$、90°、180°和 270°的稳定点过渡，直至稳定。由于 QPSK 的载波恢复存在 4 个稳定点，因此具有四重相位模糊。

同理，对 8PSK 可用 8 次方环，对 MPSK 信号就可以用 M 次方环，其原理方框图与图 10-8 相似。M 次方环的鉴相特性为

$$u_d=K_d\sin(M\varphi) \tag{10.1-13}$$

显然，MPSK 的载波恢复具有 M 重相位模糊。

2. 同相正交环法（科斯塔斯环）

对于采用 M 次方环的载波恢复系统，当进制数越高，即 M 值越大时，信号经过 M 次方环后其频率将会变得越高，给处理电路的实现带来困难。如微波中继通信系统，其调制频率为 70 MHz，如果采用 8PSK 调制方式，经过 8 次方处理后的频率将高达 560 MHz。因此，M 次方环一般在进制数较低时采用。当进制数较高时多采用同相正交环法，这种方法利用锁相环提取载频，不需要对接收信号进行 M 次方运算。

1）2PSK 同相正交环

同相正交环载波恢复是目前较常采用的一种方法，其原理框图如图 10-9 所示。

图 10-9 中加在两个相乘器的本地载波信号，分别为压控振荡器的输出信号及其的正交信号，其中 φ 为压控振荡器输出信号与已调信号的相位差。由于采用了正交处理形式，通常称这种环路为同相正交环。

设输入的 2PSK 信号为 $s(t)\cos(\omega_0 t)$，则

$$v_3 = s(t)\cos(\omega_0 t)\cos(\omega_0 t+\varphi) = \frac{1}{2}s(t)[\cos\varphi + \cos(2\omega_0 t+\varphi)]$$

$$v_4 = s(t)\cos(\omega_0 t)\sin(\omega_0 t+\varphi) = \frac{1}{2}s(t)[\sin\varphi + \sin(2\omega_0 t+\varphi)]$$

经低通滤波器后的输出为

$$v_5 = \frac{1}{2}s(t)\cos\varphi \tag{10.1-14a}$$

$$v_6 = \frac{1}{2}s(t)\sin\varphi \tag{10.1-14b}$$

将 v_5 和 v_6 加到相乘器相乘，则结果为

$$u_d = v_5 v_6 = \frac{1}{8}s^2(t)\sin(2\varphi) \tag{10.1-15}$$

由于有 $s(t)=\pm1$，因此有

$$u_d = \frac{1}{8}\sin(2\varphi) \tag{10.1-16}$$

式（10.1-16）的结果与平方环的结果是一致的，具有相同的鉴相特性。

2）MPSK 同相正交环

MPSK 同样可以采用同相正交法提取载波，称为多相科斯塔斯环法。仍以 QPSK 信号为例，同相正交环的原理框图如图 10-10 所示。此环路包括 4 个鉴相器，其参考载波由 VCO 提供，并分别移相0、π/4、π/2 和3π/4，鉴相器的输出经相乘器相乘后，产生跟踪载波的误差电压 u_d。

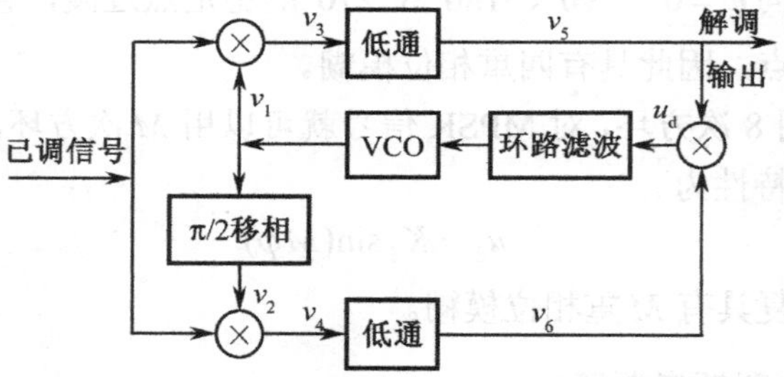

图 10-9　同相正交环载波提取原理框图

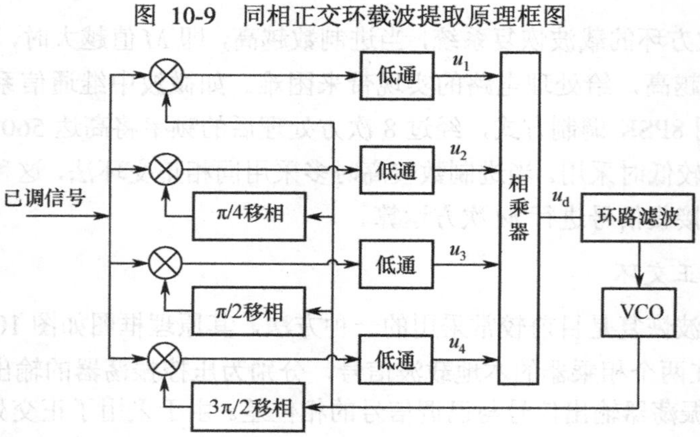

图 10-10　四相同相正交环原理框图

设 QPSK 信号为 $f(t)=A\cos[\omega_0 t+\varphi(t)+\varphi_1]$，其正交展开后为

$$\begin{aligned} f(t)&=A\cos[\omega_0 t+\varphi(t)+\varphi_1] \\ &=A\cos\varphi(t)\cos(\omega_0 t+\varphi_1)-A\sin\varphi(t)\sin(\omega_0 t+\varphi_1) \\ &=a(t)\cos(\omega_0 t+\varphi_1)-b(t)\sin(\omega_0 t+\varphi_1) \end{aligned} \tag{10.1-17}$$

式中，$a(t)=A\cos\varphi(t)$，$b(t)=A\sin\varphi(t)$。压控振荡器输出为 $u_{\rm o}=\sin(\omega_0 t+\varphi_2)$，则鉴相器的输出信号为

$$\begin{aligned} u_1&=k_{\rm m}f(t)\cdot u_{\rm o}\big|_{取基带} \\ &=k_{\rm m}[a(t)\cos(\omega_0 t+\varphi_1)\text{-}b(t)\sin(\omega_0 t+\varphi_1)]\sin(\omega_0 t+\varphi_2)\big|_{取基带} \\ &=k_{\rm m}[a(t)\cos(\omega_0 t+\varphi_1)\sin(\omega_0 t+\varphi_2)\text{-}b(t)\sin(\omega_0 t+\varphi_1)\sin(\omega_0 t+\varphi_2)]\big|_{取基带} \\ &=\frac{1}{2}k_{\rm m}\{a(t)[\sin(\varphi_2-\varphi_1)+\sin(2\omega_0 t+\varphi_1+\varphi_2)]-b(t)[\cos(\varphi_1-\varphi_2)-\cos(2\omega_0 t+\phi_1+\phi_2)]\}\big|_{取基带} \\ &=\frac{1}{2}k_{\rm m}[a(t)\sin(\varphi_2-\varphi_1)-b(t)\cos(\varphi_1-\varphi_2)] \end{aligned}$$

取 $\phi=\phi_2-\phi_1$，则

$$u_1=\frac{1}{2}k_{\rm m}[a(t)\sin\phi-b(t)\cos\phi] \tag{10.1-18}$$

同理有

$$\begin{aligned} u_2&=k_{\rm m}f(t)\cdot\sin(\omega_0 t+\phi_2+\pi/4)\big|_{取基带} \\ &=k_{\rm m}[a(t)\sin(\phi+\pi/4)-b(t)\cos(\phi+\pi/4)] \end{aligned} \tag{10.1-19}$$

$$\begin{aligned} u_3&=k_{\rm m}f(t)\cdot\sin\left(\omega_0 t+\phi_2+\frac{\pi}{2}\right)\Big|_{取基带} \\ &=k_{\rm m}[a(t)\sin(\phi+\pi/2)-b(t)\cos(\phi+\pi/2)] \\ &=k_{\rm m}[a(t)\cos\phi+b(t)\sin\phi] \end{aligned} \tag{10.1-20}$$

$$\begin{aligned} u_4&=k_{\rm m}f(t)\cdot\sin(\omega_0 t+\phi_2+3\pi/4)\big|_{取基带} \\ &=k_{\rm m}[a(t)\sin(\phi+3\pi/4)-b(t)\cos(\phi+3\pi/4)] \\ &=k_{\rm m}[a(t)\cos(\phi+\pi/4)+b(t)\sin(\phi+\pi/4)] \end{aligned} \tag{10.1-21}$$

u_1 和 u_3 在乘法器中相乘后得

$$u_1\times u_3=\frac{1}{4}k_{\rm m}^{\ 2}\left[a^2(t)\sin\phi\cos\phi-a(t)b(t)\cos^2\phi+a(t)b(t)\sin^2\phi-b^2(t)\sin\phi\cos\phi\right]$$

由于 $a^2(t)=b^2(t)=1$（幅度归一化），因此上式可简化为

$$u_1\times u_3=\frac{1}{4}k_{\rm m}^{\ 2}a(t)b(t)\cos(2\phi) \tag{10.1-22}$$

同样，u_2 和 u_4 在乘法器中相乘后得

$$u_2\times u_4=\frac{1}{4}k_{\rm m}^{\ 2}a(t)b(t)\sin(2\phi) \tag{10.1-23}$$

再将式（10.1-22）与式（10.1-23）相乘，可得误差电压为

$$\begin{aligned} u_{\rm d}&=u_1\times u_2\times u_3\times u_4=\frac{1}{8}k_{\rm m}^{\ 4}\sin(4\phi) \\ &=k_{\rm d}\sin(4\phi) \end{aligned} \tag{10.1-24}$$

可见，科斯塔斯环和四次方环具有相同的鉴相特性。图 10-11 所示为四相科斯塔斯环另一

种实现方法的框图。

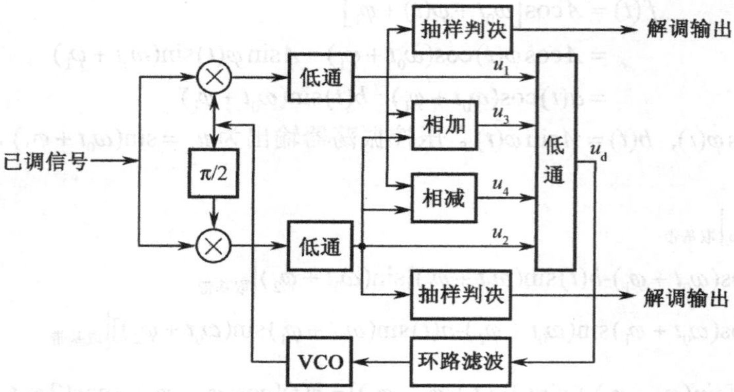

图 10-11　四相科斯塔斯环另一种实现方法的框图

10.1.3　载波同步系统的性能及载波相位差的影响

由于载波同步直接影响解调的结果，因此载波同步系统的性能优劣尤为重要。载波同步系统的性能主要有：相位误差、同步建立时间和同步保持时间，对于插入导频法还存在发送导频所消耗发射功率大小的效率。

相位误差通常有静态相位误差和随机相位误差。静态相位误差是由电路参量引起的一种恒定相差，而随机相位误差则是由于随机噪声的影响引起的相位误差。

1．静态相位误差

对于采用窄带滤波器提取载波，假设采用一个单调谐电路，其品质因素为 Q，谐振频率 ω_0' 等于已调信号的中心频率 ω_0（即载波频率 ω_c）。如果当电路的谐振频率与 ω_0 不相等时，就会使输出的载波信号产生一固定的相位偏差 $\Delta\varphi$。若 ω_0' 与 ω_0 之差为 $\Delta\omega$，且 $\Delta\omega$ 较小时，有

$$\Delta\varphi = 2Q\frac{\Delta\omega}{\omega_0} \tag{10.1-25}$$

可见，Q 值越高，所引起的静态相差也就越大。

对于采用锁相环方式的载波同步系统，在环路锁定后，为维持环路锁定而存在的固有相差称为静态相差。此时 VCO 的输出载波与输入载波是一致的，相差为 0。由于温度、电源以及其他因素的影响，VCO 的频率将会发生变化，而且输入载波频率也会变化，这就造成输入载波与 VCO 的频率不等。为了维持频率跟踪，VCO 的频率偏离必然引入相位误差，频率偏离越多，相位误差越大。当频率偏差为 $\Delta\omega$ 时，静态相位误差为

$$\Delta\varphi = \Delta\omega / K_v \tag{10.1-26}$$

式中，K_v 为锁相环路直流增益。可见，为了减小 $\Delta\varphi$，就必须提高 K_v。

2．随机相位误差

由于信道中存在干扰，信号在传输过程中会叠加上干扰，使载波产生随机的相位误差。设干扰为窄带高斯噪声，叠加后引起的随机相位误差为 θ_n，则可以证明，在大信噪比时，θ_n 的概率密度函数近似为

$$f(\theta_n) = \sqrt{\frac{r}{\pi}}\cos\theta_n \cdot e^{-r\sin^2\theta_n} \tag{10.1-27}$$

式中，r 为信噪比。通常 θ_n 较小，对于大的 r 时式（10.1-27）可以写成

$$f(\theta_n)=\sqrt{\frac{r}{\pi}}\,\mathrm{e}^{-r\theta_n^2} \tag{10.1-28}$$

对于均值为 0 的正态分布概率密度函数表示为

$$f(x)=\frac{1}{\sqrt{2\pi}\,\sigma}\,\mathrm{e}^{-x^2/(2\sigma^2)} \tag{10.1-29}$$

与式（10.1-27）比较，式（10.1-28）可以进一步改写为

$$f(\theta_n)=\frac{1}{\sqrt{2\pi}\cdot\sqrt{1/(2r)}}\mathrm{e}^{-\theta_n^2/[2\times 1/(2r)]} \tag{10.1-30}$$

随机相位误差 θ_n 的方差 $\overline{\theta_n^2}$ 与信噪比 r 有如下关系：

$$\overline{\theta_n^2}=1/(2r) \tag{10.1-31}$$

因此，载波同步系统既可以用信噪比 r，也可以用 $\overline{\theta_n^2}$ 来衡量随机相位误差的大小。

以窄带滤波器提取载波为例。若已知该滤波器的电压传递函数，噪声为单边功率普密度为 n_0 的高斯白噪声，则可以求出该滤波器的等效噪声带宽。例如，由 L、C 组成的单回路，其等效噪声带宽为

$$B_n=\frac{\pi f_0}{2Q} \tag{10.1-32}$$

式中，Q 为回路的品质因素，f_0 为窄带滤波器的中心频率。

经过窄带滤波器后的噪声功率为 n_0B_n，在只考虑高斯白噪声的情况下，窄带滤波器的输出信噪比为

$$r_n=\frac{P_s}{n_0B_n} \tag{10.1-33}$$

代入式（10.1-31）就可以求出随机相位误差。

由以上的讨论可以看出，滤波器的 Q 值越高，随机相位差就越小。但由式（10.1-25）得出 Q 值越高，静态相位差越大。可见在用窄带滤波器提取载波时，静态相位差和随机相位差对回路 Q 值的要求存在矛盾。

3. 同步建立时间和同步保持时间

所谓同步建立时间，是指从开始接收到信号或从系统进入失步状态起至提取出稳定的载波频率所需的时间。显然，该时间要求越短越好。在同步建立时间内，系统是处于失步状态，解调器解调不出正确的信号。

所谓同步保持时间，是指从开始失去信号到失去载波同步的时间。显然，希望此时间应越长越好。同步保持时间长，可以在信号短暂丢失的情况下以及断续信号接收时，不需要重新建立同步而提供稳定的载波。

在同步电路中的窄带滤波器，频带越窄，其惰性越大，因此，当在其输入加入一个正弦激励时输出振荡的建立时间就越长；当输入激励消失时，输出振荡的保持时间也越长。显然，要求建立时间短和保持时间长是相矛盾的。因此这两项参数在系统设计时需要综合考虑。

4. 载波的相位误差对解调信号的影响

实际中，由载波同步系统提取的载波存在着静态相位差和相位抖动，所以相干载波的相位

和已调信号的载波相位之间总有误差。而相干载波相位误差直接影响到相干解调的性能，因此有必要分析一下对双边带信号进行相干解调时相干载波相位误差的影响。

设所接收的双边带信号的表达式为

$$f(t)=s(t)\cos(\omega_0 t) \tag{10.1-34}$$

而提取出来的相干载波为

$$f_c(t)=\cos(\omega_0 t+\varphi) \tag{10.1-35}$$

解调时，将 $f(t)$ 与 $f_c(t)$ 相乘，得到

$$\begin{aligned} f(t)\cdot f_c(t) &= s(t)\cos(\omega_0 t)\cos(\omega_0 t+\varphi) \\ &= \frac{1}{2}s(t)[\cos(2\omega_0 t+\varphi)+\cos\varphi] \end{aligned}$$

经过低通滤波器滤波后，有

$$x(t)=\frac{1}{2}s(t)\cos\varphi \tag{10.1-36}$$

式中，φ 为相干载波和接收信号已调载波之间的相位误差。可以看出：如果所提取的相干载波没有相位误差，即 $\varphi=0$，则解调器输出的基带信号幅度最大，为 $s(t)/2$；当 $0<|\varphi|<90°$ 时，随 $|\varphi|$ 的增加输出信号幅度减小；当 $|\varphi|$ 接近 90°时 $\cos\varphi$ 接近于零，信噪比迅速下降，无法进行解调；当 $90°<|\varphi|<180°$ 时，$\cos\varphi$ 取负值，解调出基带信号与原来的基带信号极性相反，这是不允许的。

总之，根据以上分析，当相干载波的相位误差为 φ 时，信号与噪声的能量比将下降至 $\cos^2\varphi$ 倍。代入计算信噪比和误码率的公式，可计算出相位误差 φ 对解调性能的影响。以二相移相信号为例，由于信噪比下降至 $\cos^2\varphi$ 倍，所以得到误码率为：

$$P_e=\frac{1}{2}\mathrm{erfc}\left(\sqrt{\frac{E}{n_0}}\cos\varphi\right) \tag{10.1-37}$$

相位误差对双边带信号解调性能的影响只是引起信噪比的下降；对于残留边带信号和单边带信号，相位误差不仅引起信噪比的下降，还会引起信号畸变。

对于单边带信号，设基带信号为 $s(t)=\cos(\Omega t)$，取上边带的单边带已调信号为 $f(t)=\dfrac{1}{2}\cos[(\omega_0+\Omega)t]$，当解调相干载波有相位误差 φ 时，相干载波与已调信号相乘，得

$$\frac{1}{2}\cos[(\omega_0+\Omega)t]\cos(\omega_0 t+\varphi)=\frac{1}{4}[\cos(2\omega_0 t+\Omega t+\varphi)+\cos(\Omega t-\varphi)] \tag{10.1-38}$$

取出其中的低频分量，得

$$x(t)=\frac{1}{4}\cos(\Omega t-\varphi)=\frac{1}{4}\cos(\Omega t)\cos\varphi+\frac{1}{4}\sin(\Omega t)\sin\varphi \tag{10.1-39}$$

其中，第1项与原基带信号相比，由于 $\cos\varphi$ 的存在，使信噪比下降了；而第2项是与原基带信号正交的项，它使基带信号畸变，而且 φ 越大，畸变也越大。

10.2 位同步

在 10.1 节中讨论了如何获取相干载波的问题，在调制系统中无论是采用相干解调还是采用非相干解调，其目的都是恢复出基带信号。对于恢复出的基带信号，由于传输中信道特性不

理想以及噪声干扰，使得基带信号产生了变形。这时就需要对基带信号进行判决、整形，再生出数字脉冲序列，而判决、整形的过程则由定时脉冲来决定。由于发送的数字信号为等间隔（T）逐个传输的，因此接收时也必须以与发送端相等的时间间隔逐个接收，即接收端的定时脉冲必须与发送端保持一致，这就是时钟同步或位同步。由前面的知识可知，数字信号的再生过程所采用的方法是抽样判决，这就要求定时脉冲不仅要与发送端保持同步，同时还要使脉冲出现的时刻对准最佳判决时刻。概括起来，对位定时信号的传输和提取的要求是：

（1）在接收端恢复或提取的定时信号，其重复频率与发送端发送的码元速率相同；

（2）接收端位定时信号和数字信号保持固有的相位关系，以保证时间上对准最佳抽样判决时刻。

实现位同步的方法和载波同步类似，也可分为插入导频法和直接提取法两类，有时分别称为外同步法和自同步法。外同步法就是在发送端除了发送有用信号外，还专门传送位同步信号，接收端用窄带滤波器或锁相环将时钟提取出来用于位同步。自同步法是发送端不专门向接收端传送位同步信号，接收端所需的位同步信号是从接收信号中或解调后的数字基带信号中提取出来的。

基带信号若为随机的二进制不归零脉冲序列，这种信号中自身不包括位同步信号。为了获得位同步信号应在基带信号中插入位同步导频信号，或者对该基带信号进行某种变换。

10.2.1 外同步法

外同步法是发送端在传送数字信号的同时，采用独立的信道，或者和数字信号共享一个信道，向接收端传送位同步信息。

1. 插入导频法

插入导频法是在基带信号频谱的零点插入所需的导频信号，如图 10-12（a）所示。如果是经过某种相关编码的基带信号，其频谱的第一个零点在 $f=1/(2T)$ 处，插入的导频信号应该在 $1/(2T)$ 处，如图 10-12（b）所示。

对于图 10-12（a）所示的情况，在接收端经中心频率为 $f=1/T$ 的窄带滤波器就可从解调后的基带信号中提取出位同步所需的信号，此时位同步脉冲的周期与插入导频的周期是一致的；对于图 10-12（b）所示的情况，窄带滤波器的中心频率为 $f=1/(2T)$。因为此时位同步脉冲的周期为插入导频周期的 1/2，所以需要将插入导频倍频，才能得到所需的位同步脉冲。

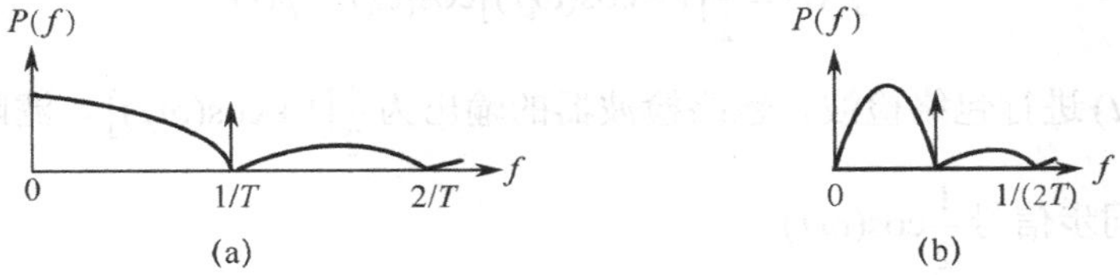

图 10-12 插入导频法频谱图

导频提取的原理框图如图 10-13 所示。从图 10-13 可以看出，窄带滤波器从输入基带信号中提取导频信号后，经移相的一路作为位同步信号用，另一路则和输入基带信号相减，如果相位和振幅调整得使加到相减器的两个导频信号的振幅和相位都相同，则相减器输出的基带信号就消除了导频信号的影响。图 10-13 中的移相电路是为了抵消导频信号经窄带滤波器等引起的相移而设置的。

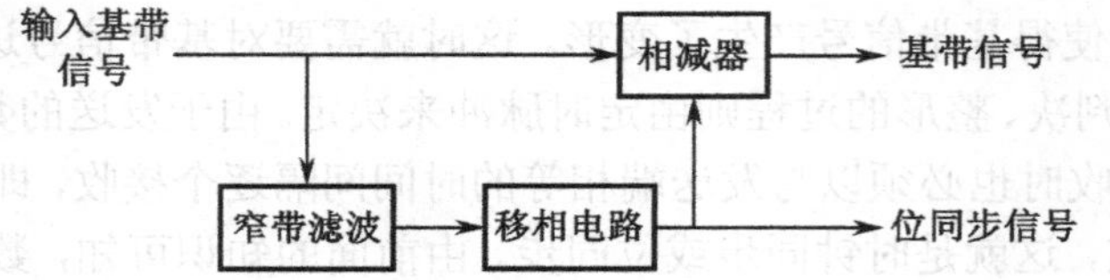

图 10-13　导频提取的原理框图

2. 包络调制法

插入导频法的另一种形式是使数字信号的包络按位同步信号的某种波形变化，从而获得位定时信号，称为包络调制法。所谓包络调制法，就是用位同步信号的某种波形（通常采用升余弦脉冲波形）对已调相载波进行附加的幅度调制，使其包络随着位同步信号波形而变化；在接收端，利用包络检波器和窄带滤波器就可以分离出位同步信号来。其原理框图如图 10-14 所示。

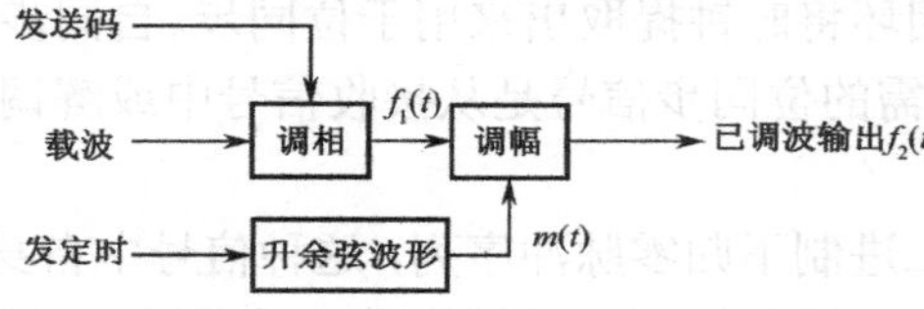

（a）发送端

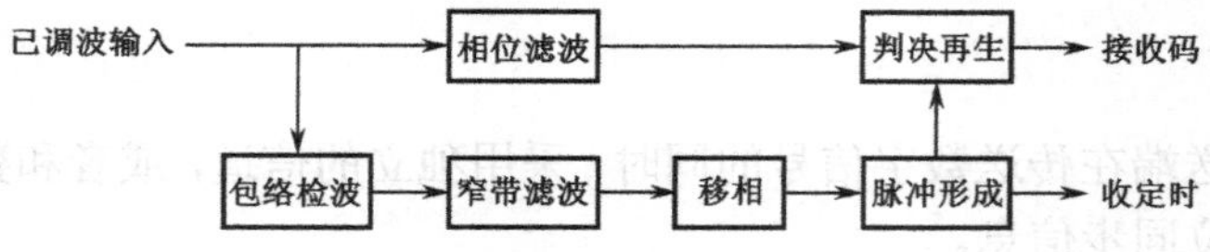

（b）接收端

图 10-14　包络调制法原理框图

设移相键控信号为

$$f_1(t)=\cos[\omega_0 t+\varphi(t)] \tag{10.2-1}$$

$f_1(t)$ 再用升余弦 $m(t)$ 幅度调制，$m(t)$ 的表达式为

$$m(t)=\frac{1}{2}[1+\cos(\omega_s t)] \tag{10.2-2}$$

式中，$\omega_s=2\pi/T$，T 为码元宽度。调制后的信号 $f_2(t)$ 为

$$f_2(t)=\frac{1}{2}[1+\cos(\omega_s t)]\cos[\omega_0 t+\varphi(t)] \tag{10.2-3}$$

接收端对 $f_2(t)$ 进行包络检波，包络检波器的输出为 $\frac{1}{2}[1+\cos(\omega_s t)]$，滤除其中的直流分量后，就可获得位同步信号 $\frac{1}{2}\cos(\omega_s t)$。

10.2.2　自同步法

自同步法是发送端不专门发送位同步信号，而在接收端直接从数字信号中提取位同步信号的方法。这种方法在数字通信中经常采用。自同步有滤滤法、脉冲锁相法和数字锁相环法等。

1. 滤波法

通常的基带信号是非归零（NRZ）脉冲序列，频谱分析表明，这种 NRZ 脉冲序列的频谱中不包含位同步频率分量，因此不能直接用滤波器从中提取同步信号。但由于这种脉冲序列遵循码元的变化规律，并按位同步的节拍而变化，因此只要进行适当的非线性变换，还是能从中提取出位同步信号的。图 10-15 所示就是这种方法的原理框图和波形图。其工作过程为：首先将经过解调得到的基带 NRZ 信号进行变换（放大、限幅、微分、整流）。变换后形成的脉冲信号中，包含位同步频率分量，然后用窄带滤波器滤取位同步线谱分量。

用滤波法提取位同步信号的优点是电路简单，缺点是当数字信号中有长串的连“0”或连“1”码时，信号中位同步频率分量衰减会使得到的位同步信号不稳定、不可靠，而且只要发生短时间的通信中断，系统就会失去同步。

（a）原理框图

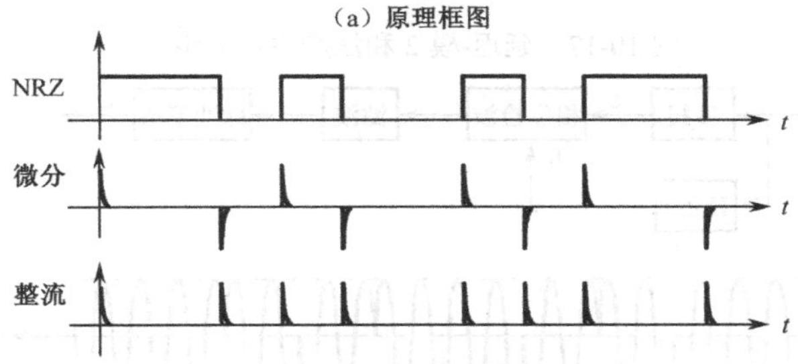

（b）波形图

图 10-15　滤波法提取位同步信号的原理框图和波形图

滤波法中的波形变换方法也可以通过对限带信号进行包络检波来实现。例如，在数字微波中继通信系统中，通过在中频上对频带受限的二相移相信号进行包络检波来提取位同步信号，其变换过程波形如图 10-16 所示。图 10-16（a）为 2PSK 发送信号波形，由于传输过程中的频带受限，使得相邻码元间出现相位变化时将造成在相位变化附近出现平滑的幅度“陷落”，如图 10-16（b）所示。这时可以利用包络检波器检出这种幅度“陷落”，如图 10-16（c）所示。最后去除直流分量，就可得到与图 10-15（b）中相类似的结果，如图 10-16（d）所示。因此，将其经过滤波器后就可以提取出位同步信号。

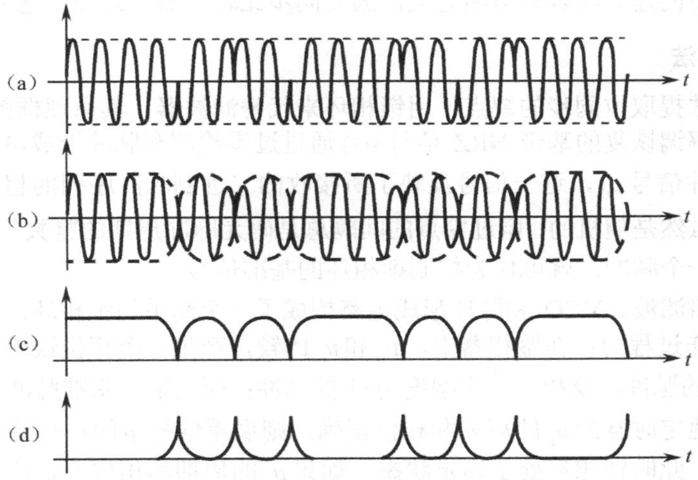

图 10-16　滤波法提取位同步信号的另一种方法

滤波法中的波形变换方法除了以上两种外，还有延迟-模 2 和法、延迟相干法等，其基本原理分别如图 10-17 和图 10-18 所示。其中延迟相干法与 2DPSK 的延迟解调相同，只是延迟时间 τ 不是一个码长 T，而是取 $\tau < T$。

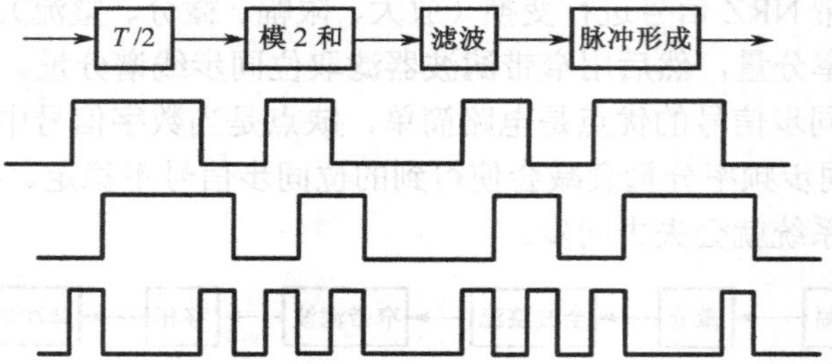

图 10-17　延迟-模 2 和法产生位同步

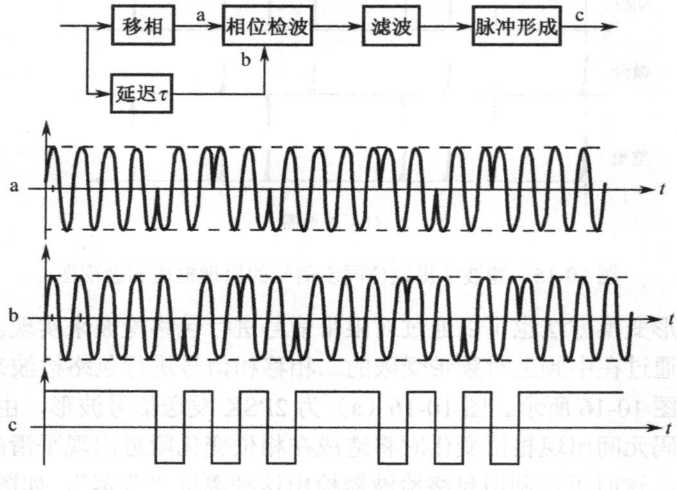

图 10-18　延迟相干法产生位同步

不难看出：波形变换方法中的包络检波法和延迟相干法是直接从中频已调信号中提取位同步信号，其位同步的建立与解调电路无关，因而同步比较可靠；此外，它的同步建立时间短。

2．脉冲锁相法

为克服滤波法提取位同步的缺点，用锁相环来代替滤波器，其原理框图如图 10-19 所示。其工作原理为：解调恢复的基带 NRZ 信号 $s(t)$ 通过过零检测和脉冲形成电路，得到包含位同步频率分量的脉冲信号 u_0，这一信号反映了所接收的二进制脉冲序列的相位基准。这是因为这些脉冲的间隔虽然是随机的，但过零点的间隔总是码元脉冲周期的整数倍，这样利用码元的过零点时刻形成一个脉冲，就可作为控制锁相环的基准信号。

鉴相器、环路滤波、VCO 和脉冲形成电路构成了一个简单的锁相环，用来产生本地位同步脉冲 u_c。其工作过程为：在鉴相器中，u_0 和 u_c 比较，产生一个相位误差信号，即同相时输出一个幅度为+1 的脉冲，反相时输出幅度为−1 的脉冲；而当输出基准脉冲 u_0 没有时，鉴相器无输出。如果本地定时脉冲 u_c 的周期和相位正确，则误差信号中的正负脉冲宽度相等，VCO 维持恒定的振荡，此时锁相环处于锁定状态。如果 u_c 的周期和相位不正确，则在输入基准信号的各个脉冲作用期间，误差信号的正负脉冲宽度发生变化，其平均值自然发生变化，于是

VCO 输出信号的周期和相位也跟着变化。这种变化的规律是逐渐向锁定状态靠拢，最后达到锁定，完成锁相过程。

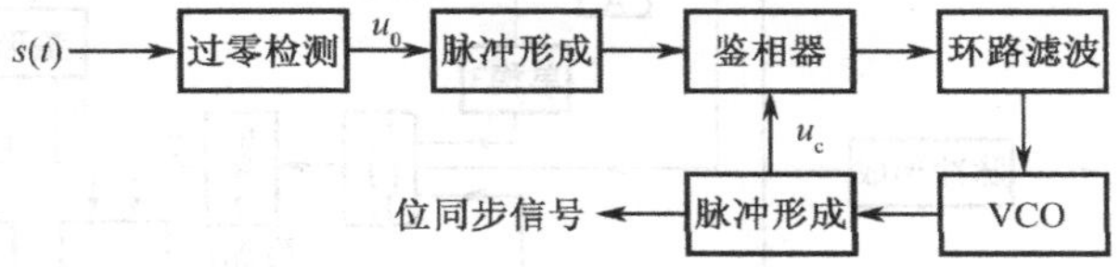

图 10-19　脉冲锁相法位同步原理框图

锁相环能跟踪接收信号的相位变化，是提高同步准确性的原因。当接收信号发生短暂中断时，由于环路滤波器的时间常数很大，使 VCO 的输出基本保持不变，这样原来的定时信号会得到保持，避免了对通信系统造成影响。

3. 数字锁相环法

数字锁相环法是在数字通信的位同步系统中得到广泛应用的一种提取位同步信号的方法。其原理框图如图 10-20 所示。主要组成部件有高稳振荡器、分频器、相位比较器和控制器，其中控制器为图 10-20 中的扣除门、附加门和或门。

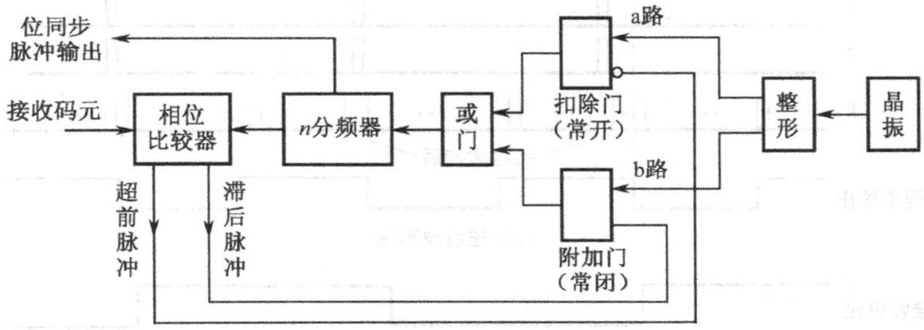

图 10-20　数字锁相环法原理框图

数字锁相环法的基本思想是：接收端有一个高稳定度的振荡器，其频率为位同步频率的 $2n$ 倍，振荡器的输出通过分频得到两路相位相差 180° 的 a 路和 b 路本地位定时脉冲序列，并送到控制器中。其中 a 路送到扣除门，b 路送到附加门。控制器的输出经 n 分频后与输入的位同步基准定时脉冲在相位比较器中进行相位比较。若两者不一致，鉴相器输出误差信息，去对扣除门和附加门进行控制，以调整可变分频器的输出脉冲相位。当本地位定时脉冲相位超前于输入的位同步相位时，相位比较器送出一个扣除脉冲去控制扣除门，使其输出脉冲序列中被扣除一个脉冲，从而达到相位延迟；反之，若本地位定时脉冲相位滞后输入的位同步相位，则相位比较器送出一个插入脉冲去控制附加门，使附加门输出一个脉冲，并经或门插入到 a 路脉冲之中，以使分频器提前动作，以达到使相位超前的目的。周而复始，直到使输出的位定时脉冲的频率和相位与输入信号的频率和相位相一致为止。

图 10-21 所示为微分整流型数字锁相环位同步原理图。其中微分、整流和单稳的作用同滤波法，这里的目的是获得接收码元所有的过零点信息，用于后面的相位比较。

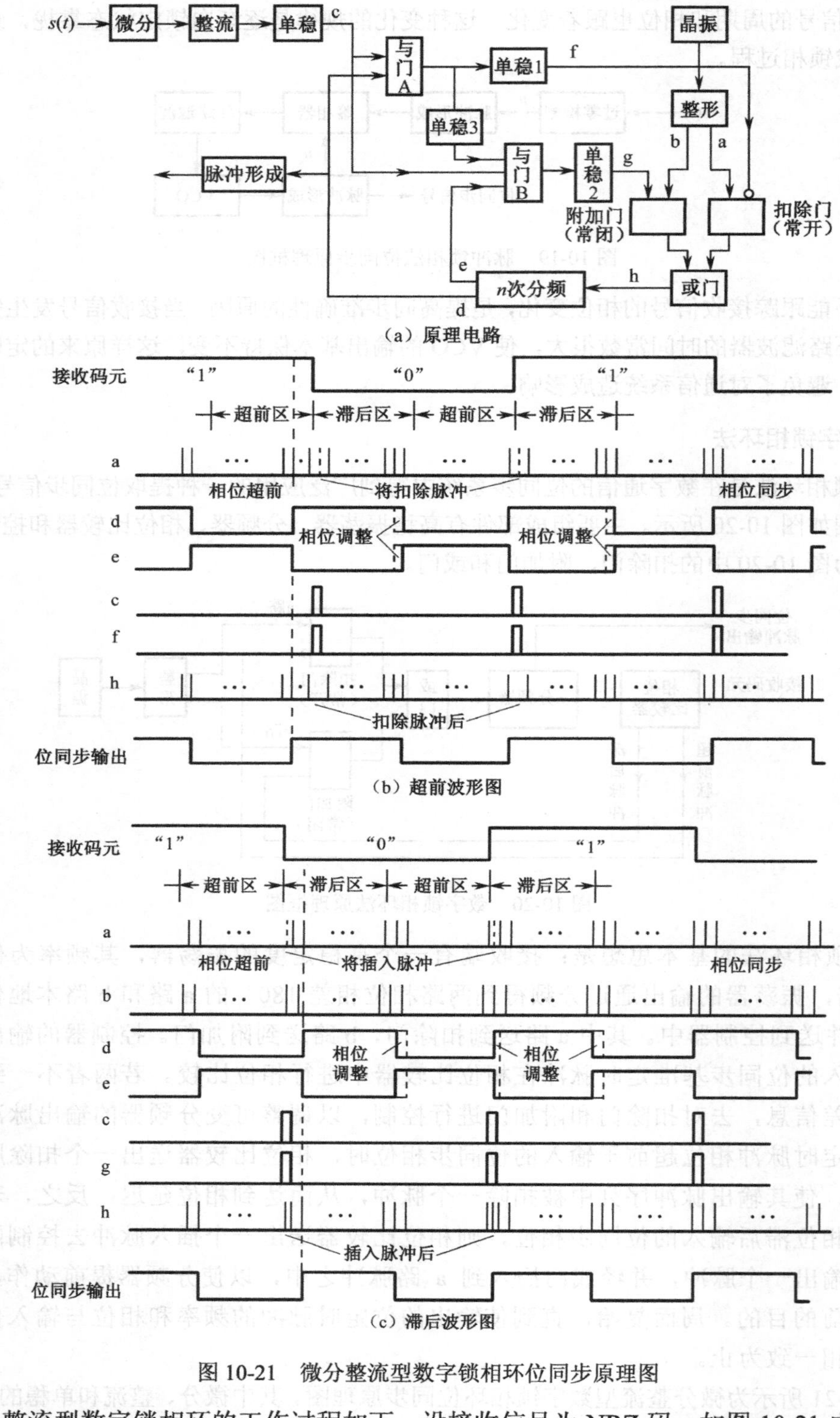

图 10-21　微分整流型数字锁相环位同步原理图

微分整流型数字锁相环的工作过程如下：设接收信号为 NRZ 码，如图 10-21 中的波形所示。将码元的宽度分成两个区段，其中前半码元区段为滞后区，即本地位同步脉冲的上升沿与接收码相比处于该区段，则说明本地位同步脉冲滞后接收码；后半段为超前区，即说明本地位同步脉冲超前接收码。晶振产生 n 倍位时钟频率的脉冲 nf_s，如果不进行脉冲扣除或插入，则经 n 分频器分频后得到本地位时钟脉冲。晶振产生的脉冲经整形电路产生两路频率相同，但相位相差 180°的窄脉冲 a 和 b，分别送到扣除门和附加门。相位比较电路由与门 A、单稳 1、与门 B 和单稳 2 构成。其中与门 A 和单稳 1 用于超前相位比较，与门 B 和单稳 2 用于滞后相位比较。当本地位脉冲超前时，超前相位比较有一控制脉冲 f 输出，而滞后相位比较无输出，这样 f 脉冲将使扣除门扣除一个时钟脉冲，从而使 n 分频器停止一拍实现相位延时调整；周而复始，直到相位一致。图 10-21（b）为本地位脉冲超前时的延时调整过程工作波形图。同样道理，当本地位脉冲滞后时，滞后相位比较有一控制脉冲 g 输出，而超前相位比较无输出，这样 g 脉冲就使附加门打开，使 b 路的一个窄脉冲通过，经或门插入到 a 路窄脉冲之中，这样就使得送入 n 分频器的脉冲多一个，而使 n 分频器提前动作一次，实现相位超前调整；周而复始，直到相位一致。图 10-21（c）为本地位脉冲滞后时的超前调整过程工作波形图。图 10-21 中单稳 3 的作用是为了防止本地位脉冲与位脉冲相差 180°时的假同步，即在出现该情况时，只能进行相位延时调整，而不进行相位超前调整，从而使电路离开这一假同步点。

10.2.3 位同步的性能指标及误差对性能的影响

1．位同步的性能指标

1）静态相差

与载波同步一样，位同步信号的平均相位和最佳相位（一般指最佳抽样点的相位）之间的偏差称为静态误差。在相干解调中为了充分利用信号能量，通常将位同步的抽样脉冲相位调节到眼图最大开启位置（即所谓的最佳抽样点），此时的静态相差为零。但由于位定时晶体振荡器的频率偏差，以及位同步提取电路中高 Q 回路或压控振荡器回路随温度的变化，都会使位同步的相位产生静态漂移。这种静态相差是不会积累的。

2）相位抖动

相位抖动亦即随机相差，它是由高斯噪声叠加在信号上而使得位同步信号产生的随机相位误差。位同步信号的相位抖动是一项非常重要的指标。

信号相位抖动是信号各有效瞬间相对于理想位置的瞬时偏离。抖动可以用一个时间函数 $j(t)$ 来表示。在图 10-22 中，（a）为理想信号，即无抖动的信号，它是周期严格相同的等间隔脉冲序列；（b）为有抖动的实际信号，如果以理想信号的前沿位置 $t_1, t_2, \cdots, t_n$ 为参考时刻，则抖动信号的相应前沿将超越或滞后 $j(t_1), j(t_2), \cdots, j(t_n)$，由此可以得到抖动的时间表达式 $j(t)$。实际上，理想信号的周期内任一点都可以作为参考位置。因此，抖动也可以由一个连续时间函数 $j(t)$ 表示，如图 10-22（c）所示。

同其他时间函数一样，抖动也可以用波形来表示。具有正弦波形的抖动被称为正弦抖动。作为时间函数，抖动有它的平均值、峰-峰值和有效值，也可以通过傅里叶变换将抖动函数在频域表示出来，得到抖动的频谱分布。在实际系统中，抖动分布具有一定的随机特性。

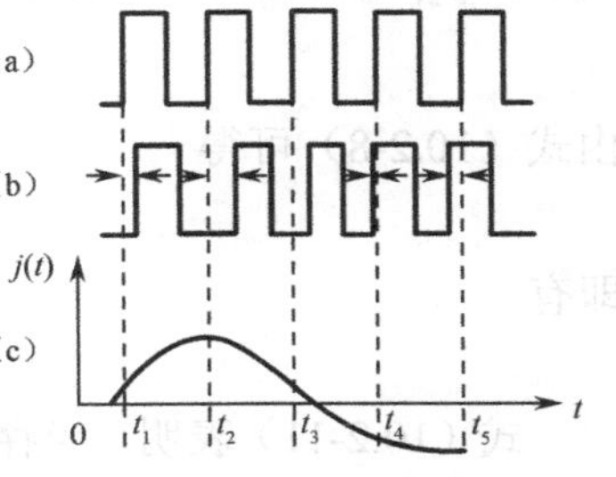

图 10-22 相位抖动

抖动的大小可以用它的瞬时相位和平均相位之差的均方根值或峰-峰值来表示，也可以用相位弧度、时间或者比特周期来表示。一个比特周期的抖动称为 1 比特抖动，常用 UI 表示，UI 即为单位间隔。1 比

特抖动也相当于 2π rad 或 360°。对于数码率为 f_b，1 UI 也相当于 $1/f_b$ 秒。

3）错位率

由于衰落、干扰或双方时钟误差等原因，位同步脉冲序列有时会偏离原来的序列而出现多一位或少一位的情况，这种多位或少位统称错位，或称位同步的滑动。若 N 个位同步脉冲中出现了 n 次错位，则错位率定义为

$$P_{es}=n/N \tag{10.2-4}$$

4）同步建立时间

从含有位同步信息的接收信号进入解调电路开始，到位同步电路输出正常的位同步信号为止所需的时间 t_s，称为位同步的建立时间。假定在起始情况下两者相差半个周期（最大情况），即 $T_b/2$，并假定不存在频差。由于每调节一次能使相位移动 $T_d=T_b/m$，所以总共需要移动次数为

$$\frac{T_b/2}{T_b/m}=\frac{m}{2} \tag{10.2-5}$$

也就是要调节 $m/2$ 次才能达到同步。但是，在实际应用的情况下，并不是每经过一个码元都能移动一步。经过扰乱的数字码序列中过零点的数目为码元总数的1/2。若采用过零点检测法，且只有 0 到 1 的过渡起调节作用，所以，平均每 4 个码元才能调节一次，因而同步建立时间（最大）为

$$t_s=\frac{m}{2}\times 4T_b=2mT_b \tag{10.2-6}$$

为了减小 t_s，在过零点检测电路中增加微分电路，这样可以使数字系列中 1 到 0 的过渡也起调节作用，最终可使同步建立时间缩短一半，即

$$t_s=mT_b \tag{10.2-7}$$

5）同步保持时间

在同步状态下，一旦信号中断，外来基准信号丢失，接收端就没有基准脉冲而失去同步跟踪调节能力，这样，位定时将向本地自由振荡的频率方向漂移。同步保持时间就是指在这种情况下收发定时误差维持在某一允许值范围内，即同步仍可能维持的最长时间。

设收发两端固有的码元周期分别为 $T_i=1/f_i$ 和 $T_o=1/f_o$，则

$$|T_i-T_o|=\left|\frac{1}{f_i}-\frac{1}{f_o}\right|=\frac{|f_o-f_i|}{f_i f_o}=\frac{\Delta f}{f_{av}^2} \tag{10.2-8}$$

式中，f_{av} 为收发两时钟频率的几何平均值，即

$$f_{av}=\sqrt{f_i f_o}\,,\quad T_{av}=1/f_{av} \tag{10.2-9}$$

由式（10.2-8）可得

$$f_{av}|T_i-T_o|=\Delta f/f_{av} \tag{10.2-10}$$

即有

$$|T_i-T_o|/T_{av}=\Delta f/f_{av} \tag{10.2-11}$$

式（10.2-11）表明，当存在频率差 Δf 时，每经过一个平均周期 T_{av}，两个脉冲序列的错开时间就增加 $|T_i-T_o|$；式（10.2-11）也是每秒内两信号的相对移动时间，因为 $|T_i-T_o|/T_{av}=|T_i-T_o|\cdot f_{av}$。这样，从位定时精度的角度，当要求双方定时脉冲时间差不得超过

T_{av}/N（秒）时，同步保持时间应为

$$t_c=\frac{T_{av}/N}{|T_i-T_o|/T_{av}}=\frac{T_{av}/N}{\Delta f/f_{av}}=\frac{1}{N\Delta f} \tag{10.2-12}$$

从上述分析可以看出：当允许时差 T_{av}/N 给定后，同步保持时间与 Δf 成反比，即 Δf 越小，可使接收端定时保持越长的时间。

建立时间和保持时间是描述位同步惯性的两项指标。一般要求建立时间短，保持时间长，这样可以尽量减少由于信道特性变化造成的位同步中断。

6）同步门限信噪比

在保证一定的位同步质量的前提下（如保证一定的抖动或错位率），接收机输入端所允许的最小信噪比，称为同步门限信噪比。这项指标规定了位同步对深衰落信道的适应能力。与此项指标对应的是接收机的同步门限电平，它等于保证位同步门限信噪比所需的最小收信电平。

2．位同步相位误差对性能的影响

由于多种因素的影响，所获得的位同步会存在一定的误差。位同步的误差是指收发双方的位同步信号频率相同，但有相位差，通常用时间差 T_e 来表示。T_e 的存在将影响通信系统的性能。

设系统采用由相乘器、积分器和抽样判决器组成的相关检测法。基带信号如图 10-23（a）所示。如果位同步脉冲没有时间误差，即 $T_e=0$，此时抽样时刻正好是整个码元积分能量最大值 E，如图 10-23（b）和（d）所示。当位同步脉冲有时间误差 T_e，如图 10-23（c）所示，则取样时刻就会偏离信号能量的最大点。由图 10-23（e）可以看出，当相邻码元的极性无变化时，T_e 的存在并不影响抽样点的积分能量值，其中 t_6、t_9 和 t_{10} 时刻的抽样值仍为整个码元积分能量值 E；但是当相邻码元有极性变化时，T_e 的存在使抽样点的积分能量减小，其中的 t_3、t_5 和 t_8 时刻。

以第一个码元（即 t_1 至 t_4）时的情况为例。当 $T_e\neq 0$ 时，则抽样时刻为 t_3，其抽样值是 t_1 至 t_3 区间的积分。由于从 t_1 到 t_2 这段时间的积分值为 0，因此 t_3 时刻的抽样值只是（$T-2T_e$）时间内的积分值。由于积分能量与时间成正比，故积分能量减小为 $(1-2T_e/T)E$。

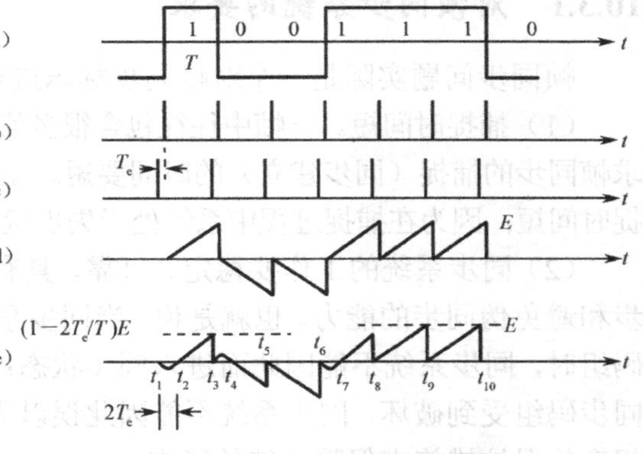

图 10-23　T_e 对系统性能的影响

因此在基带信号中，相邻码元无极性变化的那部分信号由于抽样时刻的积分能量仍为 E，其信噪比不变，有关系统误码率的计算公式仍然适用。对于相邻码元之间有极性变化的那部分信号，由于抽样时刻的积分能量降为 $(1-2T_e/T)E$，因而信噪比降低，此时有关误码率计算公式中的码元能量 E 应改为 $(1-2T_e/T)E$。

以二进制为例，基带信号为随机信号，其相邻码元有极性变化和无极性变化的概率近似相等，则 2PSK 系统的误码率可写成

$$P_e=\frac{1}{4}\operatorname{erfc}\left(\sqrt{\frac{E}{n_0}}\right)+\frac{1}{4}\operatorname{erfc}\left[\sqrt{\frac{E(1-2T_e)/T}{n_0}}\right] \tag{10.2-13}$$

10.3 帧同步

数字通信时，一般总是以一定数量的码元组成一个个的"字"或"句"。通常将这种周期性结构的一个周期称为一帧。帧同步信号的频率很容易由位同步信号分频而得，但每群的开头和末尾时刻却无法由分频器的输出决定。帧同步的任务就是要给出这个"开头"和"末尾"时刻。帧同步有时也称为群同步。

大多数情况下传输的数据流都为时分复用后的数据，这其中不仅包含有"字"，还包含有多个字复合成的"句"，甚至包含有多个句复合成的"段"。由 PCM 时分复用原理可以知道，时分复用后的码元传输速率为 2 048 kb/s，在接收端要想从这样的数字码流中将被传输的信息还原出来，只用位定位的 2 048 kHz 同步时钟显然是不够的，还需要使每个时隙中的不同位的定位脉冲实现同步，使每一帧中的不同时隙的定位脉冲实现同步，使每一复帧中的不同帧的定位脉冲实现同步。只有这样，才能从接收到的数字码流中正确地识别出哪一帧、哪一时隙和第几位码。

实现帧同步通常有两类方法。一类是在数字信息流中插入一些特殊码组作为每帧的头尾标记，接收端根据这些特殊码组的位置就可以实现帧同步。这种方法称为外同步法。另一类方法不需要外加的特殊码组，它类似于载波同步和位同步中的直接法，利用数据序列本身的特性来提取帧同步脉冲。这种方法称为自同步法。

本节主要讨论用插入特殊码组实现帧同步的方法，最后简单介绍一下用自同步法实现帧同步的概念。插入特殊码组实现帧同步的方法有两种，即连贯式插入法和间隔式插入法。

在讨论帧同步方法之前，先简单介绍一下对帧同步系统的要求。

10.3.1 对帧同步系统的要求

帧同步问题实际是一个对帧同步标志进行检测的问题。对帧同步系统提出的基本要求是：

（1）捕捉时间短。一帧中往往包含很多信息，一旦失去帧同步，就会丢失很多信息，为此要求帧同步的捕捉（同步建立）的时间要短。无论是初始捕捉还是失步后重新进入捕捉，都要求捕捉时间短；因为在捕捉过程中系统处于失步状态，这样，对于数据传输系统将丢失数据信息。

（2）同步系统的工作要稳定、可靠，具有较强的抗干扰能力，即同步系统应具有识别假失步和避免伪同步的能力。也就是说，当同步系统在捕捉状态下由于信息的随机性而出现假同步码组时，同步系统不能因此而进入同步状态；而当同步系统在同步状态时，由于误码存在而使同步码组受到破坏，同步系统不能因此误以为失步而进入捕捉状态。因此，同步系统需要采用相应的保护措施来保障系统的稳定。

（3）在满足帧同步性能要求的条件下，为提高有效信息的传输效率，帧同步码的长度应尽可能短。

10.3.2 实现帧同步的方法

1. 起止同步法

起止同步法是在每一帧信号码元的前面和末尾都增加一个同步码元，构成起止同步码组。这是一种古老的帧同步方法，现被普遍用于电报机中。电报的一个字由 7.5 个码元组成，如图 10-24 所示。每个字的开头，先发一个码元的起始脉冲（负值），中间 5 个码元是消息，字的末尾是

1.5 码元宽度的止脉冲（正值），收端根据正电平第一次转到负电平这一特殊规律，确定一个字的起始位置，因而实现了帧同步。由于这种同步方式中的止脉冲宽度与信息码元宽度不一致，就会给同步数字传输带来不便。另外，在这种同步方式中，7.5 个码元中只有 5 个码元用于传输消息，因此效率较低。

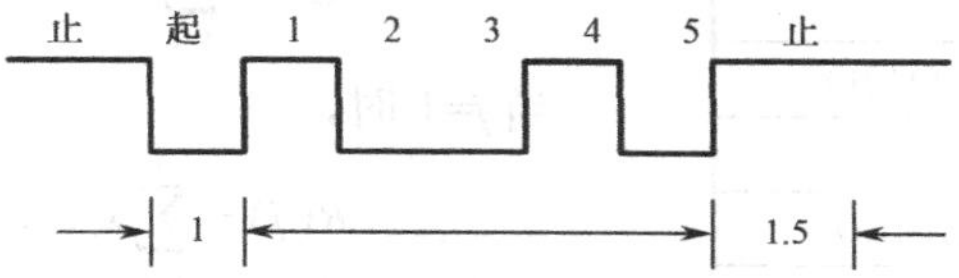

图 10-24　电报一个字的组成

2．连贯式插入法

连贯式插入法是在每帧的开头集中插入帧同步码组的方法。接收端只要检测出帧同步码的位置，就可识别出帧的开头，从而确定各路码组的位置。

这种帧同步码组应该是一种特殊的序列，以便接收端能方便地将它与信息码区别开来。可采用的码组有很多，要根据帧同步性能指标来选择。

帧同步系统性能的两项重要指标是：平均失步间隔时间和同步引入时间。平均失步间隔时间指的是两次失步之间的间隔时间的平均值；同步引入时间指的是以系统确认失步开始搜索起，一直到捕捉到真正同步码的这段时间。要使这两项性能指标达到要求，正确选择同步码是非常重要的。帧同步码插在信码流中，传输过程中也会受到噪声的干扰，使帧同步码的某些码元产生差错。这样，在接收端就不能正确检测出帧同步码，造成同步的丢失，称为漏同步。另外，码流是随机的，也有可能出现与帧同步码相同结构的情况，此时，在接收端会误认为是帧同步码被检测出，造成假同步。

考虑以上情况，帧同步码的选择应满足：一是能快速地准确识别；二是假同步和漏同步的概率越小越好；三是从传输效率来看，帧同步码的长度应尽量短。为满足上述要求，作为帧同步码组用的特殊码组要具有良好的相位辨别能力，即具有尖锐单峰特性的局部自相关函数。

这个特殊码组 $\{x_1, x_2, x_3, \cdots, x_n\}$ 是一个非周期序列或有限序列，则求自相关函数时，除了在时延 j=0 的情况下，序列中的全部元素都参加相关运算外，在 j≠0 的情况下，序列中只有部分元素参加相关运算，其表达式为：

$$R(j) = \sum_{i=1}^{n-j} x_i x_{i+j} \tag{10.3-1}$$

通常将这种非周期序列的自相关函数称为局部自相关函数。目前，常用的一种帧同步码组是巴克码。

巴克码是一种有限长的非周期序列。其定义为：一个 n 位的巴克码组 $\{x_1, x_2, x_3, \cdots, x_n\}$，其中 x_i 取值为+1 或−1，其局部自相关函数满足：

$$R(j) = \sum_{i=1}^{n-j} x_i x_{i+j} = \begin{cases} n, & \text{当 } j = 0 \text{时} \\ 0\text{或}\pm 1, & \text{当 } 0 < j < n \text{时} \\ 0, & \text{当 } j \geqslant n \text{时} \end{cases} \tag{10.3-2}$$

目前已经找到所有巴克码组，如表 10-1 所示。其中的“+”号表示 x_i 的取值为+1，“−”号表示 x_i 的取值为−1。

表 10-1　巴克码组

N	巴 克 码 组
2	++；+-　　（11）；（10）
3	++-　　（110）
4	+++-；++-+　　（1110）；（1101）
5	+++-+　　（11101）
7	+++--+-　　（1110010）
11	+++---+--+-　　（11100010010）
13	+++++--++-+-+　　（1111100110101）

以 7 位巴克码组{+++--+-}为例，求其自相关函数为：

当 j=0 时，

$$R(j)=\sum_{i=1}^{7}x_i^2=1+1+1+1+1+1+1=7$$

当 j=1 时，

$$R(j)=\sum_{i=1}^{6}x_i x_{i+1}=1+1-1+1-1-1=0$$

按式（10.3-2）可求出 j=2、3、4、5、6、7 时 $R(j)$ 的值分别为−1、0、−1、0、−1、0，如表 10-2 所示。另外，再求出 j 为负值时的自相关函数值，如图 10-25 所示。可见，其自相关函数在 j=0 时出现尖锐的单峰。

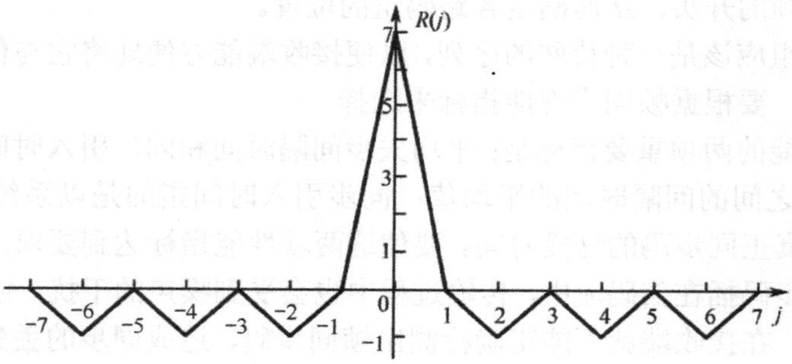

图 10-25　7 位巴克码的自相关函数

表 10-2　$R(j)$的值

|j|	0	1	2	3	4	5	6	7
$R(j)$	7	0	−1	0	−1	0	−1	0

巴克码识别器比较容易实现。以 7 位巴克码为例，用 7 级移位寄存器、相加器和判决器就可组成一个识别器，如图 10-26 所示。

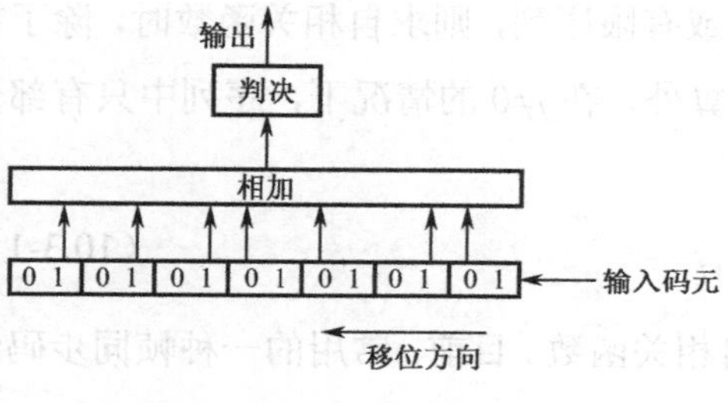

图 10-26　7 位巴克码识别器

当输入数据的“1”存入移位寄存器时，“1”端的输出电平为+1，而“0”端的输出电平为−1；反之，存入数据“0”时，“0”端的输出电平为+1，“1”端的输出电平为−1。各移位寄存器输出端的接法和巴克码的规律一致。这样，识别器实际上是对输入的巴克码进行相关运算。当 7 位巴克码在 t_1 时刻正好已全部进入图 10-26 中的 7 级移位寄存器时，7 个移位寄存器输出端都输出+1，相加后得最大输出+7。若判决器的门限电平定为+6，则就在 7 位巴克码的最后一位“0”进入识别器时，识别器输出一个帧同步脉冲表示一帧的开头，如图 10-27 所示。

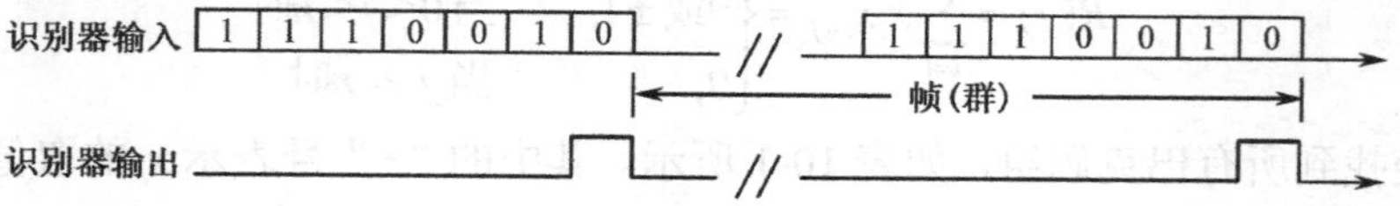

图 10-27　7 位巴克码识别器的输出波形

实际使用的连贯式插入法帧同步的实现原理框图如图 10-28 所示。其中移位寄存器+同步识别用于实现 7 位巴克码比较识别，若本地帧与检测出的帧相一致，则系统维持正常同步工作状态。当同步检测出不同时，同步识别将有一错误脉冲输出，这时前方保护计数。若连续识别错误使计数器计满，RS 状态触发器翻转，进入捕捉状态，同时计数器将输出 1 个调整脉冲去对收定时系统进行调整，如对定时系统中的分频器进行状态重新设定。经调整后仍比较错误，则再次进行调整，直到识别正确。此时同步识别送出正确标志使后方计数器进行计数，直到计数器计满，RS 触发器翻转进入同步状态。

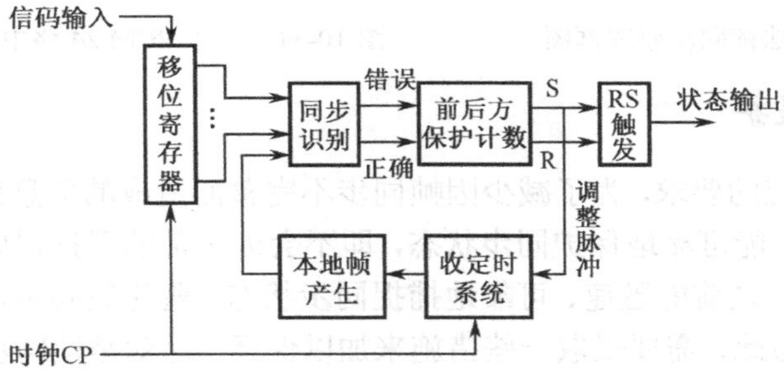

图 10-28 连贯式插入法帧同步实现原理框图

3. 间隔式插入法

在某些情况下，帧同步码组不是集中插入在信息码流中，而是将它分散地插入，即每隔一定数量的信息码元插入一个帧同步码元，如图 10-29 所示。这种帧同步方法，其中接收端要确定帧同步码的位置，必须对收到的间隔插入方式的码型进行选择，通常采用简单的码型（如“1”、“0”交替码）作为同步码。这样，在接收端为了确定此同步码的位置，就必须对接收总信码逐位进行检测，故称这种同步检测方法为逐码移位法，如图 10-30 所示。其中的本地时钟产生器将产生一本地帧码，并与收码一起送入一个比较器进行帧码比较：若两者帧码一致，则无脉冲输出；当两者帧码不一致时，输出 1 个脉冲，该脉冲经脉冲形成电路形成一定要求的控制脉冲送到禁止门，使禁止门关闭，从而禁止 1 个时钟脉冲通过，这样就使本地时钟产生器停止 1 拍，达到延时 1 位码的目的。如此反复比较移位，直到实现帧同步，这就是“逐码移位”的由来。

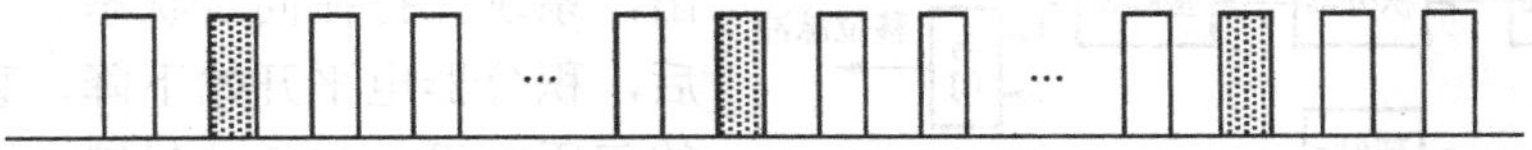

图 10-29 间隔插入法帧同步码示意图

这种方式的优点是占用帧同步码位少，传输效率高，设备简单；缺点是一旦失步，同步恢复时间较长。

图 10-31 所示为用于 PCM 24 路中的逐码移位法电路框图。其中不一致门的作用是在帧同步码时刻将本地帧码与 PCM 码进行异或比较：若两者同步码在同一时间出现，则不一致门无脉冲输出，即为同步状态；反之，不一致门将有脉冲输出，表示失步。保护时间计数器的作用是假失步或假同步计数。展宽电路的目的是将不一致门输出的失步脉冲展宽到足以扣除 1 个时钟脉冲的宽度。当保护时间计数器计满时，即确认系统已失步，送出一个高电位，使展宽后的脉冲送入与门，以阻止 1 个时钟脉冲通过，实现脉冲扣除。

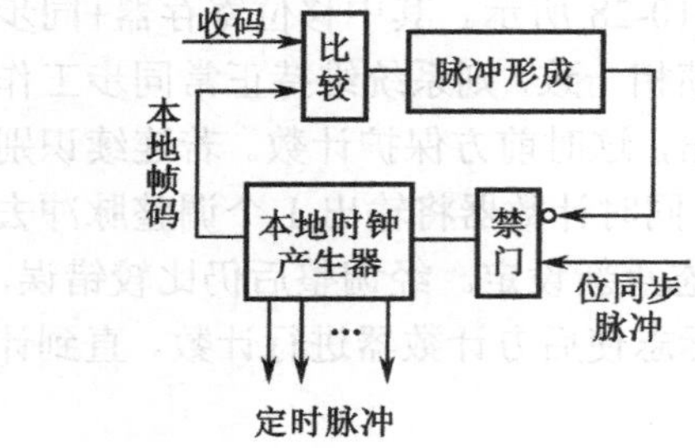

图 10-30　逐码移位法帧同步原理框图

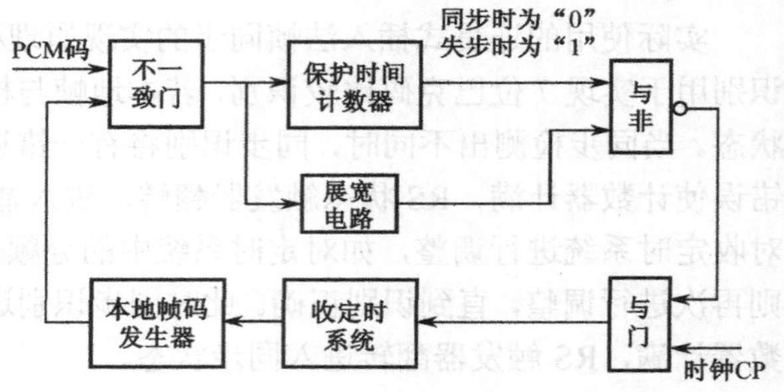

图 10-31　用于 PCM 24 路中的逐码移位法电路框图

10.3.3　帧同步的保护

根据对帧同步系统的要求，为了减少因帧同步不完善而造成的信息损失，在帧同步建立以后，要求在干扰影响下能可靠地保护同步状态，即不会因正常的干扰误码而失去同步；要求帧同步电路在帧同步建立之前能迅速、可靠地捕捉同步状态，避免假同步，即不能因为假同步码而误进入同步状态。为此，需要采取一些措施来加以保证，这就是帧同步的保护问题。针对前者的保护称为前方保护，针对后者的保护称为后方保护。不难理解，保护就是进行实时的考验，经得起考验的方为真，否则均为假。常采用的时间考验方法有积分法和计数法。

1．积分法保护电路

采用误差累积的积分法保护电路原理框图如图 10-32 所示，该电路即为图 10-31 中的保护时间计数器。保护电路由展宽电路、积分器、鉴幅器和延时器组成。误差脉冲经展宽送入积分器后，当积分器放电时间常数取得大于一帧时，则积分器的输出为一个逐渐增加的直流电压。当失步时每帧都会输出一个误差脉冲，在积分器上就积累一定的电压，该积累电压送至鉴幅器，当超过其门限值时，鉴幅器输出矩形脉冲，使收端电路停顿 1 位，系统处于捕捉状态，开始进行捕捉。为达到同步保护目的，要求积分器上的电压从开始积累直到鉴幅器门限值的时间刚好等于前方保护时间。至于系统有起伏噪声或受到脉冲干扰，使帧同步信号偶然收不到时，也会有误差脉冲输出，但不会是连续的输出。此时积分器输出电平也要升高，但不会达到鉴幅器的门限值，因而鉴幅器无输出，与门也就无输出，系统保持在同步状态。当没有误差脉冲后，积分器电平开始下降，直到低于鉴幅器的复原电平，与门被封锁；这段时间应选得和同步的后方保护时间相同，以确保不会出现误同步。由于一般信息码持续几帧都与帧同步码相同的概率很小，故这段时间系统仍为捕捉状态。这时与门打开，误差脉冲可以通过，形成移位脉冲，从而加快了捕捉速度。

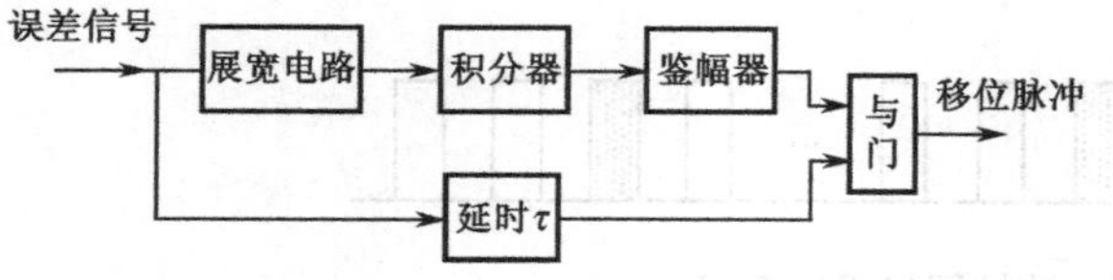

图 10-32　积分法保护电路原理框图

2．计数法保护电路

图 10-33 所示是计数法保护电路的原理框图。它与积分法的不同之处是同步考验时间采用计数方式。也就是说，同步比较连续出现错误直至前方保护计数器计满送出调整脉冲，并使触发器翻转进入捕捉状态；或同步比较连续输出正确结果直至后方保护计数器计满，使触发器翻转进入同步。显然，只要计数器的计数次数取得合适，就可达到同步系统稳定性的要求。

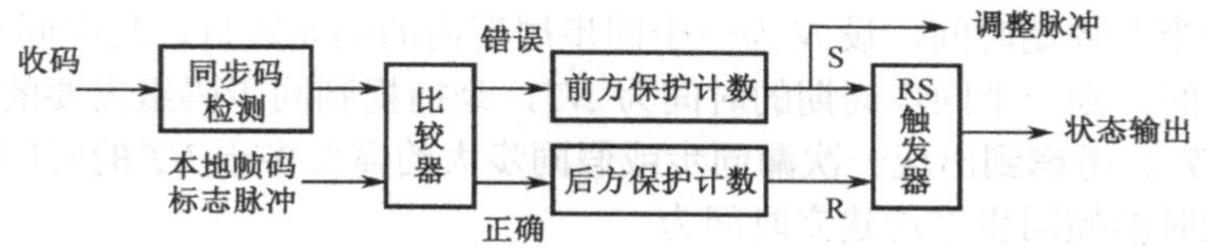

图 10-33　计数法保护电路的原理框图

10.3.4　帧同步系统的性能

帧同步系统在同步捕捉阶段建立时间要短，在同步建立后应具有较强的抗干扰能力。帧同步系统的性能通常用漏同步概率、假同步概率和帧同步平均建立时间来衡量。

1．漏同步概率 P_1

由于误码现象使得同步码组中的一些码元发生差错，从而使得同步识别器没能识别出同步码组，造成漏识别。出现这种情况的概率称为漏同步概率 P_1。

设 p 为码元错误概率，n 为同步码组的长度，m 为判决器容许码组中的错误码元最大数，则同步码组码元 n 中所有不超过 m 个错误码元的码组都能被识别器识别，因此未漏的概率为 $\sum\limits_{r=0}^{m} C_n^r p^r (1-p)^{n-r}$，其中 C_n^r 为 n 中取 r 的组合。所以，漏同步的概率为

$$P_1 = 1 - \sum_{r=0}^{m} C_n^r p^r (1-p)^{n-r} \tag{10.3-3}$$

当同步码组不允许有错误，即 m=0 时，则式（10.3-3）变为

$$P_1 = 1 - (1-p)^n \tag{10.3-4}$$

2．假同步的概率 P_f

在信息码元中，由于码元的随机组合，有可能出现与同步码组相同的组合，这时同步识别器就有可能误认为是同步码组而造成假同步。出现这种情况的可能性就称为假同步概率 P_f。

计算假同步概率 P_f 就是计算信息码元中能被判为同步码组的组合数与所有可能的码组数之比。设二进制信息码元出现“0”和“1”的概率相等，并假设假同步完全是由于某个信息码组被误认为是同步码组所造成的。同步码组的长度为 n，则 n 位的信息码组共有 2^n 种组合，其中能被识别成同步码组的组合同样与 m 有关：若 m=0，则只有 1 个（C_n^0）码组能被识别；若 m=1，即与原同步码组差 1 位的码组都能被识别，共有 C_n^1 个码组。以此类推，信息码元中可能被判为同步码组的组合数为 $\sum\limits_{r=0}^{m} C_n^r$，因此假同步概率为

$$P_f = \left(\sum_{r=0}^{m} C_n^r\right) / 2^n \tag{10.3-5}$$

比较式（10.3-4）和式（10.3-5）可见，当 m 增大，即判定条件放宽时，漏同步概率减小，但假同步概率增大，两者间是相互矛盾的。

3．平均建立时间 t_e

平均建立时间是指从在捕捉状态开始捕捉到进入保持状态所需的时间。显然，平均建立时间越快越好。以集中插入为例，假设漏同步和假同步都不发生，由于在一个帧同步周期内一定会有以此同步码组出现。因此，出现同步码组的等待时间最长为一个同步周期，最短无须等待。

平均等待时间为半个周期时间。设 N 为一个同步周期内的码元数目，其中同步码组长度为 n，T 为码元持续时间，则一个同步周期的时间为 NT，是捕捉到同步码组需要的最长时间。而平均捕捉时间为 $NT/2$。考虑到出现一次漏同步或假同步大约需要多于 NT 的时间才能捕获到同步码组，因此，此时的帧同步平均建立时间为

$$t_e \approx NT\left(\frac{1}{2}+P_f+P_1\right) \tag{10.3-6}$$

10.4 网同步

以上讨论了载波同步、位同步和帧同步的问题，这些同步的实现是点对点之间进行可靠通信的基本保证。除此之外，在数字通信网中，各交换点之间在进行分接、时隙互换和复接过程中，也会碰到各交换点时钟频率和相位统一协调的问题，即网同步的问题。

10.4.1 网同步的基本概念

通信网内实现数字信息的交换与复接时，建立网同步是非常必要的。本节以图 10-34 所示的复接系统为例说明复接过程中网同步的必要性。一般，合群器是将多个速率较低的数字流合并为一个速率较高的数字流的设备，分路器是将一个速率较高的数字流分离成多个速率较低的数字流的设备。

图 10-34 中的合群器将 A、B、C 三个支路来的低速数字流合并起来，这些数字流的速率各自独立而且可能各不相同。如果只是点对点之间的通信，例如 A 站与 A′站进行通信，则图中的合群器和分路器只是单纯地起转接作用，则 A′站可以直接从 A 站发来的数字流中提取位同步信号。位同步法如前所述。但是在网通信时，A、B、C 三个支路不同速率的数字流在合群器中合并，然后作为一个统一的数字流传输到分路器中去。那么，合群器对各支路的抽样时钟频率是按 A 支路的数字流速，还是按 B 支路或 C 支路的数字流速来决定呢？

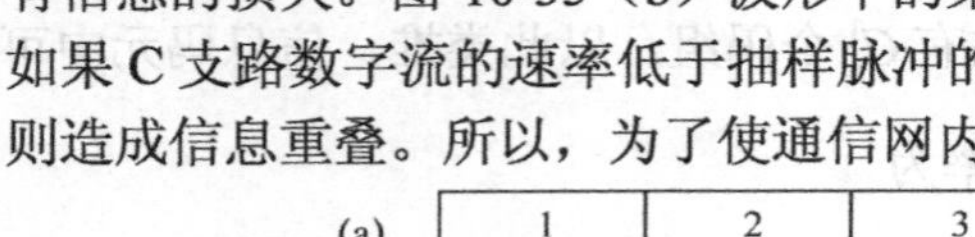

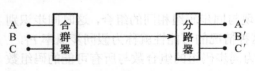

图 10-34 复接系统示意图

设 A、B、C 支路的数字流分别如图 10-35（a）、（b）、（c）所示。若合群器的抽样时钟速率与 A 支路保持一致，其抽样脉冲如图 10-35（d）所示，抽样时刻 t_1、t_2、…如图中所标示，则 A 支路的数字流经取样后每个码元都准确地去参与合群。对 B 支路的数字流来说，由于 B 支路的数字流速率高于抽样脉冲的速率，则该数字流经抽样后参与合群时，会有信息的损失。图 10-35（b）波形中的第 2 个码元没有被抽样，此码元的信息丢失。类似地，如果 C 支路数字流的速率低于抽样脉冲的速率，图 10-35（c）波形的第 6 个码元会被抽样两次，则造成信息重叠。所以，为了使通信网内的信息能可靠地交换与复接，必须实现网同步。

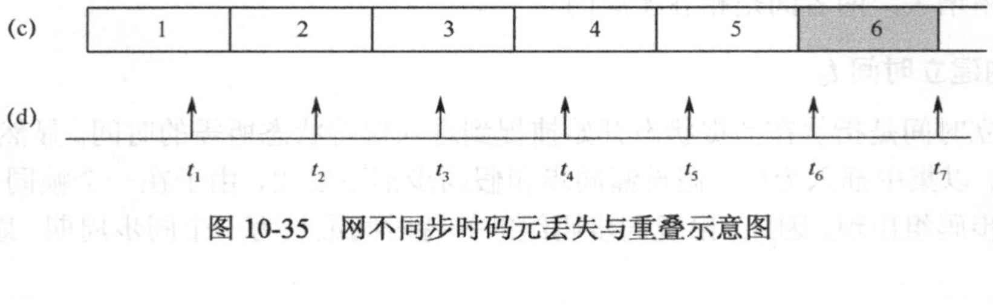

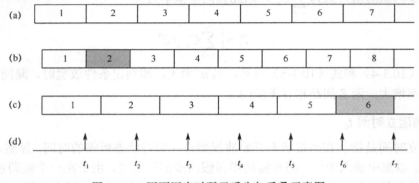

图 10-35 网不同步时码元丢失与重叠示意图

10.4.2　网同步方法

实现网同步的方法主要有两大类。一类是建立同步网，也就是使网内各站的时钟彼此同步，即各站时钟的频率和相位都相同。建立这种同步网的主要方法有主从同步法和相互同步法两种。另一类是异步复接，又称独立时钟法。这种方法中各支路数字流的速率偏差在一定容许的范围内，在复接设备里对支路数字流进行调整和处理之后，使它们变成相互同步的数字流，起到一个变异步为同步的作用。实现异步复接的方法主要有两种：码速调整法和水库法。下面分别来介绍上述几种方法。

1. 主从同步法

主从同步法是在整个通信网中的某一站，通常是中心站，设置一个高稳定的主时钟源，它产生的时钟按图 10-36 所示的方向逐站传送至网内各站，因而保证网内各站的时钟频率和相位都相同。由于主时钟到各站传输线路长度不同，所以在各站引入不同的时延，则需要在各站设置时延调整电路。这样，虽然到达各站的时钟相位不同，但经过调整后还是可以保持一致的。

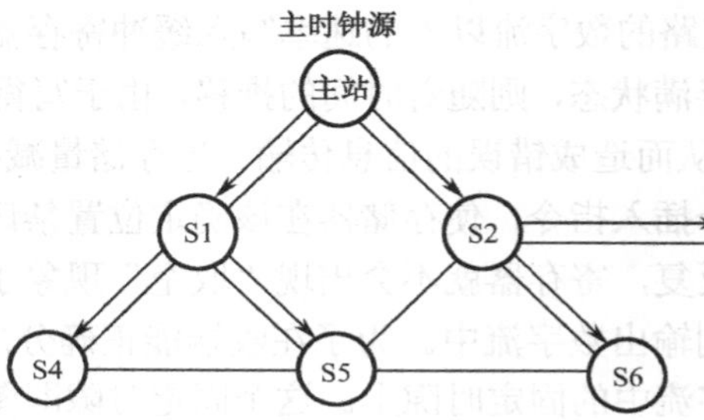

图 10-36　主从同步法时钟传输示意图

这种方法的主要缺点是，当主时钟源发生故障时，全网的通信会全部中断；其优点是时钟稳定度高，设备简单，所以在小型数字通信网中应用较广泛。

2. 相互同步法

用主从同步法来实现网同步，过分地依赖于主时钟源。为了克服这一缺点，可使网内各站都拥有自己的时钟，并将它们相互连接起来，使各站的时钟频率锁定在网内各站固有振荡频率的平均值上，这个平均值称为网频率，这样就实现了网同步。

这种同步方式中无主站、从站之分，是一种相互控制的过程，当某一站出现故障时，网频率将平滑地过渡到一个新的值，其他站仍能正常工作，提高了通信网工作的可靠性。这种方法的缺点是控制线过多，每一个站的设备都比较复杂；另外，各站的频率变化都会引起网频率的变化，出现暂时的不稳定，引起转接误码，即定时抖动。

3. 码速调整法

如前所述，参与复接的各支路数字流如果是异步的，合群时首先必须将这些异步的数字流进行码速调整，使之变成相互同步的数字流；收端分路时，从这些相互同步的数字流中分别进行码速恢复，复原出各支路异步的数字流。

码速的调整有正码速调整、负码速调整和正/负码速调整 3 种。其中，由于正码速调整的原理和实现电路简单，技术比较完善，因此应用最为普遍。这里以正码速调整法为例说明其原理。图 10-37 所示为正码速调整的异步复接实现原理框图。在正码速调整中，合群器供给的抽样时钟频率 f 高于各支路数字流的速率，使得各支路送入合群器的数据速率统一于一个固定值。

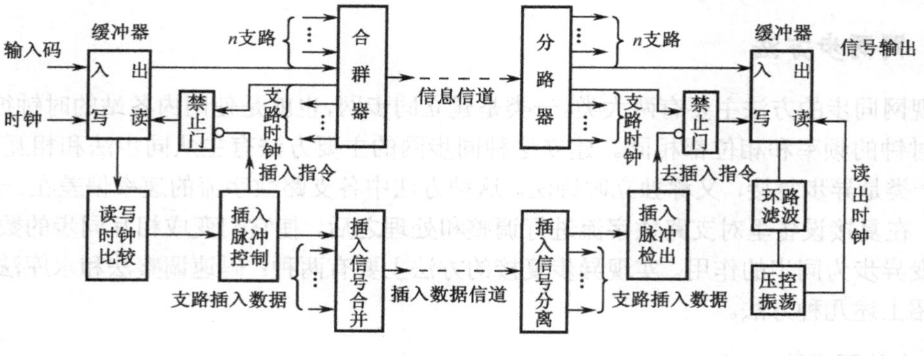

图 10-37　正码速调整异步复接原理框图

为简单起见，以其中的某一个支路来进行讨论。该支路数字流的速率为 f_1，即在复接设备中，支路的数字流以 f_1 的速率写入缓冲寄存器，并假设以 f 的速率从其中读出，假定缓冲器起始处于半满状态，则随着时间的推移，由于写得慢，读得快，存储则会越来越少，最后将导致“取空”，从而造成错误的信息传输。当存储量减少到某一门限值时，就由复接设备的调整控制器输出一个插入指令，使存储器在该确定位置禁读 1 位，这样寄存器就得到了一次“喘息”的机会。如此反复，寄存器就不会出现“取空”现象了。在对寄存器禁读 1 位期间，人为地塞入一填充脉冲到输出数字流中。为了在收端能正确分离出塞入的填充脉冲，可将塞入的填充脉冲插在输出数字流中的固定时隙上。这个固定时隙即图 10-37 中的“插入数据信道”。当各支路送至复接设备的数字流都经过这样的码速调整后，它们的速率和相位就一致了，从而实现了同步。

接收端的分路器把各支路分开，同时从“插入数据信道”中检测出插入脉冲信号，并根据检测结果发出去插入指令，使各支路输出中的填充脉冲中不写入缓冲寄存器，就得到含有若干“空”时隙的数字流。寄存器读出脉冲的时钟频率是输入不均匀脉冲速率的平均值，记为 f_1。它通常是利用锁相环提取出来的。用速率为 f_1 的脉冲对寄存器读出，就可以恢复出支路数字流了。

负码速调整的原理与此类似。负码速调整时合群器提供的抽样时钟频率 f 应低于所有支路数字流的速率。由于此时是写得快，读得慢，最后会导致寄存器“溢出”。类似地，通过复接设备的调整，使“溢出”现象不再发生。

正/负码速调整时，选择 f 等于各支路时钟的标称值，由于各支路的实际速率不一样，既可能出现正码速调整，又可能出现负码速调整的情况。

码速调整法的主要优点是各支路可以工作于异步状态，使用灵活、方便。但是，从前面的分析可以看出，时钟 f_1 是从不均匀的脉冲序列中提取出来的，其中有相位抖动，影响同步质量，这是码速调整法的主要缺点。

4．水库法

水库法不再是依靠填充脉冲或者扣除脉冲的方法来调整速率，而是通过在通信网的各站都设置稳定度极高的振荡器和容量足够大的缓冲寄存器，使很长的时间间隔内不发生“取空”或“溢出”现象。容量足够大的寄存器就像水库一样，既很难抽干，也很难将水库灌满，因而就不需要进行码速调整了。

现在来计算寄存器发生一次“取空”或“溢出”现象的时间间隔 T。设寄存器的位数为 $2n$，起始状态为半满状态，寄存器写入和读出的速率差为 $\pm\Delta f$，则有

$$T = n/\Delta f \tag{10.4-1}$$

设数字流的速率为 f，并令频率稳定度为

$$s=\left|\pm\Delta f/f\right| \tag{10.4-2}$$

则由式（10.4-1）得

$$fT=n/s \tag{10.4-3}$$

式（10.4-3）是水库法进行计算的基本公式。例如，若 f=2 048 kb/s，$s=\left|\pm\Delta f/f\right|=10^{-9}$，需要使 T 不小于 24 h，利用式（10.4-3）可算出 n=177。显然，这样的设备不难实现。若采用稳定度更高的振荡器，如原子振荡器，其频稳度可达 5×10^{-11}，则可在更高速率的数字通信网中采用水库法进行网同步。由于水库法每隔一个相当长的时间总会发生“取空”或“溢出”现象，所以每隔一定时间，即式（10.4-1）中的时间段 T，要对同步系统校准一次。

10.5　本章小结

本章讨论的是对通信能否进行起决定作用的同步问题。无论是采用基带传输、频带传输还是组成通信网，都将存在同步。无论哪一环节的同步出现问题，信号的传输都会受到影响。

载波同步的目的是使接收端用于解调的载波与发送端的载波保持同步。这对于采用相干解调的调制系统是必须的。载波同步的实现主要有两种类型，即插入导频方式和直接提取方式。前者的原理和实现比较简单，但需要在发信侧增加相应的电路且导频也要占用一定的发射功率；而后者无须在发信侧增加任何电路，但技术相对复杂，是目前常用的方式。常用的直接提取方式，其基本原理是非线性处理+滤波（锁相环）。主要有 M 次方环法和科斯塔斯环法。M 次方环法实现简单，多用于 M 较小或调制频率较低的场合；科斯塔斯环法的非线性处理在基带进行，因此电路的工作频率较低，适合于所有场合。采用直接提取方式存在载波相位模糊的现象。在提取载波电路中，窄带滤波器的带宽对同步的性能有很大的影响。恒定相位误差和随机相位误差对带宽的要求是相矛盾的。同步建立时间和同步保持时间对于带宽的要求也是矛盾的，在实际应用中应综合考虑。

对于导频，这里需要补充说明的是，导频在通信系统中不仅仅可以用来进行载波同步，导频的另一个重要的作用是用于对信号在信道中传输时的衰减进行监测，并作为接收机自动电平控制的依据。

位同步的目的是使收信侧获得同步的时钟，实现在最佳时刻对接收码元进行抽样判决，以做到再生出的码元差错率最小。位同步的实现方法也分两种，一种是插入导频法，另一种是自同步法。与载波同步一样，插入导频法技术虽然简单，但在发信侧需要增加相应的电路。因此，实际普遍采用自同步法，且多为锁相方式。时钟的同步误差将引起误码率的增大。

帧同步的目的是保证接收端定时系统所产生的各种定位脉冲与发信端保持一致。实现从再生出的码流中正确分离出各种信息。帧同步是靠识别信息码流中的同步码来实现同步的。同步码的插入方式分为集中插入和分散插入两种。前者适用于要求快速建立同步的场合。由于传输码流的随机性，而可能出现假同步码现象，以及传输中，误码的存在，可能导致同步码的丢失，在帧同步系统中采取了相应的保护措施，以使同步系统稳定工作。在帧同步的性能指标中，漏同步概率与假同步概率两者之间是相矛盾的，在系统设计时应综合考虑。

网同步的目的是保证通信网络各节点工作在统一的时间节拍下。网同步的方法有：主从同步法、相互同步法、码速调整法和水库法。前两种用于同步传输体系的通信网，后两种则针对异步体系的通信网。

思考题

10-1　对于调制系统为什么要解决载波同步问题？什么样的调制系统不需要载波同步？

10-2　插入导频法载波同步有什么优缺点？哪类信号的调制不宜采用插入导频法进行载波同步？

10-3　请解释：对于没有离散载频分量的已调信号如何从中提取出载频？

10-4　为什么采用直接法会出现相位模糊问题？如何解决相位模糊问题？

10-5　一个采用频带传输的数字通信系统是否必须有载波同步和码元同步？

10-6　码元同步方法有哪几类？是如何实现码元同步的？

10-7　位同步有哪些主要性能指标？

10-8　何谓帧同步？帧同步有几种方法？

10-9　对帧同步系统要求有哪些？

10-10　试比较集中插入法和分散插入法的优缺点？

10-11　为什么要用巴克码作为群同步码？

10-12　在 PCM30/32 数字系统中，共需要有多少种同步？

10-13　帧同步有哪些主要性能指标？

10-14　何谓网同步？网同步有几种方法实现？

10-15　何谓准同步？何谓码速调整法？

10-16　准同步数字复接中，二次群的速率为 8 448 kb/s，它由 4 个速率为 2 048 kb/s 的一次群复合而成，为何二次群的速率不是 8 192 kb/s？如果采用负码速调整，则二次群的速率比 8 192 kb/s 高还是低？

习题

10-1　试求证图 10-11 四相科斯塔斯环的误差电压为 $u_{\mathrm{d}}=k_{\mathrm{d}}\sin(4\varphi)$。

10-2　设载波同步相位误差为 $\theta=10°$，信噪比 $r=10$ dB，试求此时 2PSK 信号的误码率。

10-3　试写出存在载波同步相位误差条件下的 2DPSK 信号误码率公式。

10-4　设一 5 位巴克码序列的前后都是“+1”码元，试画出其自相关函数曲线。

10-5　设传输系统的误码率为 10^{-6}，若系统帧同步码组采用 7 位巴克码，试分别求出容许错误码元数为 0 和 1 时的漏同步概率和假同步概率。

第 11 章　数字通信系统的 MATLAB 仿真

各种通信新理念、新技术和新芯片的出现与应用，对通信系统的系统结构、信号编码、调制解调、信号检测、系统性能等都产生了重大的影响。因此，通信系统面临着不断改进和变革。在改进原有系统或设计新系统之前，通常需要对整个系统进行建模和仿真，通过仿真结果衡量方案的可行性。利用 MATLAB 以及 MATLAB 中的可视化仿真工具 Simulink 进行系统建模和仿真，可以为通信系统的设计和评估提供一个便捷、高效的平台。

本章利用 Simulink 仿真平台，对常用的一些数字通信系统进行建模和仿真，并介绍实现过程，分析系统的输入输出特性，使读者加深对通信基本原理的理解，更好地将理论与实践结合起来。

11.1　PCM 编码和译码仿真

脉冲编码调制（PCM）过程有抽样、量化和编码 3 个步骤，即先将模拟信号进行抽样、量化，然后变换成代码。电话语音信号的 PCM 码组由 8 位二进制码组成，其中调制信号为模拟信号，模拟信号的抽样值改变脉冲序列的码元取值，故称 PCM。

11.1.1　PCM 编码仿真

PCM 编码器实现模拟信号到数字信号的转换。如本书第 5 章所述，PCM 包括抽样、量化、编码 3 个环节。PCM 编码器仿真模型如图 11-1 所示。

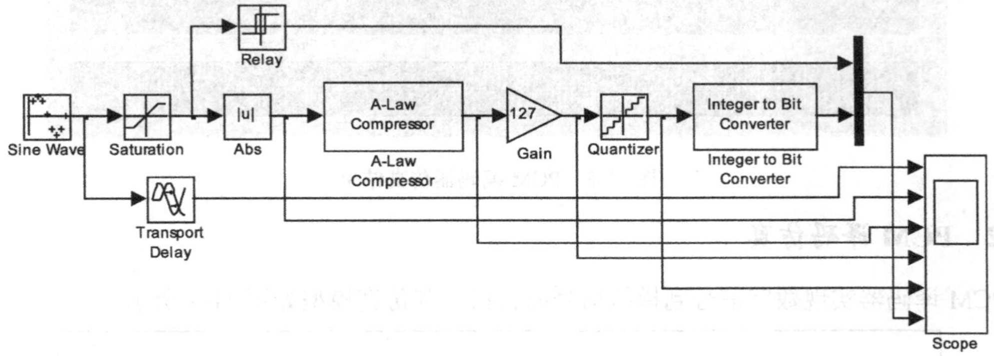

图 11-1　PCM 编码器仿真模型

在图 11-1 中：“Saturation”模块为限幅器；“Abs”模块取绝对值；“A-Law Compressor”为压缩器，进行 A 律压缩；“Relay”模块的输出可作为 PCM 编码输出的最高位——极性码；“Gain”为增益模块，它输出 7 位码，可以将样值放大到 0~127；“Quantizer”模块对放大的数据进行间隔为 1 的量化，并进行四舍五入取整；“Inter to Bit Converter”将量化后的整数编码为 7 位二进制序列，作为 PCM 编码的低 7 位。

PCM 编码器的仿真参数如表 11-1 所示。

表 11-1　PCM 编码器的仿真参数

模块名称	参数名称	参数取值
Sine Wave Function	Sample type	Sample based
	Samples per period	50
	Sample time	1/500
Relay	Switch on point	0
	Switch off Point	0
	Output when on	1
	Output when off	-1
	Sample time	-1
Integer to Bit Converter	Number of bits per integer	7

PCM 编码器仿真模型运行后的仿真结果如图 11-2 所示。其中，示波器输出波形从上到下依次为：正弦波输入信号、正弦波采样后信号绝对值、A 率压缩后信号、放大信号、量化器（间隔为 1）输出信号、7 位编码加 1 位极性码输出。

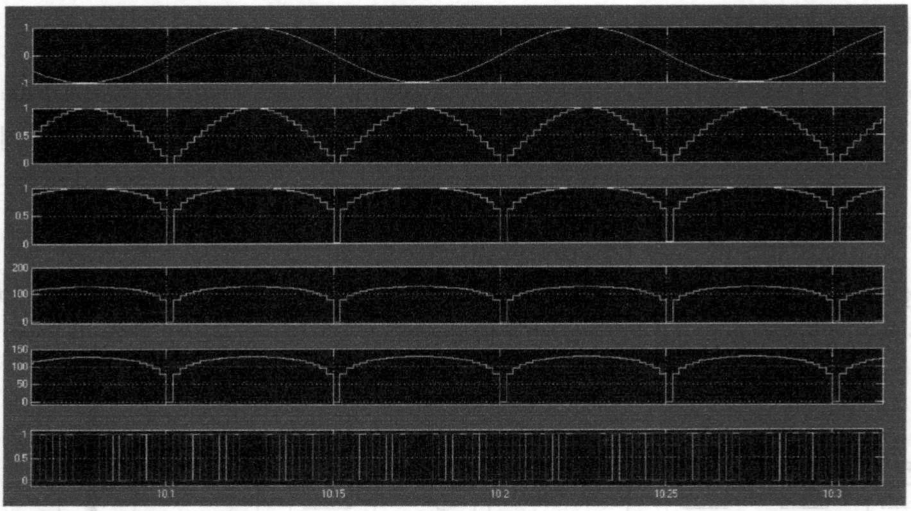

图 11-2　PCM 编码器仿真结果

11.1.2　PCM 译码仿真

PCM 译码器实现数字信号到模拟信号的转换，其仿真模型如图 11-3 所示。

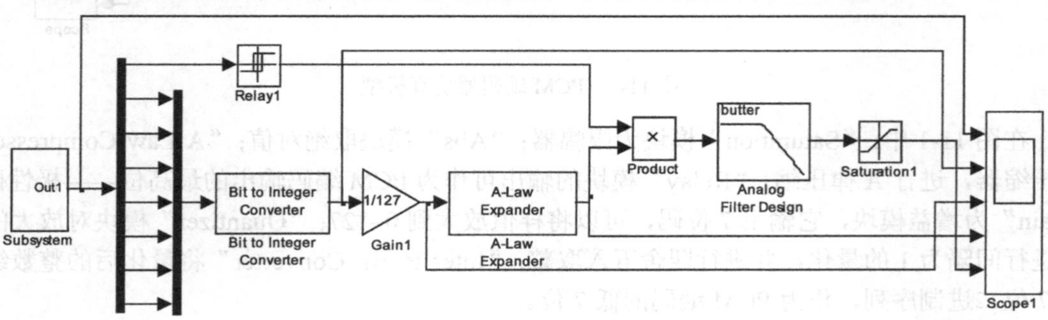

图 11-3　PCM 译码器仿真模型

PCM 译码器的输入为 PCM 信号。首先，通过"Relay"分离并行数据中的极性码和幅度码。然后，通过"Bit to Integer Converter"模块将 7 位幅度码转换为整数值，再进行归一化，扩张后与双极性的极性码相乘得出译码值。可以看出，PCM 译码器的仿真过程基本上是 PCM 编码器的反过程。PCM 译码器的仿真参数如表 11-2 所示。

表 11-2　PCM 译码器的仿真参数

模块名称	参数名称	参数取值
Saturation1	Upper limit	1
	Lower limit	- 1
Bit to Integer Converter	Number of bits per integer	7
Relay	Switch on point	0.5
	Switch off Point	0.5
	Output when on	1
	Output when off	- 1
	Sample time	- 1
Analog Filter Design	Design method	Butterworth
	Filter type	Lowpass
	Filter order	7
	Passband edge frequency	80

PCM 译码器仿真模型运行后得到的仿真结果如图 11-4 所示。其中，示波器输出波形从上到下依次为：PCM 编码输出、量化信号、量化还原信号、采样信号（不含极性）、低通滤波和限幅后的信号（模拟信号）。对比图 11-2 和图 11-4 可以发现，恢复后的模拟信号与原始模拟信号波形完全相同。

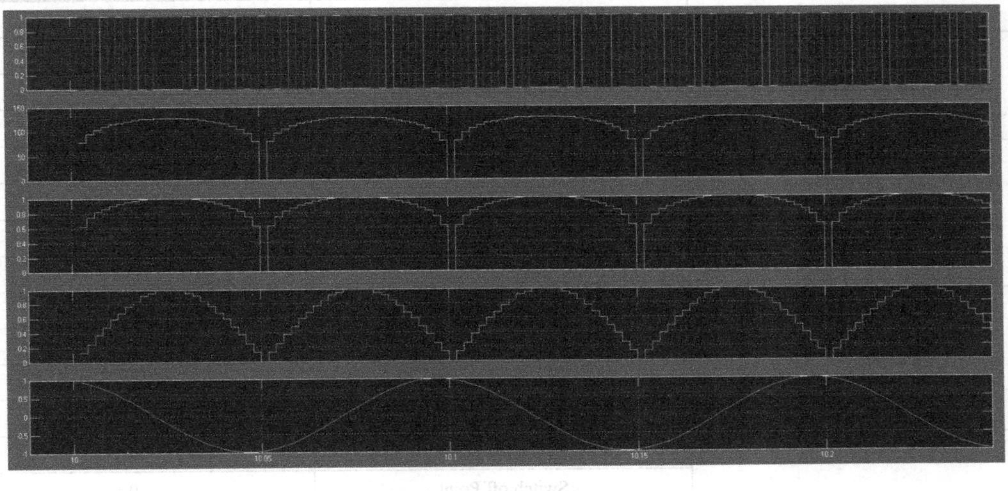

图 11-4　PCM 译码器仿真结果

11.2　密勒码编码和译码仿真

密勒码又称延迟调制码，是双相码的一种变型。其编码规则是：符号"1"码元起始不跃变，中心点跃变，即用"10"或"01"表示；符号"0"中心点不跃变，即用"00"或"11"

表示；单个“0”时，保持0前的电平不变，对于连续“0”，则使连续两个“0”的边界处发生电平跃变。

11.2.1　密勒码编码仿真

密勒码编码器仿真模型如图11-5所示。

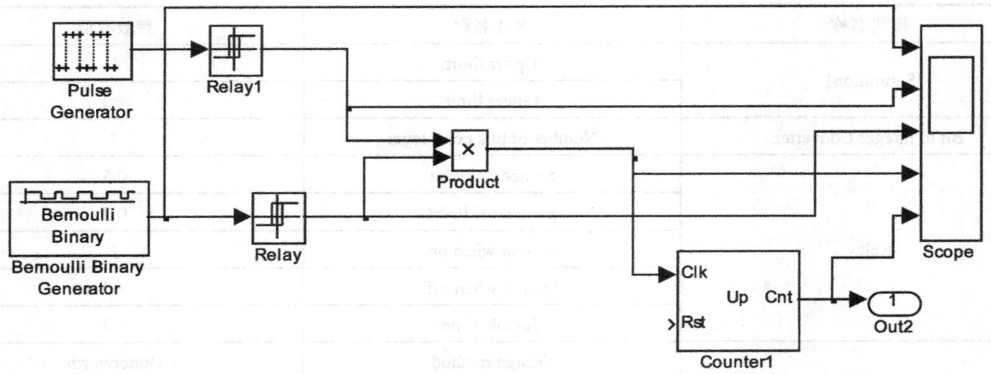

图11-5　密勒码编码器仿真模型

在图11-5中：“Relay”模块用于从单极性到双极性的变换，其门限设为0.5，输出值设为1和－1；“Pulse Generator”模块与输入信号经过一个“Relay”模块判决后，再经过相乘器“Product”模块，“PulseGenerator”模块的占空比设为50%；“Counter”用于统计“Product”模块输出波形的下降沿，计数器最大值设为1。具体仿真参数如表11-3所示。

表11-3　密勒码编码器的仿真参数

模块名称	参数名称	参数取值
Bernoulli Binary Generator	Probability of a zero	0.5
	Initial seed	61
	Sample time	1/1000
Pulse Generator	Amplitude	1
	Period	2
	Pulse Width	1
	Sample time	1/2000
Relay	Switch on point	0.5
	Switch off Point	0.5
	Output when on	1
	Output when off	-1
Relay1	Switch on point	0.5
	Switch off Point	0.5
	Output when on	1
	Output when off	-1

密勒码编码器仿真模型运行后得到的仿真结果如图11-6所示。其中，示波器输出波形从上到下依次为：输入基带信号（单极性）、脉冲信号（双极性）、输入基带信号（双极性）、两个双极性信号的乘积、下降沿计数器计数输出（密勒码波形）。

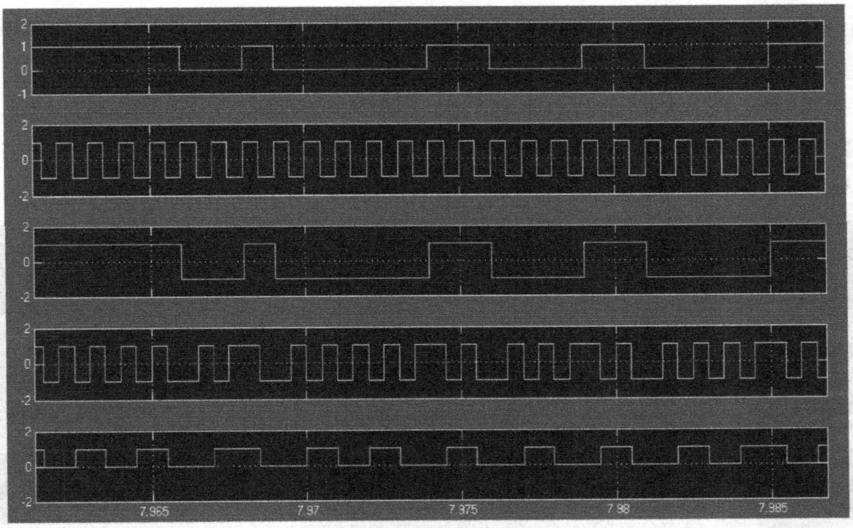

图 11-6　密勒码编码器仿真结果

11.2.2　密勒码译码仿真

密勒码译码仿真模型如图 11-7 所示。

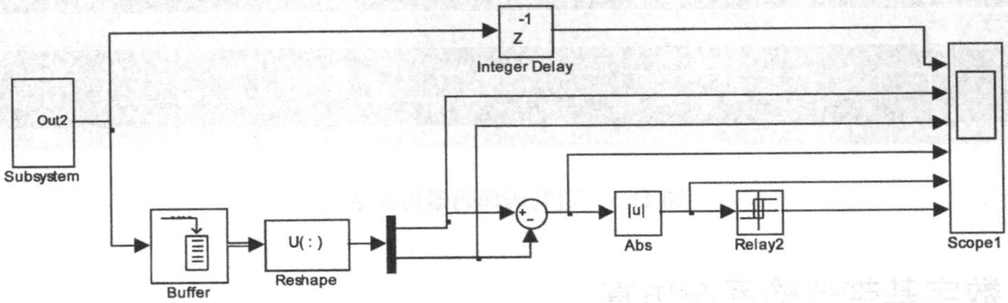

图 11-7　密勒码译码器仿真模型

在图 11-7 中："Subsystm"为密勒码编码器；"Buffer"模块用于设置缓冲区，缓冲区大小为 2；"Reshape"模块用于将 1 行 2 列矩阵转换为 2 行 1 列矩阵，第 1 行代表每个密勒码码元的前半个码元的电平值，第 2 行代表后半个码元的电平值；"Relay2"模块用于抽样判决。仿真参数如表 11-4 所示。

表 11-4　密勒码译码器的仿真参数

模块名称	参数名称	参数取值
Reshape	Output Dimentionality	1-D Array
Bit to Integer Converter	Number of bits per integer	7
Relay2	Switch on point	1
	Switch off Point	1
	Output when on	1
	Output when off	0
	Sample time	- 1
Buffer	Out Buffer Size	2

密勒码译码器仿真模型运行后得到的仿真结果如图 11-8 所示。其中，示波器输出波形从上到下依次为：带延时的密勒码信号、每个符号前半个码元的电平值、每个符号后半个码元的电平值、每个符号前后半个码元的电平值之差（用于判断原码）、每个符号前后半个码元的电平值之差的绝对值、判决结果（基带信号）。对比图 11-7 和图 11-8 可以发现，密勒码译码后的波形与基带信号波形相同。

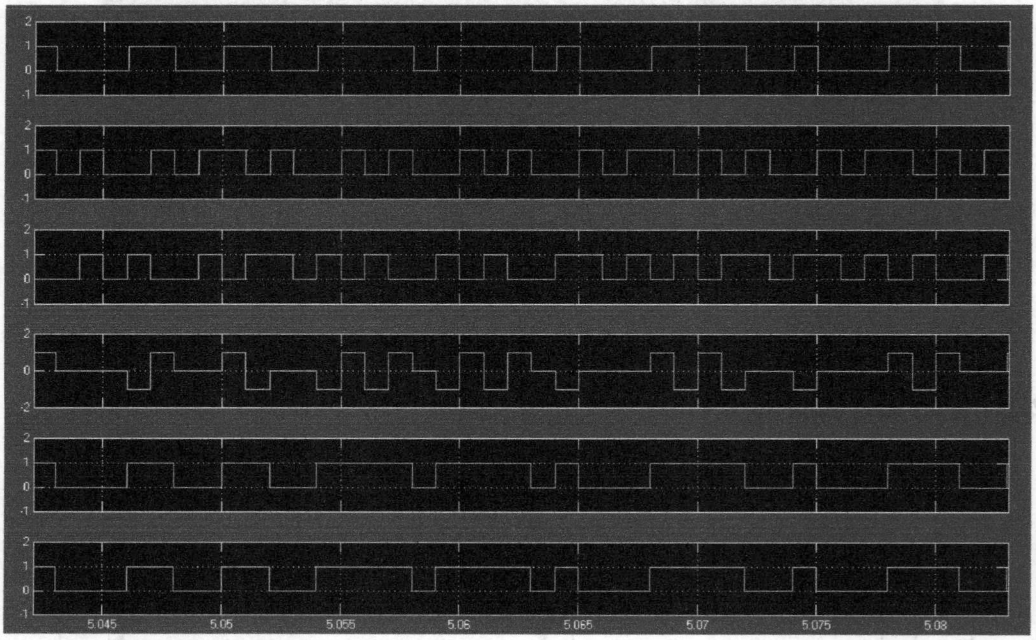

图 11-8　密勒码译码器仿真结果

11.3　数字基带传输系统仿真

典型的数字基带传输系统主要由信道信号形成器（发送滤波器）、信道、接收滤波器、同步系统和抽样判决器等组成，其组成框图如图 11-9 所示。

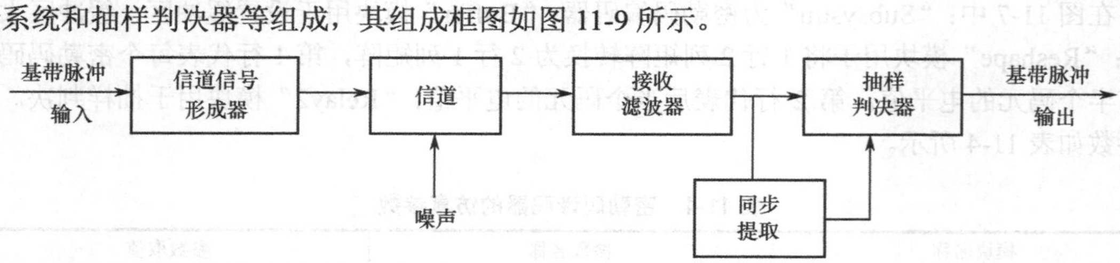

图 11-9　数字基带传输系统组成框图

11.3.1　信源的建模与仿真

基带信号采用曼彻斯特码编码，其编码规则：将信息代码 0 编码为线路码“01”，信息代码 1 编码为线路码“10”。曼彻斯特码仿真模型如图 11-10 所示。

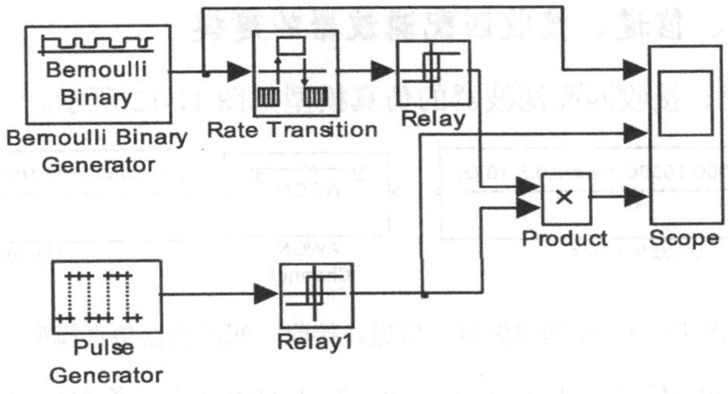

图 11-10　曼彻斯特码仿真模型

曼彻斯特码基带信号源需要用到的 Simulink 模块有"Bernoulli BinaryGenerator"、"Pulse Generator"、"Relay"、"Rate Transition" 和 "Product"，"Rate Transition" 参数取默认值。具体仿真参数如表 11-5 所示。

表 11-5　曼彻斯特编码器的仿真参数

模块名称	参数名称	参数取值
Bernoulli Binary Generator	Probability of a zero	0.5
	Initial seed	61
	Sample time	1/1000
Pulse Generator	Amplitude	1
	Period	10
	Pulse Width	5
	Sample time	1/10000
Relay	Switch on point	0.5
	Switch off Point	0.5
	Output when on	1
	Output when off	- 1

曼彻斯特码的编码仿真结果如图 11-11 所示。其中，第一个波形为原码，第三个波形为曼彻斯特码。

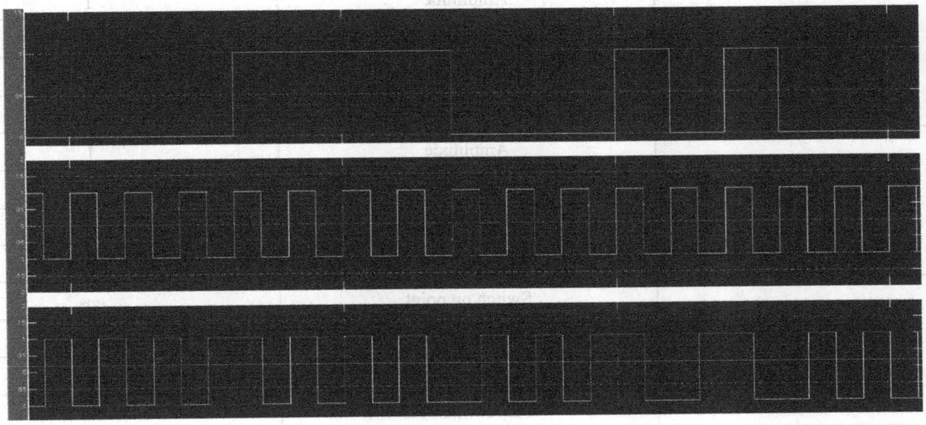

图 11-11　曼彻斯特码编码仿真结果

11.3.2 发送滤波器、信道、接收匹配滤波器的建模

发送滤波器、信道、接收匹配滤波器的仿真模型如图 11-12 所示。

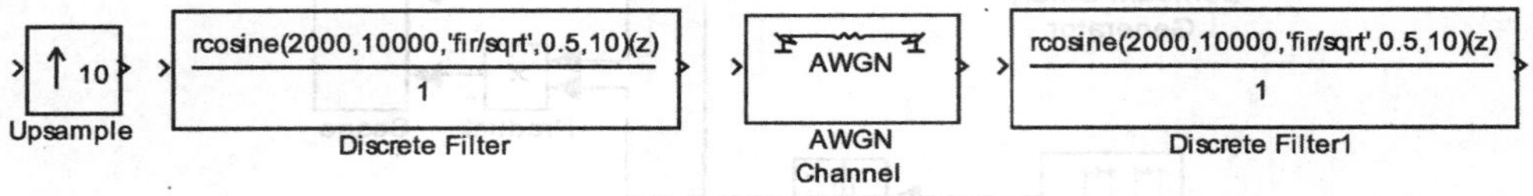

图 11-12　发送滤波器、信道、接收匹配滤波器仿真模型

需要用到的 Simulink 模块有“Discrete Filter”、“AWGN”。考虑到设计要求，“Upsample”的参数“Upsample Factor”设置为 10；“Discrete Filter”的参数“Numerator”设置为“rcosine(2000,10000,'fir/sqrt',0.5,10)”，“Sample time”设置为”1/10000”；“AWGN”的“mode”设置为“SNR”，“SNR(dB)”设置为 50。

11.3.3 抽样判决器的建模

抽样判决器仿真模型如图 11-13 所示。

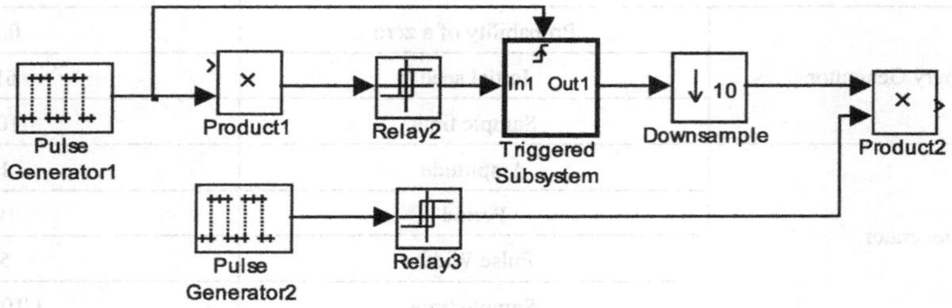

图 11-13　抽样判决器仿真模型

需要用到的 Simulink 模块有“Pulse Generator1”、“Product”、“Pulse Generator2”、“Downsample”、“Triggered Subsystem”。具体仿真参数如表 11-6 所示。

表 11-6　曼彻斯特编码器的抽样判决器仿真参数

模块名称	参数名称	参数取值
Pulse Generator1	Amplitude	1
	Period	10
	Pulse Width	5
	Sample time	1/20000
Pulse Generator2	Amplitude	1
	Period	10
	Pulse Width	5
	Sample time	1/10000
Relay2	Switch on point	eps
	Switch off Point	eps
	Output when on	1
	Output when off	−1

11.3.4　基带传输系统仿真

结合 11.3.1 节~11.3.3 节的内容，可以设计出基带传输系统的仿真模型，如图 11-14 所示。

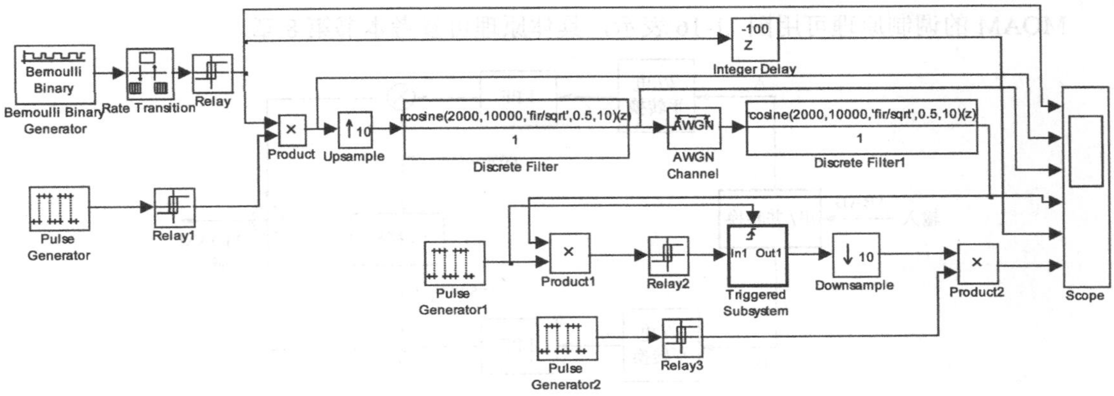

图 11-14　基带传输系统仿真模型

基带传输系统的仿真结果如图 11-15 所示。其中由上至下分别为原码波形、曼彻斯特码波形、发送滤波器输出波形、接收滤波器输出波形、原码（延时后）波形、解码后的波形。由图 11-15 可以看出，解码后的波形与原码（延时后）波形一致；这是因为仿真中信道设置得比较理想，其中“AWGN”信道的“SNR(dB)”设置为 50 dB。

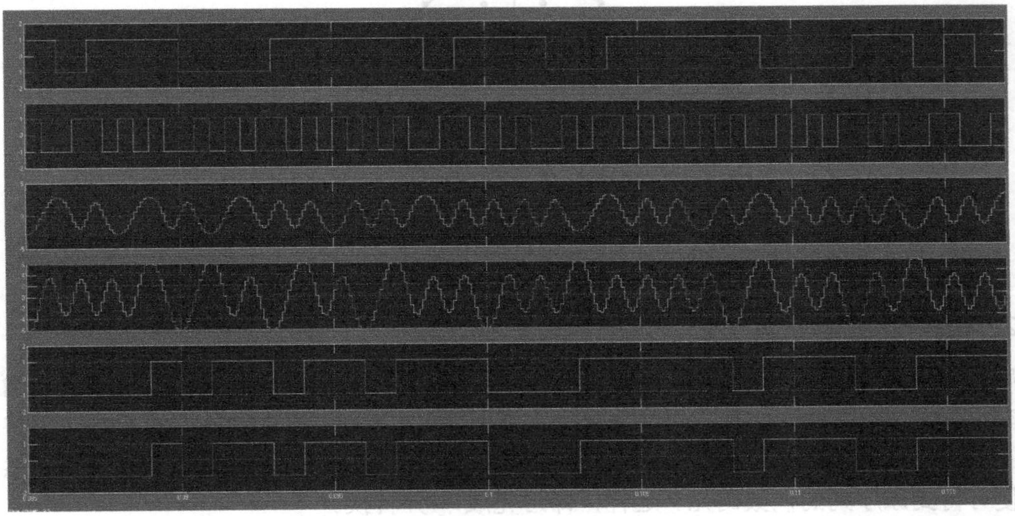

图 11-15　基带传输系统仿真结果

11.4　正交幅度调制仿真

正交幅度调制（QAM）是一种在两个正交载波上进行幅度调制的调制方式，即数据信号是用相互正交的两个载波的幅度变化来表示的。这两个载波通常是相位差为 π/2 的正弦波，因此被称为正交载波。

11.4.1 MQAM 的调制原理与仿真

1. MQAM 的调制原理

MQAM 的调制原理可用图 11-16 表示，具体原理可参考本书第 8 章。

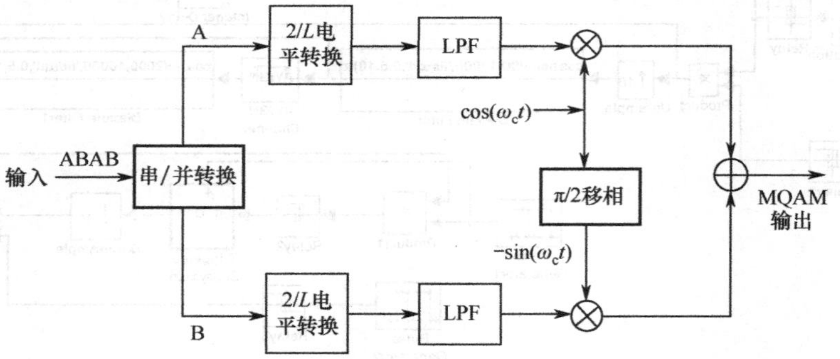

图 11-16 MQAM 调制原理

以 16QAM 为例，$M=16$，$L=4$，经串/并转换后，输入的二进制码元中通过 2/4 电平转换，每两个二进制码元为一组转成一个四进制电平。上、下两支路四进制电平的产生是各自独立的，因此经两个正交载波相乘并叠加后的信号共有 16 种状态，即 16QAM，如图 11-17 所示。

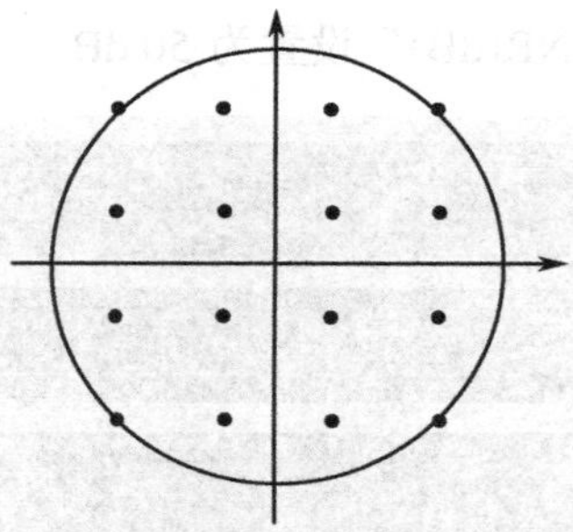

图 11-17 16QAM 星座图

2. 串/并转换模块仿真

串/并转换子系统的模型如图 11-18 所示。串/并转换子系统有 1 个输入端口和 2 个输出端口。该子系统首先将输入的基带码序列分为上下两路：上支路先按整数因子 2 抽取，再将信号延迟 1 个采样周期，这样便得到了原随机序列的奇数码元；下支路则先进行码元延迟，然后采样，便可得到原序列的偶数码元。这样，即可完成串/并转换。

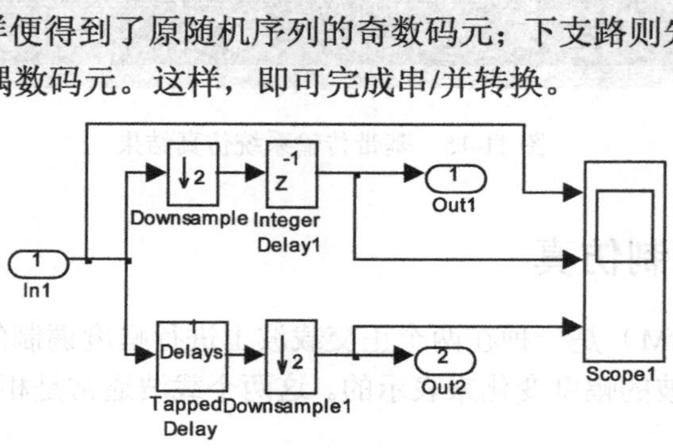

图 11-18 串/并转换模块仿真模型

在串/并转换子系统中，输入模块“In 1”为“Bernoulli Binary Generator”，相关参数如表 11-7 所示。

表 11-7　串/并转换子系统仿真参数

模　　块	参数名称	取　　值
Bernoulli Binary Generator (In 1)	Probability of a zero	0.5
	Initial seed	61
	Sample time	1/1000
Tapped Delay	Sample time	1/1000
	Threshold	0.5

串/并转换后各路信号波形如图 11-19 所示，其中由上至下分别为原码波形、上支路波形、下支路波形。由于模型中某些模块有延迟效果，使得信号源波形在同一时刻和上下支路的波形不是对应的，但对后面仿真不会造成影响。

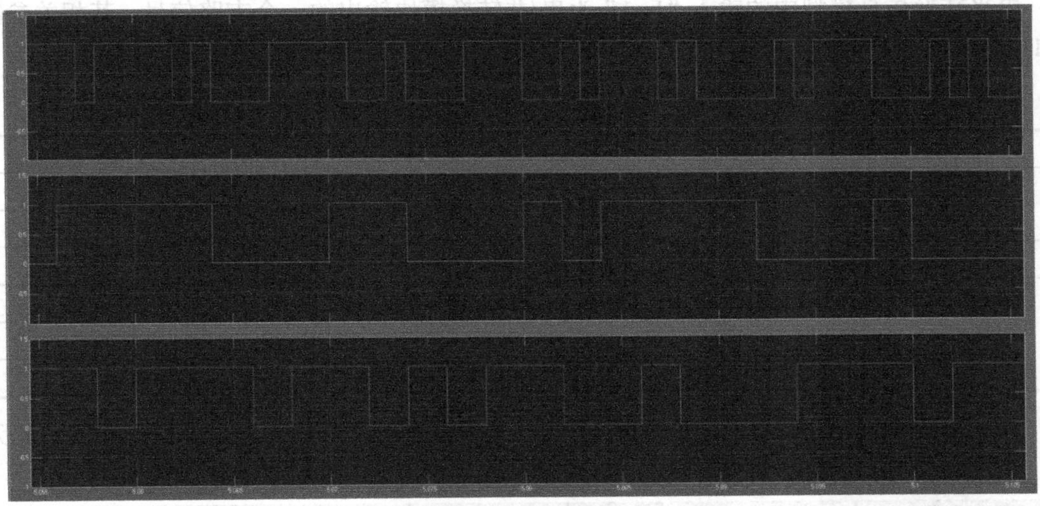

图 11-19　串/并转换仿真结果

3. 2/4 电平转换模块仿真

2/4 电平的转换，其实是将输入信号的 4 种状态（00，01，10，11）经过编码以后变为相应的 4 电平信号。假设上支路信号是 A，下支路信号是 B，则在 A=1 时让它输出幅度为 2 的信号，当 A=0 时输出幅度为 - 2 的信号。同理，当 B=1 时让它输出幅度为 1 的信号，当 B=0 时输出幅度为-1 的信号。即：

当 AB=00 时，输出 $y=(-2)+(-1)=-3$;

当 AB=01 时，$y=(-2)+1=-1$;

当 AB=10 时，$y=2+(-1)=1$;

当 AB=11 时，$y=2+1=3$。

由上述的数学关系可以设计出 2/4 电平转换模块（如图 11-20 所示）：先将 2/4 转换的输入信号再次进行串/并转换，分别得到 A、B 两路信号，每路信号再由常数模块、速率转换器和选择器做一个简单的判决，再用一个相加模块便可实现 2/4 电平转换。

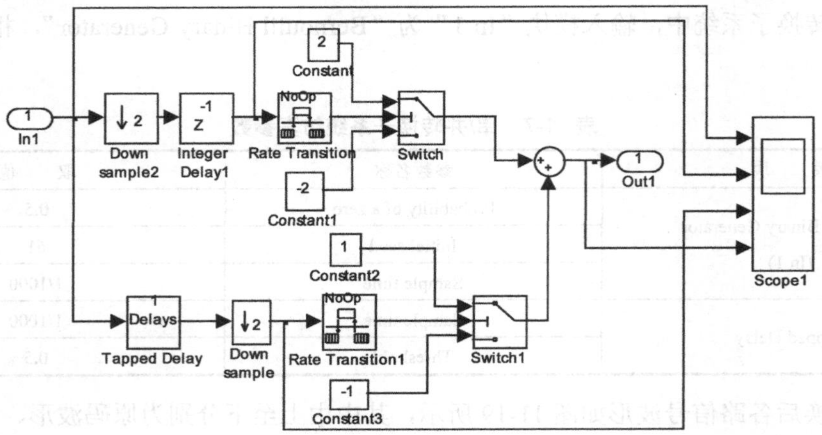

图 11-20　2/4 电平转换仿真模型

电平转换仿真模型中的输入“In 1”为串/并转换模块输出的一个支路信号。其相关参数如表 11-8 所示。

表 11-8　电平转换子系统仿真参数

模　　块	参数名称	取　　值
Tapped Delay	Sample time	1/500
	Threshold	0.5
Rate Transition	Output Sample time	- 1
Switch，Switch 1	Criteria for passing first in put	u2>=Threshold
	Threshold	0.5
	Sample time	- 1

2/4 电平转换的仿真结果如图 11-21 所示。其中由上至下分别为二进制波形、偶数码元波形、奇数码元波形、四进制波形。

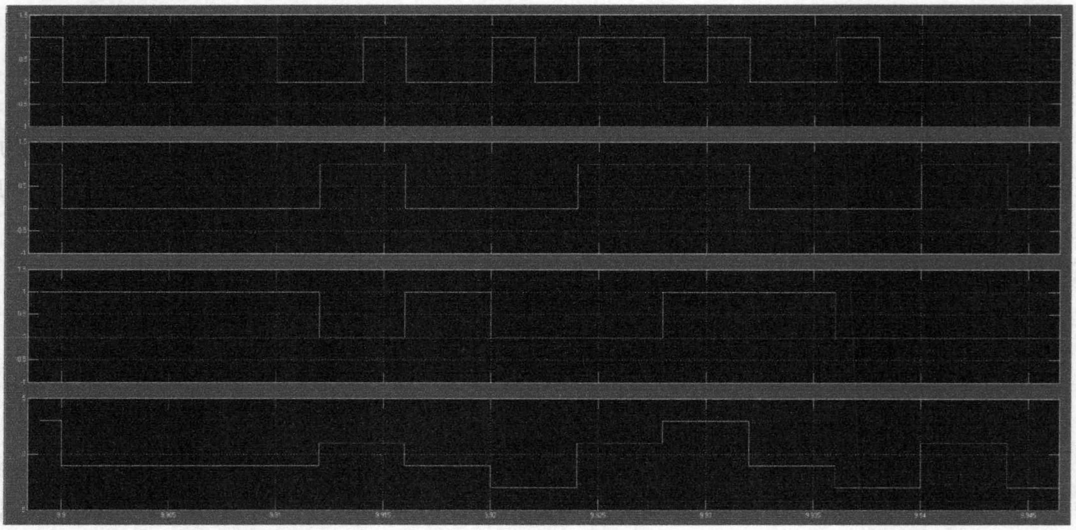

图 11-21　2/4 电平转换仿真结果

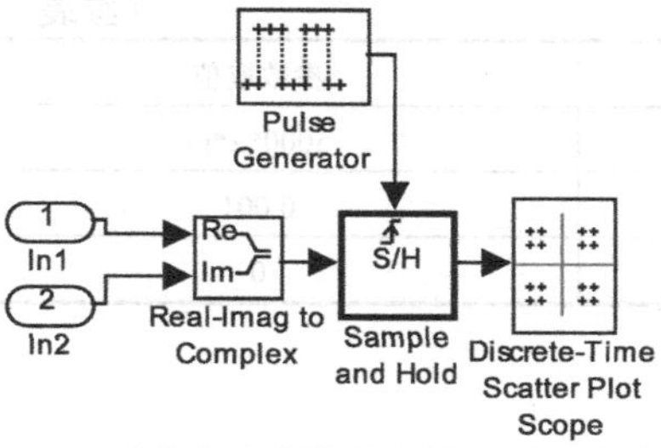

图 11-22　QAM 信号星座图观察子系统模型

4. 星座图模块仿真

将两路四进制信号分别转换为实部和虚部，复数信号通过脉冲发生器的抽样与保持后输入到示波器中，就可以得到 16QAM 信号的星座图。16QAM 信号星座图观察子系统模型如图 11-22 所示。星座图子系统的输入为 2/4 电平转换系统的输出。

16QAM 星座图观察子系统的仿真参数如表 11-9 所示。

表 11-9　16QAM 信号星座图观察子系统的仿真参数

模块名称	参数名称	参数取值
Pulse Generator	Amplitude	1
	Period	10
	Pulse Width	5
	Sample time	1/5000
Discrete-Time Scatter Plot Scope	Points displayed	2000
	New points per display	1000

5. MQAM 调制仿真

将以上所示模块、子系统按原理图进行连接，再结合加法器、乘法器、正余弦信号发生器，并且对各模块参数进行相应的设定，就可以实现 16QAM 调制功能。完整的 16QAM 调制仿真模型如图 11-23 所示，其仿真参数如表 11-10 所示。

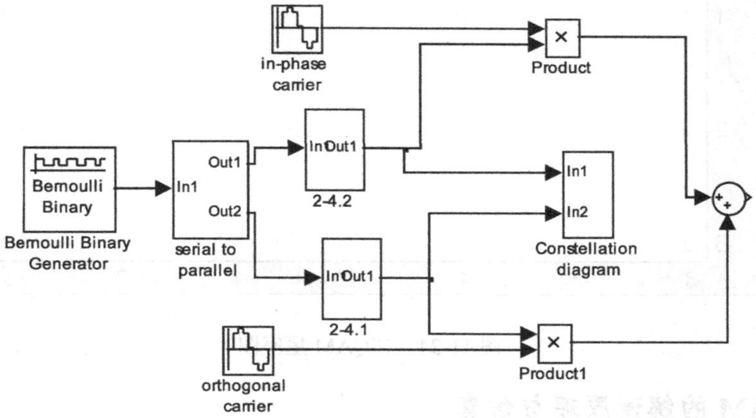

图 11-23　16QAM 调制仿真模型

表 11-10　16QAM 调制仿真参数

模块名称	参数名称	参数取值
Bernoulli Binary Generator	Probability of a zero	0.5
	Initial seed	61
in-phasecarrier	Frequency	5000*2*pi
	Sample time	0.001
	Phase	pi/2

（续表）

模块名称	参数名称	参数取值
Orthogonal carrier	Frequency	5000*2*pi
	Sample time	0.001
	Phase	0

仿真得到的 16QAM 星座图如图 11-24 所示。

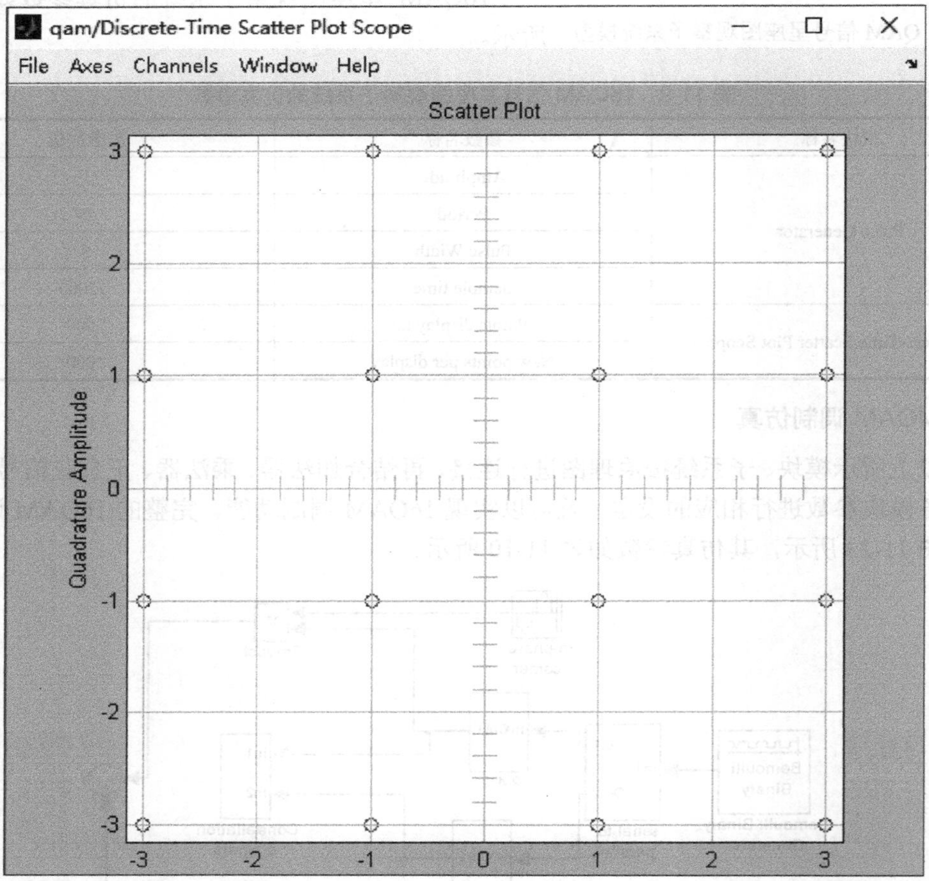

图 11-24　16QAM 星座图

11.4.2　MQAM 的解调原理与仿真

1. MQAM 的解调原理

MQAM 的解调原理框图如图 11-25 所示，采用相干解调，其输出经低通滤波器后，得到同相支路（I）和正交支路（Q）的 L 电平基带信号，用 $L-1$ 个门限电平的判决器判决，分别恢复出速率等于 $R_b/2$ 的二进制序列，最后经并/串转换，将两路二进制序列合成一个速率为 R_b 的二进制序列，恢复出原基带信号。

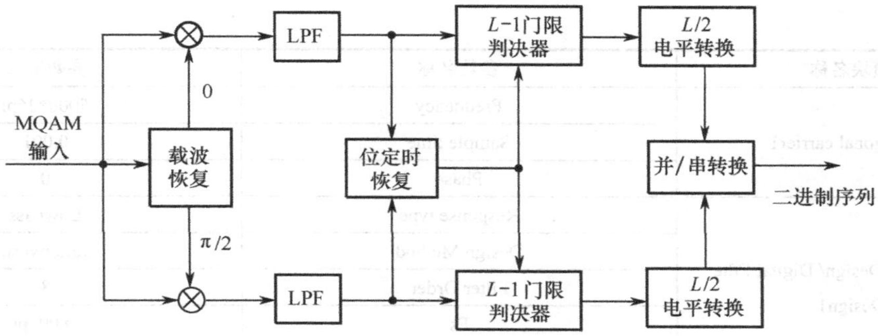

图 11-25　MQAM 解调原理框图

调制端得到的 16QAM 信号经过加性高斯白噪声信道后，变成了含有噪声的信号。将接收到的含有噪声的 16QAM 信号采用相干解调的方法，即将 16QAM 信号与本地载波相乘，再分别进入同相端和正交端，此处的本地载波要和调制端的载波同频同相。低通滤波器用来滤除信号中的高频成分。

2. MQAM 的相干解调及 L 电平量化

信号经过信道后，与相干载波相乘并通过模拟低通滤波器滤波。滤波后得到的是一个模拟的 4 电平信号。因为滤波后的信号幅度减半，所以首先对模拟信号进行放大，增益为 2，得到 4 电平数字信号；然后通过量化器得到标准的 4 电平信号(－3，−1, 1, 3)。上述过程的仿真模型如图 11-26 所示，其中输入为 MQAM 信号。

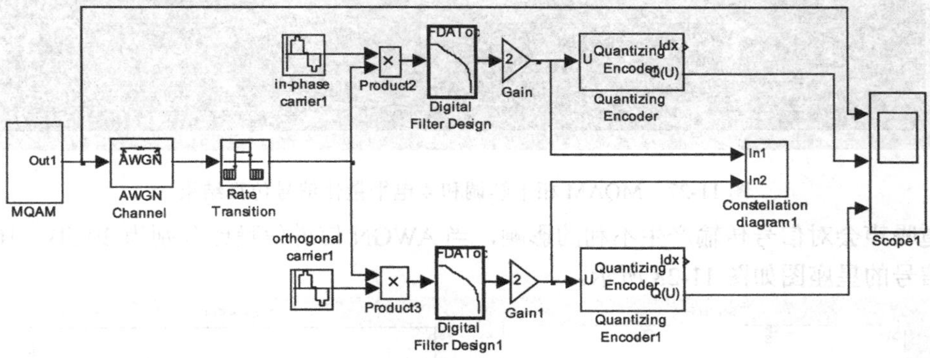

图 11-26　MQAM 的相干解调及 L 电平量化

MQAM 的相干解调及 L 电平量化的仿真参数如表 11-11 所示。

表 11-11　MQAM 的相干解调及 L 电平量化仿真参数

模块名称	参数名称	参数取值
AWGN Channel	Mode	Signal to noise ratio (SNR)
	SNR	10 dB、20dB
Quantizing Encoder	Quantization partition	[-2 0 2]
	Quantization codebook	[-3 -1 1 3]
in-phase carrier1	Frequency	5000*2*pi
	Sample time	0.001
	Phase	pi/2

（续表）

模块名称	参数名称	参数取值
Orthogonal carrier1	Frequency	5000*2*pi
	Sample time	0.001
	Phase	0
Digital Filter Design/ Digital Filter Design1	Response type	Lowpass
	Design Method	Butterworth
	Filter Order	8
	Fs	1800*pi
	Fc	500

仿真结果如图 11-27 所示。其中由上至下分别为 MQAM 信号、上支路的 4 电平信号和下支路的 4 电平信号。

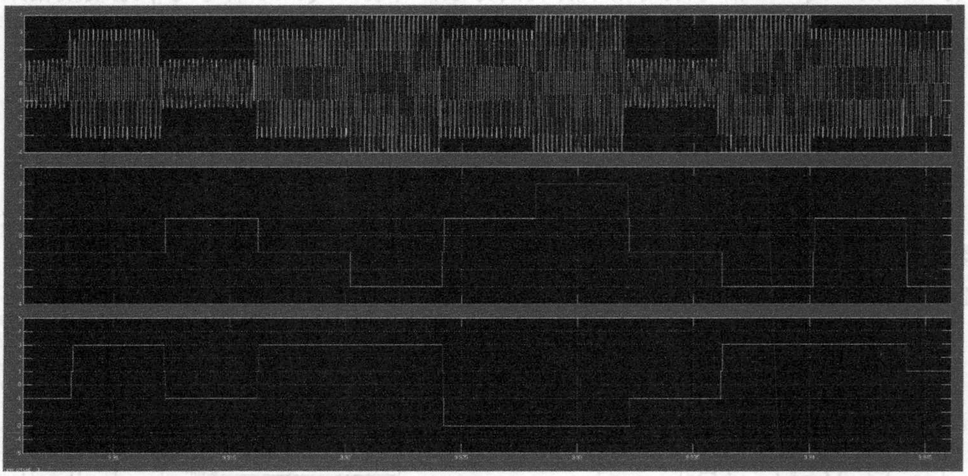

图 11-27　MQAM 相干解调和 4 电平量化信号仿真结果

信道噪声会对信号传输产生不利的影响，当 AWGN 信道信噪比分别为 20 dB、10 dB 时，接收端信号的星座图如图 11-28 所示。

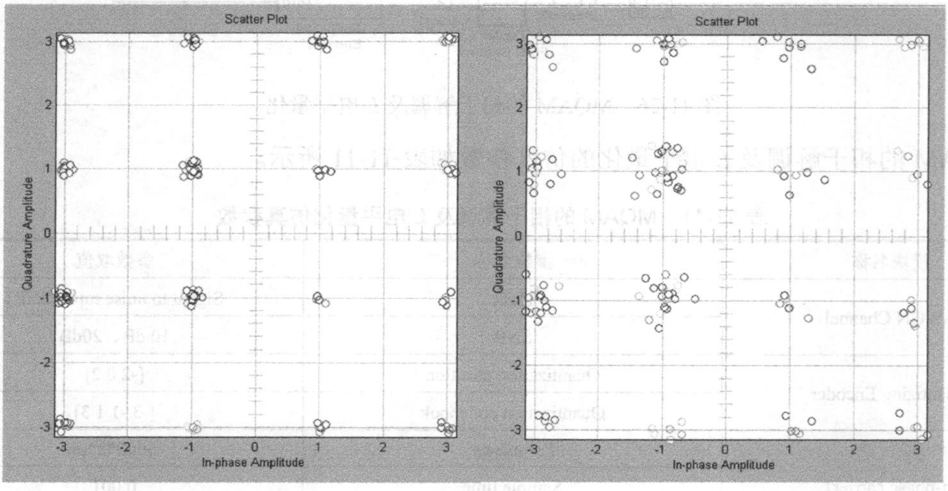

图 11-28　信号比分别为 20 dB、10 dB 时接收端的信号星座图

3. 4/2 电平转换

4/2 转换子系统的仿真模型如图 11-29 所示。4/2 电平转换子系统的仿真参数如表 11-12 所示。

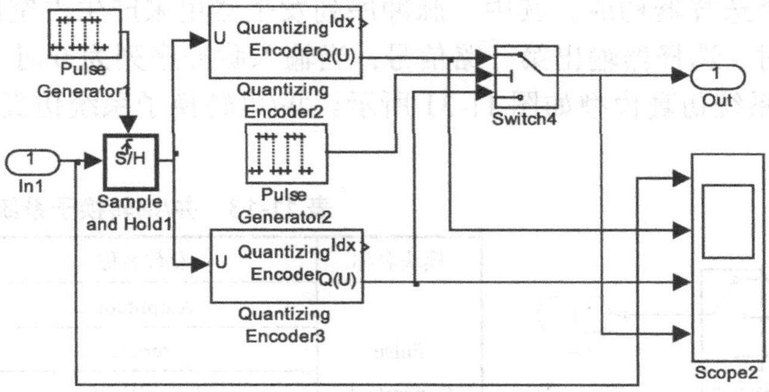

图 11-29　4/2 电平转换子系统仿真模型

表 11-12　4/2 电平转换子系统仿真参数

模块名称	参数名称	参数取值
Pulse Generator1，Pulse Generator2	Amplitude	1
	Period	10
	Pulse Width	5
	Sample time	1/2500
Quantizing Encoder2	Quantization partition	[-2 0 2]
	Quantization codebook	[00 1 1]
Quantizing Encoder3	Quantization partition	[-2 0 2]
	Quantization codebook	[0 1 0 1]
Switch4	Criteria for passing first in put	u2>-Threshold
	Threshold	0.5
	Sample time	1/500

仿真结果如图 11-30 所示。其中由上至下分别为 4 电平量化信号、量化器 2 输出的 2 电平信号、量化器 3 输出的 2 电平信号和并/串转换后的二进制信号。

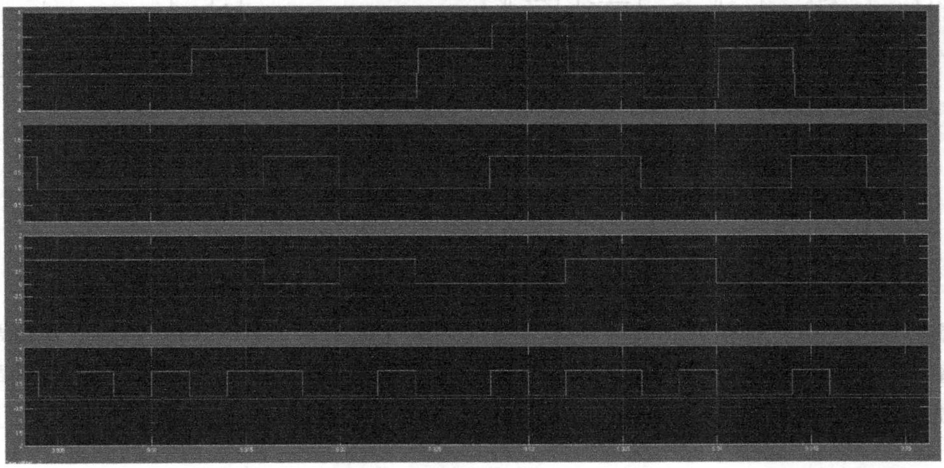

图 11-30　4/2 电平转换子系统仿真结果

4. 并/串转换子系统

上、下两路经过 4/2 电平转换后的信号还需要进行并/串转换。并/串转换模块由一个脉冲序列发生器和一个选择器构成。其中，脉冲序列发生器用来产生占空比为 0.5 的序列。当输入脉冲序列为 1 时，选择器输出第一路信号；当输入脉冲序列为 0 时，选择器输出第二路信号。并/串转换子系统仿真模型如图 11-31 所示。并/串转换子系统仿真参数设置如表 11-13 所示。

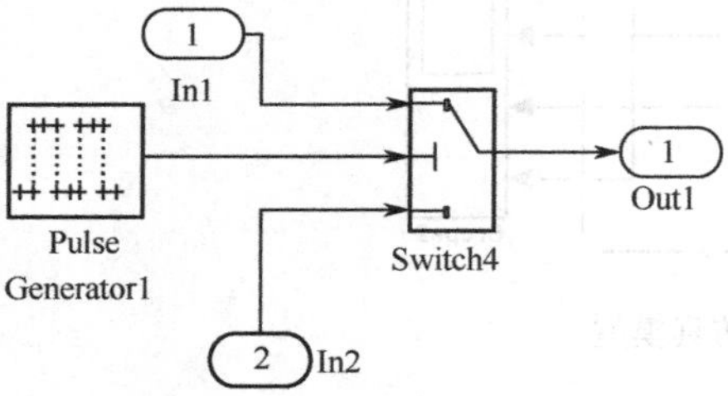

图 11-31 并/串转换子系统仿真模型

表 11-13 并/串转换子系统仿真参数

模块名称	参数名称	参数取值
Pulse Generator1	Amplitude	1
	Period	10
	Pulse Width	5
	Sample time	1/5000
Switch4	Criteria for passing first in put	u2>-Threshold
	Threshold	0.5
	Sample time	1/1000

11.4.3 MQAM 的调制与解调仿真

将上述模块、子系统按原理图进行连接，并且对各模块参数进行相应的设定，就可以实现 16QAM 的调制、传输与解调，图 11-32 所示为对二进制随机信号进行 16QAM 调制、传输与解调的仿真模型。其中，“serial to parallel”为串/并转换子系统；“parallel to serial”为并/串转换子系统；“2-4.1”和“2-4.2”为 2/4 电平转换子系统；“4-2.1”和“4-2.2”为 4/2 电平转换子系统；“Constellation diagram”为星座图观察子系统。

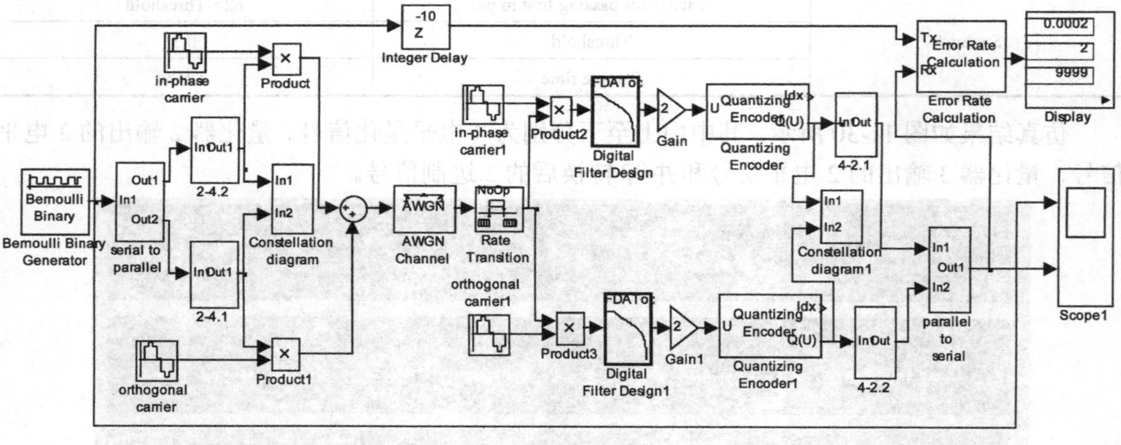

图 11-32 二进制随机信号 16QAM 调制、传输与解调的仿真模型

仿真结果如图 11-33 所示，其中上图为发送端发送的信号波形，下图为接收端解调后的波形。由图 11-33 可以看出，解调后的信号是发送端信号的延时信号，验证了调制与解调等各环节的正确性。

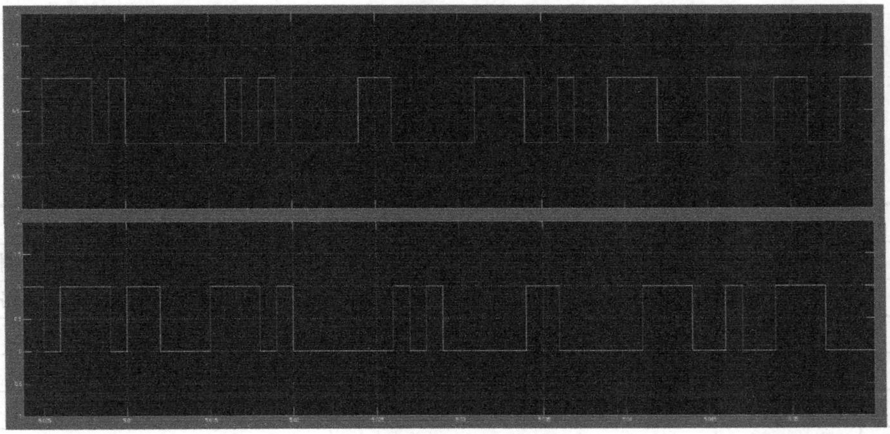

图 11-33　发送信号与解调后信号的对比

11.5　本章小结

本章利用 MATLAB 中的可视化仿真工具 Simulink 对几种典型的数字通信系统进行了建模和仿真，其中包括 PCM 编码和译码系统，密勒码编码和译码系统，数字基带传输系统，正交幅度调制与解调系统等。

思考题

11-1　通信中常用的 Simulink 工具箱有哪些？单个模块的主要编辑功能包括哪些？

11-2　Simulink 中如何封装和使用子系统？

附录A 常用通信名词中英对照

A/D	analog to digital	模/数
ADPCM	adaptive DPCM	自适应差分脉冲编码调制
ADSL	asynchronous digital subscribers loop	非对称数字用户环路
AM	amplitude modulation	调幅
AMI	alternate mark inversion	传号交替反转码
APC	adaptive predictive coding	自适应预测编码
ARQ	automatic repeat request	自动重发请求
ASK	amplitude shift keying	振幅键控
ATDM	asynchronous time division multiplexing	异步时分复用
ATM	asynchronous transfer mode	异步转移模式
AWGN	additive white Gaussian noise	加性高斯白噪声
BER	bit error rate	误比特率
B-ISDN	broadband ISDN	宽带综合业务数字网
BNRZ	bipolar non-return to zero	双极性不归零码
BPF	bandpass filter	带通滤波器
BPSK	binary phase shift keying	二进制相移键控
CDM	code division multiplexing	码分复用
CDMA	code division multiple access	码分多址
CMI	coded mark inversion	传号反转码
CN	core network	核心网
CRC	cyclic redundancy check	循环冗余校验
D/A	digital to analog	数/模
DC	direct current	直流
DFT	discrete Fourier transform	离散傅里叶变换
DM	delta modulation	增量调制
DPCM	differential PCM	差分脉冲编码调制
DPSK	differential phase shift keying	差分相移键控
DSB	double side band	双边带
DS-SS	direct sequence spread spectrum	直接序列扩展频谱
DWDN	dense wavelength division multiplexing	密集波分复用
EDFA	erbium-doped fiber amplifier	掺铒光纤放大器
EDI	electronic data interchange	电子数据交换
FBC	folded binary code	折叠二进制码
FDD	frequency division duplex	频分双工
FDM	frequency division multiplexing	频分复用
FDMA	frequency division multiple access	频分多址
FEC	forward error correction	前向纠错

（续表）

FFT	fast Fourier transfer	快速傅里叶变换
FH	frequency-hopping	跳频
FIR	finite impulse response	有限冲激响应
FM	frequency modulation	调频
FSK	frequency shift keying	频移键控
GMSK	Gaussian MSK	高斯最小频移键控
GPRS	general packet radio services	通用分组无线业务
GPS	Global Position System	全球定位系统
GSM	Global System for Mobile Communications	全球移动通信系统
HDB3	3rd order high density bipolar	3 阶高密度双极性码
HDTV	high definition television	高清晰度电视
HEC	hybrid error-correcting	混合纠错
HF	high frequency	高频
HPSK	hybrid phase shift keying	混合相移键控
HSCSD	high speed circuit switched data	高速电路交换数据
IC	integrated circuit	集成电路
ICI	inter-carrier interference	子载波之间的干扰
IDFT	inverse discrete Fourier transform	逆离散傅里叶变换
ISDN	integrated services digital network	综合业务数字网
ISI	intersymbol interference	码间串扰，码间干扰
ISO	International Standardization Organization	国际标准化组织
ITU	International Telecommunications Union	国际通信联盟
LAN	local area network	局域网
LE	local exchange	本地交换局
LED	light emitting diode	发光二极管
LO	low orbit	低轨道
LPF	lowpass filter	低通滤波器
LSB	lower sideband	下边带
MAN	metropolitan area network	城域网
MC	mobile communications	移动通信
MF	intermediate frequency	中频
MUX	multiplex	复接
NBC	natural binary code	自然二进制码
NBFM	narrow band frequency modulation	窄带调频
NGN	next generation network	下一代网络
N-ISDN	narrowband ISDN	窄带综合业务数字网
NRZ	non return to zero	不归零
OFDM	orthogonal frequency division multiplexing	正交频分复用
OOK	on off keying	通断键控
OQPSK	offset quadrature phase shift keying	偏置正交相移键控
PAM	pulse amplitude modulation	脉冲振幅调制
PCM	pulse code modulation	脉冲编码调制

（续表）

PCN	personal communication network	个人通信网
PCS	personal communication system	个人通信系统
PDH	plesiochronous digital hierarchy	准同步数字系列
PDM	pulse duration modulation	脉冲宽度调制
PLL	phase locked loop	锁相环
PM	phase modulation	调相
PN	pseudo noise	伪噪声
PPM	pulse position modulation	脉冲位置调制
PPP	point to point protocol	点对点协议
PSDN	public switch telephone network	公共交换电话网
PSK	phase shift keying	相移键控
QAM	quadrature amplitude modulation	正交振幅调制
QDPSK	quadrature differential PSK	正交差分相移键控
QPSK	quadrature PSK	正交相移键控
RBC	Gray binary code	格雷二进制码
RF	radio frequency	射频
RZ	return to zero	归零
SDH	synchronous digital hierarchy	同步数字系列
SDM	space division multiplexing	空分复用
SDMA	space division multiple access	空分多址
SFSK	sine frequency shift keying	正弦频移键控
SIR	signal interference ratio	信噪比
SOC	system on chip	单片系统
SONET	synchronous optical network	同步光网络
SSB	single side band	单边带
STDM	synchronous time division multiplexing	同步时分复用
SYNC	synchronization	同步
TDM	time division multiplexing	时分复用
TDMA	time division multiple access	时分多址
TE	terminal equipment	用户终端设备
TS	time slot	时隙
USB	upper sideband	上边带
VCO	voltage controlled oscillator	压控振荡器
VPN	virtual private network	虚拟专用网
VSB	vestigial side band	残留边带
WAN	wide area network	广域网
WBFM	wide band frequency modulation	宽带调频
WDM	wave division multiplexing	波分复用
WLAN	wireless local area network	无线局域网
WPAN	wireless personal area network	无线个域网

附录B MATLAB 常用命令与函数

命令或函数	说　明	命令或函数	说　明
abs	绝对值、模、字符的 ASCII 码值	cumsum	元素累计和
acos	反余弦	cylinder	创建圆柱
all	所有元素非零为真	dblquad	二重数值积分
angle	相角	dec2bin	十进制转换为二进制
any	所有元素非全零为真	dec2hex	十进制转换为十六进制
asin	反正弦	deconv	多项式除、解卷
atan	反正切	delaunay	Delaunay 三角剖分
axes	创建轴对象的低层指令	demod	信号解调
axis	控制轴刻度和风格的高层指令	det	行列式
besselj	第一类贝塞尔函数	diag	矩阵对角元素提取、创建对角阵
beta	贝塔函数	diff	数值差分和近似微分
bin2dec	二进制转换为十进制	display	显示对象内容的重载函数
blanks	创建空格串	dot	向量点乘
box	框状坐标轴	double	把其他类型对象转换为双精度数值
break	while 或 for 环中断指令	dsolve	符号计算解微分方程
butter	巴特沃斯滤波器设计	echo	M 文件被执行指令的显示
buttord	计算巴特沃斯滤波器最小阶数和截止频率	edit	启动 M 文件编辑器
cart2pol	直角坐标变为极坐标或柱坐标	eig	求特征值和特征向量
cart2sph	直角坐标变为球坐标	eigs	求指定的几个特征值
ceil	向正无穷取整	eps	浮点相对精度
char	把数值、符号、内联类对象转换为字符对象	erf	误差函数
chol	Cholesky 分解	erfc	互补误差函数
cla	清除当前轴	erfinv	逆误差函数
clc	清除指令窗	error	显示出错信息并中断执行
clear	清除内存变量和函数	eval	执行 MATLAB 表达式的字符串
clf	清除图对象	exist	检查变量或函数是否已定义
close	关闭指定窗口	exit	退出 MATLAB 环境
collect	符号计算中同类项合并	exp	指数函数
conj	复数共轭	expand	符号计算中的展开操作
contour	等位线	expint	指数积分函数
conv	多项式乘法	expm	常用矩阵指数函数
cos	余弦	eye	单位阵
cosh	双曲余弦	ezplot	画二维曲线的简捷指令
cot	余切	ezplot3	画三维曲线的简捷指令
coth	双曲余切	ezpolar	画极坐标图的简捷指令
cross	向量叉乘	factor	符号计算的因式分解

（续表）

命令或函数	说　　明	命令或函数	说　　明
fclose	关闭文件	ilaplace	Laplace 反变换
feval	执行由串指定的函数	imag	复数虚部
filter	一维数字滤波器	image	显示图像
fft	离散 Fourier 变换	imread	从文件读取图像
fft2	二维离散 Fourier 变换	imwrite	把图像写成文件
fftn	高维离散 Fourier 变换	inf	无穷大
figure	创建图形窗	inline	构造内联函数对象
fill	二维多边形填色图	input	提示用户输入
fill3	三维多边形填色图	int	符号积分
find	寻找非零元素下标	int2str	把整数数组转换为串数组
fix	向零取整	interp1	一维插值
fliplr	矩阵的左右翻转	interp2	二维插值
flipud	矩阵的上下翻转	interp3	三维插值
floor	向负无穷取整	interpn	*N* 维插值
fopen	打开外部文件	inv	求矩阵逆
for	构成 for 环用	invhilb	逆 Hilbert 矩阵
format	设置输出格式	ischar	若是字符串则为真
fourier	Fourier 变换	isempty	若是空阵则为真
fprintf	写带有格式的数据到文件	isequal	若两数组相同则为真
fread	从文件读二进制数据	isfinite	若全部元素都有限则为真
freqz	数字滤波器频率响应	isglobal	若是全局变量则为真
fsolve	求多元函数的零点	isinf	若是无穷数据则为真
full	把稀疏矩阵转换为满矩阵	isletter	若是英文字母则为真
funtool	函数计算器图形用户界面	islogical	若是逻辑数组则为真
fwrite	向一个文件写入二进制数据	isnan	若是非数则为真
fzero	求单变量非线性函数的零点	isnumeric	若是数值数组则为真
gamma	伽玛函数	isprime	若是质数则为真
gca	获得当前轴句柄	isreal	若是实数则为真
gcf	获得当前图对象句柄	isspace	若是空格则为真
ginput	从图形窗获取数据	issparse	若是稀疏矩阵则为真
global	定义全局变量	jacobian	符号计算中求 Jacobian 矩阵
gtext	由鼠标放置注释文字	jordan	符号计算中获得 Jordan 标准型
guide	启动图形用户界面交互设计工具	laplace	Laplace 变换
hex2dec	十六进制转换为十进制	legend	图形图例
hex2num	十六进制转换为浮点数	length	数组长度
hilb	Hilbert 矩阵	linspace	线性空间向量
hold	当前图上重画的切换开关	ln	矩阵自然对数
ifft	离散 Fourier 反变换	load	从 MAT 文件读取变量
ifft2	二维离散 Fourier 反变换	log	自然对数
ifftn	高维离散 Fourier 反变换	log10	常用对数
ifourier	Fourier 反变换	log2	底为 2 的对数

（续表）

命令或函数	说　明	命令或函数	说　明
loglog	双对数刻度图形	rcosfir	升余弦 FIR 滤波器
logm	矩阵对数	real	复数的实部
lower	转换为小写字母	rem	求余数
lsqnonlin	解非线性最小二乘问题	reshape	改变数组维数、大小
lu	LU 分解	return	返回
max	找向量中最大元素	roots	求多项式的根
mean	求向量元素的平均值	rot90	矩阵旋转 90°
mesh	网线图	rotate	绕指定的原点和方向旋转
min	找向量中最小元素	rotate3d	启动三维图形视角的交互设置功能
mod	模运算	round	向最近整数取整
more	指令窗中内容的分页显示	save	把内存变量保存为文件
mtaylor	符号计算多变量 Taylor 级数展开	sec	正割
NaN	非数（预定义）变量	sech	双曲正割
nargin	函数输入宗量数	semilogx	X 轴对数刻度坐标图
nargout	函数输出宗量数	semilogy	Y 轴对数刻度坐标图
nextpow2	取最接近的较大 2 次幂	set	设置图形对象属性
normpdf	正态分布概率密度函数	sign	根据符号取值函数
normrnd	正态随机数发生器	sim	运行 SIMULINK 模型
null	零空间	simplify	符号计算中进行简化操作
num2str	把非整数数组转换为串	sin	正弦
numden	获取最小公分母和相应的分子表达式	sinh	双曲正弦
path	设置 MATLAB 搜索路径的指令	size	获得矩阵的大小
peaks	MATLAB 提供的典型三维曲面	solve	求代数方程的符号解
plot	平面线图	sparse	创建稀疏矩阵
plot3	三维线图	spdiags	稀疏对角阵
plotyy	双纵坐标图	spectrum	谱估算
pol2cart	极或柱坐标变为直角坐标	sph2cart	球坐标变为直角坐标
polar	极坐标图	sphere	产生球面
poly	求特征多项式	spline	样条插值
polyder	多项式导数	sqrt	平方根
polyfit	数据的多项式拟合	sqrtm	平方根矩阵
polyval	计算多项式的值	std	标准差
polyvalm	计算矩阵多项式	step	阶跃响应指令
pow2	2 的幂	str2double	串转换为双精度值
quad	计算数值积分	str2num	串转换为数
quiver	二维方向箭头图	subplot	创建子图
quiver3	三维方向箭头图	sum	元素和
rand	产生均匀分布随机数	surf	三维着色表面图
randn	产生正态分布随机数	sym	创建一个符号变量
rank	矩阵的秩	syms	创建多个符号对象
rats	有理输出	symsum	符号计算求级数和

（续表）

命令或函数	说　　明	命令或函数	说　　明
tan	正切	tril	下三角阵
tanh	双曲正切	triu	上三角阵
text	文字注释	upper	转换为大写字母
tic	启动计时器	var	方差
title	图名	xcorr	互相关函数估算
toc	关闭计时器	zeros	全零数组
trapz	梯形法数值积分		

附录 C　部分习题参考答案

第 1 章

1-1　$I(E)=3.25$ b；$I(Q)=9.97$ b

1-2　（1）$I(A)=2$ b，$I(B)=3$ b，$I(C)=1$ b，$I(D)=1$ b；

（2）$H=1.75$ b/符号

（3）$H=2$ b/符号

1-3　（1）1.75 b/符号

（2）1 000 Bd, 1 750 b/s

1-4　（1）81 b;

（2）82.25 b

1-5　（1）1.606×10^{7} b;

（2）1.678×10^{7} b

1-6　（1）1 000 Bd;

（2）1 600 b/s

1-7　（1）100 Bd，200 b/s;

（2）100 Bd，198.5 b/s

1-8　(1)5.56×10^{-6}；　(2)2.78×10^{-6}

1-9　25 000 s

1-10　A 系统有效性低于 B 系统，但 A 系统可靠性优于 B 系统

第 2 章

2-1　$E_{\xi}(1)=1$；$R_{\xi}(0,1)=2$

2-2　（1）$E\left[Y(t)\right]=0$，$E\left[Y^2(t)\right]=\sigma^2$

（2）$f_Y(y)=\dfrac{1}{\sqrt{2\pi}\sigma}\exp\left(-\dfrac{y^2}{2\sigma^2}\right)$

（3）$R_Y(t_1,t_2)=B(t_1,t_2)=\sigma^2\cos(\omega_0\tau)$

2.3　（1）$R_{xy}(t_1,t_2)=R_x(t_1,t_2)R_y(t_1,t_2)=R_x(\tau)R_y(\tau)$

（2）$R_{x+y}(t_1,t_2)=R_x(t_1,t_2)+R_y(t_1,t_2)+2a_1a_2=R_x(\tau)+R_y(\tau)+2a_1a_2$

2-4　（1）$E\left[z(t)\right]=0$，$R_z(t_1,t_2)=R_z(\tau)$，故 $z(t)$广义平稳

（2）$P_z(\omega)=\dfrac{1}{4}\left[\mathrm{Sa}^2\left(\dfrac{\omega+\omega_0}{2}\right)+\mathrm{Sa}^2\left(\dfrac{\omega-\omega_0}{2}\right)\right]$；$\overline{P}=\dfrac{1}{2}$

2-5　$P_0(\omega)=\dfrac{n_0}{2}\cdot\dfrac{1}{1+(\omega RC)^2}$；$R_0(\tau)=\dfrac{n_0}{4RC}\mathrm{e}^{-\frac{1}{RC}|\tau|}$

2-6　$R_y(\tau)=2R_x(\tau)+R_x(\tau-T)+R_x(\tau+T)$；$P_y(\omega)=2\left[1+\cos(\omega T)\right]P_x(\omega)$

2-7　$f(x)=\sqrt{\dfrac{4RC}{2\pi n_0}}\exp\left(-\dfrac{2RC}{n_0}x^2\right)$

2-8 $R(\tau)=R_x(\tau)\cdot\cos(\omega_0\tau)$

2-9 $E[z_1(t_1)z_2(t_2)]=E[z_1(t)]=E[z_2(t)]=0$，所以 $z_1(t)$与$z_2(t)$ 也是互不相关的。

第 3 章

3-1 $D=50\text{ km}$

3-2 输出信号 $s_0(t)=K_0 s(t-t_d)$；频谱 $S_0(\omega)=K_0 S(\omega)e^{-j\omega t_d}$；信号在传输过程中无失真。

3-3 $s_0(t)=s(t-t_d)+\frac{1}{2}s(t-t_d-T_0)+\frac{1}{2}s(t-t_d+T_0)$；输出信号存在幅频畸变，不存在相频畸变。

3-4 当 $f=\left(n+\frac{1}{2}\right)$ kHz 时，n 为非负整数，传输衰耗最大；当 $f=n$ kHz，n 为非负整数，传输最有利。

3-5 $T=(3\sim5)\tau_m=9\sim15\text{ ms}$

3-6 传信率 $R_b=C=2.4\times10^4\text{ b/s}$；差错率 $P_e=0$。

3-7 最小带宽约为 48.16 kHz

3-8 至多每秒传 24 幅图片

第 4 章

4-1 （1）略；（2）0.125

4-2 略

4-3 $s_{USB}(t)=\frac{1}{2}m(t)\cos(\omega_c t)-\frac{1}{2}\hat{m}(t)\sin(\omega_c t)=\frac{1}{2}\cos(12000\pi t)+\frac{1}{2}\cos(14000\pi t)$

$s_{LSB}(t)=\frac{1}{2}m(t)\cos(\omega_c t)+\frac{1}{2}\hat{m}(t)\sin(\omega_c t)=\frac{1}{2}\cos(8000\pi t)+\frac{1}{2}\cos(6000\pi t)$

4-4 略

4-5 （1）5 000；（2）2 000；（3）0.4

4-6 （1）100kHz；（2）1 000；（3）2 000；（4）0.25×10^3 W/Hz

4-7 （1）102.5 kHz；（2）2 000；（3）2 000

4-8 （1）50 W；（2）8；（3）4 000 Hz；（4）9 000 Hz

4-9 （1）$H(\omega)=\begin{cases}K, & 99.92\text{ MHz}\leqslant|f|\leqslant100.08\text{ MHz}\\ 0, & \text{其他}\end{cases}$；（2）31.25；（3）37 500；

（4）$\frac{B_{FM}}{B_{AM}}=16$，$(\frac{S_o}{N_o})_{FM}\Big/(\frac{S_o}{N_o})_{AM}=75$

4-10 （1）240 kHz；（2）1 440 kHz

4-11 略

第 5 章

5-1 略

5-2 （1）$\frac{\omega_1}{\pi}$；（2）略；（3）略

5-3 108 Hz

5-4 6；0.5

5-5 （1）11010100， 7；（2）00101001000。

5-6 （1）−624；（2）01001110000。

5-7 0.668 V

5-8 （1） 24 kHz；（2） 56 kHz

5-9 （1） 64 kB， 96 kB；（2） 640 kB；（3） 320 kHz

5-10 略

第6章

6-1 图略

6-2 （1）功率谱密度为 $P_S(f)=4f_Tp(1-p)\left|G(f)\right|^2+f_T^{\,2}(2p-1)^2\sum\limits_{m=-\infty}^{\infty}\left|G(mf_T)\right|^2\delta(f-mf_T)$，

功率为 $S=4f_Tp(1-p)\int_{-\infty}^{\infty}|G(f)|^2\,\mathrm{d}f+f_T^{\,2}(2p-1)^2\sum\limits_{-\infty}^{\infty}\left|G(mf_T)\right|^2$；

（2）不存在 $f=1/T$ 的离散分量；

（3）存在 $f=1/T$ 的离散分量。

6-3 （1） $P_s(f)=\dfrac{T}{16}\mathrm{Sa}^4(\dfrac{\pi fT}{2})+\dfrac{1}{16}\sum\limits_{-\infty}^{\infty}\mathrm{Sa}^4(\dfrac{m\pi}{2})\delta(f-mf_T)$，图略

（2）存在 $f=1/T$ 的离散分量，该频率分量的功率为 $S=\dfrac{1}{16}\mathrm{Sa}^4(\dfrac{\pi}{2})+\dfrac{1}{16}\mathrm{Sa}^4(\dfrac{\pi}{2})=\dfrac{2}{\pi^4}$

6-4 （1） $P_s(f)=f_T\left|G(f)\right|^2=\begin{cases}f_T\left(1+\cos\dfrac{\omega T}{2}\right)^2, & |f|\leqslant\dfrac{1}{T}\\ 0, & \text{其他}\end{cases}$；图略

（2）因为双极性信号在等概时离散谱 $P_v(f)=0$，故不存在定时分量。

（3） $R_{\mathrm{B}}=1/T=500\ (\mathrm{Bd})\quad B=1/T=500\ (\mathrm{Hz})$

6-5

AMI: −1 0 0 +1 0 0 0 0 0 −1 0 +1 −1 0 0 0 0 0 0 0 0 +1

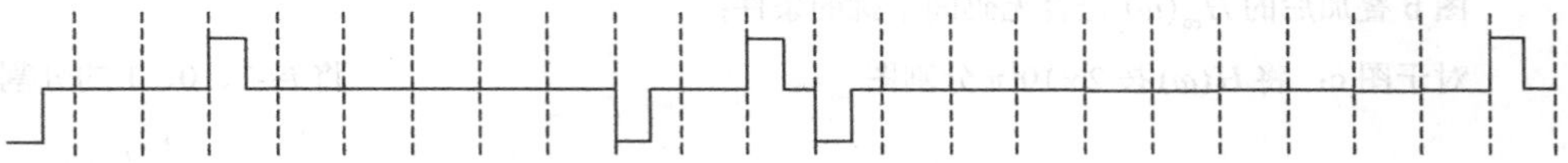

HDB$_3$: −1 0 0 +1 0 0 0 +1 0 −1 0 +1 −1 0 0 0 −1 +1 0 0 +1 0 −1

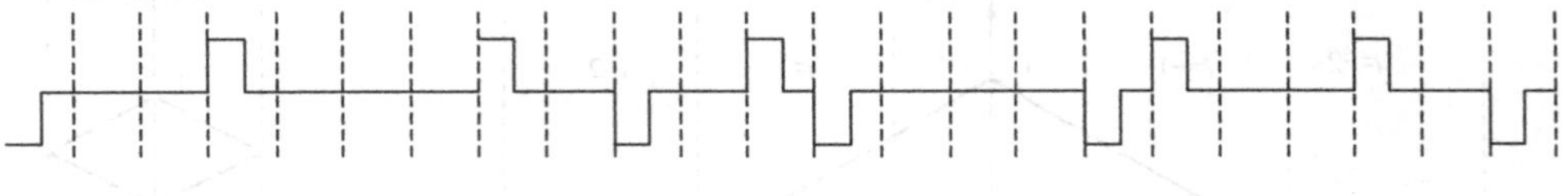

6-6

双相码 01 10 10 01 01 10 01 10 01

CMI 码 01 00 11 01 01 00 01 11 01

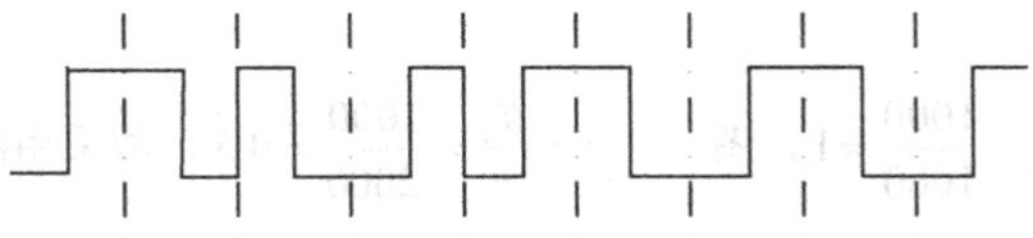

双向码波形图

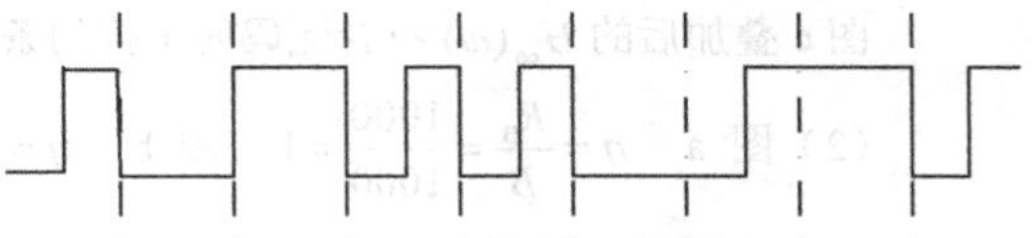

CMI 码波形图

6-7 图 a，当 $|\omega|\leqslant\dfrac{2\pi}{T}$ 时，$\sum\limits_i H\left(\omega+\dfrac{4\pi i}{T}\right)\neq C$，不满足抽样点上无码间干扰的条件；

图 b，当 $|\omega|\leqslant\dfrac{2\pi}{T}$ 时，$\sum\limits_i H\left(\omega+\dfrac{4\pi i}{T}\right)\neq C$，不满足抽样点上无码间干扰的条件；

图 c，当 $|\omega|\leqslant\dfrac{2\pi}{T}$ 时，$\sum\limits_i H\left(\omega+\dfrac{4\pi i}{T}\right)=C$，满足抽样点上无码间干扰的条件；

图 d，当$|\omega|\leqslant\frac{2\pi}{T}$时，$\sum_i H\left(\omega+\frac{4\pi i}{T}\right)\neq C$，不满足抽样点上无码间干扰的条件。

6-8 （1）

对于图 a：将 $H(\omega)$ 按 $2\times10^3\pi$ 分割图　　　　将 i=-1、0、1 的分割图叠加

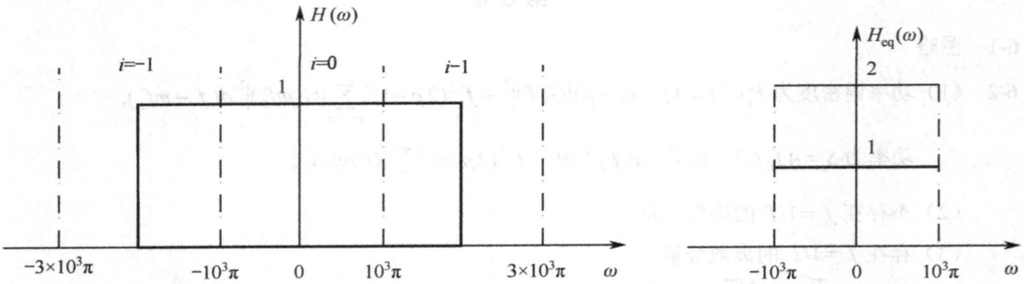

图 a 叠加后的 $H_{eq}(\omega)$ 符合无码间干扰的条件；

对于图 b：将 $H(\omega)$ 按 $2\times10^3\pi$ 分割图　　　　将 i= - 1、0、1 的分割图叠加

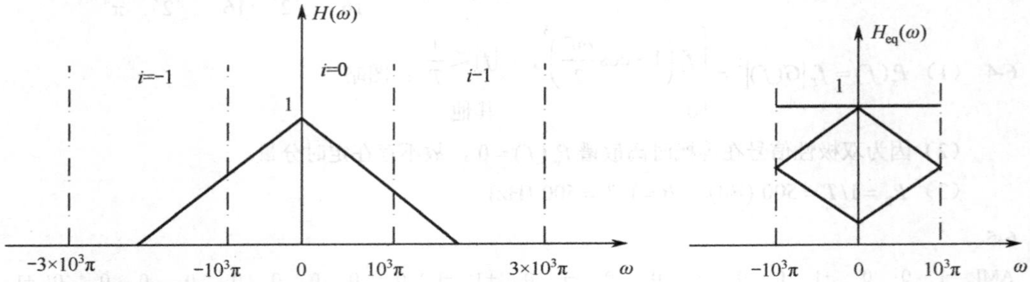

图 b 叠加后的 $H_{eq}(\omega)$ 符合无码间干扰的条件；

对于图 c：将 $H(\omega)$ 按 $2\times10^3\pi$ 分割图　　　　将 i=-1、0、1 的分割图叠加

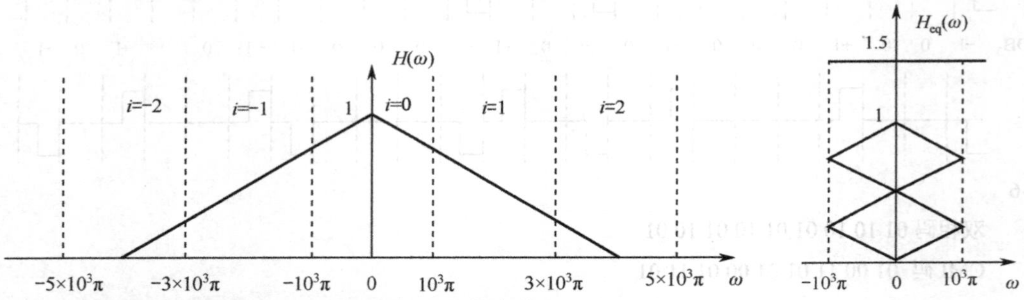

图 c 叠加后的 $H_{eq}(\omega)$ 符合无码间干扰的条件。

（2）图 a　$\eta=\frac{R_B}{B}=\frac{1000}{1000}=1$，图 b　$\eta=\frac{R_B}{B}=\frac{1000}{1000}=1$，图 c　$\eta=\frac{R_B}{B}=\frac{1000}{2000}=0.5$，故采用图 b 的传输特性最为合理。

6-9 （1）当 $R_B=\frac{\omega_0}{\pi}$ 时系统能实现无码间干扰传输。

（2）最大码元速率为：$R_B=\frac{\omega_0}{\pi}$

系统带宽为：$B=\frac{\omega_0+\alpha\omega_0}{2\pi}=\frac{(1+\alpha)\omega_0}{2\pi}$　Hz

系统频带利用率为：$\eta=\frac{R_B}{B}=\frac{\omega_0/\pi}{(1+\alpha)\omega_0/(2\pi)}=\frac{2}{(1+\alpha)}$

6-10 证明略

6-11 （1）$A \geqslant 1.72$

（2）$P_e = 6.21 \times 10^{-3}$

6-12 （1）当示波器扫描周期为 T 时，眼图如下图（a）所示；

（2）当示波器扫描周期为 $2T$ 时，眼图如下图（b）所示。

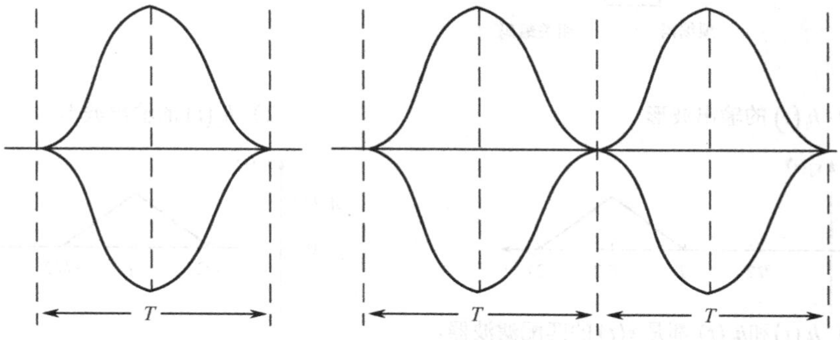

(a) (b)

（3）

	扫描周期为 T	扫描周期为 $2T$
最佳判决时刻	$T/2$	$T/2$ 、 $3T/2$
判决门限电平	0	0
噪声容限值	1	1

6-13 （1）$N_o = \int_{-B}^{B} P_o(f) \mathrm{d}f = Bn_0$ (W)

（2）$P_e = \dfrac{1}{2}\mathrm{erfc}\left(\dfrac{A}{2\sqrt{2}\sigma_n}\right) = \dfrac{1}{2}\mathrm{erfc}\left(\dfrac{A}{2\sqrt{2n_0B}}\right)$

（3）$V_d^* = \dfrac{A}{2} + \dfrac{\sigma_n^2}{A}\ln\dfrac{P(0)}{P(1)} = \dfrac{A}{2} + \dfrac{n_0B}{A}\ln\dfrac{P(0)}{P(1)}$

6-14 （1）

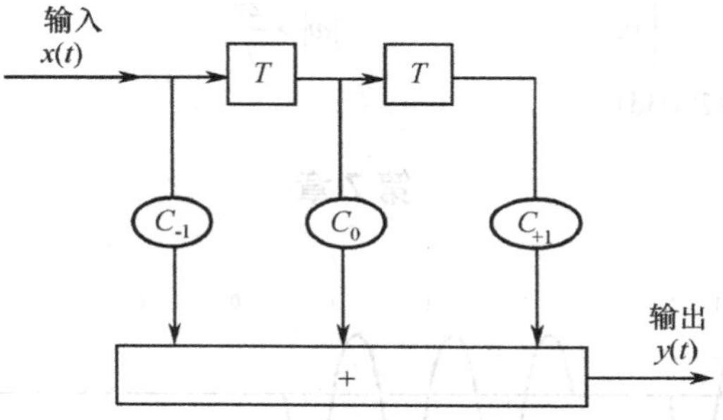

$$h(t) = C_{-1}\delta(t) + C_0\delta(t-T) + C_{+1}\delta(t-2T)$$

$$H(\omega) = C_{-1} + C_0 \mathrm{e}^{-\mathrm{j}\omega T} + C_{+1}\mathrm{e}^{-\mathrm{j}\omega 2T}$$

（2）$C_1 = 0.2847$

（3）$D_0 = \dfrac{1}{x_0}\sum_{\substack{k=-\infty \\ k\neq 0}}^{\infty} |x_k| = 0.6$, $D = \dfrac{1}{y_0}\sum_{\substack{k=-\infty \\ k\neq 0}}^{\infty} |y_k| = 0.0676$

6-15

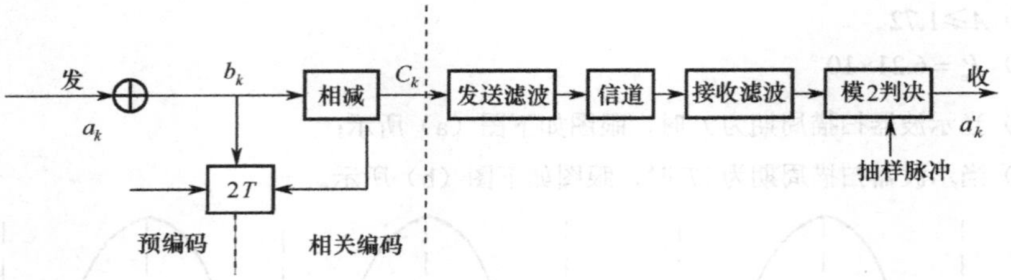

6-16

（1）$h_1(t)$ 的输出波形　　（2）$h_2(t)$ 的输出波形

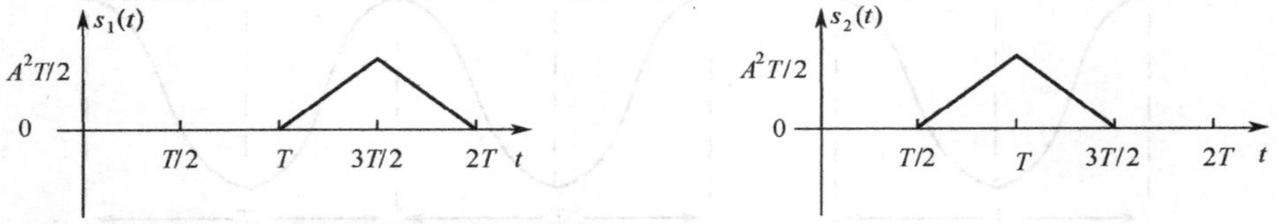

（3）$h_1(t)$ 和 $h_2(t)$ 都是 $s(t)$ 的匹配滤波器。

6-17 （1）最大输出信噪比时刻 $t_0 \geqslant T$；

（2）匹配滤波器的冲激响应的波形和输出波形如下：

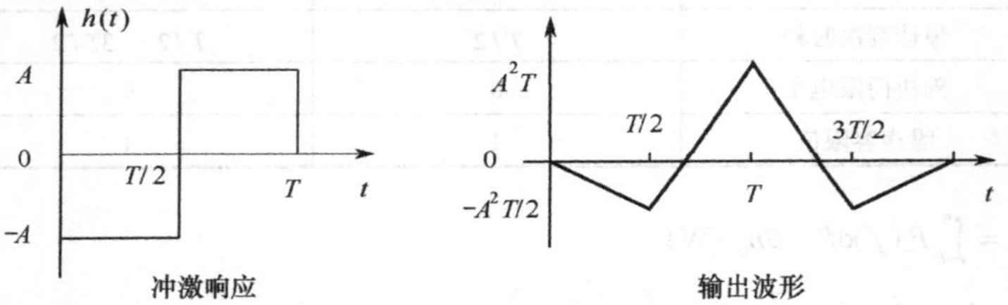

（3）$r_{0\max} = \dfrac{2E}{n_0} = \dfrac{2A^2T}{n_0}$

6-18

（1）$G_r(\omega) = G_t^*(\omega) = \begin{cases} \sqrt{\dfrac{1}{2}(1+\cos\dfrac{\omega T}{2})}, & |\omega| \leqslant \dfrac{2\pi}{T} \\ 0, & |\omega| > \dfrac{2\pi}{T} \end{cases}$

（2）$R_B = 2f_N = 1/T$ (Bd)

第 7 章

7-1

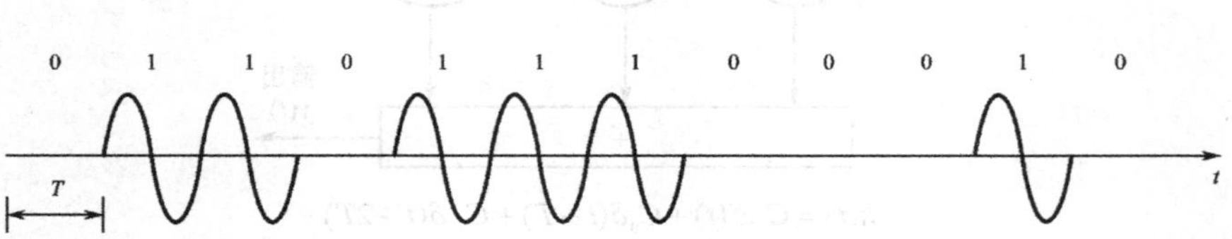

7-2

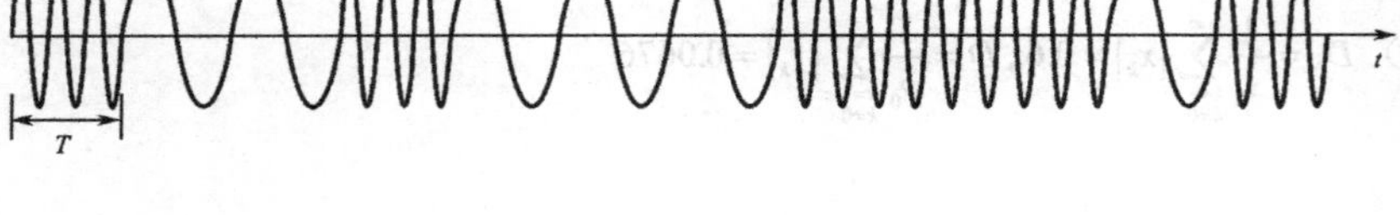

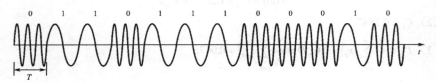

7-3

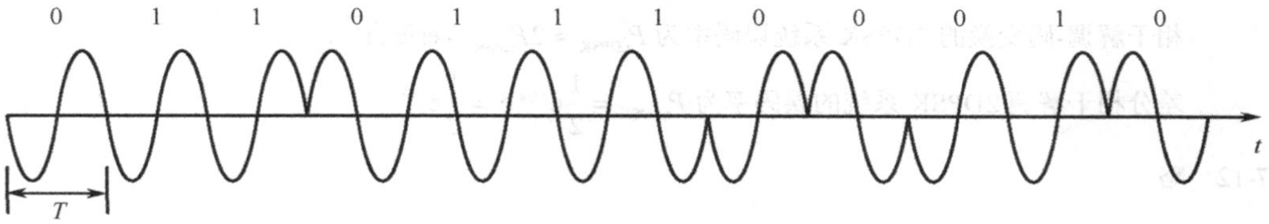

7-4 （1）

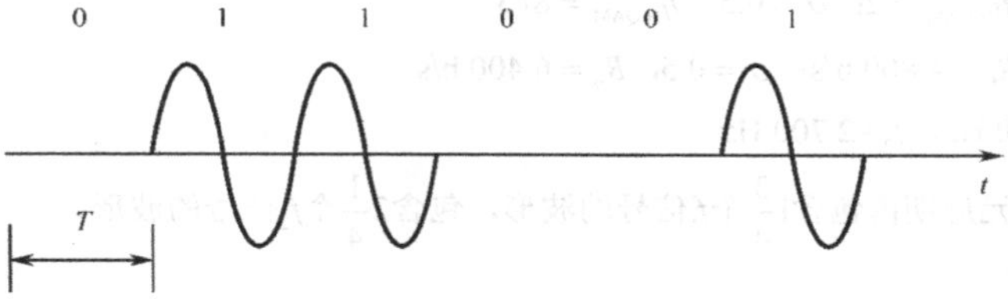

（2）$B = 2\,000\ \text{Hz}$

7-5 （1）

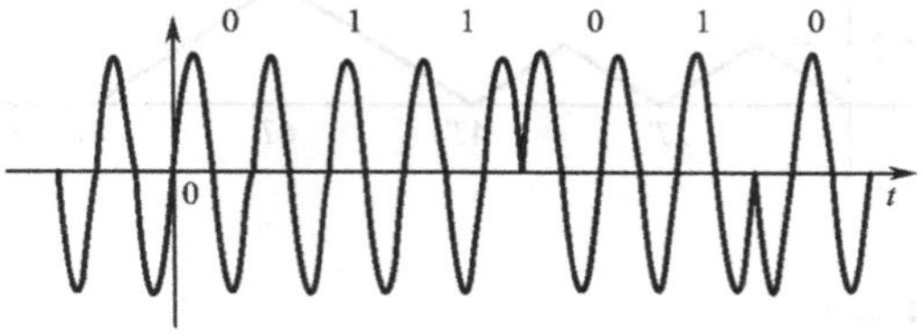

（2）

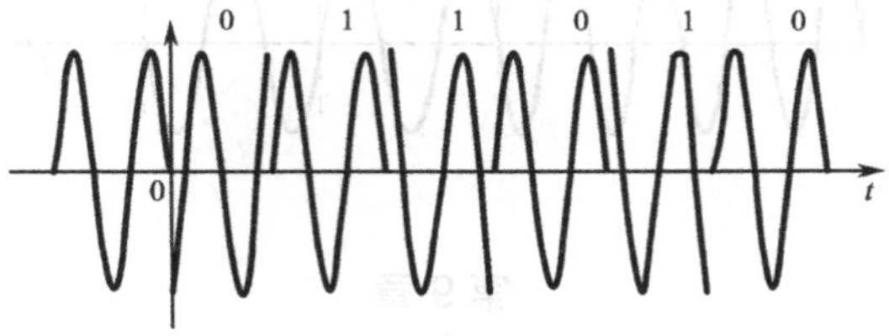

7-6 相干接收时，系统的误码率为 $P_e \approx 2.42\times10^{-5}$；非相干接收时，系统的误码率为 $P_e \approx 1.24\times10^{-4}$

7-7 （1）发送端到解调器输入端的发送信号幅度衰减为 $K = 111.84\ \text{dB}$，此时的最佳判决门限为 $b^* = 6.4\times10^{-6}\ \text{V}$

（2）$P > 1/2$ 的最佳判决门限比 $P = 1/2$ 时的小

（3）$P_e = 1.27\times10^{-2}$

7-8 （1）2FSK 信号的第一零点带宽为 $B = 4.4\ \text{MHz}$

（2）非相干接收时，系统的误码率为 $P_e \approx 3\times10^{-8}$

（3）相干接收时，系统的误码率为 $P_e \approx 4\times10^{-9}$

7-9 （1）非相干接收时，由发送端到解调器输入端的发送信号幅值衰减为 $K = 113.9\ \text{dB}$；

（2）相干接收时，发送端到解调器输入端的发送信号幅值衰减为 $K = 114.8\ \text{dB}$

7-10 相对功率电平为 $k = \dfrac{r_{\text{DPSK}}}{r_{\text{PSK}}} = \dfrac{\ln \pi r_{\text{PSK}}}{2r_{\text{PSK}}} + 1$，系统误码率之比为 $\dfrac{P_{\text{e,PSK}}}{P_{\text{e,DPSK}}} = \dfrac{1}{\sqrt{\pi r}}$

7-11 相干解调 2PSK 系统的误码率为 $P_{e,PSK}=\dfrac{1}{2}\mathrm{erfc}(\sqrt{r_{PSK}})=\dfrac{1}{2}\mathrm{erfc}\sqrt{10}$；

相干解调-码变换的 2DPSK 系统误码率为 $P_{e,DPSK}\approx 2P_{e,PSK}=\mathrm{erfc}\sqrt{10}$；

差分相干解调 2DPSK 系统的误码率为 $P_{e,PDSK}=\dfrac{1}{2}e^{-r_{DPSK}}=\dfrac{1}{2}e^{-10}$

7-12 略

第 8 章

8-1 （1）$\alpha=1$，$\eta_{16QAM}=2$；$\alpha=0.5$，$\eta_{16QAM}=8/3$

（2）$\alpha=1$，$R_b=4\,800$ b/s；$\alpha=0.5$，$R_b=6\,400$ b/s

8-2 （1）f_1=2 100 Hz，f_2=2 700 Hz

（2）一个码元周期内包含$1\dfrac{3}{4}$个f_1信号的波形，包含$2\dfrac{1}{4}$个f_2信号的波形

8-3

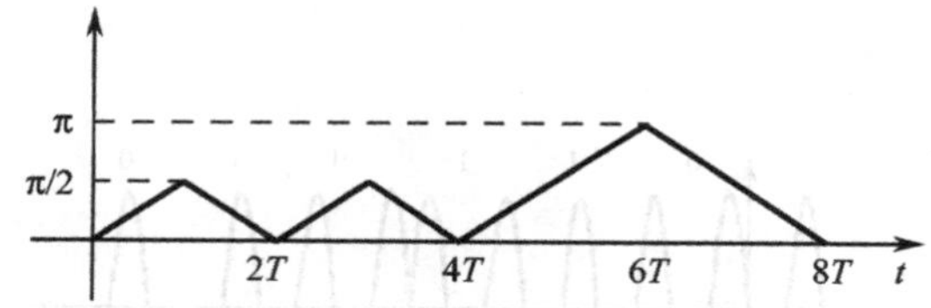

8-4 f_1=1 800 Hz

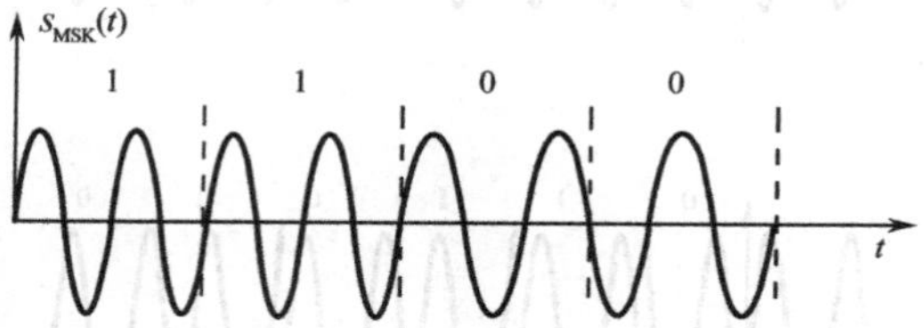

第 9 章

9-1 最小码距 $d_0=4$，能检错 3 位，能纠错 1 位，能同时检错 2 位并纠错 1 位

9-2 $r=4$，$k/n=11/15$

9-3 生成矩阵 $\boldsymbol{G}=\begin{bmatrix}100000000001100\\010000000000110\\001000000000011\\000100000000010\\000010000001010\\000001000000101\\000000100001110\\000000010000111\\000000001001111\\000000000101011\\000000000011001\end{bmatrix}$，监督矩阵 $\boldsymbol{H}=\begin{bmatrix}100010101111000\\110001111000100\\011110111100010\\001001011110001\end{bmatrix}$

9-4 （1）1000111；（2）0101011；（3）1110001

9-5　$\boldsymbol{G}=\begin{bmatrix}1&0&0&0&1&0&1\\0&1&0&0&1&1&1\\0&0&1&0&1&1&0\\0&0&0&1&0&1&1\end{bmatrix}$，$\boldsymbol{H}=\begin{bmatrix}1&1&1&0&1&0&0\\0&1&1&1&0&1&0\\1&1&0&1&0&0&1\end{bmatrix}$

9-6　$\boldsymbol{G}=\begin{bmatrix}x^6g(x)\\x^5g(x)\\\vdots\\g(x)\end{bmatrix}=\begin{bmatrix}111010001000000\\011101000100000\\001110100010000\\000111010001000\\000011101000100\\000001110100010\\000000111010001\end{bmatrix}$

$c(x)=x^{14}+x^{13}+x^{12}+x^{11}+x^7+x^5+x^4+x^3+x+1$，或系统生成码多项式为

$c(x)=x^{14}+x^{11}+x^9+x^8+x^6+x^4+x^2+x+1$

9-7　$h(x)=x^{10}+x^8+x^5+x^4+x^2+x+1$

9-8　（1）$g(x)=x^4+x^2+x+1$或$g(x)=x^4+x^3+x^2+1$

（2）$g(x)=x^3+x^2+1$或$g(x)=x^3+x+1$

9-9　$\boldsymbol{s}=(1011)$

9-10　0000000　0010101　0100110　0110011　1000111　1010010　1100001　1110100
0001011　0011110　0101101　0111000　1001100　1011010　1101010　1111111

9-11　略

9-12　译码器输出的码序列$\hat{\boldsymbol{c}}$=(11100001100111)，相应的估值序列为$\hat{\boldsymbol{b}}$=(1011100)

9-13　$\boldsymbol{c}=(111010100110001)$

第10章

10-1　略

10-2　$P_e\approx5\times10^{-6}$

10-3　非相干2DPSK，$P_e=\frac{1}{2}e^{-r\cos^2\theta}$；相干2DPSK，$P_e=\frac{1}{2}\text{erfc}(\sqrt{r}\cos\theta)\left[1-\frac{1}{2}\text{erfc}\left(\sqrt{r}\cos\theta\right)\right]$

10-4

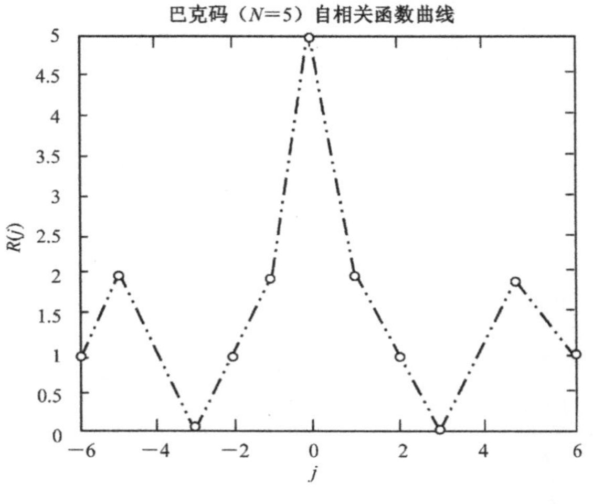

10-5　当 $m=0$ 时，漏同步概率为 $P_1 \approx 7\times10^{-6}$；

当 $m=1$ 时，漏同步概率为 $P_1 \approx 4.2\times10^{-11}$；

当 $m=0$ 时，假同步概率为 $P_f = \dfrac{1}{128}$；

当 $m=1$ 时，假同步概率为 $P_f = \dfrac{1}{16}$

主要参考文献

[1] 樊昌信，曹丽娜．通信原理．第 7 版．北京：国防工业出版社，2012．

[2] 张辉，曹丽娜．现代通信原理与技术．西安：西安电子科技大学出版社，2005．

[3] 王秉钧．现代通信原理．北京：人民邮电出版社，2006．

[4] 蒋青，范馨月，陈善学. 通信原理. 北京：科学出版社，2014.

[5] 曹丽娜，张卫纲. 通信原理大学教程. 北京：电子工业出版社，2012.

[6] John G Proakis, Masoud Salehi. Digital Communications (Fifth Edition). McGraw-Hill, 2007.

[7] Simom Haykin．Communication Systems．4th ed．John Wiley & Sons, Inc.，2003．

[8] 曹志刚，钱亚生．现代通信原理．北京：清华大学出版社，2004．

[9] 周炯槃，庞沁华，等．通信原理．第 4 版．北京：北京邮电大学出版社，2015．

[10] 邵玉斌．Matlab/Simulink 通信系统建模．北京：清华大学出版社，2008.

[11] 曹雪虹，杨洁，童莹．Matlab/System View 通信原理实验与系统仿真. 北京：清华大学出版社，2015.

[12] John G Proakis 等著．现代通信系统(matmab 版)．刘海棠，译．北京：电子工业出版社，2006.

[13] 赵蓉，李莉，项东，等．现代通信原理教程．北京：北京邮电大学出版社，2009．

[14] 邵佳，董辰辉．MATLAB/Simulink 通信系统建模与仿真实例精讲．北京：电子工业出版社，2009．

[15] 王颖惠，牛丽英．通信原理（第六版）同步辅导及习题全解．北京：中国水利水电出版社，2009．